XGI PLC를 이용한 자동제어의 기초 및 응용

김세찬 저

B.C.Info

머리말

PLC는 자동화가 요구되고 있는 거의 모든 산업분야에서 사용되고 있는 제어장치로서 그 응용범위가 점차 넓어지고 있다. 최근에는 마이크로프로세서가 담당하고 있던 소규모 제어 시스템 분야도 PLC 제어로 대치되고 있으며, 기본적인 디지털 입출력 장치뿐만 아니라, 아날로그 입력모듈, 아날로그 출력 모듈, 직렬통신 모듈, 이더넷 통신 모듈, 전동기 제어 모듈, 로봇제어 모듈 등 거의 모든 장치 및 기기들을 제어할 수 있는 도구를 제공하고 있다. PLC 제어 분야는 취업에 대한 전망도 매우 밝은 편이다. 과거에 PLC가 주로 사용되었던 컨베이어 라인 제어뿐만 아니라, 반도체 제조 공정, 빌딩 자동화, 신재생 에너지 제어 분야, 산업용 로봇 제어 분야 등 산업 전자에 있어서 필수적인 제어기기로 자리 잡고 있기 때문에 PLC 프로그래머 및 시퀀스 회로 기술자의 취업 분야는 매우 넓고 다양하다고 할 수 있다.

이 책은 전기, 전자 및 제어에 대한 기초적인 지식이나 프로그램에 대한 지식이 없는 사람들도 쉽게 이해할 수 있도록 기초 이론부터 응용 부분까지 실험을 통하여 학습할 수 있도록 구성되어 있다. 따라서 이 책을 통하여 공부한다면 누구나 쉽게 시퀀스 회로의 기본 동작과 PLC의 동작 원리를 이해하고 간단한 응용 프로그램을 작성할 수 있으며 다음과 같이 구성되어 있다.

제1장에서는 PLC 내부에서 사용되는 수 체계를 이해하기 위한 수 체계와 코드에 관한 기초적인 지식을 학습한다. 제2장에서는 PLC 래더 프로그램 작성의 기초적인 지식이 되는 이진논리, 논리 축약을 위한 카르노 맵 및 불 대수에 관하여 학습한다. 제3장에서는 자동제어의 기본 개념을 학습하고 시퀀스 제어의 개념을 익힌다. 제4장에서는 다양한 실험을 통하여 시퀀스 회로의 기본 동작을 이해하고 응용할 수 있도록 구성되어 있다. 제5장에서는 PLC의 구성 및 동작원리를 이해할 수 있도록 구성되어 있고 제6장, 제7장, 제8장에서는

PLC의 기초적인 지식과 이 책에서 실습을 위하여 사용하고 있는 PLC인 XGI의 특성에 대한 이해, 그리고 프로그램 편집 도구인 XG-5000의 사용법과 다양한 명령어의 사용법에 대하여 설명하고 있다. 제9장에서는 기초적인 명령어 이해와 XGI PLC 프로그래밍 방법에 대하여 설명하고 있으며 제10장에서는 PLC의 동작을 이해하고 응용할 수 있는 다양한 실습으로 구성되어 있다. 실습은 모두 31개의 PLC 제어 응용문제로 구성되어 있다. PLC를 공부하는 가장 좋은 방법은 실제 프로그램을 작성하고 실험을 통하여 그 동작을 확인하여 보는 것이다.

이 책을 통하여 성실히 공부한다면 시퀀스 제어 또는 PLC 제어에 관련된 기초적인 지식이 없는 사람도 쉽게 시퀀스 회로의 구성과 PLC 제어 프로그램 작성 역량을 배양할 수 있을 것으로 기대된다.

저자 씀

차례

CHAPTER 01 수 체계와 코드

CHAPTER 02 디지털 논리 기초

CHAPTER 03 자동제어와 시퀀스제어

CHAPTER 04 시퀀스 기초실습

CHAPTER 05 PLC의 개요

CHAPTER 06 XGI PLC의 구성 및 특성

CHAPTER 07 메모리 구성과 변수

CHAPTER 08 프로그램의 구성과 운전방식

CHAPTER 09 PLC 프로그래밍 기초

CHAPTER 10 PLC 프로그래밍 실습 및 응용

01 CHAPTER 수 체계와 코드

PLC에서는 연산을 위하여 10진수, 2진수, 16진수, 8진수 등이 기본적으로 사용된다. 그리고 통신, A/D 변환기 등 특수 기능을 수행하기 위하여 BCD 코드, 그레이 코드, 아스키 코드 등도 사용된다. 제1장에서는 PLC에서 사용되는 수 체계에 대한 기본적인 지식과 진법 변환 등에 대하여 학습한다.

1.1 십진수 체계

십진수는 가장 일반적으로 사용되는 수 체계이며 “10”을 기저수(base)로 하고 있다. 어떤 수 체계의 기수 또는 기저수는 그 수 체계에서 사용된 숫자 또는 서로 다른 심볼의 전체 개수를 결정한다. 예를 들어 10진수 체계에서는 10개의 유일한 수, 즉 십진수 “0~9”가 사용되며 전체 심볼의 개수는 기저수와 동일하다. 그리고 가장 큰 값을 가지는 심볼은 기저수보다 “1” 작다. 십진수의 값은 구성되는 수와 각 수의 자리값에 의하여 결정된다. 자리값(가중치)은 오른쪽 수에서 왼쪽 수의 순서로 각 자리에 할당된다. 십진수 체계에서 가장 오른쪽 자리로부터 시작하는 첫째자리는 “0”, 둘째 자리는 “1”, 셋째 자리는 “2” 등 마지막 자리까지 계속된다. 각 자리의 가중치는 자리의 승수로 증가되는 기저로서 표현될 수 있는데, 10진수 체계에서 자리 가중치는 1(10^0), 10(10^1), 100(10^2), 1000(10^3) 등이다. 그림 1.1은 각 숫자에 자리 가중치를 곱하고 그 결과를 더함으로서 십진수 값이 계산되는 과정을 보여준다.

$$4728 = (4 \times 10^3) + (7 \times 10^2) + (2 \times 10^1) + (8 \times 10^0)$$

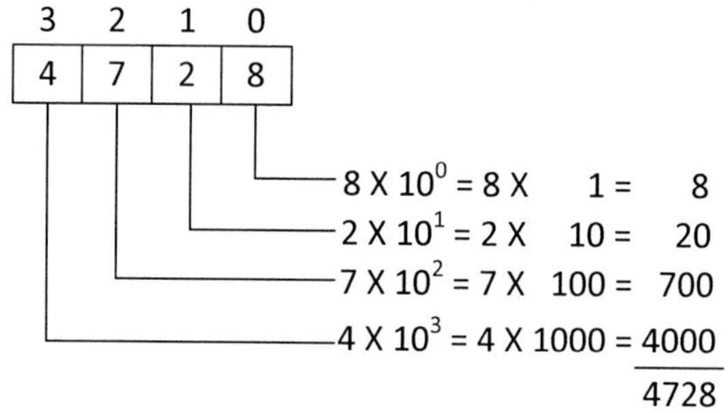

[그림 1.1] 십진수 체계에서의 가중치

1.2 이진수 체계

이진수 체계는 기저수로서 "2"를 이용한다. 따라서 이진수에서 허용되는 수는 "0"과 "1" 뿐이다. 이진수는 디지털 회로에서 두 개의 전압(5V, 0V)으로 쉽게 구현할 수 있기 때문에 컴퓨터, PLC 등과 같은 디지털 시스템에서는 주로 이진수 체계를 사용한다.

이진수 체계는 두 수(0, 1)만을 이용하기 때문에 이진수의 각 자리는 단지 두 번의 변화에 의해 자리 이동이 발생된다. 이때 "자리올림으로 발생한 1"은 인접한 상위자리(왼쪽자리)로 옮겨간다.

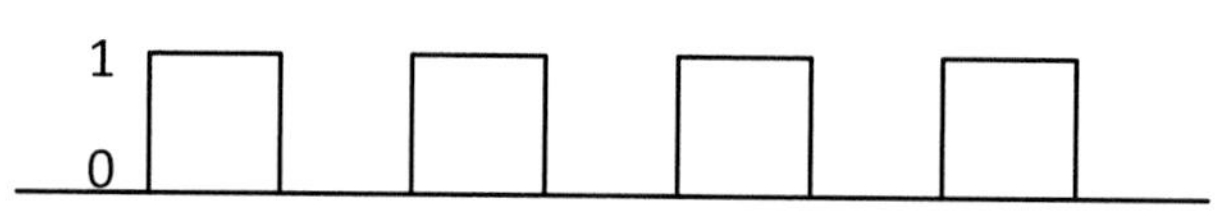

[그림 1.2] 디지털 신호파형

표 1.1은 4개의 일반적인 수 체계(10진수(기저수:10), 8진수(기저수:8), 16진수(기저수:16), 이진수(기저수:2))를 비교하여 보여준다.

[표 1.1] 수 체계 비교

10진법	8진법	16진법	이진법
0	0	0	0
1	1	1	1
2	2	2	10
3	3	3	11
4	4	4	100
5	5	5	101
6	6	6	110
7	7	7	111
8	10	8	1000
9	11	9	1001
10	12	A	1010
11	13	B	1011
12	14	C	1100
13	15	D	1101
14	16	E	1110
15	17	F	1111
16	20	10	10000
17	21	11	10001

이진수의 10진 등가수는 10진수에서 사용되었던 방법과 비슷하게 계산된다. 이때 자리 가중치는 $1(2^0)$, $2(2^1)$, $4(2^2)$, $8(2^3)$, $16(2^4)$, $32(2^5)$, $64(2^6)$ 등이다. 가중치는 자릿수에 따른 10의 누승이 되는 대신에 자릿수에 따른 2의 누승이 된다. 그림 1.3은 이진수 1011이 어떻게 10진수 11로 변환되는지를 보여준다.

이진수의 각 자리수는 특별히 비트라고 한다. PLC에서 메모리는 수백, 수천 개의 기억장소로 구성되며, 이들 기억장소(또는 레지스터)는 워드단위로 구분된다. 각 워드는 이진수 또는 비트의 형태로 데이터를 저장한다. 한 워드가 저장할 수 있는 비트의 수는 사용된 PLC의 CPU 종류에 따라 달라지는데 8비트 워드와 16비트 워드가 가장 일반적으로 사용된다. 기술이 발전함에 따라서 32비트 워드 또는 더 큰 워드도 가능하다. 또한 비트는 하나의 워드 단위 내에서 바이트로 그룹화될 수도 있는데, 일반적으로 8비트 그룹이 1바이트가 된다.

$$1011 = (1 \times 2^3) + (0 \times 2^2) + (1 \times 2^1) + (1 \times 2^0) = 11$$

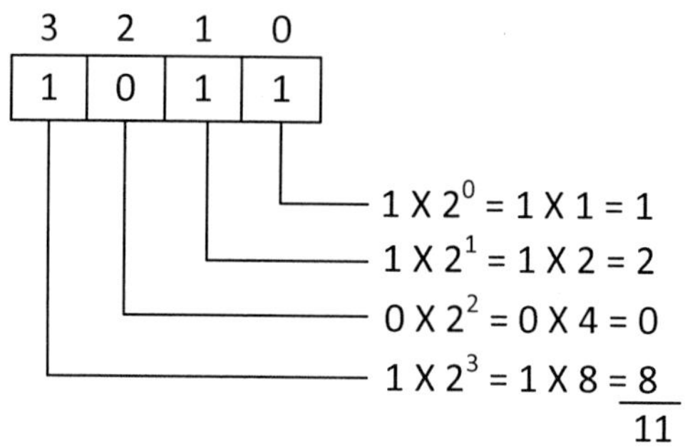

[그림 1.3] 2진수를 10진수로 변환

그리고 1개 또는 그 이상의 바이트를 워드라 한다. 그림 1.4는 2바이트로 구성된 16비트 워드를 보여준다. 여기서 LSB는 가장 작은 값을 나타내는 자리수이고, MSB는 가장 큰 값을 나타내는 자리수이다. 그리고 어떤 워드 내에 있는 하나의 비트는 단지 두 가지 논리적 상태(논리적 1(ON) 조건 또는 논리적 0(OFF) 조건)만 가진다.

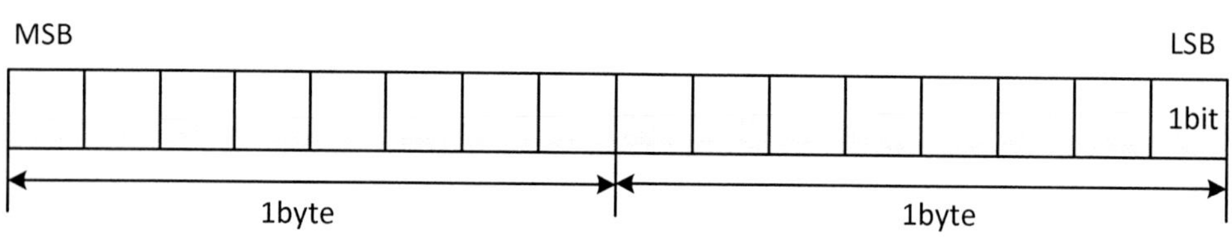

[그림 1.4] 16비트 워드

PLC 메모리의 크기는 저장될 수 있는 사용자 프로그램의 크기를 나타낸다. 만약 메모리 크기가 884 워드라면 16비트 워드를 사용하여 14,144(884×16)비트의 정보를 저장할 수 있다. 또는 8비트 워드를 사용하여 7072(884×8)비트의 정보를 저장할 수 있다. 그래서 서로 다른 PLC 시스템을 비교 할 때 시스템 메모리의 상대적 능력을 결정하기 위해서는 메모리의 워드당 비트의 수를 알아야 한다. 일반적으로 PLC는 128K 바이트 이상의 저장 공간을 필요로 하지 않는다.

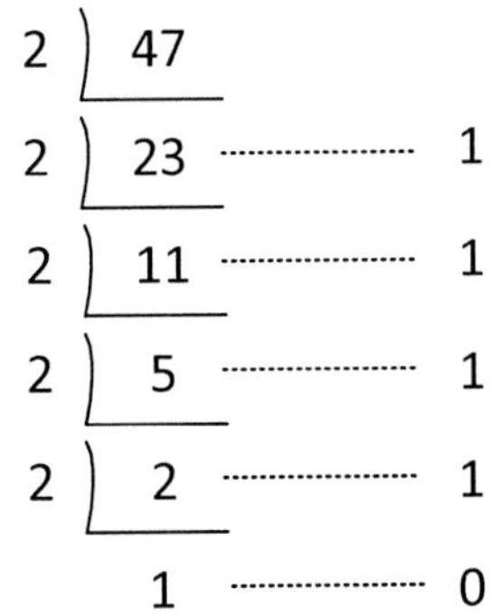

[그림 1.5] 10진수를 이진수로 변환

한편, 10진수를 이진 등가수로 변환하기 위해서는 그림 1.5와 같이 단순히 10진수를 2로 나누는 과정을 더 이상 나눌 수 없을 때까지 반복적으로 수행하면 된다. 그림 1.5는 10진수 47을 이진수로 변환하는 과정을 보여준다. 이것은 10진수를 "2"로 나눔으로 시작한다. 만약 나머지가 있다면 그 값은 이진수의 LSB가 된다. 그러나 나머지가 없다면 LSB의 값은 "0"이 된다. 그 후 나누기 결과의 몫은 아래로 내려온다. 이러한 과정은 나머지의 결과가 "0"이 될 때까지 반복된다.

1.3 음수 체계

10진수에서 양수 값은 플러스(+) 기호를 가지며 음수값은 마이너스(-) 기호를 가진다. 그러나 이진수 체계에서는 수의 부호를 나타내기 위하여 플러스(+), 마이너스(-) 기호를 사용하는 것이 불가능하다. 따라서 이진수에서는 양수값과 음수값을 표현하기 위하여 수의 MSB 자리에 별도의 자리 수 또는 부호비트를 사용한다. 표 1.2에서와 같이 만약 부호비트의 값이 "0"이면 양수 값을 나타내고 "1"이 되면 음수값을 나타낸다.

[표 1.2] 부호 있는 이진수 표현

부호표시	2진법	10진법
0	111	+7
0	110	+6
0	101	+5
0	100	+4
0	011	+3
0	010	+2
0	001	+1
0	000	0
1	001	-1
1	010	-2
1	011	-3
1	100	-4
1	101	-5
1	110	-6
1	111	-7

[표 1.3] 1의 보수와 2의 보수

10진법	1의 보수	2의 보수
+7	0111	0111
+6	0110	0110
+5	0101	0101
+4	0100	0100
+3	0011	0011
+2	0010	0010
+1	0001	0001
0	0000(+0) 1111(-0)	0000
-1	1110	1111
-2	1101	1110
-3	1100	1101
-4	1011	1100
-5	1010	1011
-6	1001	1010
-7	1000	1001

디지털 시스템에서 음수를 표현하는 또 다른 방법은 2진수의 보수를 이용하는 것이다. 이진수의 보수를 구하는 방법은 매우 간단하게 이루어지는데 '1'은 '0'으로 바꾸고 '0'은 '1'로 바꾸면 된다. 이렇게 하여 얻어진 이진수의 보수는 '1'의 보수라 한다. 예를 들어 "1001"의 '1'의 보수는 "0110"이 된다. 그러나 '1'의 보수는 두 개의 '0'(+0과 −0)을 가지므로 마이크로프로세서에서 사용이 불가능하다.

따라서 마이크로프로세서가 연산장치로 사용되는 PLC에서는 '1'의 보수가 아니라 '1'의 보수에 다시 '1'을 더함으로서 얻어지는 '2'의 보수를 사용한다. 표 1.3은 이진수의 '1'의 보수와 '2'의 보수를 보여준다. 여기서 부호비트가 '0'이면 양수를 나타내고 '1'이면 음수를 나타낸다. 2의 보수의 사용은 PLC가 수학적 연산을 더욱 쉽게 할 수 있도록 해 준다. 만약 PLC가 메모리로부터 어떤 값을 읽어 왔을 때 MSB가 "1"이라면 PLC는 그 수를 음수로 판단한다. 그리고 어떤 데이터 값이 키보드로부터 입력되었을 때 그 값이 음수라면 PLC는 그 값을 2의 보수로 변환하여 저장한다.

1.4 8진수 체계

앞에서 언급한 바와 같이 이진수 체계로 수를 표현하는 경우 10진수로 표현하는 경우보다 많은 자리 수를 필요로 한다. 이러한 문제점을 해결하기 위하여 약간 다른 수 체계가 사용되는데, 8을 기저로 하는 8진수와 16을 기저로 하는 16진수 체계가 있다.

8을 기저로 하는 8진수 체계와 16을 기저로 하는 16진수 체계는 주로 마이크로프로세서, 컴퓨터, PLC 시스템에서 사용된다. 왜냐하면 8개의 데이터 비트는 PLC 사용자 또는 프로그래머에 의하여 주소지정될 수 있는 1바이트의 정보를 구성하기 때문이다. 그림 1.6은 8진수 체계를 이용한 입/출력 모듈의 주소지정을 보여준다. 수의 범위는 0~7까지이며, 8, 9는 허용되지 않는다. 8진수는 큰 2진수를 다루기 편리하기 때문에 사용된다. 표 1.4에서 보여준 것처럼 한자리의 8진수는 3자리의 이진수를 표현하기 위하여 사용될 수 있다. 8진수 체계는 8개의 숫자(0~7)를 사용한다. 다른 수 체계에서처럼 8진수에서 각 숫자는 그 자릿수에 따라 가중 8진 값을 가진다. 그림 1.7은 8진수 462가 10진수 306으로 변환되는 과정을 보여준다.

입력모듈0	입력모듈1	입력모듈2	입력모듈3
100	110	120	130
101	111	121	131
102	112	122	132
103	113	123	133
104	114	124	134
105	115	125	135
106	116	126	136
107	117	127	137

[그림 1.6] 8진수 체계를 이용한 입/출력 모듈의 주소지정

[표 1.4] 이진법과 8진법

이진법	8진법
000	0
001	1
010	2
011	3
100	4
101	5
110	6
111	7

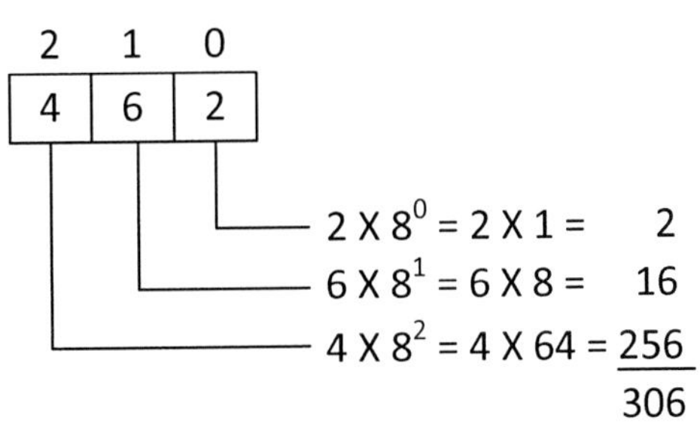

[그림 1.7] 8진수를 10진수로 변환

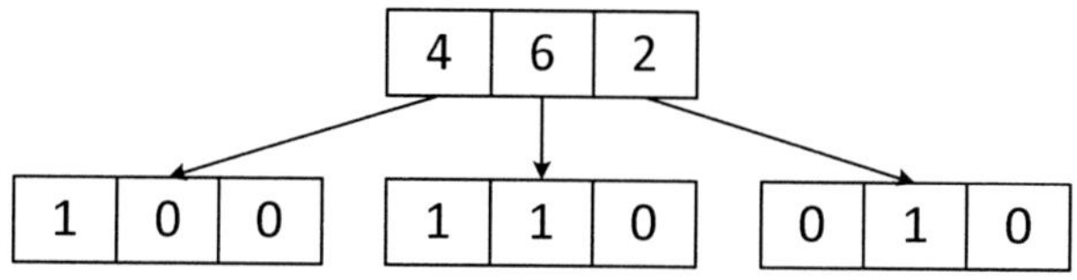

[그림 1.8] 8진수를 2진수로 변환

앞에서 언급했던 것처럼 8진수는 큰 2진수를 표현하는데 편리하게 이용된다. 예를 들어 8진수 462는 그림 1.8에서처럼 3비트 그룹을 결합함으로서 2진 등가수로 변환할 수 있다. 그래서 8진수 "462"는 이진수 "100 110 010"이 된다.

1.5 16진수 체계

16진수 체계는 데이터가 16비트 또는 8비트로 구성되며, PLC 등 디지털 기기에서 주로 사용되는 수 체계이다.

[표 1.5] 16진수 체계

16진법	이진법	10진법
0	0000	0
1	0001	1
2	0010	2
3	0011	3
4	0100	4
5	0101	5
6	0110	6
7	0111	7
8	1000	8
9	1001	9
A	1010	10
B	1011	11
C	1100	12
D	1101	13
E	1110	14
F	1111	15

16진수 체계는 기저가 "16"이므로 16개의 심볼을 필요로 한다. 따라서 표 1.5에서와 같이 "0~9"까지의 수는 기존의 십진수에서 사용되는 아라비아 수를 사용하지만 "10~15"를 나타내기 위하여 영문자 "A~F"를 사용한다.

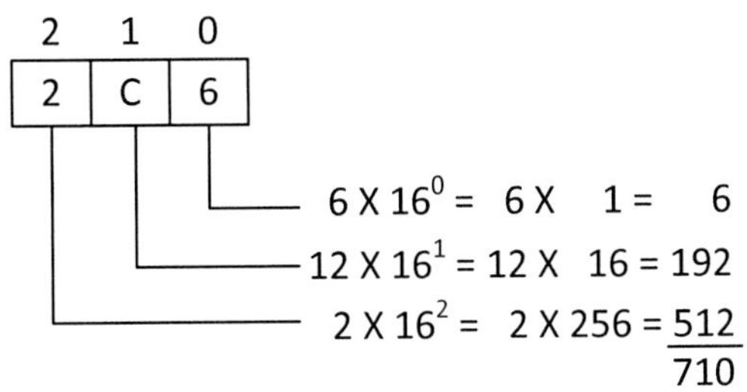

[그림 1.9] 16진수를 10진수로 변환

16진수를 10진수로 변환하는 방법은 이진수와 8진수의 변환방법과 동일하다. 16진수를 10진 등가수로 변환하기 위하여 16진수의 각 자리수는 가중도에 따라 가중치 16을 곱한다. 그림 1.9는 16진수 "2C6"이 어떻게 10진수 "710"으로 변환되는지를 보여준다.

8진수와 마찬가지로 16진수는 쉽게 이진수로 변환된다. 그림 1.10에서와 같이 각 자리마다 16진수의 4비트 이진 등가수를 쓰면 된다. 그림 1.9, 그림 1.10에서와 같이 16진수 2C6은 이진수로 "0010 1100 0110"이고 십진수로 "710"이 된다.

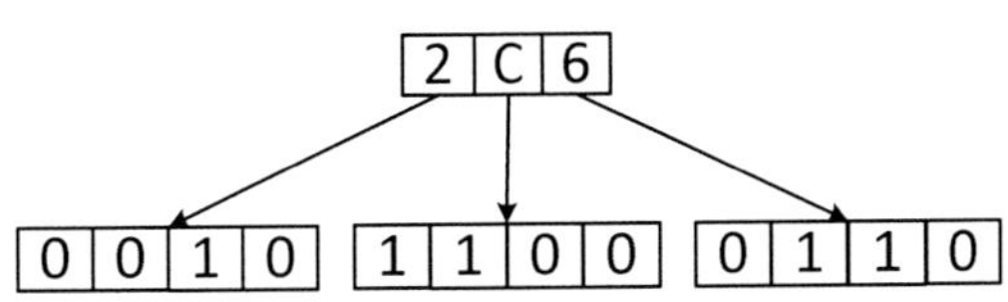

[그림 1.10] 16진수를 2진수로 변환

1.6 BCD 체계

이진화 십진법(Binary-coded decimal, BCD)은 이진수 네 자리를 묶어 십진수 한 자리로 사용하는 기수법이다. BCD 수 체계는 이진수 네 자리가 십진수 한 자리에 바로 대응되기 때문에 변환이 편리하다는 장점이 있으나, 쓰이지 않고 버려지는 메모리가 많아 같은 데이터를 저장하더라도 더 많은 메모리가 필요하다는 단점이 있다.

BCD 수 체계는 특히 숫자의 십진 출력을 요하는 전자 회로와 마이크로프로세서에서 많이 사용되는데, 이는 순수 이진법으로 표현된 숫자를 십진법으로 출력하기 위해서는 복잡한 나눗셈 회로가 필요하기 때문이다. BCD를 사용할 경우 각 자리별로 하나씩 간단한 변환 회로를 만들어서 7세그먼트 표시 장치 등에 바로 연결할 수 있기 때문에 전체적인 구현을 간편하게 할 수 있다. 이 때문에 일부 프로세서는 아예 BCD로 덧셈과 뺄셈 등의 간단한 연산을 할 수 있는 명령을 갖추고 있다. BCD에서 십진법의 각 자리는 표 1.6과 같이 표현된다.

많은 컴퓨터가 8비트를 묶어서 1바이트로 처리하기 때문에, 이런 환경에서 이진화 십진법을 저장하는 방법은 두 가지가 있을 수 있다. 즉 한 바이트에 한 자리만을 저장하고, 남는 네 자리를 0000이나 1111(EBCDIC의 경우) 또는 0011(ASCII의 경우) 등으로 채우는 방법과 한 바이트에 두 자리를 저장하는 방법이다.

PLC Thumb-wheel 스위치 그리고 LED 디스플레이는 BCD 시스템을 사용하는 장치의 한 예이다. 십진수의 BCD 표현은 각 자리의 십진수를 BCD 등가수로 대치함으로서 얻어진다. BCD수 체계와 2진수 체계를 구분하기 위하여 BCD라는 문자가 BCD수의 오른쪽에 자리한다. 십진수 67의 BCD 표현은 그림 1.11에서 보여준다.

[표 1.6] BCD와 이진 등가수 그리고 10진 등가수

10진수	BCD	이진수
0	0000	0
1	0001	1
2	0010	10
3	0011	11
4	0100	100
5	0101	101
6	0110	110
7	0111	111
8	1000	1000
9	1001	1001
10	0001 0000	1010
11	0001 0001	1011
12	0001 0010	1100
13	0001 0011	1101
14	0001 0100	1110
15	0001 0101	1111

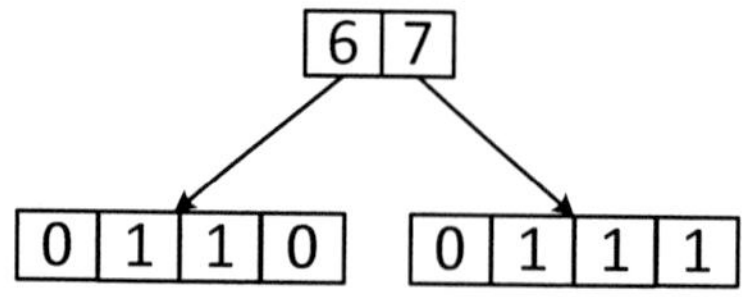

[그림 1.11] 10진수의 BCD 표현

1.7 그레이 코드

그레이 코드는 자리 가중치를 두지 않는 이진수의 특수한 형태이다. 다른 말로 하면 각 자릿수는 한정된 지정 가중치를 가지지 않는다. 그레이 코드는 단지 하나의 비트만을 변화시킴으로서 한 수로부터 다른 수로 천이 될 수 있도록 한다. 이것은 카운팅 회로에 있어서는 꽤 혼란스러울 수 있지만 엔코드 회로에는 이상적이다. 예를 들어 절대치 엔코드는 각 위치를 결정하기 위하여 그레이 코드를 이용하는 위치 변환기이다. 그레이 코드는 각 카운터(어떤 수에서 다음 수로의 각 천이)마다 단지 하나의 자릿수만 변화한다. 표 1.7은 그레이 코드와 이진 코드의 비교를 보여준다. 이진수에서는 한번 카운트함으로서 최대 4개의 자리수가 변화할 수 있다. 예를 들어 이진수 0111에서 1000으로의 변화는 4개의 자릿수 모두를 변화하게 한다. 이러한 종류의 변화는 어떤 디지털 회로에서 에러가 발생할 확률을 높여준다. 이러한 이유로 그레이 코드는 에러 최소화 코드이다. 한 번에 단지 하나의 비트가 변화하기 때문에 그레이 코드에서의 변화의 속도는 BCD와 같은 코드들의 변화 속도보다 빠르다.

[표 1.7] 그레이 코드와 이진 등가수

그레이 코드	이진수
0000	0000
0001	0001
0011	0010
0010	0011
0110	0100
0111	0101
0101	0110
0100	0111
1100	1000
1101	1001
1111	1010
1110	1011
1010	1100
1011	1101
1001	1110
1000	1111

1.8 아스키 코드

아스키 코드는 정보 교환을 위한 미국 표준 코드(Ameriacn Standard Code for Information Interchange)이다. 이것은 숫자, 문자 겸용 코드이다. 왜냐하면 아스키 코드는 문자와 숫자를 모두 포함하기 때문이다. 아스키 코드에 의하여 엑세스될 수 있는 문자는 26개의 소문자와 25개의 알파벳 그리고 25개의 특수 문자(@, #, $, %, * 등)를 포함하여 10개의 숫자도 포함하고 있다. 표 1.8은 아스키 코드를 보여준다. 이것은 숫자, 문자 겸용 키보드 그리고 프린트와 함께 PLC와 CPU를 인터페이스하기 위하여 사용된다.

[표 1.8] 아스키 코드

Hex	Dec	ASCII	Hex	Dec	ASCII	Hex	Dec	ASCII	Hex	Dec	ASCII
00	0	NULL	20	32	SP	40	64	@	60	96	.
01	1	SOH	21	33	!	41	65	A	61	97	a
02	2	STX	22	34	"	42	66	B	62	98	b
03	3	ETX	23	35	#	43	67	C	63	99	c
04	4	EOT	24	36	$	44	68	D	64	100	d
05	5	ENQ	25	37	%	45	69	E	65	101	e
06	6	ACK	26	38	&	46	70	F	66	102	f
07	7	BEL	27	39	`	47	71	G	67	103	g
08	8	BS	28	40	(	48	72	H	68	104	h
09	9	HT	29	41	)	49	73	I	69	105	i
0A	10	LF	2A	42	*	4A	74	J	6A	106	j
0B	11	VT	2B	43	+	4B	75	K	6B	107	k
0C	12	FF	2C	44	`	4C	76	L	6C	108	l
0D	13	CR	2D	45	-	4D	77	M	6D	109	m
0E	14	SO	2E	46	.	4E	78	N	6E	110	n
0F	15	SI	2F	47	/	4F	79	O	6F	111	o
10	16	DLE	30	48	0	50	80	P	70	112	p
11	17	DC1	31	49	1	51	81	Q	71	113	q
12	18	SC2	32	50	2	52	82	R	72	114	r
13	19	SC3	33	51	3	53	83	S	73	115	s
14	20	SC4	34	52	4	54	84	T	74	116	t
15	21	NAK	35	53	5	55	85	U	75	117	u
16	22	SYN	36	54	6	56	86	V	76	118	v
17	23	ETB	37	55	7	57	87	W	77	119	w
18	24	CAN	38	56	8	58	88	X	78	120	x
19	25	EM	39	57	9	59	89	Y	79	121	y
1A	26	SUB	3A	58	:	5A	90	Z	7A	122	z
1B	27	ESC	3B	59	;	5B	91	[	7B	123	{
1C	28	FS	3C	60	〈	5C	92	₩	7C	124	|
1D	29	GS	3D	61	=	5D	93	]	7D	125	}
1E	30	RS	3E	62	〉	5E	94	^	7E	126	~
1F	31	US	3F	63	?	5F	95	_	7F	127	DE

1.9 엔코딩과 디코딩

대부분의 PLC는 어떤 수 체계로부터 다른 수 체계로의 변환을 위하여 디지털 IC를 이용하고 있다. 엔코드 IC는 10진수를 2진수로 변환하기 위하여 사용된다. 그림 1.12는 10진수 "0~9"를 2진수로 바꾸기 위한 엔코드 회로를 보여준다. 수치신호의 범위는 제한되어 있지 않다. 대부분의 PLC는 수치값를 엔코딩하기 위하여 16비트 정수를 이용한다. 그래서 가능한 수의 범위는 "-32768~32767"까지이다. 전원이 연결되었을 때 모든 입력 스위치가 오픈되었다면 LED는 모두 오프될 것이다. 이것은 출력에 이진수 0000이 나타남을 나타낸다.

예를 들어 십진 입력스위치 3번을 닫으면 십진수 3이 엔코드로 입력된다. 결국 이것은 이진수 "0011"을 나타내도록 LED1번과 2번이 켜지게 된다. 디코드 IC는 이진수를 십진수로 다시 바꾸기 위하여 이용된다. 그림 1.13은 이진수 "0000~1001"까지를 십진수로 변환하는 회로를 보여준다. 전원이 연결되었을 때 모든 입력스위치가 개방되면 출력 LED는 켜지지 않는다. 이것은 이진수 "0000"을 나타낸다. 예를 들어 이진입력 스위치 2번과 4번을 닫으면 이진수 "0110"이 디코드로 입력된다. 이것은 결국 10진수 6을 나타내는 10진 출력 6번 LED가 켜지게 한다.

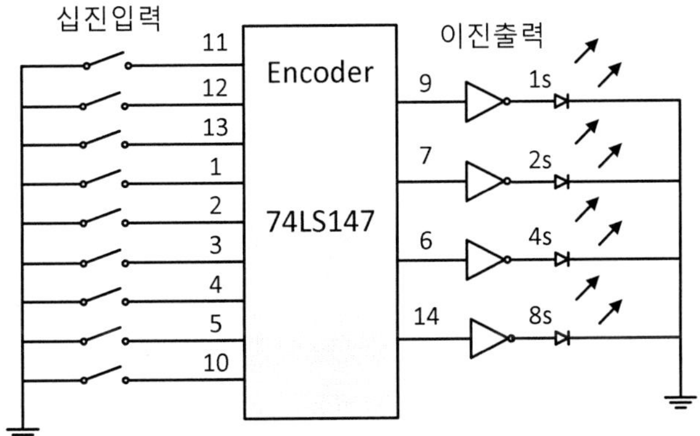

[그림 1.12] 십진수-이진수 엔코드

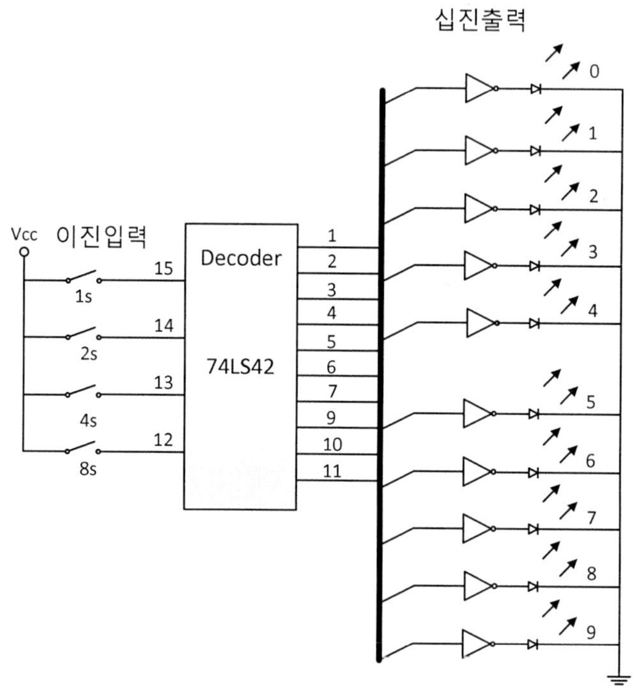

[그림 1.13] 이진수-10진수 디코드

1.10 패리티 비트

PLC 통신 시스템은 데이터 전송의 정확성을 검사하기 위하여 이진수를 이용한다. 예를 들어 데이터가 PLC들 사이에 전송될 때 이진 자리수 중의 하나가 외부 노이즈 또는 전송망의 이상에 의하여 '1'에서 '0'으로 바뀔 수 있다. 패리티 비트는 어떤 워드가 전송될 때 발생할지도 모르는 에러를 검출하기 위하여 사용된다. 패리티 비트는 전송 중 노이즈 등에 의하여 발생된 에러를 검출하기 위하여 전송되는 문자의 마지막에 부가적으로 포함되는 비트를 말한다. 패리티 비트는 문자 자체의 '1' 또는 '0'의 개수에 따라서 이진수 '0' 또는 '1'이 된다.

일반적으로 두 가지 종류(홀수(odd) 또는 짝수(even))의 패리티 비트가 사용된다. 홀수 패리티는 전송될 어떤 이진코드에서 "1"의 개수가 패리티 비트를 포함하여 홀수가 됨을 의미하며, 짝수 패리티는 어떤 전송될 어떤 이진코드에서 "1"의 개수가 패리티 비트를 포함하여 짝수가 됨을 의미한다. 표 1.9는 짝수, 홀수 패리티에 대한 예를 보여준다.

[표 1.9] 짝수, 홀수 패리티

문자	짝수 패리티	홀수 패리티
0000	0	1
0001	1	0
0010	1	0
0011	0	1
0100	1	0
0101	0	1
0110	0	1
0111	1	0
1000	1	0
1001	0	1

1.11 이진 연산

덧셈, 뺄셈, 곱셈, 나눗셈을 포함한 산술 연산은 CPU 내부의 산술 연산장치인 ALU에서 이루어진다.

(1) 이진 덧셈

이진 덧셈은 십진수 덧셈과 유사하게 다음의 규칙을 따른다. 이진수 덧셈이 실행될 때는 단지 4가지 규칙만이 있다.

① 0+0=0
② 0+1=1
③ 1+0=1
④ 1+1=10

십진수 덧셈에서와 마찬가지로 ①, ②, ③번의 연산은 10진수와 동일하며 이해하기 쉽다. 그러나 ④번의 연산은 약간 다르다. 십진수에서 1+1=2가 된다. 그러나 이진수에서는 사용가능한 수가 '0'과 '1' 뿐이며, 따라서 '2'는 자리올림이 발생하여 '10'으로 표현된다. 그림 1.14는 10진 덧셈과 이진 덧셈의 예를 비교하여 보여준다.

10진수 연산	등가 이진수 연산
5 + 2 ——— 7	101 + 10 ——— 111

10진수 연산	등가 이진수 연산
11 + 2 ——— 13	1011 + 10 ——— 1101

10진수 연산	등가 이진수 연산
23 + 16 ——— 39	0010 0011 + 0001 0110 ——— 0011 1001

[그림 1.14] 10진 연산과 이진 연산의 예

(2) 이진 뺄셈

수치연산기능에서 뺄셈에 의하여 결합되어지는 처음 값은 피감수와 감수이다. 뺄셈의 결과는 차라고 하며 다음과 같이 표현된다.

```
  A (피감수)
- B (피감수)
-----------
  C ( 차)
```

더 큰 이진수의 뺄셈은 각 자리끼리 뺀다. 그리고 필요하면 이웃 자리에서 빌려온다. 이웃자리에서 빌려오면 두 자리 수가 된다. 즉 '0'이 '1'을 빌리면 "10"을 빌려오는 것이 된다.

(예 1.1) 1101로부터 0101을 뺀다

```
  1011
- 0101
------
  0110
```

이진수는 음수일 수 있다. 음수 연산과정은 10진수의 연산과정과 일치한다. 왜냐하면 더 작은 값은 더 큰 수로부터 빼질 수 있고 음수 표시는 결과의 앞에 위치하기 때문이다.

(예 1.2) 1000으로부터 1101을 뺄셈한다.

$$\begin{array}{r} 1000 \\ -\ 1101 \\ \hline -\ 1011 \end{array}$$

그러나 컴퓨터 내부에서 음수 부호(-)의 사용은 불가능하다. 따라서 음수의 표현은 다른 방법이 사용되고 있는데 보수 표현이 그것이다. 이 보수 표현은 컴퓨터 내부에서 뺄셈 연산을 용이하게 하기 위하여 사용되는 연산 방법이다. 보수의 표현에는 1의 보수와 2의 보수가 있다. 1의 보수 표현은 0이 2개(+0, -0)가 되므로 컴퓨터 내부 연산에서 사용되지 않으며 컴퓨터 내부 연산에서는 2의 보수가 뺄셈을 위하여 사용된다.

1의 보수를 구하는 방법은 이진수에서 모든 자리수를 반전시키면 된다. 예를 들어 "1010"의 1의 보수값은 "0101"이 된다. 그리고 2의 보수를 구하는 방법은 1의 보수에 단순히 1을 더함으로서 얻어진다. 따라서 "1010"의 2의 보수는 "1010"의 1의 보수인 "0101"값에 1을 더하여 "0110"이 된다. 2의 보수를 이용한 뺄셈에서는 감수의 2의 보수를 구한 다음 피감수와 더하면 된다. 이때 그 연산 결과에서 캐리가 발생하면 그 결과는 양수가 되고 캐리가 없으면 그 결과는 음수가 되고 음수 표시를 한다. 예 1.3은 2의 보수를 이용한 뺄셈을 보여준다.

(예 1.3) "0110" 로부터 "0011" 을 뺀다.

먼저 뺄셈을 위하여 감수인 "0011" 의 2의 보수를 구하면 "1101" 이 되고 이 보수값을 이용하여 "0110" 과 덧셈을 실행하면 된다.

$$\begin{array}{r} 0110 \\ +\ 1101 \\ \hline \boxed{1}\,0011 \end{array}$$

캐리

연산 결과 캐리가 발생했으므로 연산 결과는 양수가 되고 캐리는 버리면 된다.

다음은 연산 결과가 음수인 예를 보여준다.

(예 1.3) “0110” 로부터 “0111” 을 뺀다.

$$
\begin{array}{r} 0110 \\ +\ 1001 \\ \hline \boxed{0}\ 1111 \end{array}
$$

캐리

먼저 감수인 “0111” 의 1의 보수를 구하면 “1000” 이 되고 여기에 1을 더하면 2의 보수인 “1001” 이 얻어진다. 이 값을 피감수인 “0110” 과 덧셈을 취하면 0110–0111의 결과를 얻을 수 있다. 연산 결과 캐리의 값이 0이므로 연산결과는 음수가 된다. 따라서 이 음수 값을 구하기 위하여 연산결과에서 1을 뺀 다음 1의 보수를 구하고 음수 부호를 붙인다. 즉 1111–1=1110이 되고 이 값의 1의 보수를 구하고 음수 부호를 붙이면 -0001이 된다. 따라서 그 연산 결과는 -1이 된다.

하지만 컴퓨터 내부에서 이러한 여러 단계의 연산을 거치는 것은 매우 비효율적이다. 따라서 컴퓨터 내부에서 사용되는 뺄셈은 최상위 비트를 부호 비트로 사용하고 감수의 2의 보수를 취하여 연산을 수행한다. 연산결과 최상위 부호 비트가 0이면 양수를 나타내고 1이면 음수를 나타내게 된다.

(예 1.3) “3–5” 를 연산한다.

먼저 감수인 5의 2의 보수를 구하면 1011이 된다. 따라서 3의 이진수 값인 0011과 1011을 더하면 다음과 같이 된다.

$$
\begin{array}{r} 0011 \\ +\ 1011 \\ \hline 1110 \end{array}
$$

여기서 최상위 비트는 부호 비트가 되고 연산 결과 부호비트가 1이므로 음수가 된다. 따라서 연산결과는 -2이다.

(3) 이진 곱셈

이진수는 10진수와 똑같은 방법으로 곱해진다. 이진곱셈을 할 때는 아래와 같이 단지 4가지 조건이 있다.

① 0×0 ＝ 0

② 0×1 ＝ 0

③ 1×0 ＝ 0

④ 1×1 ＝ 1

한 자리 이상의 수를 곱하기 위해서는 아래의 예에서 보는 것과 같이 부분 곱셈을 실행하고 그것을 서로 더한다.

(예 1.4) "6 X 2" 를 연산한다.

```
10진수 연산  | 등가 이진수 연산
             |
      6      |     0110
    X 2      |   X   10
   -----     |   ------
     12      |     0000
             |    0110
             |   ------
             |    01100 → 12
```

(4) 이진 나눗셈

하나의 이진수를 다른 이진수로 나누기 위한 과정은 예 1.5에서 보는 것과 같이 10진수나 이진수 모두 같다.

(예 1.5) "6÷2" 를 연산한다.

```
10진수 연산        | 등가 이진수 연산
                   |
     3 → 몫        |          011 → 몫
  ┌───             |      ┌─────────
 2) 6              |  10 ) 0110
    6              |       00
  ....             |       ....
    0 → 나머지     |        11
                   |        10
                   |        ....
                   |         10
                   |         10
                   |         ....
                   |          0 → 나머지
```

학습평가 문제

1 다음 이진수를 십진수로 변환하시오.

이진수	십진수
㉠ 10	
㉡ 100	
㉢ 111	
㉣ 1011	
㉤ 1100	
㉥ 10010	
㉦ 10101	
㉧ 11111	
㉨ 11001101	
㉩ 11100011	
㉪ 01011101	
㉫ 01101010	

2 다음 십진수를 이진수로 변환하시오.

십진수	이진수
㉠ 7	
㉡ 19	
㉢ 28	
㉣ 46	
㉤ 57	
㉥ 86	
㉦ 94	
㉧ 67	
㉨ 159	
㉩ 229	
㉪ 112	
㉫ 148	
㉬ 230	
㉭ 126	

3 다음 8진수를 10진수로 변환하시오.

8진수	십진수
㉠ 36	
㉡ 104	
㉢ 120	
㉣ 216	
㉤ 360	

4 다음 8진수를 2진수로 변환하시오.

8진수	십진수
㉠ 74	
㉡ 130	
㉢ 250	
㉣ 1510	
㉤ 2551	
㉥ 2634	

5 다음 16진수를 10진수로 변환하시오.

16진수	십진수
㉠ 5A	
㉡ C7	
㉢ 9B5	
㉣ 1A6	
㉤ 4D3	
㉥ 23C	
㉦ 3A3D	

6 다음 16진수를 2진수로 변환하시오.

16진수		이진수
㉠	5A	
㉡	C7	
㉢	9B5	
㉣	1A6	
㉤	4D3	

7 다음 10진수를 BCD로 변환하시오.

110진수		BCD
㉠	146	
㉡	389	
㉢	1657	
㉣	3452	
㉤	2572	

8 그레이 코드의 가장 중요한 특징은 무엇인가?

9 엔코드 회로의 기본적인 기능은 무엇인가?

10 디코드 회로의 기본적인 기능은 무엇인가?

11 이진체계는 왜 컴퓨터 회로에 잘 적용될 수 있는가?

12 다음 용어를 설명하시오.

㉠ 비트
㉡ 바이트
㉢ 워드
㉣ LSB
㉤ MSB

13 다음의 수 체계에서 사용된 기저수는 무엇인가

㉠ 8진수
㉡ 10진수
㉢ 이진수
㉣ 16진수

14 부호 비트를 정의하시오.

15 1의 보수와 2의 보수와의 차이점을 설명하시오.

16 ASCII 코드는 무엇인가?

17 패리티 비트는 왜 사용되는가?

18 다음 이진수 덧셈을 하시오.

㉠ 110 + 111
㉡ 101 + 011
㉢ 1100 + 1011

19 다음 이진수 뺄셈을 하시오.

㉠ 1101 - 1011

㉡ 1001 - 1100

㉢ 10111 - 10010

20 다음 이진수 곱셈을 하시오.

㉠ 110 × 110

㉡ 010 × 101

㉢ 101 × 11

21 다음 부호 없는 이진수 나눗셈을 하시오.

㉠ 1010 ÷ 10

㉡ 1100 ÷ 11

㉢ 110110 ÷ 10

22 10진수 18을 다음 각 수 코드로 표현하시오.

㉠ 이진수

㉡ 8진수

㉢ 16진수

㉣ BCD

02 CHAPTER 디지털 논리 기초

제2장에서는 디지털 논리 회로의 전반적인 내용과 이러한 디지털 논리 회로를 어떻게 시퀀스 회로와 PLC 프로그램으로 변경할 수 있는지를 학습한다.

2.1 이진수 개념

모든 디지털 기기에서와 같이 PLC도 이진 논리로 동작한다. 이진 논리란 모든 상태가 두 상태 중의 하나로 존재한다는 것을 의미한다. 이들 두 상태는 "HIGH", "LOW", "ON", "OFF", "YES", "NO" 또는 "0", "1"의 두 상태가 될 수 있다. 예를 들어 전구는 스위치를 켜거나 꺼서 "ON", "OFF" 상태로 할 수 있고 전동기는 운전 상태 또는 정지 상태로 할 수 있다. 이 회로에 적용된 이진 논리는 결정론의 기본이 된다. 논리 회로는 논리적인 결정을 수행하는 한 개 또는 그 이상의 입력과 그 결론을 출력하는 한 개의 출력부분으로 구성되는 장치를 말한다. 그림 2.1과 그림 2.2는 논리 회로의 결정이 어떻게 이루어지는지를 보여주는 예이다. 논리란 어떤 동작이 발생하기 전 한 개 또는 그 이상의 다른 요소들이 입력되었을 때 동작을 결정을 할 수 있는 능력을 말하는데 이것은 PLC 동작의 기본이 된다.

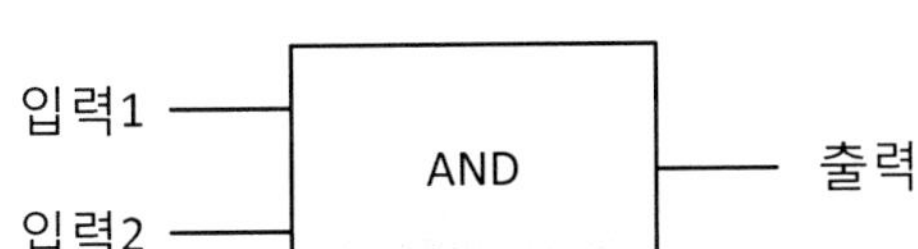

[그림 2.1] 논리 AND

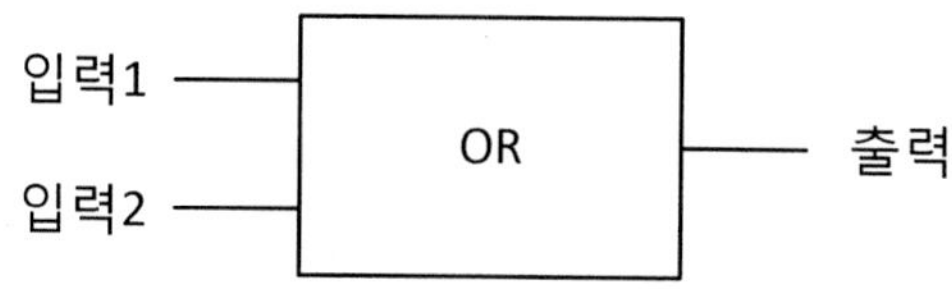

[그림 2.2] 논리 OR

2.2 논리연산

디지털 기기에 의해서 수행되는 동작은 기본적인 논리 함수인 AND, OR, NOT를 기본으로 한다. 각 논리함수는 출력을 결정하는 규칙과 동작을 나타내는 심볼을 가진다. 이러한 디지털 논리회로에서 일반적으로 출력은 Y라고 하고 신호 입력은 A, B, C 등이라 한다. 또한 이진수 "1"은 신호의 존재 또는 사건의 발생을 나타내고, 이진수 "0"은 신호의 부재 또는 사건이 발생하지 않음을 나타낸다.

(1) AND 함수

그림 2.3은 AND 회로를 나타낸다. AND 회로는 두 개 또는 그 이상의 입력과 한 개의 출력을 가지는 장치이다. AND 회로 출력은 단지 모든 입력이 '1'일 때만 출력이 '1'이 된다. 그림 2.3의 진리표는 모든 가능한 입력조합으로부터의 결과 출력을 보여준다.

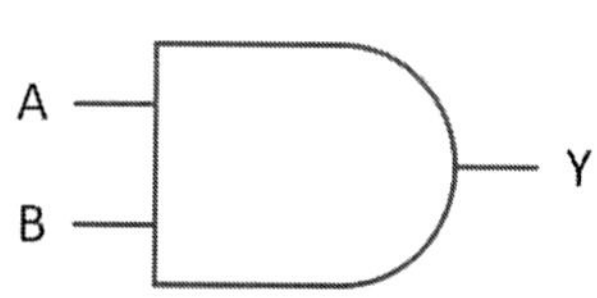

(a) 논리회로

A	B	Y
0	0	0
0	1	0
1	0	0
1	1	1

(b) 진리표

[그림 2.3] AND 논리회로와 진리표

그림 2.4와 그림 2.5는 AND 회로의 실제적인 응용 예를 보여준다. 여기서, 스위치 A, B가 모두 "ON"되면 출력 Y 또는 램프는 활성 상태가 된다(즉 전구가 켜진다). 만약 활성 상태를 논리적 "1" 그리고 비활성 상태를 논리적 "0"라고 하면 그림 2.3과 같이 AND 함수에 대한 진리표가 만들어진다. "1"은 활성 상태를 "0"은 비활성 상태를 설명하는데 사용되었을 때 정논리가 사용된다. 그림 2.5와 같이 AND 회로는 각각의 입력에 전압이 나타났을 때 출력전압이 만들어지는 직렬회로와 같이 동작한다.

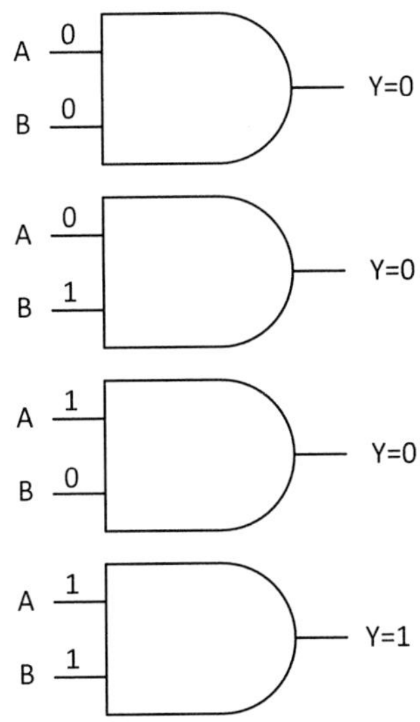

(a) 논리기호

입력		출력
A	B	Y
0	0	0
0	1	0
1	0	0
1	1	1

(b) 진리표

[그림 2.4] AND 논리회로 함수 응용–예1

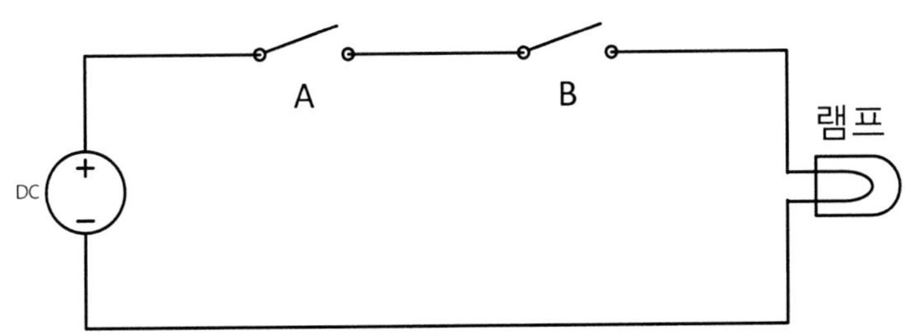

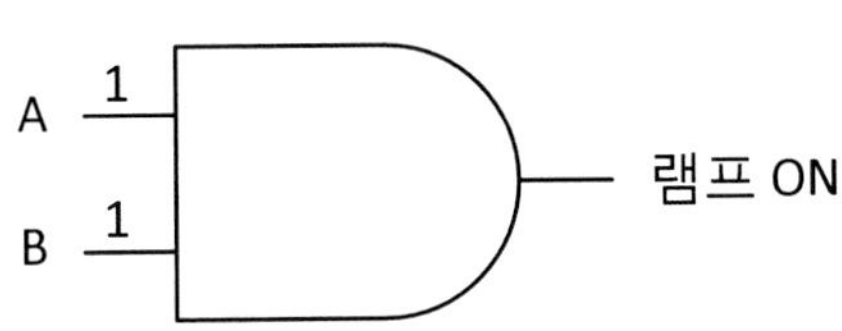

(a) 논리기호

입력		출력
A	B	Y
0	0	0
0	1	0
1	0	0
1	1	1

(b) 진리표

[그림 2.5] AND 논리회로 함수 응용–예2

(2) OR 함수

그림 2.6에 그려진 기호는 OR 회로이다. OR 회로는 여러 개의 입력을 가지지만 출력은 단 한 개만을 가진다. 만약 한 개 이상의 입력이 "1"이라면 OR 회로 출력은 "1"이 된다. 그림 2.6에서 보여준 진리표는 각 입력조합에 대한 출력 Y값을 보여주고 있다.

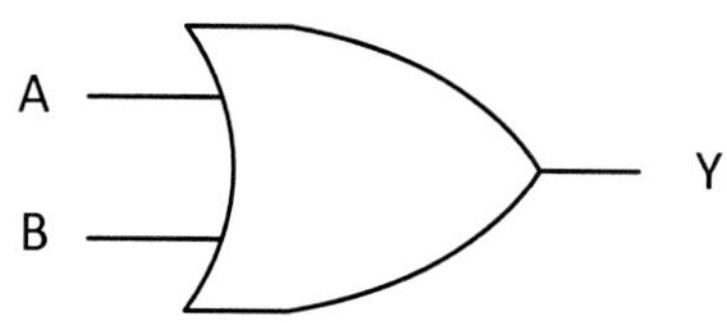

(a) OR 게이트 기호

입력		출력
A	B	Y
0	0	0
0	1	1
1	0	1
1	1	1

(b) 진리표

[그림 2.6] OR 논리 회로

그림 2.7과 그림 2.8은 OR 회로의 실제적인 응용 예를 보여준다. OR 회로는 본질적으로 어떤 입력이든지 하나만 전압이 나타나면 출력전압이 만들어지는 병렬회로로 동작한다.

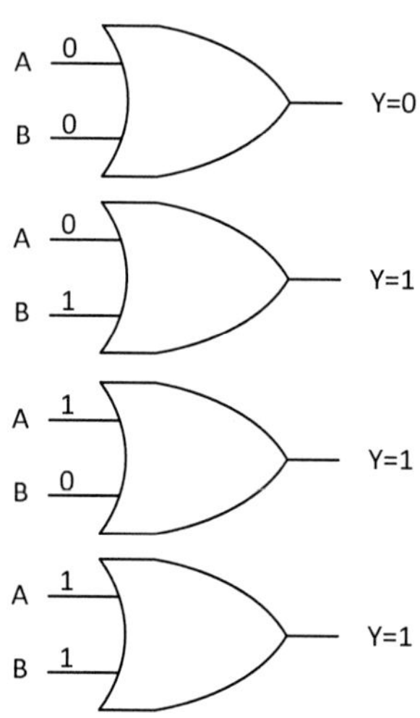

(a) OR 게이트 기호

입력		출력
A	B	Y
0	0	0
0	1	1
1	0	1
1	1	1

(b) 진리표

[그림 2.7] OR 회로 함수 응용-예1

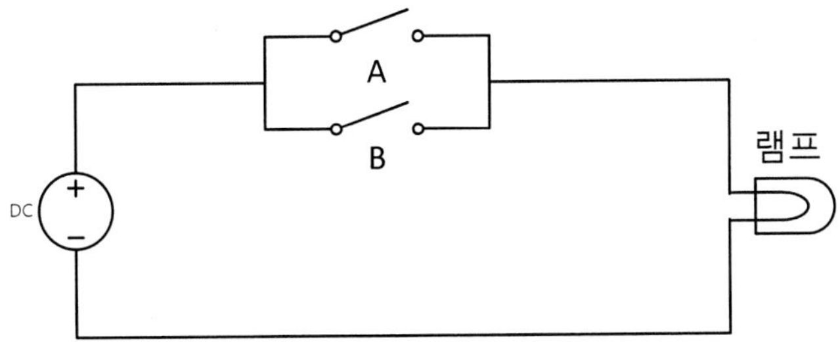

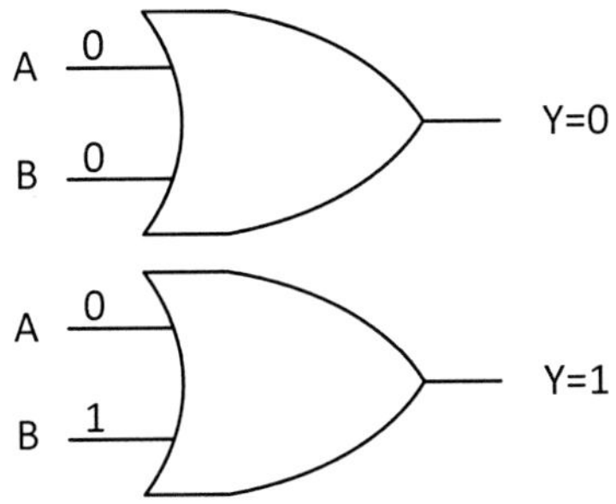

입력		출력
A	B	Y
0	0	0
0	1	1
1	0	1
1	1	1

(a) OR 게이트 기호　　　　(b) 진리표

[그림 2.8] OR 회로 함수 응용-예2

(3) NOT 함수

그림 2.9에서 보여준 심볼은 NOT 함수이다. AND, OR 회로와는 다르게 NOT 함수는 단지 한 개의 입력을 가진다. NOT 함수에서는 입력이 "0"이면 출력이 "1"이 되고, 입력이 "1"이면 출력은 "0"가 된다. NOT 동작의 결과는 항상 입력의 반대이다. 그리고 NOT 함수는 가끔 문자의 위에 바를 그어 표현되기도 한다. 인버터 출력의 작은 원은 상태 표시기로 불리며 논리적 함수의 역이 발생했다는 사실을 나타낸다. 그림 2.10은 NOT 함수의 실제적인 응용 예를 보여준다. 여기서 NC(normally closed)형 푸시버튼이 출력과 직렬로 연결되어 있다. 푸시버튼이 동작하지 않을 때 출력은 "ON"이고 푸시버튼이 동작했을 때 출력은 "OFF"이다.

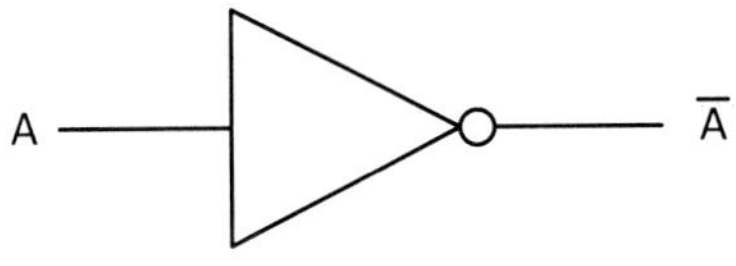

입력	출력
0	1
1	0

(a) NOT 게이트 기호　　　　(b) NOT 논리회로 진리표

[그림 2.9] NOT 함수 기호

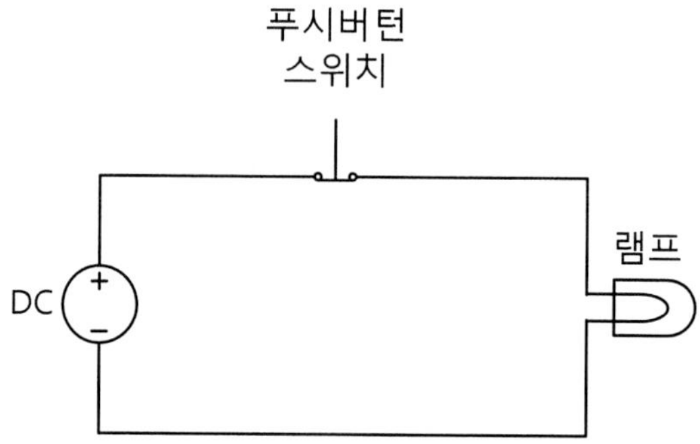

[그림 2.10] NOT 회로 함수 응용 예

(4) NAND 함수

AND 회로의 출력에 있는 NOT 심볼은 회로 출력을 반전시킨다. 반전된 출력을 가지는 AND 회로는 NAND 회로라 한다. 그림 2.11은 NAND 회로의 심볼과 진리표를 보여준다.

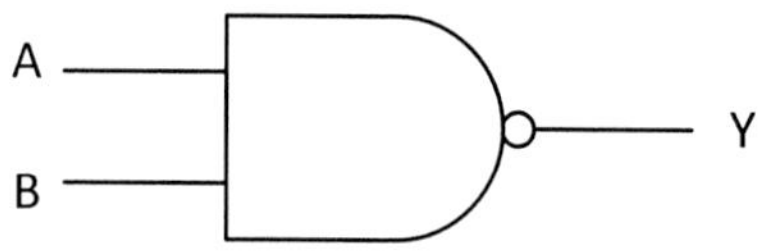

(a) NAND 게이트 기호

A	B	Y
0	0	1
0	1	1
1	0	1
1	1	0

(b) NAND 논리회로 진리표

[그림 2.11] NAND 회로 심볼과 진리표

NAND 회로는 가끔 집적회로의 논리 배열에 이용된다. 그리고 PLC에서 복잡한 논리를 해결하기 위하여 사용될 수 있다.

(5) NOR 함수

NOT 심볼이 OR 회로의 출력에 붙어 있다면 똑같은 결과를 가져온다. 즉 회로의 출력값은 반전된다. 그리고 이 함수는 NOR 회로라 한다. 그림 2.12는 NOR 회로 심볼과 진리표를 보여준다.

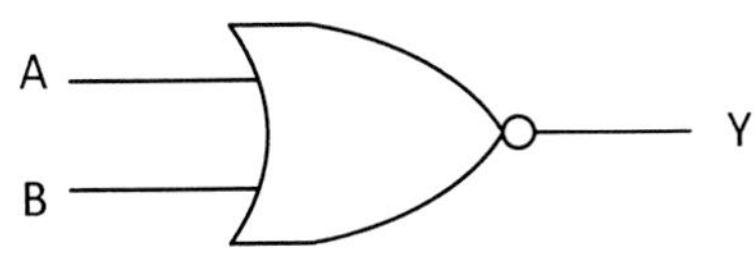

A	B	Y
0	0	1
0	1	0
1	0	0
1	1	0

(a) NOR 게이트 기호　　　　(b) NOR 논리회로 진리표

[그림 2.12] NOR 회로 심볼과 진리표

(6) 배타적-OR(XOR) 함수

그림 2.13은 XOR 함수의 논리회로와 논리회로의 진리표를 보여준다. 이 회로의 출력은 단지 두 입력 중 한 개의 입력이 "HIGH"일 때만 출력이 "HIGH"가 된다. XOR 회로는 일반적으로 두 이진수의 비교를 위하여 이용된다.

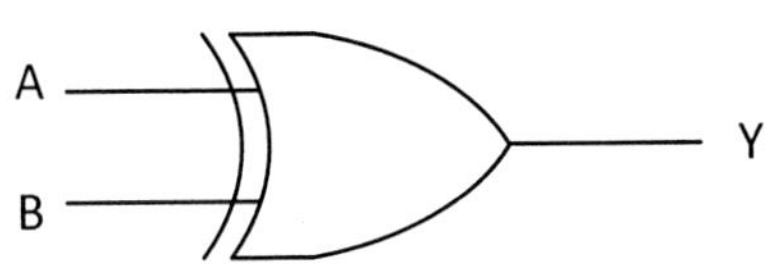

A	B	Y
0	0	0
0	1	1
1	0	1
1	1	0

(a) XOR 게이트 기호　　　　(b) XOR 논리회로 진리표

[그림 2.13] XOR(배타적-OR)회로 심볼과 진리표

2.3 불 대수

불 대수는 18세기 중반 조지 불이 고안한 논리 수학의 대표적 형태이다. 이 불 대수는 디지털 회로 설계에 있어서 필수적인 지식이며, 이진 체계와 이진 논리에 대한 수학적 이론 토대를 제공한다. 불 대수를 이용하면 디지털 회로 설계 또는 PLC 프로그램에 필요한 복잡한 논리적 표현을 간단하게 구현할 수 있다.

다음은 불대수의 기본 법칙을 보여준다.

(1) 0과 1의 법칙

㉠ $A + 0 = A$

㉡ $A \cdot 1 = A$

㉢ $A + 1 = 1$

㉣ $A \cdot 0 = 0$

㉤ $A + \overline{A} = 1$

㉥ $A \cdot \overline{A} = 0$

(2) 동일 법칙

㉠ $A + A = A$

㉡ $A \cdot A = A$

(3) 교환법칙

㉠ $A + B = B + A$

㉡ $A \cdot B = B \cdot A$

(4) 결합법칙

㉠ $A + (B + C) = (A + B) + C$

㉡ $A + (B \cdot C) = (A + B) \cdot (A + C)$

(5) 분배법칙

㉠ $A \cdot (B + C) = A \cdot B + A \cdot C$

㉡ $A + (B \cdot C) = (A + B) \cdot (A + C)$

(6) 흡수 법칙

㉠ $A + A \cdot B = A(1 + B) = A$

㉡ $A + (\overline{A} \cdot B) = (A + \overline{A}) \cdot (A + B) = A+B$

㉢ $$\begin{aligned} A + \overline{A} \cdot B &= A(1 + B) + \overline{A} \cdot B \\ &= A + A \cdot B + (\overline{A} \cdot B) \\ &= A + B(A + \overline{A}) \\ &= A + B \end{aligned}$$

㉣ $A \cdot (A + B) = A \cdot A + A \cdot B$

$$= A + A \cdot B$$
$$= A(1 + B)$$
$$= A$$

(7) 누승 법칙

$$\overline{\overline{A}} = A$$

(8) 드 모르강 법칙

㉠ $\overline{A + B} = \overline{A} \cdot \overline{B}$

㉡ $\overline{A \cdot B} = \overline{A} + \overline{B}$

표 2.1은 불 대수 공리를 보여준다.

[표 2.1] 불대수 공리

	공리1	공리2	공리3	공리4	공리5
①	$A \neq 0$ 이면 $A = 1$	$0 \cdot 0 = 0$	$1 \cdot 1 = 1$	$0 \cdot 1 = 0$	$1' = 0$
②	$A \neq 0$ 이면 $A = 1$	$0 + 0 = 0$	$1 + 1 = 1$	$0 + 1 = 1$	$0' = 1$
③	$A \neq 1$ 이면 $A = 0$				
④	$A = 0$ 이면 $A' = 1$				

논리기호	부울 대수식	설명
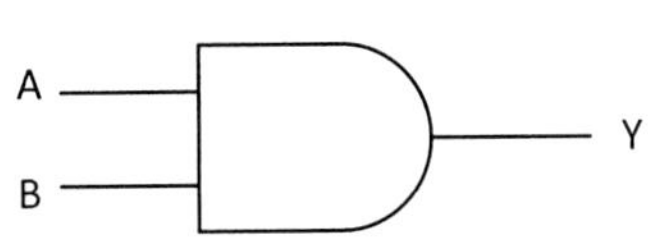	Y=A · B Y=AB	A와 B가 모두 1이면 Y는 1이 된다.
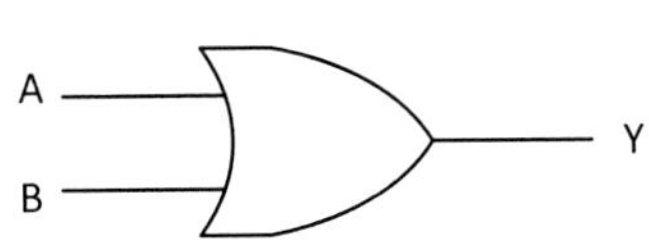	Y=A+B	A 또는 B가 1이면 Y는 1이 된다.
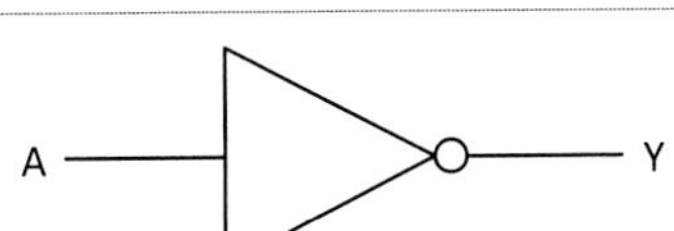	Y=$\overline{A}$	A가 1이면 Y는 0 A가 0이면 Y는 1

[그림 2.14] AND, OR 그리고 NOT 함수와 관련된 불 대수

몇몇 부울 대수식의 법칙은 이진 대수식의 규칙과 다른 형식을 가지고 있다. 그림 2.14에서 보여준 3개의 기본적인 법칙은 부울 대수와 이진 대수 사이를 잘 비교해 주고 있다. 뿐만 아니라 두 대수 사이의 차이점도 잘 보여준다.

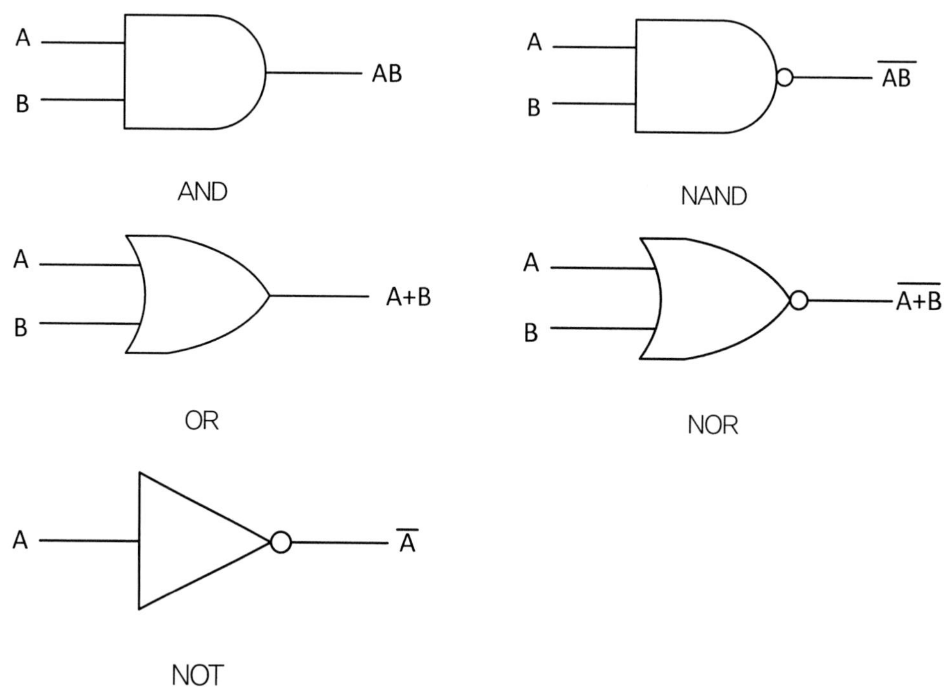

[그림 2.15] 불 대수식-예1

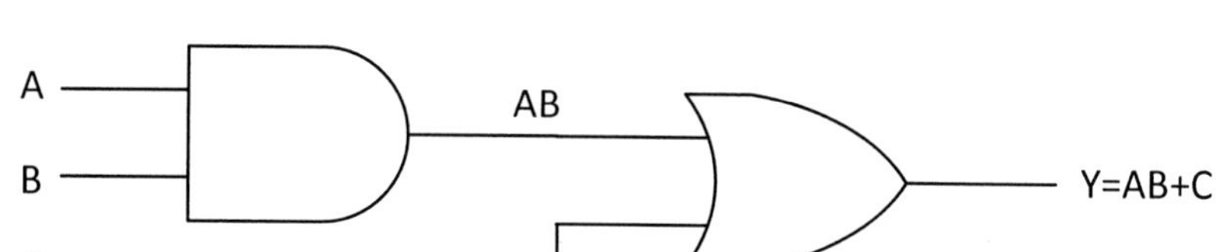

(a)

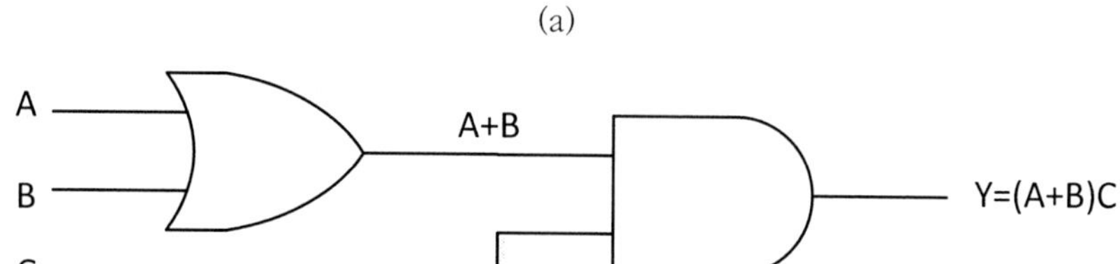

(b)

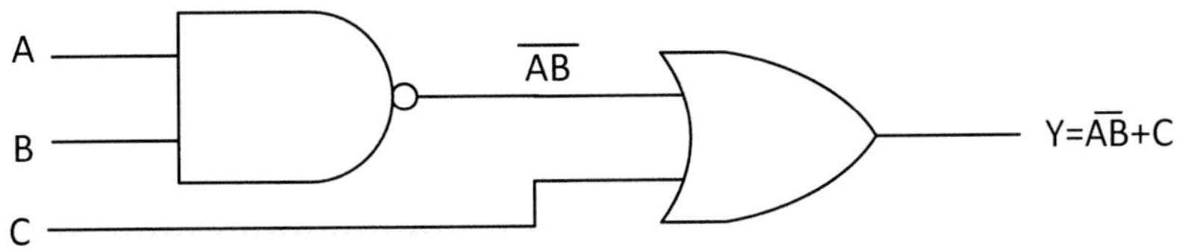

(c)

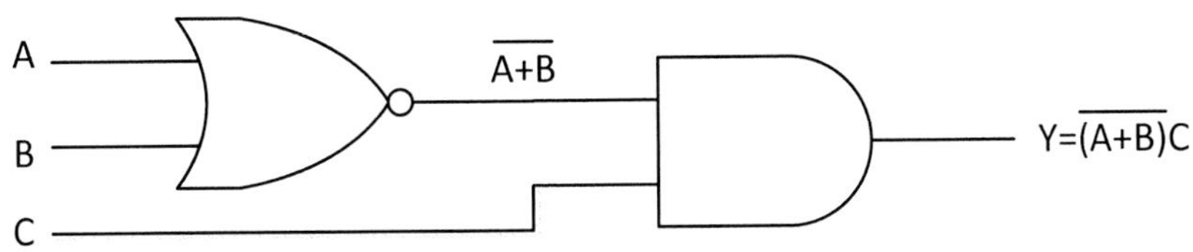

(d)

[그림 2.16] 불 대수식-예2

드-모르강 법칙은 불 대수의 가장 중요한 규칙 중 하나이다. 드-모르강 법칙은 그림 2.17과 같이 어떤 논리적 함수가 AND 회로와 인버터 또는 OR 회로와 인버터로서 충족되어질 수 있다는 사실을 보여준다.

$$\overline{AB} = \overline{A}+\overline{B}$$

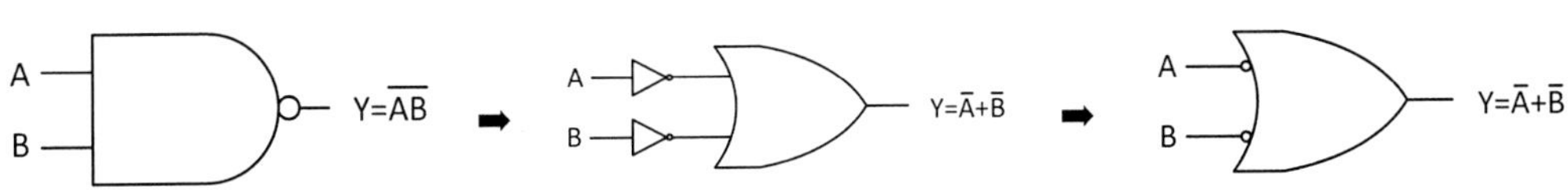

$$\overline{A+B} = \overline{A}+\overline{B}$$

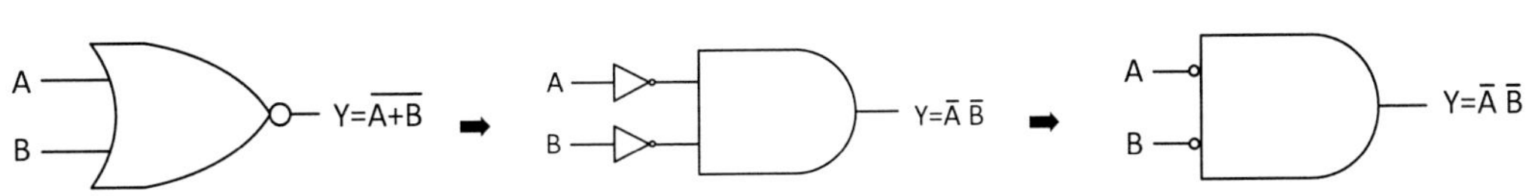

[그림 2.17] 드-모르강 법칙

2.4 불 표현으로부터 회로 구성

논리 회로가 보다 복잡해짐에 따라서 이러한 회로를 불 형식으로 표현해야 될 필요성이 점점 커지고 있다. 간단한 논리 회로는 동작이 상당히 쉽다. 하지만 이러한 회로들의 조합이 모여지면 어떤 입력 조합이 어떤 출력을 만들어낼지를 결정하는 것이 점점 어려워진다. 그림 2.18, 그림 2.19는 불 표현으로 회로를 전개하기 위하여 사용된 방법을 보여준다.

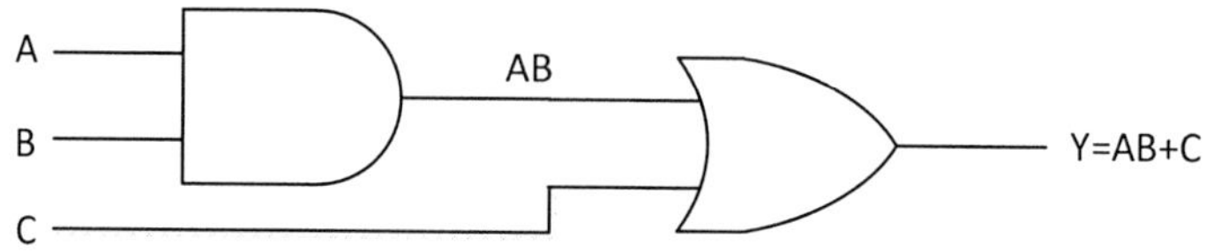

[그림 2.18] 불 대수식을 이용한 회로 전개-예1

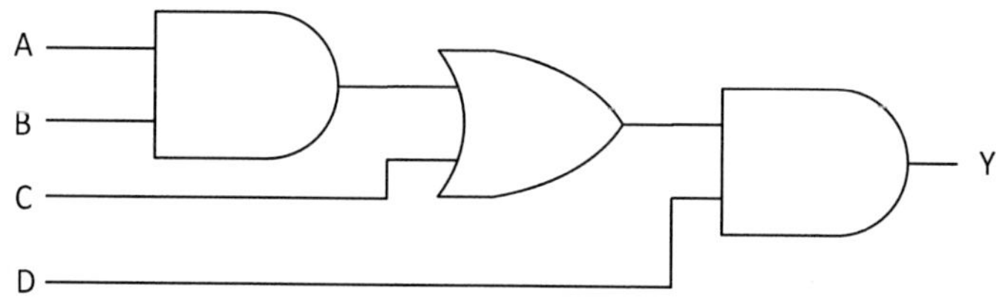

[그림 2.19] 불 대수식을 이용한 회로전개-예2

2.5 회로로부터 불 대수식 유도

그림 2.20과 그림 2.21는 주어진 회로로부터 어떻게 불 대수식을 만들어내는가를 보여준다.

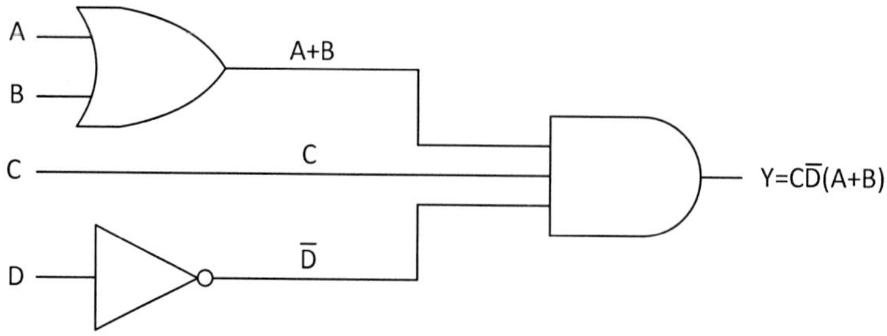

$$Y = C\overline{D}(A+B)$$

[그림 2.20] 주어진 회로로부터 불 대수식 유도-예1

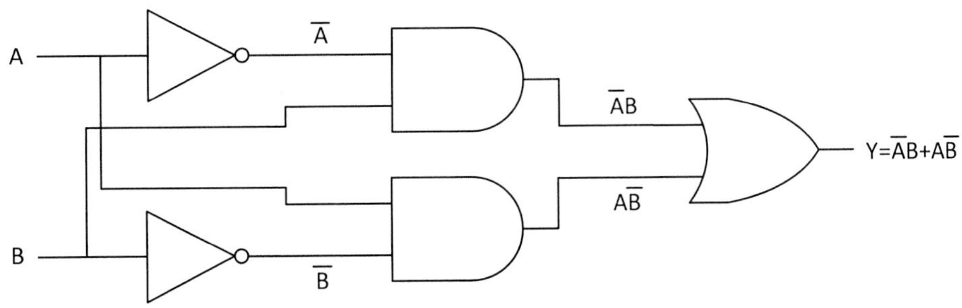

$$Y=\overline{A}B+A\overline{B}$$

[그림 2.21] 주어진 회로로부터 불 대수식 유도-예2

2.6 카르노 맵을 이용한 불대수의 간략화

카르노 맵은 1953년 모리스 카르노(Maurice Karnaugh)에 의하여 소개되었으며, 복잡한 논리식을 간략화 하기 위하여 사용되는 진리표의 2차원적인 표현이다. 일반적으로 입력변수가 2~5개 정도일 경우에 대단히 효과적인 방법이다. 변수가 5개를 초과하는 경우에는 다른 방법이 사용된다. 카르노 맵은 여러 개의 사각형으로 된 그림으로, 진리표의 각 항(최소항 또는 최대항)들은 카르노 맵 각 한 칸의 사각형에 표시된다. 그리고 카르노 맵에서의 간소화 규칙에 따라 과정을 거치면 간략화된 불 대수식을 얻을 수 있다. 카르노 맵에서의 간소화 과정은 다음과 같다.

■ 카르노 맵에서의 간소화 과정

① 논리회로를 부울 함수로 표시
② 진리표로 나타낸다.
③ 카르노 맵에 진리표의 각 값을 적합한 칸에 기입
④ SOP(Sum Of Products)로 최소화할 때는 '1'로 구성되는 최대 인접항으로 묶고 POS(Product Of Sums)로 최소화할 때는 '0'으로 구성되는 최대 인접항으로 묶는다.
⑤ 각 항들은 중복되어 묶일 수 있다.
⑥ 모든 최소항은 한 번 이상은 묶여야 한다.
⑦ 큰 항의 묶음에서 남아있는 변수들로 간소화된 부울식을 구한다.
- 정규(X) 및 반전($\overline{X}$)인 변수가 묶음 내에 존재하면 그 변수는 식으로부터 소거
- 모든 칸에 나타나는 같은 변수는 최종식에 남는다.
- 보다 큰 1(0)의 묶음은 더 많은 수의 변수를 소거시킨다.

- '1'로 묶은 함수는 정규형이므로 SOP로 바로 구하여진다.
- '0'으로 묶은 함수는 보수형이므로 그 결과를 반전하여 POS형의 정규함수를 구한다.

(1) 2변수 카르노 맵

2변수 카르노 맵은 2개의 2진 변수에 대한 4개의 최소항으로 구성되어 있다. 각 최소항은 각각 하나씩 4개의 사각형에 배치된다.

X \ Y	$\overline{Y}$	Y
$\overline{X}$	m_0	m_1
X	m_2	m_3

[그림 2.22] 2변수 카르노 맵

(예 2.1) 다음의 논리식을 카르노 맵을 이용하여 간략화하시오.

$$f = \overline{A}\,\overline{B} + \overline{A}B + A\overline{B}$$

① 각 최소항을 표의 해당 칸에 각각 배치한다.

② 각각의 항을 2, 4, 8, 16개의 인접항으로 묶는다.

카르노 맵

B \ A	$\overline{A}$	A
$\overline{B}$	1	1
B	1	

③ 각 묶여진 항에서 변하지 않는 변수를 추출한다.

④ 그러므로 $f = \overline{A} + \overline{B}$

(예 2.2) 다음의 논리식을 카르노 맵을 이용하여 간략화하시오.

$$f = A + \overline{A}B$$

① 각 최소항을 표의 해당 칸에 각각 배치한다.
② 각각의 항을 2, 4, 8, 16개의 인접항으로 묶는다.

카르노 맵

B \ A	$\overline{A}$	A
$\overline{B}$		1
B	1	1

③ 각 묶여진 항에서 변하지 않는 변수를 추출한다.
④ 그러므로 $f = A + B$

(2) 3변수 카르노 맵

3변수 카르노 맵은 3개의 2진 변수에 대한 8개의 최소항으로 구성되어 있다. 각 최소항은 하나씩 8개의 사각형에 배치된다.

X \ YZ	$\overline{Y}\overline{Z}$	$\overline{Y}Z$	YZ	$Y\overline{Z}$
$\overline{X}$	m_0	m_1	m_3	m_2
X	m_4	m_5	m_7	m_6

[그림 2.23] 3변수 카르노 맵

3변수 맵 구성시 변수의 0과 1 배열 순서에 주의해야 한다. 카르노 맵은 그레이 코드를 기반으로 하고 있으므로 한 번에 하나의 변수만이 변화하게 된다. 따라서 그림 2.24에서 YZ의 변화 순서는 00 → 01 → 11 → 10으로 변화하는 것에 주목한다.

(예 2.3) 카르노 맵을 이용하여 다음 논리식을 간략화하시오.

$$f = \overline{A}BC + \overline{A}B\overline{C} + A\overline{B}C + AB\overline{C}$$

A \ BC	$\overline{BC}$	$\overline{B}C$	BC	$B\overline{C}$
$\overline{A}$			1	1
A		1		1

그러므로 $f = \overline{A}B + B\overline{C} + A\overline{B}C$

(예 2.4) 카르노 맵을 이용하여 다음 논리식을 간략화하시오.

$$f = \overline{ABC} + A\overline{BC} + \overline{A}B\overline{C} + AB\overline{C}$$

카르노 맵

A \ BC	$\overline{BC}$	$\overline{B}C$	BC	$B\overline{C}$
$\overline{A}$	1			1
A	1			1

그러므로 $f = \overline{C}$

(3) 4변수 카르노 맵

WX \ YZ	$\overline{YZ}$	$\overline{Y}Z$	YZ	$Y\overline{Z}$
$\overline{WX}$	m_0	m_1	m_3	m_2
$\overline{W}X$	m_4	m_5	m_7	m_6
WX	m_{12}	m_{13}	m_{15}	m_{14}
$W\overline{X}$	m_8	m_9	m_{11}	m_{10}

[그림 2.24] 4변수 카르노 맵

4변수 카르노 맵은 4개의 2진 변수에 대한 16개의 최소항으로 구성되어 있다. 각 최소항은 하나씩 16개의 사각형에 배치된다.

(예 2.5) 카르노 맵을 이용하여 다음 논리식을 간략화하시오.

$$f=\overline{ABCD}+\overline{ABC}D+\overline{AB}C\overline{D}+\overline{A}B\overline{C}D+\overline{A}BCD+\overline{A}BC\overline{D}+AB\overline{C}D+ABCD$$

$AB \backslash CD$	$\overline{CD}$	$\overline{C}D$	CD	$C\overline{D}$
$\overline{AB}$	1	1		1
$\overline{A}B$		1	1	1
AB		1	1	
$A\overline{B}$				

그러므로 $f=\overline{ABC}+BD+\overline{A}\,C\overline{D}$

(4) Don′t Care에 의한 간략화

어떤 논리함수에서는 입력변수가 있는 조합에 대응하는 출력이 절대로 발생하지 않는 경우가 있다. 그 대표적인 예가 BCD 코드의 경우이다. BCD 코드는 아래 표와 같이 입력변수 ABCD의 조합이 $10_{(10)}$ ~ $15_{(10)}$로 되는 조건은 발생하지 않는다. 따라서 그때의 논리 출력 f는 '0'이거나 '1'의 어느 쪽도 상관없게 되어 이것을 Don′t Care라 부르고 통산 d 또는 x를 기입한다.

Don′t Care는 카르노 맵을 이용하여 간략화할 때 대단히 융통성을 지닌 작용을 발생한다. 즉, 0이나 1일지라도 마음대로 해석해도 되는 것이다.

(예 2.6) Don′ t Care가 있는 논리 함수의 표현

10진	A	B	C	D	f
0	0	0	0	0	1
1	0	0	0	1	0
2	0	0	1	0	0
3	0	0	1	1	1
4	0	1	0	0	1
5	0	1	0	1	0
6	0	1	1	0	0
7	0	1	1	1	1
8	1	0	0	0	1
9	1	0	0	1	0
10	1	0	1	0	d
11	1	0	1	1	d
12	1	1	0	0	d
13	1	1	0	1	d
14	1	1	1	0	d
15	1	1	1	1	d

카르노 맵

$CD \backslash AB$	$\overline{A}\,\overline{B}$	$\overline{A}B$	AB	$A\overline{B}$
$\overline{C}\,\overline{D}$	1	1	d_{12}	1
$\overline{C}D$			d_{13}	
CD	1	1	$d15$	d_{11}
$C\overline{D}$			d_{14}	d_{10}

그러므로 $f = CD + \overline{C}\,\overline{D}$로 간략화된다.

2.7 결선 논리와 프로그램 논리

시퀀스 제어로 알려진 결선논리는 장치들을 전선을 이용하여 서로 연결함으로서 결정된다. 결선 논리는 릴레이나 릴레이 래더도 이용하여 구현될 수 있으며, 릴레이 래더도는 산업체에서 광범위하게 이용된다. 그림 2.25는 상태표시등을 가진 전동기 정지/기동 제어 시스템의 전형적인 래더도를 보여준다.

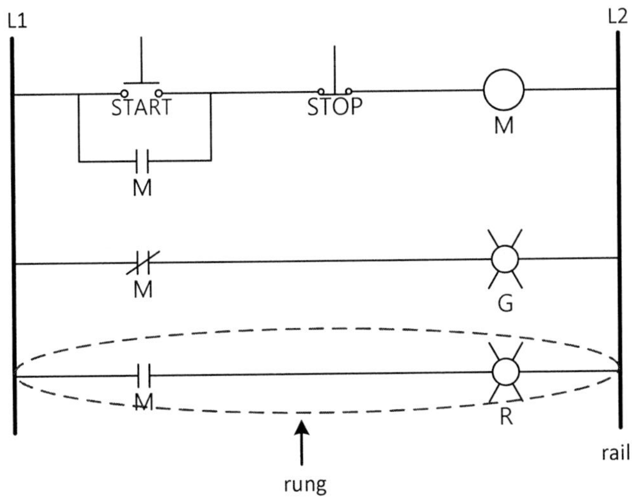

[그림 2.25] 릴레이 래더도

제어도는 수직으로 그려진 두 개의 전원 공급선 사이에 그려진다. 모든 요소는 레일(rail) 또는 레그(leg)라고 하는 이들 두 선 사이에 놓여진다. 그리고 이들 두 전원선을 연결하는 것이 마치 사다리의 렁과 같이 보이기 때문에 래더 논리 프로그램이라고 한다.

결선 논리는 고정적이다. 즉 이것은 연결된 장치들을 바꾸어야만 변경할 수 있다. 이와 대조적으로 프로그래머블 논리는 기본적인 논리 함수를 토대로 하고 있으며 이것은 프로그래머블하고 쉽게 변경할 수 있다.

이들 함수(AND, OR, NOT)는 장치가 온 또는 오프 할 것인가를 결정하는 명령어를 구성하기 위하여 단독 또는 조합으로 사용된다. 이들 명령어가 PLC에게 명령을 전달하기 위하여 적용되는 형식을 래더 논리라 한다. 가장 일반적인 PLC 언어는 래더 논리이다. 그림 2.26에서 그림 2.25의 릴레이 래더도를 위한 전형적인 논리 프로그램을 볼 수 있다.

사용된 명령어는 NO(Normally Open)접점, NC(Normally Closed)접점 그리고 코일의 등가 릴레이이다. 접점 심볼은 릴레이 제어회로에서 사용된 심볼 항으로 제어논리를 표현하는 간단한 방법이다. 렁(rung)은 어떤 출력을 제어하기 위하여 필요한 접점의 상징적 표현이다. 몇몇

PLC는 렁(rung)이 다중 출력을 가질 수 있도록 한다. 그래서 완전한 래더 논리 프로그램은 몇 개의 렁(rung)으로 구성되며 그 각각은 출력을 제어한다.

PLC는 래더 논리도를 이용하기 때문에 기존의 릴레이 논리로부터 프로그램 논리로의 변환이 간단하다. 각 렁(rung)은 왼쪽으로부터 오른쪽으로 연결된 입력조건(심볼)의 조합이며 가장 오른쪽의 심볼은 출력을 나타낸다.

입력을 나타내는 심볼은 원하는 논리를 얻기 위하여 직렬, 병렬 또는 이들 두 가지의 조합으로 연결되어진다. 다음의 예들은 릴레이 래더도, 래더 논리도 프로그램, 등가논리 회로 사이의 관계를 보여준다.

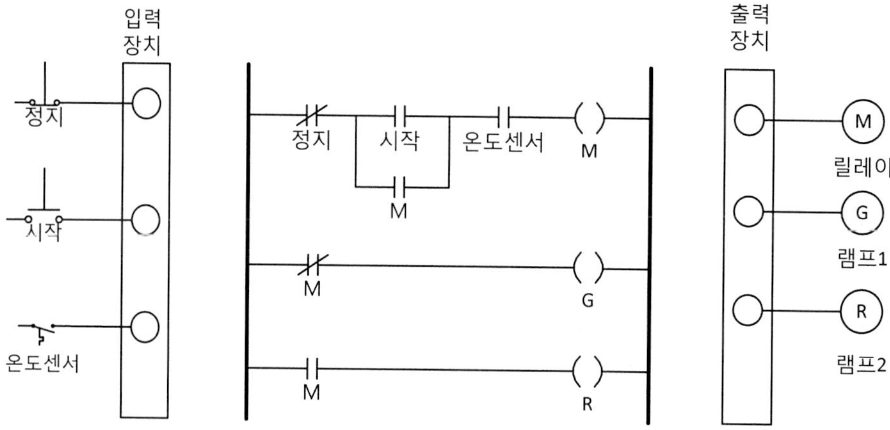

[그림 2.26] 래더 논리 프로그램

(예 2.6) 두 개의 리밋 스위치가 직렬로 연결되어 솔레노이드 밸브를 제어하기 위하여 사용되었다.

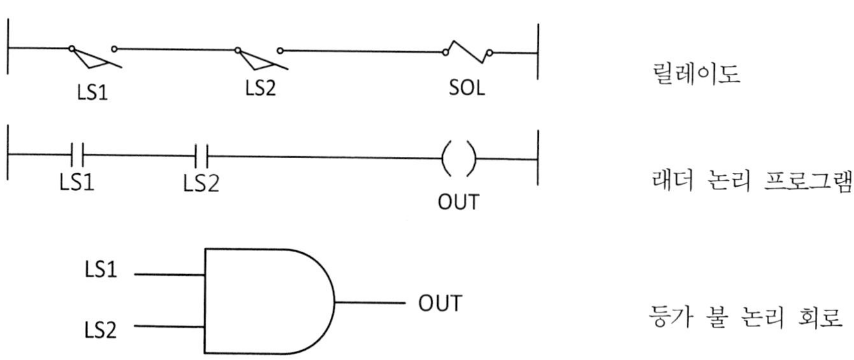

(예 2.7) 두 개의 리밋 스위치가 병렬로 연결되어 솔레노이드 밸브를 제어하기 위하여 사용되었다.

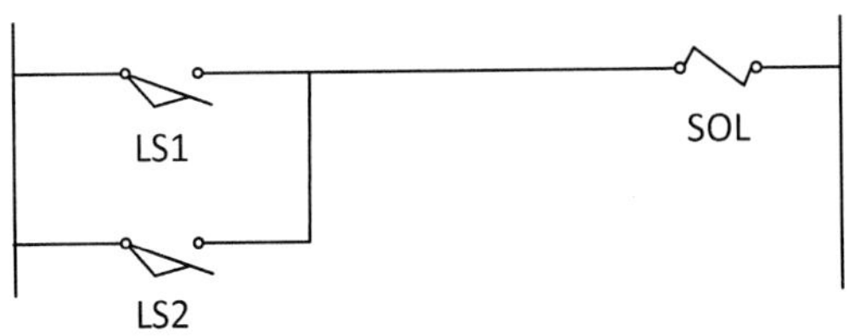

릴레이도

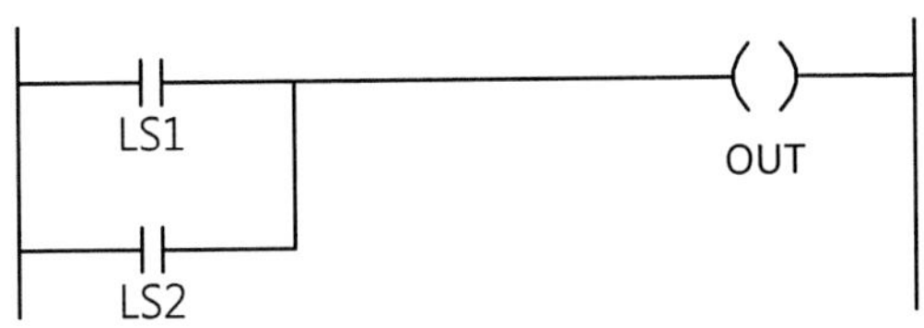

래더 논리 프로그램

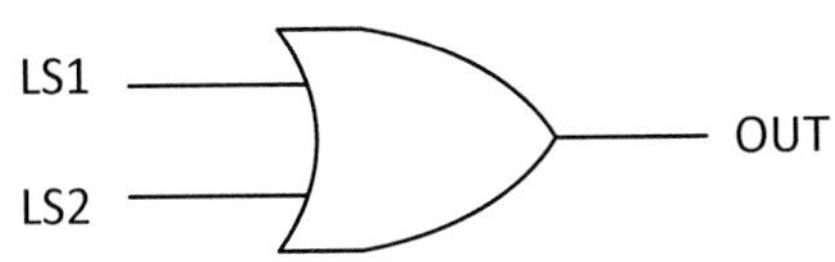

등가 불 논리 회로

(예 2.8) 두 개의 리밋 스위치가 서로 병렬로 연결되었고 이것은 다시 한 개의 릴레이 접점과 직렬로 연결되어 표시등을 제어하기 위하여 사용된다.

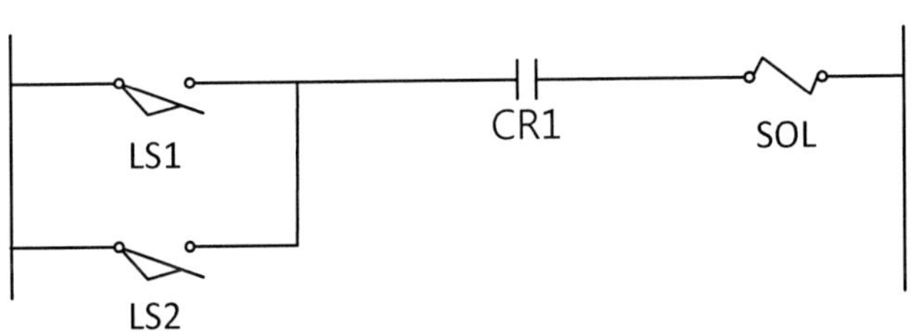

릴레이도

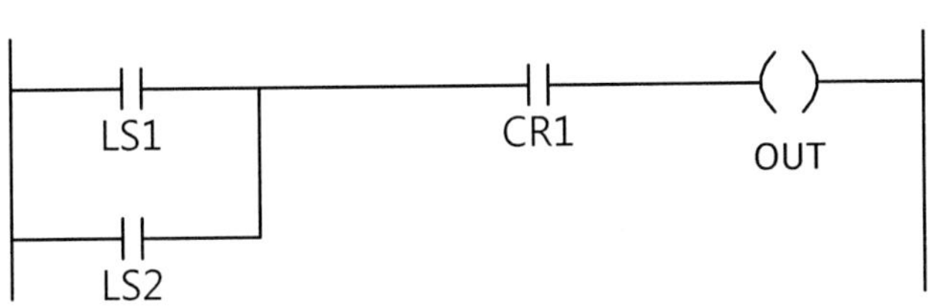

래더 논리 프로그램

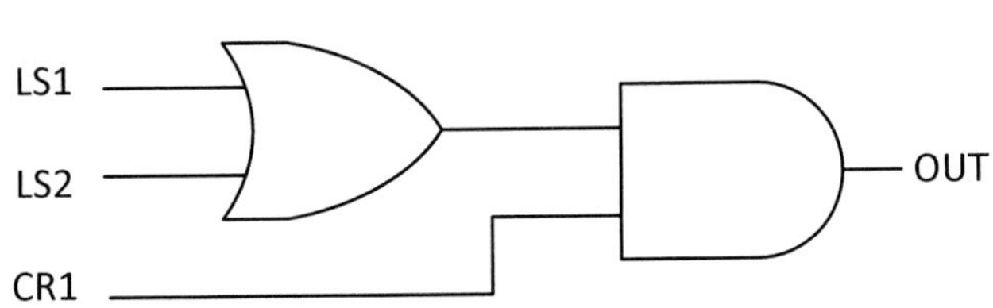

등가 불 논리 회로

(예 2.9) 두 개의 리밋 스위치가 서로 병렬로 연결되었고 이것은 다시 병렬로 연결된 두 개의 릴레이 접점과 직렬로 연결되어 표시등을 제어하기 위하여 사용된다.

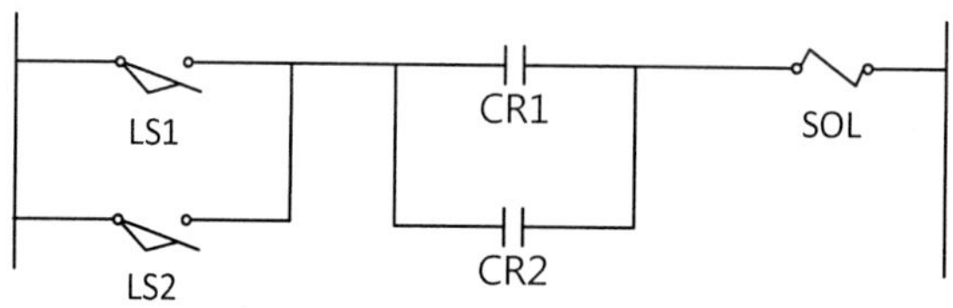

릴레이도

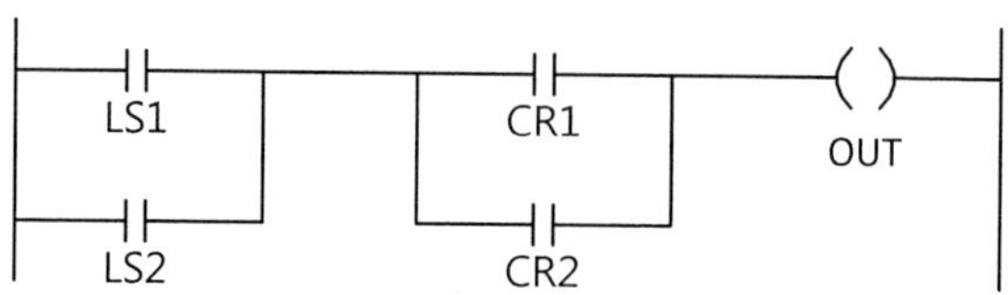

래더 논리 프로그램

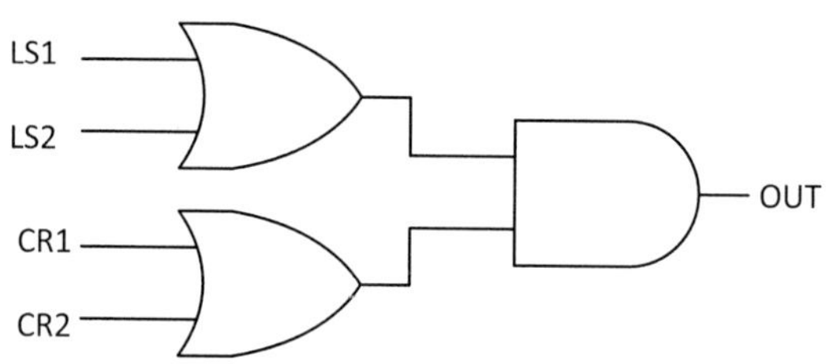

등가 불 논리 회로

(예 2.10) 두 개의 리밋 스위치가 직렬로 연결되고 이것은 다시 세 번째 리밋 스위치와 병렬로 연결되어 경고용 부저를 제어하기 위하여 사용된다.

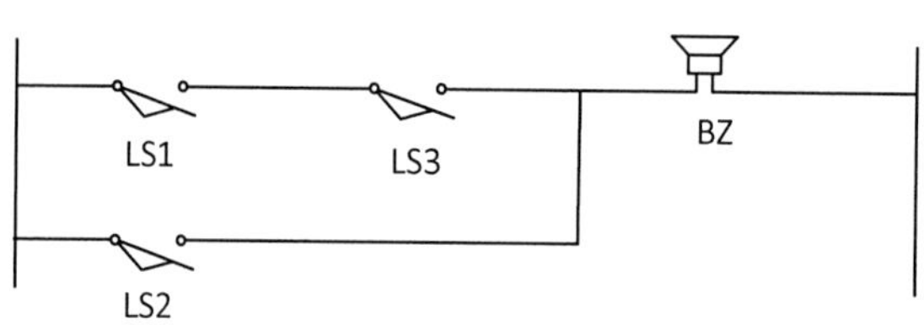

릴레이도

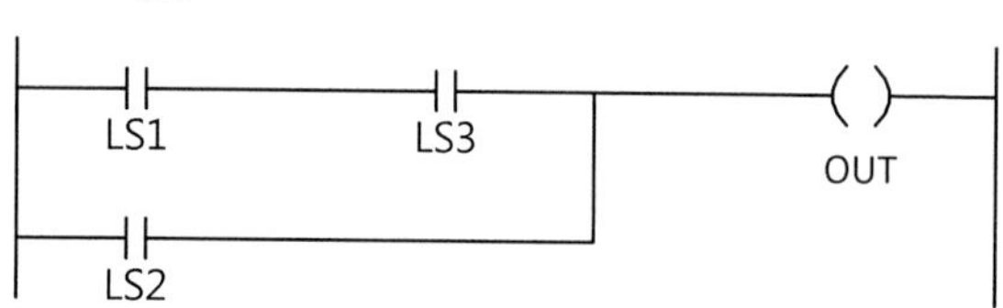

래더 논리 프로그램

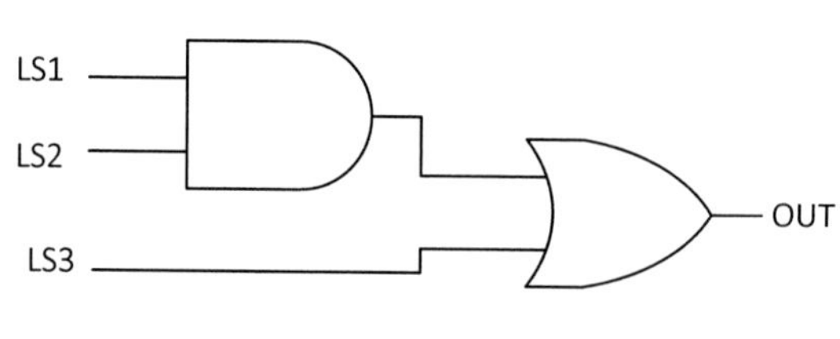

등가 불 논리 회로

(예 2.11) 두 개의 리밋 스위치가 직렬로 연결되고 이것은 다시 두 개의 직렬연결 리밋 스위치와 병렬로 연결되어 표시등을 제어하기 위하여 사용된다.

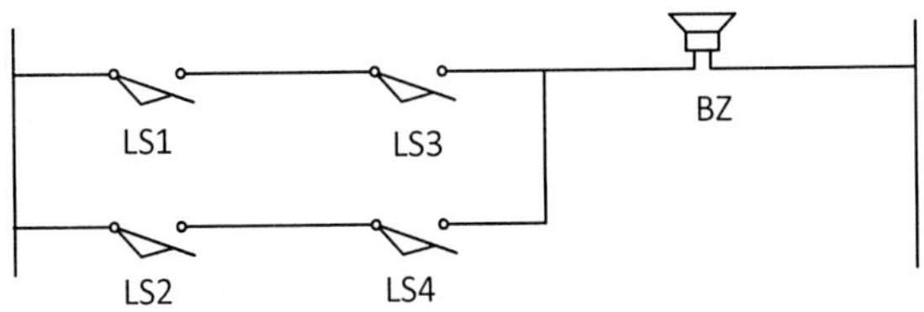

릴레이도

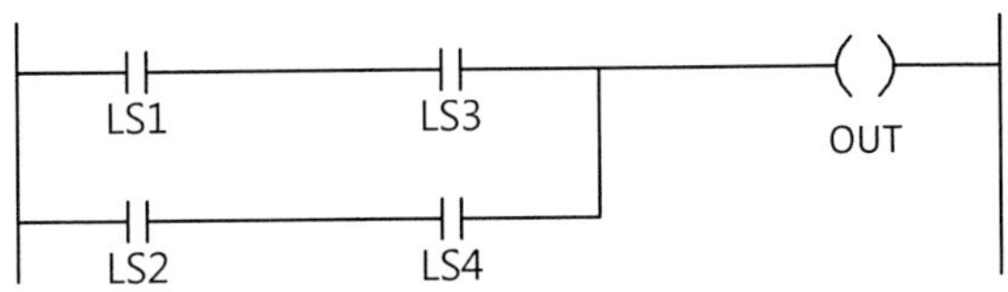

래더 논리 프로그램

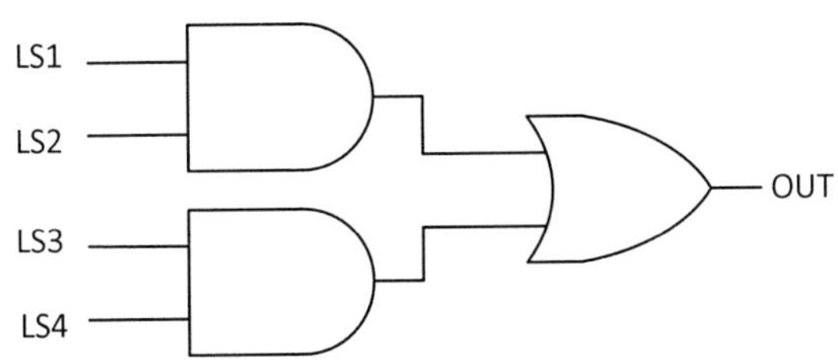

등가 불 논리 회로

(예 2.12) 하나의 리밋 스위치가 NC 릴레이 접점과 직렬로 연결되고 이것은 솔레노이드 밸브를 제어하기 위하여 사용된다.

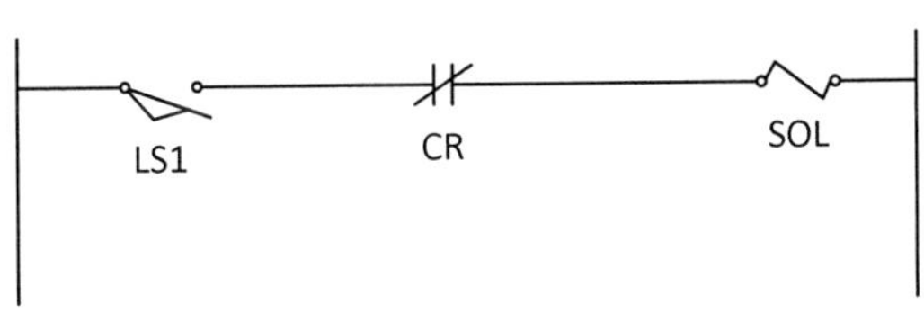

릴레이도

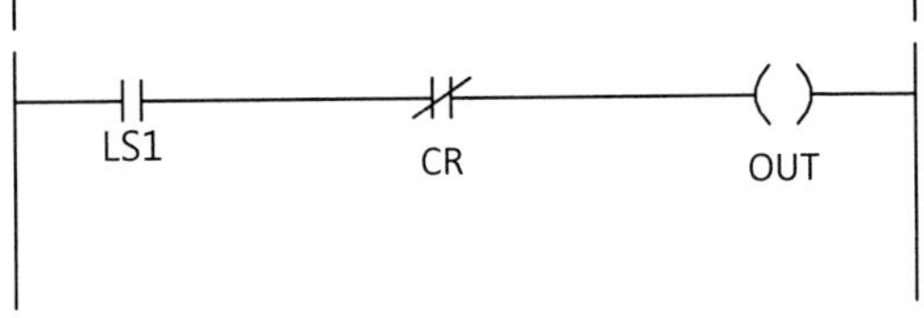

래더 논리 프로그램

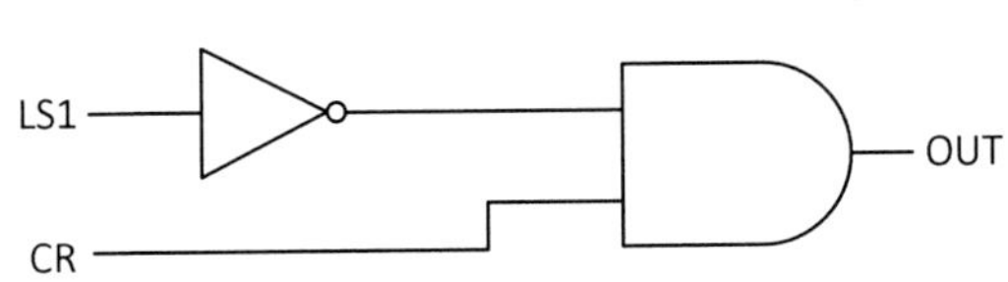

등가 불 논리 회로

(예 2.13) 배타적 OR 회로. 이 회로의 출력은 부시버튼 스위치 A ,B 모두가 눌러졌을 때가 아니라 두 개 중 하나가 눌러졌을 때만 온 된다. ⊕기호는 배타적 OR 심볼

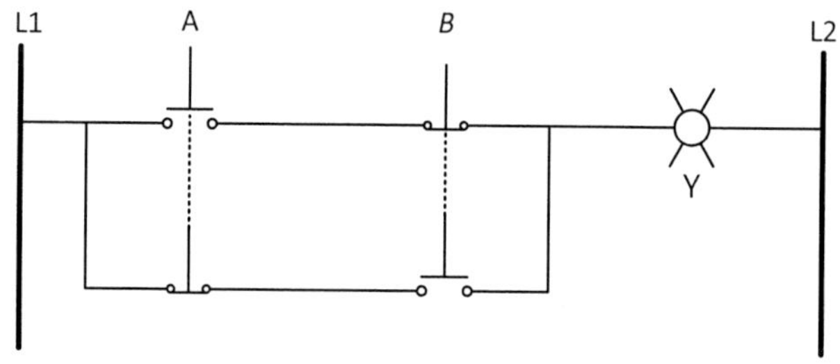

릴레이도

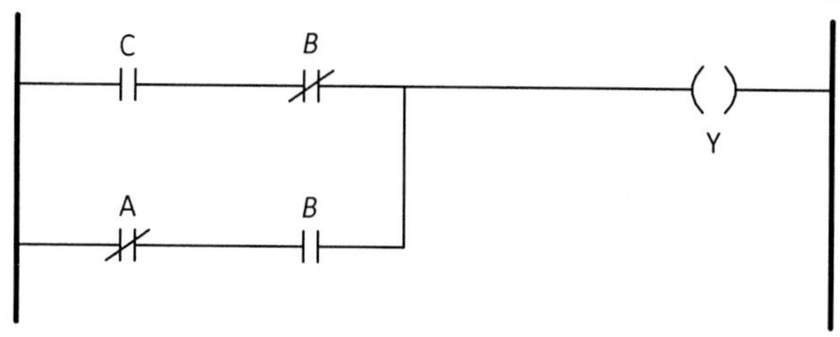

래더 논리 프로그램

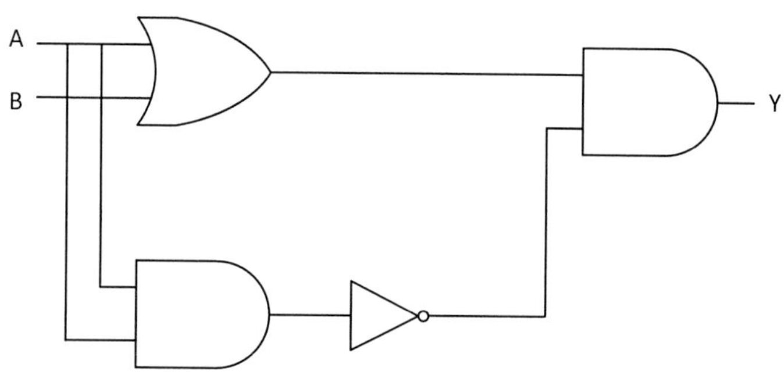

등가 불 논리 회로

(예 2.14) 두 개의 정지 스위치를 가진 전동기 제어회로. 기동 버튼이 눌러지면 전동기는 운전된다. 자기 유지회로에 의하여 기동 버튼이 복귀해도 운전상태를 유지한다. 정지 버튼이 눌러지면 전동기는 정지한다.

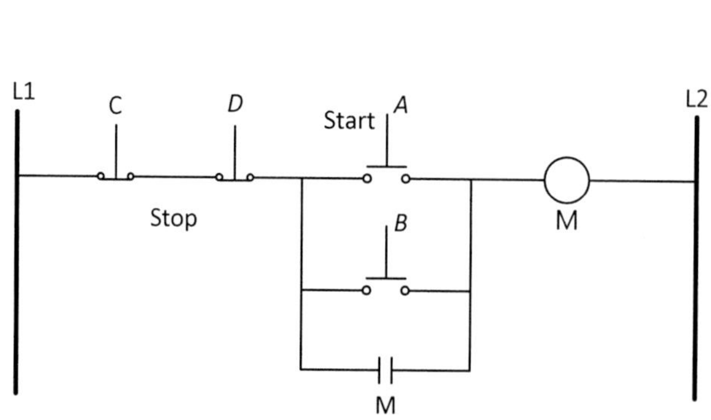

릴레이도

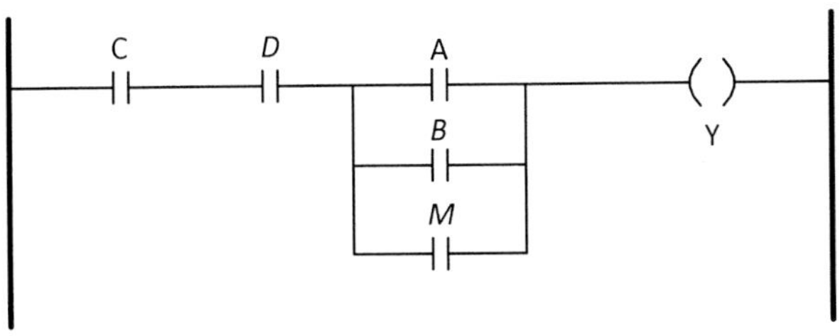

래더 논리 프로그램

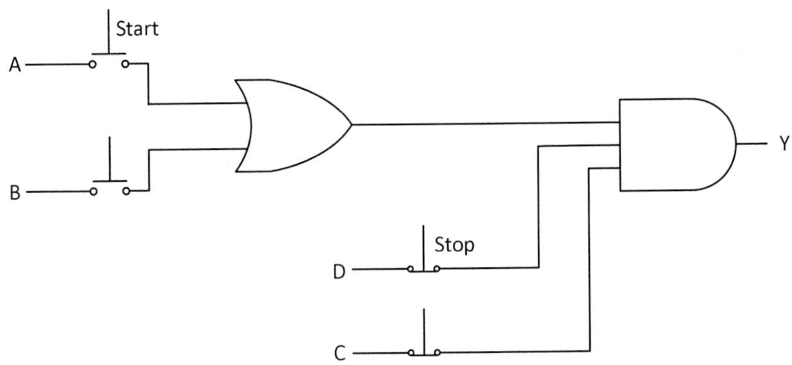

등가 불 논리회로

2.8 비트연산

일부 PLC는 비트 연산 명령어를 제공한다. 그림 2.27은 두 데이터의 비트 AND 동작을 수행하기 위한 비트 AND 명령어의 동작을 보여준다. 그림 2.28은 비트 OR 연산 동작을 보여준다. 이 동작은 소스 A에 있는 데이터와 소스 B에 있는 데이터를 비트 단위로 OR 연산을 실행한다. 그리고 그 결과는 목적지 주소에 저장된다. 그림 2.29는 XOR 연산 동작을 보여준다. XOR 동작은 각 비트가 서로 일치하지 않을 경우 "1"이 되고 서로 일치하는 경우 "0"이 된다. XOR는 리밋 스위치와 같은 실제 입력과 원하는 상태를 비교하는 진단용으로 이용된다. 그림 2.30은 NOT 연산 동작을 보여준다. 각 비트를 반전시키는 동작을 수행한다.

1	0	1	1	0	0	1	0
1	1	0	1	1	0	1	1
1	0	0	1	0	0	1	0

[그림 2.27] 비트 AND 연산

1	0	1	1	0	0	1	0
1	1	0	1	1	0	1	1
1	1	1	1	1	0	1	1

[그림 2.28] OR 연산

1	0	1	1	0	0	1	0
1	1	0	1	1	0	1	1
0	1	1	0	1	0	0	1

[그림 2.29] XOR 연산

1	0	1	1	0	0	1	0
0	1	0	0	1	1	0	1

[그림 2.30] NOT 연산

학습평가 문제

1 다음에 주어진 각각에 대한 논리회로의 심볼을 그리고 진리표를 작성하시오. 그리고 다음 각각에 대하여 불 대수식을 쓰시오.

㉠ 2입력 AND 회로

㉡ NOT 함수

㉢ 3입력 OR 회로

㉣ XOR 함수

2 다음 각 논리식으로부터 논리회로를 구성하시오.

㉠ $Y = (A+B)CD$

㉡ $Y = A\overline{B} + \overline{D} + E$

㉢ $Y = [(\overline{A} + \overline{B})C] + DE$

㉣ $Y = (\overline{A}B\overline{C}) + (D\overline{E}F)$

3 다음 결선도로부터 논리식을 도출하고 논리 회로를 구성하시오.

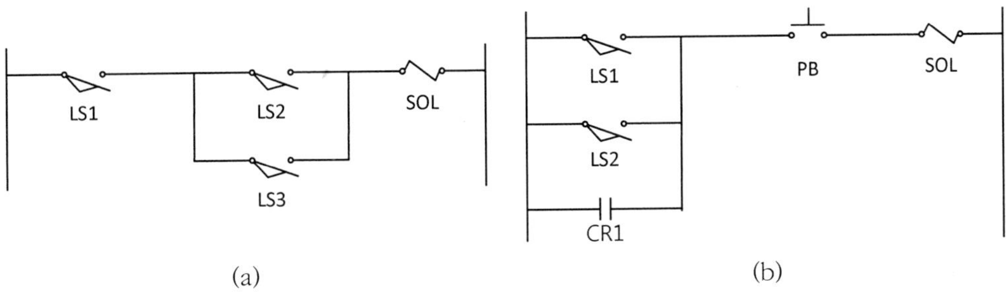

[그림 2.31] 시퀀스 회로도

4 AND, OR, NOT 회로를 이용하여 다음의 각 논리식에 대한 논리회로를 구성하시오.

㉠ $Y = ABC + D$
㉡ $Y = AB + CD$
㉢ $Y = (A + B)(\overline{C} + D)$
㉣ $Y = \overline{A}(B + CD)$
㉤ $Y = \overline{A}B + C$
㉥ $Y = (ABC + D)(E\overline{F})$

5 다음 상황에서 사용되는 논리 연산은 무엇인가?

㉠ 서로 다른 두 워드에서 하나 또는 모든 매칭 비트가 ON일 때를 알기를 원할 때
㉡ 한 워드에서 비트의 상태를 역으로 하기를 원할 때
㉢ 서로 다른 두 워드에서 매칭 비트가 모두 ON이 될 때를 알기를 원할 때
㉣ 서로 다른 두 워드에서 모든 비트가 아니라 매칭 비트의 하나 또는 다른 비트가 ON이 되는 때를 알기를 원할 때

6 다음의 조건이 충족되면 표시등이 켜지는 것이 요구된다. 이때 AND, OR, NOT 회로를 이용하여 이 문제를 해결하기 위한 논리회로를 구성하시오.

㉠ 모든 4개의 압력 스위치가 ON 된다
㉡ 3개의 리밋 스위치 중 적어도 두 개가 ON 된다.
㉢ 리셋 스위치가 ON 된다.

7 그림 2.32(a)~(e)까지의 각 논리회로에 대한 논리식을 작성하시오

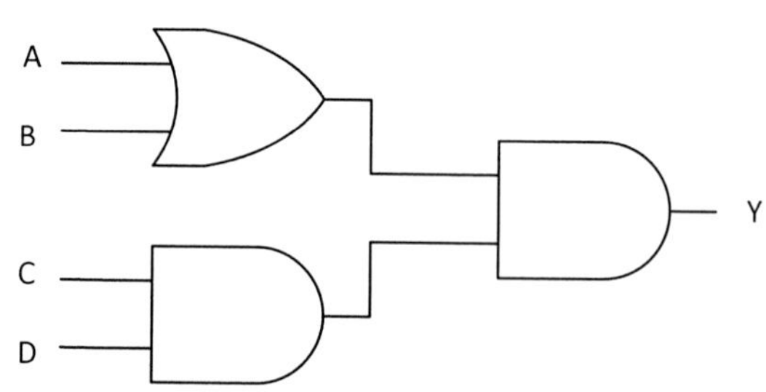

(a)

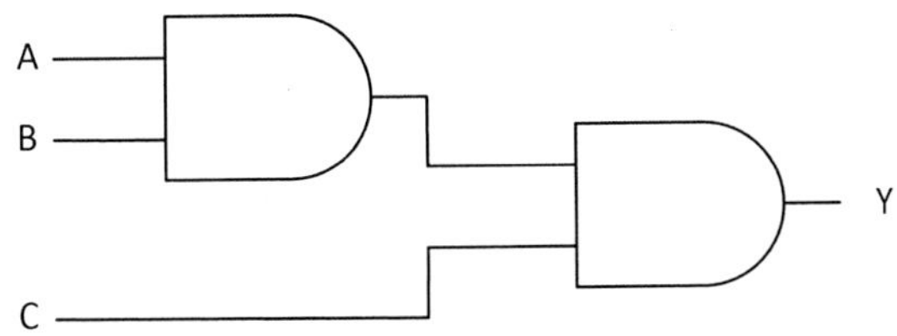

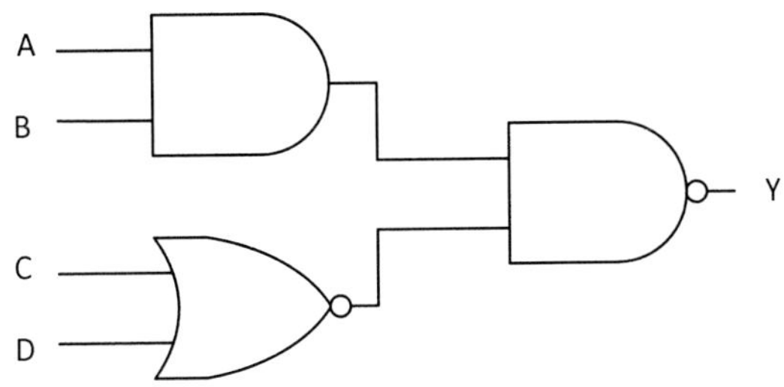

(b)

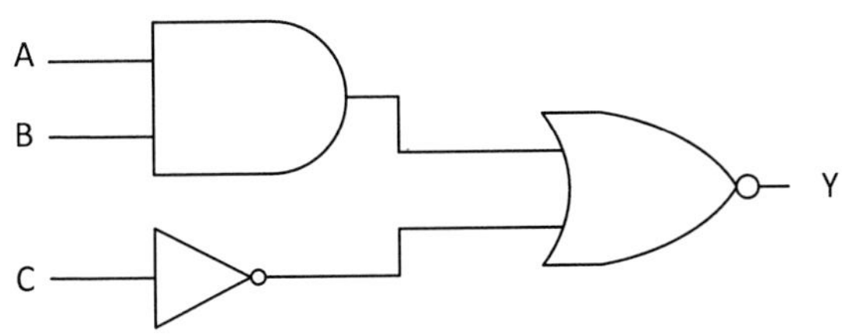

(c)

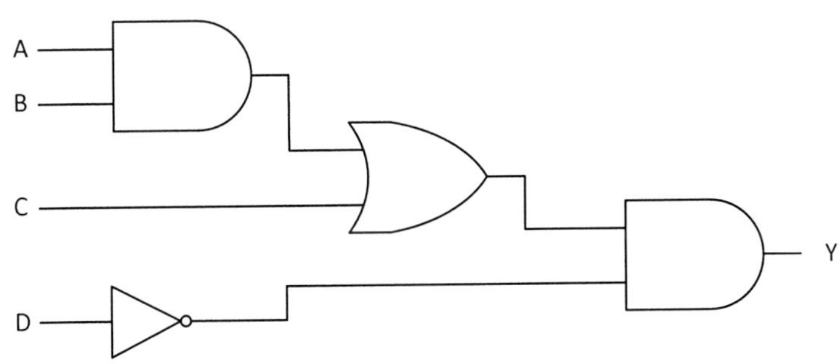

(d)

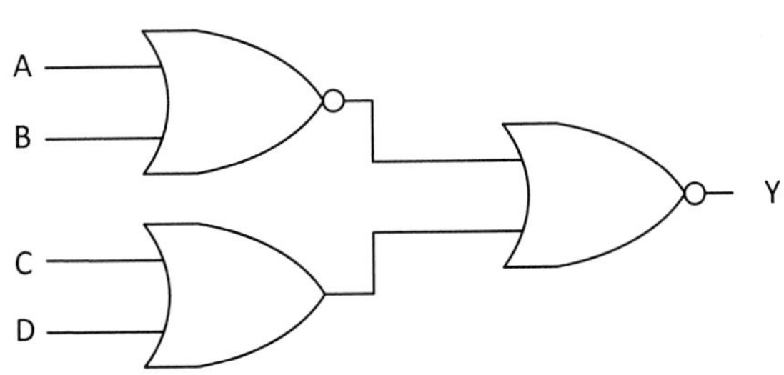

(e)

[그림 2.32] 논리회로

8 다음의 상황(㉠에서 ㉤까지)을 그림 2.33에서 유사한 논리회로와 연결시키시오.

㉠ 새로운 PLC를 구입하기 위해서는 기존의 PLC와 50만원 현금을 이용하여 보상 구매하던지 또는 100만원을 가지고 신규 구매하여야 한다.

㉡ 가습기를 동작시키기 위해서는 전원이 투입되어 있고 수조에 최소한의 물이 있는 상태에서 가습기에 있는 시작 스위치를 누르거나 또는 리모컨에 있는 시작 스위치를 누르면 된다.

㉢ PLC 과목을 이수하기 위해서는 중간평가와 기말평가를 모두 통과하여야 하고 결석이 전체 수업일수의 1/4이 넘지 말아야 한다.

㉣ 카드게임에서 한 쌍의 킹이나 한 쌍의 에이스를 가진 사람은 그 게임을 이긴다.

㉤ 회사에 입사하기 위해서는 자격증을 소지하거나 또는 해당 관련 학과를 졸업한 후 면접시험에 통과하거나 또는 필기시험과 실기 시험에 모두 합격한 후 면접시험에 통과하여야 한다.

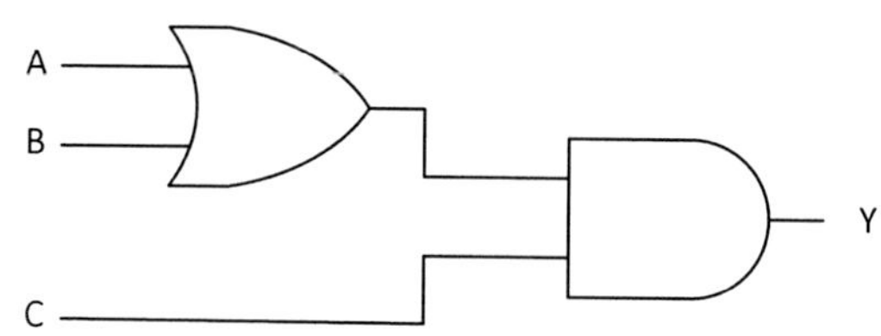

(a)

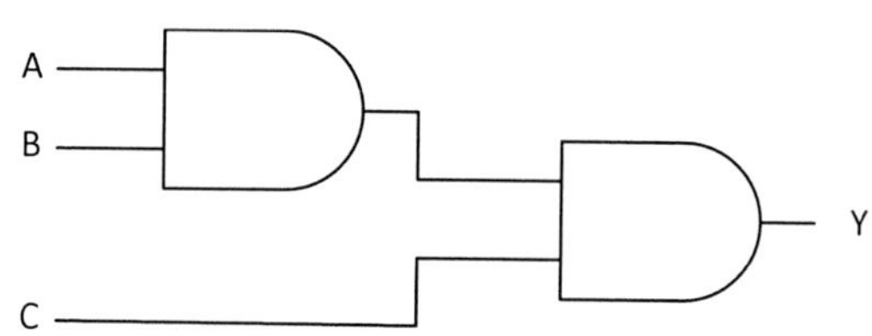

(b)

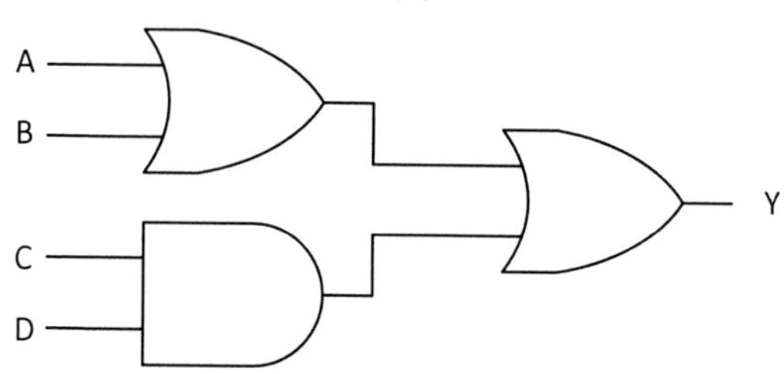

(c)

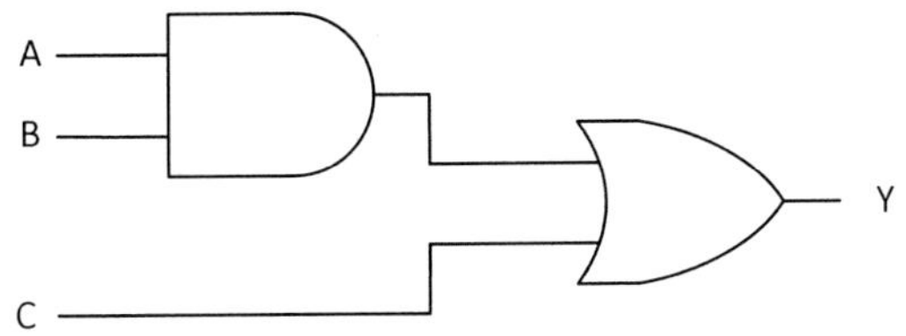

(d)

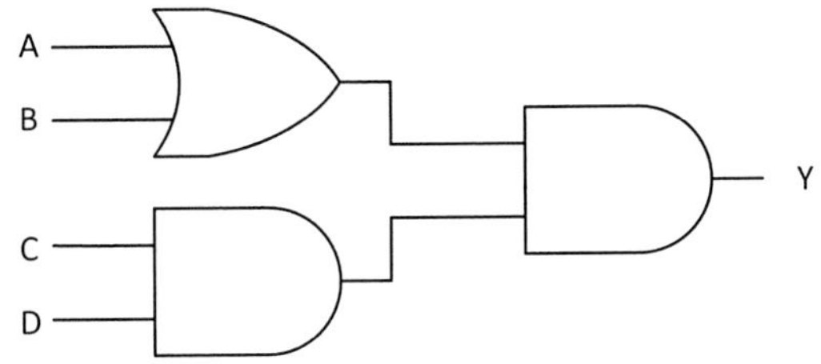

(e)

[그림 2.33] 논리회로

9 그림 2.34의 논리회로는 출력(Y)이 "1"일 때 알람을 활성화시키기 위하여 사용된다. 16개의 모든 가능한 입력 조건에 대한 출력 결과를 보여주는 회로에 대한 진리표를 작성하시오.

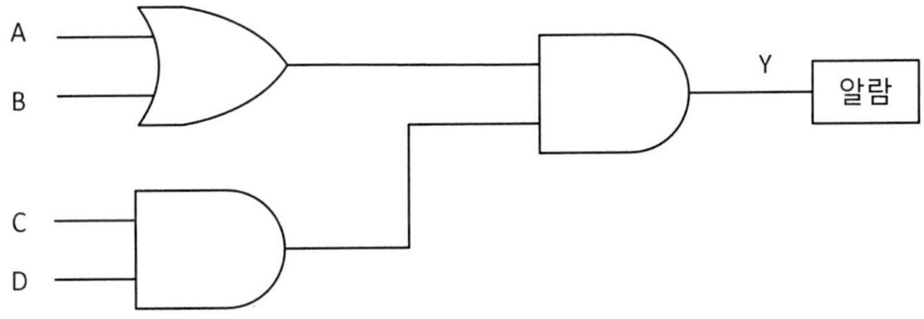

[그림 2.34] 논리회로

10 두 개의 이진수를 다음과 같이 연산하면 그 결과는 얼마인가?

1	0	0	1	1	0	1	0
0	1	0	1	1	0	1	1

㉠ 비트 AND 연산
㉡ 비트 OR 연산
㉢ 비트 XOR 연산

11 다음 주어진 조건에 대한 논리식을 구하고 논리회로를 구성하시오.

㉠ 입력 A는 오프
㉡ 입력 B는 ON 또는 입력 C는 ON 또는 입력 B와 C는 ON
㉢ 입력 D 그리고 E는 모두 ON
㉣ 입력 F, G, H 중 하나 또는 그 이상이 ON

03 CHAPTER

자동제어와 시퀀스제어

3.1 자동제어의 개념

제어란 "어떤 목적에 적합하도록 제어 대상에 필요한 조작을 가하는 것"이라고 정의할 수 있다. 예를 들면 수도꼭지로 더운물과 찬물의 유량을 조절함으로서 물의 온도와 세기를 제어할 수 있다. 자동제어의 또 다른 예로는 실내온도 조절기의 온도 값을 설정하여 방안의 온도를 제어하는 것이다. 앞의 두 가지 예에서 수도꼭지의 물 온도와 세기를 조정하는 것은 사람이 직접 조절하게 되는데, 이와 같이 사람이 직접 하는 제어방식을 수동제어라고 한다. 그러나 두 번째 예에서는 방안의 온도조절을 하기 위하여 온도조절기의 값을 설정하면 설정된 방안 온도를 유지하기 위하여 방안의 온도가 설정치보다 높으면 보일러를 끄고, 낮으면 보일러를 켜는 동작을 자동으로 수행한다. 이와 같이 컴퓨터 또는 기계에 의하여 원하는 양이 자동으로 조절되는 제어방식을 자동제어라 한다.

[그림 3.1] 제어의 종류

3.2 자동 제어계의 종류

자동 제어계는 크게 개루프 제어와 폐루프 제어 두 가지로 나누어진다.

1) 개루프 제어계

개루프 제어의 가장 대표적인 예는 그림 3.2와 같이 세탁기와 커피 자동판매기이다. 세탁기는 사용자가 세탁기에 세탁물을 넣고 시작 스위치를 누르면 설정된 순서에 따라 급수, 세탁, 탈수, 건조 순으로 진행된다. 이렇게 동작하는 세탁기는 세탁물이 완전히 세탁되었는지는 알 수 없으며 단지 세탁 순서가 종료되면 세탁물의 세탁 여부에 상관없이 세탁동작을 완료하게 된다. 커피 자동판매기도 마찬가지로 동작된다. 동전을 투입하고 원하는 형태의 커피 선택 스위치를 누르면 원하는 커피가 정상적으로 만들어지는지는 상관없이 컵을 배출한 후 컵에 미리 설정된 양의 물을 커피, 설탕과 함께 배출한다. 하지만 최종적으로 컵에 담긴 커피가 정상적으로 제조되었는지는 알지 못한다. 예를 들어 내부 컵 스택에 컵이 없는 경우 이를 인지하지 못하고 정해진 순서대로 진행되어 커피와 설탕 그리고 물은 컵이 없는 상태에서 배출된다. 이와 같이 개루프 제어계는 구조가 간단하고 설계가 용이하여 단순하고 경제적인 장점이 있으나 예상치 않은 외란 등에 의하여 초기설계와 달리 출력에 오차가 발생할 경우가 있는데, 개루프 제어 시스템은 이 오차를 교정할 수 없는 단점을 가지고 있다. 그러므로 개루프 제어계는 입력과 전체 시스템을 정확히 알거나 출력을 예측할 수 있는 작은 규모의 시스템에 적합하다.

그림 3.3은 개루프 제어계의 일반적인 구성도를 보여준다. 개루프 제어계는 그림 3.3에서와 같이 제어 입력을 받아 동작신호를 생성하는 제어기 부분과 동작신호를 받아 실제 동작을 실행하는 제어공정 부분으로 나누어진다. 여기서 동작신호는 제어공정을 제어하여 규정된 기준에 맞게 출력을 내도록 한다. 개루프 제어는 시퀀스 제어 방식으로 많이 응용되고 있다. 시퀀스 제어는 세탁기, 엘리베이터 등과 같이 정해진 순서에 따라 각 제어 단계를 진행하는 제어방식을 말한다.

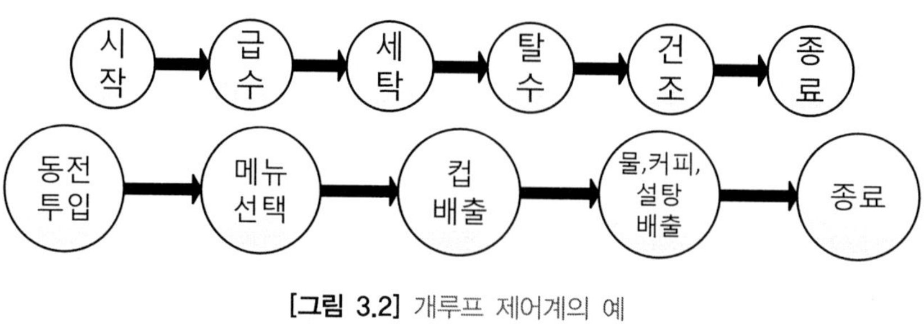

[그림 3.2] 개루프 제어계의 예

[그림 3.3] 개루프 제어계의 일반적인 구성도

2) 폐루프 제어계

폐루프 제어계의 대표적인 예는 가정에서 사용되는 전기담요이다. 전기담요의 경우 온도센서가 있어 설정된 온도보다 높을 경우 자동으로 전원을 차단하고 설정온도보다 낮을 경우 자동으로 전원을 투입하여 항상 설정된 온도가 유지되도록 제어하게 된다. 전기담요의 자동온도 조절기의 형태는 그림 3.4와 같다.

전기담요의 온도제어기에서 목표 온도를 설정하고 전원스위치를 켜면 전기담요의 전열기는 열을 발생한다. 이때 전기담요의 온도는 센서에 의하여 매 순간 감지되어 입력되어 있는 목표 온도와 비교된다. 이때 전기담요의 온도가 설정된 목표 온도보다 높으면 전열기의 동작 스위치가 차단되어 온도가 낮아지며, 온도제어기에 의하여 설정된 목표 온도보다 낮아지면 다시 동작 스위치가 켜지게 되어 항상 설정된 온도를 유지하도록 한다.

이와 같이 폐루프 제어계는 제어계의 출력과 기준입력을 비교하여 두 값이 일치할 때까지 제어를 계속해 나가는 궤환 루프가 있는 제어계이다. 여기서, 제어기는 동작신호를 받아서 제어편차를 감소시켜 조작신호를 만들어 제어공정에 넘기는 제어동작을 하며 보통 조절부와 조작부로 이루어진다.

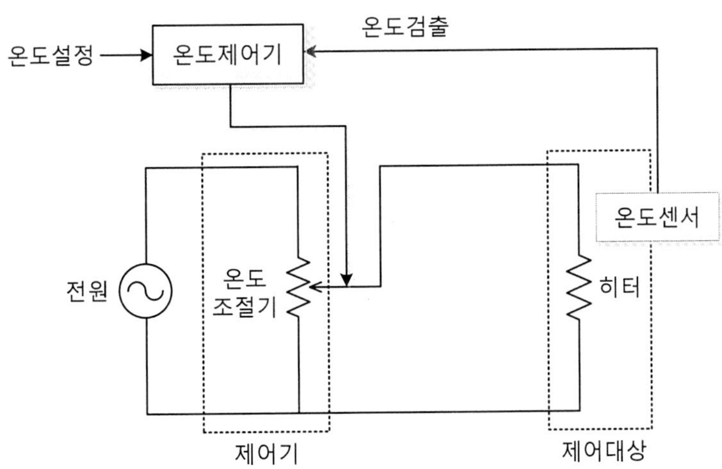

[그림 3.4] 폐루프 제어기 예(전기담요 자동온도조절장치)

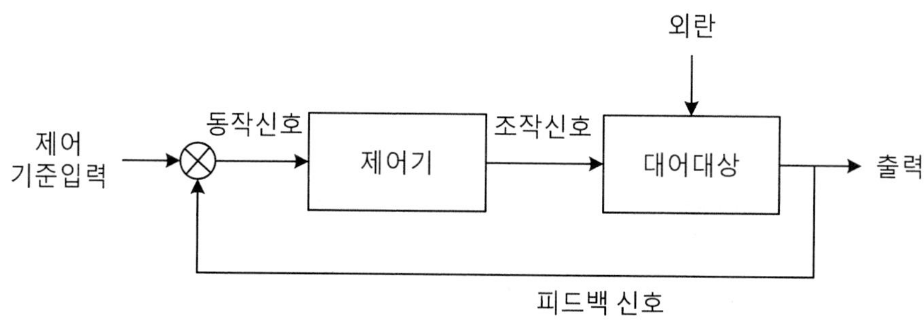

[그림 3.5] 폐루프 제어계의 일반적인 구성

3.3 피드백 제어와 시퀀스 제어

제어이론에 따라 제어 시스템을 분류해 보면 피드백 제어는 폐루프 제어이론에 바탕을 두고 있고 시퀀스 제어는 개루프 제어이론을 바탕으로 이루어진다.

1) 피드백 제어

피드백 제어는 그림 3.6과 같이 피드백 루프를 가지고 있는 제어 시스템을 말한다. 피드백 제어는 목표값에 따라 자동적으로 행해지는 제어로 제어량의 종류에 따라 공정제어, 서보기구, 자동조정 등으로 나눈다. 시퀀스 제어와 비교해 보면 비교부가 존재하여 현재의 출력값과 제어 목표값을 비교하여 원하는 출력을 얻을 수 있을 때까지 계속 제어를 수행하는 제어계이다.

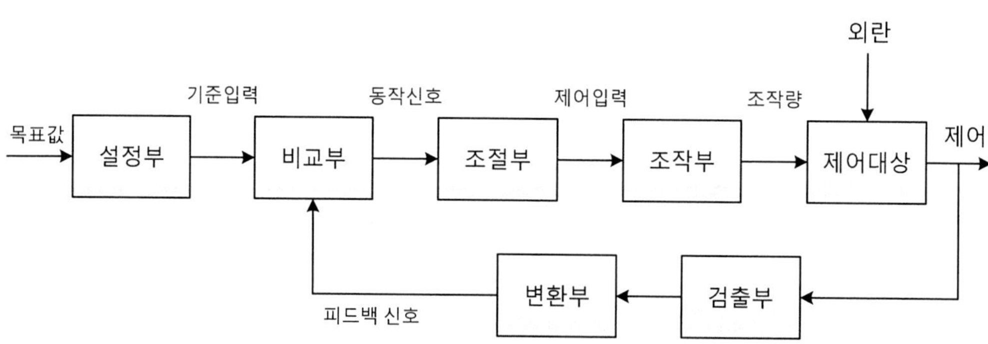

[그림 3.6] 피드백 제어의 신호전달 계통

이와 같은 피드백 제어의 장점은 정확도와 정밀도를 높일 수 있고 인간과 같이 기분에 좌우되지 않으므로 신뢰성을 향상시킬 수 있다. 또한 생산량을 높일 수 있으며 인건비가 절감되고 작업환경이 열악한 곳에서도 노동 조건을 향상시킬 수 있다. 피드백 제어는 현재 자동화

분야의 핵심 기술로 자리잡고 있으며 PLC의 기술에도 많이 도입되어 PLC의 성능을 한층 향상 시키고 있다.

2) 시퀀스 제어

시퀀스 제어 회로는 결과가 처음부터 알려져 순서대로 실행되는 회로로서 피드백 제어에서와 같이 오차를 수정할 수 있는 피드백 회로가 없고 입력 신호에서 출력신호까지 정해진 순서에 따라 일방적으로 제어 명령이 전해지는 순차제어 시스템을 말한다. 표 3.1은 피드백 제어 시스템과 시퀀스 제어 시스템의 장단점을 보여준다.

[표 3.1] 피드백 제어와 시퀀스 제어의 장단점

제어 방식	장점	단점	예
시퀀스 제어	간단, 저렴, 조작 및 운용이 간단	오차 발생	세탁기, 밴딩머신, 신호등 제어, 전기밥솥, 엘리베이터 제어
피드백 제어	정밀 제어	복잡, 고비용, 숙련된 기술 필요	인공위성 제어, 크루즈 미사일, 전기장판

3.4 시퀀스 제어 시스템

시퀀스 제어는 신호등과 같이 정해진 순서에 따라 차례대로 진행되는 제어를 말하며 인간의 생활과 매우 밀접한 관계를 가지고 있다. 최근의 제어기술은 시퀀스제어와 피드백 제어가 결합되어 하나의 제품을 만드는데 이용되고 있는데, 대표적으로 PLC를 이용한 제어 기술이 여기에 속한다.

1) 시퀀스 제어이론

시퀀스 제어는 그림 3.7과 같이 출력이 전혀 입력에 영향을 주지 못하는 개루프 이론에 바탕을 두고 있다. 따라서 신호가 $C_1 \rightarrow C_2 \rightarrow C_3$ 순으로 진행하여 제어대상을 제어한다.

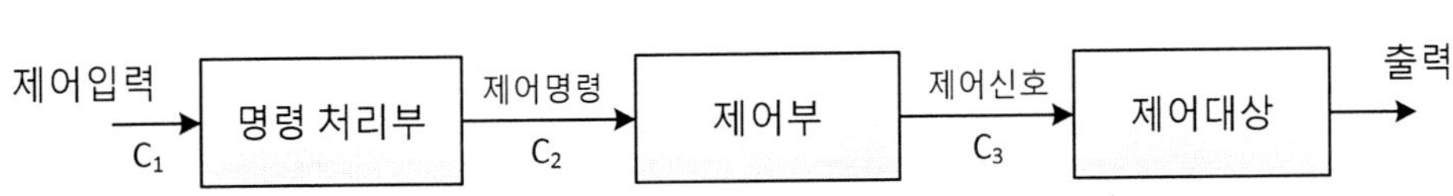

[그림 3.7] 시퀀스 제어 시스템

시퀀스 제어 방식을 사용하는 목적은 피드백 제어에 비하여 구성이 간단하고 가격이 저렴하며 순차제어가 가능하기 때문이다. 이와 같은 시퀀스 제어의 종류를 살펴보면 다음과 같이 나눌 수 있다.

(1) 순서제어

기억과 판단 기억에 의하여 미리 정해진 순서에 따라 순차적으로 제어를 행한다.

(2) 시한제어

기억과 타이머나 카운터와 같은 시한 기구에 의하여 미리 정해진 시간에 따라 제어를 행한다.

(3) 조건제어

판단기구에 의하여 미리 정해진 조건에 따라 제어를 행한다. 단 피드백 제어와 다른 것은 피드백 제어는 목표치의 조건에 미치지 못하면 출력이 입력에 영향을 주어 원하는 목표 값까지 제어를 수행하나 시퀀스 조건 제어는 제어 목표치에 미달하더라도 출력이 입력에 영향을 주지 못한다.

(4) 프로그램 제어

컴퓨터나 프로세서에 의하여 메모리에 입력된 정해진 프로그램에 따라 수행되는 제어를 말한다. 이상은 명령처리에 따라 분류한 것이며 이를 제어장치에 따라 분류하면 다음과 같다.

① 유접점 시퀀스 제어

릴레이 전자 개폐기 등 기계적 유접점을 이용한 제어

② 무접점 시퀀스 제어

IC 등 전자기구와 반도체의 무접점을 이용하여 수행하는 제어장치로서 PLC 제어의 기본이 되는 제어

③ PLC 제어

시퀀스 회로를 프로그램화 하여 무접점 시퀀스를 이용하여 행하여지는 제어

2) 시퀀스 제어의 구성

시퀀스 제어계는 그림 3.8과 같이 명령 처리부, 제어부, 제어대상, 표시 정보부, 검출부 등으로 구성된다. 피드백 제어기와 비교해 보면 목표치와 피드백된 신호를 조절하는 조절부가 시퀀스 제어계에는 없다는 것을 알 수 있다.

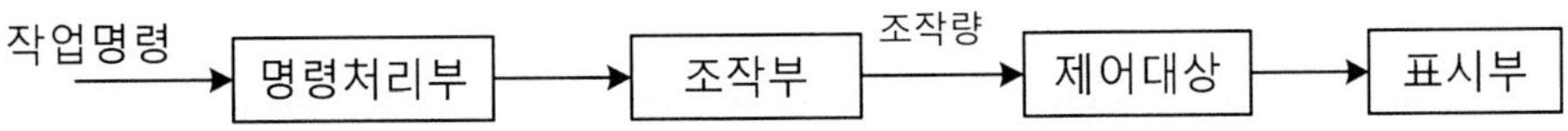

[그림 3.8] 시퀀스 제어계의 구성

시퀀스 제어계를 표시하는 방법에는 기기의 접속과 배치를 중심으로 표시하는 실제 배선도가 있는데 실제로 회로를 배선하는 경우에는 편리하나 회로가 복잡하여 회로 해독이 어렵다. 이러한 복잡한 문제를 해결하기 위해서 블록선도나 논리회로, 각종 기호나 심볼, 차트 등을 이용하여 누구나 쉽게 알 수 있도록 작성하는 것을 원칙으로 한다. PLC의 래더 다이어그램이나 타임 차트, 플로차트 등이 대표적인 경우이다.

3) 시퀀스 제어의 기본 용어

시퀀스 제어계에서 사용되는 용어들을 살펴보면 다음과 같다.

(1) 작업명령

시퀀스 제어계에 외부에서 주어지는 입력신호를 말한다.

(2) 명령 처리부

작업명령 또는 검출신호를 미리 기억시켜 둔 순서나 신호에 의하여 제어명령을 지령하는 부분이다.

(3) 제어명령

제어대상을 제어하는 신호로서 정성적 제어와 정량적 제어가 있다.

(4) 조작부

제어대상을 직접 제어하는 부분으로서 제어 명령신호를 증폭하여 제어대상을 조작하기에 편리한 조작 신호로 만든다. 조작 신호의 형태는 디지털 신호와 아날로그 신호가 있다.

(5) 제어대상

제어를 하고자 하는 장치를 말한다.

(6) 표시 경보부

제어상태를 표시하거나 문제가 발생시에 경보 등을 발생하는 부분이다.

(7) 제어량

제어대상의 결과를 나타내는 제어대상의 상태이다.

(8) 검출신호

제어량이 제어를 목표로 하는 정해진 조건을 만족하고 있는지를 나타내는 신호이다.

(9) 제어부

명령처리부, 조작부, 검출부, 경보부를 총칭하여 제어부라 한다.

4) 시퀀스 제어의 응용

시퀀스 제어를 위해 사용되는 부품들은 반도체의 기술 혁신에 힘입어 날로 발달함과 동시에 시퀀스 제어 응용범위도 넓어지고 있다 최근 많은 기계의 시퀀스 제어화가 실행되고 있다. 지금까지는 시퀀스 제어용 장치를 위한 시퀀스 제어반이 제조되었는데, 최근에 PLC의 출현으로 회로 구성의 자유로운 변경이 가능하게 되었다. 종래 널리 사용되고 있던 시퀀스 제어 장치는 릴레이, 타이머, 무접점 릴레이 등을 이용하여 배선하여 구성되었지만, 오늘날 PLC는 컴퓨터처럼 기억 능력을 가지고 있어 시퀀스 내용을 프로그램화 하여 기억 저장시킬 수 있으며 또한 시퀀스 내용의 변경을 간단히 할 수 있다. 오늘날 시퀀스 제어가 활용되고 있는 범위를 열거하면 광범위하지만 크게 나누어 보면 다음과 같다.

(1) 각종 기계에 응용

공장기계, 트랜스퍼 머신, 컨베이어, 크레인, 압연기, 인쇄기, 용접기, 펌프, 발전기, 보일러, 통신기 등 기타 모터를 응용하는 제반 기계

(2) 일상생활에 응용

교통신호, 엘리베이터, 광고탑, 자동판매기, 세탁기, 전기밥솥 냉장고 등

(3) 조업관리에 대한 응용

물품 운송관리, 창고관리, 생산수량관리, 자동차 조립라인 관리, 송배전 관리, 열차의 운전관리, 선박의 운항 및 하역 항공제어의 제어장치 등

(4) 각종 공업 프로세서에 응용

원심분리기, 여과기, 염색조, 각종로, 이온 교환장치, 분뇨처리 장치, 발효조, 각종 원료혼합장치 등

(5) 기타

인공위성의 발사 및 추적 의료관계 과학용 측정장치, 원자로 관계 제어

3.5 시퀀스 제어회로의 구성 부품

1) 조작용 스위치

(1) 푸시버튼 스위치

푸시버튼 스위치는 수동으로 버튼을 누르면 접점기구부가 개폐동작을 행하여 전로 또는 폐로하며 손을 떼면 자동으로 원상태로 복귀하는 제어용 조작 스위치를 말한다.

[그림 3.9] 푸시버튼 스위치

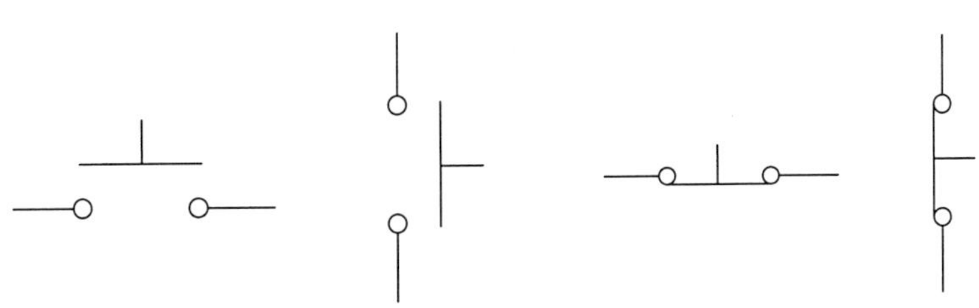

(a) A접점 (b) B 접점

[그림 3.10] 푸시버튼 스위치의 그림기호

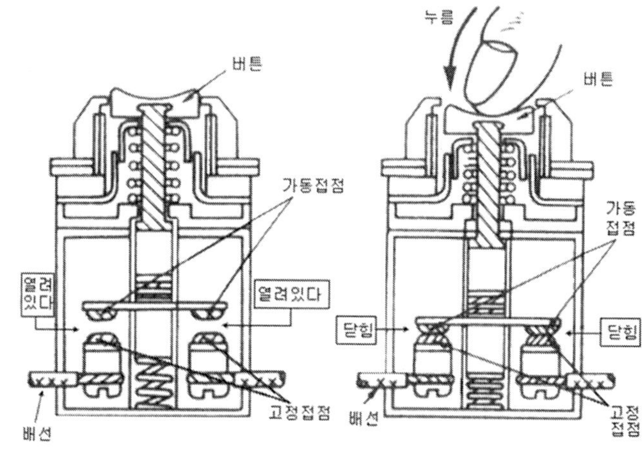

(a) 복귀상태　　　　　　　　　(b) 동작상태

[그림 3.11] 푸시버튼 스위치의 접점 복귀 상태와 동작상태

(2) 토글 스위치

손가락 끝으로 손잡이 레버를 직선적으로 왕복 운동시켜 이것을 기계적으로 접점부에 전달함으로서 회로의 개폐 조작을 하는 스위치로서 수동, 자동 절환 등 전원 스위치 및 전로의 절환 조작에 주로 사용된다.

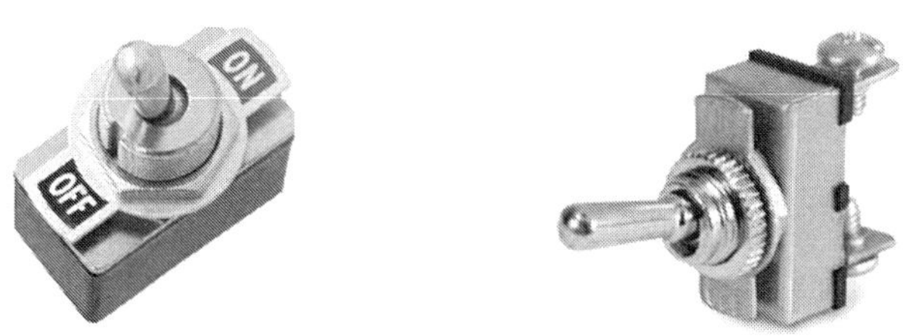

[그림 3.12] 토글 스위치

(3) 회전 스위치

셀렉터 스위치, 로터리 스위치 등이 이에 속하며 손잡이나 레버의 회전에 의하여 개폐하는 스위치로서 온/오프 및 2단 이상의 전환용 스위치로 사용한다.

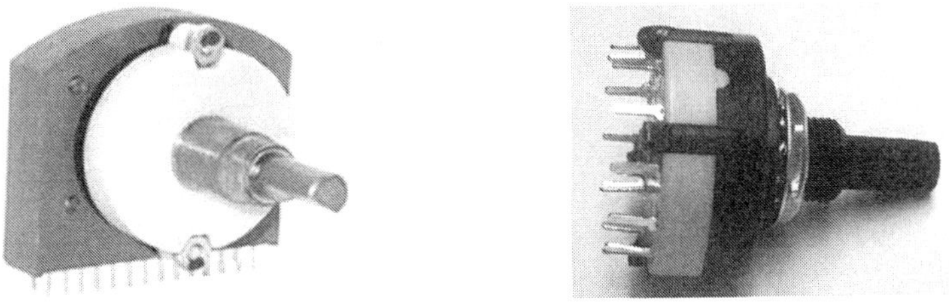

[그림 3.13] 회전 스위치

(4) 캠 스위치

캠 스위치는 캠의 회전에 의하여 접점이 개폐되는 스위치로서 여러 개의 단자를 이용할 수 있는 장점이 있다.

[그림 3.14] 캠 스위치

(5) 검출용 스위치

① 온도 스위치

온도가 설정치에 도달했을 때 동작하는 스위치로서 온도가 상승하면 저항값이 증가하고 온도가 내려가면 저항값이 낮아지는 원리로 온도를 검출한다.

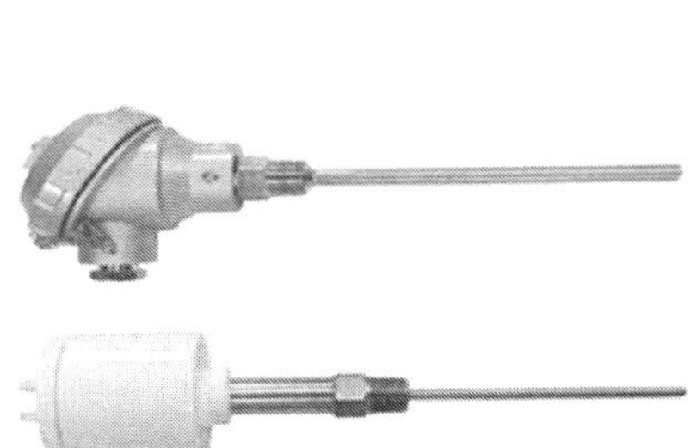

[그림 3.15] 온도 스위치

② 근접 스위치

자계 에너지를 이용하여 검출 헤드 부분에 접근하는 금속체를 검출하여 전기회로를 개폐하는 스위치이다.

[그림 3.16] 근접 스위치

③ 플로트 스위치

액체의 액위를 검출하는 스위치로서 부자를 사용하는 플로우트식과 밑면의 수 압을 이용하는 압력식, 액체가 전극에 접촉할 때 전극간의 저항의 변화를 검출하는 전극식 등이 있다.

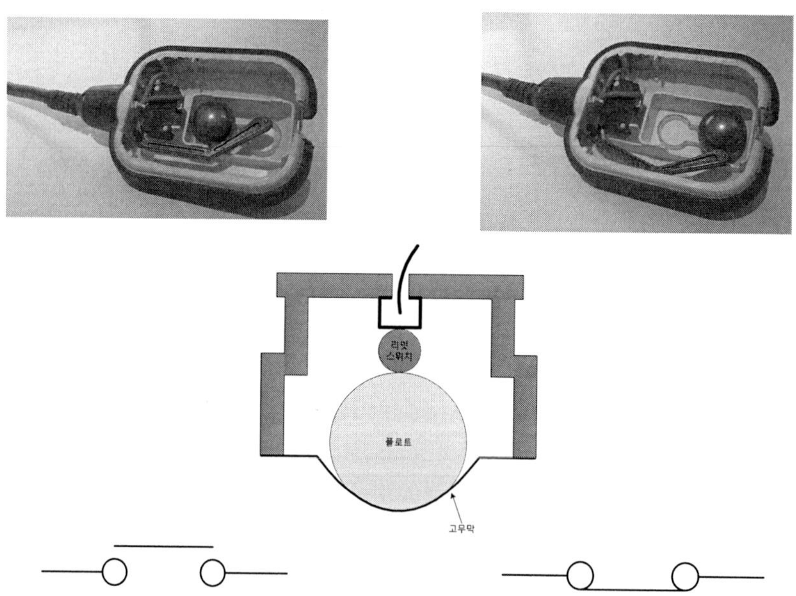

[그림 3.17] 플로트 스위치의 원리와 기호

④ 광전 스위치

빛을 신호로 사용하는 스위치로서 투광부와 수광부로 나뉘어 있다. 투광부의 빛을 수광부에서 받아들이면 스위치가 온 되고 차단하면 오프된다.

[그림 3.18] 광전 스위치

⑤ 리미트 스위치

검출용 스위치 중에서 가장 많이 사용하는 스위치로서 사용이 편리하고 저렴하다. 물체가 닿으면 접촉자가 움직여 접점이 개폐되는 방식이다. 물체의 형 또는 뾰족한 부분을 캡 또는 도그라 하며 캠은 정해진 위치보다 더 진행했는지를 검출하고 도그는 정해진 위치에 있는지를 검출한다.

[그림 3.19] 리미트 스위치

2) 제어용 계전기

(1) 전자 계전기(릴레이)

그림 3.20은 전자계전기의 외관 및 내부 구조를 보여준다. 전자계전기는 릴레이라고도 불리며 전자석에 의한 철편의 흡입력을 이용해서 접점을 개폐하는 기능을 가진 기기를 말한다.

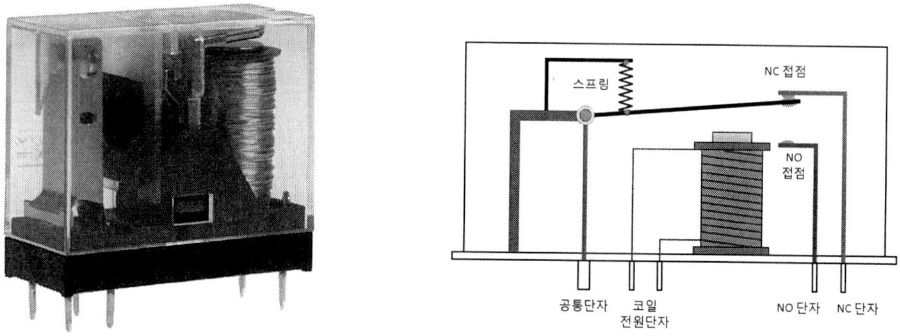

[그림 3.20] 릴레이의 외관 및 내부 구조

릴레이 시퀀스 제어에서 제어기기 가운데 주역이 되는 것으로서 소형으로 접점의 수가 많은 제어용 전자 계전기에서부터 큰 전류의 개폐도 할 수 있는 전력용 전 자계전기 등 여러 가지 종류가 있다. 그림 3.21은 전자계전기의 그림 기호를 나타낸다. 전자 계전기는 일반적으로 A 접점과 B 접점을 모두 가지고 있다.

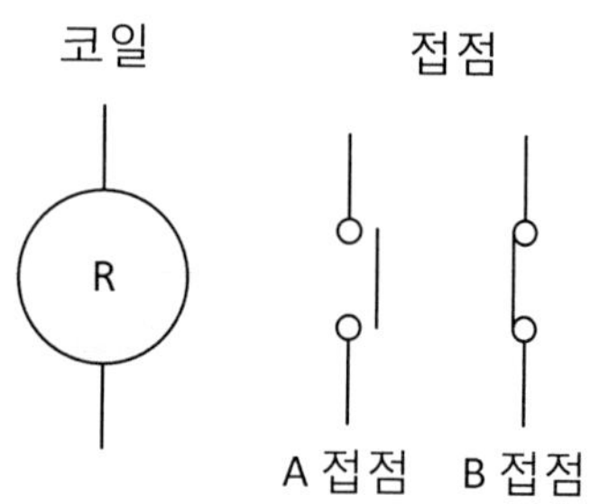

[그림 3.21] 전자계전기의 기호

릴레이의 작동 원리는 그림 3.22에서 보여준다. 그림 3.22(a)는 동작 전 상태를 보여준다. 동작 전 상태는 스프링에 의하여 NC 접접이 온 되어 있고 NO 접접은 오프되어 있는 상태이다. 전자 릴레이를 동작시키기 위해서는 그림 3.22(b)와 같이 외부에 전원을 연결하여 내부 여자 코일에 전류를 공급하면 된다. 내부 봉상 코일에 전류가 공급되면 봉상 코일은 전자석이 되며, 따라서 스프링의 힘에 의하여 NC 접점에 연결되어 있던 접점은 전자석의 힘에 의하여 NO 접점과 연결된다.

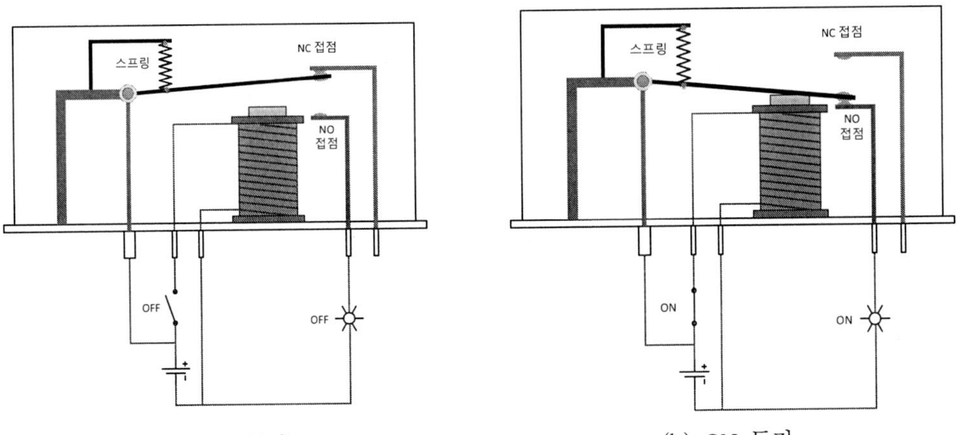

(a) OFF 동작 (b) ON 동작

[그림 3.22] 릴레이의 동작원리

이와 같이 전자 계전기는 전자석과 스프링의 힘에 의하여 NC 접점과 NO 접점을 자동으로 절환할 수 있다.

릴레이의 접점을 살펴보면 다음과 같다.

[표 3.2] 릴레이의 종류와 호칭

접점의 종류	접점의 상태	동작 설명
a접점	상시 열린 접점 Normal Open Contect(NO)	동작 전 스위치 접점이 오프 되어 있다가 동작되면 접점이 온 된다.
b접점	상시 닫힌 접점 Normal Close Contect(NC)	동작 전 스위치 접점이 온 되어 있다가 동작되면 접점이 오프 된다.
c 접점	전환접점 Change Over Contact	a, b 접점이 모두 존재하며 동작 전에는 a 접점이 온 상태를 유지하다가 동작 후에는 b 접점이 온 되는 절환 접점을 가진다.

(2) 타이머 계전기

일반적으로 전자 계전기는 전자 코일에 전류를 흐르게 하면 그 접점은 순간적으로 폐로 또는 개로가 된다. 그러나 한시 계전기는 전기적 또는 기계적 입력을 부여하면 전자 계전기와는 달리 설정된 시한이 경과된 후에 그 접점이 폐로 또는 개로 하는 것으로서 인위적으로 시간 지연을 만들어내는 계전기를 말한다. 타이머의 시간차를 만들어내는 방법에 따라서 모터식 타이머, 전자식 타이머, 제동식 타이머 등이 있다. 그림 3.23은 타이머의 외관을 보여준다. 그림 3.23(a)는 기계식 타이머이고 그림 3.23(b)는 전자식 타이머이다.

(a) 기계식 타이머

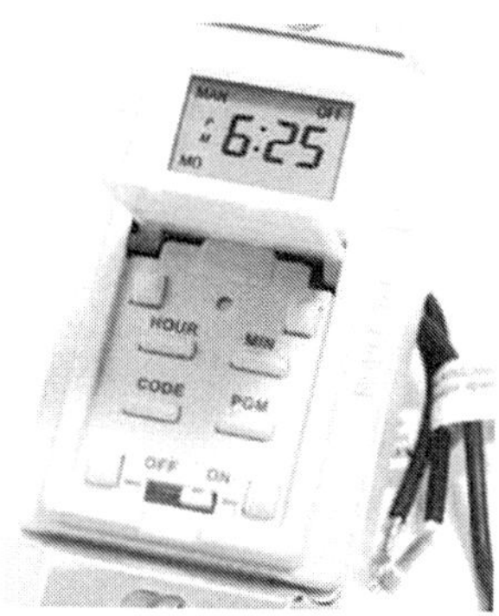

(b) 전자식 타이머

[그림 3.23] 타이머 외관

[표 3.3] 타이머 접점과 동작

한시 접점	접점의 종류	심벌	시간적인 동작내용
전자 코일 또는 타이머 구동모터	코일	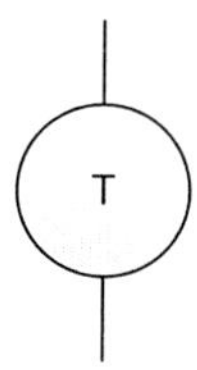	전류가 흐르면 여자 된다.
한시 동작 접점	a 접점	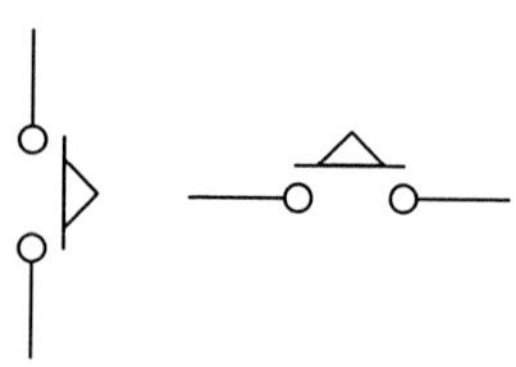	코일이 여자되면 한시 동작 접점은 설정된 시간 이 흐른 후 동작한다. 즉 a 접점은 신호가 입력되어 코일이 여자되면 설정된 시간이 경과 된 후 접점이 동작(온) 된다. 그리고 신호가 소멸되면 즉시 복귀(오프) 된다.
	b 접점	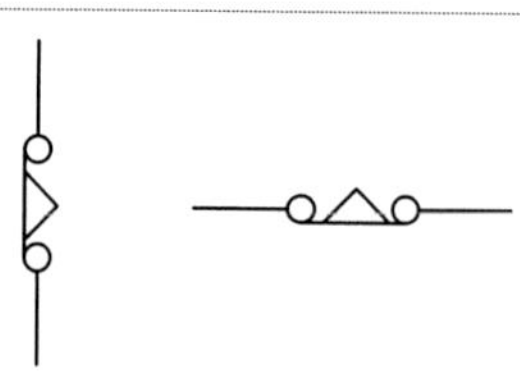	b 접점은 신호가 입력되어 코일이 여자되면 설정된 시간이 경과 된 후 동작(오프) 된다. 그리고 신호가 소멸되면 즉시 복귀(온) 된다.
한시 복귀 접점	a 접점	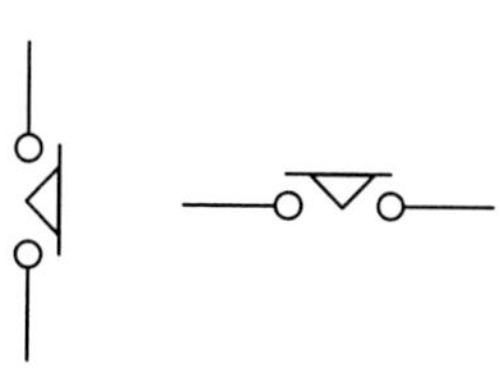	한시 복귀 접점은 신호 입력 후 즉시 동작하고 신호 소멸 후 설정된 시간이 지나면 복귀한다. 즉 a 접점의 경우 신호 입력 후 즉시 온 되지만 신호가 소멸되면 설정된 시간이 지난 후 복귀(오프) 된다.

	b 접점	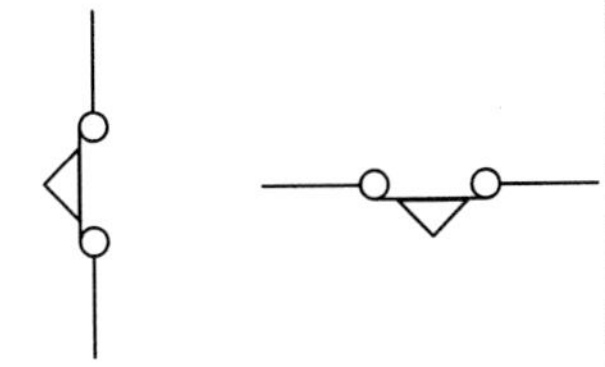	b 접점의 경우 신호 입력 후 즉시 오프 되지만 신호가 소멸되면 설정된 시간이 지난 후 복귀(온) 된다.

3) 전자 접촉기(Magnetic Contact)

(1) 전자접촉기의 외형 및 내부 구조

전자접촉기의 동작원리는 전자계전기의 동작원리와 동일하다. 전자 코일에 전류가 흐르면 고정 철심이 전자석으로 되어 가동 철심을 흡인하여 가동 철심에 부착된 주 접점과 보조 접점을 폐로하고 전자 코일에 전류가 흐르지 않으면 개로한다. 전자 접촉기는 주로 주회로 전류와 같이 대전류의 개폐나 전동기의 빈번한 시동 정지 제어 등에 사용된다. 그림 3.24는 전자 접촉기의 외형과 내부구조 그리고 접점기호를 보여준다. 그리고 그림 3.25는 전자접촉기의 사용 예를 보여준다.

(a) 전자 접촉기 외형

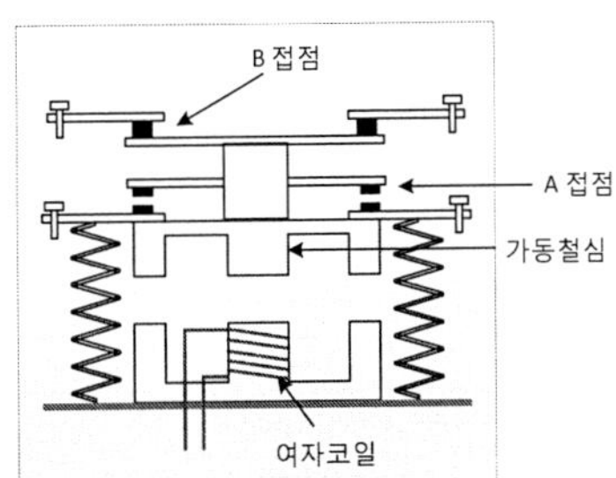

(b) 전자접촉기 내부구조

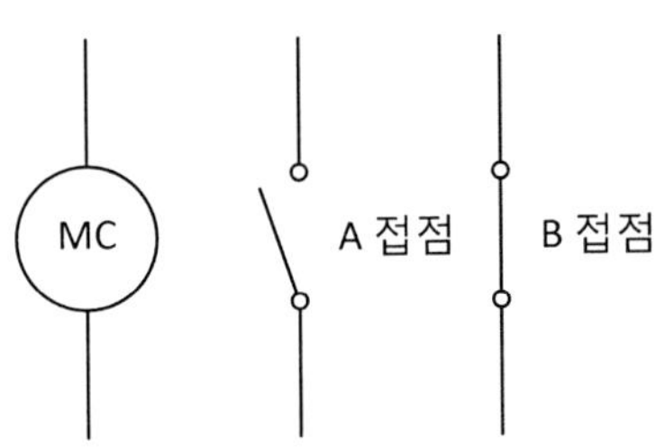

(c) 전자접촉기 기호와 접점

[그림 3.24] 전자 접촉기 외형/내부구조 및 기호

(2) 접점과 회로 구성

① 주접점

큰 전류가 흘러도 안전한 대전류 용량의 접점으로 주 회로를 구성한다.

② 보조접점

작은 전류 용량의 접점으로 주회로의 개폐조작에 필요한 것으로 조작 회로 또는 보조회로를 구성한다.

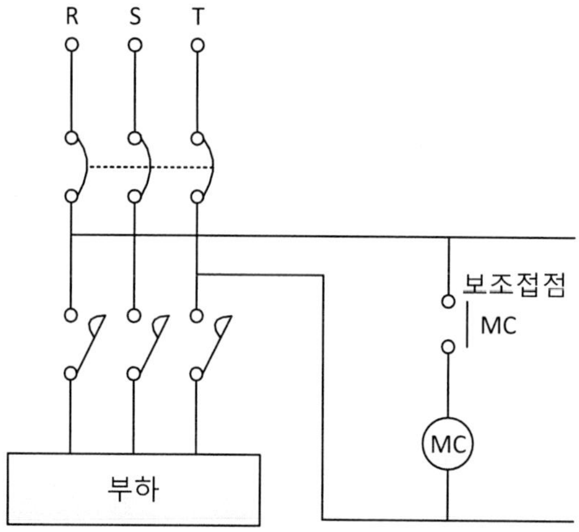

[그림 3.25] 전자 접촉기 사용 예

4) 열동형 과전류 계전기

열동 계전기라고도 부르며 설정치 이상의 전류가 흐르면 접점을 동작시키는 계전기로서 전동기의 과부하 보호에는 필수적인 부품이다. 주 회로에 삽입된 히터에 과전류가 흐르면 바이메탈이 열을 받아서 굽어져 접점이 동작된다. 그림 3.26은 열동 계전기의 그림기호를 나타내고, 그림 3.27은 열동 계전기의 동작 원리를 보여준다. 작동과정은 전동기에 과부하 또는 구속 상태 등으로 이상 전류가 흐르면 주 회로에 접속된 과부하 전류에 의해 히터의 발열로 바이메탈이 작용하여 접점부를 동작시킨다. 그림 3.26에서 a접점은 경보용 접점으로 경보 램프를 점등하는데 사용되고, b접점은 조작 회로용 접점으로 전자 접촉기의 여자 회로를 차단하는 접점으로 사용된다. 그리고 열동계전기의 복귀는 수동으로 이루어진다.

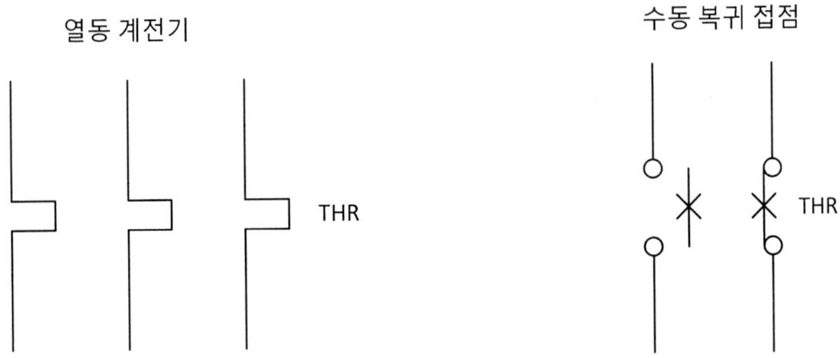

[그림 3.26] 열동 계전기 기호

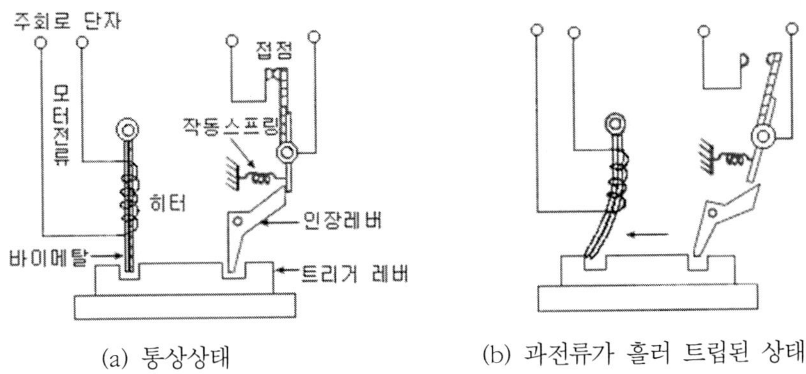

[그림 3.27] 열동 계전기의 동작원리

5) 전자 개폐기

전자 개폐기는 전자 접촉기와 과전류에 의해 동작하는 과부하 계전기가 조합되어 외부의 조작 스위치에 의해 동작하는 개폐기이다. 전자 접촉기와 전자 개폐기를 비교하면 다음과 같다.

(1) 전자 접촉기

전자 접촉기는 전동기와 같이 비교적 대용량에 사용하는 계전기이며 그림 3.28과 같이 주접점과 보조접점으로 구성되어 있다.

(2) 전자 개폐기

그림 3.29와 같이 전자 접촉기와 열동 계전기를 조합하여 하나로 합친 것을 전자 개폐기라 하며 마그네트 스위치라고도 한다.

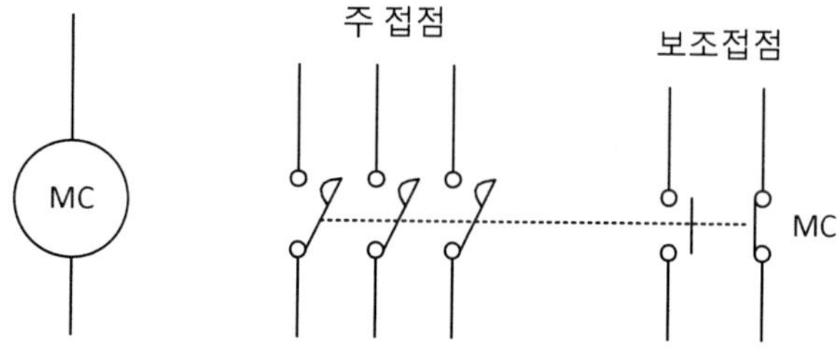

[그림 3.28] 전자 접촉기의 그림기호

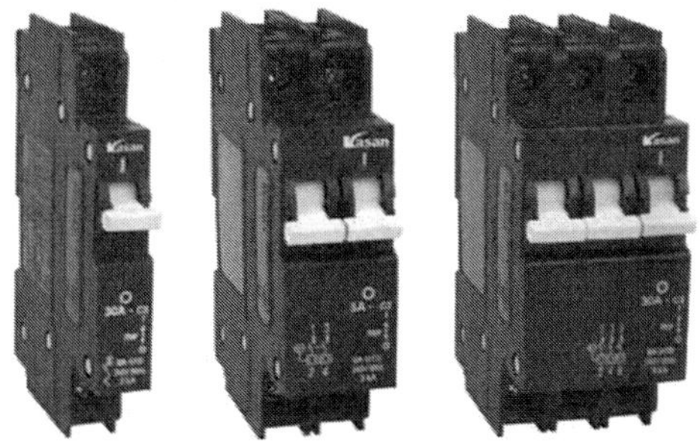

[그림 3.29] 전자 개폐기 외형

그림 3.30은 전자 접촉기와 전자 개폐기를 사용한 시퀀스도의 예를 보여준다.

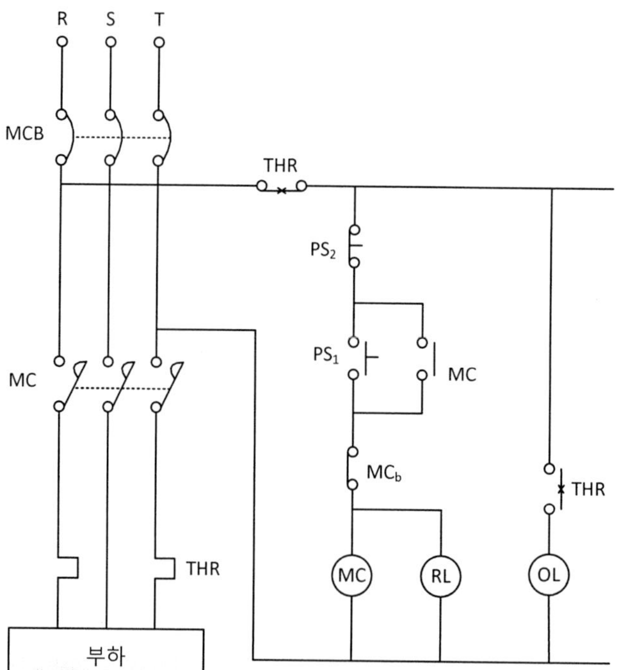

[그림 3.30] 전자 접촉기와 전자 개폐기를 사용한 시퀀스도의 예

그림 3.30에서 PS_1을 누르면 MC가 여자 되어 MC의 주 접점과 보조 접점이 온 된다. MC의 주접점이 온 되면 부하인 전동기에 3상 전원이 공급된다. 그리고 제어회로에 있는 MC의 보조 접점이 온 되어 자기유지 상태가 됨과 동시에 운전램프(RL)가 점등된다. 이 상태에서 PS_2를 누르면 MC가 무여자 되어 MC의 주접점과 보조접점이 모두 오프되고 운전램프(RL)이 소등됨과 동시에 부하인 전동기도 정지한다. 또한 전동기 운전상태에서 과전류 계전기인 THR이 동작하면 THR의 B접점 스위치가 오프되고 제어회로의 전원이 차단되어 MC가 무여자 상태가 된다. 따라서 MC의 주접점과 보조접점은 모두 오프되며 운전램프(RL)이 소등됨과 동시에 THR의 A접점과 연결되어 있는 비상램프(OL)이 점등된다.

3.6 시퀀스 작도법

여러 가지 장치들로 구성된 제어회로에서 기기 상호간의 접속을 표시할 때, 단선 접속도나 복선 접속도, 배치도 등을 보아서는 동작이 어떻게 이루어지는지, 또는 어떤 형태로 제어회로가 이루어지는지 이해하기 어렵다. 이 경우 제어방식이나 동작 순서를 알기 쉽게 표시한 접속도가 필요하다.

1) 시퀀스 도면 작성 규칙

시퀀스 도면은 일반적으로 다음 규칙에 의하여 작성된다.

① 전원모선은 도면 상하 또는 좌우에 표시한다.
② 제어기기를 접속하는 접속선은 전원 모선 사이에 표시한다.
③ 접속선은 작동순서에 따라 좌에서 우 또는 위에서 아래로 그린다.
④ 제어기기는 비작동 상태로 그리며 모든 전원은 차단한 상태로 그린다.
⑤ 개폐 접점이 있는 제어기기는 그 기구 부분이나 지지 보호부분 등의 기계적 관련 상태를 생략하고 접점 및 코일 등으로 표시하며, 접속선에서 분리하여 표시한다.
⑥ 제어기기가 분산된 각 부분에는 그 제어기기 명을 표시한 문자 기호를 첨가하여 기기의 상태를 표시한다.

2) 시퀀스도의 가로 그리기와 세로 그리기

(1) 가로 그리기

① 전원모선은 도면의 좌측과 우측에 세로선을 그린다.

② 접속선은 전원 모선 사이에 가로선으로 그린다.

③ 접속선은 작동순서에 따라서 위에서 아래로 그린다.

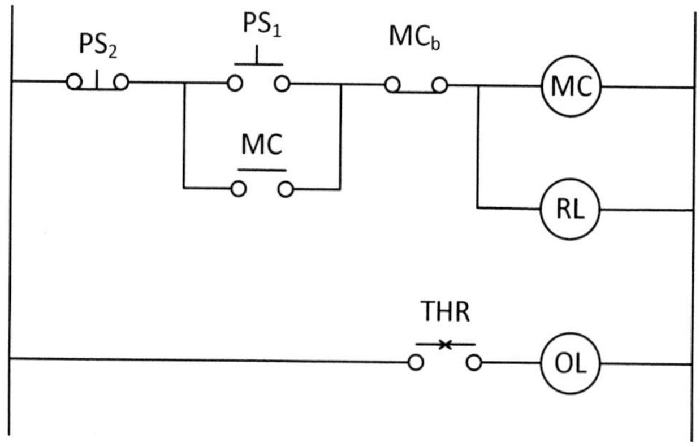

[그림 3.31] 가로그리기

(2) 세로 그리기

① 전원 모선은 도면의 위와 아래 측에 가로선으로 그린다.

② 접속선은 전원 모선 사이에 가로선으로 그린다.

③ 접속선은 작동 순서에 따라서 좌에서 우로 그린다.

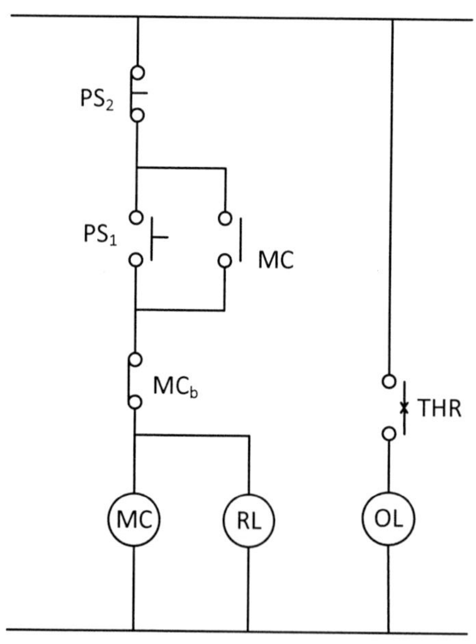

[그림 3.32] 세로 그리기

학습평가 문제

1 제어란 무엇을 말하는가?

2 개루프 제어와 폐루프 제어의 차이점은 무엇인가?

3 시퀀스 제어의 장점과 단점에 대하여 설명하시오.

4 접점이란 무엇을 말하는가?

5 접점의 종류에 대하여 설명하시오.

6 타이머의 동작원리를 설명하시오.

7 전자 릴레이의 동작 원리를 설명하시오.

8 열동 계전기의 동작원리를 설명하시오.

9 시퀀스 제어회로 도면 작성법을 설명하시오.

10 시퀀스 제어회로 도면 작성법 중 가로그리기와 세로그리기의 차이점을 설명하시오.

04 CHAPTER 시퀀스 기초실습

4.1 기초논리 회로 실습

전자릴레이와 램프를 이용하여 기초 논리회로를 이해하고 논리회로 배선 방법과 릴레이 사용법을 학습한다.

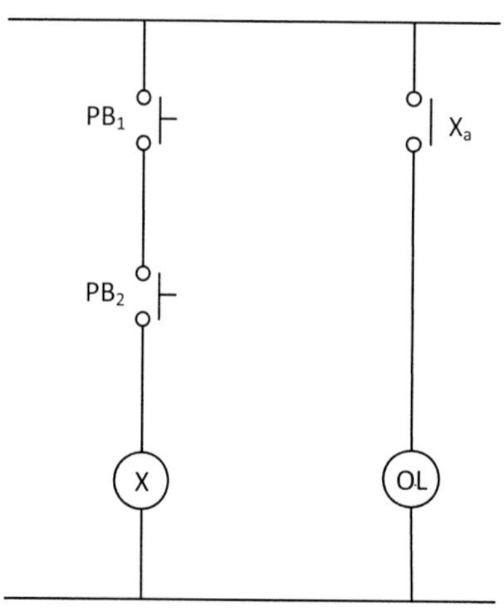

(a) AND 논리회로

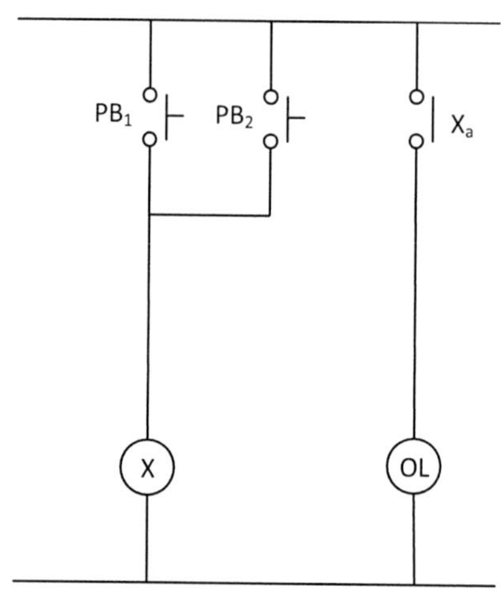

(b) OR 논리회로

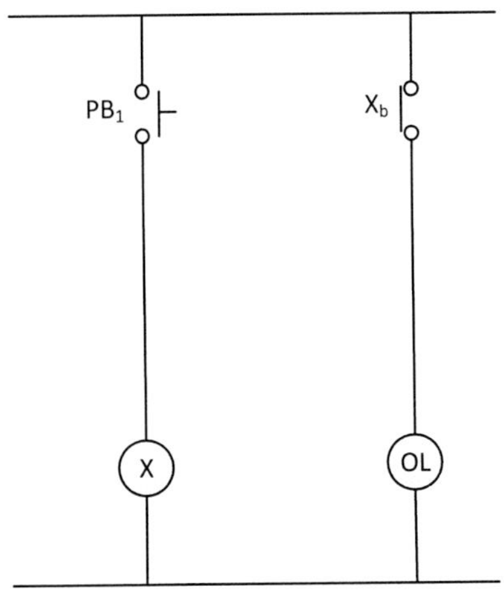

(c) NOT 논리회로

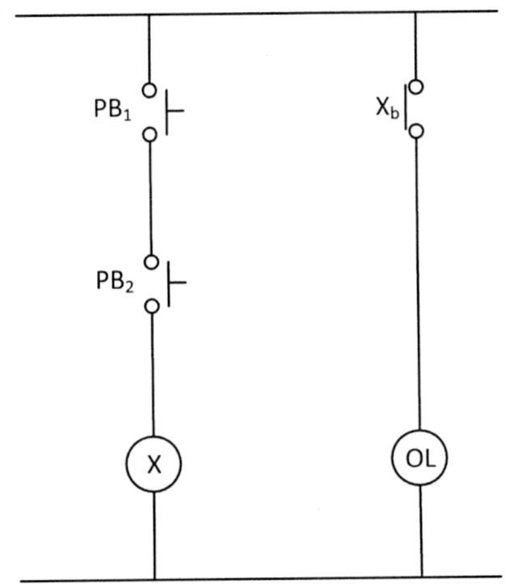

(d) NAND 논리회로

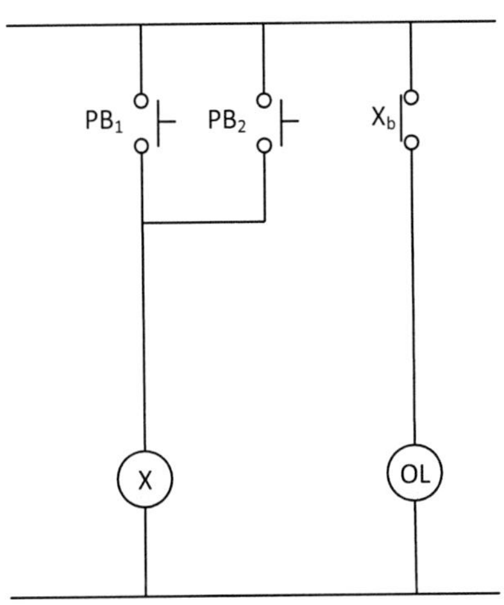

(e) NOR 논리회로

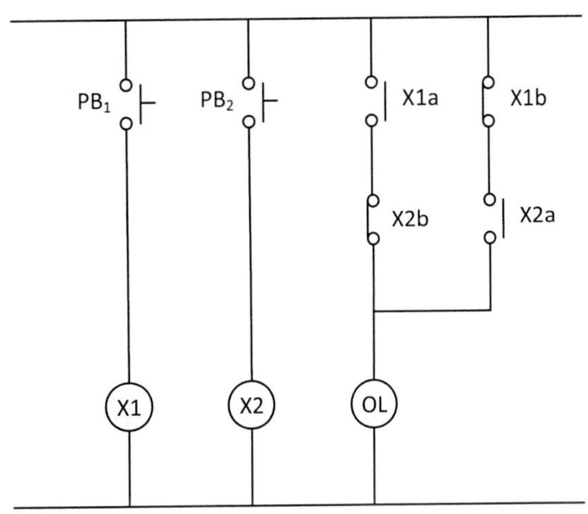

(f) XOR 논리회로

[그림 4.1] 기초 논리회로

(1) 동작설명

실습회로 (a)~(f)의 스위치 PB_1, PB_2를 누르면 AND, OR, NOT, NAND, NOR, XOR 동작을 수행한다.

(2) 필요 부품 및 기자재

① 푸시버튼 스위치 : 2개

② 릴레이 : 2개

③ Pilot Lamp : 1개
④ 압착 터미널(포트 타입) : 1.5SQ 30개
⑤ 배선용 전선(CV선) : 50M(CV 1.25SQ/1C)
⑥ Marking Tube : 3SQmm(5M)
⑦ 배선용 덕트
⑧ 넘버링기
⑨ 터미널 압착기

(3) 실습순서

① 릴레이와 푸시버튼 스위치 그리고 램프를 이용하여 그림 4.1(a), (b), (c), (d), (e), (f)의 논리회로를 구성한다.
② 스위치 PB_1과 스위치 PB_2를 누르며 릴레이와 램프의 동작을 관찰하고 입력에 대한 출력의 진리표를 작성한다.
③ 실습결과를 보고서로 작성하여 제출한다.

(4) 실습결과

① AND 논리회로

AND 논리회로 동작상태 확인

PB_1	PB_2	릴레이(X)	램프(OL)

AND 논리회로 진리표 작성

입력		출력
PB_1	PB_2	램프(OL)

② OR 논리회로

OR 논리회로 동작상태 확인

PB_1	PB_2	릴레이(X)	램프(OL)

AND 논리회로 진리표 작성

입력		출력
PB_1	PB_2	램프(OL)

③ NOT 논리회로

NOT 논리회로 동작상태 확인

PB_1	릴레이(X)	램프(OL)

NOT 논리회로 진리표 작성

입력	출력
PB_1	램프(OL)

④ NAND 논리회로

NAND 논리회로 동작상태 확인

PB_1	PB_2	릴레이(X)	램프(OL)

NAND 논리회로 진리표 작성

입력		출력
PB_1	PB_2	램프(OL)

⑤ NOR 논리회로

NOR 논리회로 동작상태 확인

PB_1	PB_2	릴레이(X)	램프(OL)

NOR 논리회로 진리표 작성

입력		출력
PB_1	PB_2	램프(OL)

⑥ XOR 논리회로

XOR 논리회로 동작상태 확인

PB_1	PB_2	릴레이(X)		램프(OL)
		X_1	X_2	

XOR 논리회로 진리표 작성

입력		출력
PB_1	PB_2	램프(OL)

4.2 자기유지 회로 실습

릴레이를 이용하여 자기유지회로를 구성하고 동작을 확인한다. 자기유지 회로는 계전기 자신의 접점을 이용하여 동작 회로를 구성함으로서 스스로 동작을 유지하는 회로이며 복귀신호를 주어야만 원래의 상태로 복귀하는 회로이다. 일반 릴레이를 사용한 자기유지 회로와 정전시에도 자기유지가 되는 자기 유지형 릴레이를 사용한 회로가 있다.

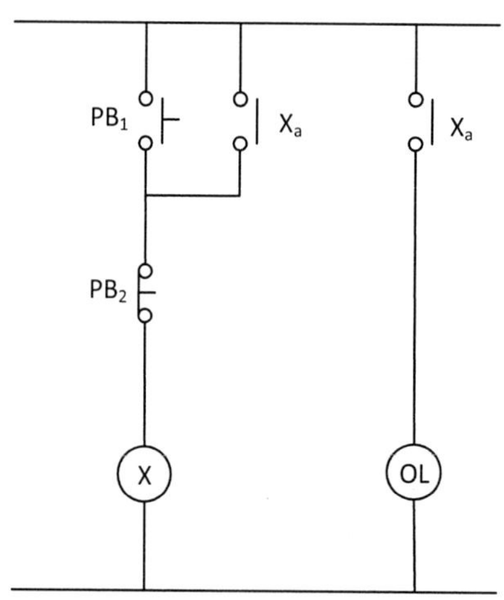

[그림 4.2] 자기유지회로

(1) 동작설명

① 기동 스위치 PB_1을 누르면 릴레이 X가 여자 된다. 따라서 보조접점 X_a가 붙어 자기유지 상태가 되고 표시램프 OL이 점등된다.

② 정지스위치 PB_2를 누르면 릴레이 X가 무여자 되고 보조접점 X_a가 떨어져 자기유지가 상실되며 표시램프 OL이 소등된다.

(2) 필요 부품 및 기자재

① 푸시버튼 스위치 : 2개
② 릴레이 : 1개
③ Pilot Lamp : 1개
④ 압착 터미널(포트 타입) : 1.5SQ 30개
⑤ 배선용 전선(CV선) : 50M(CV 1.25SQ/1C)
⑥ Marking Tube : 3SQmm(5M)
⑦ 배선용 덕트
⑧ 넘버링기
⑨ 터미널 압착기

(3) 실습순서

① 릴레이와 푸시버튼 스위치 그리고 램프를 이용하여 그림 4.2의 자기유지 회로를 구성한다.
② 기동 스위치(PB_1)와 정지 스위치(PB_2)를 누르며 릴레이와 램프의 자기유지 동작을 관찰한다.
③ 실습 결과를 보고서로 작성하여 제출한다.

(4) 실습결과

자기유지회로 동작상태 확인

PB_1	PB_2	릴레이(X)	램프(OL)

자기유지회로 논리회로 진리표 작성

입력		출력
PB_1	PB_2	램프(OL)

4.3 인터록 회로 실습

릴레이를 이용하여 인터록 회로를 구성하고 동작을 확인한다. 인터록 회로는 두 개 이상의 계전기가 동시에 동작하지 않도록 하는 회로로서 기기의 보호 및 운전자의 안전을 위하여 사용되는 회로이다. 그림 4.3은 일반적인 인터록 회로를 보여준다.

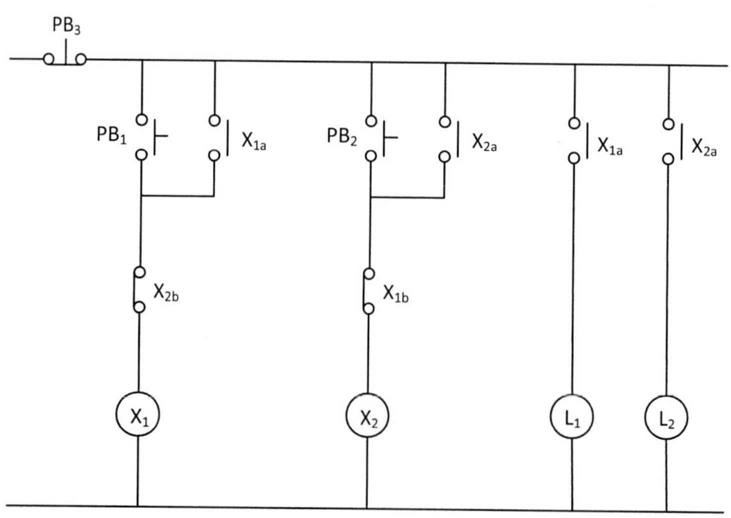

[그림 4.3] 인터록 회로

(1) 동작설명

① 기동 스위치 PB_1을 누르면 릴레이 X_1이 여자되고 보조접점 X_{1a}가 붙어 자기유지 된다.

② 동시에 램프 L_1이 점등되며, 보조접점 X_{1b}는 떨어져 릴레이 X_2의 회로는 개방된다.

③ 정지 스위치 PB_3를 누르면 릴레이 X_1이 무여자 되고 보조접점 X_{1a}가 떨어져 자기 유지가 상실되며 램프 L_1이 소등된다. 그리고 보조접점 X_{1b}는 다시 붙는다.

④ 기동 스위치 PB_2를 누르면 릴레이 X_2가 여자되고 보조접점 X_{2a}가 붙어 자기유지 되고 램프 L_2가 점등되며, 보조접점 X_{2b}는 떨어져 릴레이 X_1의 회로는 오픈 된다.

⑤ 정지 스위치 PB_3를 누르면 릴레이 X_2가 무여자 되고 보조접점 X_{2a}가 떨어져 자기 유지가 상실되며 램프 L_2가 소등된다. 그리고 보조접점 X_{2b}는 다시 붙는다.

(2) 필요 부품 및 기자재

① 푸시버튼 스위치 : 3개

② 릴레이 : 2개

③ Pilot Lamp : 2개

④ 압착 터미널(포트 타입) : 1.5SQ 30개

⑤ 배선용 전선(CV선) : 50M(CV 1.25SQ/1C)

⑥ Marking Tube : 3SQmm(5M)

⑦ 배선용 덕트

⑧ 넘버링기

⑨ 터미널 압착기

(3) 실습순서

① 그림 4.3과 같이 인터록 회로를 구성한다.

② 입력 스위치 PB_1, PB_2 그리고 정지 스위치 PB_3를 누르며 릴레이와 램프의 인터록 동작을 관찰한다. 인터록된 회로 중 먼저 입력된 신호만 출력되고 후순위로 입력된 신호는 출력되지 않는다.

③ 실습결과를 보고서로 작성한다.

(4) 실습결과

자기유지회로 동작상태 확인

PB_1	PB_2	PB_3	릴레이(X)		램프(OL)	
			X_1	X_2	L_1	L_2
선입력	후입력	×				
후입력	선입력	×				
선입력	후입력	○				
후입력	선입력	○				

4.4 타이머 회로 실습

릴레이와 타이머를 이용하여 회로를 구성하고 시간지연 동자을 확인한다. 입력신호가 있은 후 일정 시간이 지연된 후 출력값이 변화 하도록 구성된 회로를 타이머 회로라 하며 동작지연 타이머와 복귀지연 타이머가 있다.

1) 동작지연 타이머 회로

입력신호를 인가한 후 설정시간 만큼의 시간이 지연된 후 접점이 동작하는 타이머로서 필요에 따라 한시동작 a 접점과 한시동작 b 접점으로 회로를 구성할 수 있다. 그림 4.4는 동작지연 타이머 회로이다.

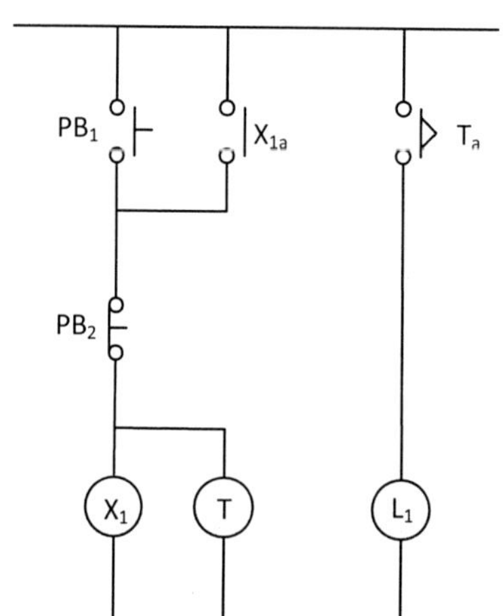

[그림 4.4] 동작지연 타이머 회로

(1) 동작설명

① 기동스위치 PB_1을 누르면 릴레이 X_1이 여자되고 보조접점 X_{1a}가 붙어 자기유지 된다. 그와 동시에 릴레이 X_1과 병렬로 연결된 타이머 릴레이 T가 여자 된다.

② 타이머 T의 설정시간이 경과된 후 타이머의 보조접점 T_a가 붙어 램프 L_1이 점등된다.

③ 정지스위치 PB_2를 누르면 릴레이 X_1과 타이머 릴레이 T가 무여자 되어 보조접점 X_{1a}가 오프된다. 따라서 자기 유지가 상실되며 램프 L_1은 소등된다.

(2) 필요 부품 및 기자재

① 푸시버튼 스위치 : 2개
② 릴레이 : 1개, 동작지연 타이머 : 1개
③ Pilot Lamp : 1개
④ 압착 터미널(포트 타입) : 1.5SQ 30개
⑤ 배선용 전선(CV선) : 50M(CV 1.25SQ/1C)
⑥ Marking Tube : 3SQmm(5M)
⑦ 배선용 덕트
⑧ 넘버링기
⑨ 터미널 압착기

(3) 실습순서

① 그림 4.4의 회로를 구성한다.
② 기동 스위치 PB_1과 정지 스위치 PB_2를 누르며 타이머 릴레이와 램프의 동작을 관찰한다.
③ 실습결과를 보고서로 작성한다.

(4) 실습결과

타이머 동작상태 확인

2) 복귀지연 타이머 회로

복귀지연 타이머 회로는 입력신호 인가시 동시에 타이머 접점이 동작하지만 정지 신호시 설정시간이 지나서 접점이 복귀되는 타이머 회로를 말한다. 그림 4.5는 복귀지연 타이머 회로를 보여준다.

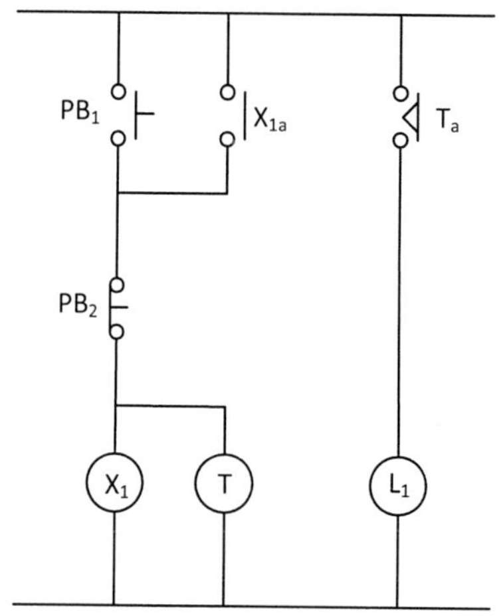

[그림 4.5] 복귀지연 회로

(1) 동작설명

① 기동스위치 PB_1을 누르면 릴레이 X_1이 여자되고 보조접점 X_{1a}이 붙어 자기유지되며, 동시에 타이머 릴레이가 여자 되고 보조접점 T_a가 붙어 램프 L_1이 점등된다.

② 정지 스위치 PB_2를 누르면 릴레이 X_1과 타이머 릴레이가 무여자 되어, 타이머 설정시간이 경과된 후 보조접점 T_a가 떨어지고 램프 L_1이 소등된다.

(2) 필요 부품 및 기자재

① 푸시버튼 스위치 : 2개

② 릴레이 : 1개

복귀지연 타이머 : 1개

③ Pilot Lamp : 1개

④ 압착 터미널(포트 타입) : 1.5SQ 30개

⑤ 배선용 전선(CV선) : 50M(CV 1.25SQ/1C)

⑥ Marking Tube : 3SQmm(5M)

⑦ 배선용 덕트

⑧ 넘버링기

⑨ 터미널 압착기

(3) 실습순서

① 그림 4.5의 회로를 구성한다.

② 기동스위치 PB_1과 정지스위치 PB_2를 누르며 타이머 릴레이와 램프의 동작을 확인한다.

③ 실습 결과를 보고서로 작성한다.

(4) 실습결과

타이머 동작상태 확인

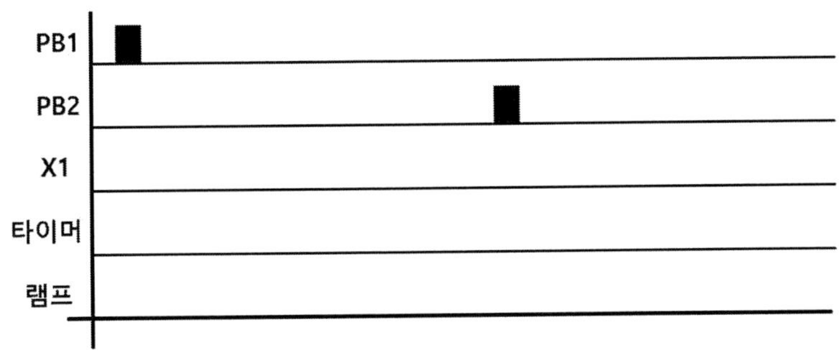

4.5 선순위 우선 회로 실습

릴레이를 이용하여 선 순위 우선회로를 구성하고 동작을 확인한다. 선 순위 우선회로는 동작조건을 미리 결정하고 결정된 순서에 따라 회로를 동작시킬 때 사용된다. 선 순위 우선회로에서는 램프 L_1이 온 되어 있는 상태에서만 램프 L_2가 온 될 수 있다. 반대의 순서에서는 동작되지 않는다.

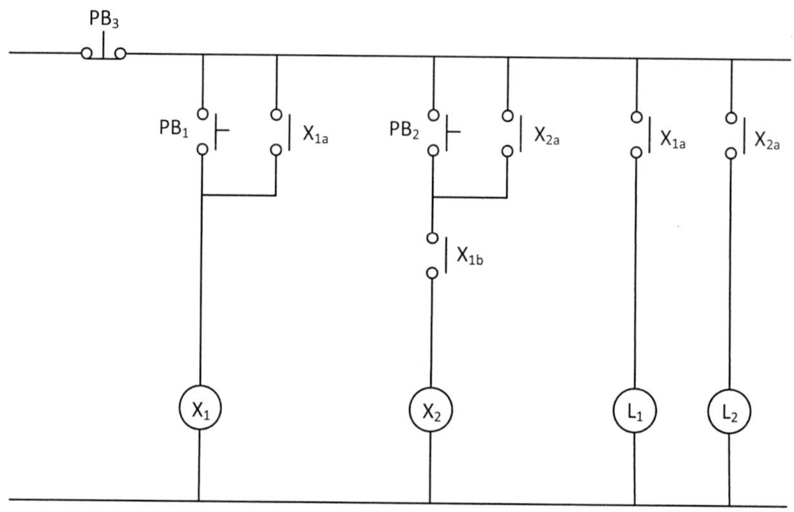

[그림 4.6] 선 순위 우선 동작회로

(1) 동작설명

① 기동스위치 PB_1을 누르면 릴레이 X_1이 여자되고 보조접점 X_{1a}가 붙어 자기유지 된다. 또한 동시에 램프 L_1이 점등되며 보조접점 X_{1b}가 붙어 릴레이 X_2의 기동 스위치 온 시 여자될 수 있는 조건을 만든다.

② 기동 스위치 PB_2를 누르면 릴레이 X_2가 여자 되고 보조접점 X_{2a}가 붙어 자기 유지가 되며 램프 L_2가 점등된다.

③ 정지스위치 PB_3를 누르면 릴레이 X_1, X_2가 모두 무여자 되어 램프 L_1, L_2가 모두 소등된다.

(2) 필요 부품 및 기자재

① 푸시버튼 스위치 : 3개

② 릴레이 : 2개

③ Pilot Lamp : 2개

④ 압착 터미널(포트 타입) : 1.5SQ 30개

⑤ 배선용 전선(CV선) : 50M(CV 1.25SQ/1C)

⑥ Marking Tube : 3SQmm(5M)

⑦ 배선용 덕트

⑧ 넘버링기

⑨ 터미널 압착기

(3) 실습순서

① 그림 4.6 회로를 구성한다.

② 기동 스위치 PB_1, PB_2와 정지 스위치 PB_3를 누르며 동작 순서를 관찰한다.

③ 실습결과를 보고서로 작성한다.

(4) 실습결과

선순위 우선회로 동작상태 확인

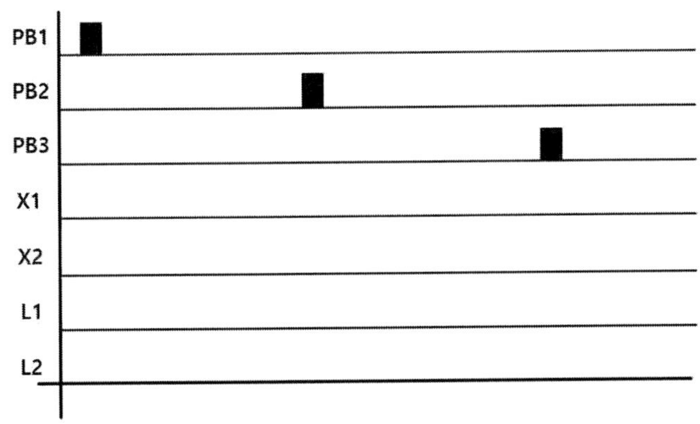

4.6 신입력 신호 우선동작 회로 실습

릴레이를 이용하여 신입력신호 우선동작회로를 구성하고 동작을 확인한다. 신 입력신호 우선 동작회로는 새로 입력되는 신호가 우선이고, 이전에 입력된 신호는 신 입력 인가시 오프되는 시퀀스 회로이다.

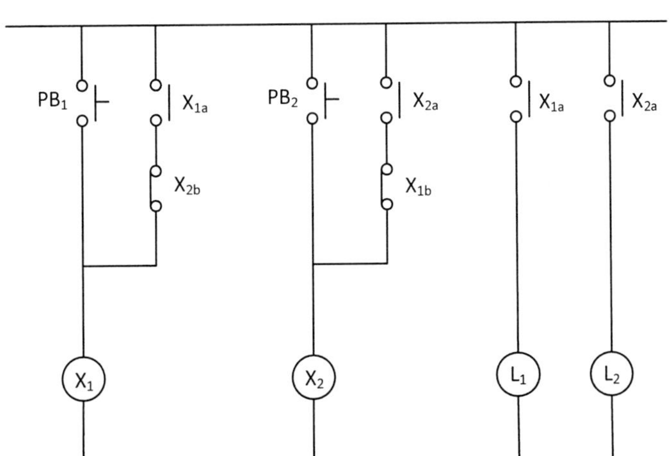

[그림 4.7] 신입력 신호 우선 동작회로

(1) 동작설명

① 스위치 PB_1을 누르면 릴레이 X_1이 여자된다.

② X_1이 여자되면 보조접점 X_{1a}가 온 되어 X_1의 자기유지 회로가 만들어진다. 그리고 보조접점 X_{1b}가 오프되어 X_2를 무여자시킨다. 따라서 램프 L_1은 점등되고 L_2는 소등된다.

③ 스위치 PB_2를 누르면 릴레이 X_2가 여자된다.

④ X_2가 여자되면 보조접점 X_{2a}가 온 되어 X_2의 자기유지회로가 만들어진다. 그리고 보조접점 X_{2b}가 오프되어 X_1을 무여자시킨다. 따라서 램프 L_2는 점등되고 L_1은 소등된다.

⑤ 다시 스위치 PB_1이 눌러지면 릴레이 X_1이 여자되고 X_2는 무여자되어 램프 L_1이 점등되고 L_2는 소등된다.

(2) 필요 부품 및 기자재

① 푸시버튼 스위치 : 2개

② 릴레이 : 2개

③ Pilot Lamp : 2개

④ 압착 터미널(포트 타입) : 1.5SQ 30개

⑤ 배선용 전선(CV선) : 50M(CV 1.25SQ/1C)

⑥ Marking Tube : 3SQmm(5M)

⑦ 배선용 덕트

⑧ 넘버링기

⑨ 터미널 압착기

(3) 실습순서

① 그림 4.7의 회로를 구성한다.

② 스위치 PB_1과 PB_2를 누르며 동작을 확인한다.

③ 실습결과를 보고서로 작성한다.

(4) 실습결과

신입력 우선회로 동작상태 확인

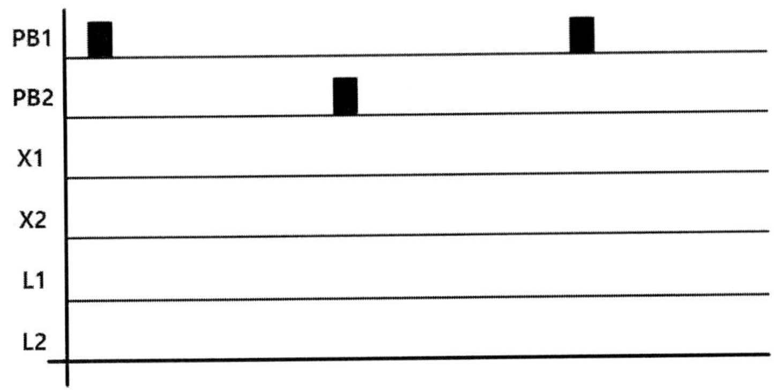

4.7 플리커 회로 실습

플리커 릴레이를 이용하여 플리커 회로를 구성하고 동작을 확인한다. 플리커 회로는 입력신호 인가시 설정시간 경과 주기로 주기적으로 온/오프를 반복하는 시퀀스회로이다.

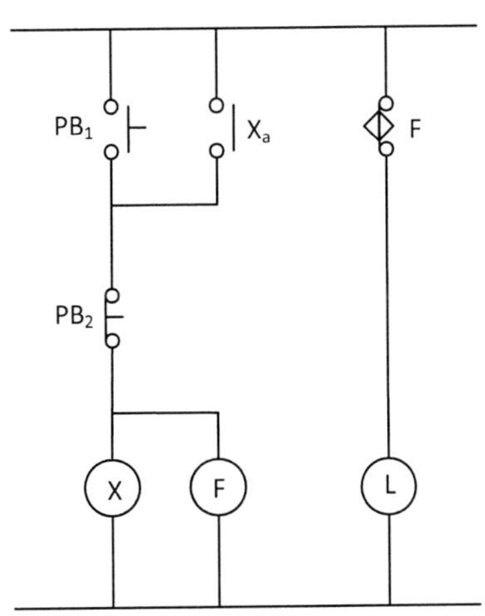

[그림 4.8] 플리커 회로

(1) 동작설명

① 기동스위치 PB_1을 누르면 릴레이 X가 여자되고, 보조접점 X_a가 온 되어 자기 유지회로가 동작된다. 그리고 동시에 릴레이 X와 병렬로 연결된 플리커 릴레이가 여자된다.

② 설정시간 경과 주기로 보조접점 F가 온/오프를 반복하여 램프 L이 점멸된다.

③ 정지스위치 PB2를 누르면 릴레이 X 및 플리커 릴레이 F가 무여자되고, 보조접점 X_a가 오프되어 자기 유지가 상실되므로 램프 L이 소등된다.

(2) 필요 부품 및 기자재

① 푸시버튼 스위치 : 2개

② 릴레이 : 1개

플리커 타이머 : 1개

③ Pilot Lamp : 1개

④ 압착 터미널(포트 타입) : 1.5SQ 30개

⑤ 배선용 전선(CV선) : 50M(CV 1.25SQ/1C)

⑥ Marking Tube : 3SQmm(5M)

⑦ 배선용 덕트

⑧ 넘버링기

⑨ 터미널 압착기

(3) 실습순서

① 그림 4.8의 회로를 구성한다.

② 기동스위치 PB_1과 정지스위치 PB_2를 누르며 플리커 릴레이와 램프의 동작을 관찰한다.

③ 실습결과를 보고서로 작성 제출한다.

(4) 실습결과

플리커 회로 동작상태 확인

4.8 횡단보도 신호등 회로 실습

보행자 정지신호인 적색등이 10초간 점등된 후 적색등이 꺼지고 보행자 신호등인 녹색등이 10초간 점등된다. 이 후 보행자 신호등이 10초간 점멸한 후 소등되면 즉시 적색등이 점등된다.

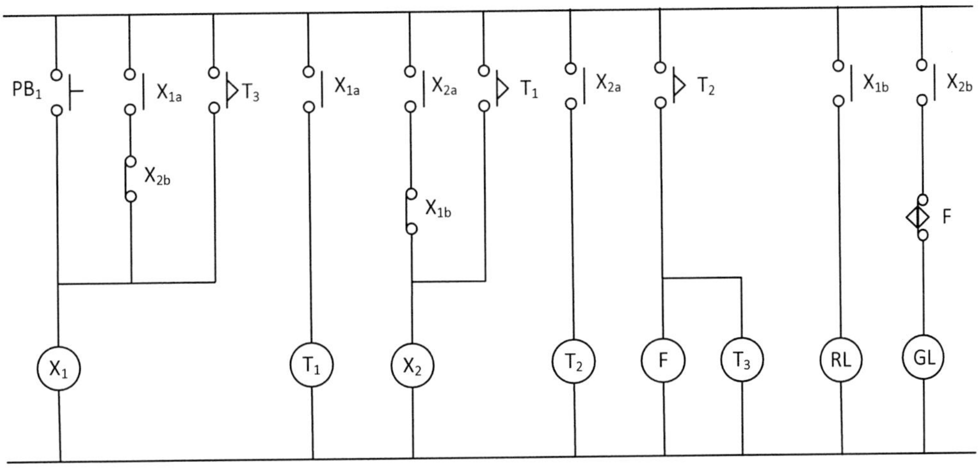

[그림 4.9] 횡단보도 신호등 회로

(1) 동작설명

① 기동스위치 PB_1을 누르면 릴레이 X_1이 여자되고 보조접점 X_{1a}가 붙어 자기유지된다. 그리고 적색등이 점등되며, 동시에 타이머 릴레이 T_1이 여자되어 타이머T_1의 설정시간 경과 후 릴레이 X_2가 여자된다.

② 릴레이 X_2가 여자되면 보조접점 X_{2a}가 온 되어 자기유지되고 녹색등이 점등 된다. 그리고 릴레이 X_1은 무여자되어 적색등은 소등된다. 동시에 타이머 릴레이 T_2가 여자된다.

③ 타이머 T_2의 설정 시간 경과 후 타이머 T_3가 여자되고 플리커 릴레이가 동작된다. 그리고 플리커의 설정시간 경과 주기로 보조 접점 F가 온 오프를 반복하여 램프 GL이 점멸된다.

④ 그 후 타이머 T_3의 설정시간이 경과되면 릴레이 X_1 회로의 타이머 보조접점 T_3가 붙어 X_1이 여자된다. 동시에 릴레이 X_2 회로의 X_{1b}접점이 오프되어 릴레이 X_2가 무여자되고, 위의 과정 반복한다.

(2) 필요 부품 및 기자재

① 푸시버튼 스위치 : 1개

② 릴레이 : 1개

시간지연 타이머 : 3개

플리커 타이머 : 1개

③ Pilot Lamp : 2개

④ 압착 터미널(포트 타입) : 1.5SQ 30개

⑤ 배선용 전선(CV선) : 50M(CV 1.25SQ/1C)

⑥ Marking Tube : 3SQmm(5M)

⑦ 배선용 덕트

⑧ 넘버링기

⑨ 터미널 압착기

(3) 실습순서

① 그림 4.9의 회로를 구성한다.

② 횡단보도 신호등과 타이머의 동작을 관찰한다.

③ 실습결과를 보고서로 작성한다.

(4) 실습결과

횡단보도 신호등 회로 동작상태 확인

4.9 단상 유도전동기 운전 회로 실습

단상 유도전동기 운전회로는 가장 기본적인 전동기 구동 회로로서 전동기의 운전 정지를 표시하는 램프와 전자 개폐기 그리고 전동기 과부하를 방지하기 위한 열동 계전기로 구성되어 있다.

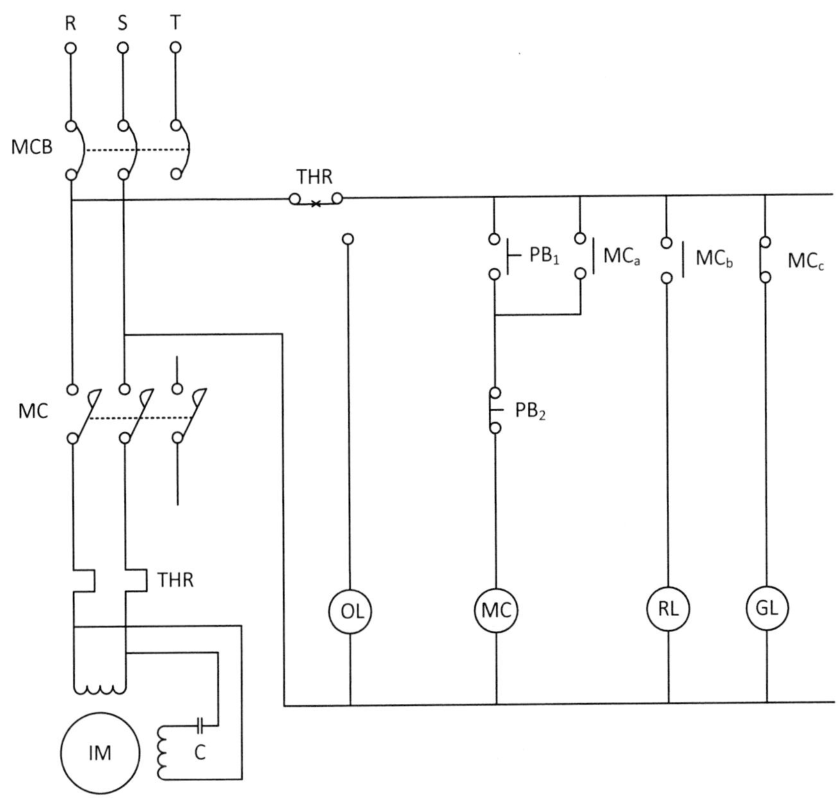

[그림 4.10] 단상 유도전동기 운전 회로

(1) 동작설명

① 기동스위치 PB_1을 누르면 전자개폐기 MC가 여자되고 보조접점 MC_a가 붙어 자기유지 되고 전동기는 기동된다. 그리고 동시에 MC의 보조접점 MC_b가 여자되어 기동 표시램프 RL이 점등된다.

② 정지스위치 PB_2를 누르면 전자개폐기 MC가 무여자되어 보조접점 MC_a가 떨어져 자기유지가 해제된다. 따라서 전동기는 정지되고 MC의 보조접점 MC_c가 붙어 정지 표시램프 GL이 점등된다.

③ 과전류가 발생하면 열동 계전기의 접점 THR이 떨어져 회로 전체가 개방되므로 전동기는 정지하고 과전류 표시 램프 OL이 점등된다.

(2) 필요 부품 및 기자재

① 푸시버튼 스위치 : 2개
② 열동계전기 : 1개, 전자접촉기(MC) : 1개, 회로차단기(MCB) : 1개
③ Pilot Lamp : 3개
④ 압착 터미널(포트 타입) : 1.5SQ 30개
⑤ 배선용 전선(CV선) : 50M(CV 1.25SQ/1C)
⑥ Marking Tube : 3SQmm(5M)
⑦ 배선용 덕트
⑧ 넘버링기
⑨ 터미널 압착기
⑩ 단상 유도전동기

(3) 실습순서

① 그림 4.10의 회로를 구성한다.
② 기동 스위치와 정지 스위치를 누르며 전동기 구동과 표시 램프의 동작을 관찰한다.
③ 실습결과를 보고서로 작성한다.

(4) 실습결과

단상 유도전동기 운전회로 동작상태 확인

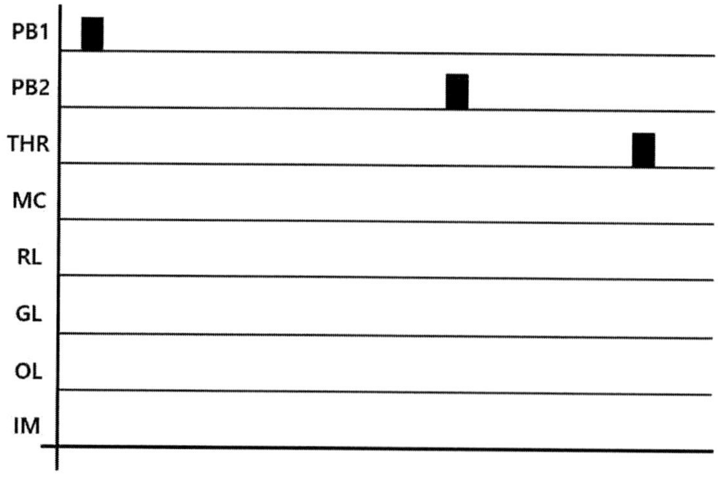

4.10 3상 유도전동기 운전회로 실습

3상 유도전동기 직입 운전회로는 MC에 의하여 전동기에 직접 정격전압을 인가하여 기동시키는 방법으로 기동전류가 크지 않은 중, 소형 전동기 운전에 이용되는 방법이다.

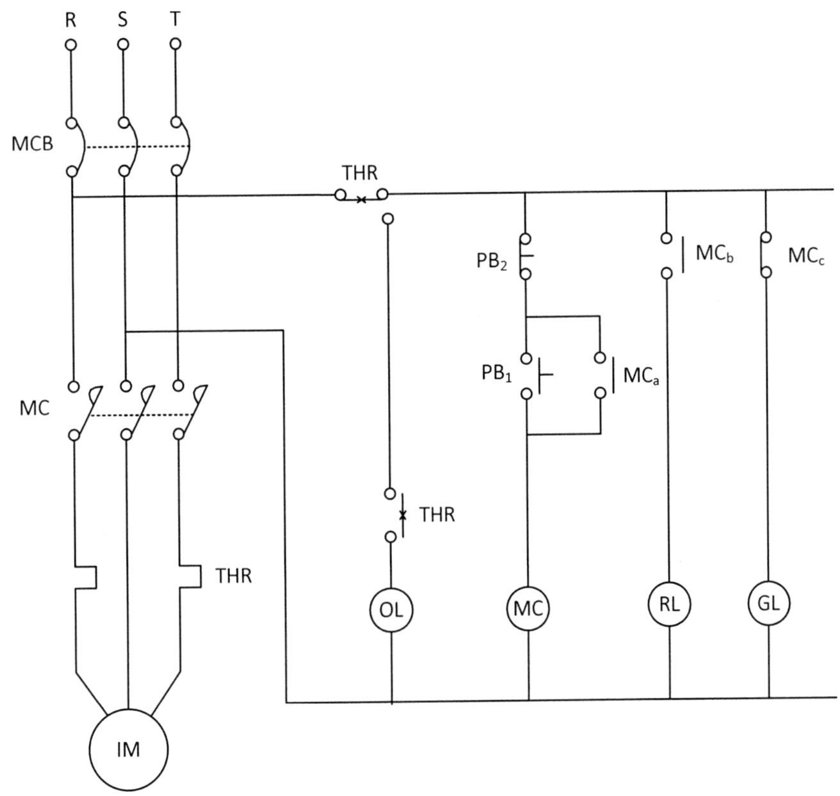

[그림 4.11] 3상 유도전동기 운전 회로

(1) 동작설명

① 기동 스위치 PB_1을 누르면 전자개폐기 MC가 여자된다. 따라서 보조접점 MC_a가 붙어 자기 유지되고 전동기는 기동된다. 동시에 보조접점 MC_b가 붙어 기동 표시 램프 RL이 점등된다. 이때 보조접점 MC_c는 떨어져 정지 표시 램프 GL은 소등된다.

② 정지스위치 PB_2를 누르면 전자개폐기 MC는 무여자된다. 따라서 보조접점 MC_a는 떨어져 자기유지가 상실되며 전동기 정지는 정지한다. 이때 보조접점 MC_b는 떨어져 운전 표시램프 RL은 소등되고 보조접점 MC_c는 붙어 정지표시 램프 GL이 점등된다.

③ 과전류가 발생하면 열동 계전기의 접점이 떨어져 회로 전체가 개방되므로 전동기는 정지하고 과전류 표시램프 OL이 점등된다.

(2) 필요 부품 및 기자재

① 푸시버튼 스위치 : 2개
② 열동계전기 : 1개
　전자접촉기(MC) : 1개
　회로차단기(MCB) : 1개
③ Pilot Lamp : 3개
④ 압착 터미널(포트 타입) : 1.5SQ 30개
⑤ 배선용 전선(CV선) : 50M(CV 1.25SQ/1C)
⑥ Marking Tube : 3SQmm(5M)
⑦ 배선용 덕트
⑧ 넘버링기
⑨ 터미널 압착기
⑩ 3상 유도 전동기

(3) 실습순서

① 그림 4.11의 회로를 구성한다.
② 기동스위치와 정지스위치를 누르면서 전동기의 구동과 표시램프의 동작을 관찰한다.
③ 실습결과를 보고서로 작성한다.

(4) 실습결과

3상 유도전동기 운전회로 동작상태 확인

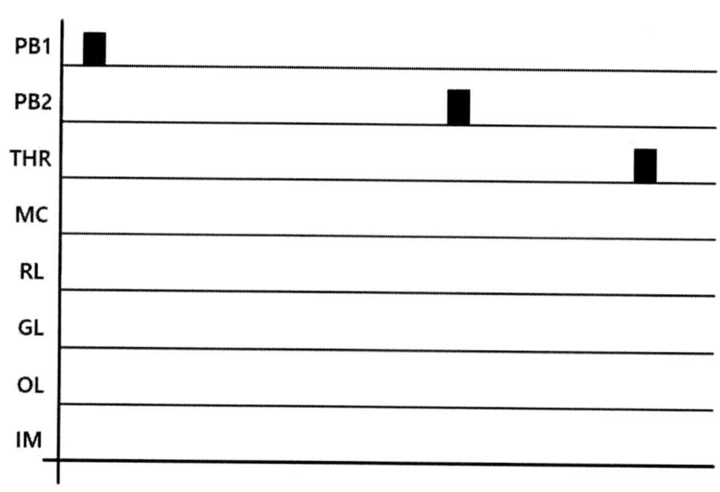

4.11 3상 유도전동기 2개소 기동 운전회로 실습

3상 유도전동기 한 대를 2개의 장소에서 제어하는 방법으로서 회로에는 기동 및 정지 스위치가 각각 두 군데 모두 구성되어 있다.

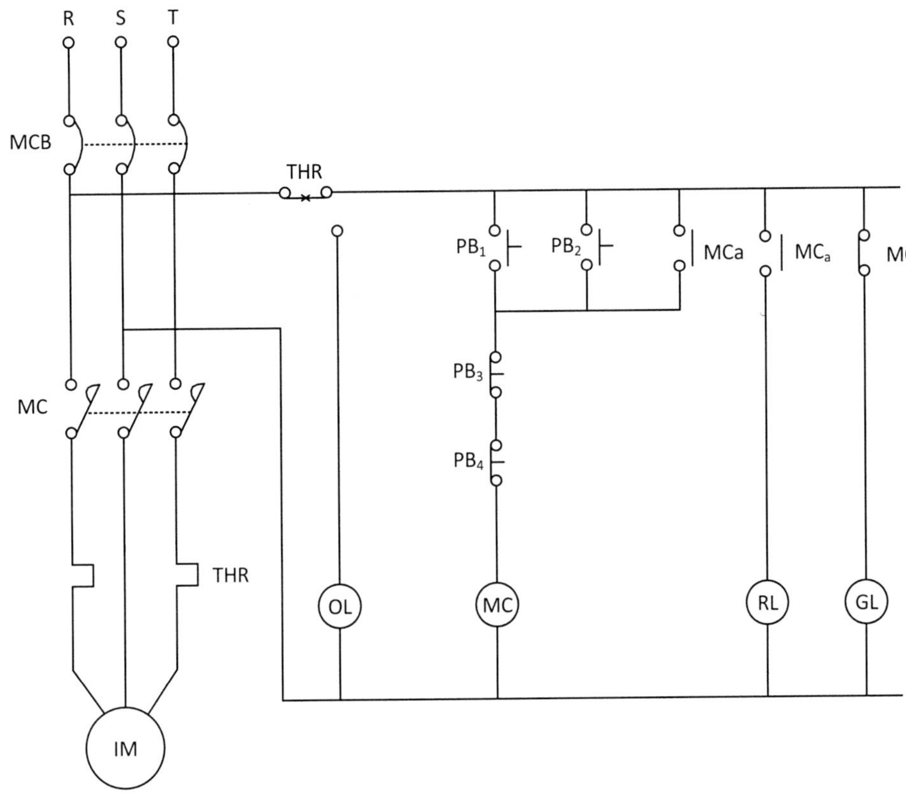

[그림 4.12] 3상 유도전동기 2개소 기동운전 회로

(1) 동작설명

① 기동스위치 PB_1 또는 PB_2를 누르면 전자개폐기 MC가 여자된다. 따라서 보조접점 MC_a가 붙어 자기 유지되고 전동기가 기동된다. 동시에 기동표시 램프 RL은 점등되고 정지램프 GL은 소등된다.

② 정지 스위치 PB_3 또는 PB_4를 누르면 전자개폐기 MC가 무여자된다. 따라서 보조접점 MC_a가 떨어져 자기 유지가 상실되며 전동기는 정지한다. 동시에 정지표시 램프 GL이 점등되고 기동표시 램프 RL은 소등된다.

③ 과전류가 발생하면 열동 계전기의 접점이 떨어져 회로전체가 개방되므로 전동기는 정지하고 과전류 표시램프 OL이 점등된다.

(2) 필요 부품 및 기자재

① 푸시버튼 스위치 : 4개
② 열동계전기 : 1개
전자접촉기(MC) : 1개
회로차단기(MCB) : 1개
③ Pilot Lamp : 3개
④ 압착 터미널(포트 타입) : 1.5SQ 30개
⑤ 배선용 전선(CV선) : 50M(CV 1.25SQ/1C)
⑥ Marking Tube : 3SQmm(5M)
⑦ 배선용 덕트
⑧ 넘버링기
⑨ 터미널 압착기
⑩ 3상 유도전동기

(3) 실습순서

① 그림 4.12의 회로를 구성한다.
② 기동 스위치와 정지 스위치를 누르며 전동기의 구동과 표시램프의 동작을 관찰한다.
③ 실습결과를 보고서로 작성한다.

(4) 실습결과

3상 유도전동기 2개소 운전회로 동작상태 확인

① PB_1 스위치를 눌러 전동기와 표시램프의 동작상태를 확인한다.
② PB_3 스위치를 눌러 전동기와 표시램프의 동작상태를 확인한다.
③ PB_2 스위치를 눌러 전동기와 표시램프의 동작상태를 확인한다.
④ PB_4 스위치를 눌러 전동기와 표시램프의 동작상태를 확인한다.
⑤ THR이 동작했을 때 전동기와 표시램프의 동작상태를 확인한다.

PB_1	PB_2	PB_3	PB_4	THR	전자접촉기(MC)	램프(RL)	램프(GL)	램프(OL)

4.12 3상 유도전동기 촌동, 연속 운전회로 실습

촌동 운전은 운전자가 기동스위치를 누르고 있는 동안에만 전동기가 기동하는 운전방법이다.

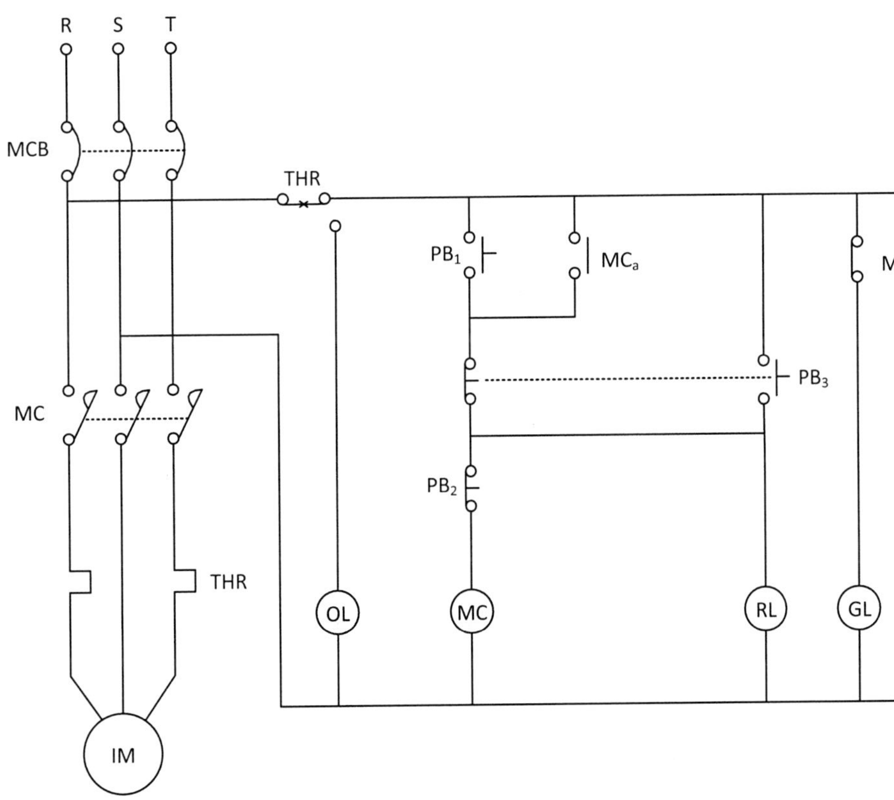

[그림 4.13] 3상 유동전동기 촌동, 연속 운전 회로

(1) 동작설명

① 기동스위치 PB_3를 누르면 전자개폐기 MC가 여자되고 전동기가 기동된다. 동시에 기동표시 램프 RL이 점등되고 보조접점 MC_b가 떨어져 정지 표시 램프 GL은 소등된다.

② 기동 스위치 PB_3를 놓으면 전자개폐기 MC가 무여자되어 보조접점 MC_a가 떨어진다. 따라서 전동기가 정지되고 운전표시 램프 RL은 소등된다. 동시에 정지 표시램프 GL이 점등된다.

③ 연속 운전 방법은 실습 11의 3상 유도전동기 운전 방법과 동일하다.

(2) 필요 부품 및 기자재

① 푸시버튼 스위치 : 3개

② 열동계전기 : 1개

  전자접촉기(MC) : 1개

  회로차단기(MCB) : 1개

③ Pilot Lamp : 3개

④ 압착 터미널(포트 타입) : 1.5SQ 30개

⑤ 배선용 전선(CV선) : 50M(CV 1.25SQ/1C)

⑥ Marking Tube : 3SQmm(5M)

⑦ 배선용 덕트

⑧ 넘버링기

⑨ 터미널 압착기

⑩ 3상 유도전동기

(3) 실습순서

① 그림 4.13의 회로를 구성한다.

② 촌동 스위치를 누르며 전동기의 구동과 표시램프의 동작을 관찰한다.

③ 실습결과를 보고서로 작성한다.

(4) 실습결과

3상 유도전동기 촌동, 연속 운전회로 동작상태 확인

① PB_1 스위치를 눌러 전동기의 동작상태를 확인한다.

② PB_2 스위치를 눌러 전동기의 동작상태를 확인한다.

③ PB_3 스위치를 ON/OFF하며 전동기의 동작상태를 확인한다.

PB_1	PB_2	PB_3	THR	전자접촉기(MC)	램프(RL)	램프(GL)	램프(OL)

4.13 3상 유도전동기 정/역 운전회로 실습

3상 유도전동기를 역회전하려면 회전 자장의 방향을 반대로 하면 된다. 즉 R/S/T 3단자 중 임의의 2상을 서로 바꾸면 된다. 3상 유도전동기 정/역 운전회로에서는 두 개의 전자접촉기와 릴레이를 이용하여 3상 중 2상의 상순을 변경하여 유도전동기를 정/역 회전할 수 있는 시퀀스 회로를 구성하고 동작을 확인한다.

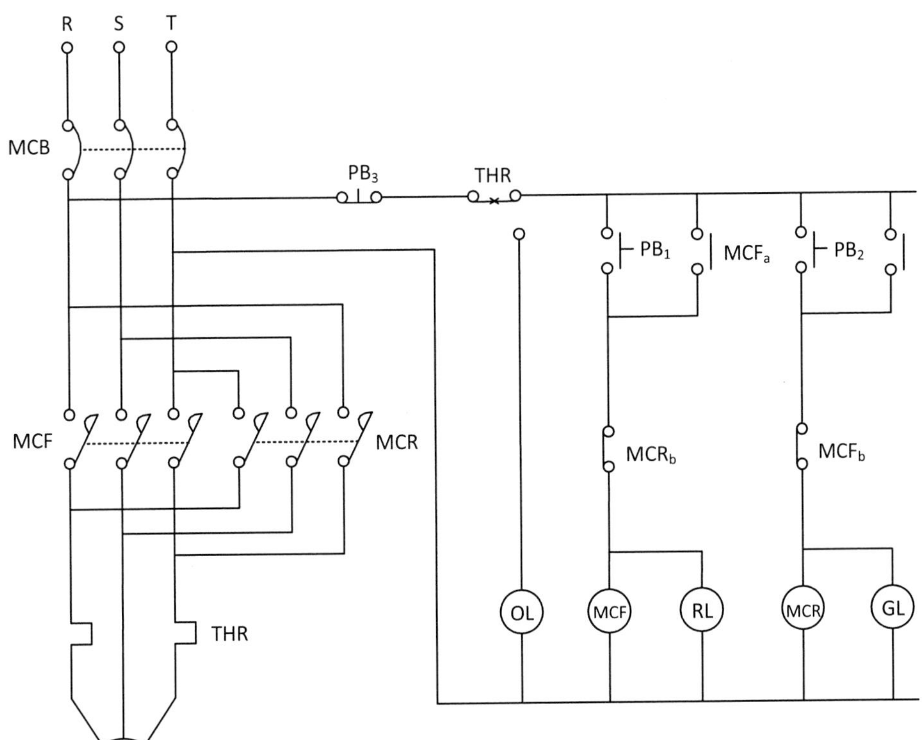

[그림 4.14] 3상 유도전동기 정/역 운전 회로

(1) 동작설명

① 기동스위치 PB_1을 누르면 전자개폐기 MCF가 여자되고, 보조접점 MCF_a가 붙어 자기유지된다. 이때 전동기는 정회전하고 정회전 표시램프 RL이 점등되며 보조접점 MCF_b는 떨어져 MCR의 회로는 개방된다.

② 정지스위치 PB_3를 누르면 전자개폐기 MCF가 무여자되고, 보조접점 MCF_a가 떨어져 자기 유지가 상실된다. 이때 전동기는 정지되고 정회전 표시 램프 RL은 소등된다. 그리고 보조접점 MCF_b는 붙는다.

③ 역기동 스위치 PB_2를 누르면 전자개폐기 MCR이 여자되고 보조접점 MCR_a이 붙어 자기 유지된다. 이때 전동기는 역회전하고 역회전 표시램프 GL이 점등되며 보조접점 MCR_b는 떨어져 MCF 회로는 차단된다.

(2) 필요 부품 및 기자재

① 푸시버튼 스위치 : 2개

② 열동계전기 : 1개

전자접촉기(MC) : 2개

회로차단기(MCB) : 1개

③ Pilot Lamp : 3개

④ 압착 터미널(포트 타입) : 1.5SQ 30개

⑤ 배선용 전선(CV선) : 50M(CV 1.25SQ/1C)

⑥ Marking Tube : 3SQmm(5M)

⑦ 배선용 덕트

⑧ 넘버링기

⑨ 터미널 압착기

(3) 실습순서

① 그림 4.14의 회로를 구성한다.

② 전회전 스위치 PB_1, 역회전 스위치 PB_2 그리고 정지 스위치 PB_3를 누르며 전동기의 정역회전과 표시램프의 동작을 관찰한다.

③ 실습시 정회전 운전 후 또는 역회전 운전 후에는 반드시 정지 스위치를 눌러 전동기가 정지상태에 도달하면 반대 반향의 운전스위치를 눌러야 한다. 만약 전동기가 정지되지 않은 상태에서 역방향의 운전을 시도하는 경우 역기전력에 의하여 전동기가 소손되거나 또는 과전류에 의하여 열동 계전기가 동작하여 회로가 차단되므로 주의하여야 한다.

④ 실습결과를 보고서로 작성한다.

(4) 실습결과

3상 유도전동기 정/역 운전회로 동작상태 확인

PB_1	PB_2	PB_3	THR	전자접촉기(MC)		램프(RL)	램프(GL)	램프(OL)
				MCF	MCR			
ON								
		ON						
	ON							
		ON						
			ON					

4.14 3상 유도전동기 $Y-\Delta$ 운전회로 실습

3상 유도전동기의 전전압 기동은 기동전류가 정격전류의 약 5~7배가 되므로 계통에 전압강하를 일으켜 다른 기기에도 영향을 준다. 따라서 기동전류를 줄이기 위하여 전동기의 권선을 Y결선으로 기동하면 전동기 코일에는 선간전압의 $\frac{1}{\sqrt{3}}$ 정도 밖에 걸리지 않으므로 각상에 $\frac{1}{\sqrt{3}}$ 에 해당하는 전류가 흐르게 되고 기동 후에는 선간전압이 모두 가해져 정상 운전이 되도록 Δ결선으로 바꾸어 운전하는 방식이다.

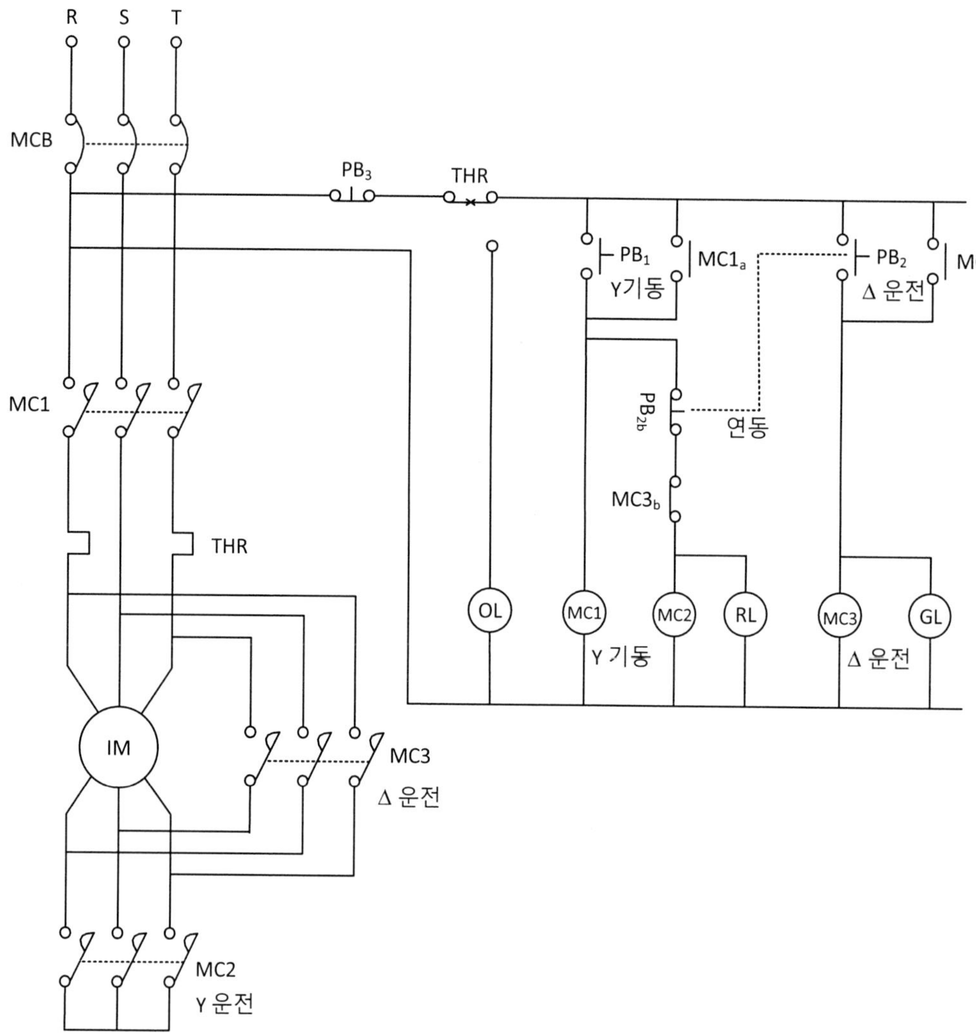

[그림 4.15] 3상 유도전동기 $Y-\Delta$ 운전 회로

(1) 동작설명

① 기동 스위치 PB_1을 누르면 전자개폐기 MC_1과 MC_2가 여자되어 전동기가 Y 운전되며 보조접점 MC_{1a}이 붙어 자기 유지되고 Y 운전 표시등 RL이 점등된다.

② 기동 스위치 PB_2를 누르면 MC_2는 무여자되고 MC_3가 여자되어 전동기는 Δ 운전되며 보조접점 MC_3가 붙어 자기유지되고 Δ 운전 표시등 GL이 점등된다.

(2) 필요 부품 및 기자재

① 푸시버튼 스위치 : 3개

② 열동계전기 : 1개
전자접촉기(MC) : 3개
회로차단기(MCB) : 1개
③ Pilot Lamp : 3개
④ 압착 터미널(포트 타입) : 1.5SQ 30개
⑤ 배선용 전선(CV선) : 50M(CV 1.25SQ/1C)
⑥ Marking Tube : 3SQmm(5M)
⑦ 배선용 덕트
⑧ 넘버링기
⑨ 터미널 압착기

(3) 실습순서

① 그림 4.15의 회로를 구성한다.
② $Y-\Delta$ 운전을 위한 전동기 구동과 표시램프의 동작을 관찰한다.
③ 실습결과를 보고서로 작성한다.

(4) 실습결과

3상 유도전동기 $Y-\Delta$ 운전회로 동작상태 확인

① PB_1 스위치를 눌러 MC_1, MC_2, 전동기, RL의 동작상태를 확인한다.
② PB_2 스위치를 눌러 MC_1, MC_2, MC_3, 전동기, RL, GL의 동작상태를 확인한다.

4.15 컨베이어 정/역 반복 운전회로 실습

컨베이어 동작 제어회로는 시퀀스제어 회로가 일반적으로 사용되는 시스템이다. 컨베이어 정/역 반복 제어회로는 컨베이어를 구동하는 전동기 구동부와 컨베이어의 정역 반향 전환을 위하여 사용되는 리밋 센스로 구성된다. 컨베이어 벨트가 회전하다가 리밋 센서를 만나면 컨베이어 벨트의 회전 방향이 전환되도록 회로가 구성된다.

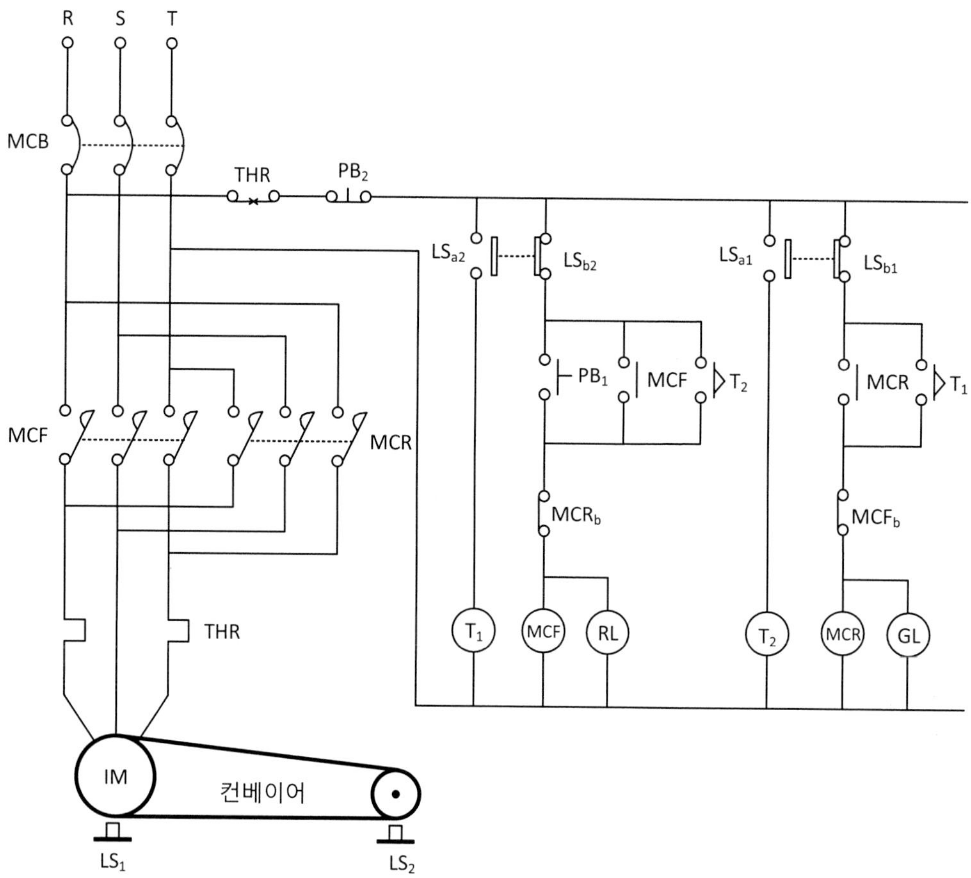

[그림 4.16] 컨베이어 정역 반복 운전회로

(1) 동작 설명

① 기동스위치 PB_1을 누르면 전자개폐기 MCF가 여자 된다. 따라서 보조접점 MCF가 붙어 자기유지되고 컨베이어가 정회전 한다. 동시에 정회전 표시램프 RL이 점등되고 보조접점 MCF_b는 떨어져 MCR의 회로는 개방된다.

② 컨베이어가 동작하여 도그가 LS_2에 도달하면 전자개폐기 MCF가 무여자 된다. 따라서 보조접점 MCF가 떨어져 자기유지가 상실되며 전동기는 정지하고 정회전 표시램프 RL은 소등된다. 동시에 보조접점 MCF_b가 붙어 MCR의 회로는 다시 연결된다. 그리고 타이머 T1이 여자된다.

③ 타이머 T_1이 설정시간에 도달하여 보조접점 T_1이 붙으면 전자개폐기 MCR이 여자되고, 보조접점 MCR이 붙어 자기유지된다. 그리고 컨베이어가 역회전하고 역회전 표시램프 GL이 점등된다. 이때 보조접점 MCR_b는 떨어져 MCF의 회로는 개방된다.

④ 컨베이어가 동작하여 도그가 LS_1에 도달하면 전자개폐기 MCR가 다시 무여자되고 타이머 T_2가 설정시간에 도달하면 MCF가 여자되어 컨베이어는 다시 정회전한다.

(2) 필요 부품 및 기자재

① 푸시버튼 스위치 : 2개
② 전자접촉기(MC) : 2개
　시간지연 타이머 : 2개
　리미트 스위치 : 2개
　열동계전기 : 1개
③ Pilot Lamp : 2개
④ 압착 터미널(포트 타입) : 1.5SQ 30개
⑤ 배선용 전선(CV선) : 50M(CV 1.25SQ/1C)
⑥ Marking Tube : 3SQmm(5M)
⑦ 배선용 덕트
⑧ 넘버링기
⑨ 터미널 압착기

(3) 실습순서

① 그림 4.16의 회로를 구성한다.
② 정/역 운전을 위한 전동기 구동과 표시램프의 동작을 관찰한다.
③ 실습결과를 보고서로 작성한다.

(4) 실습결과

컨베이어 벨트 정/역 운전회로 동작상태 확인

① PB_1을 눌러 MCF, MCR, LS_a,LS_b, RL, GL, 컨베이어 벨트의 동작상태를 확인한다.
② PB_2를 눌러 MCF, MCR, LS_a,LS_b, RL, GL, 컨베이어 벨트의 동작상태를 확인한다.

05 CHAPTER PLC의 개요

5.1 PLC의 정의

PLC(Programmable Logic Controller)란 전동기, 컨베이어 벨트, 공압기기 등 각종 기기를 순차 제어하기 위하여 사용하던 제어반 내의 릴레이, 타이머, 카운터 등의 기능을 마이크로프로세서와 각종 반도체 소자로 대체시켜, 순차 제어 기능 및 수치 연산 등의 기능이 가능하도록 만든 반도체 제어장치를 말한다. 그림 5.1은 PLC의 외형을 보여준다.

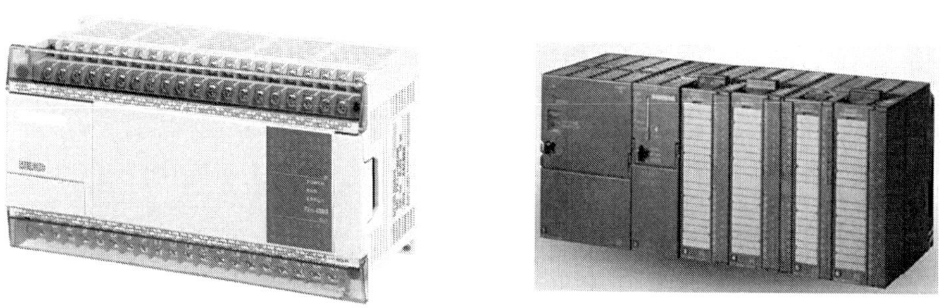

(a) 일체형 PLC (b) 모듈형 PLC

[그림 5.1] 프로그래머블 로직 콘트롤러(PLC)

PLC의 구조는 기본적으로 컴퓨터와 유사하며 논리 연산을 수행하고 그 출력을 만들어 낸다. PLC는 기기 제어를 위한 컴퓨터이며 일반 컴퓨터와는 다르게 열악한 산업 환경에서도 잘 동작할 수 있도록 설계되었다. 그리고 특수한 입출력 인터페이스와 프로그램 언어를 가지고 있다. PLC는 산업체에서 PC라고도 하는데 개인용 컴퓨터의 약자인 PC와의 혼동을 피하기 위하여 일부 제조 회사들은 그냥 PLC라고 부른다. 초기의 PLC는 단지 릴레이 로직을 대체하기 위한 기능으로 사용되었으나 최근에는 그 기능과 사용분야가 매우 다양해지고 있다. 최근

PLC의 사용분야를 살펴보면 단순 순차제어 뿐 아니라 피드백 제어, 디지털 제어 등 매우 다양한 분야에서 사용되고 있으며 산업용 제어기 및 공장 자동화를 위한 핵심 기기로 자리잡아 가고 있다.

5.2 PLC의 역사와 발전

과거, 시퀀스 제어는 여러 개의 릴레이 및 타이머를 사용하여 원하는 동작을 수행하는 제어반을 구성하고 이를 제어장치로 사용하였으나 다음과 같은 문제점을 가지고 있었다.

① 제어 대상 시스템에 따라 각각 릴레이 제어회로를 배선하여 제어반을 구성하여야 하기 때문에 시간이 많이 소요되며 제어반의 크기가 커진다.
② 제어 대상이 바뀌거나 기능이 변경되는 경우 배선을 변경하고 제어반을 다시 구성해야 하므로 경제적으로 손실이다.
③ 원하는 기능을 수행하기 위한 제어 배선을 모두 하드웨어적으로 구현해야 하기 때문에 접촉 불량, 배선 불량 등으로 인한 신뢰성 문제가 발생된다.
④ 릴레이 및 타이머는 모두 기계적인 접점을 가지고 동작하므로 그 동작 속도가 느려 고속 제어 시스템에 적용하기 어렵다.
⑤ 복잡한 배선으로 인하여 고장을 찾기 어렵다.

[그림 5.2] 릴레이로 구성된 시퀀스 회로

이상과 같은 여러 가지 문제를 해결하기 위하여 1968년 미국의 자동차 제조회사인 GM은 자동차 조립라인에 이용할 PLC의 10가지 요구조건을 다음과 같이 제시하였다.

① 프로그램의 작성 및 변경이 용이할 것
② 유지보수 및 수리가 용이할 것
③ 릴레이 제어반보다 소형일 것
④ 출력 데이터는 중앙제어장치에 연결되어 있을 것
⑤ 릴레이 제어반보다 저가일 것
⑥ 입력은 교류 115V를 이용할 수 있을 것
⑦ 출력은 최저 2A, 교류 115V일 것
⑧ 릴레이 제어반보다 신뢰성이 높을 것
⑨ 유니트 확장이 가능할 것
⑩ 4K 워드까지 확장 가능한 메모리를 가질 것

1969년 Bedford사를 포함한 여러 회사들이 이러한 조건에 맞는 제어장비를 제안하였는데, 다른 회사들이 제안한 제품은 크기가 너무 크거나 복잡하고 또는 메모리 문제가 발생하여 채택되지 못하고 Bedford사가 제안한 Modular digital Controller(MODICON)가 선정되었는데 이렇게 하여 탄생한 최초의 PLC가 바로 Bedford사의 MODICON 084이다.

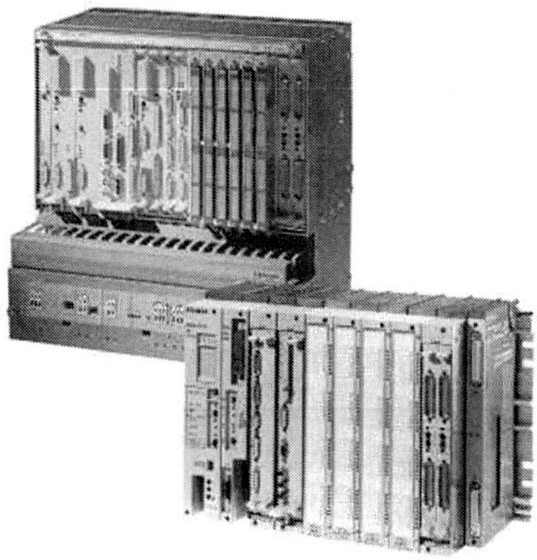

(a) Bedford사의 MODICON 084 외형

(b) Bulletin 1774 PLC의 외형

[그림 5.3] 최초의 PLC

그러나 현재 PLC로 불리는 최초의 이름을 가진 제품은 Allen-Bradley사가 1971년 개발한 "Bulletin 1774 PLC"이다. 이렇게 개발된 마이크로프로세서와 반도체 회로를 기반으로 하는 PLC는 기존의 릴레이 기반 제어반에 비하여 경제성, 신뢰성, 편의성 등에서 월등한 우위를 가지게 되었고, 이로 인하여 철강, 화학 등 대형 공장으로부터 소규모 사업장까지 급격하게 보급되었다. 그 후 PLC는 마이크로프로세서 및 반도체 기술의 획기적 발달과 함께 단순 시퀀스 제어장치로부터 연산기능과 통신기능 아날로그 입출력 기능 위치제어 기능 등 매우 다양한 기능을 가진 고성능 제어기로서 다양한 분야에서 사용되고 있다.

5.3 PLC의 종류 및 특징

PLC의 가장 큰 특징 중 하나는 종래의 릴레이 제어반과는 다르게 하드웨어적으로 배선을 하지 않고 소프트웨어의 변경을 통하여 다양한 제어 시스템을 구현할 수 있으며, 컴퓨터에 의하여 직접 프로그램, 제어 등이 가능하여 보다 다양하고 편리하게 산업현장에서 사용할 수 있다는 점이다. 표 5.1은 릴레이 제어반과 PLC 제어와의 차이점을 보여준다. 또한 PLC는 구성에 따라 전원부, 입출력부, CPU부, 메모리부 등 이 하나로 구성되어 있는 일체형과 필요에 따라 카드 형태로 베이스에 조립하여 쓸 수 있는 모듈형이 있는데, 소형 PLC의 경우 주로 일체형으로 구성되고 중대형 PLC의 경우는 대부분 모듈형으로 구성되어 있다.

5.4 PLC의 구성

전형적인 PLC는 그림 5.4에서와 같이 크게 ① 중앙처리장치부, ② 전원공급장치부, ③ 입/출력부, ④ 프로그래밍 장치로 구분할 수 있다. 입/출력부와 PLC를 결합하는 방법은 두 가지 방법, 즉 고정식과 모듈식이 있다.

[표 5.1] 릴레이 제어반과 PLC의 비교

구분	릴레이 제어반	PLC 제어
제어방식	하드웨어로 구성된 논리 회로	프로그램으로 구성된 논리 회로
제어요소	유접점	무접점
제어기능	릴레이, 타이머, 카운터	릴레이, 타이머, 카운터, PID제어, 위치제어 등을 소프트웨어를 통하여 구현
제어대상 변경	하드웨어적 배선 변경	프로그램 변경
시스템 특성	해당 시스템에서만 적용	시스템 확장 가능, 프로그램 저장 가능
유지보수	유지 보수 어려움	유지 보수 쉬움
특징	유접점의 한정된 수명, 저속	긴 수명, 고속제어, 고신뢰성

[표 5.2] 컴퓨터와 PLC의 비교

구분		컴퓨터	PLC
하드웨어	입력	키보드, 마우스, 스캐너, 컴팩트 디스크 등	스위치, 센서, 전압신호 등
	출력	프린트, 모니터 등	릴레이, 모터, 표시등 등
	구조	약전	강, 약전 병용
	목적	연산 및 데이터 처리, 각종 통신	기계장치의 제어, 각종 통신
	사용 장소	사무실 등 쾌적하고 청결한 환경	분진, 소음, 각종 전기적 노이즈 등이 발생하는 산업 현장
소프트웨어	사용자	오퍼레이터, 프로그래머	현장 작업자
	프로그램 언어	C-언어 등 컴퓨터 언어	시퀀스 회로를 중심으로 하는 래더 프로그램 등

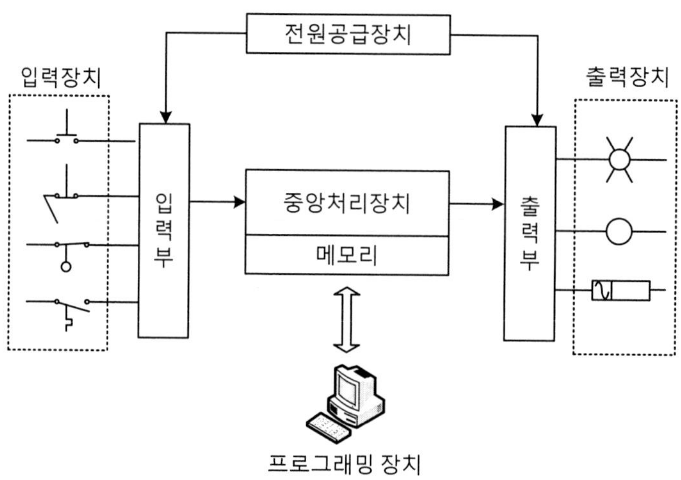

[그림 5.4] PLC의 구성

1) 중앙처리장치부

중앙처리장치부는 PLC의 두뇌에 해당된다. 일반적으로 중앙처리장치부는 그림 5.5와 같이 CPU 그리고 메모리와 CPU와 메모리에 적절한 전원을 공급하기 위한 전원공급 장치로 나눌 수 있다.

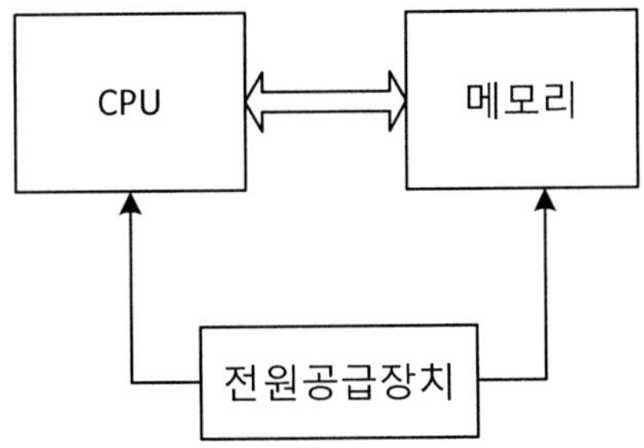

[그림 5.5] 중앙처리장치부

그림 5.5에서와 같이 중앙처리장치부는 일반적으로 논리연산을 수행하고 모듈들 사이의 통신을 제어하기 위한 마이크로프로세서(CPU)와 그 주변장치들로 구성된다. 또한 중앙처리장치부는 마이크로프로세서에 의하여 수행된 논리 연산 결과를 저장할 수 있는 기억장치를 가지고 있는데, 이러한 기억장치는 일반적인 연산을 위한 RAM, 각종 파라미터를 저장하기 위한 EEPROM, 논리 프로그램을 저장하기 위한 FLASH ROM 등으로 구성된다. 한편, 중앙처리장치부는 사용자가 필요한 회로를 릴레이 래더 로직으로 입력시킬 수 있도록 설계된다. 이 중앙처리장치는 여러 가지 센서장치들로부터 데이터를 입력받고 기억장치에 저장된 사용자 프로그램을 실행하여 적절한 출력명령을 제어장치로 보내는 역할을 수행한다.

2) 전원공급 장치부(power supply)

전원공급 장치부(power supply)는 PLC의 랙 또는 베이스에 삽입된 모든 다른 모듈에 직류전원을 공급한다. 대형 PLC 시스템에서 일반적으로 이 전원 공급기는 필드장치에 전원을 공급하지 않는다. 대형 시스템에서 필드장치에 공급되는 전원은 외부의 교류 또는 직류 전원을 이용한다. 그러나 소형 PLC 시스템에서는 필드 장치에 전원을 공급하기 위하여 전원 공급기가 이용되기도 한다.

직류전원 공급장치는 상용전원을 입력받아 중앙처리장치가 사용할 수 있는 저전압(5 V_{DC})을 만든다. 이 전원 공급장치는 중앙처리장치부에 내장될 수도 있고 또는 별도의 분리된 모듈이 될 수도 있는데, 이것은 PLC 시스템 제조회사에 따라 다르다.

3) 입/출력부

CPU가 PLC의 두뇌라면 입/출력부는 눈과 귀에 해당한다. 입력부는 기계나 공정 장치로부터 신호를 받아들이고, 이 신호를 제어기가 사용할 수 있는 신호로 변환한다. 그리고 출력부는 제어기 신호를 기계나 공정을 제어하기 위하여 사용할 수 있는 신호로 변환한다. 입력부와 출력부는 분리되거나 제거될 수 없는 유니트가 없는 고정식 입출력부와 랙과 입출력 모듈로 구성되어 필요에 따라 추가하거나 제거할 수 있는 모듈식으로 구분할 수 있다. 입/출력 모듈부

(I/O module)는 입력 모듈과 출력 모듈로 구성된다. 입/출력 시스템은 필드 장치가 제어기에 연결되도록 인터페이스를 구성한다. 이 인터페이스의 목적은 외부 입력 필드장치들로부터 신호를 받거나 또는 외부 출력 필드 장치로 신호를 내보내는 역할을 수행한다. 따라서 푸시버튼 스위치, 리미트 스위치, 각종센서, 선택 스위치, 휠 스위치 등과 같은 입력장치는 입력모듈 단자로 연결되고, 소형 전동기, 전동기 기동기, 솔레노이드 밸브, 지시등 등과 같은 출력장치는 출력모듈 단자로 연결된다. 이들 장치들은 또한 필드(field) 또는 리얼 월드(real world) 입력/출력이라고 한다. 필드(field) 또는 리얼월드(real world)는 물리적으로 결선되어져 있는 실제적인 외부장치와 릴레이, 타이머, 카운트의 기능을 하는 내부 사용자 프로그램을 구분하기 위하여 사용된다.

(1) 고정식 입출력부

고정식 입/출력부(I/O)(그림 5.1(a))는 분리되거나 제거될 수 있는 유니트가 없는 소형 PLC이다. 프로세서와 I/O는 함께 일체화되어 있으며 입/출력 단자가 있지만 바꿀 수는 없다. 이러한 일체형의 주된 장점은 가격이 저렴하다는 것이다. 사용 가능한 입/출력점의 수는 다양하며 부가적인 고정식 입/출력 유니트를 구입하여 확장 가능하다. 고정식 입/출력의 단점은 유연성의 결핍이다. 즉 일체화에 의해서 이미 결정된 수량이나 형태 내에서 얻어질 수 있는 것은 제한되어 있다는 것이다. 또한 어떤 모델에서는 유니트의 일부가 고장난 경우 유니트 전체를 교체하여야 한다.

(2) 모듈식 입출력부

모듈식 입/출력부(I/O)(그림 5.1(b))는 개별모듈들이 삽입될 수 있는 칸막이들에 의하여 나누어진다. 이러한 특성은 사용자의 선택권과 유니트의 유연성을 높여 준다. 사용자는 제조회사가 생산하는 모듈들을 선택하여 사용하거나 목적에 맞게 혼합하여 사용할 수 있다. 기본적인 모듈식 제어기는 랙(rack) 혹은 베이스(Base), 전원공급기(power supply), 중앙처리장치(CPU) 모듈, 입/출력 모듈(I/O 모듈) 그리고 프로그래밍과 모니터링을 위한 오퍼레이터 인터페이스로 구성된다. 모든 모듈들은 랙에 삽입되어 사용된다. 모듈이 랙에 삽입되면 모듈은 랙의 후면에 있는 후면판(Backplane)이라고 하는 일련의 접촉장치와 전기적으로 연결된다. PLC 중앙처리장치 또한 후면판(Backplane)에 연결되며 랙(rack) 내에 있는 모든 모듈과 통신할 수 있다.

(3) 이산 입출력 모듈

대부분의 일반적인 입출력 모듈은 이산형태이다. 이러한 형태의 인터페이스는 선택 스위치, 푸시버튼 스위치, 리미트 스위치 등과 같이 온/오프 상태를 가지는 필드 입력장치와 연결된다.

[표 5.3] 이산 입출력 인터페이스 모듈을 위한 일반적인 전원 정격

입력 인터페이스	출력 인터페이스
$24\,V_{ac}/dc$	$12\sim\sim48\,V_{ac}$
$48\,V_{ac}/dc$	$120\,V_{ac}$
$120\,V_{ac}/dc$	$230\,V_{ac}$
$230\,V_{ac}/dc$	$120\,V_{ac}$
$5\,V_{ac}/dc$	$230\,V_{ac}$
	$5\,V_{dc}$(TTL, Level)
	$24\,V_{dc}$

또한 입력장치와 유사하게 출력장치는 전구, 소형 전동기, 솔레노이드 그리고 간단한 온/오프 스위칭을 요구하는 전동기, 기동기와 같은 장치로 제한된다. 이산입출력 모듈의 종류에는 비트 지향형 입력과 출력이 모두 포함된다. 이러한 형태의 입출력에서 각 비트는 그 자체로 완전한 정보 요소를 표현한다. 그리고 외부 접점 상태 또는 공정 회로 내에 전원이 존재하는가 하지 않는가 하는 정보를 제공한다.

각 이산 입출력 모듈은 필드 공급 전압원에 의하여 전원이 공급된다. 이들 전압의 크기나 형태가 서로 다르기 때문에 입출력 모듈은 표 5.3에 있는 것처럼 여러 가지 직류, 교류 전압에서 사용될 수 있다. 각 모듈은 모듈이 장착된 랙의 후면판으로 부터 적절한 동작을 하는데 필요한 전압, 전류를 공급받는다. 이 전압원으로부터 공급된 전력은 입출력 모듈 내에 있는 수동, 능동 소자에 전력을 공급하는데 이용된다. 출력 모듈의 부하에 의하여 요구되는 상대적으로 높은 전류는 사용자 공급 전압원에 의하여 공급된다. 모듈전원 공급기는 사용된 모듈의 수와 형태에 따라 3A, 12A, 16A의 정격이 있다.

그림 5.6은 교류 이산 모듈 하나의 입력에 대한 블록도를 보여준다.

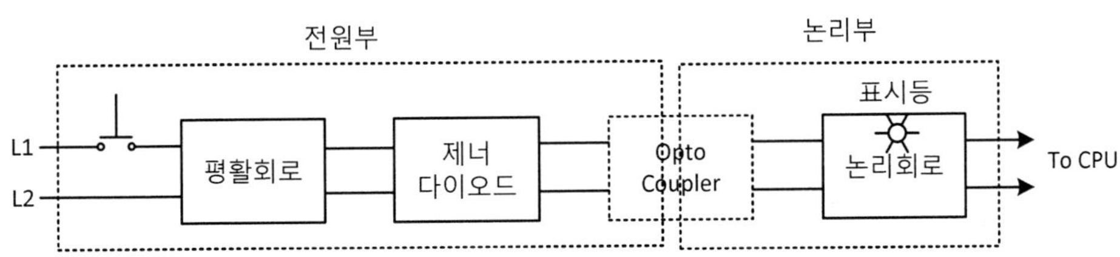

[그림 5.6] 교류 이산 입력 모듈 블럭도

입력회로는 전원부와 논리부 두 부분으로 나누어진다. 전원부와 논리부는 보통 서로 회로로 연결되어 있다. 그러나 전기적으로는 광 결합장치를 사용하여 두 부분이 서로 분리되어 있다. 교류입력 모듈 하나의 입력에 대한 개략도와 결선도는 그림 5.7(a), (b)에서 보여준다.

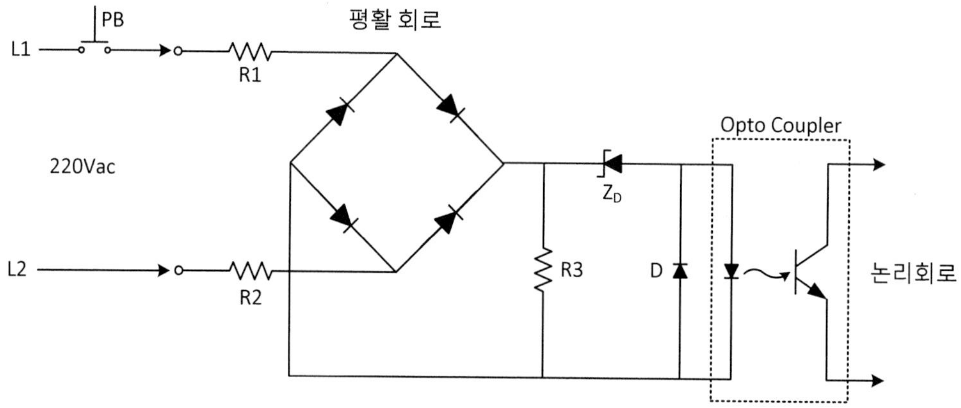

(a) 교류입력 모듈에 대한 개략도

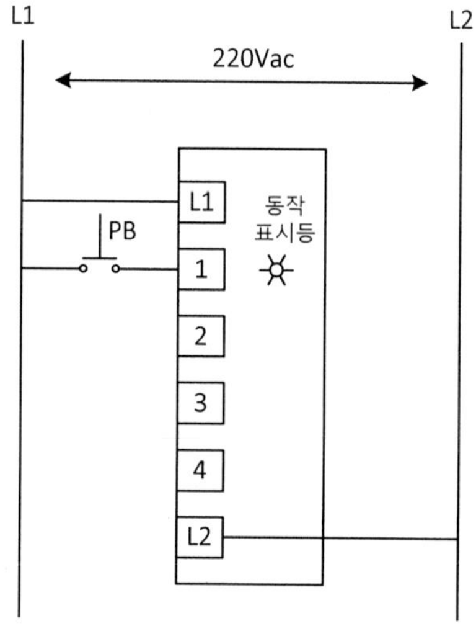

(b) 입력모듈 결선도

[그림 5.7] 교류 입력 모듈에 대한 개략도와 결선도

푸시버튼이 닫히면 120V 교류가 저항 R_1, R_2를 통하여 브릿지 정류기로 인가되고, 이것은 낮은 직류전압을 만들고 광 절연장치의 LED로 인가된다. 제너 다이오드 Z_D의 전압정격은 검출될 수 있는 최소전압으로 설정된다. LED로부터의 빛이 광 트랜지스터에 비치면 도통 상태가 되고 푸시버튼의 상태는 논리 상태 또는 낮은 직류전압(LOW LEVEL)으로 중앙 처리장치에 전달된다. 광 절연장치는 논리회로와 높은 교류입력전압을 분리해줄 뿐만 아니라 중앙 처리장치가 과도한 선전압으로부터 손상되는 것을 막아준다. 광 절연장치는 산업환경에서 흔히 발생하는 전기적인 잡음에 대한 중앙처리장치의 오동작을 감소시킨다. 절영장치로는 펄스 트랜스포머도 이용된다. 입력 모듈은 입력상태를 표시하는 LED를 각 입력마다 한 개씩 가지고 있다. 만약 입력이 온 상태이면 LED도 점등되며 이것은 고장 수리에 매우 유용하다.

입력 모듈은 PLC 시스템에서 다음과 같은 4가지 임무를 수행한다.

① 기계에 부착된 센서로부터 신호가 들어왔을 때 이것을 인식한다.
② 입력신호를 PLC를 위한 적정 전압 수준으로 변환한다.
③ 입력신호의 입력,전류 불안정으로부터 PLC를 절연시킨다.
④ 센서로부터 입력된 신호를 중앙처리장치로 보낸다.

그림 5.8은 교류 이산 출력 모듈 하나의 출력에 대한 블록도를 보여준다. 입력모듈과 마찬가지로 출력 모듈은 절연회로에 의하여 연결된 두 개의 기본적인 부분, 즉 전원부와 논리부분으로 나누어진다. 출력 인터페이스는 출력장치를 제어하기 위하여 전력이 공급되는 전기적인 스위치로 생각할 수 있다. 교류 출력 모듈 한 개의 출력에 대한 개략도와 결선도는 그림 5.9(a)에서 보여준다. 일반 동작의 일부처럼 중앙처리장치는 논리 프로그램에 따라 출력상태를 결정한다. 중앙처리장치가 어떤 출력을 요구할 때 전압이 절연 장치의 LED양단에 인가된다. 그러면 LED가 켜지고 이것은 광 트랜지스터를 도통 상태가 되게 한다. 결국 이것은 반도체 스위치(트라이액)을 도통시키며 따라서 전구가 켜진다. 트라이액은 양방향으로 도통하므로 전구로의 출력은 교류가 된다. 트라이액은 실제로 온 오프의 성질을 가지기보다는 오히려 높고 낮은 저항 수준을 가진다고 생각하는 것이 바람직하다. 따라서 오프 상태(고 임피던스)에서도 수 밀리암페어의 적은 누설전류가 트라이액을 통하여 흐른다. 출력 인터페이스는 입력회로와 마찬가지로 각 출력상태를 나타내는 LED가 장착되어 있다. 일반적으로 출력 모듈에는 단위회로 당 한 개씩 4의 퓨즈가 필요하며 각 회로는 이러한 퓨즈에 의해 보호되고 독립적으로 동작될 수 있다. 몇몇 모듈은 퓨즈 상태를 알아볼 수 있는 표시장치가 있다.

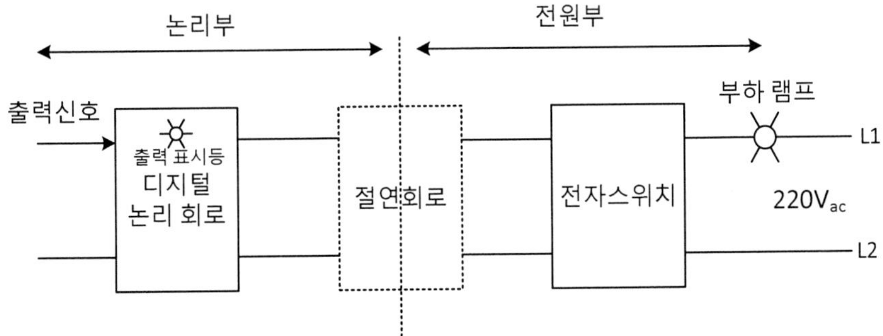

[그림 5.8] 교류 디지털 출력 모듈

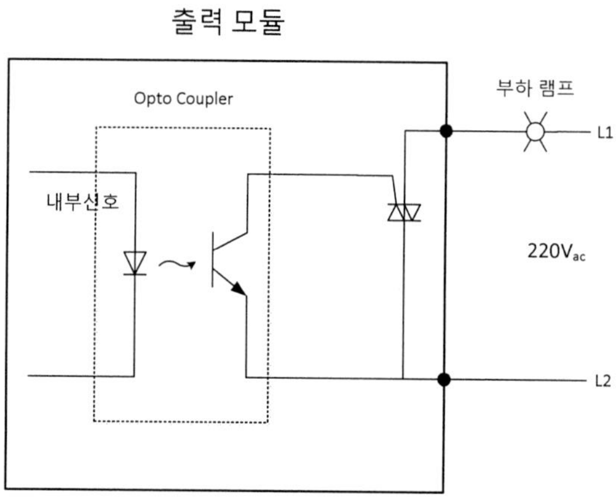

(a) 교류 출력 모듈 개략도

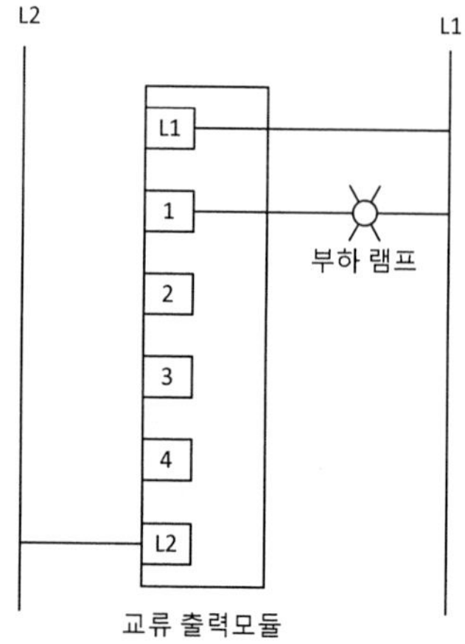

(b) 교류 출력모듈 결선도

[그림 5.9] 교류 출력 모듈에 대한 개략도와 결선도

각 교류 출력은 보통 트라이액의 용량에 따라 출력전류가 결정된다. 어떤 한 모듈에 대한 최대 부하전류는 사양에 의해 지정된다. 따라서 출력 모듈 회로를 보호하기 위한 지정전류 정격은 초과되지 않아야 한다. 대형 전동기와 같은 큰 부하를 보호하기 위하여 지정전류 정격은 초과되지 않아야 한다. 대형 전동기와 같은 큰 부하를 제어하기 위하여 표준 제어 릴레이가 출력 모듈에 연결될 수 있다. 릴레이 접점은 그림 5.10에서와 같이 대형 부하나 전동기 기동기를 제어하기 위하여 사용될 수 있다. 제어 릴레이가 이 방법으로 사용될 때 이것을 중계 릴레이라 한다.

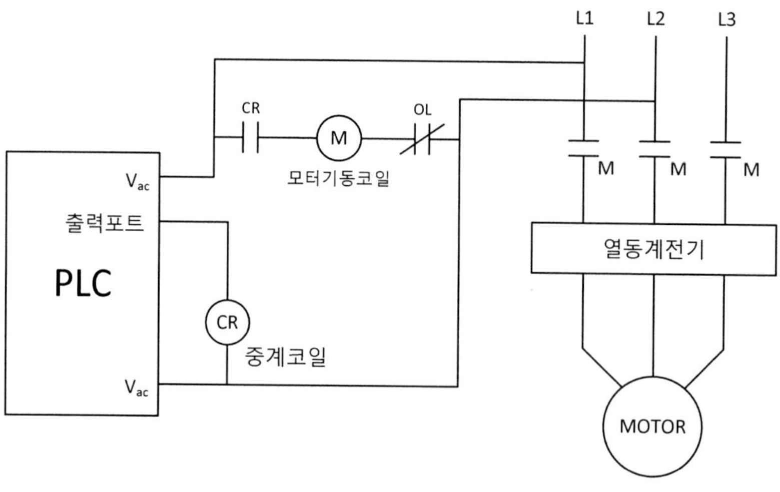

[그림 5.10] 중계 릴레이 연결

이산 출력 모듈은 실제 출력장치를 온하거나 오프하기 위하여 상용된다. 이들 모듈은 어떤 두 상태를 가지는 장치를 제어하기 위하여 사용될 수 있다. 그리고 직류와 교류 모두 사용 가능하며 다양한 전압, 전류 정격을 가지고 있다. 출력 모듈은 트랜지스터, 트라이액 또는 릴레이 출력을 가진 것으로 구입가능하다. 트라이액 출력은 교류장치만을 제어하기 위하여 사용된다. 한편, 트랜지스터 출력은 직류장치를 제어하기 위하여 사용된다. 릴레이 출력은 교류와 직류 장치를 모두 사용할 수 있지만 반도체 출력과 비교하여 동작시간이 늦다.

직류 필드장치의 설계는 장치의 내부 회로에 따라 특정한 방출(sinking) 또는 공급(sourcing) 회로에서 사용되도록 한다. 방출 그리고 공급이라는 말은 제어 시스템의 필드 입출력 장치와 전원공급기 사이의 전류 신호 흐름을 설명하기 위하여 사용되는 단어이다.

이 관계는 그림 5.11에서 보여준다. 직류 입출력 필드 회로는 일반적으로 기능이 정상적으로 수행되기 위해해서 직류신호 전압이 필요한 내부 반도체 회로의 형태를 가지는 필드장치와 함께 사용된다. 필드 전압 공급기의 양극과 연결된 필드장치는 공급 필드 장치이다. 그와 다르게 전원공급기의 음극과 연결된 필드장치는 방출 필드장치이다. 필드장치와 PLC 시스템 사이의 전기적인 조화성을 유지하기 위하여 이 정의는 디지털 직류 입출력 모듈에 있는 입출력 회로까지 확대된다.

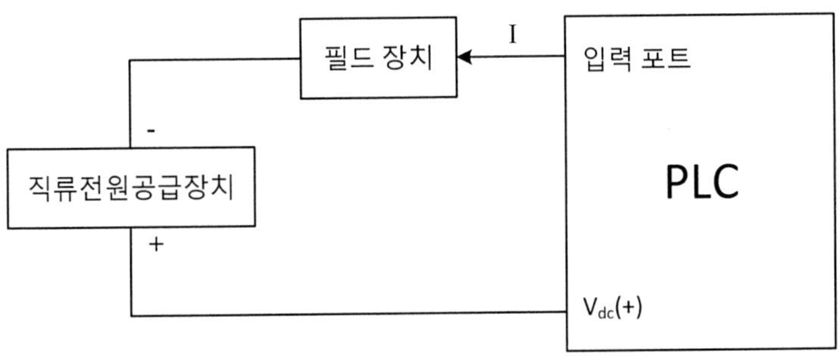

(a) 공급 입력모듈 회로를 가진 방출장치

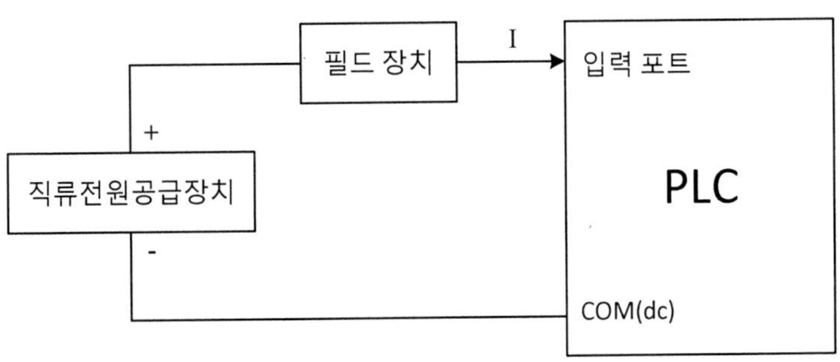

(b) 방출 입력 모듈 회로를 가진 공급장치

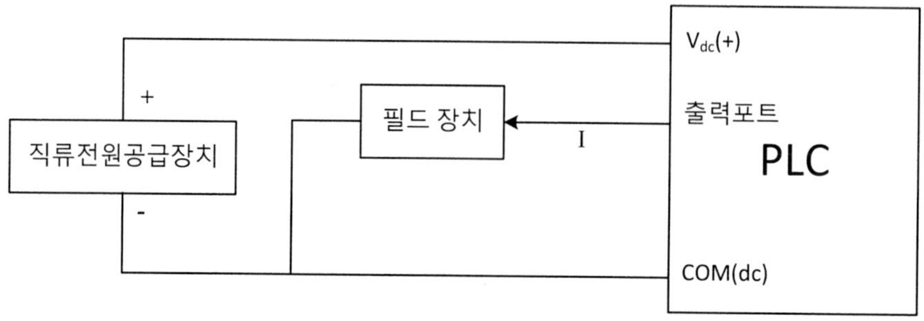

(c) 공급 출력모듈 회로를 가진 방출장치

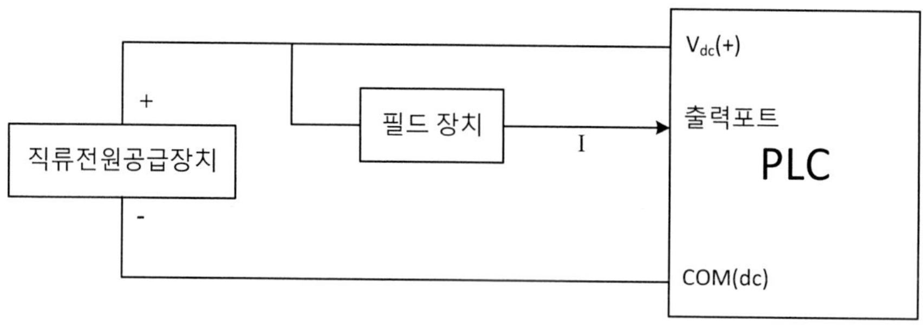

(d) 방출 출력 모듈회로를 가진 공급 장치

[그림 5.11] 방출(Sinking)과 공급(Sourcing)

(4) 아날로그 입출력 모듈

초기의 PLC는 디지털 입출력 인터페이스로 제한되어 있었다. 이것은 단지 온, 오프 형태의 장치만이 연결될 수 있음을 의미한다. 이러한 제한은 PLC가 많은 공정제어 응용분야 중에서 부분적인 분야의 제어만 할 수 있다는 것을 의미한다. 하지만 오늘날은 디지털 입출력영역과 아날로그 인터페이스 영역 모두에 적용될 수 있다. 아날로그 입력 인터페이스 모듈은 아날로그 필드 장치로부터 아날로그 신호 또는 아날로그 전압을 입력받는 회로를 포함하고 있다. 이들 입력은 A/D 변환기를 통하여 아날로그 신호가 디지털 신호로 변환된다. 변환된 값은 중앙처리 장치가 이용할 수 있도록 아날로그 신호에 비례하여 12비트 또는 8비트의 디지털 값으로 변환된다. 아날로그 입력 감지 장치는 온도, 빛, 속도, 압력 등의 값을 포함한다.

그림 5.12는 온도센서가 연결된 아날로그 입력 인터페이스 모듈을 보여준다. 온도 센서는 측정된 온도에 비례하여 밀리볼트 단위로 변화하는 직류전압을 만든다. 이 전압은 아날로그 입력모듈에 의하여 증폭되고 디지털 값으로 변환된다. 그리고 프로그램에 있는 명령어에 따라 중앙처리장치로 입력된다. 입력신호의 전압이 낮기 때문에 다른 선로로부터 도체에 유기될 수 있는 잡음을 줄이기 위하여 회로를 결선하는데, 차폐된 신호선이 사용된다. 이 잡음은 순간적으로 오동작을 일으킬 수 있다. 아날로그 입력 모듈 형태는 전압감지와 전류감지의 두 가지 형태가 있다.

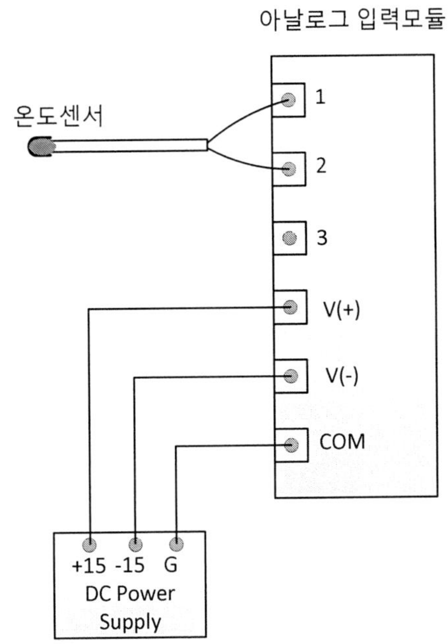

[그림 5.12] 온도센서가 연결된 아날로그 입력 모듈

전압입력 모듈도 유니폴러와 바이폴러의 두 가지 형태가 있다. 유니폴러 모듈은 입력으로 단지 한 극만을 입력받을 수 있다. 예를 들어 만약 응용회로가 0~10V를 측정하기 위한 카드를 필요로 한다면 유니폴러 카드가 사용된다. 바이폴러 카드는 양극과 음극 입력을 모두 입력받을 수 있다. 예를 들어 응용회로가 -10~+10V 사이의 전압을 발생한다면 바이폴러 입력카드가 사용되어야 한다. 왜냐하면 측정전압이 양극과 음극이기 때문이다. 전류입력 모듈은 일반적으로 4~20[mA] 범위까지 전류를 측정하도록 설계된다.

아날로그 출력 인터페이스 모듈은 중앙처리장치로부터 디지털 데이터를 입력받는다. 이것은 아날로그 필드 장치를 제어하기 위하여 그에 비례하는 전압이나 전류로 변환된다. 디지털 데이터는 아날로그 신호를 발생시키기 위하여 그에 비례하는 전압이나 전류로 변환된다. 디지털 데이터는 아날로그 신호를 발생시키기 위하여 D/A 변환회로를 거치게 된다. 아날로그 출력 장치는 소형 전동기, 아날로그 값, 아날로그 계측기, 7 세그먼트 표시기 등을 포함한다. 그림 5.13은 PLC 시스템에서의 아날로그 입출력 모듈의 사용 예를 보여준다.

이 응용 시스템에서 PLC는 밸브 개폐율을 조절함으로써 탱크 내에 있는 유량을 제어한다. 그 밸브는 초기에 100% 열려 있으나 탱크 내의 유량이 설정값에 가까워짐에 따라 중앙처리장치는 유량이 설정치를 유지할 수 있도록 출력을 조정할 수 있다.

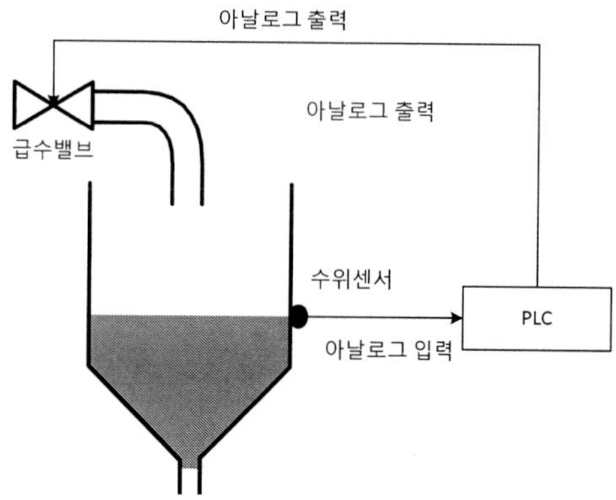

[그림 5.13] 아날로그 입출력 제어 시스템

(5) 그 외 특수 입출력 모듈

① 고속 카운터 모듈

고속 카운터 모듈은 PLC 래더 프로그램의 능력 이상의 카운터 속도를 요구하는 응용을 위한 인터페이스를 제공하기 위하여 사용된다. 고속 카운터 모듈은 센서, 엔코드, 스위치 등으로부터 입력된 펄스를 고속으로 카운팅하기 위하여 사용된다.

② BCD출력 모듈

BCD 출력 모듈은 PLC가 7 세그먼트와 같이 BCD 신호를 필요로 하는 장치를 구동할 수 있도록 해준다.

③ PID모듈

PID 모듈은 PID 알고리듬으로 동작하는 공정제어 응용에 사용된다. 이 알고리듬은 수학적 연산을 기초로 하는 복잡한 프로그램이다. PID 모듈은 공정제어가 중앙처리장치의 외부에서 일어나도록 한다. 그 이유는 복잡한 연산으로 인하여 PLC의 CPU가 과도한 부담을 지는 것을 방지한다.

④ 서보 모듈

서보 모듈은 폐루프 공정제어에서 사용된다. 폐루프제어는 어떤 장치로부터 피드백을 함으로서 이루어진다. 이 모듈의 프로그래밍은 PLC를 통하여 이루어진다. 그러나 한번 프로그램되면 PLC의 동작에 관계없이 독립적으로 장치를 제어할 수 있다.

⑤ 통신 모듈

서로 다른 시스템들이 통합될 때 데이터는 시스템을 통하여 공유되어야 한다. PLC는 컴퓨터,

CNC, 로봇 그리고 다른 PLC와 통신 할 수 있어야 한다. 이 모듈은 사용자가 PLC와 함께 제공되는 네트웍 통신과는 다른 고속 로컬 네트웍으로 PLC를 연결할 수 있도록 해준다.

4) 프로그래밍 장치

프로그래밍 장치 또는 단말기는 필요한 프로그램을 중앙처리장치의 메모리로 입력하기 위하여 사용된다. 이 프로그램은 릴레이 래더 로직을 사용하여 프로그램 되며 동작 순서와 장치나 기기의 최종적인 동작 제어를 결정하게 된다. 프로그래밍 장치는 프로그램을 입력하거나 모니터링 할 때만 제어기와 연결된다. 이러한 PLC 입력장치들은 일반적으로 전기기술자들이 쉽게 이용할 수 있도록 설계되었기 때문에, PLC는 컴퓨터 프로그래밍 경험이 많지 않은 사람도 쉽게 프로그램 할 수 있다. 프로그래밍 장치는 LED 표시장치가 내장된 핸디형 유닛 또는 개인용 PC를 프로그램 장치로 사용할 수 있다.

5.5 PLC의 동작원리

PLC의 동작원리를 알기 위해서 그림 5.14와 같은 간단한 공정제어를 생각해보자. 여기서 교반용 전동기는 온도와 압력이 설정값에 도달할 때 용기 내에 있는 액체를 자동으로 휘젓기 위하여 사용된다. 부가적으로, 전동기의 직접/수동조작은 별도의 푸시버튼 스위치 조작반을 이용한다. 전체 공정은 설정값에 도달되었을 때 그 접점이 붙는 온도 또는 압력 센서 스위치들의 상태와 함께 모니터링 된다.

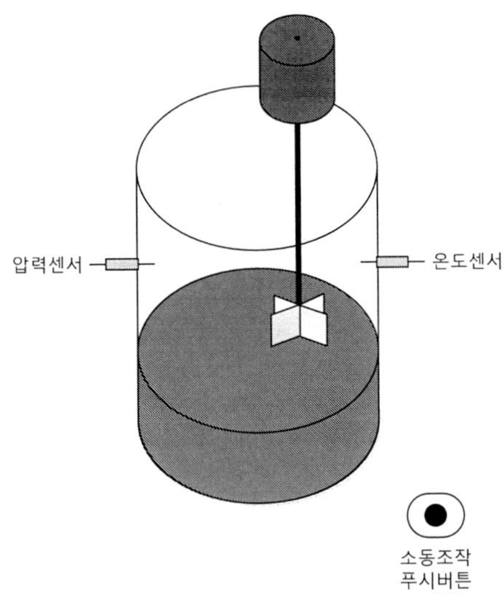

[그림 5.14] 교반 공정제어 문제

이 제어 문제는 그림 5.15의 릴레이 래더도에서 보여준 릴레이를 이용한 전동기 제어법을 이용하여 해결될 수 있다. 전동기 기동코일 (M)은 압력과 온도 스위치가 닫히거나 또는 수동 푸시버튼 스위치가 눌러졌을 때 여자 된다. 이제 PLC가 이러한 응용 동작을 위하여 어떻게 사용되는지 살펴보자. 같은 입력 필드 장치들(압력 스위치, 온도 스위치, 푸시버튼)이 이용된다.

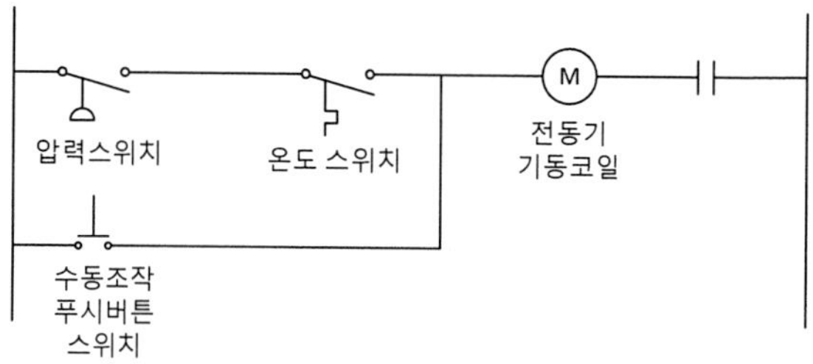

[그림 5.15] 공정제어 릴레이 래더 다이어그램

이들 입력 필드 장치들은 설계에 따라 적절한 PLC의 입력 모듈에 연결된다. 그림 5.16은 120V 교류 입력모듈을 위한 결선도를 보여준다. 이때 동일한 출력 필드 장치(전동기 기동코일)가 사용된다. 이 장치는 제조회사의 라벨링 계획에 따라 적절한 출력모듈로 연결된다. 그림 5.17은 DC24V 직류 출력 모듈을 위한 결선도를 보여준다. 다음 PLC 래더 로직도가 구성되고 CPU의 기억장치에 프로그램 된다. 그림 5.18은 이 공정을 위한 래더도를 보여준다. 사용된 형식은 릴레이 래더 로직 회로의 외형과 유사하다. 각 심볼은 명령어를 나타내며 숫자들은 명령어 주소를 나타낸다. 제어기를 프로그래밍 할 때 이들 명령어들은 오퍼레이터 단말기 키보드로부터 중앙처리장치의 메모리로 차례로 입력된다. 명령어는 중앙처리장치 메모리의 사용자 프로그램 위치에 저장된다. 프로그램을 동작시키기 위하여 제어기는 운전모드 또는 동작 주기에 있어야 한다.

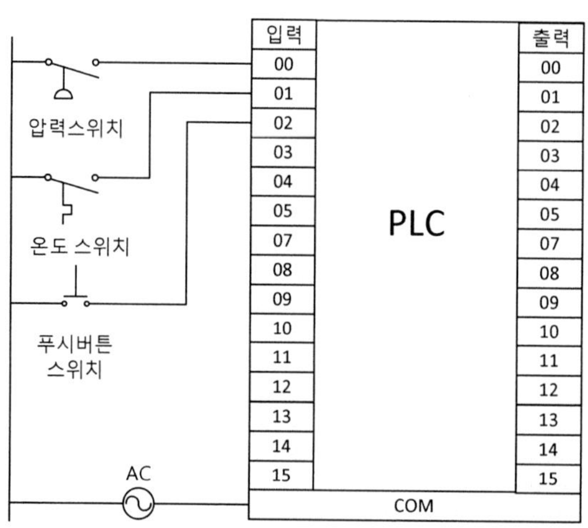

[그림 5.16] 입력모듈 결선도

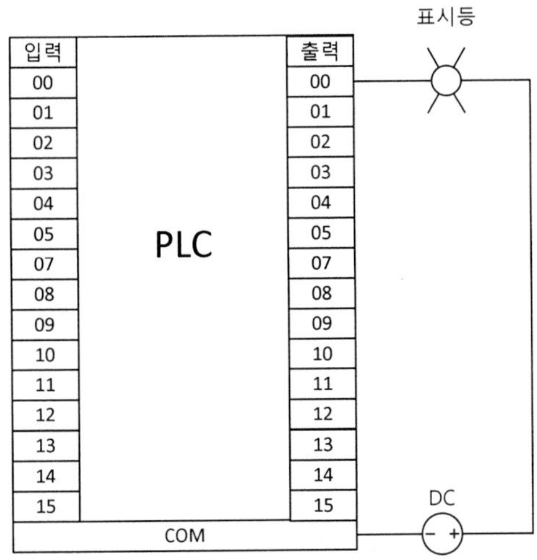

[그림 5.17] 출력모듈 결선도

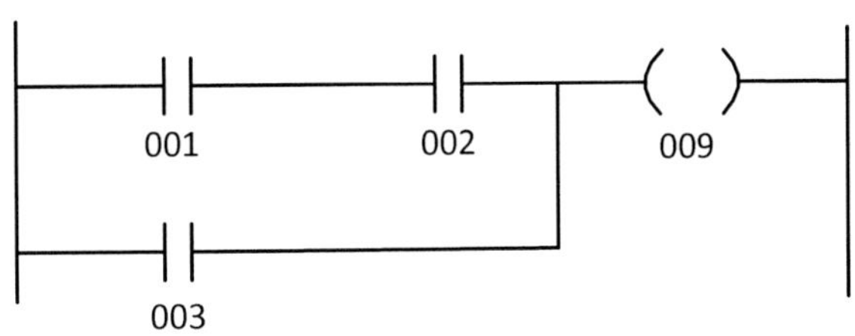

[그림 5.18] 공정제어 PLC 래더도

각 동작 주기 동안 제어기는 입력장치의 상태를 확인하고 사용자 프로그램을 실행시킨다. 그리고 그에 따라서 출력을 바꾼다. 각 -| |-는 NO(Normally Open)접점으로 생각될 수 있다. -()-는 여자 되어졌을 때 접점이 붙는 코일을 나타낸다고 할 수 있다.

그림 5.18의 래더 로직도에서 코일 009는 접점 001과 접점 002가 붙었을 때 또는 접점 003이 붙었을 때 여자된다. 이들 조건 중 어떤 것이든지 만족되면 그 코일을 포함하고 있는 렁(rung)을 왼쪽에서 오른쪽으로 지나는 연속적인 경로를 제공한다. 제어기의 운전(RUN)동작은 사건 발생 순서에 의하여 설명될 수 있다. 먼저 입력상태가 측정된다. 그리고 그 상태가 제어기의 기억장치에 저장된다. (닫힌 접점은 논리적 "1"의 신호로 기록되며 열린 접점은 논리적 "0"의 신호로 기록된다.) 그 다음 기록에 따라서 열린 상태 또는 닫힌 상태로 주어진 각 내부 접점과 함께 래더도가 평가된다. 만약 이들 접점이 래더도에서 왼쪽에서 오른쪽으로 현재 경로를 제공한다면 출력코일의 메모리 기억장소는 논리적 "1"의 값으로 주어지며 출력 모듈 인터페이스 접점은 닫힐 것이다. 만약 이들이 프로그램 렁(rung)에서 연결 경로를 구성하지 않는다면 출력 코일의 메모리 기억장소는 논리적 "0"의 값이 될 것이다. 그리고 출력 모듈 인터페이스 접점은 열릴 것이다. 제어기에 의한 이러한 시퀀스 1주기의 완료는 "1스캔"이라

한다. 전체 1주기 동안 필요한 시간으로 정의되는 스캔시간(scan time)은 PLC 응답속도를 측정 가능하게 해준다. 일반적으로 출력 메모리 기억장소 값은 스캔동안 수정되지만 실제 출력값은 그 입/출력장치가 스캔되어진 프로그램 스캔주기의 종료까지 수정되지 않는다. 즉 프로그램의 "1스캔"이 완료되어야만 실제 출력장치의 출력 값이 바뀌게 된다.

5.6 동작 변경

이미 언급한 것처럼 PLC의 중요한 특징 가운데 하나는 프로그램 변경이 쉽다는 것이다. 예를 들어 교반기 동작을 위한 원래의 공정 제어회로가 그림 5.19의 릴레이 레더도에서와 같이 수정되어야 한다고 가정해 보자. 그 변화는 수동 푸시버튼 스위치가 어떤 압력 조건에서 동작이 허용되어야 하지만 만약 특정 온도값에 도달하지 않는다면 동작되지 말아야 한다는 것을 요구한다. 만약 릴레이 시스템이 사용된다면 요구된 변화를 성취하기 위하여 그림 5.20에서처럼 시스템의 재결선이 요구된다. 하지만 만약 PLC시스템이 사용된다면 재결선은 필요 없다. 입력과 출력은 여전히 동일하며 단지 필요한 것은 그림 5.19에서와 같이 PLC 래더도를 변경하는 것뿐이다.

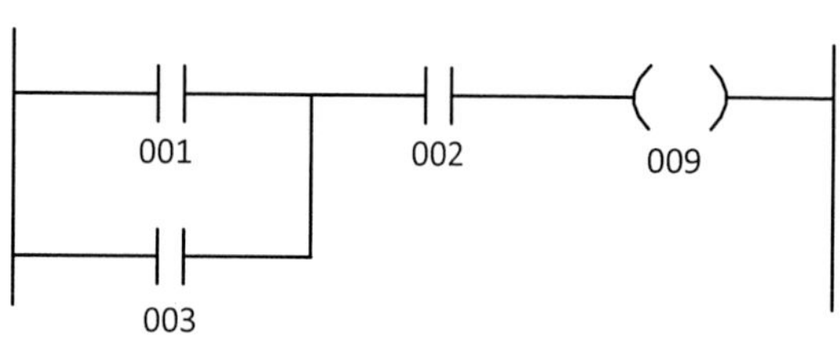

[그림 5.19] 변경된 공정을 위한 릴레이 래더도

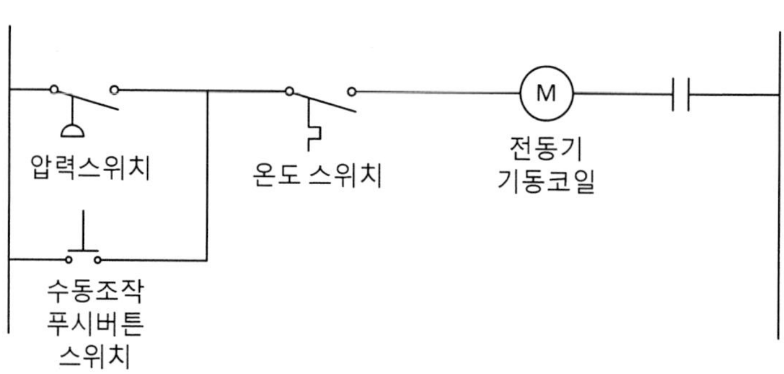

[그림 5.20] 변경된 공정을 위한 PLC 래더도

5.7 PLC 프로그램

PLC 프로그램은 크게 니모닉 방식과 래더 다이어그램 방식으로 구분된다. 이밖에도 논리기호 방식 플로차트 방식, 타임차트 및 스텝 래더 방식 등이 있으나 일반적으로 니모닉 방식과 래더 다이어그램 방식이 가장 많이 사용되는 방식이다.

1) 니모닉 방식

니모닉은 어셈블리 형태의 문자기반 언어로서 시퀀스 회로를 LOAD, OR, NOT 등 다양한 명령어를 사용하여 프로그램 하는 방식으로 래더 다이어그램 방식과도 상호 변환이 가능하다. 이 방식은 핸더 로더 등을 사용할 때 사용에는 편리하나 프로그램 디버깅 등이 어려운 단점이 있다. 다음은 니모닉을 사용한 프로그램 예를 보여준다.

니모닉 프로그램 예

```
LOAD            P000
AND    NOT      P001
OR              P002
OUT             P020
```

2) 래더 다이어그램 방식

래더 다이어그램은 그림 5.21과 같은 도형기반 언어로서 현재 가장 많이 사용되고 있는 방식으로서 릴레이 입력 접점이나 출력 코일 등 릴레이 회로를 구성하는 각종 요소장치들을 프로그램 편집 툴에서 제공하는 도형이나 기호 등으로 표시하는 방식이다. 이 방식은 레더 다이어그램을 그리기 위해서는 편집하기가 편리한 컴퓨터가 필요하므로 소규모 PLC에서는 비용이 많이 드는 단점이 있다. 그러나 래더 다이어그램은 회로를 눈으로 직접 확인 등이 가능하여 회로의 변경이나 디버깅 등이 쉬우며 니모닉 방식과 상호 변환이 가능하여 명령어 방식의 프로그램으로도 쉽게 볼 수 있다.

[그림 5.21] 래더 다이어그램

5.8 래더 다이어그램

1) PLC 래더 다이어그램과 논리회로의 비교

PLC 래더 다이어그램은 그림 5.22와 같이 디지털 논리회로로 간단히 변환할 수 있다. 이때 알아야 할 것은 접점이 직렬연결의 경우 AND 게이트로 변환되고, 병렬연결의 경우 OR 게이트로 변환되며, B접점의 경우는 NOT 게이트로 변환된다는 것이다.

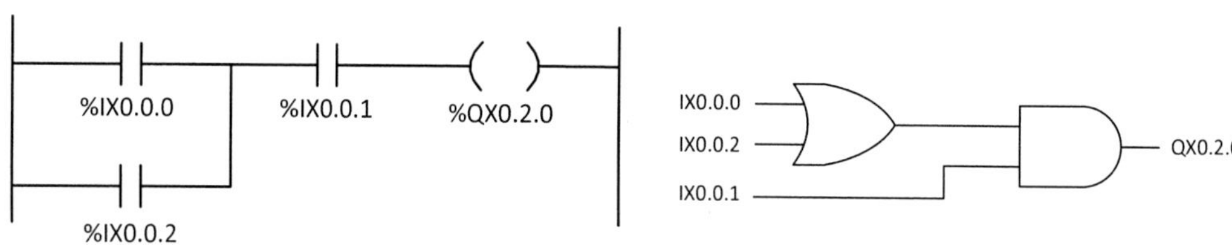

[그림 5.22] PLC 래더 다이어그램의 논리회로로의 변환

2) 래더 다이어그램의 스텝 수 줄이기

PLC 래더 다이어그램은 PLC 편집 툴에 준비되어 있는 다양한 명령어를 사용하여 시퀀스 회로를 다양하게 구현할 수 있다. 회로를 구현할 때는 프로그램의 길이가 가장 짧게 구현될 수 있는 방법을 선택하는 것이 좋다. 프로그램 길이를 축약하고자 한다면 먼저 프로그램으로부터 논리식을 추출하고, 불대수식이나 카르노 맵을 이용하여 논리식을 축약한 다음 프로그램을 재구성하면 보다 쉽게 구현할 수 있다.

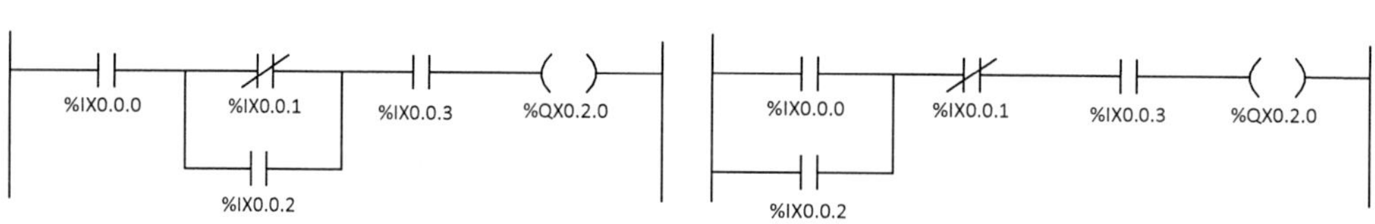

[그림 5.23] 회로 변경에 의한 프로그램 스텝수 감소 예

학습평가 문제

1 PLC의 정의를 기술하시오.

2 PLC가 종래의 릴레이형 제어 시스템보다 우수한 점을 4개만 기술하시오.

3 PLC가 릴레이 스위칭에 비하여 부가적으로 수행할 수 있는 4가지 기능을 기술하시오.

4 PLC에 입/출력부를 부착할 수 있는 두 가지 방법을 기술하시오.

5 모듈형 PLC에서 입/출력 모듈이 어떻게 프로세서에 연결될 수 있는지를 기술하시오.

6 아래에 나열된 PLC 주요 부분의 주 기능을 기술하시오.

① 프로세서 모듈(CPU)
② 입/출력 모듈
③ 프로그래밍 장치
④ 전원 공급기

7 PLC 프로그램 장치의 일반적인 형태 3가지를 기술하시오.

8 그림 5.24의 공정제어 릴레이 래더도를 참고로 하여 다음에 답하시오.

① 압력 스위치 접점은 언제 닫히는가?
② 온도 스위치 접점은 언제 닫히는가?
③ 압력스위치와 온도 스위치는 어떻게 서로 각각 연결되는가?
④ 전동기 기동기 코일이 여자 되는 두 가지 조건을 설명하시오.

9 그림 5.24와 그림 5.25의 공정 제어 PLC 래더 로직도를 참고로 하여 다음에 답하시오.

① 개별 심볼은 무엇을 나타내는가?
② 숫자는 무엇을 나타내는가?
③ 숫자 002로 정의된 필드장치는 무엇인가?
④ 숫자 009로 정의된 필드장치는 무엇인가?
⑤ 렁(rung)의 왼쪽에서 오른쪽으로 가로지르는 연속적인 경로를 제공하는 두 가지 조건은 무엇인가?
⑥ 프로그램 1스캔을 위한 제어기의 동작 순서를 설명하시오.

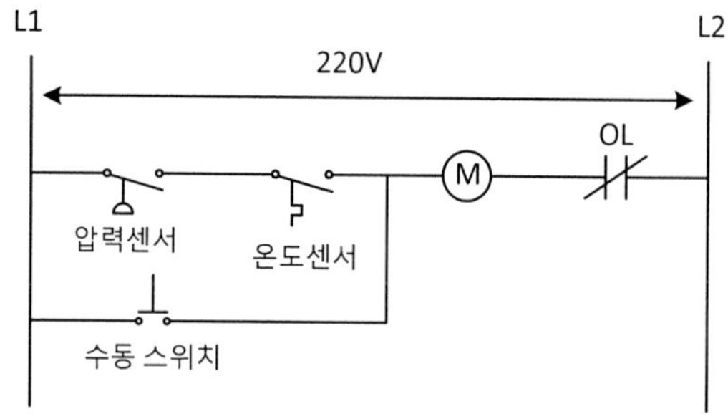

[그림 5.24] 공정제어 릴레이 래더 다이어그램

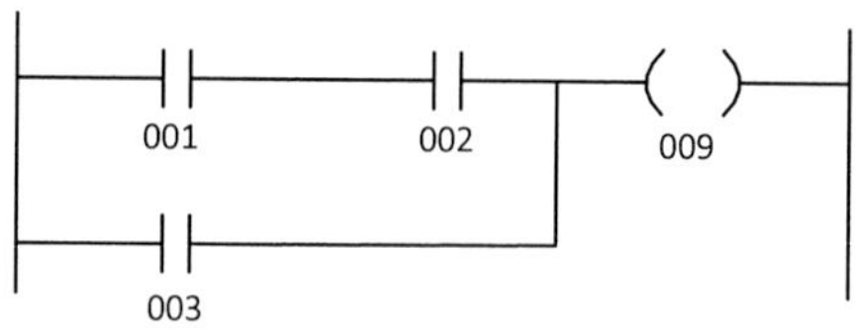

[그림 5.25] 공정제어 PLC 래더도

10 공정제어 동작이 릴레이 시스템으로 변경되는 방법과 PLC 시스템을 위한 방법을 비교하시오.

11 PLC와 범용 컴퓨터 사이에서 다음을 비교하시오.

① 동작환경
② 프로그램 방법
③ 프로그램 실행
④ 보수

12 PLC의 크기별 종류 3가지에 대하여 각각 설명하고 각 사이즈에 대한 일반적인 응용에 대하여 설명하시오.

13 두 개의 단극(single pole) 스위치가 주어졌다. 두 스위치 A, B가 닫혔을 때 출력이 턴 온 되는 프로그램을 작성하시오.

14 두 개의 단극(single pole) 스위치가 주어졌다. 두 스위치 A, B 중 하나만 닫혀도 출력이 턴 온 되는 프로그램을 작성하시오.

15 4개의 NO(Normally Open) 푸시버튼 스위치(A, B, C, D)가 있다. 이때 푸시버튼 A 그리고 B 또는 C 그리고 D가 닫혔을 때 출력 램프가 온 하는 프로그램을 작성하시오.

16 그림 5.26의 릴레이 래더도에 대하여 PLC 래더 프로그램을 작성하시오.

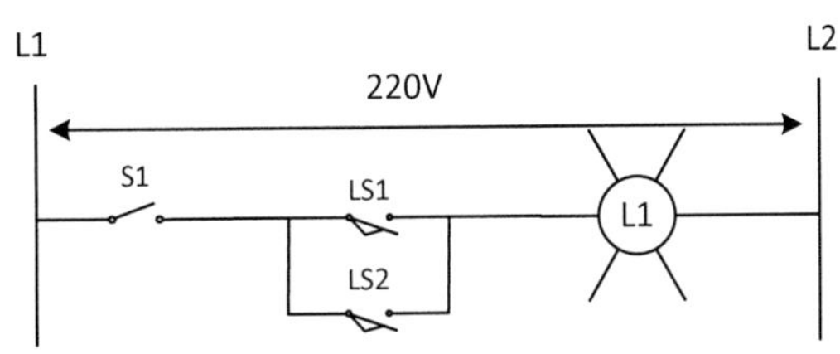

[그림 5.26] 릴레이 래더도

17 그림 5.27의 릴레이 래더도에 대하여 PLC 래더 프로그램을 작성하시오.

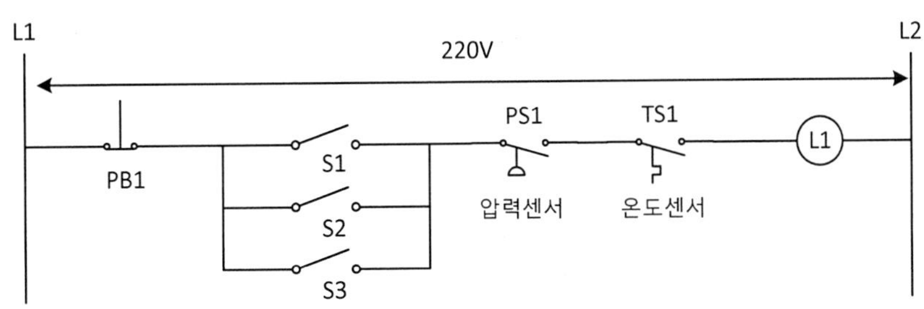

[그림 5.27] 릴레이 래더도

06

CHAPTER

XGI PLC의 구성 및 특성

LS 산전에서 개발된 XGT(Next Generation Technology) PLC 시리즈는 개방 네트워크를 기반으로 하는 고속, 소형, 대용량의 메모리를 가지는 제어용 PLC이다. GLOFA 시리즈의 후속인 XGI 시리즈와 MASTER-k 시리즈의 후속인 XGK 시리즈로 구분되며, 중, 소규모 시스템에 적용이 가능한 XGI-CPUE에서부터 대규모 제어가 가능한 XGI-CPUU까지 시스템의 크기와 목적에 따라 사용할 수 있도록 다양한 크기의 메모리를 가지는 기종으로 구분되어 있다. 또한 XGI PLC는 0.028[μs/step]의 처리속도를 가지는 CPU, 아날로그 전용 모듈, 다양한 기능을 가지는 통신모듈을 제공함으로써 프로그램이 단순화되고 강력한 네크워크 기능을 가질 수 있도록 하였을 뿐만 아니라 프로그램 및 온라인 기능강화, GLOFA 프로그램을 XGI 프로그램으로 자동변환 할 수 있는 기능, 운전 중 프로그램의 수정 및 네트워크 설치 변경이 가능하도록 하는 기능 등 다양하고 강력한 기능을 제공하는 PLC이다.

6.1 XGI PLC 규격

[표 6.1] XGI PLC 규격

<table>
<tr><th colspan="2" rowspan="2">항목</th><th colspan="4">제품</th></tr>
<tr><th>XGI-CPUU</th><th>XGI-CPUH</th><th>XGI-CPUS</th><th>XGI-CPUE</th></tr>
<tr><td colspan="2">연산방식</td><td colspan="4">• 스캔 프로그램 : 반복연산, 고정주기 스캔
• 태스크 프로그램 : 초기화, 정주기, 내부접점기동</td></tr>
<tr><td colspan="2">입출력제어방식</td><td colspan="4">스캔동기 일괄처리 방식(리프레시 방식), 명령에 의한 다이렉트 방식</td></tr>
<tr><td colspan="2">프로그램 언어</td><td colspan="4">• 래더 프로그램
• SFC(Sequencial Function Chart)
• ST(Structured Text)</td></tr>
<tr><td rowspan="2">연산처리 속도 (기본명령)</td><td>기본</td><td>8.5[ns/명령어]</td><td colspan="2">28[ns/명령어]</td><td>84[ns/명령어]</td></tr>
<tr><td>MOVE</td><td>25.5[ns/명령어]</td><td colspan="2">84[ns/명령어]</td><td>252[ns/명령어]</td></tr>
</table>

<table>
<tr><td></td><td colspan="2">실수
연산
(ns)</td><td>± : 119(S), 281(D)
× : 272(S), 680(D)
÷ : 281(S), 685(D)</td><td>± : 392(S), 924(D)
× : 896(S), 2,240(D)
÷ : 924(S), 2,254(D)</td><td colspan="2">± : 1,442(S),2,870(D)
× : 1,948(S),4,186(D)
÷ : 1,974(S),4,200(D)</td></tr>
<tr><td colspan="3">프로그램 용량</td><td>2MB</td><td>512MB</td><td>128MB</td><td>64KB</td></tr>
<tr><td colspan="3">입출력점수(설치가능)</td><td colspan="2">6,144점</td><td>3,072점</td><td>1,536점</td></tr>
<tr><td colspan="3">입출력 메모리
접점(최대)</td><td colspan="2">131,072점</td><td colspan="2">32,768점</td></tr>
<tr><td rowspan="6">데이터
메모리</td><td colspan="2">자동변수</td><td>1024KB</td><td>512KB</td><td>128KB</td><td>64KB</td></tr>
<tr><td colspan="2">입력 변수</td><td colspan="2">16KB</td><td colspan="2">4KB</td></tr>
<tr><td colspan="2">출력 변수</td><td colspan="2">16KB</td><td colspan="2">4KB</td></tr>
<tr><td rowspan="3">직
접
변
수</td><td>M</td><td>512KB</td><td>256KB</td><td>64KB</td><td>32KB</td></tr>
<tr><td>R</td><td>64KB*16블록</td><td>64KB*2블록</td><td>64KB*1블록</td><td>32KB*1블록</td></tr>
<tr><td>W</td><td>1,024KB</td><td>128KB</td><td>64KB</td><td>32KB</td></tr>
<tr><td colspan="3">플래시영역</td><td colspan="3">2MB, 32블록</td><td>1MB, 16블록</td></tr>
<tr><td colspan="3">타이머</td><td colspan="4">점수제한 없음(1점당 자동변수영역 20 바이트 점유)
시간범위 : 0.001S ~ 1,192시간)</td></tr>
<tr><td colspan="3">카운터</td><td colspan="4">점수제한 없음(1점당 자동변수영역 8 바이트 점유)
계수범위 : 64비트 표현범위</td></tr>
<tr><td rowspan="4">프로그램
구성</td><td colspan="2">총
프로그램수</td><td colspan="4">256개</td></tr>
<tr><td colspan="2">초기화
태스크</td><td colspan="4">1개</td></tr>
<tr><td colspan="2">정주기
태스크</td><td colspan="4">32개</td></tr>
<tr><td colspan="2">내부
디바이스
태스크</td><td colspan="4">32개</td></tr>
<tr><td colspan="3">운전모드</td><td colspan="4">RUN, STOP, DEBUG</td></tr>
<tr><td colspan="3">리스타트 모드</td><td colspan="4">콜드, 웜</td></tr>
<tr><td colspan="3">자기진단기능</td><td colspan="4">연산지연감시, 메모리 이상, 입출력 이상, 배터리 이상, 전원이상 등</td></tr>
<tr><td colspan="3">정전시 데이터 보존방법</td><td colspan="4">기본 파라미터에서 리테인 영역 설정</td></tr>
<tr><td colspan="3">최대증설베이스</td><td colspan="2">7단</td><td>3단</td><td>1단</td></tr>
<tr><td colspan="3">내부소비전류</td><td colspan="2">960mA</td><td colspan="2">940mA</td></tr>
</table>

6.2 XGI 시리즈 시스템 구성

XGI PLC 시리즈의 시스템 구성은 그림 6.1과 같다. 증설 가능한 베이스 수는 CPUU, CPUH는 7개, CPUS는 3개, CPUE는 1개이다. 시스템 구성시 PLC와 PC의 연결은 3M 이내의 쉴드 처리된 케이블을 사용한 USB 포터 연결이 권장된다.

XGI 시리즈의 제품 구성은 표 6.2와 같다.

[표 6-2] XGI 시리즈의 제품 구성

품명	형명	내용
CPU 모듈	XGI-CPUUN	CPU 모듈(최대 입출력점수 : 6,144, 프로그램 용량 : 2MB)
	XGI-CPUUD	CPU 모듈(최대 입출력점수 : 6,144, 프로그램 용량 : 1MB)
	XGI-CPUU	CPU 모듈(최대 입출력점수 : 6,144, 프로그램 용량 : 1MB)
	XGI-CPUH	CPU 모듈(최대 입출력점수 : 6,144, 프로그램 용량 : 512KB)
	XGI-CPUS	CPU 모듈(최대 입출력점수 : 3,072, 프로그램 용량 : 128KB)
	XGI-CPUE	CPU 모듈(최대 입출력점수 : 1,536, 프로그램 용량 : 64KB)
디지털 입력모듈	XGI-D21A	DC24V, 8점(전류소스/싱크입력)
	XGI-D21D	DC24V진단입력, 8점(전류소스/싱크입력)
	XGI-D22A	DC24V, 16점(전류소스/싱크입력)
	XGI-D24A	DC24V, 32점(전류소스/싱크입력)
	XGI-D28A	DC24V, 64점(전류소스/싱크입력)
	XGI-D22B	DC24V, 16점(전류소스 입력)
	XGI-D24B	DC24V, 32점(전류소스 입력)
	XGI-D28B	DC24V, 64점(전류소스 입력)
	XGI-A12A	AC110V, 16점
	XGI-A21A	AC220V, 8점
	XGI-A21C	AC220V 절연입력, 8점
디지털 출력모듈	XGQ-RY1A	릴레이 출력, 8점(2A, 단독 COM.)
	XGQ-RY1D	릴레이 진단출력, 8점(2A)
	XGQ-RY2A	릴레이 출력, 16점(2A)
	XGQ-RY2B	릴레이 출력, 16점(2A, 바리스터 부착)
	XGQ-TR2A	트랜지스터 출력,16점(0.5A, 싱크출력)
	XGQ-TR4A	트랜지스터 출력, 32점(0.1A용, 싱크출력)
	XGQ-TR8A	트랜지스터 출력, 64점(0.1A용, 싱크출력)
	XGQ-TR2B	트랜지스터 출력 16점(0.5A용, 소스출력)
	XGQ-TR4B	트랜지스터 출력 32점(0.1A용, 소스출력)
	XGQ-TR8B	트랜지스터 출력 64점(0.1A용, 소스출력)
	XGQ-SS2A	트라이액 출력, 16점(0.6A용)

	XGQ-TR1C	트랜지스터 절연 출력 8점 (2A용, 싱크출력)	
디지털 입출력 혼합 모듈	XGH-DT4A	DC 24V 입력, 16점(소스/싱크)	
		트랜지스터 출력, 16점 (0.1A, 싱크)	
전원모듈	XGP-ACF1	AC100V~240V 입력	DC5V : 3A, DC24V : 0.6A
	XGP-ACF2	AC100V~240V 입력	DC5V : 6A
	XGP-AC23	AC200V~240V 입력	DC5V : 8.5A
	XGP-DC42	DC24V 입력	DC5V : 6A
아날로그 입력모듈	XGF-AV8A	전압 입력: 8채널 (DC1~5V/0~5V/0~10V/−10~+10)	
	XGF-AC8A	전류 입력: 8채널 (DC 4~20mA / 0~20mA)	
	XGF-AD8A	전압/전류 입력: 8채널	
	XGF-AD4S	전압/전류 입력: 4채널, 채널간 절연	
	XGF-AD16A	전압/전류 입력: 16채널	
	XGF-AW4S	- 2선 전압/전류 입력: 4채널, 채널간 절연 - 2선식 트랜스미터 구동전원 공급	
아날로그 출력모듈	XGF-DV4A	- 전압 출력: 4채널 - DC 1~5V / 0~5V / 0~10V / −10~+10V	
	XGF-DC4A	전류 출력: 4채널 (DC 4~20mA / 0~20mA)	
	XGF-DV4S	전압 출력: 4채널, 채널간 절연	
	XGF-DC4S	전류 출력: 4채널, 채널간 절연	
	XGF-DV8A	전압 출력: 8채널(DC 1~5V / 0~5V / 0~10V / −10~+10)	
	XGF-DC8A	전류 출력: 8채널(DC 4~20mA / 0~20mA)	
아날로그 입출력 혼합모듈	XGF-AH6A	전압/전류 입력 4채널	
		전압/전류 출력 2채널	
측온 저항체 입력모듈	XGF-RD4A	온도(RTD) 입력, 4채널	
	XGF-RD4S	온도(RTD) 입력, 4채널, 채널간 절연	
	XGF-RD8A	온도(RTD) 입력, 8채널	
온도제어 모듈	XGF-TC4UD	- 제어루프 : 4루프 - 입력(4채널, TC/RTD/전압/전류), 출력(8채널, TR/전류)	
	XGF-TC4RT	- 제어루프 : 4루프 - 입력(4채널, RTD), 출력(4채널, TR)	
기타	고속카운터모듈, 위치결정모듈, 모션제어모듈		
	이벤트 입력모듈, 데이터 로그모듈, 다양한 통신모듈		

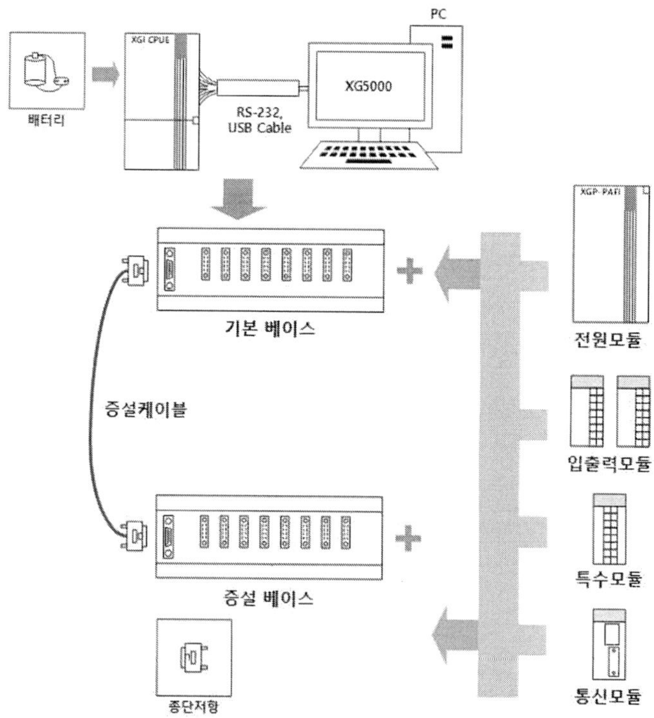

[그림 6.1] XGI PLC 시스템 구성

6.3 XGI 시리즈 기본 시스템 구성 방법

기본 베이스와 증설 베이스를 케이블로 연결하여 구성되는 기본 시스템의 특징은 표 6.3과 같다.

[표 6.3] XGI 기본 시스템의 특징

구분	XGI-CPUU, CPUH, CPUU/D, CPUUN	XGI-CPUS	CGI-CPUE
최대증설 베이스 수	7	3	1
최대 입출력 모듈 장착 수	96	48	24
최대 입출력 점수	• 16점 모듈장착시 : 1,536 • 32점 모듈장착시 : 3,072 • 64점 모듈장착시 : 6,144	• 16점 모듈장착시 : 768 • 32점 모듈장착시 : 1,536 • 64점 모듈장착시 : 3,072	• 16점 모듈장착시 : 384 • 32점 모듈장착시 : 768 • 64점 모듈장착시 : 1,536
최대 증설거리	15M		

특징

- 입출력 번호는 베이스의 슬롯당 64점 고정으로 할당
- 베이스의 각 슬롯은 모듈의 장착여부 및 종류에 관계없이 64점씩 할당
- 특수모듈 장착위치 및 사용 개수 제한 없음
- 특수모듈은 고정된 입출력 번호가 할당되지 않음
- 특수모듈은 전용펑션블록에 의해 제어되며 메모리 자동할당

-12 슬롯 베이스 입출력 번호 할당 예

슬롯 번호	0	1	2	3	4	5	6	7	8	9	10	11
전원	CPU	입력 16	입력 16	입력 32	입력 64	출력 16	출력 32	출력 64	입력 32	출력 16	출력 32	출력 32

* 기본베이스는 베이스번호가 0으로 고정되며, 증설베이스는 번호를 설정하는 스위치가 있음
* I/O 파라미터로 설정한 모듈타입과 실제 장착된 모듈의 타입이 일치해야 운전이 시작됨

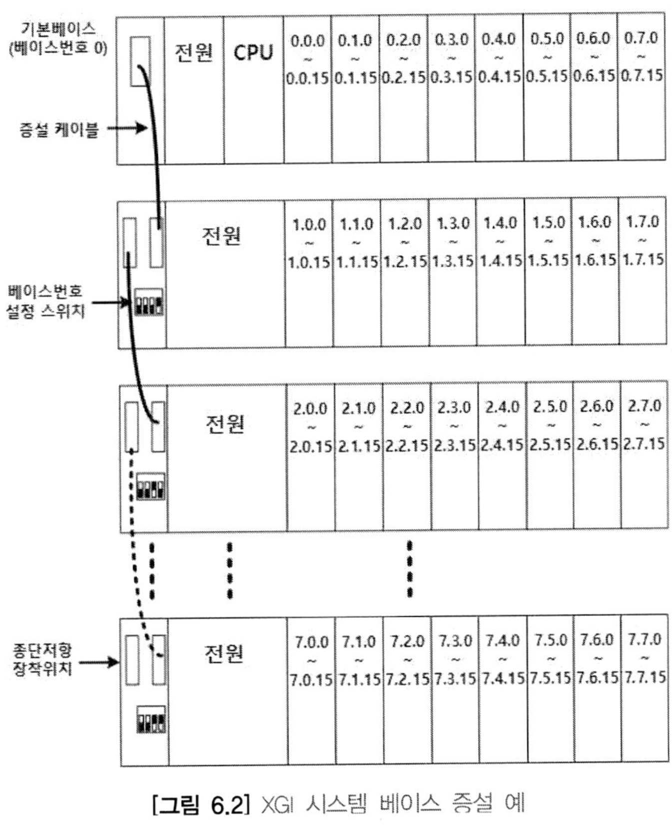

[그림 6.2] XGI 시스템 베이스 증설 예

* 기본베이스와 증설 베이스가 연결되는 시스템의 경우 높은 신뢰성을 위하여 종단저항을 마지막 증설 베이스의 증설 커넥터에 반드시 장착하여야 한다. 그러나 기본 베이스만 사용할 때에는 종단 저항을 장착할 필요가 없다.

6.4 XGI 시리즈 기본 시스템 구성시 모듈선정 방법

기본 시스템 구성 시 각 모듈별 데이터 리프레시 영역의 크기를 고려해야 하는데 데이터 리프레시 영역은 XGK/XGI CPU 시스템에서 CPU와 장착된 모듈 간 데이터 입출력을 위해 사용되는 영역을 말한다. 각 모듈별 사용하는 데이터 리프레시 영역의 크기는 채널의 운전 및 입/출력 동작과 관계없이 표 6-4와 같은 크기가 입출력 영역으로 사용된다. 따라서 XGK/XGI CPU 시스템 구성 시 최대 데이터 리프레시 영역 크기인 1,024 WORD 이내로 사용해야 하며 이를 초과하여 사용하면 시스템이 정상적으로 동작하지 않는다.

[표 6.4] 모듈별 리프레시 크기

(단위 : WORD)

품 명	형명	리프레시 크기	품명	형명	리프레시 크기
디지털 입력모듈	XGI-A12A	1	디지털 출력 모듈	XGQ-RY1A	1
	XGI-A21A	1		XGQ-RY2A	1
	XGI-A21C	1		GQ-RY2B	1
	XGI-D21A	1		XGQ-SS2A	1
	XGI-D22A/B	1		XGQ-TR1C	1
	XGI-D24A/B	2		XGQ-TR2A/B	2
	XGI-D28A/B	4		XGQ-TR4A/B	4
디지털 입출력모듈	XGH-DT4A	2		XGQ-TR8A/B	8
아날로그 입력모듈	XGF-AC8A	22	아날로그 출력모듈	XGF-DC8A	11
	XGF-AV8A	22		XGF-DV8A	11
	XGF-AD8A	22		XGF-DC4A	11
	XGF-AD16A	21		XGF-DV4A	11
	XGF-AD4S	12		XGF-DC4S	11
	XGF-AW4S	12		XGF-DV4S	11
	XGF-AC4H	11		XGF-DC4H	7
통신모듈	XGL-EFMT	16	통신모듈	XGL-RMEA	16
	XGL-EFMF	16		XGL-C22A	16
	XGL-ESHF	16		XGL-C42A	16
	XGL-DMEA	16		XGL-CH2A	16
	XGL-PSEA	16		XGL-EIMT	16
	XGL-PMEA	16		XGL-EIMH	16
	XGL-PMEC	16		XGL-EIMF	16
	XGL-EDMT	16		XGL-ES4T	16
	XGL-EDMF	16		XGL-BBM	16
	XGL-EDST	16		XGL-EIPT	16
	XGL-EDSF	16	아날로그 입출력 모듈	XGF-AH6A	11

* 데이터 리프레시 영역 크기 계산 예

디지털 입력 64점(20대), 디지털 출력 32점(10대), XGF-AC8A(20대), XGF-RD4A(10대) 장착된 경우 데이터 리프레시 영역 크기는?

(4×20) + (2×10) + (22×20) + (30×10) = 840WORD≤1,024WORD

6.5 네트워크 시스템

XGI 시리즈에서는 시스템 구성의 용이성을 이하여 다양한 네트워크 시스템을 제공한다. PLC와 상위 시스템간 또는 PLC간의 통신을 위하여 이더넷(FEnet, FGnet) 및 Cnet을 제공하며 하위제어 네트워크 시스템으로 전용 이더넷(FDEnet), Profibus-DP, DeviceNet, Rnet 등을 제공한다.

1) 로컬 네트워크

기본베이스와 증설베이스 제약 없이 최대 24대의 통신모듈을 장착할 수 있다. 시스템 동작 성능상 통신량이 많은 모듈을 기본베이스에 설치하는 것이 좋으며 기능별 제약 사항은 다음과 같다.

용도별 구분	최대 장착개수
최대 고속링크 설정 모듈 수	12
최대 P2P 소비스 모듈 수(1 : 1 통신)	8
최대 전용 서비스 모듈 수	24

2) 컴퓨터 링크(Cnet I/F) 시스템

Cnet I/F 시스템이란 Cnet 모듈의 RS-232C, RS-422(또는 RS-485) 포트를 사용하여 컴퓨터나 각종 외부기기와 CPU 모듈 사이의 데이터 교신을 하기 위한 시스템이다. "로컬 네트워크"에서 설명한 대로 Cnet 모듈도 기본베이스와 증설베이스 구별 없이 최대 24대(타 통신모듈과 합)까지 장착이 가능하고 Cnet에서 고속링크는 제공하지 않으며 P2P 서비스는 최대 8대까지 지원한다.

6.6 리모트 I/O 시스템

원거리에 설치된 입출력 모듈의 제어를 위한 네트워크 시스템으로 Smart I/O 시리즈가 있으며 네트워크 방식은 Profibus-DP, DeviceNet, Rnet, Cnet 등이 있다.

1) 네트워크 종류별 I/O 시스템 적용

리모트 I/O 모듈은 표 6.5와 같다.

[표 6.5] 리모트 I/O 모듈의 종류

네트워크 종류(마스터)	스마트 I/O	
	블록형	증설형
Profibus-DP	0	0
DeviceNet	0	0
Rnet	0	0
Modbus(Cnet)	0	-
FEnet	-	0
Ethernet/IP	-	0
RAPIEnet	-	-

2) 블록형 리모트 I/O 시스템

Profibus-DP, DeviceNet 및 Rnet 등으로 구성되며 시리즈에 관계없이 블록형 리모트 I/O를 사용할 수 있다. Profibus-DP과 DeviceNet 등은 국제표준에 준거하여 개발되어 타사의 제품과도 연결이 가능하다. 마스터 모듈은 최대 12대까지 장착이 가능하며 증설 베이스에도 설치가 가능하다.

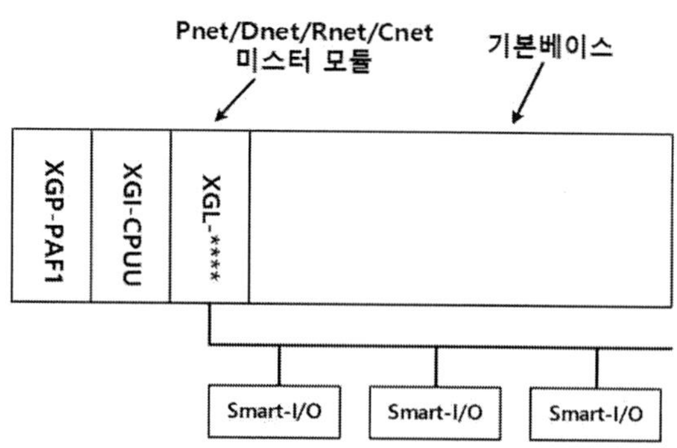

[그림 6.3] 블록형 리모트 I/O 시스템

* 입출력 할당 방법 및 입출력 번호 지정

- XG-PD의 고속링크 파라미터에 의해서 리모프 입출력에 변수 할당
- 입출력변수 또는 내부변수를 입출력으로 지정
- 강제 ON/OFF 기능 및 초리리셋 등 기능사용을 위하여 'I', 'Q'영역 사용 권장
- 입출력 최대 사용가능 점수는 32,768점
- 모듈별 고속링크 파리미터의 설정방식은 각 네트워크 별 사용설명서 참조

6.7 CPU 모듈

1) CPU 모듈 성능 및 규격

CPU 모듈의 성능 및 규격은 표 6.6과 같다.

[표 6.6] CPU 모듈 성능 및 규격

<table>
<tr><th colspan="2" rowspan="2">항목</th><th colspan="4">제품</th></tr>
<tr><th>XGI-CPUU</th><th>XGI-CPUH</th><th>XGI-CPUS</th><th>XGI-CPUE</th></tr>
<tr><td colspan="2">연산방식</td><td colspan="3">• 스캔 프로그램 : 반복연산, 고정주기 스캔
• 태스크 프로그램 : 초기화, 정주기, 내부접점 기동</td><td></td></tr>
<tr><td colspan="2">입출력 제어방식</td><td colspan="4">스캔동기 일괄처리방식(리프레시 방식), 명령어에 의한 다이렉트 방식</td></tr>
<tr><td colspan="2">프로그램 언어</td><td colspan="4">• 래더 다이어그램 • SFC • ST</td></tr>
<tr><td rowspan="4">명령어수</td><td>연산자</td><td colspan="4">18개</td></tr>
<tr><td>기본펑션</td><td colspan="4">136종 + 실수연산 펑션</td></tr>
<tr><td>기본펑션 블록</td><td colspan="4">43개</td></tr>
<tr><td>전용펑션 블록</td><td colspan="4">특수기능 모듈별 전용 펑션블록, 통신전용 펑션블록(P2P)</td></tr>
<tr><td rowspan="3">연산처리 속도 (기본 명령)</td><td>기본</td><td>8.5ns/명령어
(XGI-CPUUN)</td><td colspan="2">28ns/명령어</td><td>84ns/명령어</td></tr>
<tr><td>MOVE</td><td>25.5ns/명령어
(XGI-CPUUN)</td><td colspan="2">84ns/명령어</td><td>252ns/명령어</td></tr>
<tr><td>실수 연산</td><td>± : 119(S), 281(D)
× : 272(S), 680(D)
÷ : 281(S), 685(D)</td><td colspan="2">± : 392(S), 924(D)
× : 896(S), 2,240(D)
÷ : 924(S), 2,254(D)</td><td>± : 1,442(S), 2,870(D)
× : 1,948(S), 4,186(D)
÷ : 1,974(S), 4,200(D)</td></tr>
</table>

<table>
<tr><td colspan="3">프로그램 용량</td><td>2MB</td><td>512MB</td><td>128MB</td><td>64KB</td></tr>
<tr><td colspan="3">설치가능 입출력 점수</td><td colspan="2">6,144</td><td>3,072</td><td>1,536</td></tr>
<tr><td colspan="3">최대 입출력 메모리 접점</td><td colspan="2">131,072</td><td colspan="2">32,768</td></tr>
<tr><td rowspan="6">데이터 메모리</td><td colspan="2">자동 변수 영역</td><td>1,024KB
(최대 512KB 리테인 설정가능)
(XGI-CPUUN)</td><td>512KB
(최대 256KB 리테인 설정가능)</td><td>128KB
(최대 64KB 리테인 설정가능)</td><td>64KB
(최대 32KB 리테인 설정가능)</td></tr>
<tr><td colspan="2">입력 변수</td><td colspan="2">16KB</td><td colspan="2">4KB</td></tr>
<tr><td colspan="2">출력 변수</td><td colspan="2">16KB</td><td colspan="2">4KB</td></tr>
<tr><td rowspan="3">직접변수</td><td>M</td><td>512KB
(최대 256KB 리테인 설정가능)
(XGI-CPUUN)</td><td>256KB
(최대 128KB 리테인 설정가능)</td><td>64KB
(최대 32KB 리테인 설정가능)</td><td>32KB
(최대 16KB 리테인 설정가능)</td></tr>
<tr><td>R</td><td>64KB×16블록</td><td>64KB×2블록</td><td>64KB×1블록</td><td>32KB×16블록</td></tr>
<tr><td>W</td><td>1,024KB</td><td>128KB</td><td>64KB</td><td>32KB</td></tr>
<tr><td colspan="3">플래시 영역</td><td colspan="3">2MB, 32블록</td><td>1MB, 16블록</td></tr>
<tr><td colspan="3">타이머 영역</td><td colspan="4">점수제한 없음
시간범위 : 0.001초~1,193시간</td></tr>
<tr><td colspan="3">카운터 영역</td><td colspan="4">점수제한 없음
계수범위 : 64비트 표현범위</td></tr>
<tr><td rowspan="4">프로그램 구성</td><td colspan="2">총프로그램 수</td><td colspan="3">256개</td><td></td></tr>
<tr><td colspan="2">초기화 태스크</td><td colspan="3">1개</td><td></td></tr>
<tr><td colspan="2">정주기 태스크</td><td colspan="3">32개</td><td></td></tr>
<tr><td colspan="2">내부 디바이스 태스크</td><td colspan="3">32개</td><td></td></tr>
<tr><td colspan="3">운전모드</td><td colspan="4">RUN, STOP, DEBUG</td></tr>
<tr><td colspan="3">리스타트 모드</td><td colspan="4">콜드, 웜</td></tr>
<tr><td colspan="3">정전시 보존방법</td><td colspan="4">기본 파라미터에서 리테인 영역 설정</td></tr>
</table>

2) CPU 모듈의 기능

(1) 자기진단기능

자기진단기능은 CPU 모듈이 PLC 시스템 자체의 이상 유무를 진단하는 기능이다.

① 스캔워치독

워치독 타이머는 사용자 프로그램의 이상에 의한 연산지연을 검출하기 위하여 사용하는 타이머이다. 워치독 타이머의 검출시간은 XG5000의 기본 파라미터에서 설정한다.

② I/O 모듈 체크기능

기동시와 운전 중에 I/O 모듈의 이상 상태를 체크하는 기능으로 기동시 파라미터 설정과 다른 모듈이 장착되어 있거나 고장인 경우, 또는 운전 중에 I/O 모듈의 착탈 또는 고장이 발생한 경우 이상상태가 검출되며 CPU 모듈 전면의 고장램프가 켜지고 CPU 운전이 정지된다.

③ 배터리 전압체크 기능

배터리 전압이 메모리 백업전압 이하로 낮아지면 이를 감지하여 경고하는 기능이다.

④ 고장처리

ⓐ 고장발생시 PLC 시스템은 고장 내용을 플래그에 기록하고 고장모드에 따라 운전을 정지하거나 속행한다.

ⓑ PLC 하드웨어 고장시 CPU 모듈, 전원모듈 등 PLC가 정상운전을 할 수 없는 중대한 고장이 발생한 경우 시스템 동작은 정지되며 배터리 이상 등의 경미한 고장 발생시에는 운전을 지속한다.

ⓒ 시스템 구성상 오류 발생은 PLC의 하드웨어 구성과 소프트웨어에서 정의된 구성이 서로 다른 경우 발생하는 고장으로 시스템은 정지상태가 된다.

ⓓ 사용자 프로그램 수행 중 연산 에러 발생시에는 수치연산 오류의 경우에러 플래그와 에러 래치 플래그가 표시되고, 시스템은 운전을 지속한다. 연산수행중 연산시간이 연산 지연감시 설정시간을 넘거나 창착된 입출력 모듈이 정상적으로 제어되지 않으면 시스템은 정지된다.

ⓔ 외부기기 고장에 의한 고장 검출시에는 외부제어 대상기기의 고장을 PLC 사용자 프로그램으로 검출하는 것으로 중대한 고장검출시 시스템은 정지상태가 되지만 경미한 고장 검출시에는 상태만 표시하고 연산은 지속된다.

(2) 시계기능

CPU 모듈에는 RTC(Real Time Clock)가 내장되어 있으며 RTC는 전원 오프 또는 정전시에도 배터리 백업에 의해 시계 동작을 계속한다.

(3) 리모트 기능

CPU 모듈은 모듈에 장착된 키 스위치 외에 통신에 의한 운전변경이 가능하다. 리모트로 조작하고자 하는 경우에는 CPU 모듈의 'REM 허용스위치'를 온 위치로 'RUN/STOP' 스위치를 STOP 위치로 설정해 주어야 한다. 리모트 운전의 종류에는 다음과 같은 방법이 있다.

① CPU 모듈에 장착된 USB 또는 RS-232 포트를 통해 XG5000과 접속하여 운전하는 방법
② CPU 모듈에 XG5000을 접속한 상태에서 PLC의 네트워크에 접속된 다른 PLC를 조작하는 방법
③ 전용 통신을 통하여 HMI 소프트웨어 등으로 PLC 동작 상태를 제어하는 방법

(4) 입출력 강제 온/오프 기능

입출력 강제 온/오프 기능은 프로그램 실행결과와 관계없이 입출력 영역을 강제로 온/오프 할 경우 사용하는 기능이다. 강제 I/O를 설정하기 위해서는 그림 6.4에서와 같이 온라인 모드에서 '강제 I/O 설정'을 클릭하고 설정하고자 하는 해당접점의 플래그, 데이터 체크박스를 선택하면 된다.

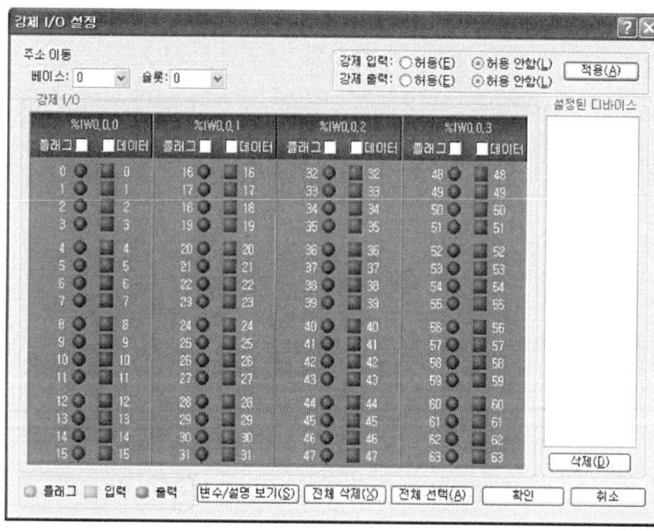

[그림 6.4] 강제 I/O 설정창

'1'의 값을 설정하기 위해서는 해당 비트의 플래그와 데이터를 선택하고 '0'값을 설정하기 위해서는 해당 비트의 데이터는 선택하지 않고 플래그만 선택한다. 강제입력 또는 강제출력 허용을 선택하면 설정이 적용되어 동작한다. 강제 I/O 설정은 로컬 I/O 모듈에서만 설정이 가능하고, 리모트 I/O모듈에서는 설정이 불가능하다. 강제 I/O가 설정된 경우 'CHK LED'가

점등되며 설정된 강제 I/O는 새로운 프로그램을 다운로드 하여도 그 상태가 유지되므로 주의하여야 한다.

(5) 운전이력 저장기능

운전이력에는 에러이력(2048개), 모드 변환이력(1024개), 전원차단이력(1024개) 및 시스템 이력(2048개) 등 4종류의 이력이 있다. 각 사건이 발생한 시각, 횟수, 동작내용 등을 메모리에 저장하며 XG5000을 통하여 편리하게 모니터할 수 있다. 운전이력은 XG5000 등으로 지우지 않는 한 PLC 내에 저장되어 있다.

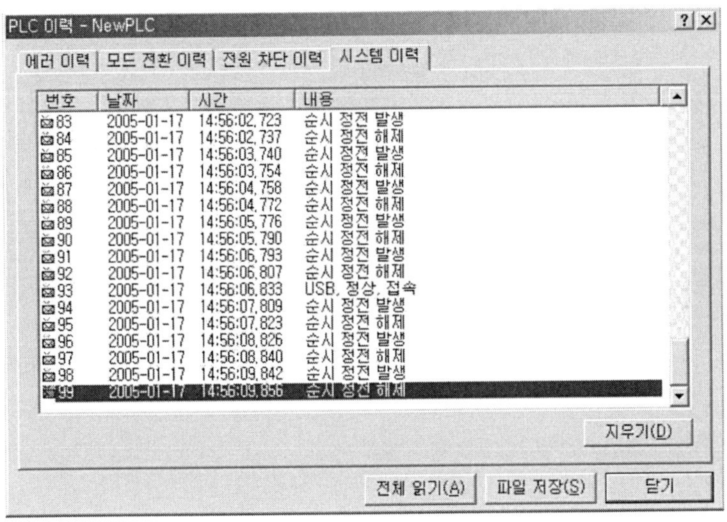

[그림 6.5] PLC 운전이력

(6) 외부기기 고장진단 기능

사용자가 외부기기의 고장을 검출하여 시스템의 정지, 경고를 쉽게 구현하도록 제공되는 플래그이다. 이 플래그를 이용하면 복잡한 프로그램을 작성하지 않고 외부기기의 고장을 표시할 수 있으며 XG5000과 소스 프로그램 없이 고장 위치를 모니터링 할 수 있다. 외부기기의 고장은 사용자 프로그램에 의하여 검출되며 검출된 고장의 내용에 따라 PLC 운전을 정지 시켜야 하는 에러상태와 운전은 계속하고 고장상태만을 표시하는 경고상태로 분류된다. 에러상태의 경우 '_ANC_ERR' 플래그를 사용하며 경고상태의 경우 '_ANC_WAR' 플래그를 사용한다.

(7) 고장 마스크 기능

고장 마스크는 운전 중 모듈의 고장이 발생해도 프로그램을 계속 수행하도록 하는 기능이다. 고장 마스크로 지정된 모듈은 고장발생 전까지 정상적으로 동작한다. 고장 마스크가 설정된 모듈에 에러가 발생하면 해당 모듈은 동작을 정지하지만 전체 시스템은 계속 동작을 수행한다. 운전 중 모듈의 고장이 발생하면 CPU 모듈은 에러 플래그를 셋하고 전면의 'PS LED'가 점등되며 XG5000을 접속하면 에러상태를 볼 수 있다.

(8) 입출력 모듈 스킵기능

입출력 모듈 스킵기능은 운전 중 지정된 모듈을 운전에서 배제하는 기능이다. 지정된 모듈에 대해서는 지정된 순간부터 입출력 데이터의 갱신 및 고장진단이 중단된다. 고장부분을 배제하고 임시운전을 하는 경우 등에 사용될 수 있다.

(9) 운전 중 모듈 교체기능

XGI 시스템에서는 운전 중 모듈의 교체가 가능하다. 그러나 운전 중 모듈의 교체는 전체 시스템의 오동작을 발생 시킬 우려가 있으므로 주의가 필요하다. 베이스 및 전원모듈은 교체가 불가능하며 통신모듈 중 일부(XGL-PMEA, XGL-DMEA)는 네트워크 설정을 해 주어야 통신이 연결된다.

(10) 운전 중 프로그램 수정

PLC의 운전 중 제어동작을 중지하지 않고 프로그램 및 일부 파라미터의 수정이 가능하다. 운전 중 수정이 가능한 항목은 프로그램, 통신 파라미터이며, 기본 파라미터 및 I/O 파라미터는 운전 중 수정이 불가능하다.

6.8 전원모듈

1) 전원모듈의 각부 명칭

전원모듈의 각부 명칭 및 용도는 다음과 같다.

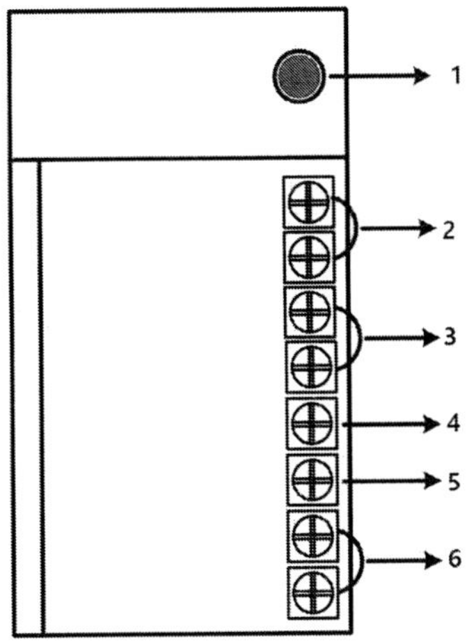

번호	명칭	용도
1	전원 LED	DC5V 전원 표시용 LED
2	DC24V, 24G 단자	출력 모듈 내부에 DC24V가 필요한 모듈에 전원공급용(XGP-ACF2, XGP-AC23은 DC24V가 출력되지 않음)
3	RUN 단자	시스템 RUN 상태 표시 • CPU 정지 에러 발생시 오프 • CPU 모드가 STOP로 변경되면 오프
4	PE 단자	감전방지를 위한 접지단자
5	LG 단자	전원 필터의 접지단자
6	전원입력 단자	전원입력단자

[그림 6.6] 전원모듈의 각부 명칭

2) 전원모듈 선정

전원모듈의 선정은 입력전원의 전압과 전원모듈이 시스템에 공급해야할 전류 즉전원모듈과 동일 베이스상에 설치되는 디지털 입출력 모듈, 특수모듈, 통신모듈 등의 소비전류 합계에 의해 결정된다. 전원모듈의 정격 출력용량을 초과하여 사용하면 시스템이 정상적으로 동작하지 않는다. 따라서 시스템 구성시 각 모듈의 소비전류를 고려하여 전원모듈을 선택하여야 한다.

[표 6.7] 전원모듈의 종류 및 특성

항목		XGP-ACF1	XGP-ACF2	XGP-AC23	XGP-DC42
입력	정격전압	$110\,V_{AC}$ ~ $240\,V_{AC}$		$200\,V_{AC}$ ~ $240\,V_{AC}$	$24\,V_{DC}$
	입력전압	$85\,V_{AC}$ ~ $264\,V_{AC}$		$170\,V_{AC}$ ~ $264\,V_{AC}$	-
	입력주파수	50/60 *HZ*(47~63 *HZ*)			-
	돌입전류	$20\,A_{PEAK}$ 이하			$80\,A_{PEAK}$ 이하
	효율	65%이상			60% 이상
	입력퓨즈	내장			
	허용순시정전	$10ms$ 이내			
출력1	출력전압	DV5V(±2%)			DV5V(±2%)
	출력전류	3A	6A	8.5A	6A
	과전류보호	3.2A 이상	6.6A 이상	9A 이상	6.6A 이상
	과전압보호	5.5V ~ 6.5.V			

출력2	출력전압	DC24V(±10%)	-	-	-
	출력전류	0.6A			
	과전류보호	0.7A이상			
	과전압보호	없음			
릴레이 출력부	용도	운전접점			
	정격개폐 전압/전류	DC24V, 0.5A			
	최소개폐 부하	DC5V, 1mA			
	응답시간	OFF → ON : 10ms 이하, ON → OFF : 12ms 이하			
	수명	기계적 수명 : 2,000만회, 전기적 수명 : 정격개폐전압, 전류 10만회 이상			
전압상태표시		출력전압 정상시 LED 점등			
사용전선규격		$0.75 \sim 2mm^2$			
사용압착단자		RAV1.25-3.5, RAV2-3.5			

6.9 입출력 모듈

XGI 시리즈에 사용되는 디지털 입출력 모듈을 선정하는 경우 입출력 형식에 주의하여 사용하여야 한다. 디지털 입력형식에는 전류싱크 입력 및 전류소스 입력이 있다. DC 입력모듈의 경우 이와 같은 입력형식에 따라 외부 입력전원의 배선방법이 달라지므로 입력접속기기의 규격 등을 고려하여 선정하여야 한다. 최대동시입력 점수는 모듈의 종류에 따라 다르며 입력전압, 주변온도 조건에 따라 변하므로 적용할 입력모듈의 규격을 검토한 후 사용해야 하며 개폐빈도가 높거나 유도성 부하 개폐용으로 사용하는 경우 릴레이 출력 모듈은 수명이 단축되므로 트랜지스터 출력 모듈이나 트라이액 출력 모듈을 사용하고 개폐빈도를 온/오프시 1초로 하여 사용하는 것이 권장된다. 또한 출력모듈에 DC/DC 컨버터를 사용한 카운터, 타이머 등이 부하로 연결된 경우 턴온시 또는 동작 중에 일정 주기에서 돌입전류가 흐를 수 있기 때문에 평균전류로 산정하면 고장의 원인이 되므로 돌입전류의 영향을 줄이기 위하여 부하에 직렬로 저항 또는 인덕터를 접속하여 사용하든지 또는 최대부하전류의 값이 큰 모듈을 사용하여야 한다.

1) 디지털 입력 모듈의 규격

[표 6.8] 디지털 입력모듈의 규격(8점, 소스/싱크형)

규격 \ 형명		8점 DC24V 입력모듈(소스/싱크 타입) XGI-D21A
입력점수		8점
절연방식		포토커플러
정격입력전압		DC24V
정격입력전류		약 4mA
사용전압범위		DC20.4 ~ 28.8V(리플율 5% 이내)
입력 Derating		없음
온전압/전류		DC19V 이상/3mA 이상
오프전압/전류		DC11V 이하/1.7mA 이하
입력저항		약 5.6$K\Omega$
응답시간	OFF → ON	1ms/3ms/5ms/10ms/20ms/70ms/100ms(CPU 파라미터로 설정) 초기값: 3ms
	ON → OFF	1ms/3ms/5ms/10ms/20ms/70ms/100ms(CPU 파라미터로 설정) 초기값: 3ms
절연내압		AC560V rms/3 Cycle (표고 2000m)
절연저항		절연 저항계로 10MΩ 이상
공통(Common)방식		16점 / COM
내부소비전류(mA)		20mA
동작 표시		입력 On 시 LED 점등
외부접속방식		9점 단자대 커넥터 (M3 × 6나사)

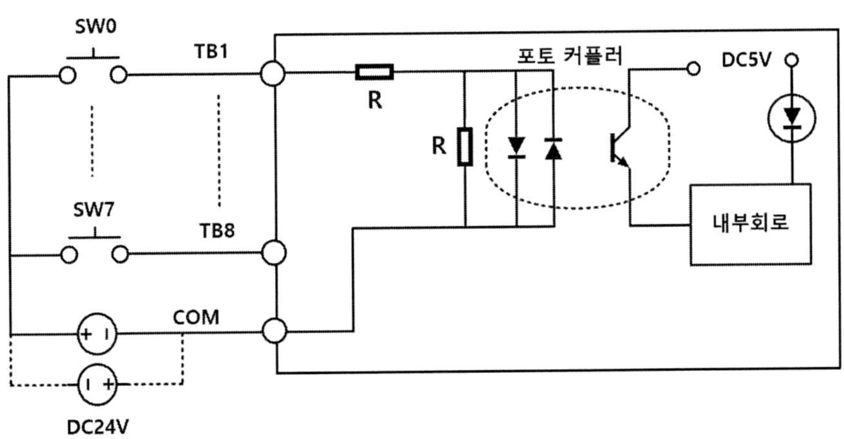

[그림 6.7] 회로구성 예(8점, 소스/싱크형)

[표 6.9] 디지털 입력모듈의 규격(16점, 소스/싱크형)

규격 \ 형명		16점 DC24V 입력모듈(소스/싱크 타입) XGI-D22A
입력점수		16점
절연방식		포토커플러
정격입력전압		DC24V
정격입력전류		약 4mA
사용전압범위		DC20.4 ~ 28.8V(리플율 5% 이내)
입력 Derating		없음
온전압/전류		DC19V 이상/3mA 이상
오프전압/전류		DC11V 이하/1.7mA 이하
입력저항		약 5.6$K\Omega$
응답시간	OFF → ON	1ms/3ms/5ms/10ms/20ms/70ms/100ms(CPU 파라미터로 설정) 초기값: 3ms
	ON → OFF	1ms/3ms/5ms/10ms/20ms/70ms/100ms(CPU 파라미터로 설정) 초기값: 3ms
절연내압		AC560V rms/3 Cycle (표고 2000m)
절연저항		절연 저항계로 10MΩ 이상
공통(Common)방식		16점 / COM
내부소비전류(mA)		30mA
외부접속방식		입력 On 시 LED 점등

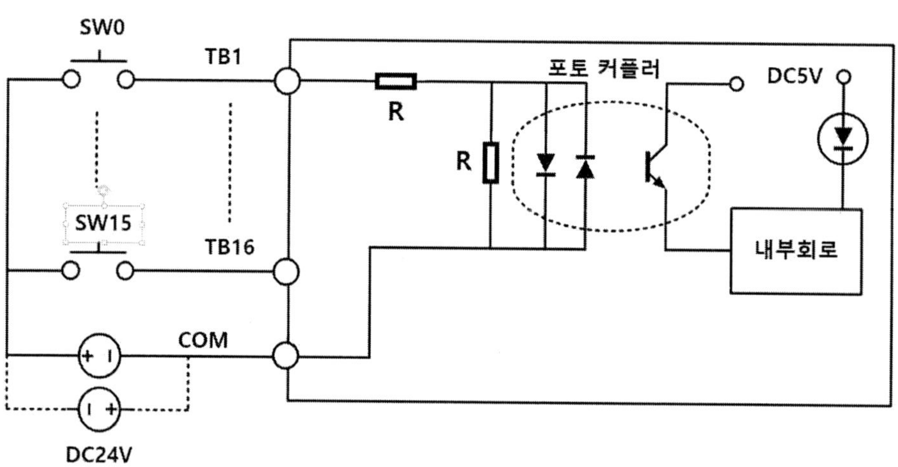

[그림 6.8] 회로구성 예(16점, 소스/싱크형)

[표 6.10] 디지털 입력모듈의 규격(16점, 소스형)

규격 \ 형명		16점 DC24V 입력모듈(소스타입) XGI-D22B
입력점수		16점
절연방식		포토커플러
정격입력전압		DC24V
정격입력전류		약 4mA
사용전압범위		DC20.4 ~ 28.8V(리플율 5% 이내)
입력 Derating		없음
온전압/전류		DC19V 이상/3mA 이상
오프전압/전류		DC11V 이하/1.7mA 이하
입력저항		약 5.6$K\Omega$
응답시간	OFF → ON	1ms/3ms/5ms/10ms/20ms/70ms/100ms(CPU 파라미터로 설정) 초기값: 3ms
	ON → OFF	1ms/3ms/5ms/10ms/20ms/70ms/100ms(CPU 파라미터로 설정) 초기값: 3ms
절연내압		AC560V rms/3 Cycle (표고 2000m)
절연저항		절연 저항계로 10MΩ 이상
공통(Common)방식		16점 / COM
내부소비전류(mA)		30mA
외부접속방식		입력 On 시 LED 점등

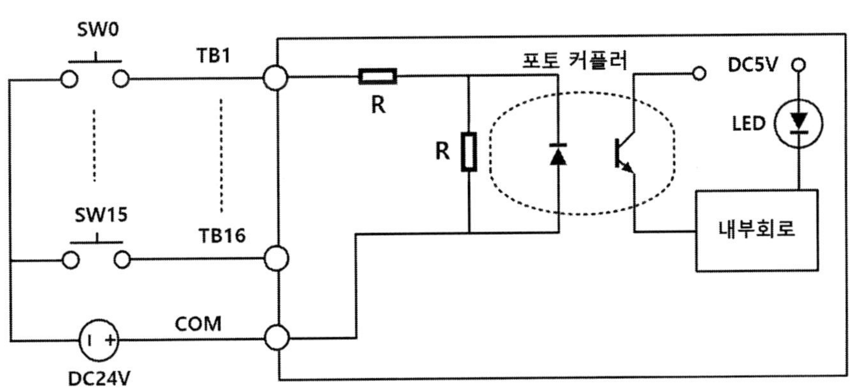

[그림 6.9] 회로구성 예(16점, 소스형)

[표 6.11] 디지털 입력모듈의 규격(16점, AC110V)

규격 \ 형명		16점 AC110V 입력모듈
		XGI-A12A
입력점수		16점
절연방식		포토커플러
정격입력전압		AC100-120V(+10/-15%) 50/60 Hz(±3Hz) (왜율 5% 이내)
정격입력전류		약 8mA (AC100,60 Hz), 약 7mA (AC100, 50Hz)
돌입전류		최대 200mA 1ms 이내(AC132V 시)
입력 Derating		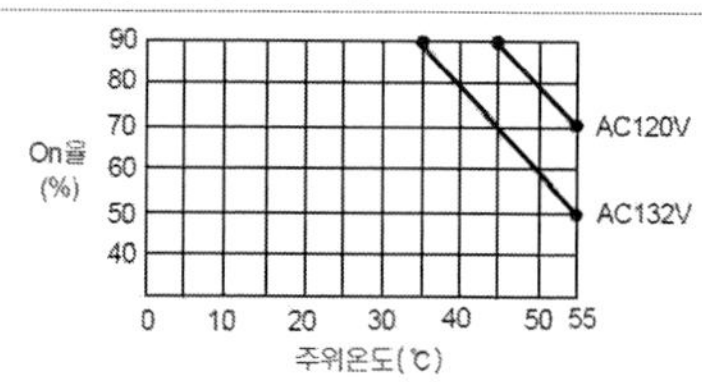
On 전압 / On 전류		AC80V 이상 / 5mA 이상(50Hz, 60Hz)
Off 전압 / Off 전류		AC30V 이하 / 1mA 이하(50Hz, 60Hz)
입력저항		약 12kΩ(60Hz), 약 15kΩ(50Hz)
응답시간	OFF → ON	15ms 이하(AC100V 50Hz, 60Hz)
	ON → OFF	25ms 이하(AC100V 50 Hz,60 Hz)
절연내압		AC1780V rms/3 Cycle (표고 2000m)
절연저항		절연 저항계로 10MΩ 이상
공통(Common)방식		16점 / COM
내부소비전류(mA)		30mA
외부접속방식		입력 On 시 LED 점등

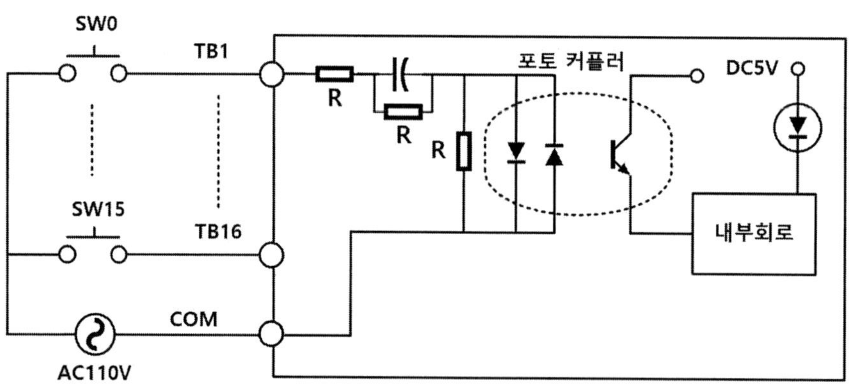

[그림 6-10] 회로구성 예(16점, AC110V)

[표 6.12] 디지털 입력모듈의 규격(8점, AC220V)

규격 \ 형명		8점 AC220V 입력모듈 XGI-A21A
입력점수		8점
절연방식		포토 커플러 절연
정격입력전압		AC100-240V(+10/-15%) 50/60 Hz(±3 Hz) (왜율 5% 이내)
정격입력전류		약 17mA (AC200, 60Hz), 약 14mA (AC200, 50Hz)
돌입전류		최대 500mA 1ms 이내(AC264V 시)
입력 Derating		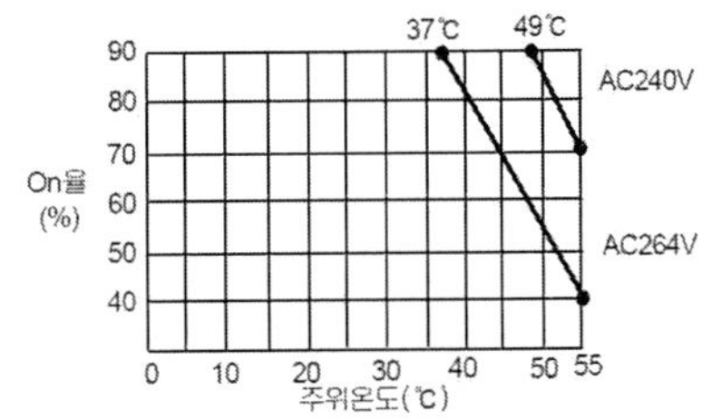
On 전압 / On 전류		AC80V 이상 / 5mA 이상(50Hz, 60Hz)
Off 전압 / Off 전류		AC30V 이하 / 1mA 이하(50Hz, 60Hz)
입력저항		약 12kΩ(60Hz), 약 15kΩ(50Hz)
응답시간	OFF → ON	15ms 이하(AC200V 50Hz, 60Hz)
	ON → OFF	25ms 이하(AC200V 50Hz, 60Hz)
절연내압		AC2830V rms/3 Cycle (표고 2000m)
절연저항		절연 저항계로 10MΩ 이상
공통(Common)방식		8점 / COM
내부소비전류(mA)		20mA
외부접속방식		9점 단자대 커넥터 (M3 × 6 나사)

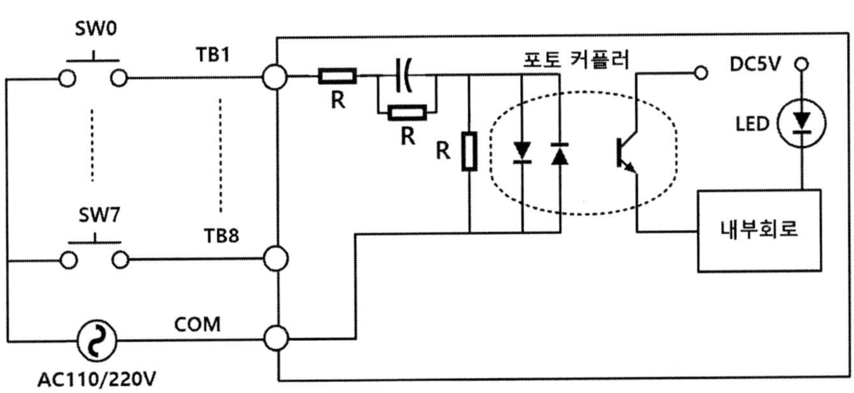

[그림 6.11] 회로구성 예(16점, AC110V)

2) 디지털 출력 모듈의 규격

[표 6.13] 디지털 출력모듈의 규격(8점, 릴레이)

규격 \ 형명		8점 릴레이 출력모듈 XGQ-RY1A
출력점수		8점
절연방식		릴레이 절연
정격부하전압/전류		DC24V 2A(저항부하) / AC220V 2A(COSΨ = 1)
최소부하전압/전류		DC5V 1mA
최대부하전압/전류		AC250V 2A, DC125V 2A
오프시 누설전류		0.1mA (AC220V, 60Hz)
최대 개폐빈도		3,600회 / 시간
서지킬러		없음
수명	기계적	2,000만회 이상
	전기적	정격 부하 전압 / 전류 10만회 이상
		AC200V / 1.5A, AC240V / 1A (COSΨ = 0.7) 10만회 이상
		AC200V / 1A, AC240V / 0.5A (COSΨ = 0.35) 10만회 이상
		DC24V / 1A, DC100V / 0.1A (L / R = 7ms) 10만회 이상
응답시간	OFF → ON	10ms 이하
	ON → OFF	12ms 이하
공통(Common)방식		1점 / 1COM (독립접점)
내부소비전류(mA)		260mA (접점 On 시)
동작표시		출력 On 시 LED 점등
외부접속방식		18점 단자대 커넥터 (M3 × 6나사)

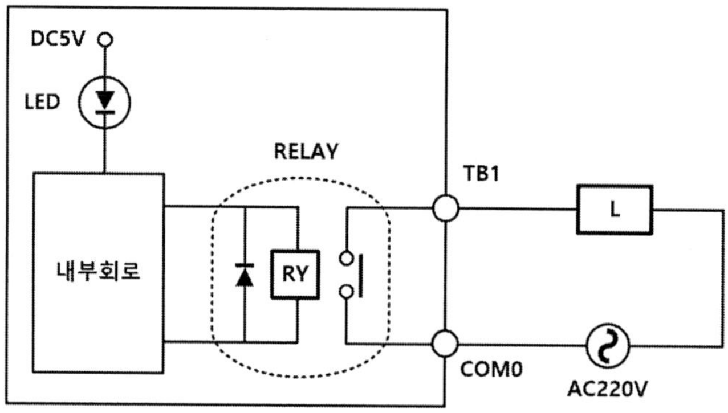

[그림 6.12] 회로구성 예(8점, 릴레이)

[표 6.14] 디지털 출력모듈의 규격(16점, 릴레이)

규격 \ 형명		16점 릴레이 출력모듈 XGQ-RY2A
출력점수		16점
절연방식		릴레이 절연
정격부하전압/전류		DC24V 2A(저항부하) / AC220V 2A(COSΨ = 1)
최소부하전압/전류		DC5V 1mA
최대부하전압/전류		AC250V 2A, DC125V 2A
오프시 누설전류		0.1mA (AC220V, 60Hz)
최대 개폐빈도		3,600회 / 시간
서지킬러		없음
수명	기계적	2,000만회 이상
	전기적	정격 부하 전압 / 전류 10만회 이상
		AC200V / 1.5A, AC240V / 1A (COSΨ = 0.7) 10만회 이상
		AC200V / 1A, AC240V / 0.5A (COSΨ = 0.35) 10만회 이상
		DC24V / 1A, DC100V / 0.1A (L / R = 7ms) 10만회 이상
응답시간	OFF → ON	10ms 이하
	ON → OFF	12ms 이하
공통(Common)방식		16점 / 1COM
내부소비전류(mA)		500mA (접점 On 시)
동작표시		출력 On 시 LED 점등
외부접속방식		18점 단자대 커넥터 (M3 × 6나사)

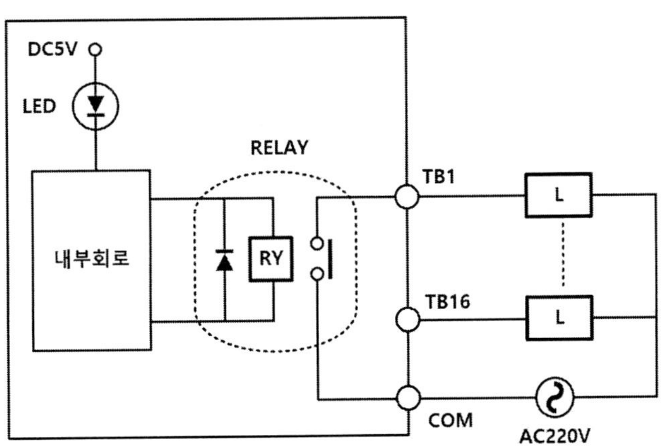

[그림 6.13] 회로구성 예(16점, 릴레이)

[표 6.15] 디지털 출력모듈의 규격(16점, 트라이액)

규격 \ 형명		16점 트라이액 출력모듈 XGQ-SS2A
출력점수		16점
절연방식		포토 커플러 절연
정격부하전압		AC 100-240V (50 / 60Hz)
최대부하전압		AC 264V
최대부하전류		0.6A / 1점 4A / 1COM
최소부하전류		20mA
OFF시 누설전류		2.5mA (AC 220V 60Hz)
최대돌입전류		20A / Cycle 이하
ON시 최대전압강하		AC 1.5V 이하 (2A)
서지킬러		Varistor (387~473V), C.R 업소버
응답시간	OFF→ON	1ms 이하
	ON→OFF	0.5 Cycle + 1ms 이하
공통(Common)방식		16점 / 1 COM
내부소비전류(mA)		300mA (전점 On 시)
동작표시		출력 On 시 LED 점등
외부접속방식		18점 단자대 커넥터 (M3 × 6나사)

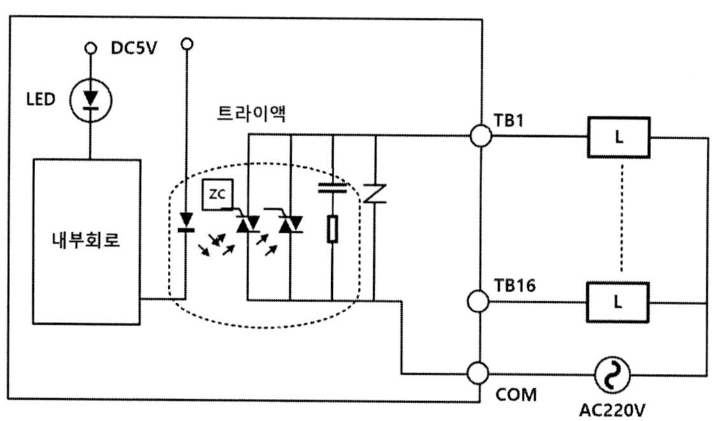

[그림 6.14] 회로구성 예(16점, 트라이액)

[표 6.16] 디지털 출력모듈의 규격(16점, 트랜지스터 싱크형)

규격 \ 형명		16점 트랜지스터 출력모듈(싱크타입) XGQ-TR2A
출력점수		16점
절연방식		포토 커플러 절연
정격부하전압		DC 12 / 24V
사용 부하 전압 범위		DC 10.2~26.4V
최대부하전류		0.5A / 1점, 4A / 1COM
OFF시 누설전류		0.1mA 이하
최대돌입전류		4A / 10ms 이하
ON시 최대전압강하		DC 0.3V 이하
서지킬러		제너 다이오드
퓨즈		4A×2개(교환불가)(퓨즈 차단 용량 : 50A)
퓨즈단선표시		유(퓨즈 단선시 LED 점등, CPU에 신호 전달) 외부 공급 전원 Off 시, 퓨즈 단선 감지되지 않음
응답시간	OFF → ON	1ms 이하
	ON → OFF	1ms 이하 (정격 부하, 저항 부하)
공통(Common)방식		16점 / 1COM
내부소비전류(mA)		70mA (전점 On 시)
동작표시		출력 On 시 LED 점등
외부접속방식		18점 단자대 커넥터

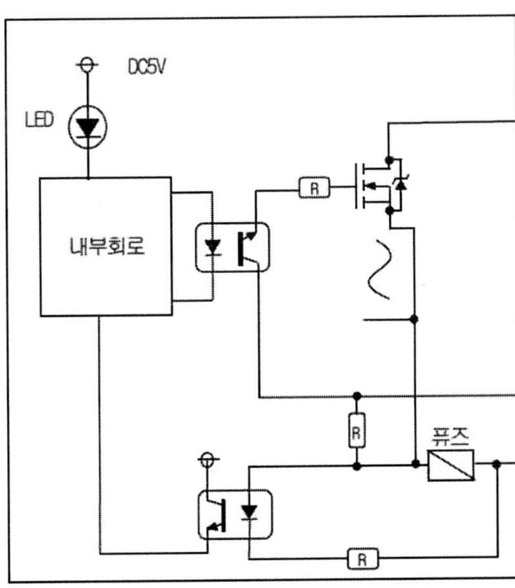

[그림 6.15] 회로구성 예(16점, 트랜지스터, 싱크형)

[표 6.17] 디지털 출력모듈의 규격(16점, 트랜지스터 소스형)

규격 \ 형명		16점 트랜지스터 출력모듈(소스타입)
		XGQ-TR2B
출력점수		16점
절연방식		포토 커플러 절연
정격부하전압		DC 12 / 24V
사용 부하 전압 범위		DC 10.2 ~ 26.4V
최대부하전류		0.5A / 1점, 4A / 1COM
OFF시 누설전류		0.1mA 이하
최대돌입전류		4A / 10ms 이하
ON시 최대전압강하		DC 0.3V 이하
서지킬러		제너 다이오드
퓨즈		4A×2개(교환불가)(퓨즈 차단 용량 : 50A)
퓨즈단선표시		유(퓨즈 단선시 LED 점등, CPU에 신호 전달)
응답시간	OFF → ON	1ms 이하
	ON → OFF	1ms 이하 (정격 부하, 저항 부하)
공통(Common)방식		16점 / 1COM
외부공급전원	전압	DC12/24V ± 10% (리플 전압 4 Vp-p 이하)
	전류	10mA 이하 (DC24V 연결시)
내부소비전류(mA)		70mA (전점 On 시)
동작표시		출력 On 시 LED 점등
외부접속방식		18점 단자대 커넥터

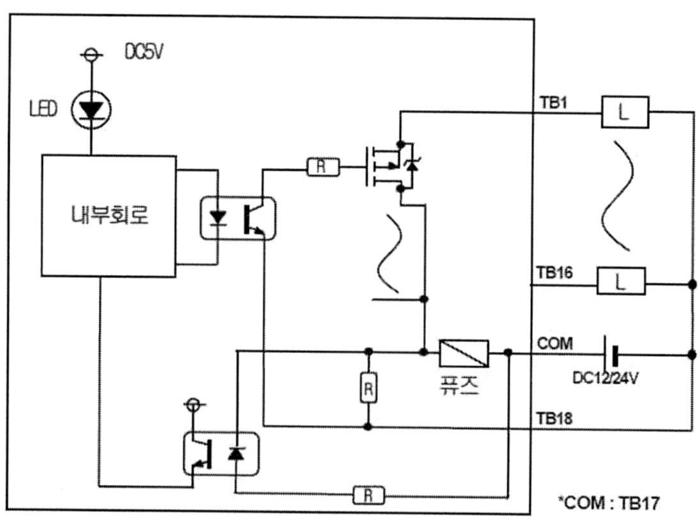

[그림 6.16] 회로구성 예(16점, 트랜지스터, 소스형)

6.10 그 외 특수 모듈

XGI CPU에서는 특수모듈의 운전 데이터를 I/O와 함께 상시 리프레시를 수행하며 아날로그 입력, 아날로그 출력 모듈의 변환 데이터 및 고속카운터 위치결정 모듈의 지시값 등의 접점정보가 이 영역에 해당된다.

07 CHAPTER 메모리 구성과 변수

XGI CPU 모듈에는 사용자 프로그램을 저장하기 위한 프로그램 메모리와 데이터를 저장하기 위한 데이터 메모리가 있다.

7.1 프로그램 메모리 영역

XGI CPU 종류별 프로그램 메모리 저장 내용과 크기는 표 7.1과 같다.

[표 7.1] 프로그램 메모리

항목	메모리 크기			
	XGI-CPUU/D	XGI-CPUH	XGI-CPUS	XGI-CPUE
전체 영역	10MB		2MB	2MB
시스템 영역 (시스템 프로그램, 백업)	1MB		1MB	512KB
파라미터 영역 (기본파라미터, I/O 파라미터, 고속링크 파라미터, P2P 파라미터,인터럽트 설정 정보, 예약)	1MB		512KB	512KB
실행 영역 (스캔프로그램, 태스크 프로그램)	2MB		256KB	128KB
프로그램 보존영역 (스캔프로그램 백업, 태스크 프로그램, 업로드, 사용자정의 펑션/블록펑션, 변수초기화정보, 예약)	6MB		768KB	384KB

7.2 데이터 메모리 영역

XGI CPU 종류별 데이터 메모리 저장 내용과 크기는 표 7.2와 같다.

[표 7.2] 데이터 메모리

<table>
<tr><th colspan="2" rowspan="2">항목</th><th colspan="4">메모리 크기</th></tr>
<tr><th>XGI-CPUU/D</th><th>XGI-CPUH</th><th>XGI-CPUS</th><th>XGI-CPUE</th></tr>
<tr><td colspan="2">전체 영역</td><td>3MB</td><td>2MB</td><td>1MB</td><td>512KB</td></tr>
<tr><td colspan="2">시스템 영역
(I/O 정보테이블, 강제 입출력 테이블, 예약)</td><td colspan="2">770KB</td><td>556KB</td><td>238KB</td></tr>
<tr><td rowspan="5">플래그 영역</td><td>시스템 플래그</td><td>8KB</td><td colspan="3">4KB</td></tr>
<tr><td>아날로그 이미지 플래그</td><td colspan="2">8KB</td><td>4KB</td><td>2KB</td></tr>
<tr><td>PID 플래그</td><td colspan="2">16KB</td><td colspan="2">4KB</td></tr>
<tr><td>고속링크 플래그</td><td colspan="4">22KB</td></tr>
<tr><td>P2P플래그</td><td colspan="4">42KB</td></tr>
<tr><td colspan="2">입력이미지 영역</td><td colspan="2">16KB</td><td colspan="2">4KB</td></tr>
<tr><td colspan="2">출력이미지 영역</td><td colspan="2">16KB</td><td colspan="2">4KB</td></tr>
<tr><td colspan="2">R/W 영역</td><td>1024KB</td><td>128KB</td><td>64KB</td><td>32KB</td></tr>
<tr><td colspan="2">직접변수 영역</td><td colspan="2">256KB</td><td>64KB</td><td>32KB</td></tr>
<tr><td colspan="2">심볼릭 변수영역(최대)</td><td colspan="2">512KB</td><td>128KB</td><td>64KB</td></tr>
<tr><td colspan="2">스택영역</td><td colspan="2">256KB</td><td>64KB</td><td>64KB</td></tr>
</table>

1) 데이터 리테인 영역

운전 중 발생한 데이터 또는 운전에 필요한 데이터를 PLC 정지 후 재기동 했을 때 그 내용을 계속 유지하고자 할 경우에는 자동변수 리테인을 사용한다. 그리고 파라미터 설정을 통하여 M 영역 디바이스의 일정영역을 리테인 영역으로 사용할 수 있다. 표 7.2는 리테인 설정 가능 디바이스에 대한 특성표이다.

[표 7.2] 리테인 설정 가능 디바이스와 특성

디바이스	리테인 영역	특성
디폴트	○	자동변수 영역으로 변수 추가시 리테인 설정가능
M	○	내부접점영역으로 파라미터에서 리테인 설정가능
K	×	정전시 접점상태가 유지되는 접점
F	×	시스템 플래그 영역
U	×	아날로그 데이터 레지스터(리테인 안됨)
L	×	통신모듈 고속링크/P2P 서비스 상태접점(리테인 안됨)
N	×	통신모듈 P2P 서비스 주소영역(리테인 안됨)
R	×	플래시 메로리 전용영역

* K, L, N, R 디바이스들은 기본적으로 리테인 된다.

2) 리스타트 모드에 따른 데이터의 초기화

리스타트 모드와 관련된 변수에는 디폴트, 초기화, 리테인 변수 등 3종류가 있으며 리스타트 모드 실행시 각 변수에 대한 초기화 방법은 다음과 같다.(리스타트 모드는 RUN 모드로 운전을 시작할 때의 조건을 설정한다.)

[표 7.3] 리스타트 모드와 변수의 초기화 방법

모드 / 변수지정	콜드 리스타트	웜 리스타트
디폴트	'0'으로 초기화	'0'으로 초기화
리테인	'0'으로 초기화	이전값 유지
초기값	사용자 지정값으로 초기화	사용자 지정값으로 초기화
리테인&초기화	사용자 지정값으로 초기화	이전값 유지

* 위의 표에서 리테인은 자동변수 또는 M영역에 리테인으로 설정한 경우를 의미하며, R/W 영역은 콜드/웜 리스타트 모드와 관계없이 이전값을 유지한다.

3) 데이터 리테인 영역의 동작

리테인 데이터를 지우는 방법은 다음과 같다.

① CPU 모듈의 D.CLR 스위치 조작
② CPU 모듈의 RESET 스위치 조작(3초 이상 누르면 전체 리셋된다.)
③ XG5000으로 리셋 조작(전체 리셋)
④ XG5000으로 STOP모드에서 메모리 지우기 실행

⑤ 프로그램 쓰기(초기화 프로그램 추천)
⑥ XG5000 모니터 모드에서 '0'FILL 등 쓰기

RUN 모드에서는 D.CLR 스위치가 동작하지 않으므로 STOP 모드로 전환 후 조작하여야 한다. D.CLR 스위치로 클리어시 디폴트 영역도 초기화된다는 점에 유의하여야 한다. D.CLR 스위치를 순시 조작시에는 리테인 영역만 지워지지만 D.CLR 스위치를 3초 이산 유지시키면 6개의 LED 전체가 깜박이며 이때 스위치를 복귀하면 R 영역 데이터까지 지워진다. PLC의 동작에 따른 리테인 영역 데이터의 유지 또는 리셋 동작은 표 7.4와 같다.

4) 데이터 초기화

메모리 지우기 상태가 되면 모든 디바이스의 메모리는 '0'으로 지워진다. 시스템에 따라서 초기에 데이터 값을 주어야 하는 경우가 있는데 이때는 초기화 태스크를 이용한다.

[표 7.4] PLC의 동작에 따른 리테인 영역 동작

STOP 모드에서 조작시

구분	리스타트 모드	리테인	M영역 리테인	R 영역
리셋	콜드/웜	이전값 유지	이전값 유지	이전값 유지
전체리셋	콜드/웜	'0'으로 초기화	'0'으로 초기화	이전값 유지
DCLR	콜드/웜	'0'으로 초기화	'0'으로 초기화	이전값 유지
DCLR(3초)	콜드/웜	'0'으로 초기화	'0'으로 초기화	'0'으로 초기화
STOP → RUN	콜드	'0'으로 초기화	'0'으로 초기화	이전값 유지
	웜	이전값 유지	이전값 유지	이전값 유지

RUN 모드에서 조작시

구분	리스타트 모드	리테인	M영역 리테인	R 영역
리셋	콜드	0'으로 초기화	0'으로 초기화	이전값 유지
	웜	이전값 유지	이전값 유지	이전값 유지
전체리셋	콜드/웜	'0'으로 초기화	'0'으로 초기화	이전값 유지

5) 변수의 표현방식

프로그램 안에서 사용되는 데이터는 값을 가지고 있는데, 프로그램이 실행되는 동안 값이 변경되지 않는 상수와 그 값이 변하는 변수로 구분된다. 프로그램 블록, 펑션, 펑션블록 등의 프로그램 구성요소에서 변수를 사용하기 위하여 먼저 변수의 표현 방식을 이해할 필요가 있다.

변수의 표현방법에는 ① 직접변수, ② 심볼릭변수의 2가지 방법이 있다.

변수의 표현방식	특징
직접 변수	변수선언 필요 없음
심볼릭 변수	변수선언 필요

직접변수 방식은 사용자가 이름을 부여하지 않고 PLC 제조사에 의해 지정된 메모리 영역의 식별자를 사용하는 방식이고, 심볼릭 변수 방식은 사용자가 이름을 부여하고 사용하는 방식이다. 프로그램 구성요소에서 심볼릭 변수를 사용하기 위해서는 반드시 변수를 선언하여야 한다.

(1) 직접변수

직접변수는 사용자가 변수이름과 형 등의 선언 없이 제조사에 의하여 정해진 메모리 영역 식별자와 주소를 사용한다. 입출력 변수와 내부 메모리 변수의 크기는 PLC의 종류에 따라 차이가 있으며, 직접변수는 별도의 선언 없이, 식별자의 위치를 표현하는 방식이므로 프로그램의 가독성이 떨어지며 사용자의 잘못으로 주소가 중복 사용될 우려가 있다. 직접변수는 반드시 문자 '%'로 시작하고 다음에 위치 접두어와 크기 접두어를 붙이며 그 다음으로 마침표로 분리되는 하나 이상의 부호 없는 정수의 순으로 표현된다. 직접변수에는 입출력변수(%I, %Q)와 내부메모리 변수(%M, %R, %W)가 있다.

[표 7.5] 변수의 표현방법과 사용 예

종류	사용 예
입력변수	%IX0.0.0, %IB0.0.1, %IW0.0.2, %ID0.0.3
출력변수	%QX0.2.0, %QB0.2.1, %QW0.2.2, %QD0.2.3
내부 메모리	%MX100, %MB50, %MW100, %MD100
	%MB50.3, %MW100.10, %MD100.31

① 입출력 메모리 할당

XGI 시리즈 PLC의 입출력 메모리 할당은 다음과 같이 5가지의 인자로 결정된다.

%	I	X	0.	0.	0
	ⓐ	ⓑ	ⓒ	ⓓ	ⓔ

ⓐ 위치 접두어 : 변수의 종류를 나타낸다.

접두어	의미
I	입력 위치
Q	출력 위치
M	내부 메모리 중 M 영역 위치
R	내부 메모리 중 R 영역 위치
W	내부 메모리 중 W 영역 위치

ⓑ 크기 접두어 : 변수가 차지하는 메모리 공간의 크기를 나타낸다.

접두어	의미
X	1 비트(X 문자에 한해 생략가능) 크기
B	1 바이트(8bit) 크기
W	1 워드(16bit) 크기
D	1 더블워드(32bit) 크기
L	1 롱워드(64bit) 크기

ⓒ 베이스 번호

CPU가 장착되어 있는 베이스를 0번 베이스라 하며 증설 시스템을 구성했을 때 기본베이스에 접속된 순서에 따라 베이스 번호가 증가한다.

ⓓ 슬롯번호

슬롯번호는 기본 베이스의 경우 CPU 우측이 0번이 되며 우측으로 진행할수록 번호가 1씩 증가되며, 증설 베이스의 경우는 전원부 우측이 0번이 되고 우측으로 진행할수록 번호가 1씩 증가된다.

ⓔ 크기 접두어 번호

슬롯에 장착되어 있는 접점들을 0번 비트부터 크기 접두어 단위로 나누었을 때 몇 번째 크기 접두어 단위가 되는지를 나타낸다. 예를 들면 0번 슬롯에 32점 모듈이 장착되어 있고 이것을 바이트 단위로 나누어 사용한다면 처음 8점(%IX0.0.0~%IX0.0.7)은 %IB0.0.0이 되고 그 다음 8점(%IX0.0.8~%IX0.0.15)는 %IB0.0.1이 되며 그 다음 8점(%IX0.0.16~%IX0.0.23)은 %IB0.0.2, 마지막 8점(%IX0.0.24~%IX0.0.31)은 %IB0.0.3이 된다. 그리고 2번 슬롯에 32점 출력 모듈이 장착되어 있고, 이것을 워드 단위로 나누어 사용한다면 처음 16점(%QX0.2.0~%QX0.2.15)은 %QW0.2.0이 되며, 그 다음 16점(%QX0.2.16~%QX0.2.31)은 %QW0.2.1

이 된다. 접두어로 소문자는 올 수 없으며 크기 접두어를 붙이지 않으면 그 변수는 1비트로 처리한다.

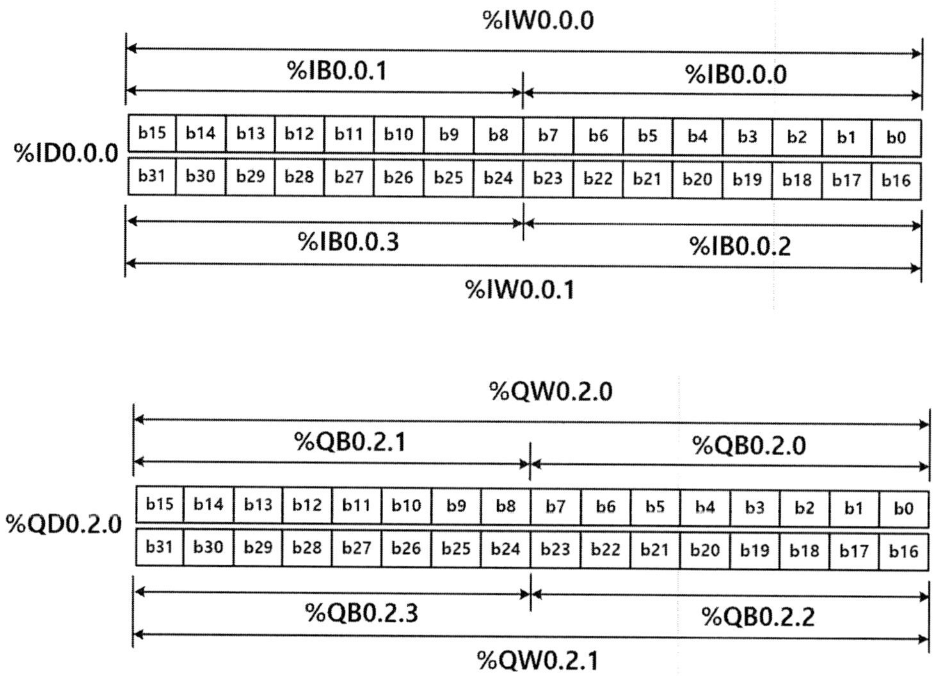

[그림 7.1] 입출력 메모리 할당 예

② 내부 메모리 할당

내부 메모리 할당은 입출력 메모리 할당과 기본적으로 동일하지만 베이스 번호와 슬롯번호를 지정하지 않는다. 내부 메모리를 표현하는 방법에는 2가지가 있다.

크기 접두어 단위의 표현

%	M	X	Num	
	ⓐ	ⓑ	ⓒ	* Num은 숫자

ⓐ번 항목은 내부 메모리를 나타내는 위치접두어
ⓑ번 항목은 크기 접두어(입출력 메모리와 동일 표현 사용)
ⓒ번 항목은 크기 접두어 번호

크기 접두어를 이용한 비트표현

%	M	X	Num1.	Num2	
	ⓐ	ⓑ	ⓒ	ⓓ	* Num은 숫자

ⓐ번 항목은 내부 메모리를 나타내는 위치 접두어
ⓑ번 항목은 크기 접두어로 X를 제외한 B, W, D, L을 사용할 수 있다.
ⓒ번 항목은 크기 접두어 번호
ⓓ번 항목은 비트 번호

예를 들어 %MW100.3이라고 하면 100번 워드의 3번 비트를 의미한다.

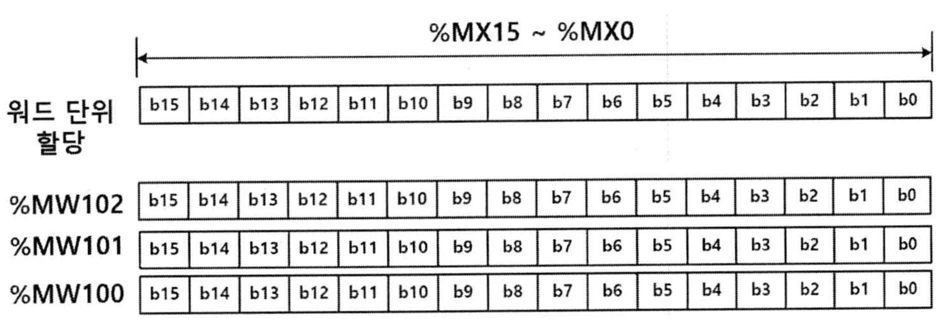

[그림 7.2] 내부 메모리 할당 예

(2) 심볼릭 변수

심볼릭 변수는 사용자가 변수이름과 형을 선언하고 사용하는 변수이다. 심볼릭 변수의 이름은 일반적으로 자수의 제한이 없으며 한글, 영문, 숫자 및 밑줄문자를 조합하여 사용할 수 있다. 또한 영문자의 경우 대, 소문자 모두 입력가능하며 동일한 문자면 구별하지 않고 모두 동일변수로 인식한다. 단, 변수이름에 빈칸을 포함할 수 없다는 점에 주의하여야 한다. 심볼릭 변수의 선언절차는 다음과 같다.

데이터 형 지정 → 변수종류 설정 → 메모리 할당

① 심볼릭 변수의 데이터형

심볼릭 변수의 데이터형은 데이터의 고유성질을 나타낸다. 데이터형은 크게 수치(ANY_NUM)과 비트상태(ANY_BIT)를 구분된다. 수치의 대표적인 경우는 정수(INT)형인데 셀 수 있고 산술연산을 할 수 있는 데이터형이다. 비트상태는 BOOL(1비트), BYTE(8bit), WORD

(16bit) 등이 있는데 비트열의 온/오프 상태를 나타내며 논리 연산을 할 수 있다. 비트상태는 산술연산이 불가능하지만 형변환 펑션을 사용하여 사용수치로 변환하면 산술 연산이 가능하게 된다. BCD는 10진수를 4비트의 2진 코드로 나타낸 것으로 비트상태(ANY_BIT)이다.

다음은 데이터형의 계층도를 보여준다.

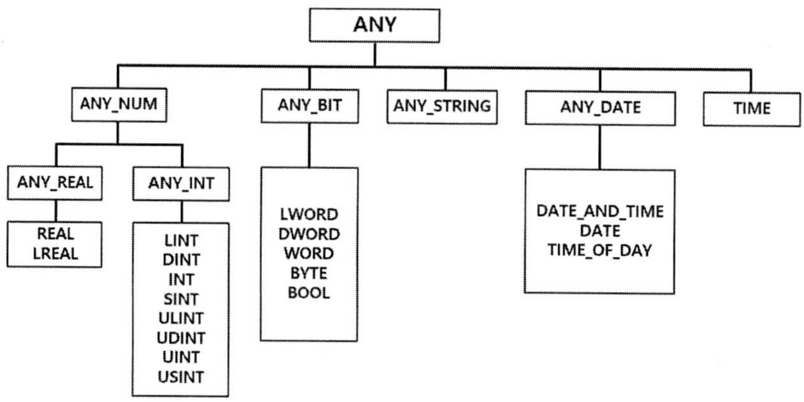

[그림 7.3] 심볼릭 변수의 데이터형

[표 7.6] 변수의 데이터형과 크기

구분	예약어	데이터형	크기	범위
	SINT	Short Integer	8	$-2^{7} \sim +2^{15}-1$
	INT	Integer	16	$-2^{15} \sim +2^{7}-1$
	DINT	Double Integer	32	$-2^{31} \sim +2^{31}-1$
	LINT	Long Integer	64	$-2^{63} \sim +2^{63}-1$
	USINT	Unsigned Short Integer	8	$0 \sim 2^{8}-1$
수치 (ANY _NUM)	UINT	Unsigned Integer	16	$0 \sim 2^{16}-1$
	UDINT	Unsigned Double Integer	32	$0 \sim 2^{32}-1$
	ULINT	Unsigned Long Integer	64	$0 \sim 2^{64}-1$
	REAL	Real Numbers	32	$-3.402823466e^{38} \sim$ $1.175494351e^{-38}$ or 0 or $1.175494351e^{-38} \sim$ $3.402823466e^{38}$
수치 (ANY _NUM)	LREAL	Long Real Numbers	64	$-1.797631348623157e^{308} \sim$ $2.2250738585072014e^{-308}$ or 0 or $2.2250738585072014e^{-308} \sim$ $1.797631348623157e^{308}$

시간	TIME	Duration	32	T#0S ~ T#49D17H2M47S295MS
날짜	DATE	Date	16	D#1984-01-01 ~ D#2163-6-6
	TIME_OF_DAY	Time of day	32	TOD#00:00:00 ~ TOD#23:59:59:999
	DATE_AND_TIME	Date And Time of Day	64	DT#1984-01-01-00:00:00 DT#2163-12-31-23:59:50.999
문자열	STRING	Character String	30*8	-
비트상태 (ANY_BIT)	BOOL	Boolean	1	0,1
	BYTE	Bit String of Length 8	8	16#0 ~ 16#FF
	WORD	Bit String of Length 16	16	16#0 ~ 16#FFFF
	DWORD	Bit String of Length 32	32	16#0 ~ 16#FFFFFFFF
	LWORD	Bit String of Length 64	64	16#0 ~ 16#FFFFFFFFFFFFFFFF

② 심볼릭 변수의 종류

[표 7.7] 심볼릭 변수의 종류

변수 종류	내용
VAR	읽고 쓸 수 있는 일반적인 변수
VAR_CONSTANT	항상 고정된 값을 가지고 있는 읽기만 할 수 있는 변수(상수)
VAR_EXTERNAL	VAR_GLOBAL로 선언된 변수를 사용하기 위한 선언
VAR_EXTERNAL_CONSTANT	VAR_GLOBAL로 선언된 상수를 사용하기 위한 선언

* 정전유지 설정는 XG5000 변수 편집창 하단에 있는 '리테인 설정' 을 체크한다.

* 글로벌 변수란 하나의 프로젝트에 포함되어 있는 여러 프로그램 블록에서 동일한 변수 이름으로 동시에 사용할 수 있는 변수

③ 네임드 변수의 메모리 할당

네임드 변수의 메모리 할당에는 자동할당과 사용자 정의가 있다.

- 자동할당

자동할당이란 컴파일러가 내부 메모리 영역에 변수 위치를 자동으로 지정한다. 예를 들어 'A'란 변수를 자동 메모리 할당으로 지정하는 경우 변수의 내부 위치는 프로그램이 작성된 후 컴파일 과정에서 정해지므로 사용자는 변수위치에 신경을 쓸 필요가 없다. 선언된 변수는 외부 입출력과 관계 없이 내부 연산 도중 신호의 중계, 신호상태(내부정보)의 일시저장, 타이머나 카운터의 접점이름(평션블록의 인스턴스)지정 등에 사용된다. 자동할당 지정은 XG5000의 변수 편집창에서 메모리 할당란을 비워두면 된다.

• 사용자 정의

사용자 정의란 사용자가 직접변수를 사용하여 강제로 위치를 지정하는 것을 말한다. 선언된 변수는 입출력용 변수에 사용한다. 사용자 정의 메모리 할당지정은 XG5000의 변수 편집창에서 메모리 할당란에 입출력 주소를 직접 입력하면 된다.

(3) 배열변수

배열변수란 동일 데이터형을 가지는 여러 개의 데이터를 순서대로 나열한 데이터 집단을 말한다. 배열변수를 사용하면 서로 관련이 있는 정보를 편리하게 저장할 수 있다. 변수를 배열변수로 설정하면 데이터가 저장될 메모리 공간에 연속적으로 할당되어 데이터 처리 시간을 줄일 수 있다. 배열변수 데이터는 배열변수 이름으로 처리되며 여러 개를 동시에 처리할 수도 있고, 각각의 원소를 별도로 처리하는 것도 가능하다.

(4) 예약변수

예약변수는 시스템에서 미리 선언한 변수이며 플래그로 사용된다. 사용자는 예약변수를 변수명으로 선언하여 사용할 수 없다. 이 예약변수를 사용할 때는 변수선언을 하지 않고 사용한다. XGI CPU에서 사용되는 예약변수는 표7.8과 같다.

(5) 변수의 초기값

변수의 초기값은 지정될 수 있으며 지정하지 않으면 표 7.9의 초기값으로 초기화된다. 그러나 VAR_EXTERNAL 변수는 선언시 초기값을 설정할 수 없고, 변수 선언시 %I, %Q로 강제 할당된 변수에도 초기값을 줄 수 없다.

(6) 변수선언시 주의할 점

변수 선언시 다음 사항에 대하여 반드시 주의하여 사용하여야 한다.

① 정전시에 데이터를 유지할 필요가 있는 리테인 변수 선언시 다음과 같은 규칙을 따른다.
- 정전유지 변수는 시스템의 웜 리스타트시 그 값이 유지된다.

[표 7.8] 예약변수

플래그명	데이터형	내용	설명
_USER_F	WORD	사용자 타이머	사용자가 사용할 수 있는 타이머
_T20MS	BOOL	20ms 주기 클럭	사용자가 프로그램에서 사용할 수 있는 클록 신호로 반주기마다 ON/OFF 반전된다. 스캔종료 후 반전신호를 처리하므로 프로그램 수행 시간에 따라 클록신호가 지연될 수 있으므로 스캔시간보다 충분히 긴 클록을 사용하여야 한다. 클록신호는 초기화 프로그램 시작시, 스캔 프로그램 시작시 OFF에서 시작한다.
_T100MS	BOOL	100ms 주기 클럭	
_T200MS	BOOL	200ms 주기 클럭	
_T1S	BOOL	1s 주기 클럭	
_T2S	BOOL	2s 주기 클럭	
_T10S	BOOL	10s 주기 클럭	
_T20S	BOOL	20s 주기 클럭	
_T60S	BOOL	60s 주기 클럭	
_ON	BOOL	상시 ON	사용자 프로그램 작성시 사용할 수 있는 상시 ON 플래그
_OFF	BOOL	상시 OFF	사용자 프로그램 작성시 사용할 수 있는 상시 OFF 플래그
_1ON	BOOL	첫 스캔 ON	운전시작 후 첫 스캔 시간 동안 만 ON되는 플래그
_1OFF	BOOL	첫 스캔 OFF	운전시작 후 첫 스캔 시간동안 만 OFF 되는 플래그
_STOG	BOOL	스캔 반전	사용자 프로그램 수행시 매 스캔마다 ON/OFF 토글되는 플래그(첫스캔시 : ON)
_USER_CLK	BOOL	사용자 클럭	사용자가 설정 가능한 클럭
_LOGIC_RESULT	WORD	로직 표시	로직 결과를 표시
_ERR	BOOL	연산에러 플래그	연산펑션 또는 펑션블록 단위의 연산에러 플래그, 연산이 수행될 때마다 갱신
_LER	BOOL	연산에러 래치 플래그	프로그램 블록단위의 연산에러 래치 플래그로 프로그램 블록 수행 중 발생한 에러 표시는 해당 프로그램 블록이 종료될 때까지 유지, 프로그램에 의해 지우기 가능
_ARY_IDX_ERR	BOOL	배열 인덱스 범위 초과 에러 플래그	설정된 배열 개수를 초과하는 경우표시되는 에러 플래그
_ARY_IDX_LER	BOOL	배열 인덱스 범위 초과 래치 에러 플래그	설정된 배열 개수를 초과하는 경우 발생되는 에러 래치 플래그
_ALL_OFF	BOOL	전체 출력 OFF	모든 출력이 OFF일 경우 ON
_PUTGET_ERRn	WORD	PUT/GET 에러	n: 0~7번 베이스 PUT/GET 에러 표시
_PUTGET_NDRn	WORD	PUT/GET 완료	n: 0~7번 베이스 PUT/GET 완료 표시

[표 7.9] 변수의 초기값

데이터형	초기값
SINT, INT, DINT, LINT	0
USINT, UINT, UDINT, ULINT	0
BOOL, BYTE, WORD, DWORD, LWORD	0
REAL, LREAL	0.0
TIME	T#0S
DATE	D#1984-01-01
TIME_OF_DAY	TOD#00:00:00
DATE_AND_TIME	DT#1984-01-01-00:00:00
STRING	빈문자열

- 콜드 리스타트시 사용자가 정의한 초기값이나 기본 초기값으로 초기화된다.
- VAR_RETAIN으로 선언되지 않은 변수는 콜드 리스타트나 웜 리스타스시 어느 경우에도 사용자가 정의한 초기값이나 기본 초기값으로 초기화된다.

② 변수선언시 %I, %Q로 강제 할당된 변수는 변수종류를 VAR_RETAIN, VAR_CONST ANT로 선언할 수 없다.

③ 변수는 기본데이터형을 인자로 가지는 배열로 선언하여 사용가능하며, 배열변수로 선언하는 경우 인자로 사용할 데이터형과 배열의 크기를 설정하여야 한다. 단, 기본데이터형 중에서 STRING형은 인자로 설정할 수 없다.

④ 변수선언의 유효영역, 즉 변수를 사용할 수 있는 영역은 그 변수가 선언된 프로그램 구성요소로 제한된다. 따라서 다른 프로그램의 구성요소에서 선언된 변수는 사용할 수 없다. 그러나 글로벌 변수로 선언된 변수는 VAR_EXTERNAL 선언을 통하여 다른 모든 프로그램에서 접근 가능하다.

08
CHAPTER

프로그램의 구성과 운전방식

8.1 프로그램의 구성

프로그램은 특정한 제어를 실행하는데 필요한 모든 기능요소로 구성되며 CPU 모듈의 램, 또는 플래시 메모리에 저장된다. 이러한 기능요소는 표 8.1과 같다.

[표 8.1] 기능요소와 연산처리내용

기능요소	연산처리 내용
스캔 프로그램	1스캔 주기마다 일정하게 반복되는 신호를 처리
정주기 인터럽트 프로그램	시간 조건처리가 요구되는 경우 설정된 시간간격에 따라 프로그램 수행 • 1스캔 평균처리시간보다 빠른 처리가 필요한 경우 • 1스캔 평균처리시간보다 긴 시간 간격이 필요한 경우 • 지정된 시간간격으로 처리해야 하는 경우
내부 디바이스 프로그램	특정접점이 특정 조건을 만족하는 경우 수행
서브루틴 프로그램	어느 조건이 만족할 경우 수행(CALL 명령의 입력조건이 ON인 경우)

8.2 프로그램 실행방식

1) 반복연산(SCAL)

PLC의 기본프로그램 실행방식으로, 작성된 프로그램을 처음부터 마지막 스텝까지 반복적으로 연산이 실행되며 이 과정을 프로그램 스캔이라 한다. 이와 같이 실행되는 일련의 처리방식을 반복연산 방식이라 한다.

2) 인터럽트 연산

PLC 프로그램의 실행중에 긴급하게 우선적으로 처리해야 할 상황이 발생한 경우 실행 중인 프로그램 연산을 일시 정지하고 인터럽트 프로그램에 해당하는 연산을 처리하는 방식이다. 이러한 긴급 상황을 CPU 모듈에 알려주는 신호를 인터럽트 신호라 하며, 정해진 시간마다 동작하는 정주기 연산방식과 내부의 지정된 디바이스의 상태변화에 따라 동작하는 내부 디바이스 기동 프로그램이 있다.

3) 고정주기 스캔

스캔 프로그램을 정해진 시간마다 실행하는 연산방식으로 스캔프로그램을 모두 실행한 후 잠시 대기하였다가 지정된 시간이 되면 프로그램 스캔을 재개한다. 정주기 프로그램과의 차이는 입출력의 갱신과 동기를 맞추어 실행된다는 점이다. 고정주기 스캔운전의 스캔타임은 대기시간을 제외한 순수 프로그램 처리시간을 말한다. 스캔타임이 설정된 고정주기보다 긴 경우 "_Constant_ER" 플래그가 'ON' 된다.

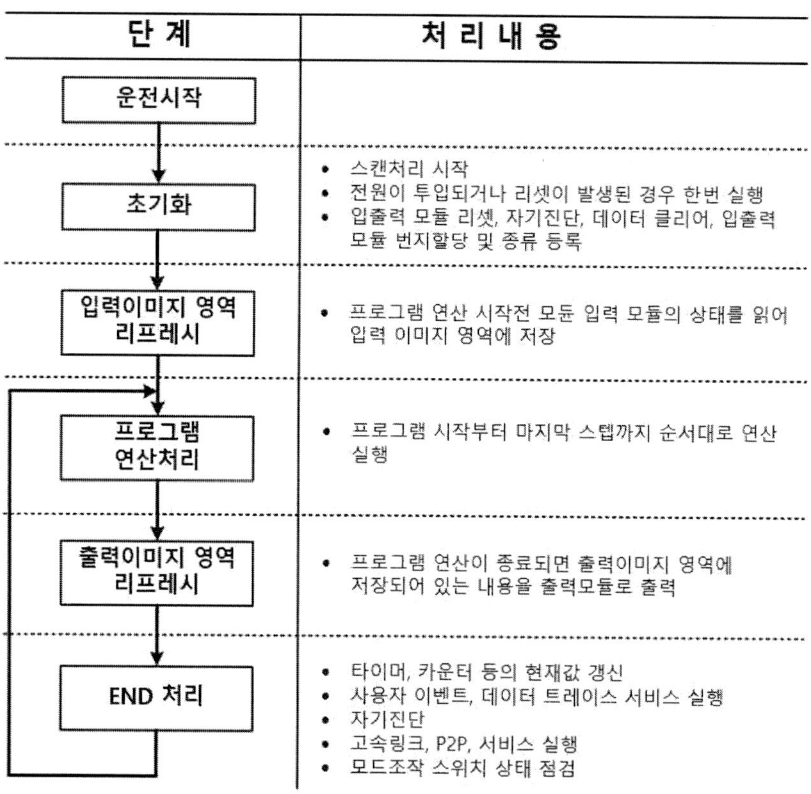

[그림 8.1] 프로그램 처리 방식(반복연산)

4) 순시정전시 연산처리

CPU 모듈은 전원모듈에 공급되는 입력전원 전압이 규격보다 낮게 되었을 때 순시정전을 검출한다. CPU 모듈이 순시정전을 검출하면 다음과 같이 연산처리를 수행한다. 20ms 이내의 순시정전이 발생하면 출력상태를 그대로 유지한 채로 연산을 중지한 후 순시정전이 해제되면 연산을 계속 수행한다. 그리고 순시정전이 발생하여 연산이 중지된 경우에도 타이머 계측 및 인터럽트 용 타이머 계측은 정상적으로 실행된다. 그러나 20ms를 초과하는 정전이 발생된 경우에는 전원 투입시와 동일하게 재기동 처리가 실행된다.

5) 스캔타임

프로그램의 0 스텝부터 다음 0 스텝까지 즉, 1회의 제어동작을 완료하는데 걸리는 시간을 스캔타임이라 하며 시스템의 제어성능과 직접적인 관계에 있다. 프로그램 처리시간, I/O 데이터 처리시간, 통신서비스 시간 등이 스캔타임에 영향을 주는 요소이며, XGI는 래더 프로그램 실행과 백 플레인을 통한 데이터 수수성능의 대폭향상, MPU의 래더 프로그램 실행과 버스 콘트롤러의 I/O 데이터 스캔의 병렬실행 등으로 스캔타임을 획기적으로 줄였다.

[표 8.2] 기종별 스캔타임

<table>
<tr><th rowspan="2">기종</th><th colspan="2">MPU 처리시간</th><th colspan="3">백플레인 콘트롤러 처리시간</th></tr>
<tr><th>래더실행
(32KStep)</th><th>시스템
태스크</th><th>디지털
입출력 모듈
(32점, 1개)</th><th>아날로그
모듈
(8채널, 1개)</th><th>통신모듈(기본/증설)
(200byte, 1개 블록)</th></tr>
<tr><td>CPUUN</td><td>0.272ms</td><td>0.2ms</td><td rowspan="3">20μs</td><td rowspan="3">75μs</td><td rowspan="3">185μs</td></tr>
<tr><td>CPUU, H, S, U/D</td><td>0.896ms</td><td>0.6ms</td></tr>
<tr><td>CPUE</td><td>2.688ms</td><td>0.8ms</td></tr>
</table>

8.3 운전모드

CPU 모듈의 동작 상태에는 RUN 모드, STOP 모드, DUBUG 모드가 있다.

1) RUN 모드

프로그램 연산을 정상적으로 실행하는 모드이다.

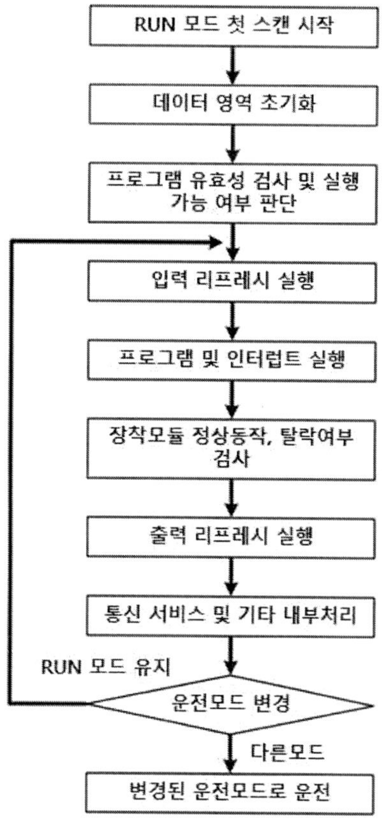

[그림 8.2] 런 모드

(1) 모드 변경시 처리

시작시에 데이터 영역의 초기화가 실행되며 프로그램의 유효성을 검사하여 실행 가능 여부를 판단한다.

(2) 연산처리 내용

입출력 리프레시와 프로그램 연산을 실행한다.

① 인터럽트 프로그램의 기동조건을 감지하여 인터럽트 프로그램 실행
② 장착모듈의 정상동작, 탈락여부 검사
③ 통신 서비스 및 기타 내부 처리

2) STOP 모드

프로그램 연산을 하지 않고 정지 상태인 모드이다. 리모트 STOP 모드에서만 XG5000을 통한 프로그램 전송이 가능하다.

(1) 모드 변경시 처리

출력 이미지 영역을 소거하고 출력 리프레시를 실행한다. 따라서 모든 출력 데이터는 오프 상태로 변경된다.

(2) 연산처리 내용

인터럽트 리프레시와 프로그램 연산을 실행한다.

① 입출력 리프레시 실행
② 장착된 모듈의 정상동작, 탈락여부 검사
③ 통신서비스 및 기타 내부처리 수행

3) DEBUG 모드

프로그램의 오류를 찾거나 연산과정을 추적하기 위한 모드이다. 이 모드로 전환하기 위해서는 STOP 모드에서만 가능하다. 프로그램의 실행상태와 각 데이터의 내용을 확인해 보며 프로그램을 검증할 수 있는 모드이다.

(1) 모드변경시 처리

모드변경 초기에 데이터 영역 초기화, 출력 이미지영역 클리어, 입력 리프레시를 수행한다.

(2) 연산처리내용

① 입출력 리프레시 실행
② 설정상태에 따른 디버그 운전
③ 프로그램 마지막까지 디버그 운전을 수행한 후 출력 리프레시 실행
④ 장착된 모듈의 정상동작, 탈락여부 검사
⑤ 통신 등 기타 서비스 수행

(3) 디버그 운전조건

디버그 운전조건은 표 8.3과 같이 4가지가 있고 브레이크 포인터에 도달한 후 다른 종류의 브레이크 포인터의 설정이 가능하다.

[표 8.3] 디버그 운전조건

운전 조건	동작 설명
한 연산 단위씩 실행(스텝오버)	운전 지령을 하면 하나의 연산단위를 실행 후 정지
브레이크 포인터 지정에 따라 실행	프로그램에 브레이크 포인터를 지정하면 지정한 포인터에서 정지
접점의 상태에 따라 실행	감시하고자 하는 접점영역과 정지하고자 하는 상태지정(읽기, 쓰기, 값)을 하면 설정한 접점에서 지정한 동작이 발생할 때 정지
스캔 횟수의 지정에 따라 실행	운전할 스캔회수를 지정하면 지정한 스캔 수만큼 운전하고 정지

(4) 조작방법

① XG5000에서 디버그 운전 조건을 설정한 후 운전을 실행

② 인터럽트 프로그램은 각 인터럽트 단위로 운전여부 설정 가능

4) 운전 모드 변경

(1) 운전모드 변경방법

운전모드 변경방법은 다음과 같은 방법이 있다.

① CPU 모듈의 모드키에 의한 모드 변경

② 프로그램 도구(XG5000)을 CPU의 통신 포트에 접속하여 변경

③ CPU의 통신포트에 접속된 XG5000으로 네트워크에 연결된 다른 CPU 모듈의 운전 모드 변경

④ 네트워크에 연결된 XG5000, HMI,컴퓨터 링크모듈 등을 이용하여 운전모드 변경

⑤ 프로그램 실행 중 'STOP' 명령에 의한 변경

(2) 운전모드의 종류

[표 8.4] 운전모드의 종류

운전모드 스위치	리모트 허용 스위치	XG5000 지령	운전모드
RUN	X	X	RUN
STOP	ON	RUN	Remote Run
		STOP	Remote Stop
		Debug	Debug Run
	OFF	모드변경실행	이전 운전모드
RUN→STOP	X	-	STOP

① 리모트 모드 변환은 '리모트 허용 : ON', '모드스위치 : Stop'인 상태에서 가능
② 리모트 'RUN' 상태에서 스위치에 의해 'STOP' 상태로 변경하고자 할 경우 스위치를 (STOP) → RUN → STOP로 조작한다.

8.4 프로그램 편집도구(XG5000) 특징 및 사용법

1) XG5000의 특징

XG5000은 LS 산전에서 생산되는 XGT PLC 시리즈의 프로그램을 작성하고 디버깅하는 소프트웨어 도구이며 다음과 같은 특징을 가지고 있다.

(1) 멀티 PLC, 멀티 프로그램

한 프로젝트에 여러 개의 PLC를 포함시켜, 서로 연동되는 PLC 시스템을 동시에 편집, 모니터, 관리할 수 있으며 프로그램을 스캔 프로그램, 다양한 태스크 프로그램으로 나누어 작성하고 관리할 수 있다.

(2) 다양한 드래그 & 드롭 기능

프로젝트, 변수/설명, LD 편집, 변수 모니터 등 대부분의 편집기에서 드래그& 드롭 기능을 적용하여 편집을 쉽고 편리하게 할 수 있다.

(3) 사용자 단축기 설정 기능

디폴트로 제공되는 단축키의 변경이 가능하며 사용자에게 익숙한 단축키를 추가할 수 있는 사용자 단축기 설정기능이 제공된다.

(4) 다양한 메시지 창

프로그램 편집과 검사 등을 쉽게 하기 위하여 다양한 메시지 창을 제공한다.

(5) 편리한 변수/설명 편집기능

XG5000은 다음과 같은 편리한 변수/설명 편집기능을 제공한다.

① 엑셀을 이용한 편집기능
② 변수위주 보기, 디바이스위주 보기, 플래그 보기 등 다양한 형식으로 편집할 수 있는 기능
③ '자동 채우기(Auto Fill)'를 이용하여 비슷한 용도의 변수를 쉽게 추가할 수 있는 기능
④ '드래그&드롭'을 이용하여 다른 변수/설명창에서 쉽게 복사할 수 있는 기능
⑤ 대화상자를 띄우지 않고 엑셀처럼 직접 편집할 수 있는 기능

(6) 편리한 프로그램 편집기능

XG5000은 다음과 같은 편리한 프로그램 편집기능을 제공한다.

① 제한 없는 Undo/Redo 기능
② 셀 단위 블록 편집 기능
③ 화면 분할 편집 기능
④ 강화된 찾기/바꾸기 기능
⑤ '블록 마스크'를 이용한 렁 단위 실행 금지 기능
⑥ '북마트'를 이용하여 선택위치를 찾아가는 기능
⑦ LD 편집시 선택된 디바이스에 대해 메모리 참조를 볼 수 있는 기능

(7) 다양한 모니터 기능

변수 모니터, 디바이스 모니터, 시스템 모니터, 트렌드 모니터, 특수모듈 모니터 등 다양한 모니터 기능을 제공한다.

(8) 사용자 이벤트

특정 디바이스에 대해 사용자가 정의한 조건 만족시 데이터를 로깅하고 열람할 수 있는 사용자 이벤트 기능을 제공한다.

(9) 모듈 교환 마법사

운전 중 PLC를 정지시키지 않고 안전하고 쉽게 모듈교환이 가능한 모듈교환 마법사 기능을 제공한다.

2) XG5000의 기본 사용법

(1) XG5000의 화면 구성

XG5000의 화면은 아래 그림과 같이 구성되어 있다.

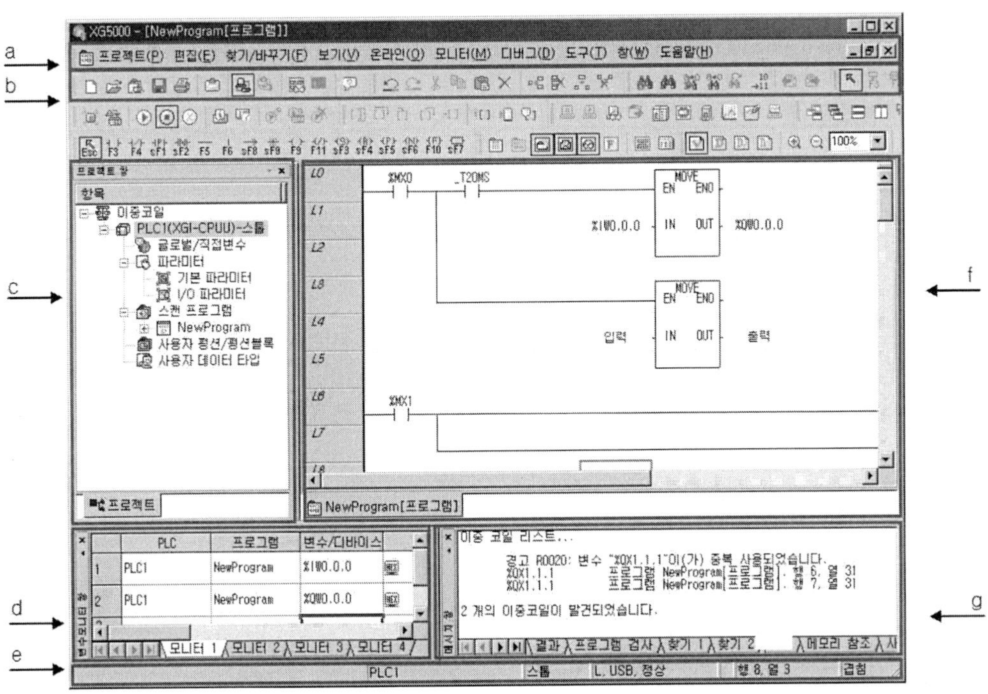

[그림 8.3] XG5000 화면 구성

항목	설명
a	메뉴 : 프로그램을 위한 기본 메뉴
b	도구모음 : 메뉴를 간편하게 실행할 수 있는 도구모음 상자
c	프로젝트 창 : 현재 열려 있는 프로젝트 구성요소
d	변수 모니터 창 : 변수를 등록하여 모니터 가능
e	상태 바 : XG5000의 상태, 접속된 PLC의 정보를 보여준다.
f	편집창 : 현재 LD 편집창을 보여주며 프로그램의 작성, 편집할 수 있다.
g	메시지 창 : XG5000 사용 중에 발생하는 각종 메시지를 보여준다.

(2) 메뉴의 구성

메뉴를 선택하면 명령어가 나타나고 원하는 명령을 마우스 또는 키보드를 이용하여 선택하면 명령을 실행할 수 있다. 단축키가 있는 메뉴인 경우 단축키를 눌러 직접 명령을 선택할 수 있다.

① 프로젝트

명령		설명
새 프로젝트		프로젝트를 처음 생성한다.
프로젝트 열기		기존의 프로젝트를 연다
PLC로부터 열기		PLC에 있는 프로젝트 및 프로그램을 업-로드 한다.
KGWIN 파일열기		KGWIN용 프로젝트 파일을 연다
GMWIN 파일열기		GMWIN용 프로젝트 파일을 연다.
프로젝트 저장		프로젝트를 저장한다.
다른이름으로 저장		프로젝트를 다른 이름으로 저장한다.
프로젝트 닫기		프로젝트를 닫는다.
이진파일로 저장		프로젝트 내용을 볼 수 없는 이진 파일로 저장한다.
이진 파일을 PLC로 쓰기		이진파일을 PLC로 쓴다. 프로젝트 내용은 볼 수 없다.
메모리 모듈로부터 열기		메모리 모듈로부터 프로젝트를 연다.
메모리 모듈로 쓰기		메모리 모듈에 프로젝트를 쓴다.
항목추가	PLC	새로운 PLC를 프로젝트에 추가
	태스크	새로운 태스크를 PLC에 추가
	프로그램	새로운 프로그램을 PLC에 추가
	펑션	새로운 사용자 펑션을 PLC에 추가
	펑션블록	새로운 펑션블록을 PLC에 추가
	데이터 타입	새로운 사용자 데이터 타입을 PLC에 추가
	네트워크	새로운 네트워크를 프로젝트에 추가

항목추가	통신모듈	새로운 통신모듈을 네트워크에 추가
	P2P 통신	새로운 P2P 항목을 통신 모듈에 추가
	고속링크 통신	새로운 고속링크 항목을 통신 모듈에 추가
	사용자 프레임	새로운 사용자 프레임을 P2P 항목에 추가
	그룹추가	새로운 그룹을 P2P 항목에 추가
파일로부터 항목 읽기	PLC	파일로부터 PLC 프로그램을 읽어 온다.
	변수/설명	파일로부터 변수/설명을 읽어온다.
	프로그램	파일로부터 프로그램을 읽어온다.
	I/O 파라미터	파일로부터 I/O 파라미터를 읽어온다.
	기본 파라미터	파일로부터 기본 파라미터를 읽어온다.
파일로 항목저장		프로젝트 창에서 선택된 항목을 파일로 저장한다.
변수/설명 파일로 저장		변수/설명문을 파일로 저장하여 타 어플리케이션에서 사용한다.
EtherNet/IP 태그 보내기		EtherNet/IP 태그를 등록하고 설정된 EtherNet/IP 태그 목록을 파일로 저장한다.
프로젝트 비교		두 개의 프로젝트를 비교하여 결과를 보여준다.
인쇄		활성화되어 있는 창의 내용을 인쇄한다.
미리보기		인쇄될 화면을 미리 보여준다.
프로젝트 인쇄		프로젝트의 항목을 선택하여 인쇄한다.
프린트 설정		프린터 옵션을 설정한다.
종료		XG5000을 종료한다.

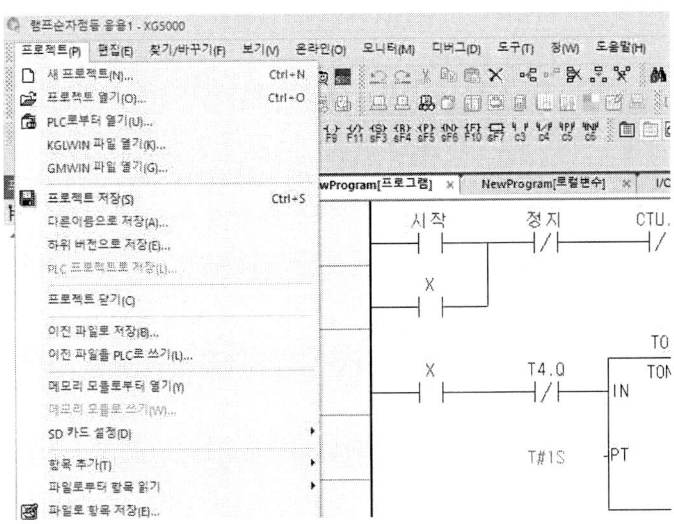

[그림 8.4] 메뉴의 구성(프로젝트)

② 프로그램 편집

명령		설명
편집취소		프로그램 편집 창에서 편집을 취소하고 바로 이전 상태로 되돌린다.
재실행		편집 취소된 동작을 다시 복구한다.
잘라 내기		블록을 잡아 삭제하면서 클립보드에 복사한다.
복사		블록을 잡아 클립보드에 복사한다.
붙여 넣기		클립보드로부터 편집 창에 복사한다.
삭제		블록을 잡아 삭제하거나 선택된 항목을 삭제한다.
모두 선택		현재 활성화된 창의 모든 내용을 블록으로 표시한다.
삽입 모드/겹침 모드		접점 입력 시, 삽입 모드 인지 겹침 모드인지 표시한다.
라인 삽입		커서 위치에 새로운 라인을 추가한다.
라인 삭제		커서 위치에 있는 라인을 삭제한다.
셀 삽입		커서 위치에서 하나의 셀을 삭제한다.
모듈 변수 자동등록		I/O 파라미터에 설정된 모듈과 관련된 변수들을 변수/설명에 자동으로 추가한다.
네트워크 변수 자동등록		XG-CANOpen에 할당된 변수들을 변수/설명에 자동으로 추가한다.
프로그램 최적화		프로그램을 자동으로 최적화 시켜준다.
설명문/레이블 입력		커서 위치에 설명문 또는 레이블을 입력한다.
비 실행문 설정		커서가 있는 렁 또는 블록 설정된 영역을 렁 단위로 비 실행문을 설정한다.
비 실행문 해제		커서가 위치한 렁 또는 블록 설정된 영역의 비 실행문을 해제한다.
북마크	설정/해제	북마크를 설정 또는 해제한다.
	모두 해제	모든 북마크 설정을 해제한다.
	이전 북마크	이전 북마크로 이동한다.
	다음 북마크	다음 북마크로 이동한다.
편집도구		각 프로그램에 사용되는 편집도구들이 있다.
읽기모드로 전환		읽기모드 및 편집 모드로 변환시켜준다.

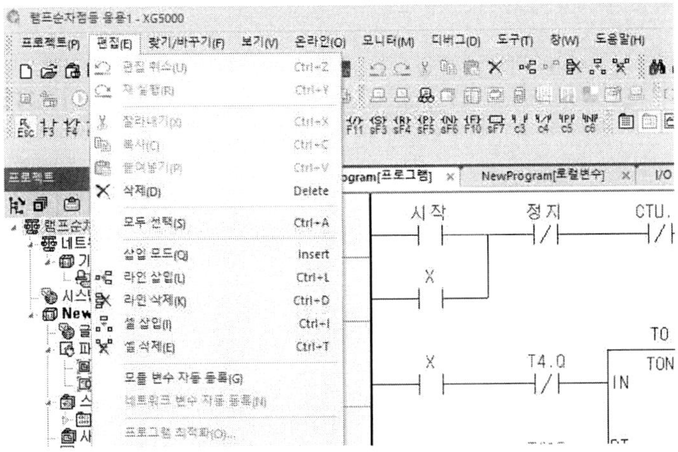

[그림 8.5] 메뉴의 구성(편집)

③ 찾기/바꾸기

<table>
<tr><th colspan="2">명령</th><th>설명</th></tr>
<tr><td colspan="2">디바이스 찾기</td><td>디바이스를 종류별로 찾는다.</td></tr>
<tr><td colspan="2">문자열 찾기</td><td>원하는 문자를 찾는다.</td></tr>
<tr><td colspan="2">디바이스 바꾸기</td><td>원하는 디바이스를 찾아 새로운 디바이스로 바꾼다</td></tr>
<tr><td colspan="2">문자열 바꾸기</td><td>원하는 문자를 찾아 새로운 문자로 바꾼다</td></tr>
<tr><td colspan="2">다시 찾기</td><td>이전에 실행한 찾기 또는 바꾸기를 반복 실행한다.</td></tr>
<tr><td colspan="2">다음 접점찾기</td><td>동일한 변수명을 가진 다음 접점을 찾는다.</td></tr>
<tr><td colspan="2">다음 코일찾기</td><td>동일한 변수명을 가진 다음 코일을 찾는다.</td></tr>
<tr><td rowspan="7">찾아가기</td><td>스텝/라인</td><td>원하는 스텝 위치로 커서를 이동한다.</td></tr>
<tr><td>렁 설명문</td><td>원하는 렁 설명문 위치로 커서를 이동한다.</td></tr>
<tr><td>레이블</td><td>원하는 레이블 위치로 커서를 이동한다.</td></tr>
<tr><td>END 명령어</td><td>END 명령어 위치로 커서를 이동한다.</td></tr>
<tr><td>비실행문</td><td>비실행문으로 커서를 이동한다.</td></tr>
<tr><td>뒤로 이동</td><td>이전 실행화면으로 이동한다.</td></tr>
<tr><td>앞으로 이동</td><td>다음 실행화면으로 이동한다.</td></tr>
</table>

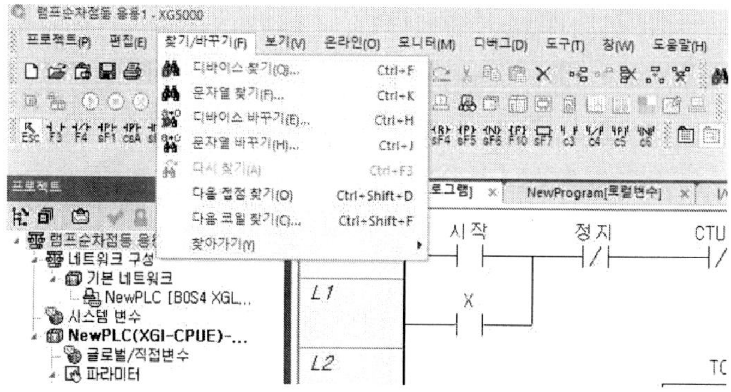

[그림 8.6] 메뉴의 구성(찾기/바꾸기)

④ 보기

명령	설명
IL	LD 편집 중 IL 보기로 전환한다.
LD	IL 편집 중 LD 보기로 전환한다.
네비게이터 창	네비게이터 창을 보이거나 숨긴다
프로젝트 창	프로젝트 창을 보이거나 숨긴다.
P2P 창	P2P 보기 창을 보이거나 숨긴다.
고속링크 창	고속링크 보기 창을 보이거나 숨긴다.
메시지 창	메시지 창을 보이거나 숨긴다.
변수 모니터 창	변수 모니터 창을 보이거나 숨긴다.
명령어 창	명령어 창을 보이거나 숨깁니다.
EDS 정보 창	EDS 정보 창을 보이거나 숨긴다.
모션 명령어 창	모션명령어 창을 보이거나 숨긴다.
ESI 라이버러리 창	ESI 라이버러리 창을 보이거나 숨긴다.
상태 모니터 창	상태 모니터 창을 보이거나 숨긴다.
카달로그 창	카달로그 창을 보이거나 숨긴다.
메모리 참조	메모리 사용 정보를 메시지 창의 메모리 참조 탭에 나타낸다.
선택된 변수 메모리 참조	선택된 변수 메모리 참조 창을 보여준다.
사용된 디바이스	사용된 디바이스 정보를 메시지 창의 사용된 디바이스 탭에 나타낸다.
프로그램 검사	프로그램을 검사하여 결과를 메시지 창의 프로그램 검사 탭에 나타낸다.
변수 보기	프로그램에 변수 이름을 나타낸다.
디바이스 보기	프로그램에 디바이스 이름을 나타낸다.
디바이스/변수 보기	프로그램에 디바이스와 변수를 나타낸다.
디바이스/설명문 보기	프로그램에 디바이스와 설명문을 나타낸다.
변수/설명문 보기	프로그램에 변수와 설명문을 나타낸다.

모두보기	디바이스, 변수, 설명문을 모두 보여준다.
화면 확대	화면을 확대하여 보여준다.
화면 축소	화면을 축소하여 보여준다.
너비 자동 맞춤	변수/설명 창에서 셀의 너비를 문자열의 너비에 자동으로 맞춘다.
높이 자동 맞춤	LD 또는 변수/설명 창에서 셀의 높이를 문자열의 높이에 자동으로 맞춘다.
전체화면	프로그램 창 또는 변수/설명 창을 화면 전체로 확대한다.
등록 정보	프로젝트 창에 선택된 항목의 등록 정보를 보여준다.
LD 화면 속성	LD 화면 속성이 보인다.
접점수 증가	접점의 수를 증가시켜준다
접점수 감소	접점의 수를 감소시켜준다.

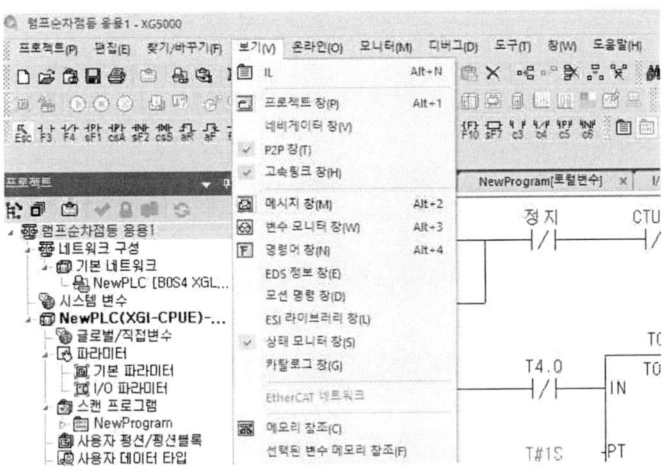

[그림 8.7] 메뉴의 구성(보기)

⑤ 온라인

명령		설명
접속/접속끊기		PLC와 접속하거나 접속을 해제한다.
접속 설정		접속 방법을 설정한다.
모드전환	런	런 모드로 전환한다.
	스톱	정지모드로 전환한다.
	디버그	디버그 모드로 전환한다.
읽기		파라미터/프로그램/설명문 등을 PLC 로부터 읽어 온다.
쓰기		파라미터/프로그램/설명문 등을 PLC에 쓴다.
PLC와 비교		프로젝트를 PLC에 저장된 프로젝트와 비교한다.
플래시 메모리 설정		플래시 메모리 설정창을 보여준다.
통신모듈	링크 인에이블	고속링크와 P2P의 링크 인에이블을 설정한다.

통신모듈	다운로드/업로드	모듈의 OS 또는 BBM 파일을 다운로드 또는 업로드한다.
	EIP 태그다운로드	EIP 모듈에 EIP 태그 목록을 다운로드한다.
	EIP 태그 업로드	EIP 모듈에 EIP 태그 목록을 업로드한다.
	Config, 업로드	Dnet와 Pnet의 컨피규레이션 정보를 업로드한다.
	시스템 진단	시스템 진단 창을 표시한다.
리셋/ 클리어	PLC 리셋	PLC를 리셋한다.
	개별통신 모듈 리셋	개별로 통신 모듈을 리셋한다.
	PLC 지우기	PLC에 있는 파라미터/프로그램/설명문 등을 삭제한다.
	PLC 모두 지우기	PLC에 있는 프로그램, 비밀번호, 데이터를 모두 지운다.
	SD 메모리 포맷	SD 메모리 카드를 포맷한다.
	파라미터 지우기	통신 모듈의 파라미터를 지운다.
진단	PLC 정보	PLC 정보창을 보여준다.
	PLC 이력	PLC 이력창을 보여준다.
	PLC 에러/경고	PLC 에러 이력/경고 창을 보여준다.
	I/O 정보	I/O 정보 창을 보여준다.
	PLC 이력 저장	PLC 의 이력을 저장한다.
강제 I/O 설정		강제 I/O 설정 창을 보여준다.
I/O 스킵 설정		I/O 스킵 설정 창을 보여준다.
고장 마스크 설정		고장 마스크를 설정할 수 있는 창을 보여준다.
모듈 교환 마법사		모듈 교환을 위한 대화식 창을 나타낸다.
런 중 수정 시작		런 중 수정을 시작한다.
런 중 수정 쓰기		런 중 수정된 프로그램 및 정보를 PLC에 쓴다.
런 중 수정 종료		런 중 수정을 종료한다.

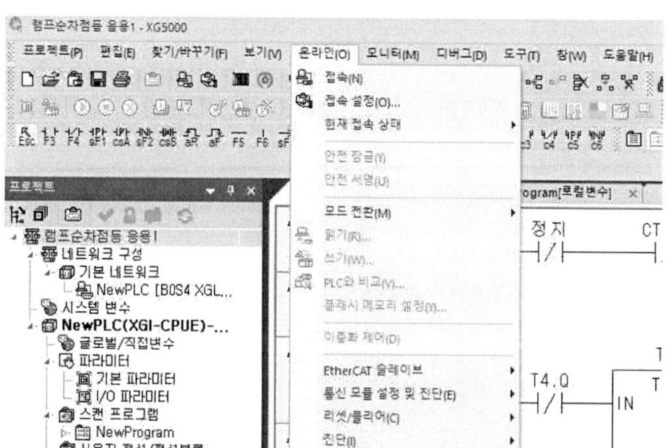

[그림 8.8] 메뉴의 구성(온라인)

⑥ 모니터

명령	설명
모니터 시작/끝	모니터를 시작/종료한다.
모니터 일시 정지	모니터를 일시 정지한다.
모니터 다시 시작	일시 정지된 모니터를 다시 시작한다.
모니터 일시 정지 설정	모니터 일시 정지 조건을 설정한다.
현재 값 변경	모니터중인 디바이스의 값을 설정한다.
시스템 모니터	시스템 모니터를 실행한다.
디바이스 모니터	디바이스 모니터를 실행한다.
특수모듈 모니터	특수 모듈 모니터를 실행한다.
트렌드 모니터	트렌드 모니터를 실행한다.
PID 모니터	PID 모니터를 실행한다.
SOE 모니터	SOE 모니터를 실행한다.
사용자 이벤트	이벤트 설정과 이벤트 이력을 보여준다.
데이터 트레이스	데이터 트레이스를 실행한다.

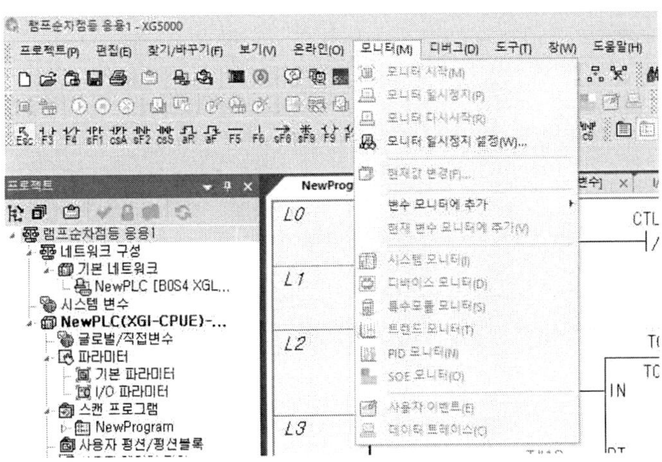

[그림 8.9] 메뉴의 구성(모니터)

⑦ 디버그

명령	설명
디버그 시작/끝	디버그 모드로 전환하여 디버그를 시작/디버그 종료
런	브레이크 포인트까지 런
스텝 오버	한 스텝씩 런
스텝 인	서브 루틴을 디버깅
스텝 아웃	서브 루틴으로부터 빠져 나간다.
커서 위치까지 런	커서 위치까지 런
브레이크 포인트 설정/해제	브레이크 포인트를 설정 또는 해제
브레이크 포인트 목록	설정된 브레이크 포인트의 목록을 보여준다.
브레이크 조건	브레이크 조건을 설정한다.

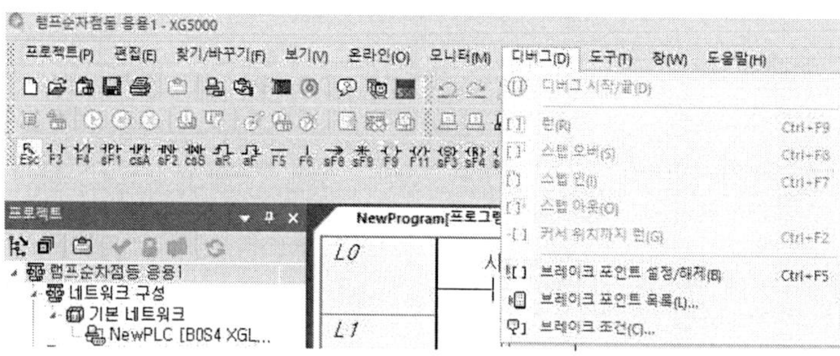

[그림 8.10] 메뉴의 구성(디버그)

⑧ 도구

명령		설명
네트워크 관리자		PLC 네트워크를 보여주고 파라미터를 설정한다.
온도 제어		XG-TCON 툴을 실행한다.
위치 제어		XG-PM 툴을 실행한다.
주소 계산기		주소 계산기를 실행한다.
시뮬레이터 시작		시뮬레이터를 시작한다.
아스키 테이블 표		아스키 테이블 표를 표시한다.
사용자 정의		도구, 명령어를 사용자가 정의한다.
옵션		XG5000 환경을 사용자에 맞게 변경할 수 있다.
ESD	ESD 파일 등록	EtherNet/IP 모듈에 사용하는 EDS 파일을 등록
	ESD 파일 삭제	EtherNet/IP 모듈에 사용하는 EDS 파일을 삭제
	ESD 파일 보기	EtherNet/IP 모듈에 사용하는 EDS 파일을 표시

[그림 8.11] 메뉴의 구성(도구)

⑨ 창

명령	설명
새창	활성화된 창에 대해 새 창을 연다.
분할	활성화된 창을 분할한다.
새 가로 탭 그룹	XG5000에 속해 있는 여러 창들을 가로 탭으로 배열한다.
새 세로 탭 그룹	XG5000에 속해 있는 여러 창들을 세로 탭으로 배열한다.
다음 탭 그룹으로 이동	다음 탭 그룹으로 이동
이전 탭 그룹으로 이동	이전 탭 그룹으로 이동
모두 닫기	XG5000에 속해 있는 여러 창들을 모두 닫는다.
창 레이아웃 다시 설정	프로젝트의 디폴크 레이아웃을 다시 설정한다.

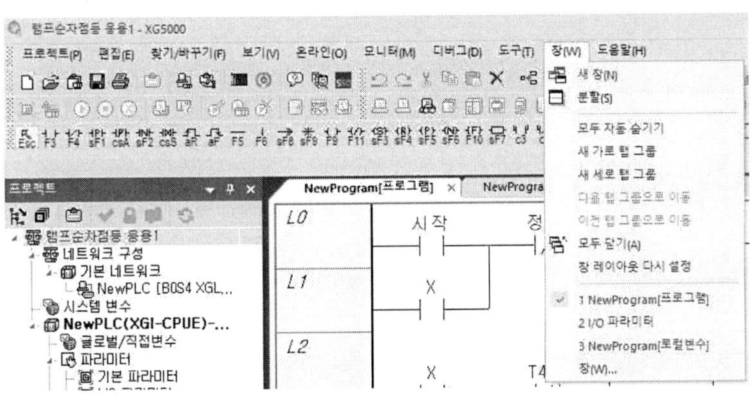

[그림 8.12] 메뉴의 구성(창)

⑩ 도움말

명령	설명
XG5000 사용 도움말	XG5000 사용 도움말을 연다.
명령어 도움말	PLC 명령어 도움말을 연다.
LS산전 홈페이지	LS 산전 홈페이지에 인터넷 접속한다.
XG5000 정보	XG5000의 정보를 나타낸다.

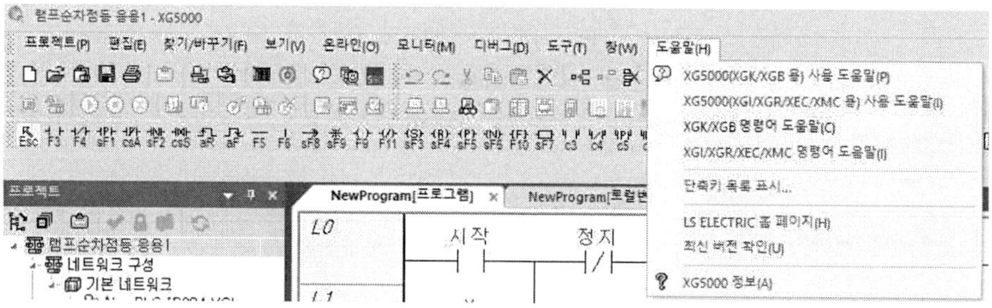

[그림 8.13] 메뉴의 구성(도움말)

(3) 도구모음

XG5000에서는 자주 사용되는 메뉴를 단축 아이콘 형태로 제공하고 있으며 원하는 도구를 마우스로 누르면 실행된다.

[그림 8.14] 도구모음

(4) 상태 표시줄

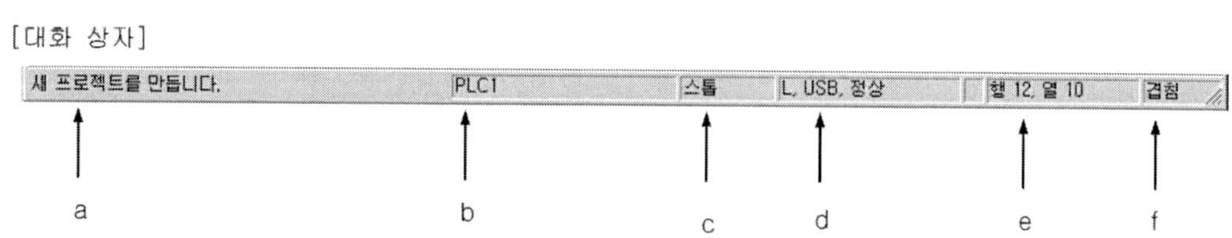

[그림 8.15] 상태줄 표시

항목	설명
a	명령설명 : 선택된 메뉴나 명령, 마우스가 위치해 있는 도구모음에 대한 설명
b	PLC 이름 : 선택된 PLC 이름 표시 하나의 프로젝트에 여러 PLC가 있을 경우 온라인 관련 명령은 여기 표시된 PLC로 적용
c	PLC 모드표시 : PLC의 모드를 나타낸다. 하나의 프로젝트에 여러 PLC가 있는 경우 선택된 PLC 모드가 표시된다.
d	경고 표시 : PLC의 이상 상태를 표시
e	커서위치 표시 : 프로그램을 편집할 때 커서의 위치를 표시
f	모드 표시 : 삽입모드 또는 겹침모드를 표시

(5) 보기창 바꾸기

보기 메뉴에서 볼 수 있는 창(프로젝트 창, 결과창 등)은 모두 대화 가능한 창으로 이루어져 있다. 마우스를 이용해 창의 위치와 크기를 조절할 수 있으며 원하는 윈도우 창 위에서 마우스의 오른쪽 버튼을 눌러 메뉴[숨기기]를 선택하면 창을 숨겨 놓을 수도 있다.

(6) 단축키 설정하기

모든 명령에 대해 단축키를 설정할 수 있다. 이때 이미 설정된 단축키는 삭제된다.

설정순서

① 메뉴 [도구]-[사용자 정의]의 키보드 탭 선택

② 메뉴 선택 목록에서 단축키를 설정할 범주를 선택

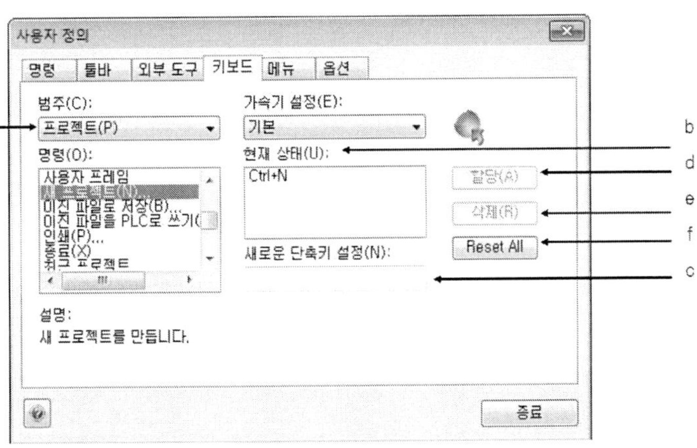

[그림 8.16] 단축키 설정창

항목	설명
a	범주 : 범주 목록에서 단축키를 설정할 메뉴를 선택
b	현재상태 : 현재 할당된 키를 표시
c	새로운 단축키 : 새로운 단축키 입력
d	할당 : 선택된 메뉴에 대해서 입력된 새로운 단축키 할당
e	삭제 : 현재의 단축키를 삭제
f	모두 새로고침 : 사용자 단축키를 모두 삭제하고 모든 단축키를 기본값으로 설정

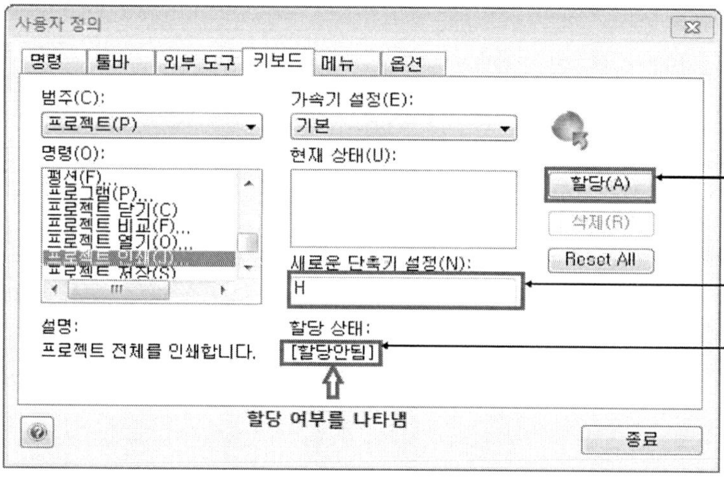

[그림 8.17] 단축키 설정범주 선택

단계	설명
단계 1	설정할 단축키를 입력한다. 예를 들어 Ctrl+H를 사용하고자 한다면 키보드의 Ctrl을 누르고 손을 떼지 않은 상태에서 H를 누른다. 이때 편집창에 단축키가 표시된다. 만일 이 키 조합이 이미 사용되고 있다면 이미 할당되었다는 메시지가 나오며 단축키 할당 단추가 선택 불가능 상태가 된다.
단계 2	단축키 A 또는 할당단추를 누른다.
단계 3	종료 단추를 누른다.

(7) 도구상자 옵션 설정하기

메뉴나 도구상자에 대한 옵션을 지정할 수 있도록 한다.

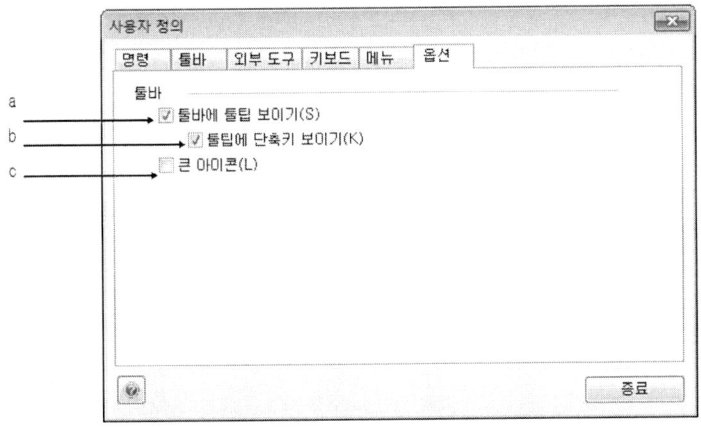

[그림 8.18] 옵션설정 대화상자

항목	설명
a	툴바에 툴팁 보이기 : 툴바에 마우스 포인터가 머물 때 툴팁을 표시한다.
b	툴팁에 단축키 보이기 : 툴바에 마우스 포인터가 머물 때 단축키를 표시한다.
c	큰 아이콘 : 툴바 아이콘을 큰 사이즈로 표시한다.

(8) XG5000의 옵션

메뉴의 [도구] - [옵션]을 선택하면 옵션 대화상자가 나타나는데 이 대화상자를 통하여 프로젝트 관련 사항을 설정할 수 있다.

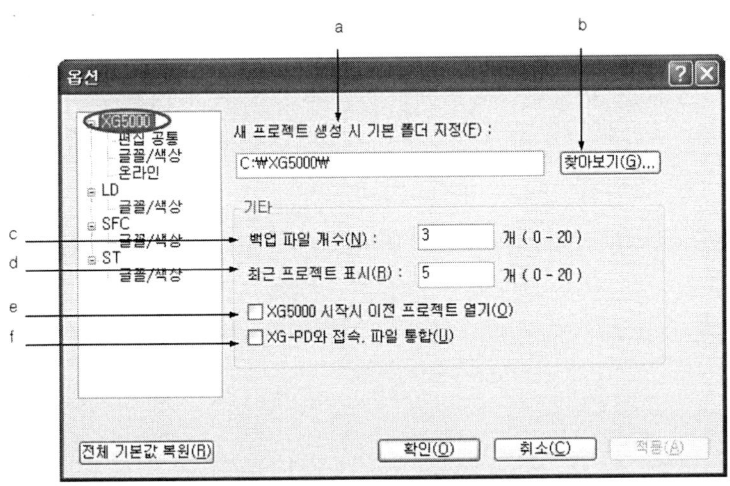

[그림 8.19] 옵션선택 대화상자

항목	설명
a	새 프로젝트 생성시 기본폴드 지정 : 새 프로젝트를 만들 때 프로젝트 파일이 생성되는 위치
b	찾아보기 : 폴더 검색
c	프로젝트 파일을 복구하기 위한 백업 파일의 개수를 설정한다. 최대 20개
d	메뉴 [프로젝트] - [최근 프로젝트] 목록에 표시될 최근에 열었던 프로젝트 목록의 개수를 설정한다. 최대 20개
e	콤보박스를 체크하면 XG5000을 시작할 때 가장 최근에 작업했던 프로젝트 파일을 자동으로 열어준다.
f	XG5000 메뉴를 통해 XG-PD를 실행할 때 XG5000의 접속옵션과 PLC이름을 XG-PD에 동일하게 표시되도록 한다.

① XG5000 편집 공통 옵션

메뉴 [도구] - [옵션] - [편집공통]을 선택하면 대화상자가 나타나며 다음의 옵션을 선택할 수 있다.

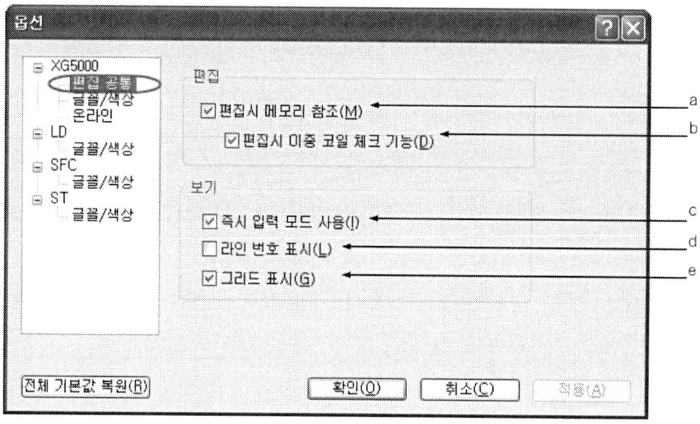

[그림 8.20] 공통옵션

항목	설명
a	편집시 메모리 참조 : LD 편집 중에 선택된 디바이스에 대해서 메모리 참조 내용을 자동으로 보여준다. 이 옵션이 선택되지 않은 경우 메뉴 [보기] - [메모리 참조]를 이용하여 메모리 사용 결과를 확인할 수 있다.
b	편집시 이중코일 체크 기능 : 편집 중 이중 코일을 검사하여 이중 코일 창에서 결과를 확인할 수 있다.
c	즉시 입력 모드 사용 : 임의의 접점을 입력 했을 때 사용자가 디바이스를 바로 입력할 수 있도록 디바이스 입력창의 보여준다. 즉시 입력 모드 사용이 선택되지 않으면 사용자가 접점에 커서를 옮긴 후 더블클릭 또는 엔터를 입력하여 편집할 수 있다.
d	라인번호 표시 : 편집창에서 라인번호를 표시한다.
e	그리드 표시 : 편집창 화면에 그리드를 표시한다.

② XG5000 글꼴/색상 옵션

편집창에서 공통으로 사용되는 글꼴/색상을 변경할 수 있는 옵션이며 메뉴 [도구] - [옵션]에서 [글꼴/색상]을 선택한 후 변경할 글꼴과 색상을 지정하면 된다.

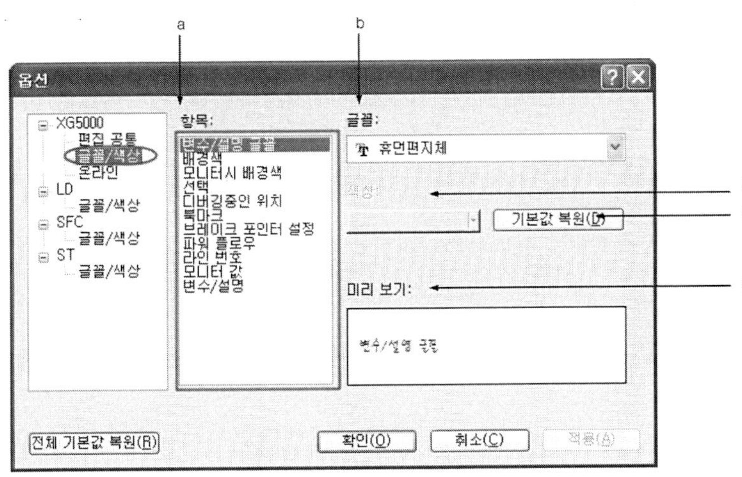

[그림 8.21] 글꼴/색상 옵션

항목	설명
a	항목 : 글꼴 혹은 색상을 설정할 항목을 선택한다.
b	글꼴 : 항목이 변수/설명 글꼴일 경우 활성화되며 변수/설명의 글꼴을 지정한다.
c	색상 : 항목이 변수/설명 글꼴이 아닐 경우 활성화되며, 버튼을 선택해서 색상을 지정한다.
d	기본값복원 : 선택된 항목에 대한 글꼴 혹은 색상의 기본값을 복원한다.
e	미리보기 : 선택된 항목의 현재 설정값을 표시한다.

③ XG5000 LD 옵션

LD 편집기의 텍스트 표시 및 컬럼 너비를 변경할 수 있는 옵션이며 메뉴 [도구] - [옵션]에서 [LD]를 선택한 후 변경할 항목을 지정하면 된다.

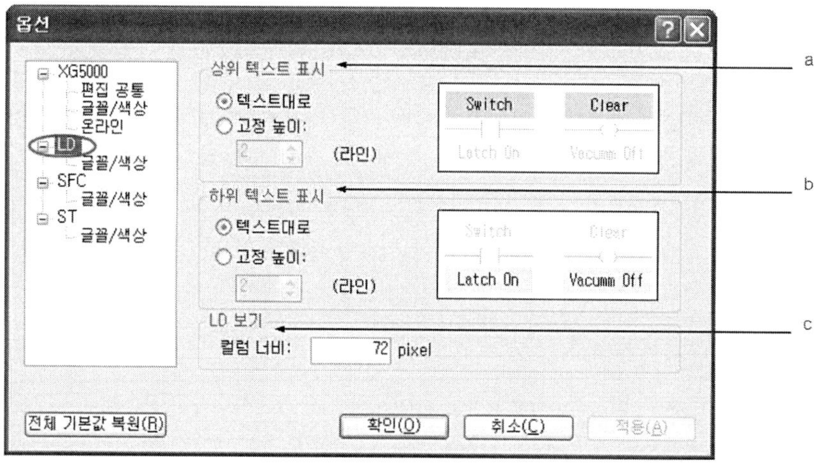

[그림 8.22] LD 옵션

항목	설명
a	상위 텍스트 표시 : 다이어그램 위에 오는 텍스트를 표시할 때 텍스트의 높이를 텍스트 글자 수만큼 가변적으로 표시할 것인지 설정한 높이만큼 고정적으로 표시할 것인지 선택한다.
b	하위 텍스트 표시 : 다이어그램 밑에 오는 텍스트를 표시할 때 텍스트의 높이를 텍스트 글자 수만큼 가변적으로 표시할 것인지 설정한 높이만큼 고정적으로 표시할 것인지 선택한다.
c	LD보기 : LD 다이어그램의 컬럼 너비를 지정한다.

④ XG5000 LD 글꼴/색상 옵션

LD 편집기에 사용되는 글꼴/색상을 변경할 수 있는 옵션이며 메뉴 [도구] - [옵션]에서 [글꼴/색상]을 선택한 후 변경할 항목을 지정하면 된다.

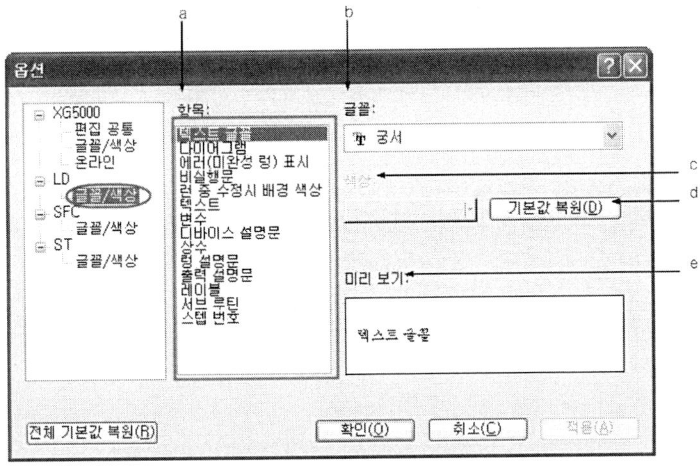

[그림 8.23] 글꼴/색상 옵션

항목	설명
a	글꼴 혹은 색상을 설정한 항목을 선택한다.
b	항목이 텍스트 글꼴인 경우 활성화되며 변수/설명의 글꼴을 지정한다.
c	항목이 텍스트 글꼴이 아닐 경우 활성화되며 버튼을 선택해서 색상을 지정한다.
d	선택된 항목에 대한 글꼴 혹은 색상의 기본값을 복원한다.
e	선택된 항목의 현재 설정값을 표시한다.

3) 프로젝트

(1) 프로젝트의 구성

프로젝트의 구성 항목은 다음과 같다.

항목	설명
a	프로젝트 : 시스템 전체를 정의한다. 하나의 프로젝트에 여러개의 관련 PLC를 포함시킬 수 있다.
b	PLC : CPU 모듈 하나에 해당되는 시스템을 나타낸다.
c	글로벌/직접변수 : 글로벌 변수선언과 직접변수 설명문을 편집하고 볼 수 있다.
d	파라미터 : PLC 시스템의 동작 및 구성에 대한 내용을 정의한다.
e	기본 파라미터 : 기본적인 동작에 대하여 정의한다.
f	I/O 파라미터 : 입출력 모듈 구성에 대하여 정의한다.
g	데이터 타입 : 구조체 타입을 정의한다.

h	스캔 프로그램 : 항시 실행되는 프로그램을 하위 항목에 정의한다.
i	프로그램1 : 사용자가 정의한 항시 실행되는 프로그램
j	프로그램2 : 사용자가 정의한 항시 실행되는 프로그램
k	태스크1 : 사용자가 정의한 정주기 태스크
l	태스크프로그램1 : 태스크1 조건에 따라 실행되는 프로그램
m	사용자 펑션/펑션블로 : 하위 항목에 사용자가 펑션/펑션블록을 작성한다.
n	펑션1 : 사용자가 작성한 펑션

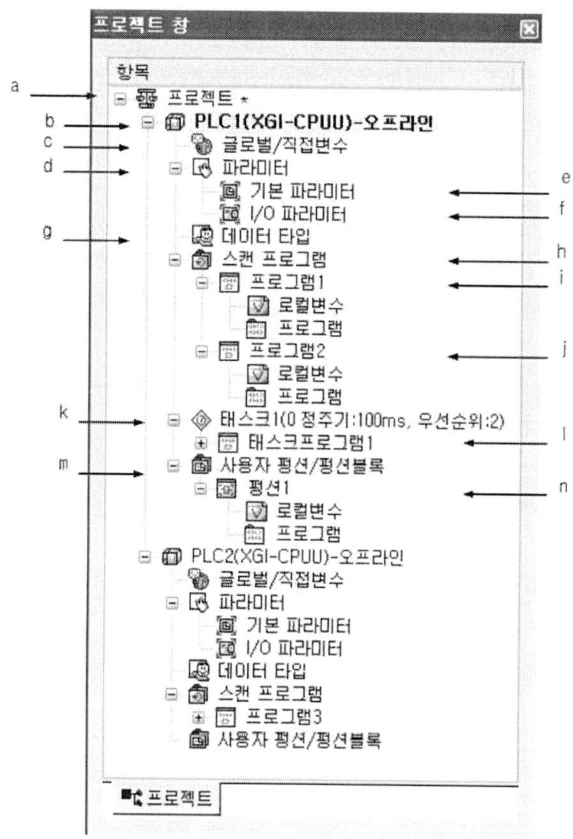

[그림 8.24] 프로젝트의 구성

(2) 프로젝트 파일 관리

① 새 프로젝트 만들기

메뉴 [프로젝트] - [새 프로젝트]를 클릭하면 프로젝트를 새로 만들 수 있다. 이때 프로젝트 이름과 동일한 폴더도 같이 만들어지며 그 안에 프로젝트 파일이 생성된다.

항목	설명
a	프로젝트 이름 : 원하는 프로젝트 이름을 입력한다. 이 이름이 프로젝트 파일 이름이 되며 프로젝트 파일의 확장자는 "xgp"이다.
b	파일위치 : 사용자가 입력한 프로젝트 이름으로 폴더가 생성되고 그 폴더에 프로젝트 파일이 만들어진다.
c	찾아보기 : 기존 폴더를 보고 프로젝트 파일 위치를 지정해 준다.
d	프로젝트 타입 : XGK, XGB, XGI 형식을 선택한다.
e	PLC 종류 : PLC기종을 선택한다.
f	프로그램 이름 : 프로젝트에 디폴트로 포함되는 프로그램 이름 입력
g	프로그램 언어 : 프로젝트에 디폴트로 포함되는 프로그램 언어 선택
h	프로그램 설명문 : 프로젝트 설명문 입력

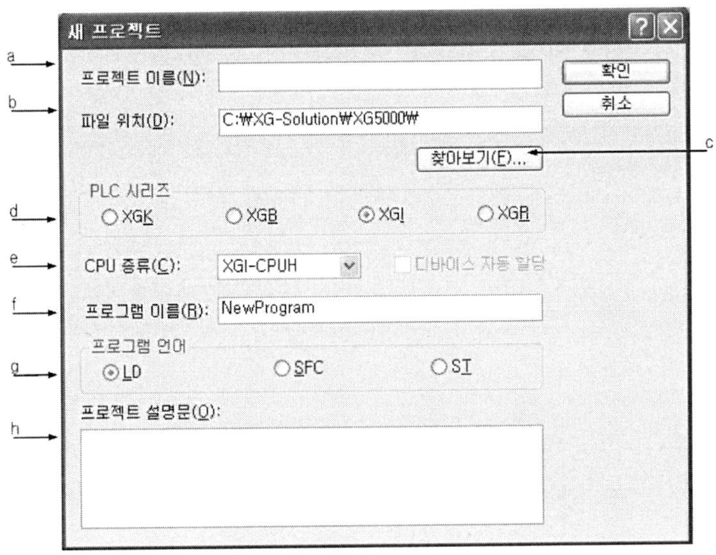

[그림 8.25] 새 프로젝트 만들기

② 프로젝트 열기

메뉴 [프로젝트] - [프로젝트 열기]를 클릭하면 기존에 작성된 프로젝트를 열 수 있다.

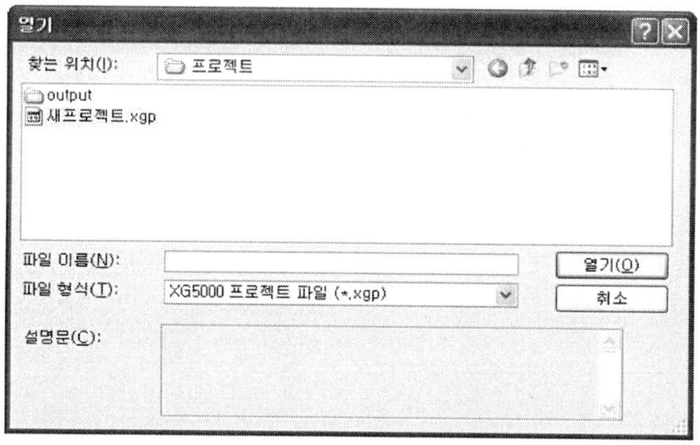

[그림 8.26] 프로젝트 열기

프로젝트 파일을 선택하면 설명문란에 사용자가 작성한 설명문이 나온다. 이 설명문은 프로젝트 선택에 도움이 될 수 있으므로 새로운 프로젝트 파일 생성시 작성하는 것이 권장된다. 프로젝트 파일을 선택했으면 열기 버튼을 누른다.

③ PLC로부터 열기

메뉴 [프로젝트]-[PLC로부터 열기]를 클릭하면 PLC에 저장된 내용을 읽어와 프로젝트를 새로 만들어 준다. XG5000에 이미 프로젝트가 열려 있다면 이 프로젝트를 닫고 프로젝트를 새로 만들어 준다. 대화상자가 나타나면 대화상자에서 접속할 대상을 선택하고 확인을 누른다. 통신설정 방법은 온라인의 접속옵션을 참조한다.

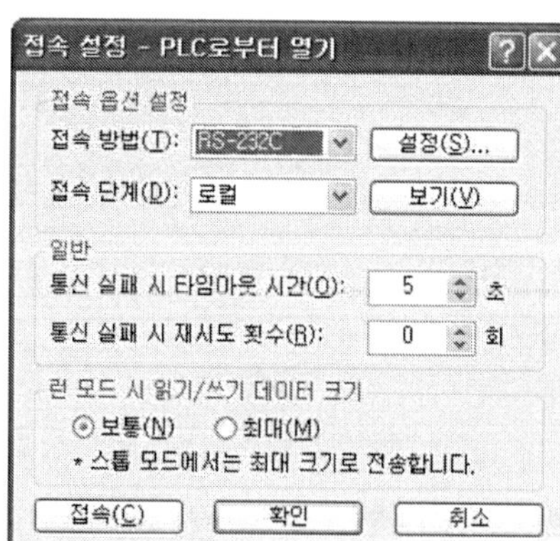

[그림 8.27] PLC로부터 열기

④ 프로젝트 저장

메뉴 [프로젝트]-[프로젝트 저장]을 클릭하면 변경된 프로젝트 내용을 저장한다.

⑤ 다른 이름으로 프로젝트 저장

메뉴 [프로젝트] - [다른이름으로 저장]을 클릭하면 프로젝트를 다른 파일로 저장한다.

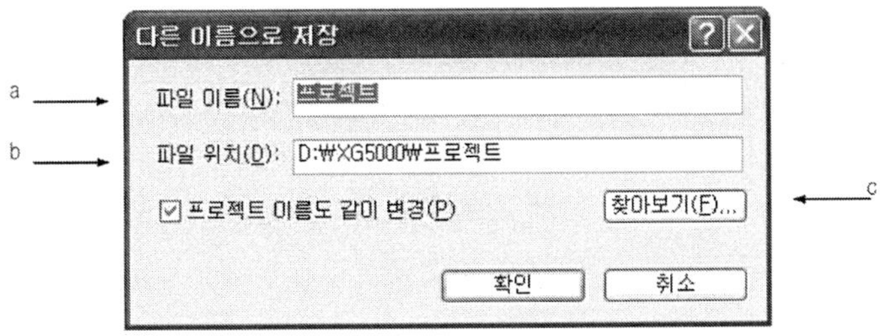

[그림 8.28] 다른 이름으로 프로젝트 저장

항목	설명
a	프로젝트 이름 : 다른 이름으로 저장할 프로젝트 이름을 입력한다.
b	파일위치 : 다른 이름으로 저장할 파일 위치를 지정한다.
c	찾아보기 : 기존폴더를 보고 프로젝트 파일 위치를 지정해 준다.

4) 변수/설명

변수는 크게 모든 프로그램에서 사용가능한 글로벌 변수와 해당 프로그램에서만 사용되는 로컬 변수로 구분된다. 글로벌 변수를 로컬변수에서 사용하기 위해서는 EXTERNAL로 선언한 후 사용하여야 한다.

(1) 글로벌/직접변수

글로벌/직접변수는 글로벌 변수, 직접변수 설명문, 플래그로 구성되어 있다. 글로벌 변수는 프로그램에서 사용될 변수를 선언하거나, 선언된 변수목록 전체를 변수위주로 보여준다. 직접변수 설명문은 프로그램에서 사용될 직접변수 설명문을 선언하거나 설명문을 보여준다. 플래그는 선언해서 제공해 주는 플래그 목록을 보여준다. 플래그 종류는 시스템 플래그, 고속링크 플래그, P2P 플래그, PID 플래그로 분류할 수 있다.

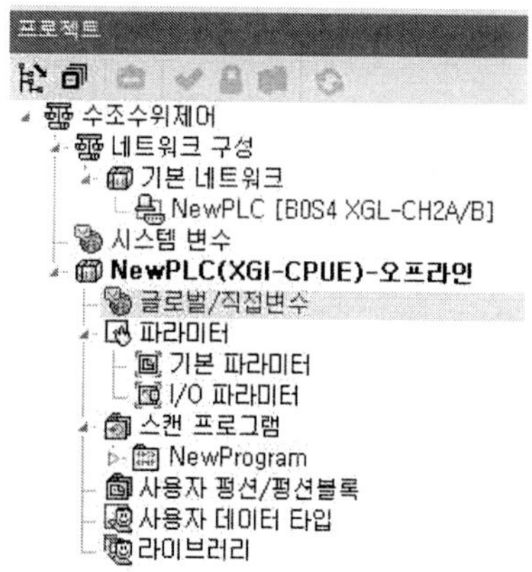

[그림 8.29] 프로젝트 메뉴

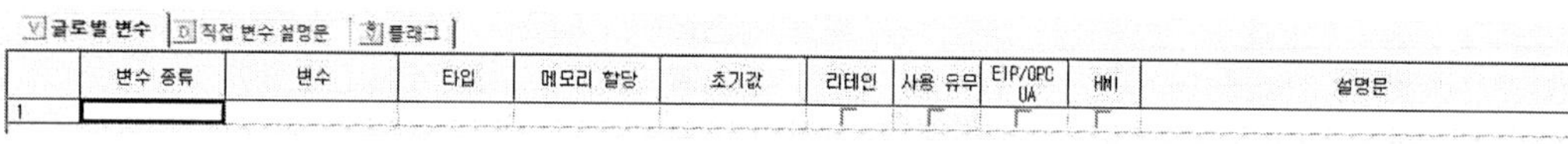

[그림 8.30] 글로벌/직접변수

① 글로벌 변수

변수를 선언하고 선언된 글로벌 변수 목록 전체를 보여준다.

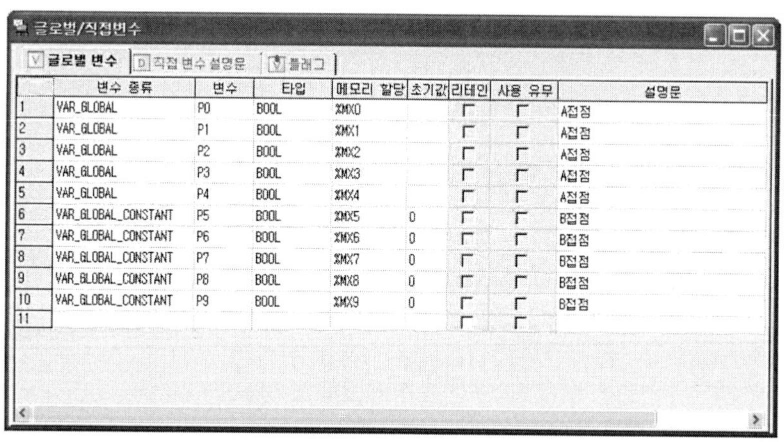

	변수 종류	변수	타입	메모리 할당	초기값	리테인	사용 유무	설명문
1	VAR_GLOBAL	P0	BOOL	%MX0				A접점
2	VAR_GLOBAL	P1	BOOL	%MX1				A접점
3	VAR_GLOBAL	P2	BOOL	%MX2				A접점
4	VAR_GLOBAL	P3	BOOL	%MX3				A접점
5	VAR_GLOBAL	P4	BOOL	%MX4				A접점
6	VAR_GLOBAL_CONSTANT	P5	BOOL	%MX5	0			B접점
7	VAR_GLOBAL_CONSTANT	P6	BOOL	%MX6	0			B접점
8	VAR_GLOBAL_CONSTANT	P7	BOOL	%MX7	0			B접점
9	VAR_GLOBAL_CONSTANT	P8	BOOL	%MX8	0			B접점
10	VAR_GLOBAL_CONSTANT	P9	BOOL	%MX9	0			B접점
11								

[그림 8.31] 글로벌 변수 목록

② 직접변수 설명문

직접변수를 입력하거나 입력된 직접변수로부터 선언된 설명문을 보여준다.

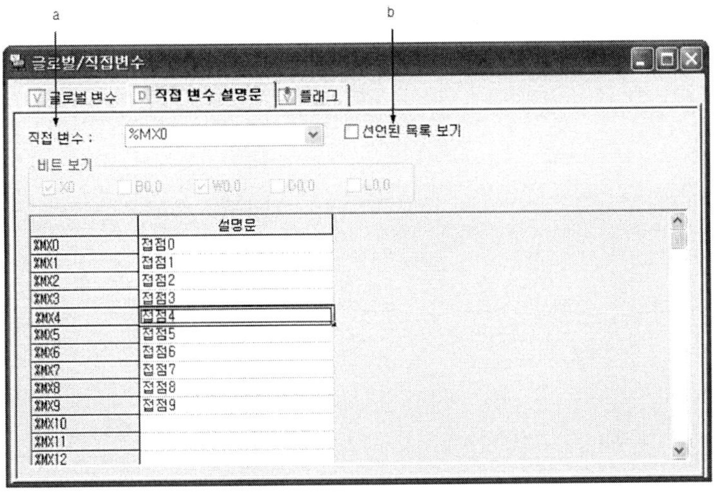

[그림 8.32] 직접변수 설명문

항목	설명
a	직접변수 : 해당하는 직접변수를 입력하면 직접변수 설명문의 데이터가 표시된다.
b	선언된 목록보기 : 직접변수 설명문이 있는 목록을 표시한다.

비트보기는 '선언된 목록보기'가 체크되면 활성화된다. 비트보기에서 체크버튼은 한 개 이상 선택되어야 한다.

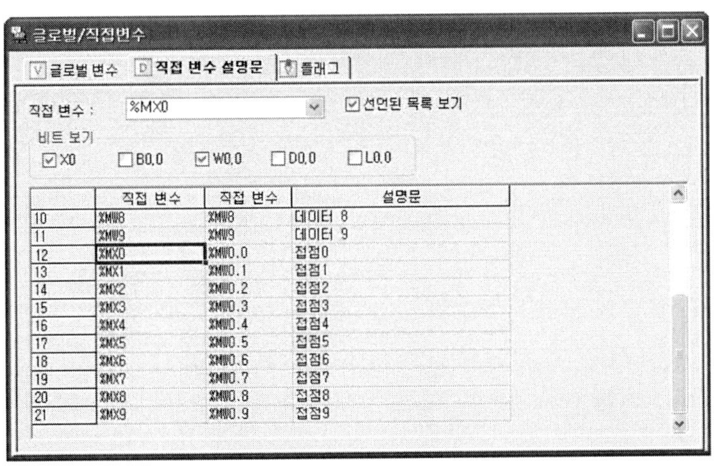

[그림 8.33] 비트보기

③ 플래그

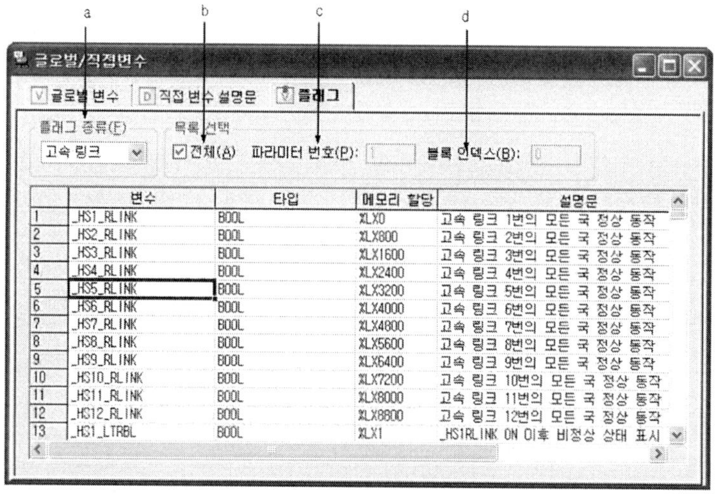

[그림 8.34] 플래그

항목	설명
a	플래그 종류 : 플래그 종류(시스템, 고속링크, P2P, PID) 중 하나를 선택한다.
b	전체 : [플래그 종류]에서 선택된 플래그 목록 전체를 표시한다. 시스템 플래그인 경우에는 전체 내용만 화면에 표시한다. 전체 항목이 체크되지 않은 경우는 [파라미터 번호와 [블록 인덱스]에 맞는 플래그 항목만 표시한다.
c	파라미터 번호 : 고속링크, P2P, PID 플래그인 경우에만 활성화 된다. 입력된 파라미터 번호의 플래그 항목만 보여준다.
d	블록인덱스 : 고속링크, P2P, 플래그인 경우에만 활성화 된다. 입력된 블록 인덱스의 플래그 항목만 보여준다.

(2) 로컬변수

로컬변수는 프로그램에서 사용될 변수를 선언하거나 선언된 변수 목록 전체를 변수위주로 보여준다.

글로벌 변수에서 선언된 변수를 사용할 경우 VAR_EXTERNAL, VAR_EXTERNAL _CONSTANT로 선언하여야 한다.

① 로컬변수

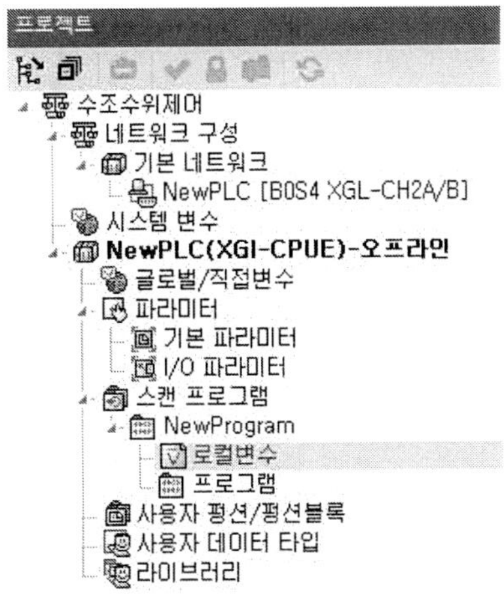

[그림 8.35] 프로젝트 창

변수를 선언하고 선언된 로컬변수 목록 전체를 보여준다.

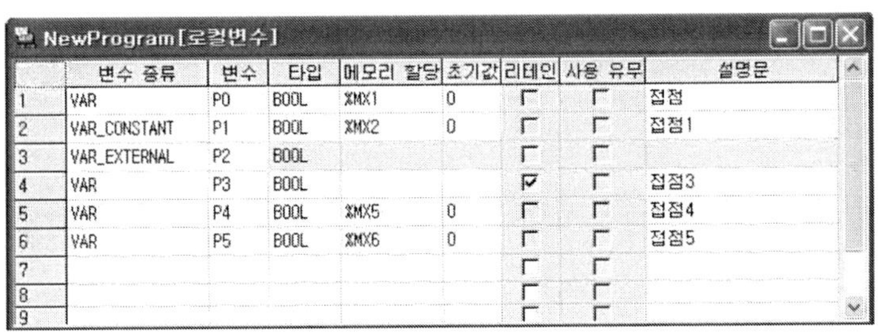
NewProgram[로컬변수]

	변수 종류	변수	타입	메모리 할당	초기값	리테인	사용 유무	설명문
1	VAR	P0	BOOL	%MX1	0	☐	☐	접점
2	VAR_CONSTANT	P1	BOOL	%MX2	0	☐	☐	접점1
3	VAR_EXTERNAL	P2	BOOL			☐	☐	
4	VAR	P3	BOOL			☑	☐	접점3
5	VAR	P4	BOOL	%MX5	0	☐	☐	접점4
6	VAR	P5	BOOL	%MX6	0	☐	☐	접점5
7						☐	☐	
8						☐	☐	
9						☐	☐	

[그림 8.36] 로컬변수

5) LD 편집

LD 프로그램은 릴레이 논리 다이어그램에서 사용되는 코일이나 접점 등의 그래픽 기호를 통하여 PLC 프로그램을 표현한다. LD 프로그램을 편집할 때 다음과 같은 기능 제한이 있다는 점에 유의하여야 한다.

항목	내용	제한사항
최대 접점 개수	한 라인에 입력할 수 있는 최대 접점 수	31개
최대 라인 수	편집가능한 최대 라인 수	65,535라인
최대 복사라인 수	한 번에 복사할 수 있는 최대 라인 수	300라인
최대 붙여넣기 라인 수	한 번에 붙여 넣을 수 있는 최대 라인 수	300라인

(1) 프로그램 편집

① 편집도구

LD 편집요소의 입력은 LD도구모음에서 입력할 요소를 선택한 후 지정한 위치에서 마우스를 클리하거나 단축키를 눌러 시작한다.

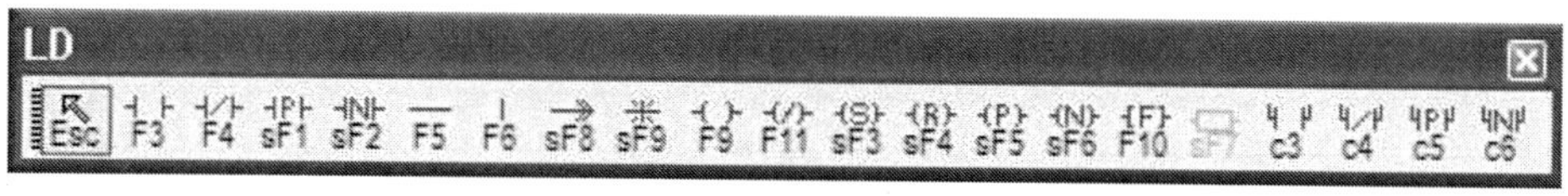

[그림 8.37] 프로그램 편집

기호	단축키	설명
Esc	ESC	선택모드로 변경
F3	F3	상시 열린 접점
F4	F4	상시 닫힌 접점
sF1	Shift+F1	양변환 검출 코일
sF2	Shift+F2	음변환 검출 코일
F5	F5	가로선
F6	F6	세로선
sF8	Shift+F8	연결선
sF9	Shift+F9	반전입력
F9	F9	코일
F11	F11	역코일
sF3	Shift+F3	셋 코일
sF4	Shift+F4	리셋 코일
sF5	Shift+F5	양변환 검출 코일
sF6	Shift+F6	음변환 검출 코일
F10	F10	펑션/펑션블록
sF7	Shift+F7	확장 펑션
c3	Ctrl+3	상시 열립 OR 접점
c4	Ctrl+4	상시 닫힌 OR 접점

	Ctrl+5	양변환 검출 OR 접점
	Ctrl+6	음변환 검출 OR 접점

② 접점입력

프로그램 편집창에서 접점의 입력 순서는 다음과 같다.

ⓐ 접점을 입력하고자 하는 위치로 커서 이동

ⓑ 도구모음에서 입력할 접점의 종류를 선택하고 편집영역을 클릭하거나 또는 입력하고자 하는 접점에 해당하는 단축키를 누른다.

ⓒ 변수입력 대화상자에서 디바이스명을 입력한 후 확인을 누른다.

접점입력시 메뉴 [도구]-[옵션] '편집' 페이지에서 즉시 입력모드가 해제된 경우 접점, 코일 삽입시 자동으로 변수 입력 대화상자가 나타나지 않는다는 점에 유의하여야 한다.

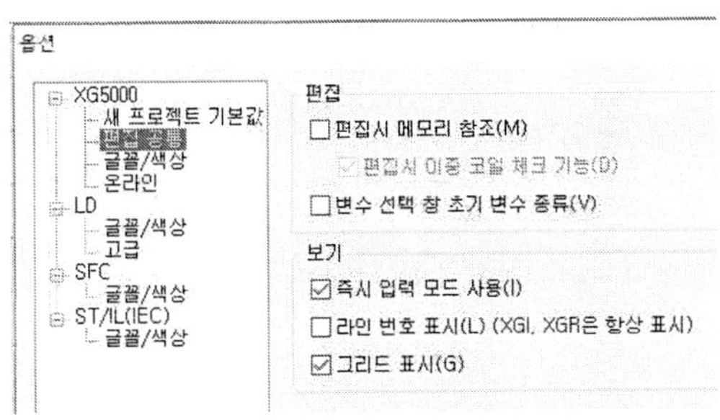

[그림 8.38] 옵션 선택

③ 변수/디바이스 입력

선택된 영역 또는 커서 위치에 변수를 입력하는 방법은 입력하고자 하는 위치로 커서를 이동시킨 후 메뉴 [편집]-[변수선택/추가]를 선택한다.

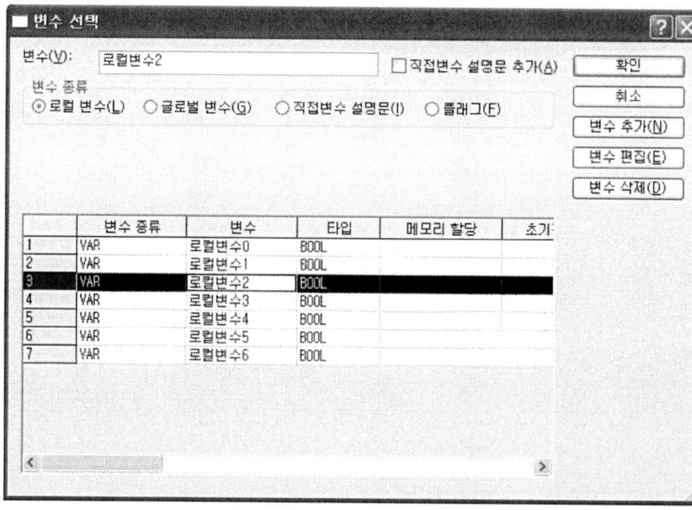

[그림 8.39] 변수 선택

항목	설명
변수	상수, 직접변수 또는 선언된 변수명을 입력할 수 있다. 입력한 문자열이 변수형태이며 해당 문자열이 로컬변수 목록에 변수로 등록되어 있지 않은 경우 변수추가 대화상자가 표시된다.
로컬변수	선언된 로컬 변수 목록을 표시한다.
변수추가	로컬변수 목록에 변수를 추가할 수 있는 대화상자가 호출된다.
변수편집	선택된 변수를 편집할 수 있는 대화상자가 호출된다.
변수삭제	선택된 변수를 로컬변수 목록에서 삭제한다.
확인	입력 또는 선택한 사항을 적용하고 대화상자를 닫는다.
취소	대화상자를 닫는다.

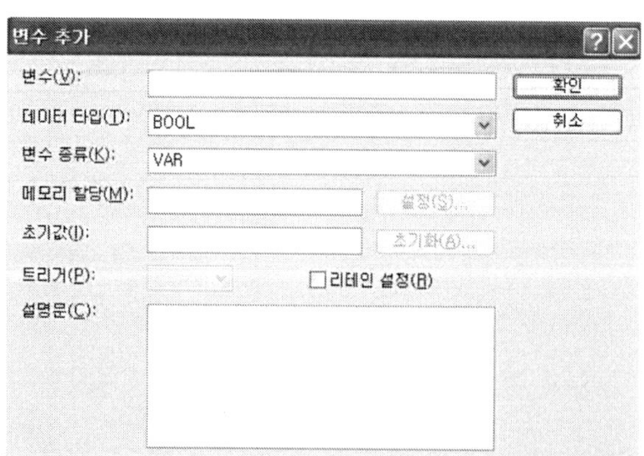

[그림 8.40] 변수추가 대화상자

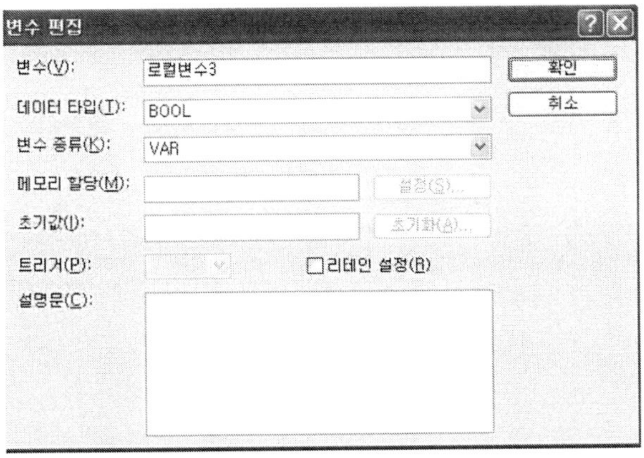

[그림 8.41] 변수편집 대화상자

④ 선 입력

가로선은 LD편집 요소간에 가로연결을 위하여 사용되며 세로선은 세로연결을 위하여 사용된다. 각각의 선 연결은 먼저 마우스를 이용하거나 단축키를 이용하여 가로선 또는 세로선을 선택한 후 연결이 필요한 위치를 선택하여 클릭하면 된다.

⑤ 코일입력

선입력과 마찬가지로 마우스를 이용하여 입력하고자 하는 코일을 선택한 후 해당 위치에 클릭하면 된다.

⑥ 펑션(블록)의 입력

연산을 위한 펑션(블록)의 입력방법은 다음과 같다.

ⓐ 펑션(블록)을 입력하고자 하는 위치로 커서를 이동한다.
ⓑ 도구모음에서 펑션(블록)을 선택하고 편집영역을 클릭하거나 펑션(블록)입력 단축키(F10)을 누른다.
ⓒ 펑션블록 대화상자가 나타나면 사용하고자 하는 펑션(블록)의 이름을 입력하고 입력한 이름의 펑션(블록)을 검색한다.
ⓓ 펑션의 경우 입력 파라미터에 관한 사항을 설정할 수 있으며 펑션블록의 경우 인스턴스명을 부여한다.
ⓔ 입력한 내용을 적용하고 확인을 누른 후 대화상자를 닫는다.

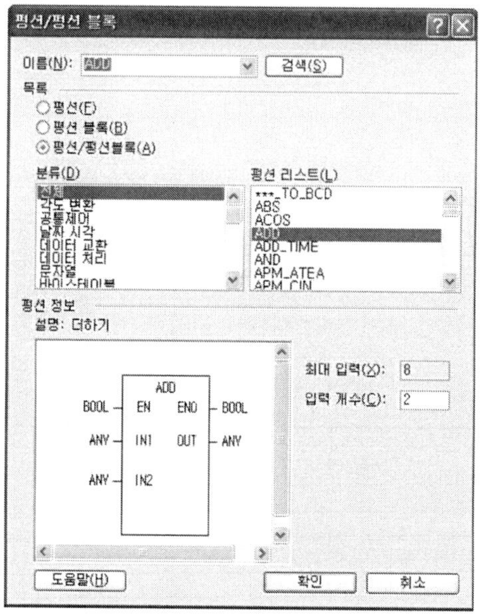

[그림 8.42] 펑션(블록) 대화상자

항목	설명
이름	사용할 펑션(블록)의 이름을 입력한다.
검색	입력한 이름의 펑션(블록)을 검색한다.
목록	대화상자에 펑션만, 또는 펑션블록만, 또는 모두를 표시할지를 선택한다.
범주	펑션(블록)의 범주를 표시한다.
펑션리스트	선택된 범주에 속하는 펑션(블록)의 목록을 표시한다.
펑션정보	펑션의 정보 및 속성을 표시한다. 펑션의 경우 입력 파라미터에 관한 사항을 설정할 수 있으며 펑션블록의 경우 인스턴스명 및 인스턴스의 클래스를 선택할 수 있다.
확인	입력한 내용을 적용하고 대화상자를 닫는다.
취소	설정된 내용을 취소하고 대화상자를 닫는다.

⑦ 설명문 및 레이블 입력

렁 및 설명문을 입력할 때 렁의 시작 위치에 표시되는 설명문을 '렁 설명문', 출력요소에 대한 설명문을 '출력 설명문'이라고 하며 렁의 행번호 위치에 표시한 설명문을 레이블이라 한다. 레이블은 영문 16자, 한글 8자까지 입력이 가능하고, 대소문자를 구분하며, 레이블 첫 글자는 숫자 또는 특수문자로 시작할 수 없다는 점에 주의하여야 한다. 레이블 입력규칙은 변수/설명 입력규칙에 따른다.

렁 설명문 또는 출력 설명문을 입력하는 방법은 다음과 같다.

ⓐ '렁 설명문' 또는 '출력 설명문'을 입력하고자 하는 위치로 커서를 이동시킨다.

ⓑ 메뉴 [편집] - [설명문/레이블 입력]을 선택하면 다음과 같은 대화상자가 나타난다.

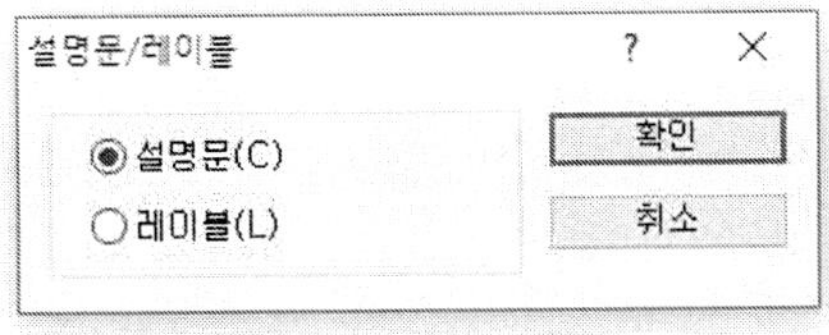

[그림 8.43] 설명문/레이블 입력

ⓒ 설명문 및 레이블 대화상자에서 설명문 또는 레이블을 선택한 후 [확인]을 누르면 렁 설명문 또는 레이블 설명문 대화상자가 나타난다. 여기서 렁 설명문 또는 출력 설명문, 레이블 설명문을 입력/편집 하고 확인 버튼을 누른다.

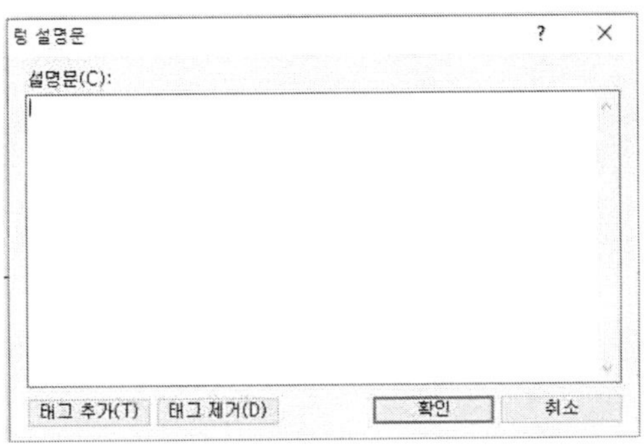

[그림 8.44] 렁 설명문

⑧ 셀 삽입/삭제

셀을 삽입 또는 삭제하고자 하는 경우 먼저 삽입/삭제 하고자 하는 셀의 위치로 커서를 이동시킨 후 메뉴 [편집] - [셀 삽입] 또는 [편집] - [셀 삭제]를 선택하면 셀의 삽입/삭제가 가능하다.

⑨ 라인 삽입/삭제

프로그램 중 하나의 라인을 삽입하거나 삭제하고자 하는 경우 먼저 커서를 해당위치로 이동시킨 후 메뉴 [편집] - [라인삽입] 또는 [편집] - [라인삭제]를 선택하면 원하는 위치에 새로운 라인을 삽입하거나 또는 기존의 라인을 삭제할 수 있다. 라인 삽입시 현재 커서 위치에 새로운 라인이 삽입되며 영역선택을 하는 경우 선택된 영역의 라인 수만큼 새로운 라인이 삽입된다.

⑩ 복사/잘라내기/붙여넣기

선택된 영역의 데이터를 복사하거나 잘라내어 지정한 위치로 복사할 수 있다. 복사와 다르게 잘라내기는 현재 선택된 영역의 데이터를 삭제한다.

⑪ 드래그&드롭

드래그&드롭 기능을 이용하면 마우스를 이용하여 보다 편리하게 편집할 수 있다. LD 프로그램에서는 드래그&드롭을 이용한 LD 데이터의 이동, 복사를 지원한다. 또한 변수/설명 창으로부터 변수/설명에 대한 정보를 드래그하여 접점, 코일 및 응용 명령어의 오퍼랜드에 드롭할 수 있다. 드래그&드롭 기능을 사용한 데이터의 이동법은 다음과 같다.

ⓐ 먼저 드래그 할 영역을 선택한 후 선택 영역에서 마우스 왼쪽 키를 누르면 선택된 사각형의 모양이 변경된다.
ⓑ 이 상태에서 이동하고자 하는 위치로 마우스 커서를 이동(드래그)한 후 누르고 있는 마우스 왼쪽 버튼을 해제한다.

드래그&드롭 기능을 사용하여 데이터를 복사하고자 하는 경우에는 위의 과정과 동일한 과정을 거치지만 복사하고자 하는 데이터를 선택한 후 드래그 하기 전 콘트롤 키를 누른 상태에서 드래그하면 된다.

⑫ 편집 취소 및 재실행

프로그램 편집시 편집한 내용을 이전 상태로 취소시키거나 취소한 내용을 재실행할 수 있는데 편집 취소 및 재실행 방법은 다음과 같다.

ⓐ 편집취소하고자 하는 위치로 커서를 이동시킨다.
ⓑ 메뉴 [편집] - [편집취소] 또는 [편집] - [재실행]을 선택한다.

편집한 모든 내용은 실행취소 및 재실행이 가능하며 회수의 제한은 없다. 그리고 편집취소의 단축키는 'Ctrl+Z', 재실행의 단축키는 'Ctrl+Y'이다.

(2) 프로그램 보기

① IL 프로그램으로 보기

LD 프로그램으로 작성한 프로그램을 IL 형태로 변환하여 IL 프로그램으로 표시하거나 IL프로그램으로 편집할 수 있다. 변환 방법은 다음과 같다.

ⓐ LD 프로그램을 선택한다.

ⓑ 메뉴 [보기] - [IL]을 선택한다.

이때 LD 프로그램 내에 미완성된 렁이 존재하는 경우에는 IL로 변환할 수 없다는 점에 주의하여야 한다.

② 프로그램 배율 변경

LD 프로그램이 화면에 표시되는 배율을 변경한다. 화면의 배율을 확대하고자 하는 경우 메뉴 [보기] - [화면확대]를 선택하고 축소하고자 하는 경우에는 메뉴 [보기] - [화면축소]를 선택하면 된다. 마우스를 사용하는 경우는 프로그램 편집창에 커서를 위치하고 'Ctrl' 키를 누른 상태에서 마우스의 휠을 위쪽 또는 아래쪽으로 움직이면 프로그램 창 화면의 배율을 조정할 수 있다.

③ 디바이스 보기

디바이스 보기는 메뉴 [보기] - [디바이스 보기]를 선택하면 되는데 디바이스 보기를 선택하면 접점, 코일, 응용 명령어의 오퍼랜더로 사용된 디바이스에 대해 해당 디바이스의 이름으로만 표시한다. 디바이스가 없는 경우에는 변수명으로 표시한다.

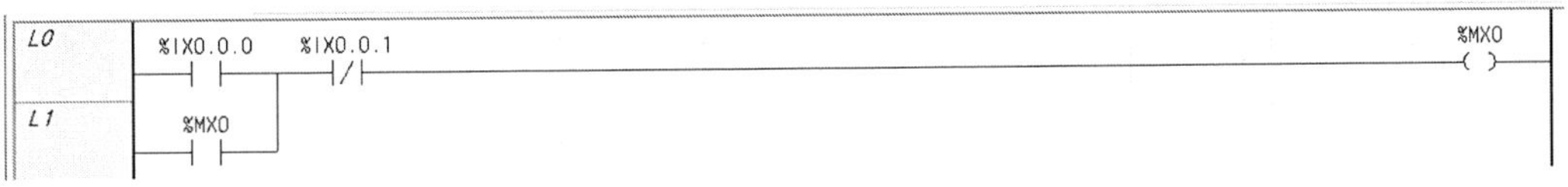

[그림 8.45] 디바이스 보기 예

④ 변수 보기

변수보기는 메뉴 [보기] - [변수 보기]를 선택하면 되는데 접점, 코일 및 응용 명령어의 오퍼랜드로 사용된 디바이스에 대하여 변수명으로 표시한다. 해당 디바이스에 변수가 선언되어 있지 않은 경우는 디바이스명으로 표시된다.

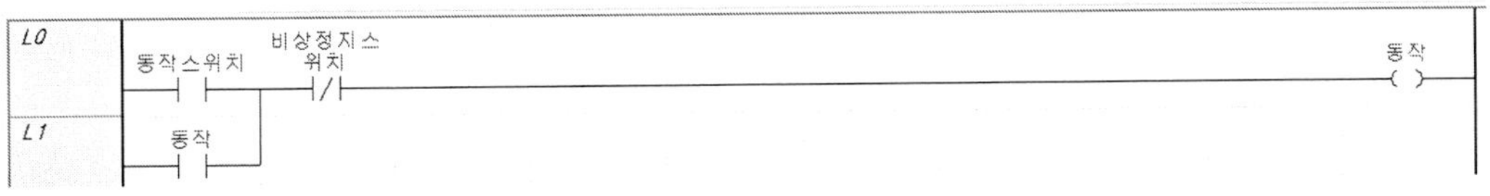

[그림 8.46] 변수보기 예

⑤ 디바이스/ 변수 보기

디바이스/변수보기는 메뉴 [보기] - [디바이스/변수 보기]를 선택하면 되는데 접점, 코일 및 응용 명령어의 오퍼랜드로 사용된 디바이스에 대하여 디바이스/변수명으로 표시한다. 해당 디바이스에 변수가 선언되어 있지 않은 경우는 디바이스명으로 표시된다.

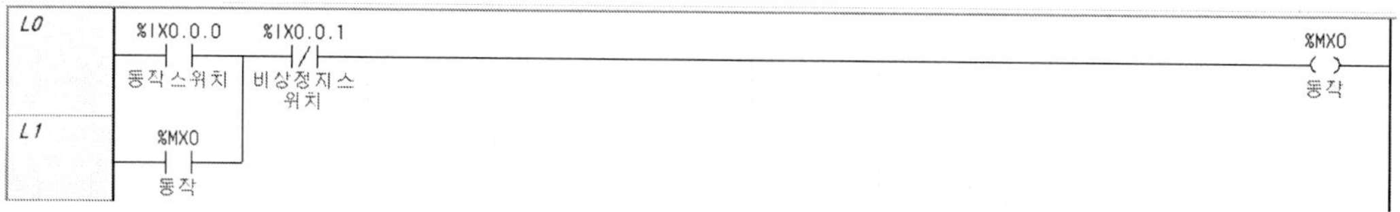

[그림 8.47] 디바이스/변수 보기 예

⑥ 디바이스/ 설명문 보기

변수보기는 메뉴 [보기] - [디바이스/설명문 보기]를 선택하면 되는데 접점, 코일 및 응용 명령어의 오퍼랜드로 사용된 디바이스에 대하여 디바이스/설명문으로 표시한다. 해당 디바이스에 설명문이 없는 경우는 디바이스명으로 표시된다.

⑦ 변수/설명문 보기

변수/설명문 보기는 메뉴 [보기] - [변수/설명문 보기]를 선택하면 되는데 접점, 코일 및 응용 명령어의 오퍼랜드로 사용된 디바이스에 대하여 변수/설명문으로 표시한다. 해당 디바이스에 변수명이 없는 경우는 디바이스명으로 표시된다.

(3) 편집 부가기능

편집 부가기능은 편집의 편리성을 위한 부가기능을 말한다.

① 프로그램 최적화

프로그램 최적화는 메뉴 [편집] - [프로그램 최적화]를 선택하면 되는데 접점과 접점 사이의 가로선 및 비어있는 라인을 삭제하여 LD 다이어그램이 그려지는 위치를 최적화한다. 프로그램 최적화 기능은 실행취소를 통하여 이전 상태로 돌릴 수 없으며 LD로직이 미완성인 경우에는 최적화 기능이 동작하지 않을 수 있다는 점에 유의하여야 한다.

② 비 실행문

비실행문은 LD 프로그램 중에서 PLC에서 실행되지 않을 영역을 설정하거나 해제할 수 있도록 해주는 기능이다. 비실행 문의 설정, 해제 방법은 다음과 같다.

ⓐ 비실행문을 설정할 렁으로 커서를 이동시킨다.

ⓑ 메뉴 [편집] - [비실행문 설정] 또는 [편집] - [비실행문 해제]를 선택한다.

비실행문은 운전 중 수정이 불가능하며 비실행문을 운전 중 수정하기 위해서는 [쓰기] 메뉴를 사용하여 설명문 쓰기를 하여야 한다.

③ 북 마크

북 마크 기능은 라인에 북 마크를 설정하여 관심있는 부분으로 쉽게 이동하기 위하여 사용되는 기능이다. 북 마크 설정 방법은 다음과 같다.

ⓐ 북 마크를 설정하고자 하는 라인으로 커서를 이동시킨다.

ⓑ 메뉴 [편집] - [북마크] - [설정/해제]를 선택한다.

모든 북 마크를 해제하고자 하는 경우에는 메뉴 [편집] - [북마크] - [모두해제]를 선택하면 된다. 그리고 메뉴 [편집] - [북마크] - [이전 북마크 이동] 또는 메뉴 [편집] - [북마크] - [다음 북마크 이동]를 선택하면 북 마크가 설정된 프로그램 위치로 쉽게 이동이 가능하다.

북 마크는 라인 단위로 설정되며 [이전 북마크 이동], [다음 북마크 이동]은 편집사항이 아니므로 편집취소, 재설정으로 설정/해제되지 않는다.

④ 찾아가기

프로그램이 지정한 스텝의 위치로 이동하거나 편집한 레이블, 렁 설명문 위치로 찾아갈 수 있는 기능이다. 찾아가기 설정 방법은 메뉴 [찾기/바꾸기] - [찾아가기] - [스텝] 또는 [찾기/바꾸기] - [찾아가기] - [레이블], [찾기/바꾸기] - [찾아가기] - [렁 설명문], [찾기/바꾸기] - [찾아가기] - [End 설명령어]을 선택하면 각각의 찾아가기 대화상자가 나타난다.

6) 파라미터

(1) 기본 파라미터

PLC 동작에 관계되는 기본 파라미터를 설정한다. 프로젝트 트리의 [파라미터] - [기본파라미터]를 두 번 누르면 기본 파라미터 설정 대화상자가 나타난다.

① 기본동작 설정

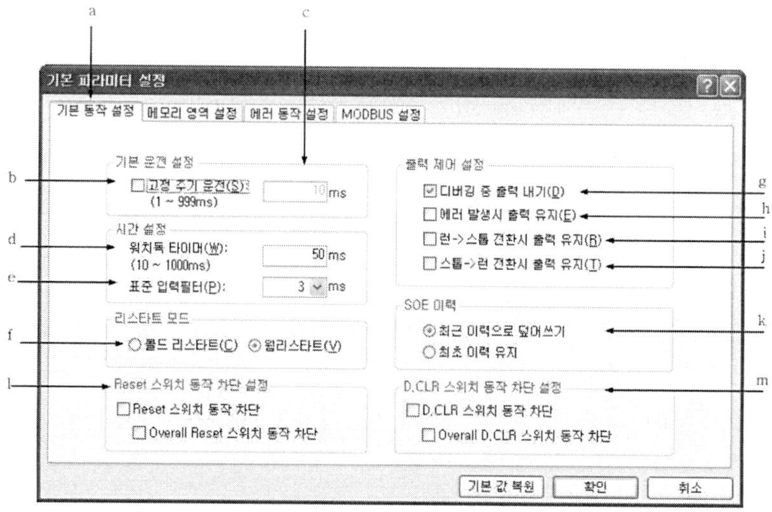

[그림 8.48] 기본 파라미터 설정 대화상자

항목	설명
a	기본동작설정 : 기본운전, 시간, 리스타트 방법, 출력제어 설정
b	고정주기운전 : PLC 프로그램을 고정된 주기에 따라 동작시킬 것인지, 스캔 타임에 의해 동작시킬 것인지 결정
c	고정주기 운전시간 설정 : 고정주기 운전설정인 경우 사용자가 동작시간을 ms 단위로 입력
d	워치독타이머 : 프로그램 오류에 의해 PLC가 정지되는 현상을 제거하기 위한 스캔 워치독 타이머의 시간값 설정
e	표준 필터 입력 : 표준 입력값 설정
f	리스타트 모드 : 리스타트 모드를 설정, 콜드/웜 리스타트 중 하나 선택
g	디버깅 중 출력내기 : 디버깅 중에도 출력 모듈에 데이터를 정상적으로 출력할지 결정
h	에러발생시 출력유지 : 에러나 특정한 입력이 발생될 때에도 모듈에 데이터를 정상적으로 출력할지 결정
i	런 → 스톱 전환시 출력 유지 : PLC동작모드에서 RUN에서 STOP 모드로 전환 중에 모듈에 데이터를 정상적으로 출력할지 결정
j	스톱 → 런 전환시 출력유지 : PLC동작모드에서 STOP에서 RUN모드로 전환 중에 모듈에 데이터를 정상적으로 출력할지 결정
k	이벤트 입력모듈 전용기능 : 이벤트 입력 모듈에서 SOE 이력을 최근이력으로 덮으쓸 것인지 최초이력을 유지 할 것인지 결정
l	Reset 스위치 동작 차단 설정 : CPU모듈의 RST(RESET)스위치의 동작을 차단할 것인지 결정
m	D.CLR 스위치 동작 차단설정 : CPU모듈의 D.CLR 스위치의 동작을 차단할 것인지 결정. Overall D.CLR 동작차단을 설정하면 Overall D.CLR 동작만 차단 된다.

② 메모리 영역 설정

PLC 전원 투입시 데이터를 보존할 M영역(리테인영역)을 설정한다.

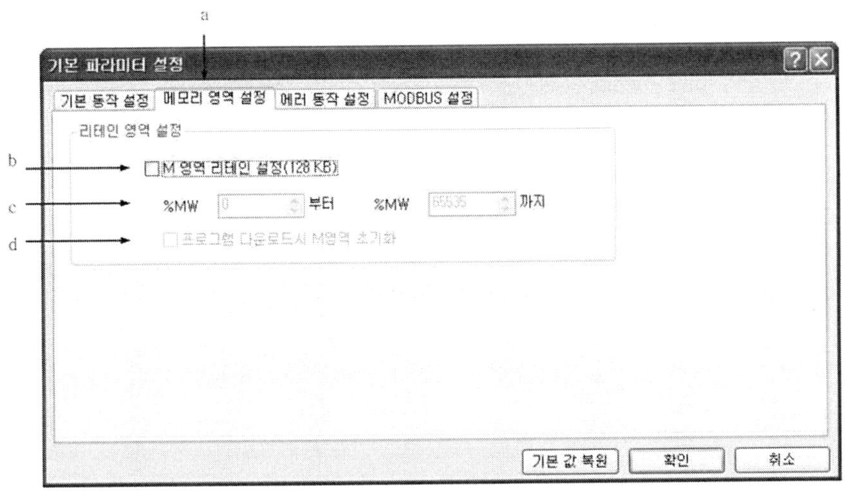

[그림 8.49] 기본 파라미터 설정

항목	설명
a	메모리 영역설정 : 기본파라미터 정보 중 메모리 영역을 설정한다.
b	M영역 리테인영역 설정 : PLC 전원 투입시 데이터를 보존할 M영역(리테인 영역)을 설정한다.
c	데이터 크기설정 : 리테인 영역 크기를 설정하며 디바이스 워드 단위로 M연역 크기 안에서 설정할 수 있다. M영역으로 설정된 크기는 전체 M 영역 크기의 반(65,536)을 넘을 수 없다.
d	프로그램 다운로드시 M영역 초기화 : 프로그램 다운로드 시에 M영역을 초기화 하도록 설정한다.

③ 에러동작 설정

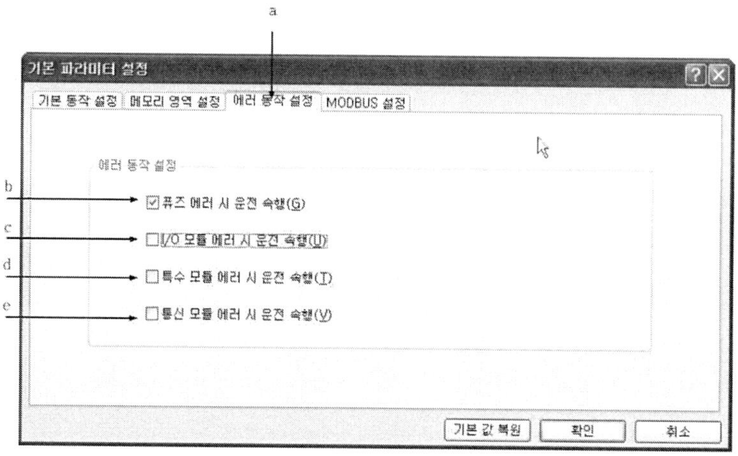

[그림 8.50] 에러동작 설정

항목	설명
a	에러동작설정 : 기본 파라미터 정보 중 PLC에 에러가 발생되었을 때 동작방법 설정을 위한 탭
b	퓨즈에러시 운전속행 : PLC동작 중 모듈의 퓨즈 연결 상태에 에러가 발생하였을 때 PLC가 운전을 계속 할 수 있도록 한다.
c	I/O모듈 에러시 운전속행 : PLC동작 중 I/O모듈의 에러가 발생하였을 때 PLC가 운전을 계속 할 수 있도록 한다.
d	특수모듈에러시 운전속행 : PLC동작 중 특수모듈에 에러가 발생했을 때 PLC가 운전을 계속 할 수 있도록 한다.
e	통신모듈 에러시 운전속행 : PLC동작 중 통신모듈 에러가 발생했을 때 PLC가 운전을 계속 할 수 있도록 한다.

④ MODBUS 설정

기본 파라미터 정보 중 모드버스 기본정보설정을 위한 탭이다.

항목	설명
국번	모드버스 통신에 사용될 국번설정(0~63)
데이터비트	수신되는 각 문자에 사용할 데이터 비트 수 설정 사용자와 통신하고 있는 PLC의 설정값과 일치해야 한다.
스톱비트	정지 비트 수를 설정
통신속도	모드버스 통신의 통신속도를 bps(bit/sec)단위로 설정
패리티 비트	패리티 비트 설정
전송모드	전송 모드를 설정하며 ASCII, RTU통신을 지원한다.

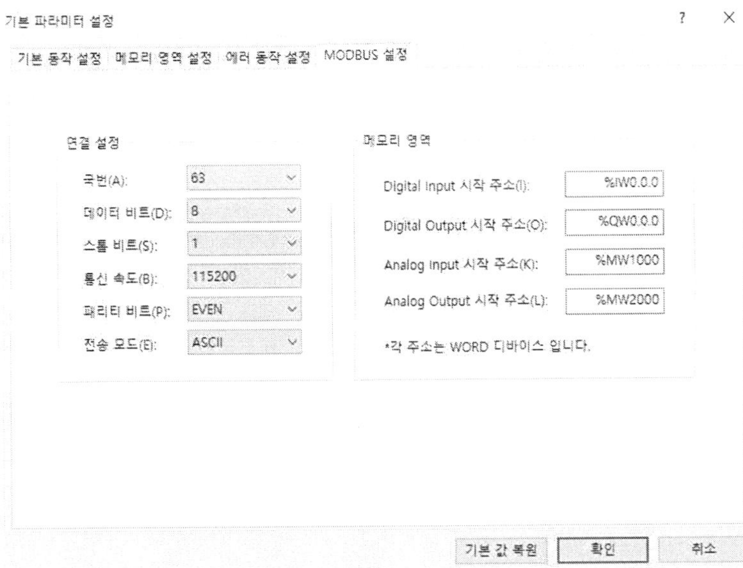

[그림 8.51] MODBUS 설정

(2) I/O 파라미터

PLC 슬롯에 사용할 I/O 종류를 설정하고 해당 슬롯별 파라미터를 설정한다. 프로젝트 트리 [파라미터] - [I/O] 파라미터를 선택하면 I/O 파라미터 설정 대화상자가 나타난다.

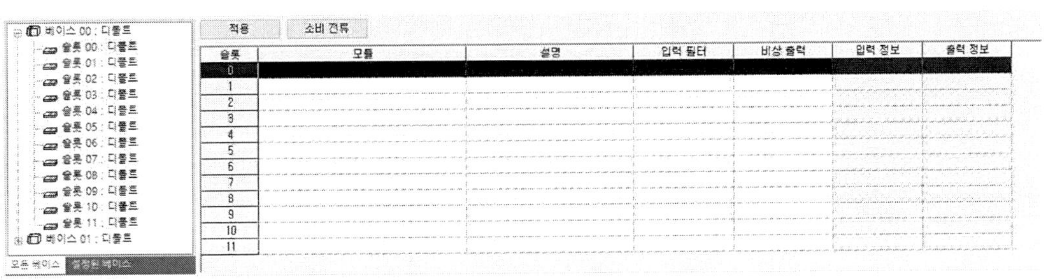

[그림 8.52] I/O 파라미터 설정

① 베이스 모듈 정보 설정

장치리스트로부터 설정할 베이스 모듈을 선택한 후 마우스 오른쪽 버튼을 눌러 [베이스 설정]을 선택하거나 또는 아래쪽 베이스 설정 버튼을 클릭하여 베이스 모듈 설정창이 나타나면 최대 슬롯 개수를 입력한다.

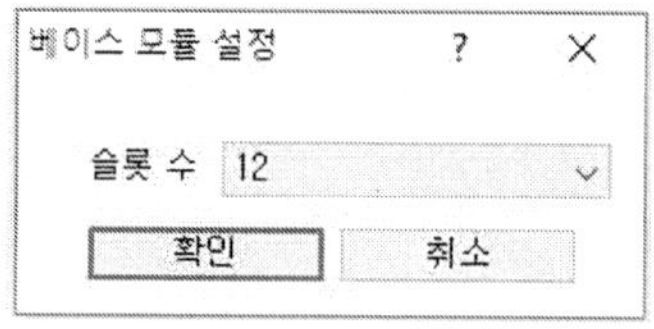

[그림 8.53] 베이스 모듈 설정

② 슬롯별 모듈정보 설정

슬롯별 모듈의 종류 및 모듈별 상세정보를 설정한다. 설정순서는 다음과 같다.

ⓐ 슬롯정보에서 모듈을 설정한 슬롯을 선택한다.

ⓑ 모든 열의 화살표를 선택하면 모듈 선택상자가 표시된다.

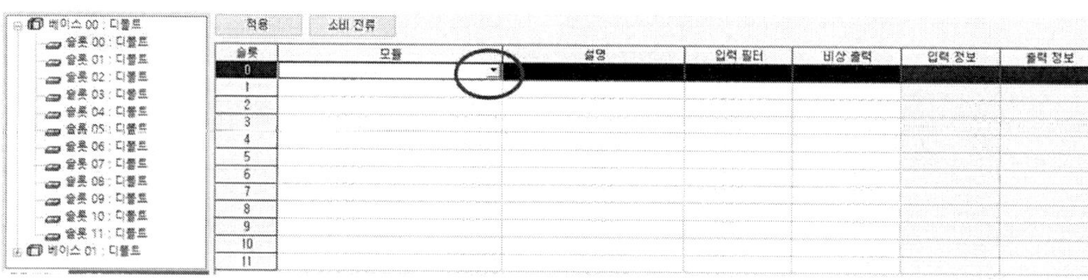

[그림 8.54] 슬롯별 모듈정보 설정

ⓒ 선택상자를 눌러 모듈을 선택한다.

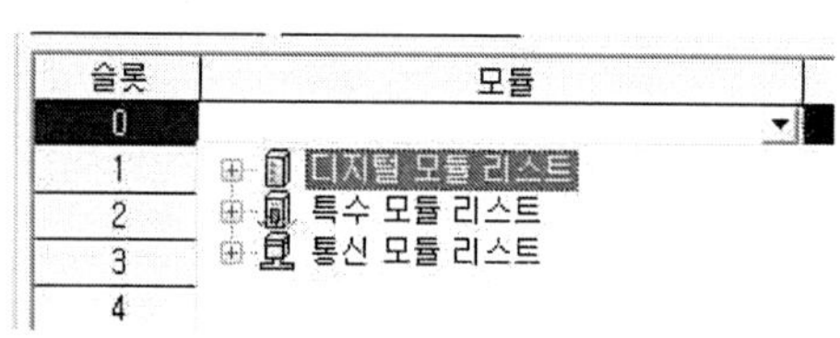

[그림 8.55] 선택상자

ⓓ 설명열을 선택하고 오른쪽 마우스 버튼을 눌러 [편집] 항목을 선택한 후 해당 슬롯에 대한 설명문을 입력한다.

7) 온라인

(1) 접속옵션

PLC와 연결 네트워크를 설정한다.

① 로컬접속 설정

로컬접속은 RS-232 또는 USB 연결을 통하여 이루어질 수 있으며 접속방법은 다음과 같다.

ⓐ 메뉴 [온라인] - [접속설정]을 선택하면 접속설정 대화상자가 나타난다.

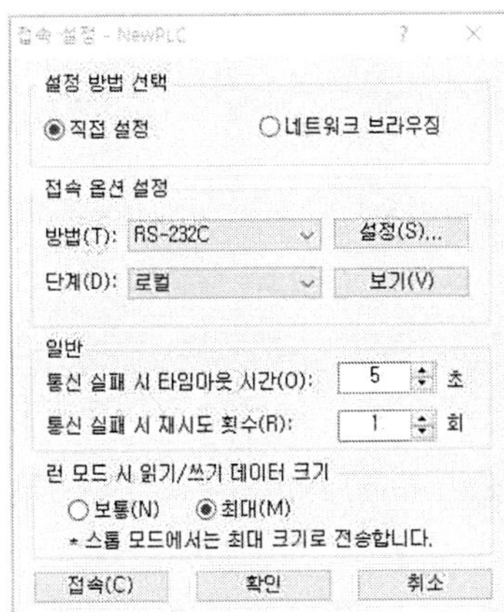

[그림 8.56] 접속설정

항목	설명	
접속옵션 설정 (접속방법)	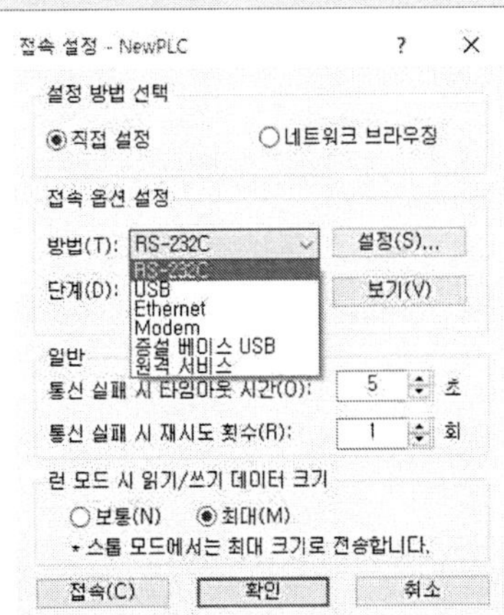	PLC와 연결시 통신 미디어를 설정한다. 화살표를 선택하면 선택 메뉴가 나타나고 RS-232, USB, 이더넷 등 필요에 따라 선택한다.

접속옵션 설정 (접속단계)	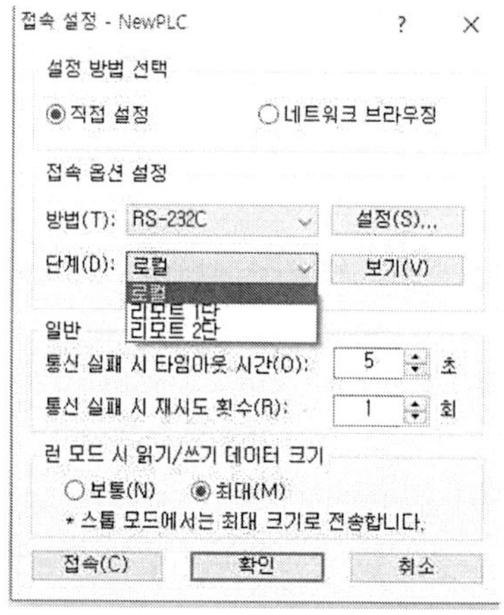 PLC와의 연결 구조를 설정한다.
접속	설정된 접속옵션 사항으로 PLC와 연결한다.
설정	선택된 접속방법에 대한 상세설정
보기	전체적인 접속옵션을 확인 할 수 있다.
타임아웃시간	설정된 시간 내에 PLC와 통신연결이 되지 못할 경우 타임아웃 발생
재시도 회수	PLC와의 통신연결 실패시 연결 재시도 횟수 설정
런 모드시 읽기/쓰기 데이터 크기	데이터 전송 프레임의 크기를 설정. 이 옵션은 PLC 운전모드가 런일 때만 적용되며 그 외 운전모드는 최대 프레임 크기로 전송

② 로컬 RS-232 연결

접속방법을 RS-232C로 선택하고 설정버튼을 눌러 통신 속도 및 직렬통신 포트를 설정한 후 확인버튼을 눌러 접속옵션을 저장한다.

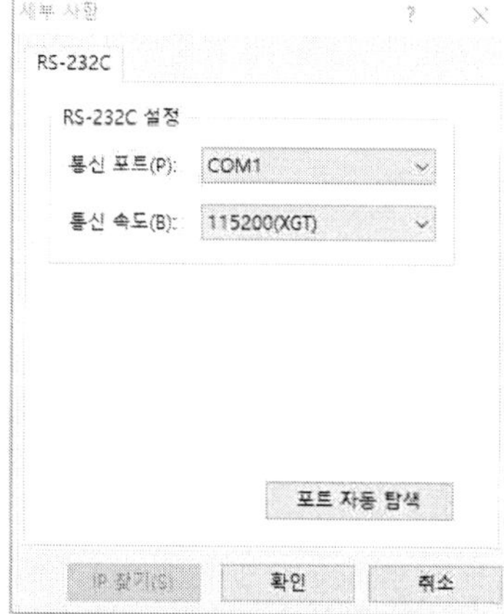

[그림 8.57] RS-232 설정

③ 로컬 USB 연결

접속방법을 USB로 설정하고 확인버튼을 눌러 접속옵션을 저장한다. USB로 PLC를 저장하기 위해서는 USB 드라이버가 설치되어 있어야 한다. XG5000설치시 USB 드라이버가 자동 설치된다.

(2) 접속/접속 끊기

메뉴 [온라인] - [접속]을 선택하면 '접속' 대화상자가 나타난다. PLC와 접속이 되면 온라인 메뉴 및 온라인 상태가 표시된다.

[그림 8.58] 접속/접속 끊기

(3) 쓰기

사용자가 프로그램 및 각 파라미터, 설명문 등을 PLC로 접속하는 기능이다. PLC와 접속되어 온라인 상태에서 메뉴 [온라인] - [쓰기]를 선택하고 PLC로 전송할 데이터를 선택한 후 확인 버튼을 누르면 선택된 데이터를 PLC로 전송한다.

(4) 읽기

읽기는 PLC 내에 저장되어 있는 프로그램 및 각 파라미터, 설명문 등을 PLC로부터 업로드하여 현재 프로젝트에 적용하는 기능이다. PLC와 접속되어 온라인 상태에서 메뉴 [온라인] - [읽기]를 선택하고 PLC로부터 업로드할 항목을 설정한 후 확인 버튼을 누르면 PLC로부터 설정된 데이터를 하여 현재 프로젝트에 적용한다.

(5) 모드 전환

모드전환은 PLC의 운전모드를 전환할 수 있는 기능이다. PLC와 접속된 상태에서 메뉴 [온라인] - [모드전환] - [런/스톱/디버그]를 선택하면 PLC의 운전모드가 사용자가 선택한 운전모드로 전환된다.

8) 모니터

(1) 모니터 공통

① 모니터 시작/끝

메뉴 [온라인] - [접속]을 이용하여 PLC와 접속상태를 유지한 상태에서 메뉴 [모니터] - [모니터 시작/끝]을 선택한다. 이때 LD 또는 IL 프로그램이 활성화되어 있으면 모니터 모드가 시작된다. 모니터 모드에서 메뉴 [모니터] - [모니터 시작/끝]을 선택하면 모니터 모드가 종료된다.

② 현재값 변경

모니터 중에 선택된 디바이스의 현재값 또는 강제 I/O 설정을 변경할 수 있는 기능이다. PLC와 온라인 상태를 유지 중인 상태에서 메뉴 [모니터] - [모니터 시작] 항목을 선택하여 모니터 모드로 변환한다.

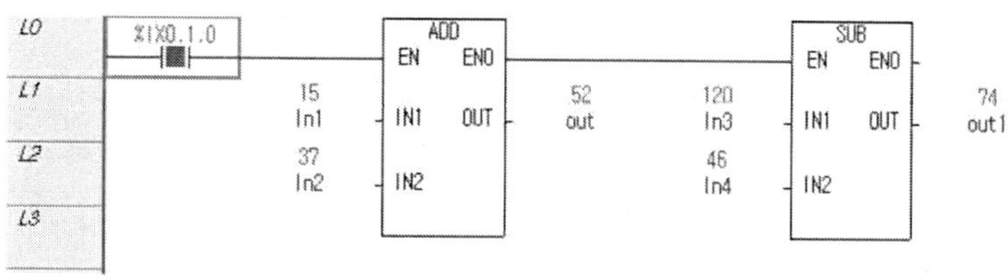

[그림 8.59] 모니터 모드

ⓐ 모니터 모드에서 프로그램 또는 변수 모니터 창에서 디바이스나 변수를 선택한다.
ⓑ 메뉴 [모니터] - [현재값 변경] 항목을 선택한다.
ⓒ 대화상자가 나타나면 현재값을 입력 후 확인을 선택하면 현재값이 변경된다.

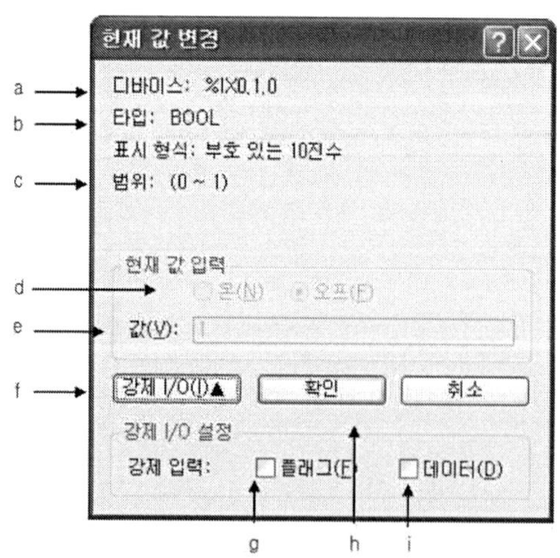

[그림 8.60] 현재값 변경

항목	설명
a	디바이스 : 현재값 변경 대상 변수 이름
b	타입 : 현재값 변경 대상 변수의 타입
c	범위 : 타입에 따른 현재값의 입력가능 범위
d	온/오프 : 타입이 BOOL인 경우 변수의 ON/OFF를 설정한다.
e	값 : 타입이 BOOL이 아닌 경우 변수의 설정값을 입력한다.
f	강제 I/O : 변수가 'I/Q'영역이고 BOOL 타입인 경우 강제 I/O 설정을 가능하게 한다.
g	플래그 : 강제 I/O 설정시 강제 I/O 설정을 사용하기 위한 플래그
h	확인 : 설정된 값을 PLC로 전송한다.
i	데이터 : 강제 I/O 데이터 값을 설정한다.

초기값은 변수의 디스플레이 타입에 따라 표시된다. 즉 모니터시 16진수로 표시되고 있으면 현재값 변경은 16진수로 표시된다. 값 입력은 디스플레이 타입에 따라 입력하지 않아도 된다. 16진수로 표시되고 있을 때 부호없는 10진수로 입력이 가능하다. 확인 버튼을 누를 때 입력값의 유효성 및 범위를 검사하여 에러 메시지가 발생할 수도 있다. 16진수로 입력하는 방법은 16#1234와 같이 16#으로 시작하며 STRING인 경우 'abcde'와 같이 작은 따옴표 사이에 현재 문자열을 입력하면 된다. WSTRING 타입인 경우에는 "abcde"와 같이 큰 따옴표 사이에 현재값을 입력한다.

(2) LD 프로그램 모니터

XG5000이 모니터 상태에서 LD 다이어그램에 작성된 접점, 코일, 펑션(블록)의 입출력 파라미터 등의 현재 값을 표시하는 기능이다. 메뉴 [모니터]-[모니터 시작/끝] 항목을 선택하면 LD 프로그램이 모니터 모드로 변경된다. 모니터 모드에서 현재값을 변경하기 위해서는 메뉴 [모니터]-[현재값 변경]을 선택하면 된다. LD프로그램 모니터 모드에서 평상시 열린 접점은 해당 접점이 온상태인 경우 디바이스의 값이 붉은 색으로 되며 접점 안에 파워 플로우가 파란색으로 표시된다. 평상시 닫힌 접점은 접점의 상태가 온상태에서 디바이스의 값이 붉은 색으로 표시되고 접점안의 파워 플로우는 표시되지 않는다. 코일은 온상태인 경우 디바이스의 값은 붉은 색으로 표시되고 코일 안의 파워 플로우는 파란색으로 표시된다.

(3) 변수 모니터

변수 모니터 창에 특정변수 또는 디바이스를 등록하여 모니터할 수 있다.

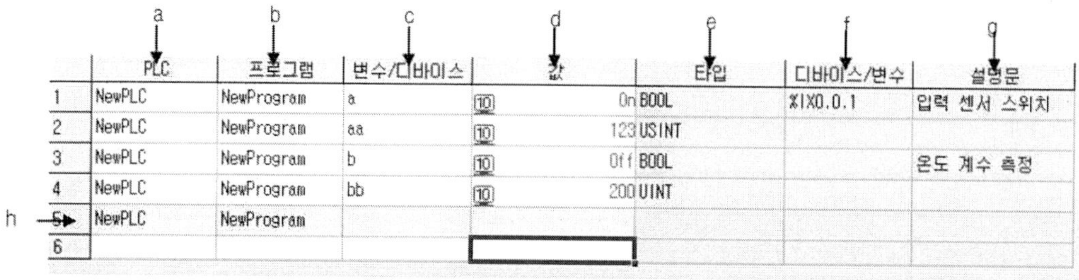

[그림 8.61] 변수 모니터창

항목	설명
a	PLC : 등록 가능한 PLC 이름
b	프로그램 : 등록변수가 존재할 프로그램의 이름 선택
c	변수/디바이스 : 변수 또는 디바이스 이름 입력
d	값 : 모니터 시 해당 디바이스의 값을 표시하며 모니터 현재값 변경을 통하여 변경할 수 있다.
e	타입 : 변수의 타입을 표시
f	디바이스/변수 : 메모리 할당이 되어 있으면 할당된 주소나 변수 이름을 보여준다. 엔터키나 마우스를 더블클릭 하면 로컬변수 목록에서 변수를 선택할 수 있다.
g	설명문 : 변수 설명문을 표시
h	에러표시 : 붉게 표시된다.

(4) 모니터 등록

① 로컬변수에서 등록

변수 모니터 창의 로컬 변수 목록에서 모니터 항목을 등록할 수 있으며 등록 방법은 다음과 같다.

ⓐ 모니터 창에서 마우스 오른쪽 버튼을 눌러 [로컬변수에서 등록] 메뉴를 선택한다.

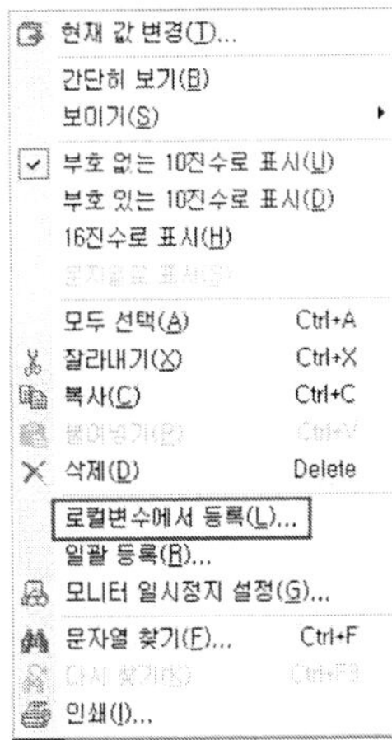

[그림 8.62] 로컬변수에서 등록

ⓑ 프로젝트 내에 포함된 PLC가 두 개 이상이거나 한 PLC에 프로그램이 두 개 이상일 경우 [선택] 대화상자가 나타난다. 여기서 등록할 PLC와 프로그램을 선택한다.

[그림 8.63] 선택 대화상자

ⓒ 위의 선택 대화상자에서 확인 버튼을 누르면 변수선택 대화상자가 나타나고 변수 선택 후 변수를 변수 모니터 창에 등록한다.

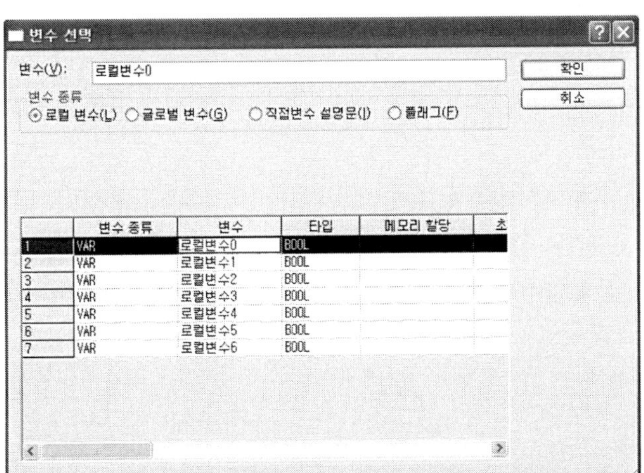

[그림 8.64] 변수선택

(2) 시스템 모니터

시스템 모니터는 PLC의 슬롯정보, I/O 할당 정보를 표시한다. 모듈상태 및 데이터 값을 표시한다.

① 기본 사용법

시스템 모니터를 실행시키는 방법은 다음과 같다.

ⓐ 메뉴 [프로그램]-[시스템 모니터] 선택

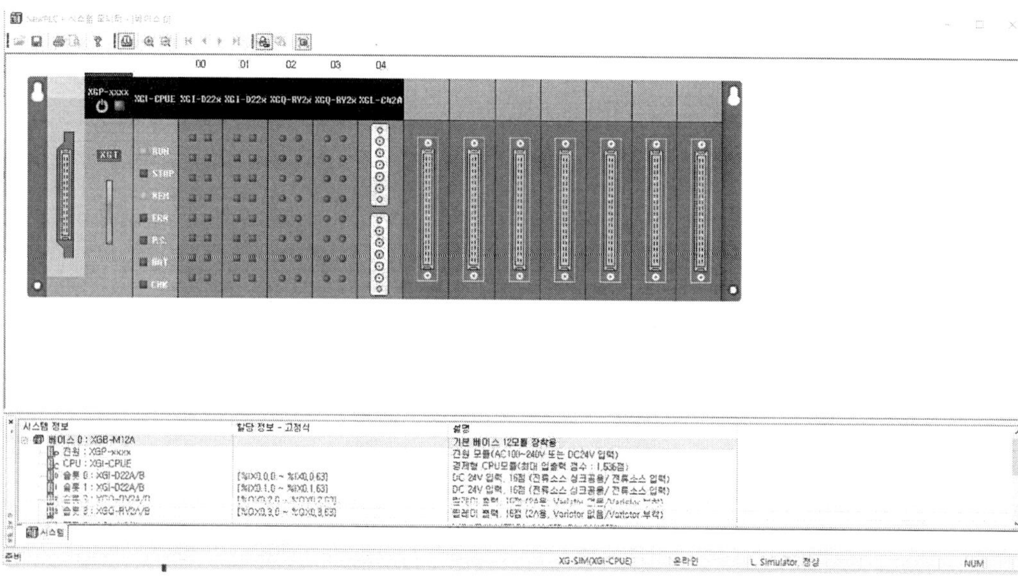

[그림 8.65] 시스템 모니터

모듈 정보창은 PLC에 설치된 슬롯 정보를 표시한다. PLC에 있는 정보 모듈을 읽어와 모듈 정보창의 데이터 표시 화면에 표시한다. 베이스 보기는 모듈정보창의 항목들을 선택한다.

② 접속/접속해제

시스템 모니터는 XG5000에서 호출하여 생성할 수도 있고 단독으로도 실행 가능하다. 따라서 PLC와 접속옵션을 가지고 접속 및 접속 해제를 할 수 있다. PLC와 접속을 하면 PLC에서 베이스 정보를 읽어와 모듈 정보창에 표시한다.

③ 시스템 동기화

PLC에 설정된 베이스 정보, I/O 할당방식, 슬롯정보를 읽어와서 화면에 표시한다. 모니터시 현재값 변경을 하기 위해 I/O 스킵정보 I/O 강제 입출력 정보를 읽어온다. 시스템 동기화 방법은 PLC와 접속상태에서 메뉴 [모니터] - [시스템모니터] 선택 후 [PLC] - [시스템동기화]를 선택한다. 또는 메뉴 [온라인] - [진단] - [I/O 정보] 클릭 후 I/O 동기화 버튼을 클릭한다.

④ 현재값 변경

현재값 변경을 수행하기 위해서는 PLC와 접속된 상태에서 모니터 모드이어야 한다. 마우스로 접점을 클릭하면 선택된 접점의 데이터 값이 on/off로 변경된다.

⑤ 전원모듈, CPU모듈, 특수모듈 정보

PLC와 접속상태에서 전원모듈 또는 CPU 모듈이나 특수 모듈을 선택하고 메뉴 [PLC] - [모듈정보]를 선택한다. 마우스 오른쪽 버튼을 누르면 메뉴가 나타나고 메뉴에서 원하는 모듈정보를 선택하면 정보가 디스플레이 된다.

(3) 디바이스 모니터

디바이스 모니터는 PLC의 모든 디바이스 영역의 데이터를 모니터링 팔 수 있다. PLC의 특정 디바이스에 데이터를 쓰거나 읽어올 수 있으며 데이터 값을 화면에 표시하거나 입력할 때 입트 형태 및 표시방법에 따라 다양하게 나타낼 수 있다.

① 기본 사용법

디바이스 모니터를 실행시키는 방법은 다음과 같다.

메뉴 [모니터] - [디바이스 모니터]를 선택한다.

② 디바이스의 열기와 데이터 표시법

디바이스 열기방법은 디바이스 모니터 창에서 디바이스 아이콘을 더블클릭하거나 또는 마우스 오른쪽 버튼 메뉴에서 [디바이스열기]를 선택하면 해당 디바이스가 우측에 나타나는데 여기서 마우스 우측 버튼을 클릭하여 보기옵션을 누르면 데이터 크기 및 데이터 표시형식을 선택할 수 있다. 데이터 화면에 표시하는 방법으로는 데이터 크기에 따라 표시하는 방법과 표시 형식에 따라 표시하는 방법이 있다.

③ 데이터값 설정

디바이스 데이터값은 표시방법 및 비트 수에 따라 설정할 수 있으며 데이터 값의 설정영역도 선택할 수 있다. 데이터 값 설정방법은 다음과 같다.

ⓐ 메뉴 [편집] - [데이터값 설정]을 선택한다.

ⓑ 데이터 값 설정 창에서 데이터 값, 비트 수, 표시방법, 영역설정을 하면 디바이스 모니터에 데이터 값이 표시된다.

④ 현재값 변경

모니터 모드인 경우 셀의 데이터 값을 변경할 수 있으며 데이터 값 변경방법은 다음과 같다.

ⓐ PLC와 접속한 상태에서 모니터 모드를 유지한다.

ⓑ 메뉴 [PLC] - [현재값 변경]을 선택한다.

ⓒ 현재값 변경 대화상자에서 변경할 값을 입력한다.

9) XG-SIM(시뮬레이터)

XG-SIM은 XGT PLC 시리즈를 위한 윈도우 환경의 가상 PLC로서 XG-SIM을 이용하면 PLC 없이도 작성한 프로그램을 실행할 수 있으며 입력조건 설정 및 모듈 시뮬레이션 기능을 이용하여 PLC 프로그램을 디버깅할 수 있는 등 강력한 시뮬레이션 기능을 제공한다. XG-SIM은 LD/SFC/ST 등의 언어로 작성된 프로그램을 시뮬레이션 할 수 있고 실행 중인 프로그램을 런 상태에서 변경사항을 적용할 수 있는 런 중 수정 기정을 지원하며, 사용자 프로그램을 스텝단위로 트레이스 할 수도 있다.

(1) XG-SIM 실행

XG-SIM의 실행은 XG5000을 실행하여 메뉴 [도구] - [시뮬레이터 시작]을 선택하면 된다. XG-SIM이 실행되면 작성된 프로그램이 XG-SIM으로 자동 다운로드되며, 온라인, 접속, 런 상태가 된다. XG-SIM 실행시 XG5000이 지원하는 온라인 메뉴 항목은 다음과 같다.

메뉴	지원여부	메뉴	지원여부
PLC로부터 열기	○	고장 마스크 설정	×
모드전환(런)	○	모듈교환 마법사	×
모드전환(중지)	○	런 중 수정 시작	○
모드전환(디버그)	○	런 중 수정 쓰기	○
접속끊기	×	런 중 수정 종료	○
읽기	×	모니터 시작/끝	○

쓰기	×	모니터 일시정지	○
PLC와 비교	×	모니터 다시시작	○
플래시 메모리 설정(설정)	×	모니터 일시정지 설정	○
플래시 메모리 설정(해제)	×	현재값 변경	○
PLC리셋	×	시스템 모니터	○
PLC지우기	○	디바이스 모니터	○
PLC 정보(CPU)	○	특수모듈 모니터	○
PLC 정보(성능)	○	사용자 이벤트	○
PLC 정보(비밀번호)	○	데이터 트레이스	○
PLC 정보(PLC시계)	○	디버그 시작/끝	○
PLC 정보(에러이력)	○	디버그(런)	○
PLC 정보(모드전환이력)	○	디버그(스텝오버)	○
PLC 정보(전원차단이력)	○	디버그(스텝 인)	○
PLC 정보(시스템 이력)	○	디버그(스텝 아웃)	○
PLC 에러경고	○	디버그(커서위치까지 이동)	○
I/O 정보	○	브레이크 포인트 설정/해제	○
강제 I/O설정	○	브레이크 포인트 목록	○
I/O 스킵 설정	○	브레이크 조건	○

(2) XG-SIM 프로그램

① 프로그램 창 구성

XG-SIM 프로그램은 다음과 같이 구성되어 있다.

<table>
<tr><th colspan="2">항목</th><th colspan="2">설명</th></tr>
<tr><td colspan="2">채널 리스트</td><td colspan="2">모듈별 채널 및 사용자 선택에 의한 즐겨쓰는 채널이 표시된다. 모듈의 경우에는 I/O 파라미터에서 설정한 모듈만 표시된다. 모듈의 표시는 'B0(베이스 번호)S00(슬롯번호) : 모듈이름' 형태로 표시된다.</td></tr>
<tr><td colspan="2">I/O 조건</td><td colspan="2">단일 I/O 조건 및 연속 I/O 조건을 표시한다.</td></tr>
<tr><td rowspan="2">상태창</td><td>상태</td><td>상태창은 시뮬레이터의 상태를 표시한다.</td><td>창</td></tr>
<tr><td>초기</td><td>초기상태를 나타낸다. 시뮬레이터로 접속이 불가능하다.</td><td>
</td></tr>
</table>

	접속가능	접속준비 완료상태를 나타내며 적색의 LED가 켜진다.	
	단일 I/O 조건실행	단일 I/O 조건이 실행 중임을 나타낸다. 실행 중인 경우 초록색의 LED가 점멸된다.	
	연속 I/O 조건실행	연속 I/O 조건이 실행 중임을 나타낸다. 실행 중인 경우 노란색의 LED가 점멸한다.	

[그림 8.66] 프로그램 창

② 채널 리스트

ⓐ 모듈채널

트리창에서 채널을 열람하고 싶은 항목을 더블클릭한다. 만일 특정 채널을 즐겨쓰기로 사용하고자 하는 경우 '즐겨쓰는 채널' 콤보박스를 선택한다.

ⓑ 채널 모니터 시작/종료와 채널 현재값 변경

채널 모니터는 메뉴 [도구]-[채널 모니터]를 선택하면 된다. 채널 현재값 변경은 현재 값을 변경하고자 하는 채널을 선택한 후 선택한 채널에서 현재값 칼럼으로 이동하여 마우스 더블클릭 또는 엔터키를 눌러 채널값 변경 대화상자가 나타나면 온/오프를 선택한다. 채널 모니터 종료는 메뉴 [도구]-[채널 모니터]를 다시 선택하면 된다.

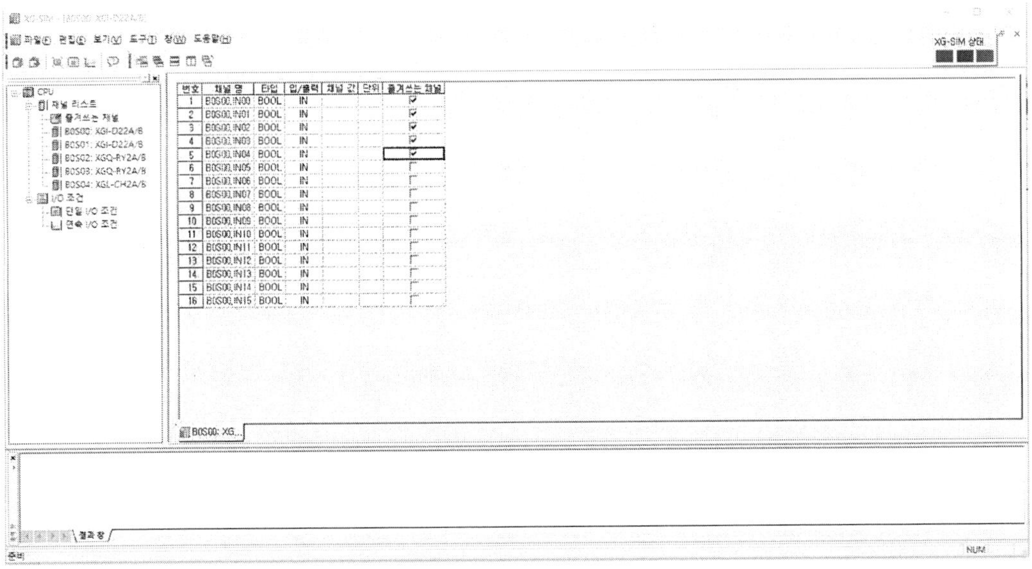

[그림 8.67] 즐겨쓰는 채널

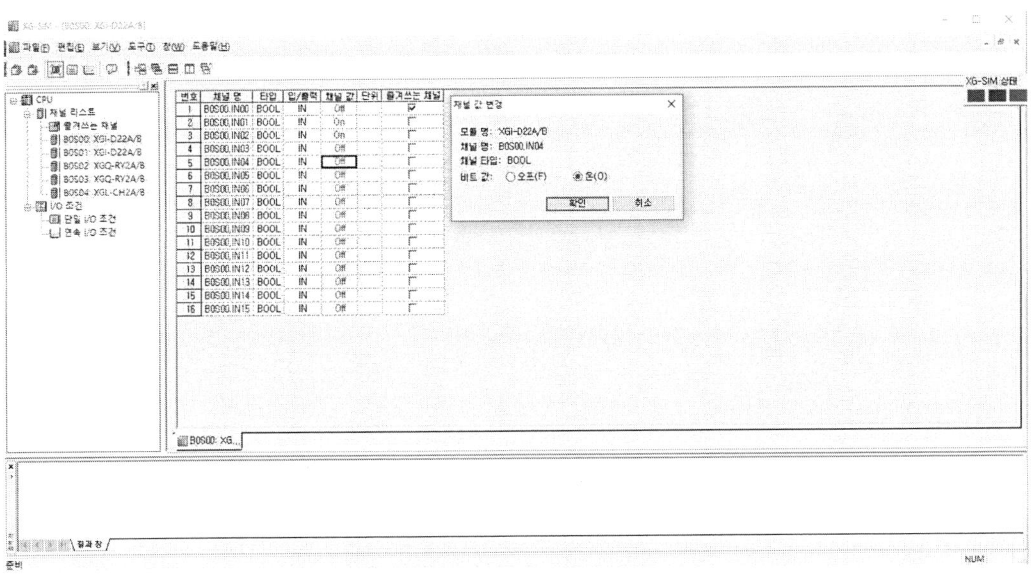

[그림 8.68] 채널 모니터

③ 모듈 시뮬레이션

XG-SIM은 모듈 및 특수 모듈에 대하여 간략한 시뮬레이션 기능을 제공한다. 디지털 입출력 모듈의 경우 I 또는 Q 영역에 대한 입출력 기능을 제공하며 특수 모듈의 경우에는 외부로부터 입력받는 아날로그 값 혹은 외부로의 아날로그 출력 밧 모니터링 등의 기능을 제공한다.

ⓐ 모듈의 설정

XG-SIM에서 제공되는 모듈 시뮬레이션 기능은 XG5000의 I/O 파라미터에서 설정한 정보를 이용한다. 따라서 모듈을 시뮬레이션하여 프로그램에 반영하기 위해서는 해당 모듈을 I/O 파라미터에서 설정하여야 한다. 예를 들어 다음과 같은 구성을 가지는 PLC 시스템이 있다.

베이스	슬롯	모듈명	모듈종류
기본베이스	0	XGI-D22A/B	DC24V 16점 입력모듈
기본베이스	1	XGI-D22A/B	DC24V 16점 입력모듈
기본베이스	2	XGQ-RY2A/B	릴레이 16점 출력모듈
기본베이스	3	XGQ-RY2A/B	릴레이 16점 출력모듈
기본베이스	4	XGL-CH2A/B	Cnet 통신모듈

이 시스템을 시뮬레이션 하기 위해서는 아래와 같이 I/O 파라미터를 설정하여야 한다.

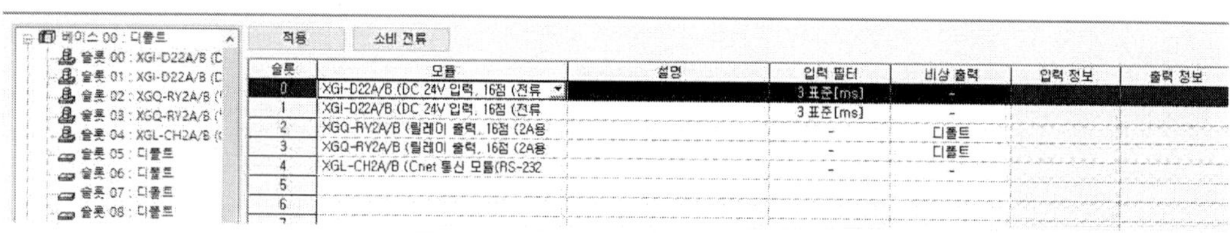

[그림 8.69] I/O 파라미터 설정

XGI-SIM이 실행된 이후 시스템 모니터에는 다음과 같이 I/O 파라미터에서 설정한 모듈이 표시된다. 만일 선택한 모듈의 종류가 변경되어 I/O 파라미터를 수정한 경우에는 XG-SIM을 다시 실행시켜야 한다.

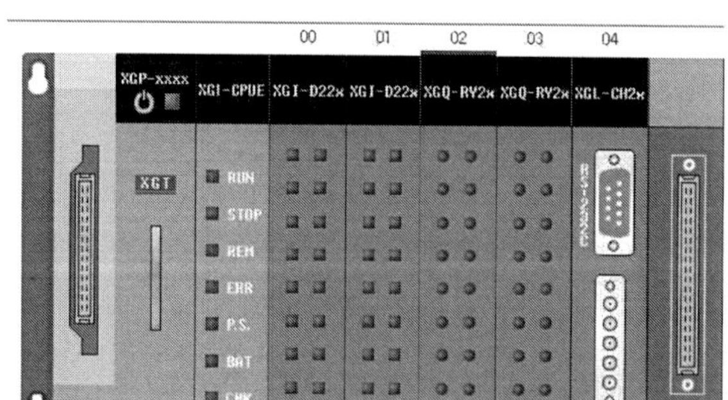

[그림 8.70] I/O 파라미터 설정 완료

ⓑ 디지털 입출력 모듈

디지털 입출력 모듈의 시뮬레이션은 접점의 현재값을 변경하거나 프로그램에서 출력으로 사용된 출력 값이 정상적으로 출력되는지 여부를 시뮬레이션 할 수 있다. I/O 파라미터에서 입출력 모듈을 설정여부에 따라 다음과 같은 차이가 있다.

	입출력 모듈 미설정	입출력 모듈 설정
입력값 변경	모니터 현재값 변경 이용	XG-SIM 채널값 변경 이용
출력값 변경	변경할 수 없음	변경할 수 없음
강제 I/O 입력	적용안됨	설정한 강제 입력값 변경
강제 I/O 출력	적용안됨	설정한 강제 출력값 변경

ⓒ 아날로그 입력 모듈(A/D 변환모듈)

XG-SIM에서 지원하는 아날로그 입력 모듈은 다음과 같다.

모듈명	지원여부
XGF-AV8A(전압형 8채널)	○
XGF-AC8A(전류형 8채널)	○
XGF-AD4S(절연형 4채널	×

XG-SIM에서는 다음과 같은 4가지 형태의 입력전압 범위와 디지털 데이터 출력 포맷 그리고 2가지 형태의 입력 전류 범위를 지원한다.

입력전압범위	입력전류범위	디지털 데이터 출력형식
1~5V	4~20mA	0~16000
0~5V	0~20mA	-8000~8000
0~10V	-	1000~5000
-10~10V	-	0~10000(%)

XG-SIM에서는 다음과 같은 아날로그 입력 파라미터를 제공한다.

파라미터	지원여부	파라미터	지원여부
운전채널	○	필터상수	○
입력전압(전류)범위	○	평균처리	○
출력 데이터 타입	○	평균방법	○
필터 처리	×	평균값	○

아날로그 입력 값은 XG-SIM에서 직접 입력할 수 있으며 입력범위는 파라미터에서 설정한 입력전압(전류) 범위 내에서 유효하다.

ⓓ 아날로그 출력모듈

XG-SIM에서 지원하는 아날로그 출력 모듈은 다음과 같다.

모듈명	지원여부
XGF-DV4A(전압형 4채널)	○
XGF-DV8A(전압형 8채널)	○
XGF-DC4A(전류형 4채널)	○
XGF-DC8A(전류형 8채널)	○
XGF-DV8S(절연형 전압출력 4채널)	×
XGF-DC8S(절연형 전류출력 4채널)	×

XG-SIM에서는 다음과 같은 출력전압(전류) 범위와 입력 데이터형을 지원한다.

입력 데이터 형식	출력전압범위	출력전류범위
0~16000	1~5V	4~20mA
-8000~8000	0~5V	0~20mA
1000~5000	0~10V	-
0~10000(%)	-10~10V	-

XG-SIM에서는 다음과 같은 아날로그 출력 파라미터를 지원한다.

파라미터	지원여부
운전채널	○
출력전압(전류)범위	○
입력 데이터 타입	○
채널 출력상태	×

디지털 입력값은 프로그램에서 특수모듈 변수를 통하여 입력 가능하며 파라미터에서 설정한 범위 내에서만 유효하다.

09 CHAPTER PLC 프로그래밍 기초

9.1 시퀀스 프로그램

1) 시퀀스 연산자

XGI PLC의 시퀀스 연산자는 접점, 코일, 점프 등이 있다.

(1) 접점의 종류 및 기능

XGI PLC 입력 접점의 종류 및 기능은 다음과 같다.

접점기호	이름	기능
-| |-	상시열린 접점	불 변수의 상태가 온일 때 해당접점 연결
-|/|-	상시닫힌 접점	불 변수의 상태가 오프일 때 해당접점 연결
-|P|-	양변환검출 접점	불 변수의 값이 OFF → ON으로 변화하는 순간 해당 접점을 현재 1 스캔 동안 연결
-|N|-	음변환검출 접점	불 변수의 값이 ON → OFF으로 변화하는 순간 해당 접점을 현재 1 스캔 동안 연결

(2) 출력코일의 종류 및 기능

접점기호	이름	기능
-( )-	출력코일	왼쪽에 있는 연결선의 상태를 지정된 불 변수 접점으로 출력
-(/)-	반전코일	왼쪽에 있는 연결선의 상태를 반전하여 지정된 불 변수 접점으로 출력
-(P)-	양변환 검출 코일	왼쪽 연결선 상태가 전 스캔 OFF에서 현재 스캔 ON 시, 지정된 불 변수 출력 접점을 현재 1 스캔 동안 ON
-(N)-	음변환 검출 코일	왼쪽 연결선 상태가 전 스캔 ON에서 현재 스캔 OFF시, 지정된 불 변수 출력 접점을 현재 1 스캔 동안 ON
-(S)-	셋 코일	왼쪽 연결선 상태가 1회 ON 되었다가 OFF 되어도, 지정된 불 변수 출력 접점은 ON 상태를 유지
-(R)-	리셋 코일	왼쪽 연결선 상태가 ON시, 지정된 불변수 출력 접점의 ON상태를 OFF 시킴

(3) 연산회로의 반전

입력 접점의 상태를 연산하여 그 결과를 반전하고자 할 경우 사용되는 연산회로 반전기능이 있다.

연산자	이름	기능
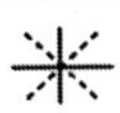 sF9	NOT	현재까지 연산된 결과를 반전함(1 → 0), (0 → 1)

(4) 기타 시퀀스 연산자(확장 명령어)

연산자	이름	기능
BREAK	브레이크	FOR~NEXT 반복연산 도중 반복 루프를 탈출할 때 사용
CALL	서브루틴 콜	메인 프로그램 연산 중 서브루틴 프로그램 호출
END	종료	프로그램 연산 종료
FOR	포	FOR~NEXT 반복문의 시작
NEXT	넥스트	FOR~NEXT 반복문의 끝
INIT_DONE	이닛던	초기화 태스크의 종료를 알리는 플래그
JUMP	점프	지정된 레이블 위치로 연산이동
SBRT	서브루틴	콜에 의해 실행될 프로그램 위치
RET	리턴	서브루틴 연산 완료 후 메인 프로그램으로 복귀

9.2 입력접점 및 출력 코일 프로그램

1) 직접 변수 프로그램

직접변수를 사용하면 변수 선언이 불필요하므로 지역변수 목록에 포함되지 않는다.

[그림 9.1] 직접변수 사용 예

2) 네임드 변수 프로그램

네임드 변수를 사용하여 프로그램을 작성한 예이다. 네임드 변수에서는 변수명을 지정하고 메모리를 직접변수 선언과 동일하게 할당할 수 있다.

	변수 종류	변수	타입	메모리 할당	초기값	리테인	사용 유무	EIP/OPC UA	HMI	설명문
1	VAR	출력	BOOL	%QX0.2.0		☐	☑	☐	☐	출력 램프
2	VAR	정지	BOOL	%IX0.0.1		☐	☑	☐	☐	푸시 버튼 스위치
3	VAR	시작	BOOL	%IX0.0.0		☐	☑	☐	☐	푸시 버튼 스위치

[그림 9.2] 네임드 변수 사용 예

(1) 변수의 추가, 편집

프로그램의 임의의 변수를 클릭하면 '변수선택 창'이 나타난다.

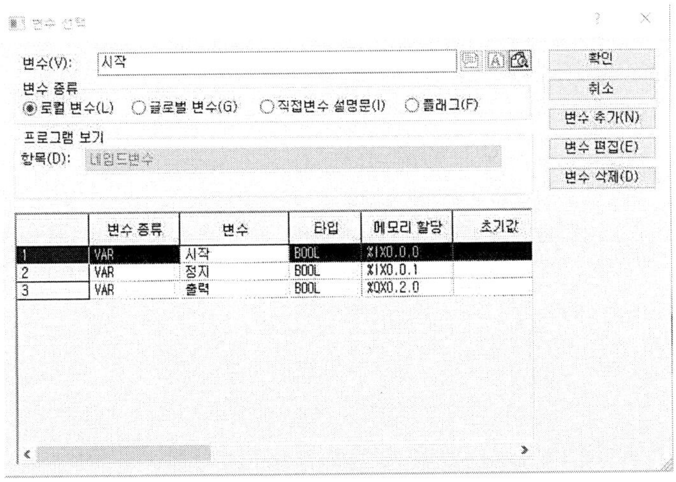

[그림 9.3] 변수선택

변수추가 또는 변수편집 버튼을 클릭하면 새로운 변수를 추가하거나 또는 편집할 수 있다.

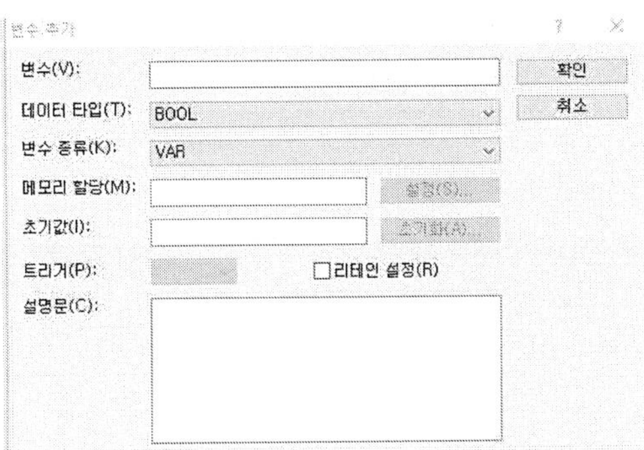

[그림 9.4] 변수추가 창

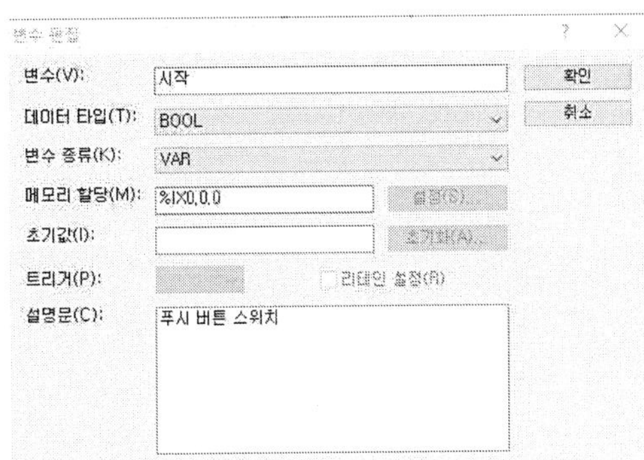

[그림 9.5] 변수편집 창

3) 변환검출 접점, 코일 프로그램

(1) 양 변환 검출 접점 및 음 변환 검출 접점 프로그램

양 변환 음 변환

[그림 9.6] 양변환과 음변환

양변환 검출 접점은 양변환검출이 0에서 1로 변화하는 순간을 검출하여 오른쪽 연결선이 해당 스캔에서 다음 1스캔 동안만 연결되는 동작을 수행한다.

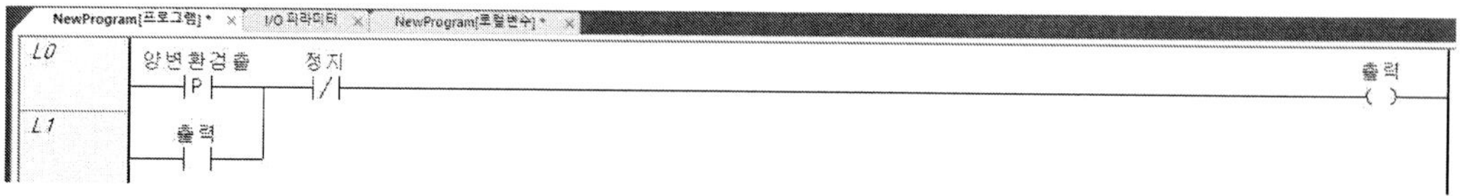

	변수 종류	변수	타입	메모리 할당	초기값	리테인	사용 유무	EIP/OPC UA	HMI	설명문
1	VAR	출력	BOOL	%QX0.2.0		☐	☑	☐	☐	출력램프
2	VAR	양변환검출	BOOL	%IX0.0.0		☐	☑	☐	☐	푸시버튼 스위치
3	VAR	정지	BOOL	%IX0.0.1		☐	☐	☐	☐	푸시버튼 스위치

[그림 9.7] 양변환 검출 접점 사용 예

음변환 검출 접점은 음변환 검출이 1에서 0로 변화하는 순간을 검출하여 오른쪽 연결선이 해당 스캔에서 다음 1스캔 동안만 연결되는 동작을 수행한다.

	변수 종류	변수	타입	메모리 할당	초기값	리테인	사용 유무	EIP/OPC UA	HMI	설명문
1	VAR	음변환검출	BOOL	%IX0.0.0		☐	☑	☐	☐	푸시버튼 스위치
2	VAR	정지	BOOL	%IX0.0.1		☐	☑	☐	☐	푸시버튼 스위치
3	VAR	출력	BOOL	%QX0.2.0		☐	☑	☐	☐	출력램프

[그림 9.8] 음변환 검출접점 사용 예

(2) 양 변환 검출 코일 및 음 변환 검출 코일 프로그램

시작스위치를 누르는 순간(접점의 상태가 0에서 1로 변환하는 순간) 양변환 검출 코일이 동작되어 출력램프가 점등된다.

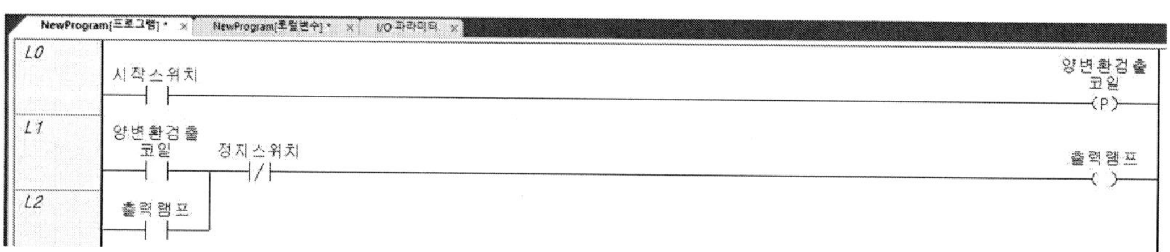

	변수 종류	변수	타입	메모리 할당	초기값	리테인	사용 유무	EIP/OPC UA	HMI	설명문
1	VAR	시작스위치	BOOL	%IX0.0.0		☐	☑	☐	☐	푸시버튼 스위치
2	VAR	양변환검출코일	BOOL			☐	☑	☐	☐	양변환검출코일
3	VAR	정지스위치	BOOL	%IX0.0.1		☐	☑	☐	☐	푸시버튼 스위치
4	VAR	출력램프	BOOL	%QX0.2.0		☐	☑	☐	☐	출력램프

[그림 9.9] 양 변환 검출 코일 사용 예

시작 스위치를 눌렀다 떼는 순간(접점의 상태가 1에서 0으로 변환하는 순간) 음변환 검출 코일이 동작되어 출력램프가 점등된다.

	변수 종류	변수	타입	메모리 할당	초기값	리테인	사용 유무	EIP/OPC UA	HMI	설명문
1	VAR	시작스위치	BOOL	%IX0.0.0		☐	☑	☐	☐	푸시버튼스위치
2	VAR	음변환검출코일	BOOL			☐	☑	☐	☐	
3	VAR	정지스위치	BOOL	%IX0.0.1		☐	☑	☐	☐	푸시버튼스위치
4	VAR	출력램프	BOOL	%QX0.2.0		☐	☑	☐	☐	출력램프

[그림 9.10] 음 변환 검출 코일 사용 예

4) 셋 및 리셋 코일 프로그램

(1) 셋 코일

입력조건이 ON 되면 지정된 비트 영역이 ON 된다. 지정된 비트영역이 ON 된 후 입력조건이 OFF 되어도 지정된 비트 영역은 ON 상태를 유지한다.

(2) 리셋 코일

리셋코일의 입력조건이 ON 되었을 때 리셋코일로 지정된 비트영역이 ON 상태이면 OFF 상태로 만든다. 리셋코일의 입력조건이 ON되었을 때 리셋으로 지정된 비트 영역이 OFF 상태이면 변화가 없다.

- 셋, 리셋 코일을 이용한 자기유지회로 예

셋 코일은 자기유지기능을 가지고 있기 때문에 코일 출력이 한 번이라도 셋되고 나면 리셋입력이 들어올 때까지 셋 상태를 유지한다. 정전후 복전시 변수설정에서 리테인 설정 여부에 따라 동작이 달라진다. 기본 파라미터 설정에서 리스타트 모드가 웜 리스타트로 설정되고 리테인으로 설정된 변수 '래치'는 정전 후 복전시에도 정전 이전상태를 그대로 유지한다.

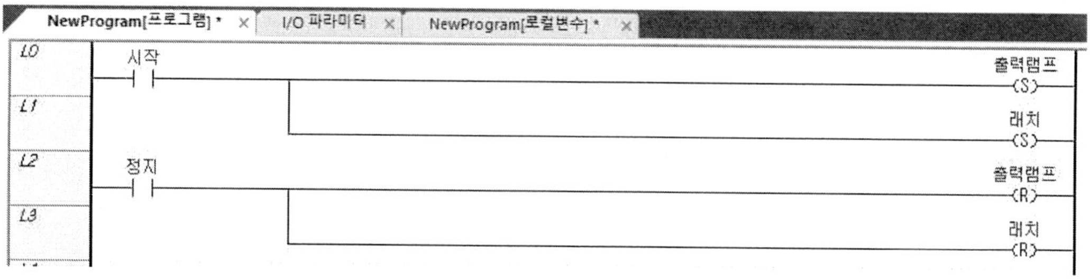

	변수 종류	변수	타입	메모리 할당	초기값	리테인	사용 유무	EIP/OPC UA	HMI	설명문
1	VAR	래치	BOOL			☑	☑	☐	☐	리테인 설정
2	VAR	시작	BOOL	%IX0.0.0		☐	☑	☐	☐	푸시버튼 스위치
3	VAR	정지	BOOL	%IX0.0.1		☐	☑	☐	☐	푸시버튼 스위치
4	VAR	출력램프	BOOL	%QX0.2.0		☐	☑	☐	☐	램프

[그림 9.11] 셋, 리셋 코일을 이용한 자기유지회로 예

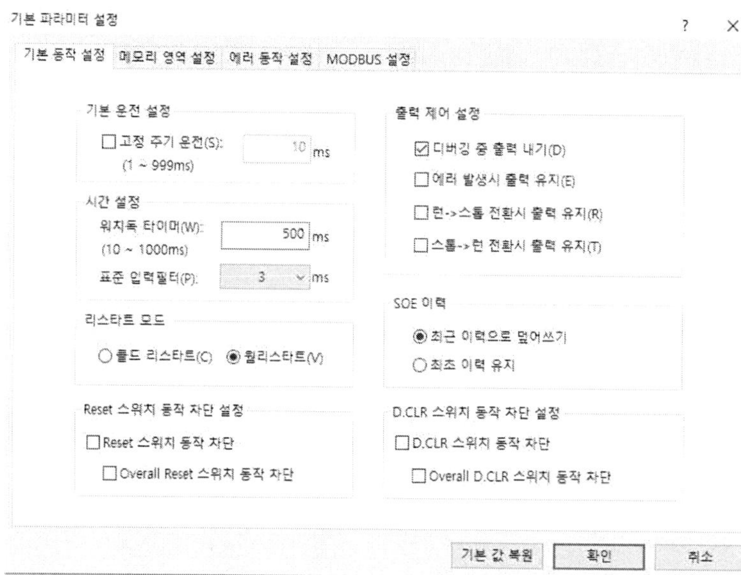

[그림 9.12] 기본 파라미터 설정

9.3 펑션 프로그램

1) 펑션과 펑션블록

XGI 시리즈 PLC에서 사용되는 언어 구성체는 크게 펑션과 펑션 블록으로 구분된다. 펑션은 1스캔에 입력받아 입력에 대한 결과를 1스캔에 즉시 출력하여 그 결과를 만들어 내는 언어 구성체이다. 그러나 펑션블록은 여러 스캔에 걸쳐 누계된 연산결과를 출력하며 연산 중 누계되는 데이터를 보관하기 위한 내부 메모리를 필요로 한다. 따라서 펑션블록은 사용하기 전에 인스턴스 변수를 선언하여야 한다. 인스턴스 변수는 펑션블록 내에서 사용하는 변수들의 집합이다. 펑션과 펑션블록의 차이점은 다음과 같다.

구분	펑션	펑션블록
입력 수	1개 이상(최대 8개)	2개 이상
출력 수	1개	2개 이상
연산시간	1스캔에 결과 출력	여러 스캔 누계결과 출력
데이터	입출력 데이터를 모두 지정	입력 데이터는 지정, 출력 데이터는 생략가능
데이터형	입력변수와 출력변수의 모든 데이터 형이 동일	변수의 기능에 따라 다양한 데이터 형
예	전송펑션, 형변환펑션, 비교펑션, 산술연산펑션 등	타이머, 카운터, 응용펑션블록, 특수모듈 초기화 펑션블록 등

2) 기본펑션의 종류

기본펑션에는 전송펑션, 형변환펑션, 비교펑션, 산술연산펑션, 논리연산펑션, 비트 시프트 펑션 등이 있다.

(1) 전송펑션

펑션이름	기능
MOVE	데이터 전송(입력 → 출력)
ARY_MOVE	배열변수 부분전송

(2) 비교펑션

펑션이름	기능 (단, n은 8까지 가능) (두 값의 크기를 비교하여 그 결과가 참이면 OUT→1 출력)
GT(크다)	$(IN_1 > IN_2)$ and $(IN_2 > IN_3)$ and ⋯ and $(IN_{n-1} > IN_n) \to$ OUT
GE(크거나 같다)	$(IN_1 \geq IN_2)$ and $(IN_2 \geq IN_3)$ and ⋯ and $(IN_{n-1} \geq IN_n) \to$ OUT
EQ(같다)	$(IN_1 = IN_2)$ and $(IN_2 = IN_3)$ and ⋯ and $(IN_{n-1} = IN_n) \to$ OUT
LE(작거나 같다)	$(IN_1 \leq IN_2)$ and $(IN_2 \leq IN_3)$ and ⋯ and $(IN_{n-1} \leq IN_n) \to$ OUT
LT(작다)	$(IN_1 < IN_2)$ and $(IN_2 < IN_3)$ and ⋯ and $(IN_{n-1} < IN_n) \to$ OUT
NE(같지 않다)	$(IN_1 \neq IN_2)$ and $(IN_2 \neq IN_3)$ and ⋯ and $(IN_{n-1} \neq IN_n) \to$ OUT

(3) 산술연산 펑션

펑션이름	기능 (단, n은 8까지 가능) (사칙연산 결과를 OUT로 출력한다.)
ADD(덧셈)	$(IN_1 + IN_2 + IN_3 + \cdots + IN_n) \to$ OUT
MUL(곱셈)	$(IN_1 \times IN_2 \times IN_3 \times \cdots \times IN_n) \to$ OUT
SUB(뺄셈)	$(IN_1 - IN_2) \to$ OUT
DIV(나눗셈)	$(IN_1 \div IN_2) \to$ OUT
MOD(나머지 연산자)	나눗셈의 나머지를 구한다.
EXPT(지수연산)	$IN_1^{IN_2} \to$ OUT

(4) 논리연산 펑션

펑션이름	기능 (단, n은 8까지 가능) (논리연산 결과를 OUT로 출력한다.)
AND(논리곱)	$(IN_1\ AND\ IN_2\ AND\ IN_3\ AND \cdots AND\ IN_n) \to$ OUT
OR(논리합)	$(IN_1\ OR\ IN_2\ OR\ IN_3\ OR \cdots OR\ IN_n) \to$ OUT
XOR(배타적 논리합)	$(IN_1\ XOR\ IN_2\ XOR\ IN_3\ XOR \cdots XOR\ IN_n) \to$ OUT
NOT(논리반전)	$NOT\ IN_1 \to$ OUT

(5) 비트 시프트 펑션

펑션이름	기능
SHL	입력을 N비트 왼쪽으로 이동(오른쪽은 0으로 채움)
SHR	입력을 N비트 오른쪽으로 이동(왼쪽은 0으로 채움
ROL	입력을 N비트 왼쪽으로 회전
ROR	입력을 N비트 오른쪽으로 회전

(6) 형변환 펑션

펑션이름	기능	입력 데이터형	출력 데이터형
BCD_TO_***	BYTE_BCD_TO_SINT등 8종	바이트(BCD)	SINT
SINT_TO_***	SINT_TO_INT등 15종	SINT	INT
INT_TO_***	INT_TO_SINT등 15종	INT	SINT
DINT_TO_***	DINT_TO_SINT 등 10종	DINT	SINT
DINT_TO_***	DINT_TO_SWORD 등 5종	DINT	DWORD
LINT_TO_***	LINT_TO_SINT 등 15종	LINT	SINT
USINT_TO_***	USINT_TO_SINT 등 15종	USINT	SINT
UINT_TO_***	UINT_TO_SINT 등 11종	UINT	SINT
UINT_TO_***	UINT_TO_LWORD 등 5종	UINT	LWORD
UDINT_TO_***	UDINT_TO_SINT 등 17종	UDINT	SINT
ULINT_TO_***	ULINT_TO_SINT 등 15종	ULINT	SINT
BOOL_TO_***	BOOL_TO_SINT 등 9종	BOOL	SINT
BOOL_TO_***	BOOL_TO_WORD 등 4종	BOOL	WORD
BYTE_TO_***	BYTE_TO_SINT 등 13종	바이트	SINT
WORD_TO_***	WORD_TO_SINT 등 14종	WORD	SINT
DWORD_TO_***	DWORD_TO_SINT 등 16종	DWORD	SINT
LWORD_TO_***	LWORD_TO_SINT 등 15종	LWORD	SINT
STRING_TO_***	STRING_TO_SINT 등 19종	STRING	SINT
TIME_TO_***	TIME_TO_UDINT 등 3종	TIME	UDINT
DATE_TO_***	DATE_TO_UINT등 3종	DATE	UINT
TOD_TO_***	TOD_TO_UDINT 등 3종	TOD	UDINT
DT_TO_***	DT_TO_LWORD 등 4종	DT	LWORD
***_TO_BCD	SINT_TO_BCD_BYTE 등 8종	SINT	BYTE(BCD)

3) 기본펑션 프로그램

(1) 기본펑션 프로그램 작성방법

XG5000에서 펑션을 편집하는 방법은 다음과 같다.

① 새 프로젝트를 작성한다.

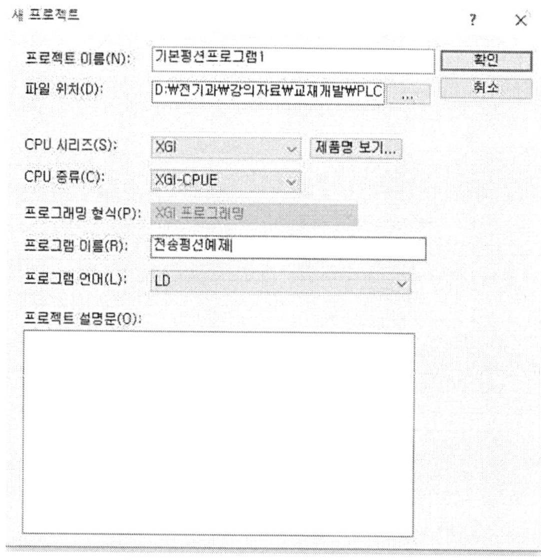

[그림 9.13] 새프로젝트

② 도구상자에서 펑션(F10)을 선택한 후 프로그램 창에서 클릭하면 펑션 선택 대화상자가 나타난다.

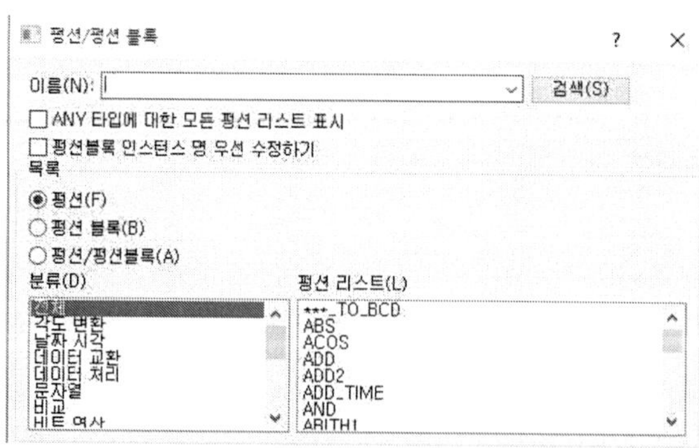

[그림 9.14] 펑션선택 대화상자

평션선택 대화상자에서 사용하고자 하는 평션을 입력하고 '확인'을 클릭하면 프로그램에 평션이 등록된다.

③ 평션등록이 되었으면 시퀀스 연산자를 이용하여 다음과 같이 입력변수와 출력변수를 설정한다.

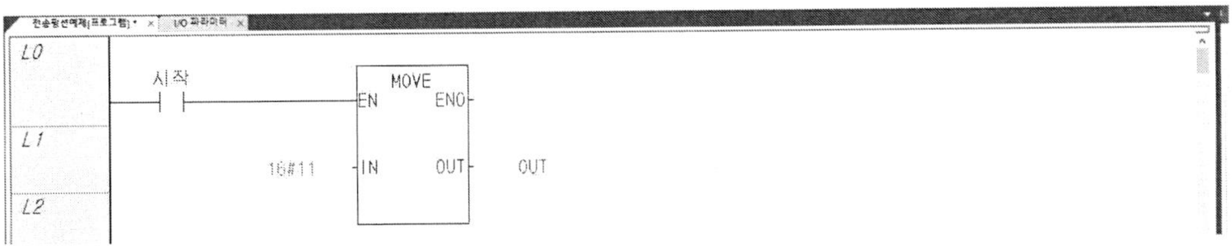

	변수 종류	변수	타입	메모리 할당	초기값	리테인	사용 유무	EIP/OPC UA	HMI	설명문
1	VAR	OUT	WORD			☐	☑	☐	☐	WORD형 출력변수
2	VAR	시작	BOOL	%IX0.0.0		☐	☑	☐	☐	BOOL형 입력변수

[그림 9.15] 입출력변수 설정

③ 시뮬레이터를 통하여 동작을 확인한다.

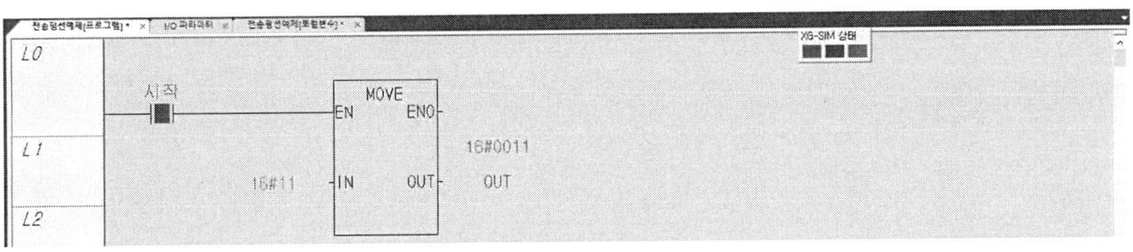

[그림 9.16] 시뮬레이터 동작

(2) 전송평션

① MOVE

EN이 ON되면 IN으로 입력되는 데이터를 OUT으로 전송한다. EN은 입력변수가 아닌 평션실행 조건이며 ENO는 출력변수가 아닌 평션실행 완료 신호이다. 입력변수와 출력변수의 데이터형이 동일해야 한다는 점에 유의하여 사용한다.

펑션	설명
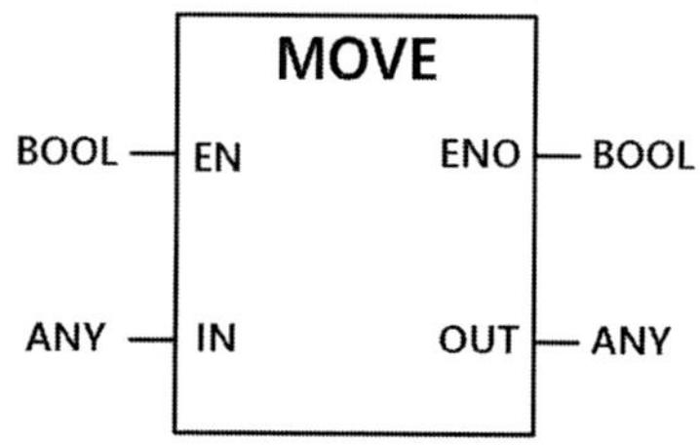	• 입력 EN : 1일 때 펑션 실행 IN : 전송할 값 또는 전송할 데이터가 저장된 변수 • 출력 ENO : 펑션이 수행되면 1 출력 OUT : 데이터가 저장될 영역

• MOVE 응용 프로그램 예

시작 스위치(%IX0.0.0)를 누르면 입력접점(%IX0.1.0~%IX0.1.15)까지의 16비트 상태를 출력포트(%QX0.2.0~%QX0.2.15)로 16비트 워드 단위로 전송한다.

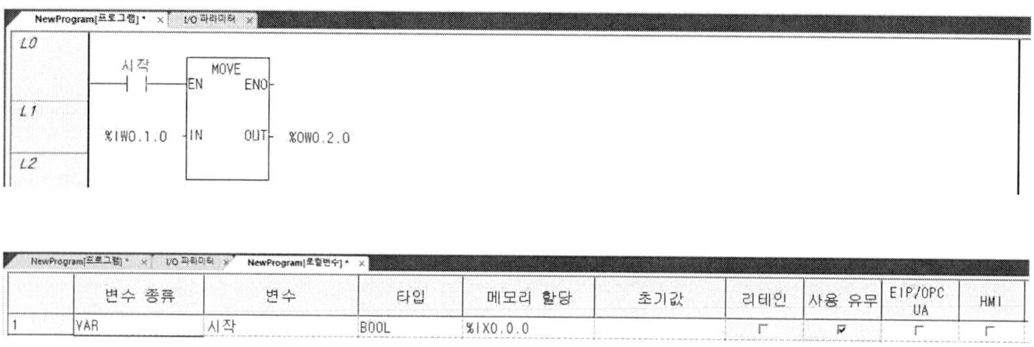

[그림 9.17] MOVE 사용 예

(3) 형변환 펑션

① BCD_TO_***

BCD 코드의 입력 데이터를 이진코드(정수)로 변경하여 OUT로 설정된 변수에 저장한다. BCD 코드란 16진수에서 A~F까지의 값을 사용하지 않는 16진수를 말한다. 입력변수가 BCD형이 아닌 경우 출력은 0이 되고 _ERR(연산에러 플래그)와 _LER(연산 에러 래치 플래그)가 ON 된다.

펑션그룹	펑션이름	입력 데이터 형	출력 데이터 형
BCD_TO_***	BYTE_BCD_TO_SINT	BYTE(BCD)	SINT
	WORD_BCD_TO_INT	WORD(BCD)	INT
	DWORD_BCD_TO_DINT	DWORD(BCD)	DINT
	LWORD_BCD_TO_LINT	LWORD(BCD	LINT
	BYTE_BCD_TO_USINT	BYTE(BCD)	USINT
	WORD_BCD_TO_UINT	WORD(BCD)	UINT
	DWORD_BCD_TO_UDINT	DWORD(BCD)	UDINT
	LWORD_BCD_TO_ULINT	LWORD(BCD)	ULINT

펑션	설명
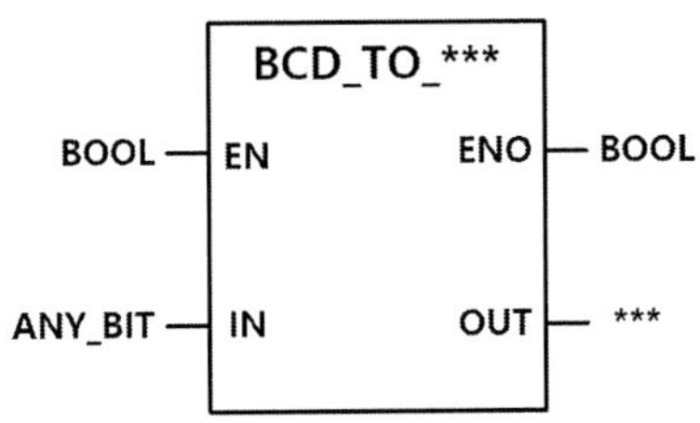	• 입력 EN : 1일 때 펑션 실행 IN : BCD 형태의 데이터를 갖는 ANY_BIT 입력값 • 출력 ENO : 펑션이 수행되면 1 출력 OUT : 형 변환된 데이터가 저장될 영역

• BCD_TO_*** 응용 프로그램 예

디지털 입력(%IX0.1.0~%IX0.1.15)을 사용하여 BCD 값을 입력하고 시작 스위치(%IX0.0.0)을 ON하면 입력된 값이 정수로 변환되어 출력변수 'OUT'(%QX0.2.0~%QX0.2.15)에 저장된다. 만일 입력 데이터가 BCD가 아니면 에러 램프가 점등된다.

	변수 종류	변수	타입	메모리 할당	초기값	리테인	사용 유무	EIP/OPC UA	HMI	설명문
1	VAR	OUT	WORD	%QW0.2.0		☐	☑	☐	☐	
2	VAR	디지털입력	WORD	%IW0.1.0		☐	☑	☐	☐	
3	VAR	리셋	BOOL	%IX0.0.1		☐	☑	☐	☐	
4	VAR	시작	BOOL	%IX0.0.0		☐	☑	☐	☐	
5	VAR	에러램프	BOOL	%QX0.3.0		☐	☑	☐	☐	

[그림 9.18] BCD TO *** 사용 예

② INT_TO_***

정수형의 입력 데이터를 BCD 코드로 형 변환하여 OUT으로 설정된 변수에 저장한다.

펑션그룹	펑션이름	입력 데이터형	출력 데이터형	비고
INT_TO_***	INT_TO_SINT	INT	SINT	입력이 -128~127일 경우 정상변환, 그 외의 값일 경우 에러발생
	INT_TO_DINT	INT	DINT	DINT형으로 정상변환
	INT_TO_LINT	INT	LINT	LINT형으로 정상변환
	INT_TO_USINT	INT	USINT	입력이 0~255일 때 정상변환, 그 외의 값일 경우 에러 발생
	INT_TO_UINT	INT	UINT	입력이 0~32767일 때 정상변환, 그 외의 값일 경우 에러 발생
	INT_TO_UDINT	INT	UDINT	입력이 0~32767일 때 정상변환, 그 외의 값일 경우 에러 발생
	INT_TO_ULINT	INT	ULINT	입력이 0~32767일 때 정상변환, 그 외의 값일 경우 에러 발생
	INT_TO_BOOL	INT	BOOL	하위 1비트를 BOOL로 변환
	INT_TO_BYTE	INT	BYTE	하위 1바이트를 BYTE 변환
	INT_TO_WORD	INT	WORD	비트배열의 변화없이 WORD로 변환
	INT_TO_DWORD	INT	DWORD	상위 비트열을 0으로 채움
	INT_TO_LWORD	INT	LWORD	상위 비트열을 0으로 채움
	INT_TO_REAL	INT	REAL	INT형을 REAL형으로 변환
	INT_TO_LREAL	INT	LREAL	INT형을 REAL형으로 변환
	INT_TO_STRING	INT	STRING	INT형을 문자열형으로 변환

펑션	설명
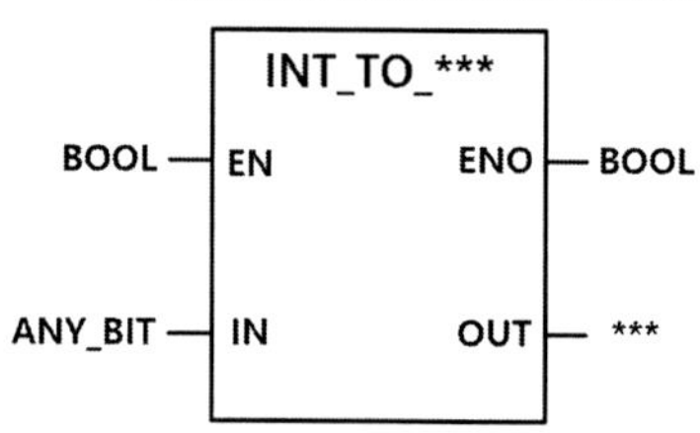	• 입력 EN : 1일 때 펑션 실행 IN : BCD 형태의 데이터를 갖는 ANY_BIT 입력값 EN0 : 펑션이 수행되면 1 출력 OUT : 형 변환된 데이터가 저장될 영역

• INT_TO_*** 응용 프로그램 예

변수강제입력 기능을 이용하여 입력정수에 임의의 값(0~9999)을 입력했을 때 BCD형으로 형 변환하여 BCD 표시장치로 표시된다. 입력값이 0~9999 사이의 값이 아닌 경우 에러램프가 점등된다.

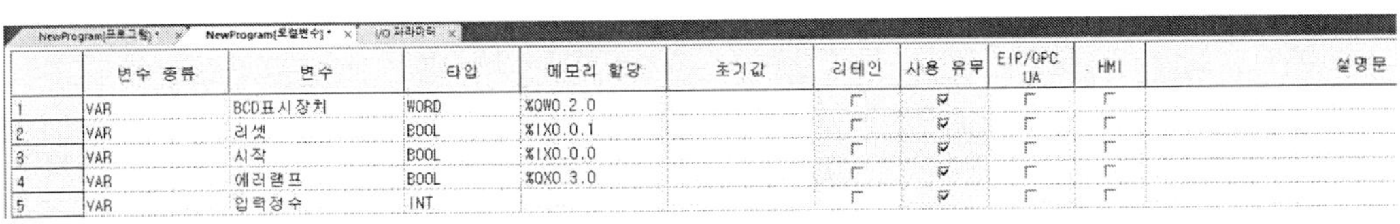

	변수 종류	변수	타입	메모리 할당	초기값	리테인	사용 유무	EIP/OPC UA	HMI	설명문
1	VAR	BCD표시장치	WORD	%QW0.2.0		☐	☑	☐	☐	
2	VAR	리셋	BOOL	%IX0.0.1		☐	☑	☐	☐	
3	VAR	시작	BOOL	%IX0.0.0		☐	☑	☐	☐	
4	VAR	에러램프	BOOL	%QX0.3.0		☐	☑	☐	☐	
5	VAR	입력정수	INT			☐	☑	☐	☐	

[그림 9.19] INT TO ***사용 예

위와 같이 프로그램을 작성하고 모니터링을 실행한다. 모니터링을 실행하면서 펑션의 입력 변수 '입력정수'를 더블클릭하면 변수강제 입력창이 나타난다.

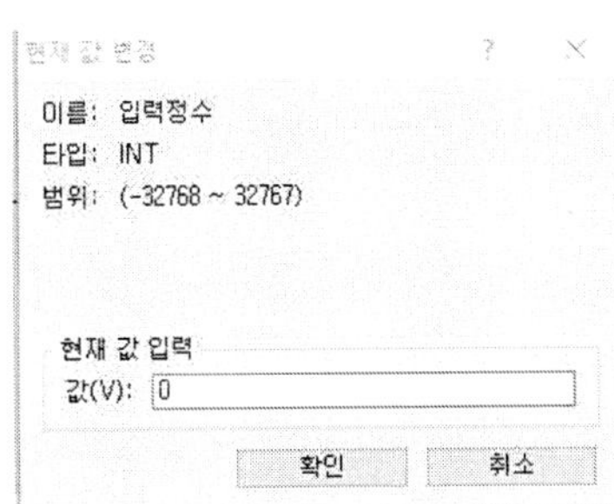

[그림 9.20] 현재값 변경

변수강제 입력창에서 0~9999 사이의 값을 입력하고 확인 버튼을 클릭한다. 0~9999 이외의 값이 입력되면 에러 램프가 점등된다.

(4) 비교펑션

① GT : 크다

모든 입력은 동일 데이터형이어야 하고 최대 8개까지 확장 가능하다.

입력값의 비교결과 $IN_1 > IN_2 > IN_3 > \cdots > IN_n$이 참이면 OUT로 1을 출력한다. 만일 $IN_1 > IN_2 > IN_3 > \cdots > IN_n$의 조건 중 하나라도 만족하지 않으면 OUT으로 0을 출력한다.

펑션	설명
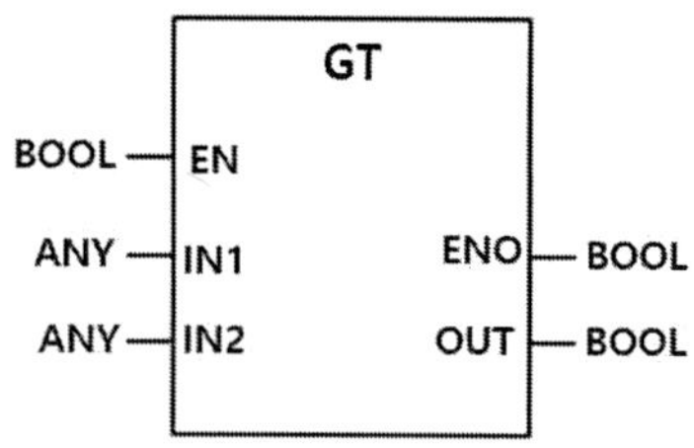	• 입력 EN : 1일 때 펑션 실행 IN1 : 비교될 값 IN2 : 비교할 값 • 출력 ECO : EN 값이 그대로 출력 OUT : 비교결과 값

• GT 펑션 응용 프로그램 예

세 개의 값을 입력 받아 입력1〉입력2〉입력3의 조건을 만족하면 출력램프가 점등된다.

	변수 종류	변수	타입	메모리 할당	초기값	리테인	사용 유무	EIP/OPC UA	HMI	설명문
1	VAR	시작	BOOL	%IX0.0.0		☐	☑	☐	☐	
2	VAR	입력1	INT			☐	☑	☐	☐	
3	VAR	입력2	INT			☐	☑	☐	☐	
4	VAR	입력3	INT			☐	☑	☐	☐	
5	VAR	출력	BOOL	%QX0.2.0		☐	☑	☐	☐	

[그림 9.21] GT 펑션 사용 예

시뮬레이터를 실행시킨 후 입력1, 입력2, 입력3를 더블클릭하여 현재값 변경 대화상자를 호출하고 각각의 값을 입력시킨 후 조건 충족 여부에 따른 출력결과를 확인한다.

② GE : 크거나 같다.

모든 입력은 동일 데이터 형이어야 하고 최대 8개까지 확장 가능하다.

입력값의 비교결과 $IN_1 \geq IN_2 \geq IN_3 \geq \cdots \geq IN_n$ 이 참이면 OUT로 1을 출력한다. 만일 $IN_1 \geq IN_2 \geq IN_3 \geq \cdots \geq IN_n$의 조건 중 하나라도 만족하지 않으면 OUT으로 0을 출력한다.

펑션	설명
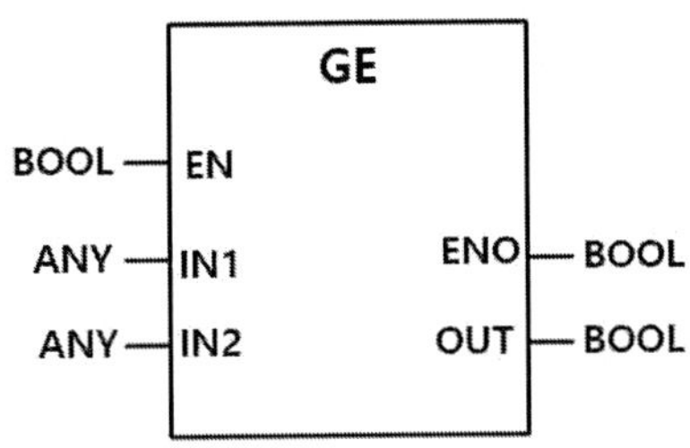	• 입력 EN : 1일 때 펑션 실행 IN1 : 비교될 값 IN2 : 비교할 값 • 출력 ECO : EN 값이 그대로 출력 OUT : 비교결과 값

- GE 응용 프로그램 예

세 개의 값을 입력받아 입력1≥입력2≥입력3의 조건을 만족하면 출력램프가 점등된다.

	변수 종류	변수	타입	메모리 할당	초기값	리테인	사용 유무	EIP/OPC UA	HMI	설명문
1	VAR	시작	BOOL	%IX0.0.0		☐	☑	☐	☐	
2	VAR	입력1	BOOL			☐	☑	☐	☐	
3	VAR	입력2	BOOL			☐	☑	☐	☐	
4	VAR	입력3	BOOL			☐	☑	☐	☐	
5	VAR	출력램프	BOOL	%QX0.2.0		☐	☑	☐	☐	

[그림 9.22] GE 펑션 사용예

시뮬레이터를 실행시킨 후 입력1, 입력2, 입력3를 더블클릭하여 현재값 변경 대화상자를 호출하고 각각의 값을 입력시킨 후 조건 충족 여부에 따른 출력결과를 확인한다.

③ EQ : 같다.

모든 입력은 동일 데이터형이어야 하고 최대 8개까지 확장 가능하다.

입력값의 비교결과 $IN_1 = IN_2 = IN_3 = \cdots = IN_n$이 참이면 OUT로 1을 출력한다. 만일 $IN_1 = IN_2 = IN_3 = \cdots = IN_n$의 조건 중 하나라도 만족하지 않으면 OUT으로 0을 출력한다.

<table>
<tr><th>펑션</th><th>설명</th></tr>
<tr><td>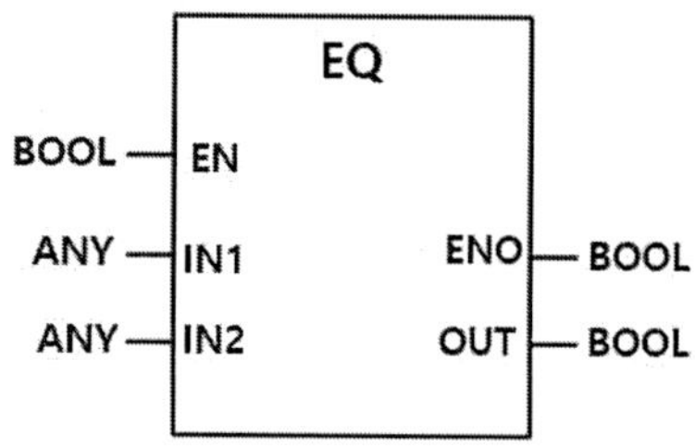
</td><td>• 입력
EN : 1일 때 펑션 실행
IN1 : 비교될 값
IN2 : 비교할 값

• 출력
ECO : EN 값이 그대로 출력
OUT : 비교결과 값</td></tr>
</table>

• EQ 응용 프로그램 예

세 개의 값을 입력받아 입력1=입력2=입력3의 조건을 만족하면 출력램프가 점등된다.

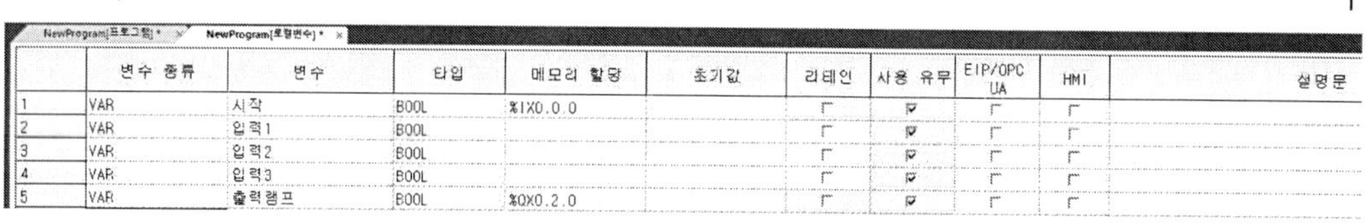

	변수 종류	변수	타입	메모리 할당	초기값	리테인	사용 유무	EIP/OPC UA	HMI	설명문
1	VAR	시작	BOOL	%IX0.0.0		☐	☑	☐	☐	
2	VAR	입력1	BOOL			☐	☑	☐	☐	
3	VAR	입력2	BOOL			☐	☑	☐	☐	
4	VAR	입력3	BOOL			☐	☑	☐	☐	
5	VAR	출력램프	BOOL	%QX0.2.0		☐	☑	☐	☐	

[그림 9.23] EQ 펑션 사용 예

시뮬레이터를 실행시킨 후 입력1, 입력2, 입력3를 더블클릭하여 현재값 변경 대화상자를 호출하고 각각의 값을 입력시킨 후 조건 충족 여부에 따른 출력결과를 확인한다.

④ LE : 작거나 같다.

모든 입력은 동일 데이터형이어야 하고 최대 8개까지 확장 가능하다.

입력값의 비교결과 $IN_1 \le IN_2 \le IN_3 \le \cdots \le IN_n$이 참이면 OUT로 1을 출력한다. 만일 $IN_1 \le IN_2 \le IN_3 \le \cdots \le IN_n$의 조건 중 하나라도 만족하지 않으면 OUT으로 0을 출력한다.

펑션	설명
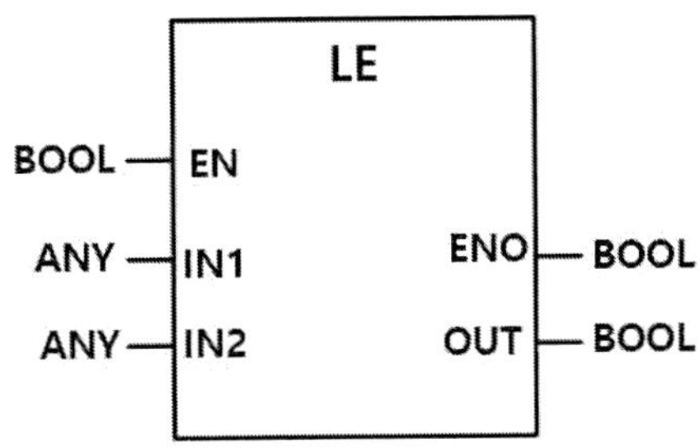	• 입력 EN : 1일 때 펑션 실행 IN1 : 비교될 값 IN2 : 비교할 값 • 출력 ECO : EN 값이 그대로 출력 OUT : 비교결과 값

⑤ LT : 작다.

모든 입력은 동일 데이터형이어야 하고 최대 8개까지 확장 가능하다.

입력값의 비교 결과 $IN_1 < IN_2 < IN_3 < \cdots < IN_n$이 참이면 OUT로 1을 출력한다. 만일 $IN_1 < IN_2 < IN_3 < \cdots < IN_n$의 조건 중 하나라도 만족하지 않으면 OUT으로 0을 출력한다.

펑션	설명
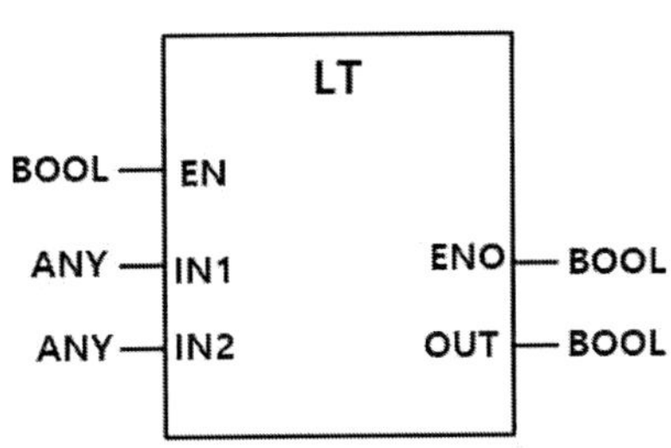	• 입력 EN : 1일 때 펑션 실행 IN1 : 비교될 값 IN2 : 비교할 값 • 출력 ECO : EN 값이 그대로 출력 OUT : 비교결과 값

⑥ NE : 같지 않다.

모든 입력은 동일 데이터형이어야 한다.

입력값의 비교결과 $IN_1 \neq IN_2$이 참이면 OUT로 1을 출력한다. 만일 $IN_1 \neq IN_2$의 조건이 만족하지 않으면 OUT으로 0을 출력한다.

펑션	설명
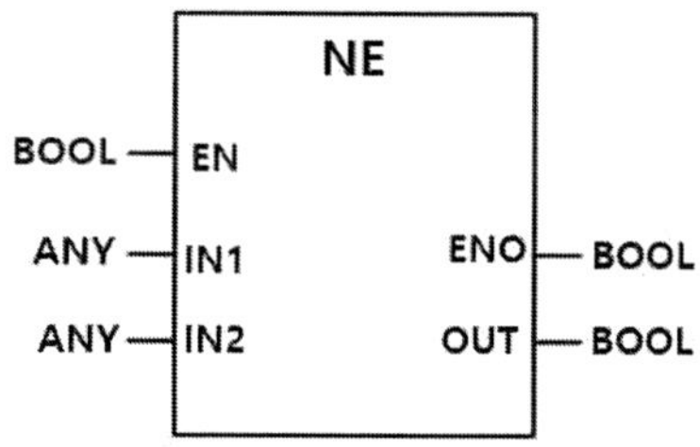	• 입력 EN : 1일 때 펑션 실행 IN1 : 비교될 값 IN2 : 비교할 값 • 출력 ECO : EN 값이 그대로 출력 OUT : 비교결과 값

(5) 산술연산 펑션

① ADD : 덧셈연산

모든 입력은 동일 데이터형이어야 하고 최대 8개까지 확장 가능하다.

입력값의 합 $IN_1 + IN_2 + N_3 + \cdots + IN_n$의 값을 OUT으로 출력한다.

펑션	설명
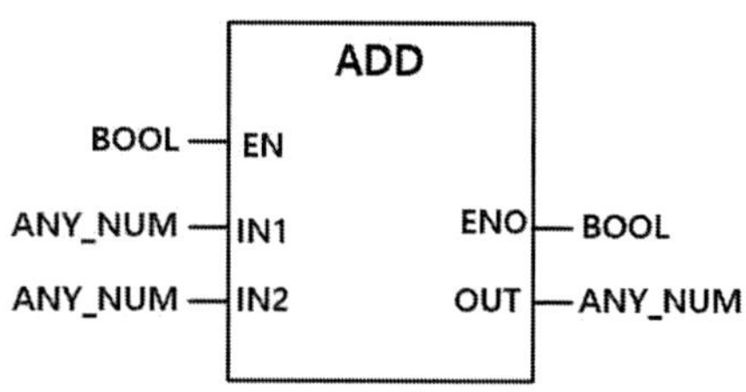	• 입력 EN : 1일 때 펑션 실행 IN1 : 더할 값 IN2 : 더할 값 • 출력 ECO : 에러 없으면 1 출력 OUT : 더한 결과 값

② SUB : 뺄셈연산

모든 입력은 동일 데이터형이어야 한다.

입력값의 차 $IN_1 - IN_2$의 값을 OUT으로 출력한다.

펑션	설명
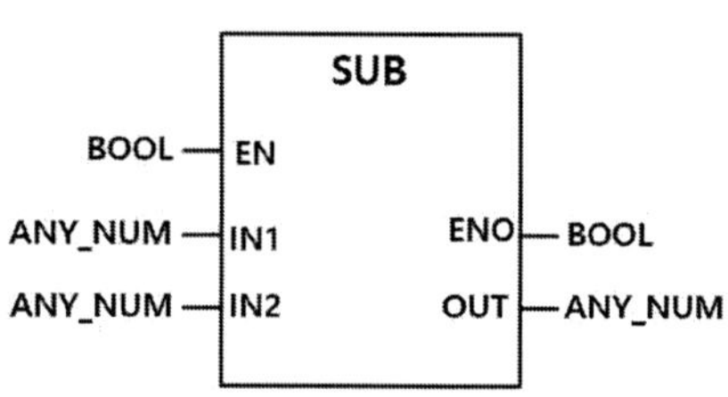	• 입력 EN : 1일 때 펑션 실행 IN1 : 피감수 IN2 : 감수 • 출력 ECO : 에러 없으면 1 출력 OUT : 뺀 결과 값

③ MUL : 곱셈연산

모든 입력은 동일 데이터형이어야 하고 최대 8개까지 확장 가능하다.

입력값의 곱 $IN_1 \times IN_2 \times N_3 \times \cdots \times IN_n$의 결과 값을 OUT으로 출력한다.

펑션	설명
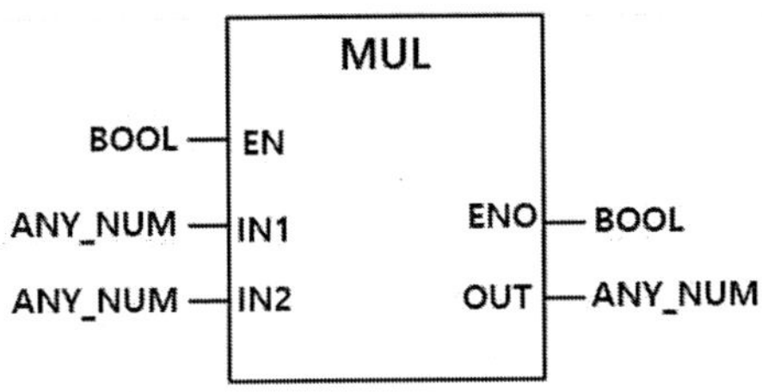	• 입력 EN : 1일 때 펑션 실행 IN1 : 곱해질 값 IN2 : 곱할 값 • 출력 ECO : 에러 없으면 1 출력 OUT : 곱한 결과 값

④ DIV : 나눗셈 연산

모든 입력은 동일 데이터형이어야 하고 최대 8개까지 확장 가능하다.

$IN_1 \div IN_2$의 값의 몫을 OUT으로 출력한다.

펑션	설명
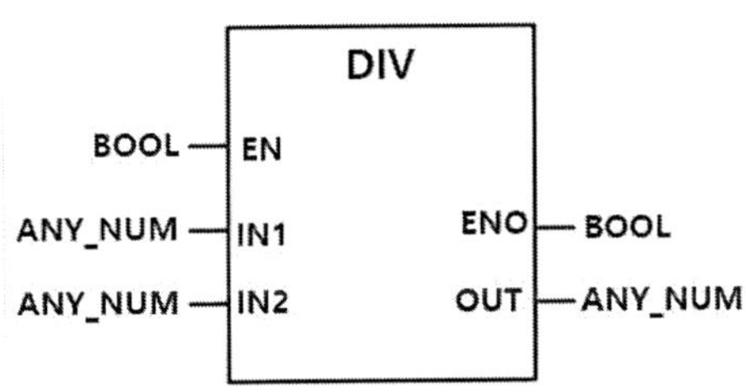	• 입력 EN : 1일 때 펑션 실행 IN1 : 나누어질 값 IN2 : 나눌 값 • 출력 ECO : 에러 없으면 1 출력 OUT : 나눈 결과(몫) 값

(6) 논리연산 펑션

① AND : 논리곱

입력은 최대 8개까지 확장 가능하다.

IN_1과 IN_2의 값을 비트 AND 연산하여 결과를 OUT으로 출력한다.

<table>
<tr><th>펑션</th><th>설명</th></tr>
<tr><td>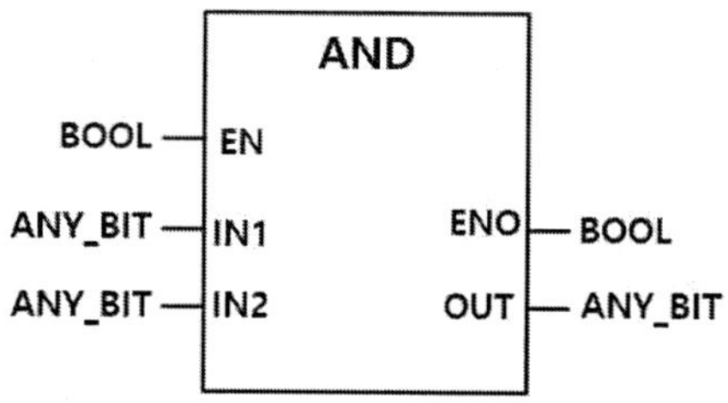
</td><td>• 입력
EN : 1일 때 펑션 실행
IN1 : AND될 값
IN2 : AND될 값

• 출력
ECO : EN 값이 그대로 출력
OUT : AND 된 값</td></tr>
</table>

② OR : 논리합

입력은 최대 8개까지 확장 가능하다.

IN_1과 IN_2의 값을 비트 OR 연산하여 결과를 OUT으로 출력한다.

<table>
<tr><th>펑션</th><th>설명</th></tr>
<tr><td>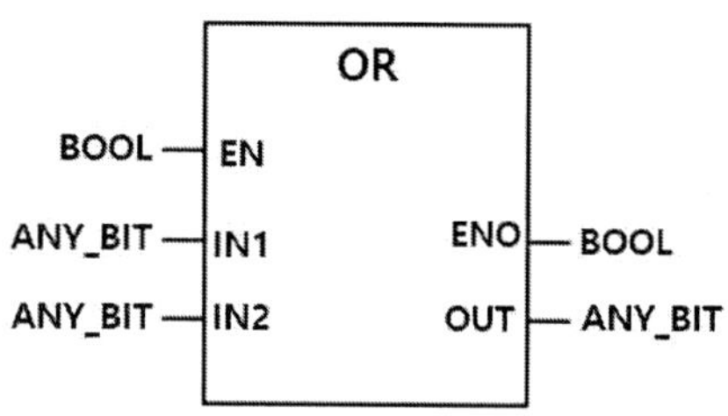
</td><td>• 입력
EN : 1일 때 펑션 실행
IN1 : OR될 값
IN2 : OR될 값

• 출력
ECO : EN 값이 그대로 출력
OUT : OR 된 값</td></tr>
</table>

③ XOR : 배타적 논리합

입력은 최대 8개까지 확장 가능하다.

IN_1과 IN_2의 값을 비트 XOR 연산하여 결과를 OUT으로 출력한다.

<table>
<tr><th>펑션</th><th>설명</th></tr>
<tr><td>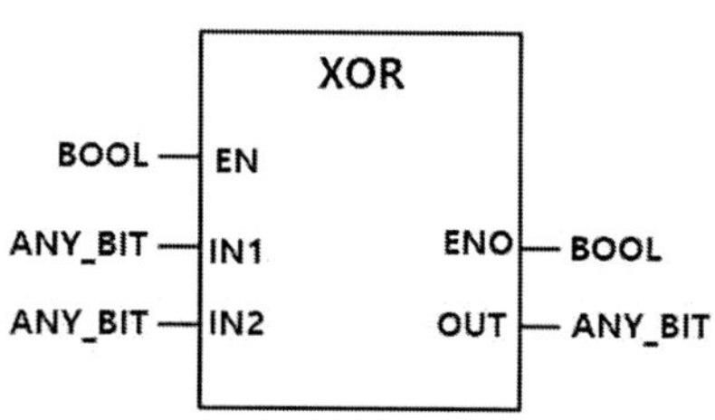
</td><td>• 입력
EN : 1일 때 펑션 실행
IN1 : XOR될 값
IN2 : XOR될 값

• 출력
ECO : EN 값이 그대로 출력
OUT : XOR 된 값</td></tr>
</table>

④ NOT : 논리반전

입력과 출력은 동일 데이터형이어야 한다.

입력 *IN*을 비트반전하여 결과를 OUT으로 출력한다.

펑션	설명
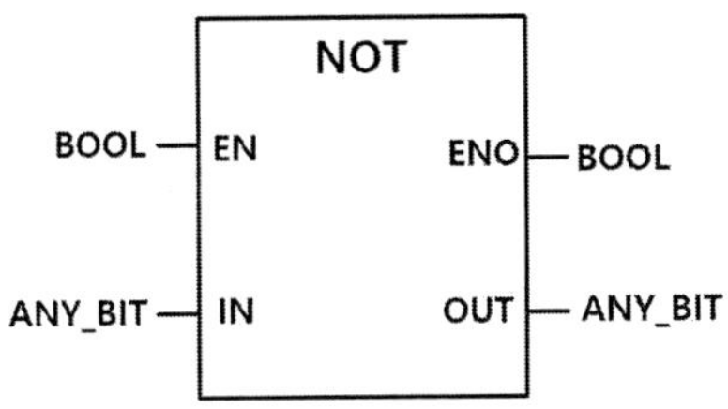	• 입력 EN : 1일 때 펑션 실행 IN1 : NOT될 값 • 출력 ECO : EN 값이 그대로 출력 OUT : NOT 된 값

4) 펑션블록

(1) 타이머

타이머는 일반적으로 시간을 측정하는데 사용되는 장치이다. XGI에서는 기본적으로 다음과 같은 타이머 기능을 가지는 펑션블록을 제공한다. XGI에서 제공되는 타이머 기능을 가지는 펑션블록의 최대 설정시간은 T#49D17H2M47S295MS이다. 타이머의 설정시간은 TIME형으로 설정하며, 날짜는 D, 시간은 H, 분은 M, 초는 S, 1/1000초는 ms단위를 사용한다.

펑션블록	기능설명
TON	ON 딜레이 타이머
TOF	OFF 딜레이 타이머
TP	펄스 타이머
TMR	적산 타이머
TP_RST	펄스타이머의 출력 OFF 가능한 노스테이블 타이머
TRTG	리트리거 타이머
TOF_RST	동작 중 출력 OFF가 가능한 OFF 딜레이 타이머
TON_UINT	정수설정 ON 딜레이 타이머
TOF_UINT	정수설정 OFF 딜레이 타이머
TP_UINT	정수설정 펄스 타이머
TMR_UNIT	정수설정 적산 타이머
TMR_FLK	점멸기능 타이머
TRTG_UNIT	정수설정 리트리거블 타이머

① TON 타이머 : ON Delay Timer

*IN*이 1이 된 후 경과 시간이 *ET*로 출력된다. 만일, 경과 시간 *ET*가 설정시간에 도달하기 전에 *IN*이 0이 되면 경과시간은 0으로 된다. *Q*가 1이 된 후 *IN*이 0이 되면 *Q*는 0이 된다.

펑션	설명
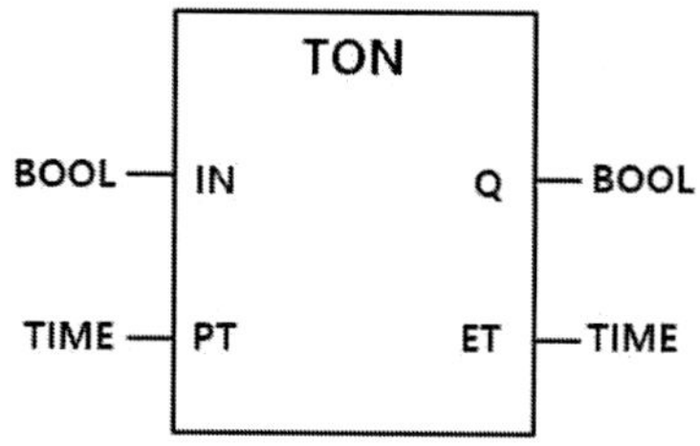	• 입력 IN : 타이머 시작조건 PT : 설정시간 • 출력 Q : 타이머 접점 출력 ET : 경과 시간

• 타임차트

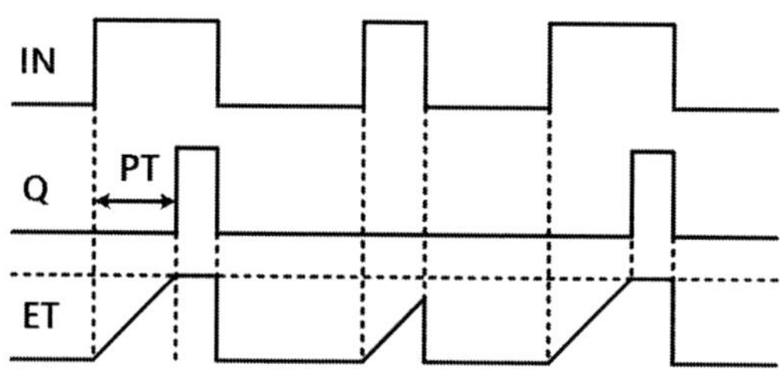

[그림 9.24] TON 타이머 타임차트

• 펑션블록(TON 타이머) 사용방법

XG5000에서 프로젝트 및 프로그램 정의 후 프로그램 창에서 펑션블록을 등록하는 방법은 다음과 같다.

ⓐ 메뉴의 도구상자에서 펑션블록 아이콘을 클릭하거나 또는 단축키(F10)를 클릭하면 펑션/펑션블록 등록 대화상자가 나타난다.

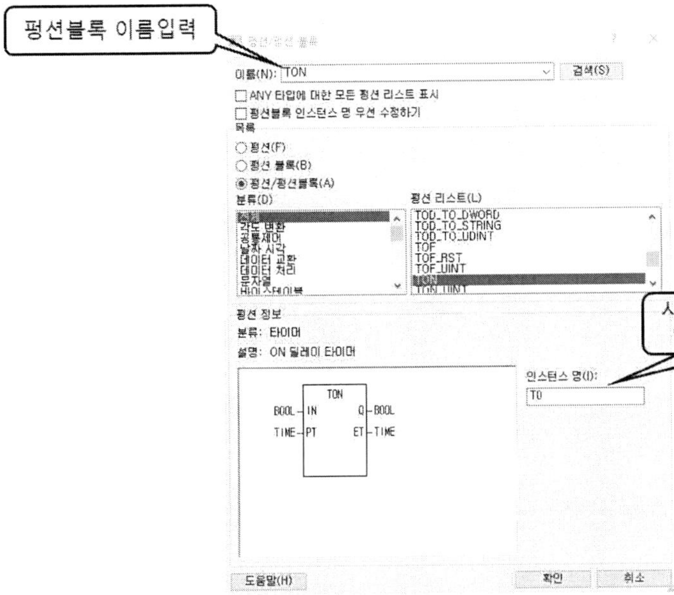

[그림 9.25] 펑션블록 대화상자

ⓑ 대화상자가 나타나면 '이름'에 찾을 펑션/펑션블록의 이름을 입력하고 '목록'에서 찾고자 하는 목록을 선택한 후 펑션 리스트에서 최종적으로 사용할 펑션/펑션블록을 선택한다.

ⓒ 사용하고자 하는 펑션/펑션블록을 선택한 후 마지막으로 사용할 펑션블록의 인스턴스 명을 입력하고 '확인' 버튼을 누른다.

- TON 타이머 사용 예

TON 타이머를 이용하여 시작 스위치가 ON 되고 5초 후에 출력램프가 점등된다. 스위치가 OFF되면 출력램프는 즉시 소등된다.

	변수 종류	변수	타입	메모리 할당	초기값	리테인	사용 유무	EIP/OPC UA	HMI	설명문
1	VAR	TON	TON			☐	☑	☐	☐	
2	VAR	시작	BOOL	%IX0.0.0		☐	☑	☐	☐	토글 스위치
3	VAR	출력램프	BOOL	%QX0.2.0		☐	☑	☐	☐	출력램프

[그림 9.26] TON 타이머 사용 예

② TOF 타이머 : OFF Delay Timer

IN이 1이 되면 Q가 1이 되고 Q가 0이 된 후 경과 시간이 ET로 출력된다.

만일, 경과 시간 ET가 설정시간에 도달하기 전에 IN이 1이 되면 경과시간은 0으로 된다. Q가 0이 된 후 IN이 1이 되면 Q는 1이 된다.

펑션	설명
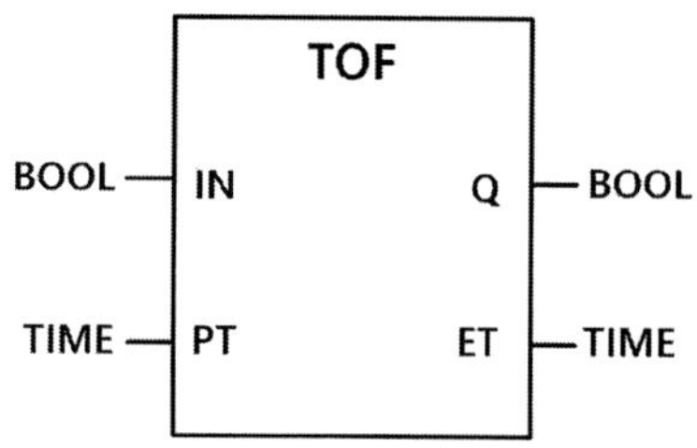	• 입력 IN : 타이머 시작조건 PT : 설정시간 • 출력 Q : 타이머 접점 출력 ET : 경과 시간

• 타임차트

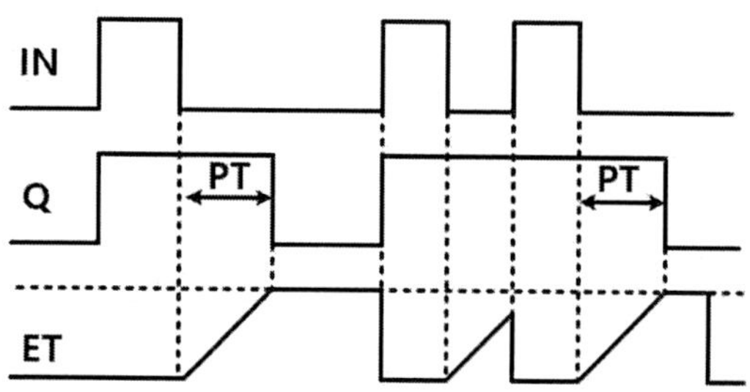

[그림 9.27] TOF 타이머 타임차트

• TOF 타이머 사용 예

시작 스위치를 ON하면 출력 램프가 점등되고 시작 스위치를 OFF 하면 5초 후에 출력램프가 소등된다.

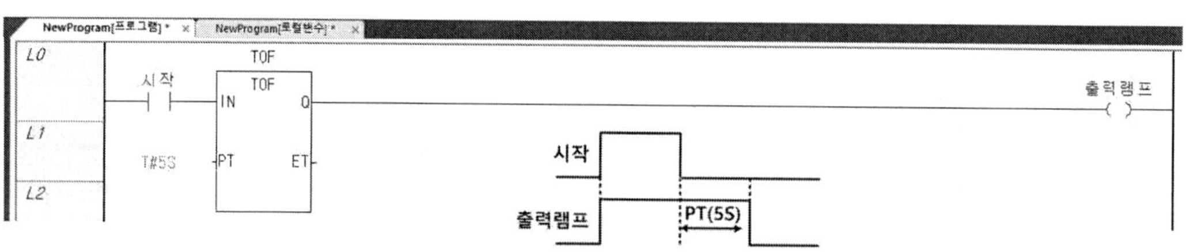

	변수 종류	변수	타입	메모리 할당	초기값	리테인	사용 유무	EIP/OPC UA	HMI	설명문
1	VAR	TOF	TOF			☐	☑	☐	☐	
2	VAR	시작	BOOL	%IX0.0.0		☐	☑	☐	☐	토글 스위치
3	VAR	출력램프	BOOL	%QX0.2.0		☐	☑	☐	☐	램프

[그림 9.28] TOF 타이머 사용 예

③ TP 타이머 : Pulse Timer

IN이 1이 되면 Q가 1이 되고 경과시간이 ET로 출력된다. ET가 PT에 도달하면 즉, 설정된 시간이 지나면 Q가 0이 된다. 만일, 경과 시간 ET가 설정시간에 도달하기 전에 IN이 0이 되어도 ET는 설정값까지 계속 증가한다. ET가 PT 값에 도달한 상태에서 IN이 0이 되면 ET는 즉시 0이 된다.

펑션	설명
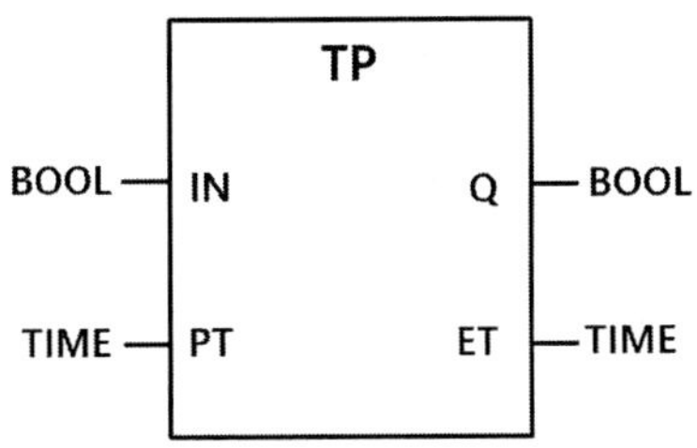	• 입력 IN : 타이머 시작조건 PT : 설정시간 • 출력 Q : 타이머 접점 출력 ET : 경과 시간

• 타임차트

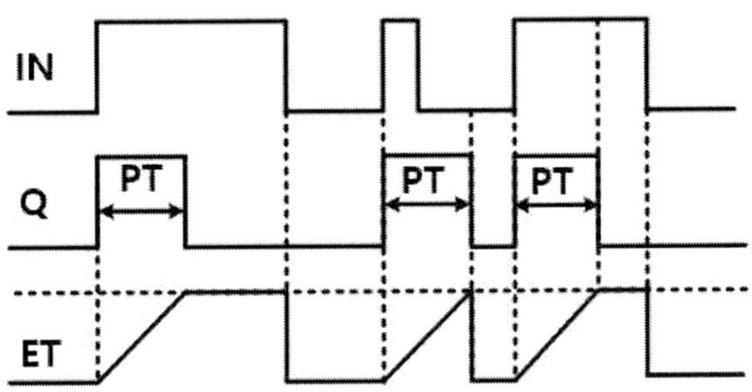

[그림 9.29] TP 타이머 타임차트

• TP 타이머 사용 예

시작 스위치를 ON하면 출력 램프가 5초 동안 점등되었다가 소등된다.

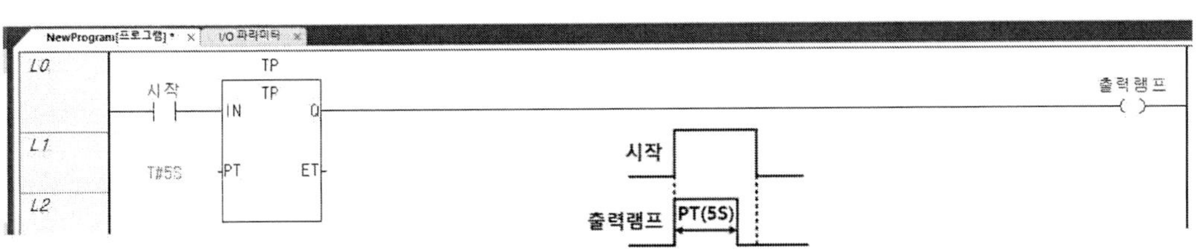

	변수 종류	변수	타입	메모리 할당	초기값	리테인	사용 유무	EIP/OPC UA	HMI	설명문
1	VAR	TP	TP			☐	☑	☐	☐	
2	VAR	시작	BOOL	%IX0.0.0		☐	☑	☐	☐	토글 스위치
3	VAR	출력램프	BOOL	%QX0.2.0		☐	☑	☐	☐	램프

[그림 9.30] TP 타이머 사용 예

④ TMR 타이머 : 적산 타이머

적산 타이머는 *IN*이 1이 되면 경과 시간이 *ET*로 출력된다. 경과 시간이 설정시간 *PT* 값에 도달하면 *Q*가 1이 된다. 적산 타이머가 다른 타이머와 다른 점은 경과 시간이 누적된다는 점이다. 즉, 경과시간 *ET*가 설정 시간에 도달하기 전에 *IN*이 0이 되어도 현재의 경과 시간을 유지하였다가 다시 *IN*이 1이 되면 경과시간을 현재 값부터 다시 증가시킨다. 리셋입력 *RST*가 1이 되면 경과시간 *ET*와 *Q*는 0이 된다.

펑션	설명
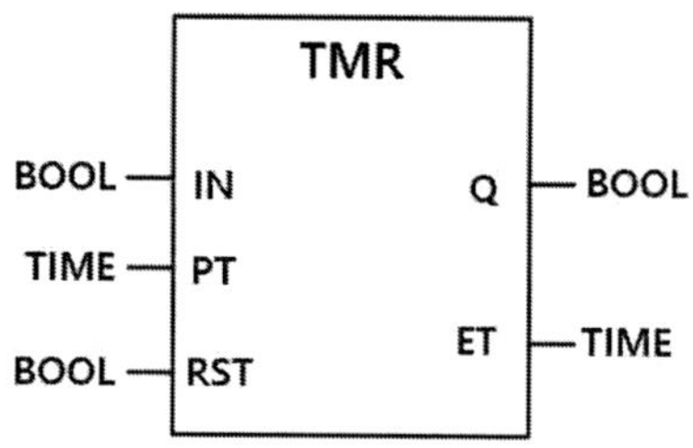	• 입력 IN : 타이머 시작조건 PT : 설정시간 RST : 리셋입력 • 출력 Q : 타이머 접점 출력 ET : 경과 시간

• 타임차트

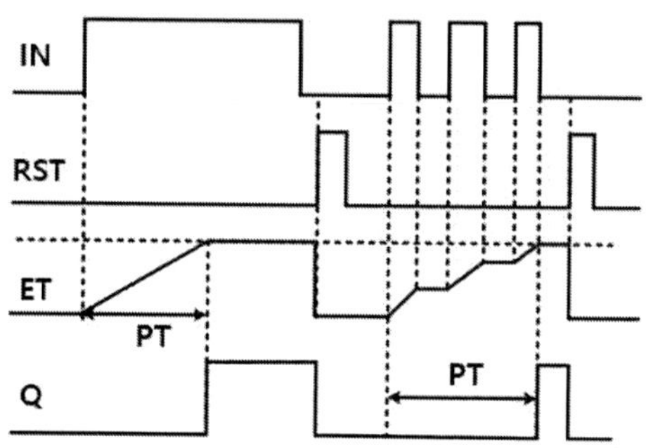

[그림 9.31] TMR 타이머 타임차트

• TMR 타이머 사용 예

시작 스위치의 ON 시간만 누적하여 ON 누적시간이 10초가 되면 램프가 점등된다. 시작 스위치를 계속 ON/OFF를 반복하여도 TMR 타이머는 ON 시간만을 누적한다. 출력이 ON 된 상태에서 리셋을 누르면 동작이 초기화된다.

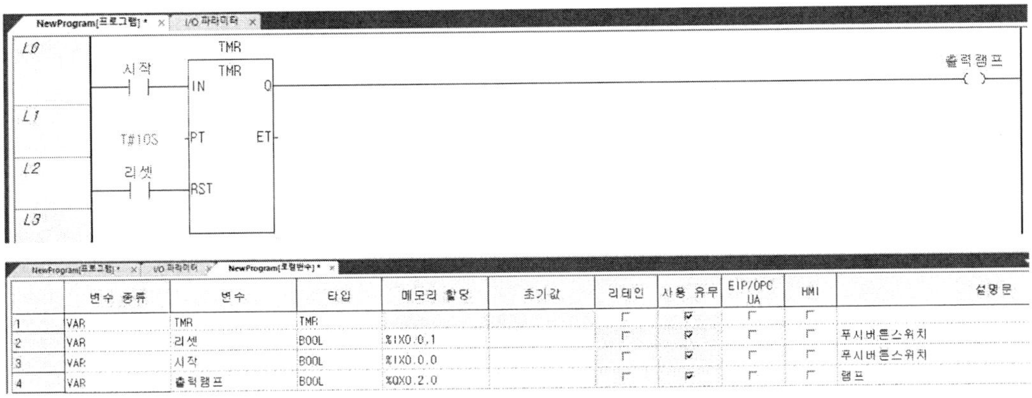

[그림 9.32] TMR 타이머 사용 예

⑤ TRTG 타이머 : 리트리거블 타이머

TRTG 타이머는 *IN*이 1이 되면 *Q*가 1이 되고 경과 시간이 설정시간에 도달하면 타이머 출력이 0이 된다.

리트리거블 타이머는 TMR 타이머와 다르게 시간을 누적하지 않는다. 즉, 경과시간이 설정시간에 되기 전에 *IN*이 0에서 1이 되면 경과 시간은 0에서부터 다시 증가가 시작된다. 리셋입력 조건이 성립하면 타이머 출력 *Q*는 0이 되고 경과 시간도 0이 된다.

펑션	설명
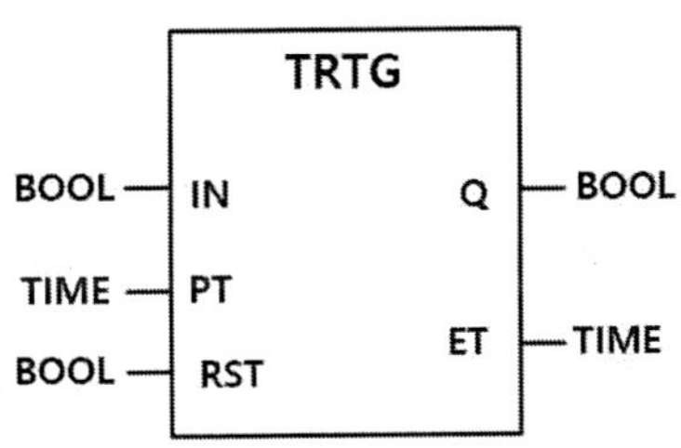	• 입력 IN : 타이머 시작조건 PT : 설정시간 RST : 리셋입력 • 출력 Q : 타이머 접점 출력 ET : 경과 시간

- 타임차트

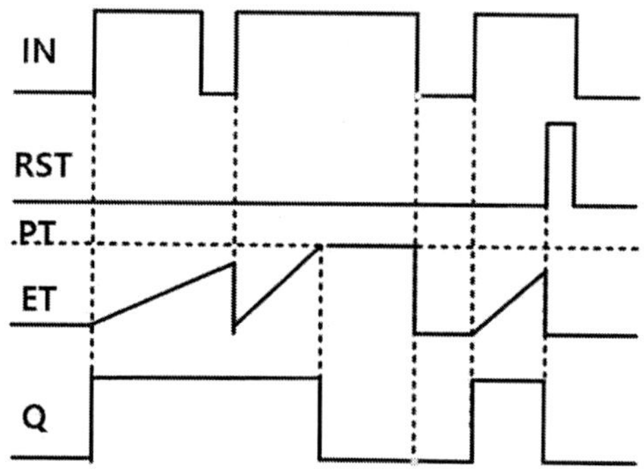

[그림 9.33] TRTG 타이머 타임차트

- TRTG 타이머 사용 예

시작 스위치를 ON 하면 램프가 즉시 점등되고 설정시간 5초가 경과되면 램프가 소등된다. 설정시간이 되기 전에 스위치를 OFF 했다가 ON하면 경과시간이 0부터 다시 시작한다. 리셋 스위치를 ON하면 출력 램프 및 경과 시간이 0이 된다.

	변수 종류	변수	타입	메모리 할당	초기값	리테인	사용 유무	EIP/OPC UA	HMI	설명문
1	VAR	TRTG	TRTG			☐	☑	☐	☐	
2	VAR	리셋	BOOL	%IX0.0.1		☐	☑	☐	☐	푸시버튼 스위치
3	VAR	시작	BOOL	%IX0.0.0		☐	☑	☐	☐	토글 스위치
4	VAR	출력램프	BOOL	%QX0.2.0		☐	☑	☐	☐	

[그림 9.34] TRTG 타이머 사용예

(2) 카운터

카운터는 PLC 외부에서 발생하는 사건의 횟수를 측정하는 기능을 수행하는 펑션블록이다. XGI에서는 기본적으로 다음과 같은 카운트를 제공한다. 펑션블록은 여러 스캔에 걸쳐 출력을 생성하기 때문에 펑션블록을 사용할 때는 연산 중 누계되는 데이터를 잠시 보관하기 위한 인스턴스 변수를 반드시 선언하여야 한다.

XG5000에서 프로그램 편집시 카운터 인스턴스 변수를 선언하면 카운트 출력은 '인스턴스 이름.Q', 현재값은 '인스턴스 이름.CV'로 변수가 자동생성된다.

펑션블록	기능설명
CTU_***	업-카운터, ***(INT, DINT, UINT, UDINT, ULINT)
CTD_***	다운-카운터, ***(INT, DINT, UINT, UDINT, ULINT)
CTUD_***	업다운-카운터, ***(INT, DINT, UINT, UDINT, ULINT)
CTR	링-카운터

① CTU : 업-카운터

CU로 입력되는 펄스의 개수를 카운터하여 설정값보다 커지면 출력 Q가 1이 된다. CV값은 0부터 설정값(PV)까지 증가하며, 리셋이 1이 되면 CV는 0이 된다.

CTU에는 다음과 같은 종류가 있다.

펑션블록	PV	설명
CTU_INT	INT	INT형의 최대값(32767)까지 증가한다.
CTU_DINT	DINT	DINT형의 최대값($2^{31}-1$)까지 증가한다.
CTU_LINT	LINT	LINT형의 최대값($2^{63}-1$) 까지 증가한다.
CTU_UINT	UINT	UINT형의 최대값(65535)까지 증가한다.
CTU_UDINT	UDINT	UDINT의 최대값($2^{32}-1$)까지 증가한다.
CTU_ULINT	ULINT	U l INT의 최대값($2^{64}-1$)까지 증가한다.

펑션	설명
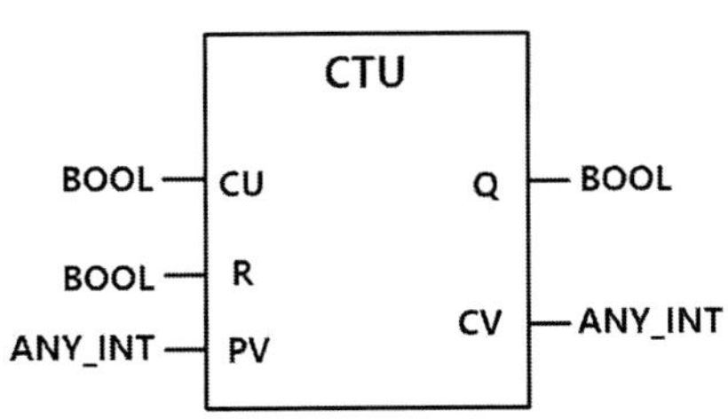	• 입력 CU : 카운터 입력 R : 리셋 PV : 설정값(Preset Value) • 출력 Q : 카운터 출력 CV : 현재값(Current Value)

• CTU 카운터 사용 예

입력 스위치가 눌러질 때마다 현재값(CV)이 증가하여 설정값(PV)이 되면 출력램프가 점등된다. 리셋을 누르면 CV값은 0으로 초기화된다.

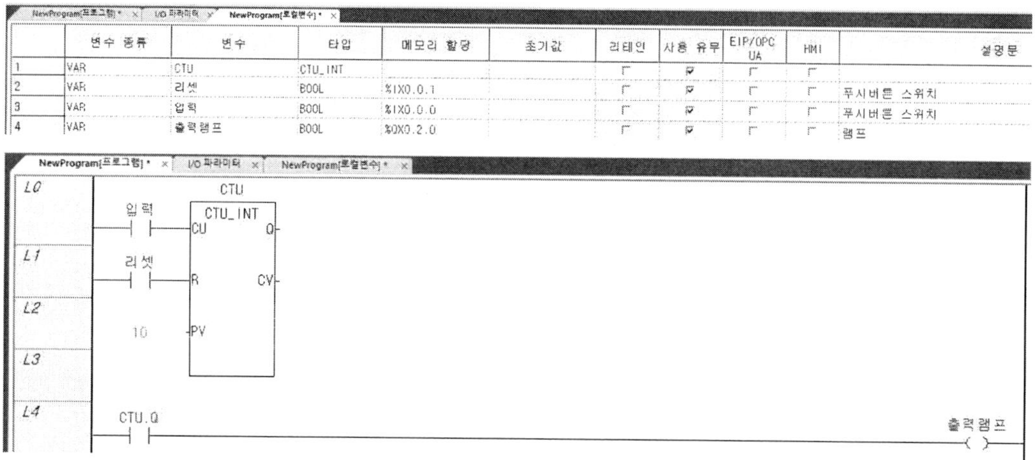

[그림 9.35] CTU 카운터 사용 예

② CTD : 다운-카운터

다운 카운터는 펄스가 CD로 입력될 때마다 현재값(CV)이 설정값(PV)에서 1씩 감소하여 CV가 0이 되면 출력 Q가 1이 된다. LD가 1이 되면 설정값(PV)이 현재값(CV)에 로드된다. CV는 PV의 최소값보다 클 때만 감소하고 최소값이 되면 더 이상 감소하지 않는다. CTD에는 다음과 같은 종류가 있다.

펑션블록	PV	설명
CTD_INT	INT	INT형의 최소값(-32768)까지 감소한다.
CTD_DINT	DINT	DINT형의 최소값(-2^{31})까지 감소한다.
CTD_LINT	LINT	LINT형의 최소값(-2^{63}) 까지 감소한다.
CTD_UINT	UINT	UINT형의 최소값(0)까지 감소한다.
CTD_UDINT	UDINT	UDINT의 최소값(0)까지 감소한다.
CTD_ULINT	ULINT	ULINT의 최소값(0)까지 감소한다.

펑션	설명
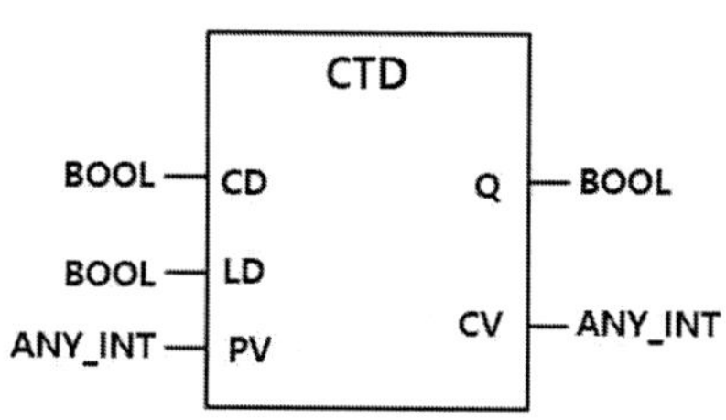 	• 입력 CD : 카운터 입력 LD : 리셋 PV : 설정값(Preset Value) • 출력 Q : 카운터 출력 CV : 현재값(Current Value)

• CTD 카운터 사용 예

스위치 LD를 누르면 설정값(PV)이 현재값(CV)으로 로드되고 이후 입력펄스가 CD로 입력될 때마다 CV값이 1씩 감소하여 0이 되면 출력 Q가 1이 되어 램프가 점등된다.

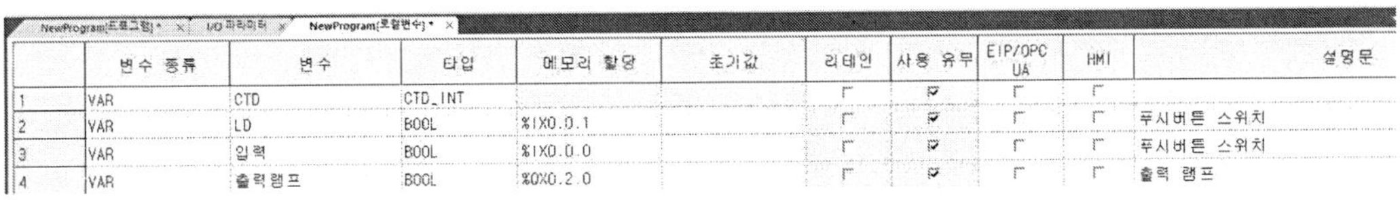

	변수 종류	변수	타입	메모리 할당	초기값	리테인	사용 유무	EIP/OPC UA	HMI	설명문
1	VAR	CTD	CTD_INT			☐	☑	☐	☐	
2	VAR	LD	BOOL	%IX0.0.1		☐	☑	☐	☐	푸시버튼 스위치
3	VAR	입력	BOOL	%IX0.0.0		☐	☑	☐	☐	푸시버튼 스위치
4	VAR	출력램프	BOOL	%QX0.2.0		☐	☑	☐	☐	출력 램프

[그림 9.36] CTU 카운터 사용 예, CTD 카운터 사용 예

③ CTUD : 업다운-카운터

업다운 카운터는 업 카운터 펄스(CU)가 입력되면 현재값(CV)가 증가하고, 다운 카운터 펄스(CD)가 입력되면 현재값(CV)는 감소한다. 리셋 신호(R)가 입력되면 CV는 0이 되고, 로드(LD) 신호가 입력되면 설정값(PV)이 현재값(CV)로 로드된다. 업 출력(QU)는 현재값(CV)가 설정값이 되면 1이 되고, 리셋 신호가 입력되면 0이 된다. 다운 출력(QD)는 현재값(CV)가 0이 되면 1이 되고, 로드(LD)신호가 입력되면 설정값(PV)의 현재값(CV)에 로드된다. CV는 PV의 최소값과 최대값 사이의 값을 가지며 최대, 최소값에 이르면 더 이상 증가하거나 감소하지 않는다. CTUD에는 다음과 같은 종류가 있다.

펑션블록	PV	설명
CTUD_INT	INT	INT형의 최소값(-32768)~최대값(32767)까지 증가 또는 감소한다.
CTUD_DINT	DINT	$(0 \sim 2^{31}-1)$까지 증가 또는 감소한다.
CTUD_LINT	LINT	$(0 \sim 2^{63}-1)$까지 증가 또는 감소한다.
CTUD_UINT	UINT	0~65535까지 증가 또는 감소한다.
CTUD_UDINT	UDINT	$(0 \sim 2^{32}-1)$까지 증가 또는 감소한다.
CTUD_ULINT	ULINT	$(0 \sim 2^{634-1})$까지 증가 또는 감소한다.

펑션	설명
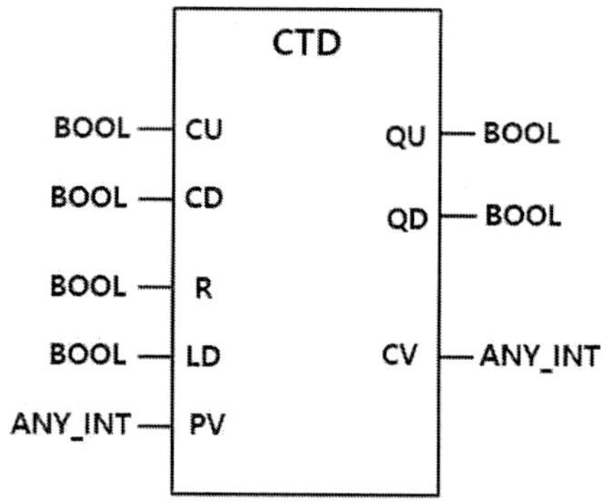	• 입력 CU : 업 카운터 입력 CD : 다운 카운터 입력 R : 리셋 신호 입력 LD : 로드 신호 입력 PV : 설정값(Preset Value) • 출력 QU : 업 카운터 출력 QD : 다운 카운터 출력 CV : 현재값(Current Value)

• CTUD 카운터 사용 예

스위치1을 누르면 카운터가 업되어 CV의 값이 PV의 값이 되면 출력 QU가 1이 된다. 스위치2를 누르면 카운터가 다운되어 CV의 값이 0이 되면 출력 QD가 1이 된다. 리셋(R)신호가 입력되면 업카운터 출력 QU와 현재값 CV는 0이 된다. 로드(LD) 신호가 입력되면 설정값(PV)는 현재값(CV)로 로드되고 다운출력(QD)는 0이 된다.

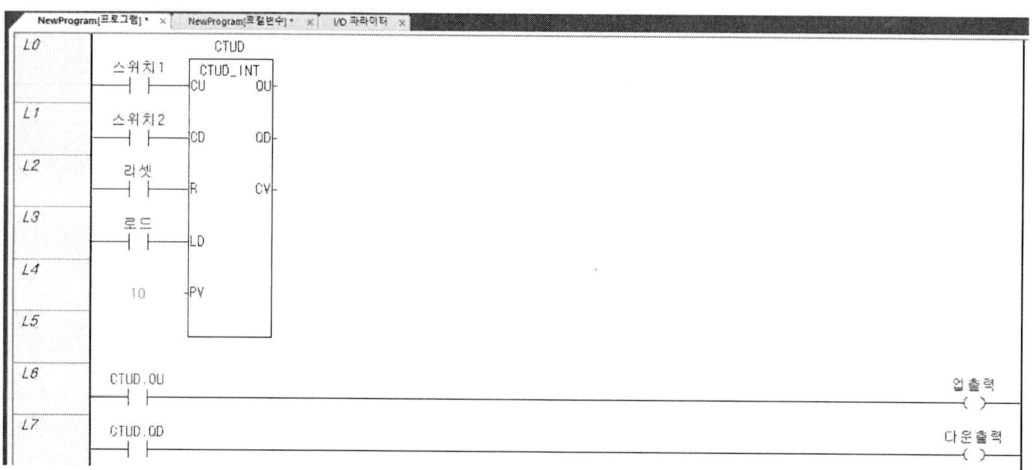

	변수 종류	변수	타입	메모리 할당	초기값	리테인	사용 유무	EIP/OPC UA	HMI	설명문
1	VAR	스위치1	BOOL	%IX0.0.0		☐	☑	☐	☐	푸시버튼 수위치
2	VAR	스위치2	BOOL	%IX0.0.1		☐	☑	☐	☐	푸시버튼 수위치
3	VAR	리셋	BOOL	%IX0.0.2		☐	☑	☐	☐	푸시버튼 수위치
4	VAR	로드	BOOL	%IX0.0.3		☐	☑	☐	☐	푸시버튼 수위치
5	VAR	업출력	BOOL	%QX0.2.0		☐	☑	☐	☐	램프
6	VAR	다운출력	BOOL	%QX0.2.1		☐	☑	☐	☐	램프
7	VAR	CTUD	CTUD_INT			☐	☑	☐	☐	

[그림 9.37] CTUD 카운터 사용 예

④ CTR : 링-카운터

링 카운터는 펄스입력(CD)에 클럭 펄스가 입력될 때마다 현재값(CV)를 증가시킨다. 현재값(CV)가 설정값(PV)에 도달하면 카운터 출력(Q)이 1이 된다. 이 상태에서 다시 클럭 펄스가 입력되면 현재값(CV)는 0에서부터 다시 증가하기 시작한다.

<table>
<tr><th>펑션</th><th>설명</th></tr>
<tr><td>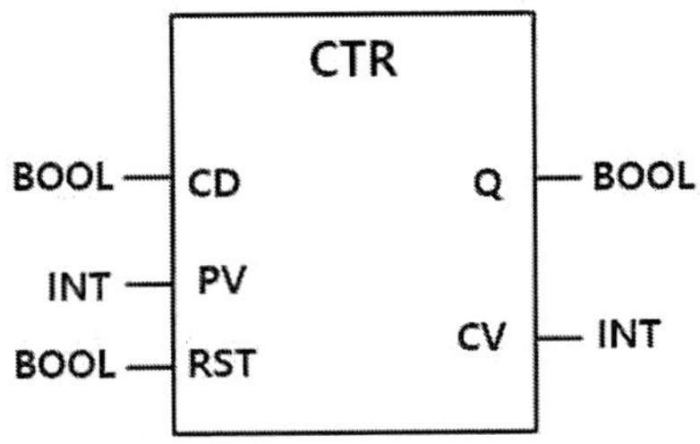
</td><td>• 입력
CD : 카운터 입력
PV : 설정값(Preset Value)
RST : 리셋입력

• 출력
Q : 카운터 출력
CV : 현재값(Current Value)</td></tr>
</table>

• CTR 카운터 사용 예

스위치가 5회 입력될 때마다 램프가 ON 된다.

	변수 종류	변수	타입	메모리 할당	초기값	리테인	사용 유무	EIP/OPC UA	HMI	설명문
1	VAR	CTR	CTR			☐	☑	☐	☐	
2	VAR	리셋	BOOL	%IX0.0.1		☐	☑	☐	☐	
3	VAR	스위치	BOOL	%IX0.0.0		☐	☑	☐	☐	푸시버튼 스위치
4	VAR	출력	BOOL	%QX0.2.0		☐	☑	☐	☐	출력램프

[그림 9.38] CTR 카운터 사용 예

10 CHAPTER

PLC 프로그래밍 실습 및 응용

실습은 HiBUS E&C사의 PLC 트레이닝 키트와 XG5000을 사용하여 진행된다. 트레이닝 키트는 기본적으로 메인 프레임, XGI-CPUE, 전원공급장치, 입력 시뮬레이터, 출력 시뮬레이터, 카운터&위치 시뮬레이터 등으로 구성된다.

10.1 기초 논리회로 실습

(1) 실습목적

디지털 논리회로(AND, OR, NOT, NAND, NOR, XOR)를 PLC 래더 프로그램으로 구현하고 진리표 작성을 통하여 그 동작을 확인한다.

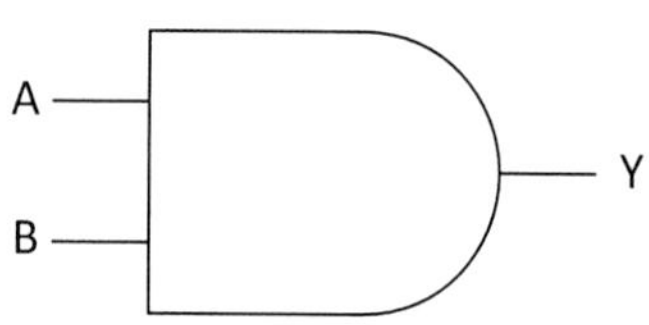

(a) AND 회로

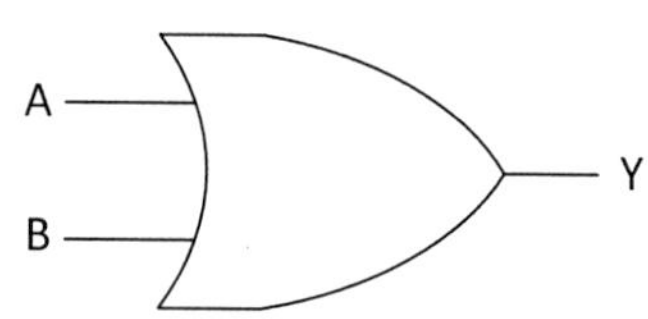

(b) OR 회로

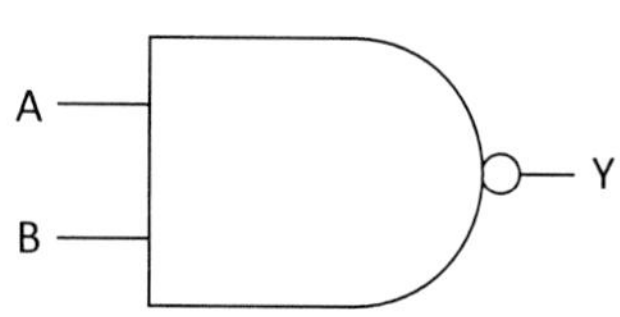

(c) NAND 회로

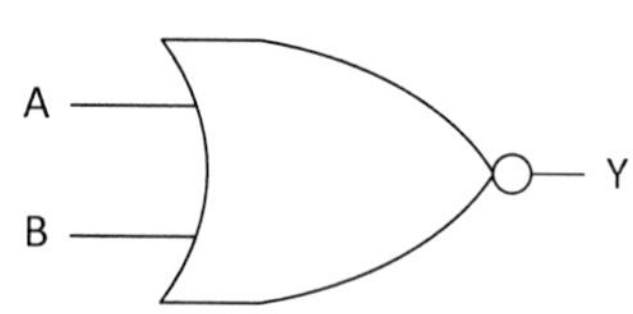

(d) NOR 회로

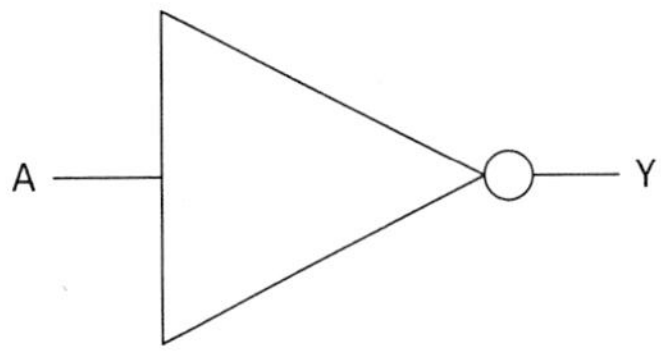

(e) NOT 회로

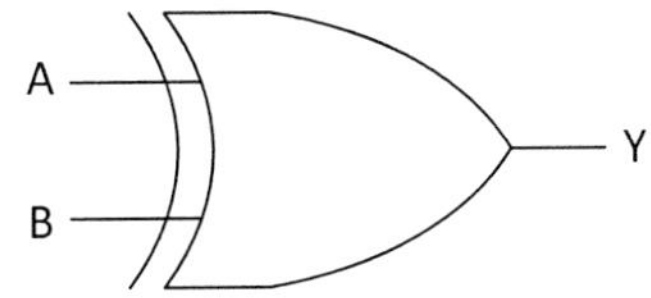

(f) XOR 회로

(2) 실습순서

① 입출력 지정표를 작성한다.

구분	간접변수명	입출력 포트	비고
입력	스위치1	%IX0.0.0	토글 스위치1
	스위치2	%IX0.0.1	토글 스위치2
출력	출력장치	%QX0.2.0	램프

② 주어진 회로를 래더 프로그램으로 작성한다.

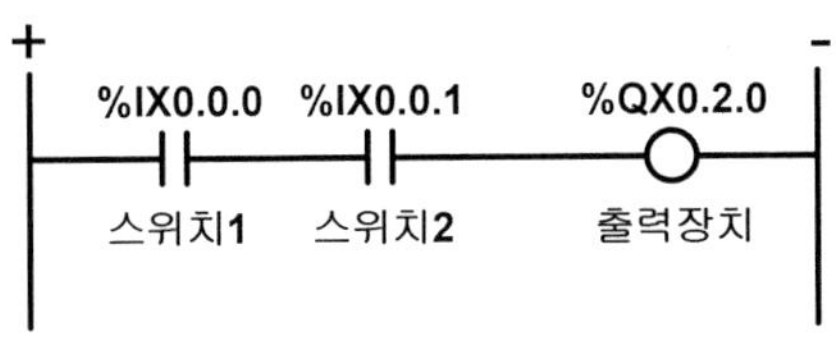

(a) AND 회로 래더 프로그램

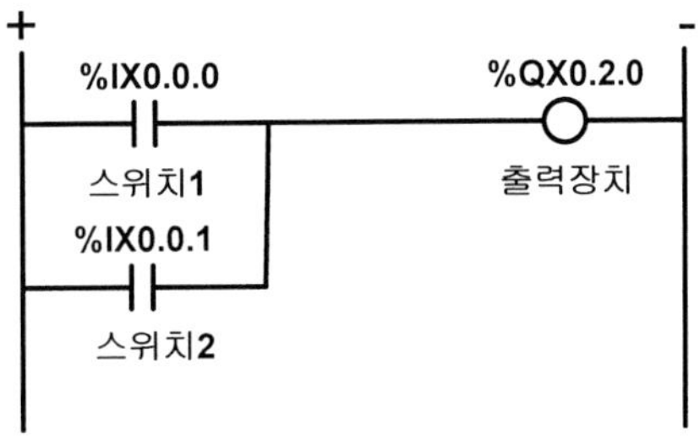

(b) OR 회로 래더 프로그램

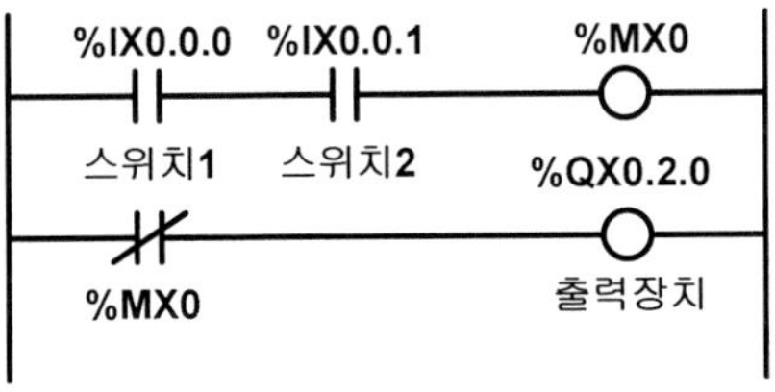

(C) NAND 회로 래더 프로그램

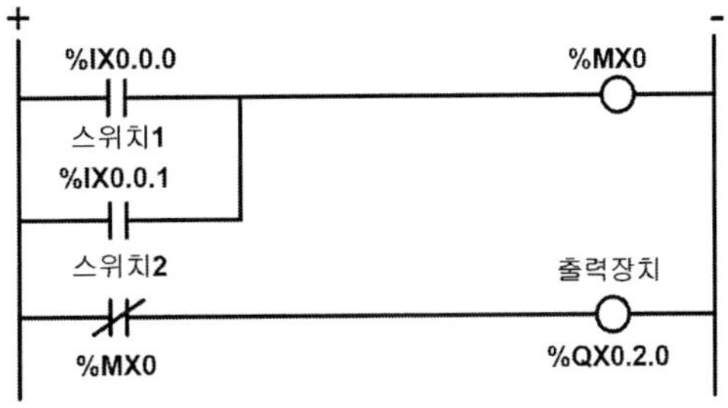

(d) NOR 회로 래더 프로그램

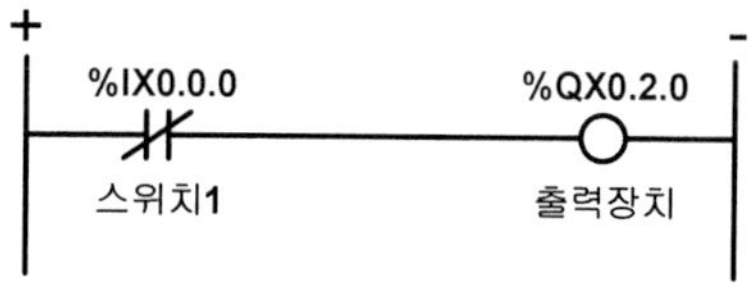

(e) NOT 회로 래더 프로그램

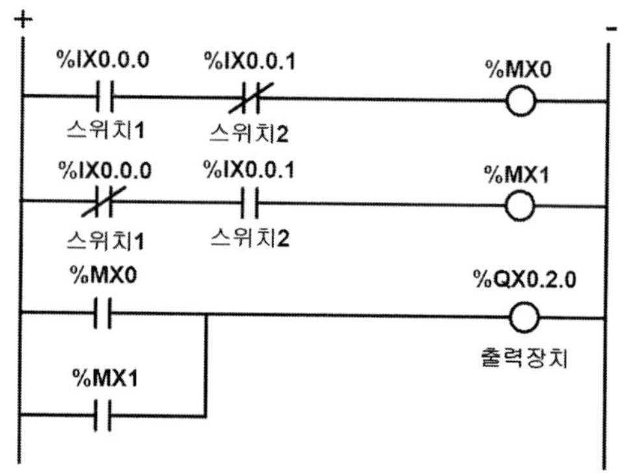

(f) XOR 회로 래더 프로그램

③ 입출력 지정표와 래더 프로그램을 보고 PLC 결선도를 작성한다.

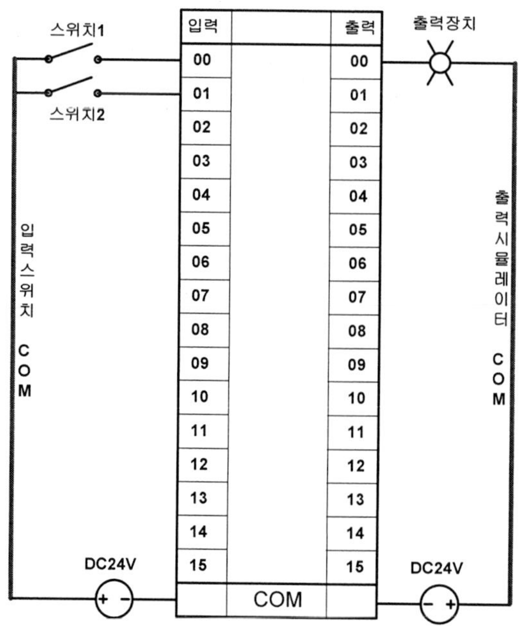

PLC 결선도

④ PLC 결선도를 이용하여 실습장치의 입출력 장치를 연결한다.

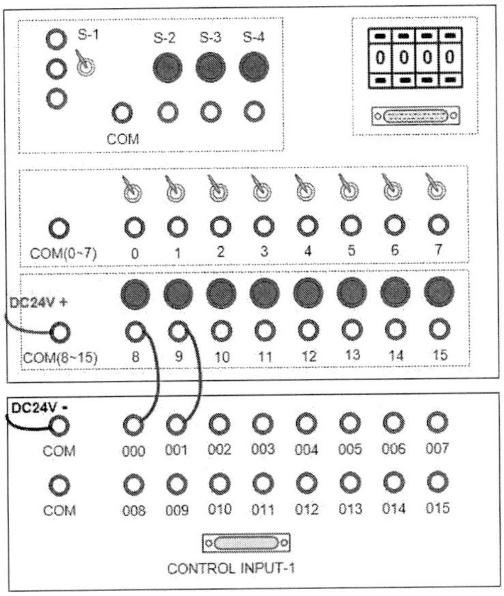

(a) 입력장치 결선도

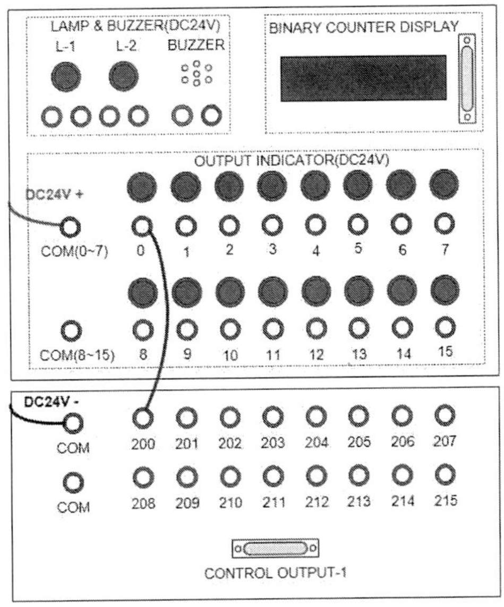

(b) 출력장치 결선도

*주의 : 전원연결에 특별히 주의하여 결선한다.

⑤ XG5000 프로그램에서 변수목록을 작성하고 프로그램을 입력한다.

	변수 종류	변수	타입	메모리 할당	초기값	리테인	사용 유무	EIP/OPC UA	HMI	설명문
1	VAR	스위치1	BOOL	%IX0.0.0		☐	☑	☐	☐	토글 스위치
2	VAR	스위치2	BOOL	%IX0.0.1		☐	☑	☐	☐	토글 스위치
3	VAR	출력램프	BOOL	%QX0.2.0		☐	☑	☐	☐	출력램프

(a) 변수목록

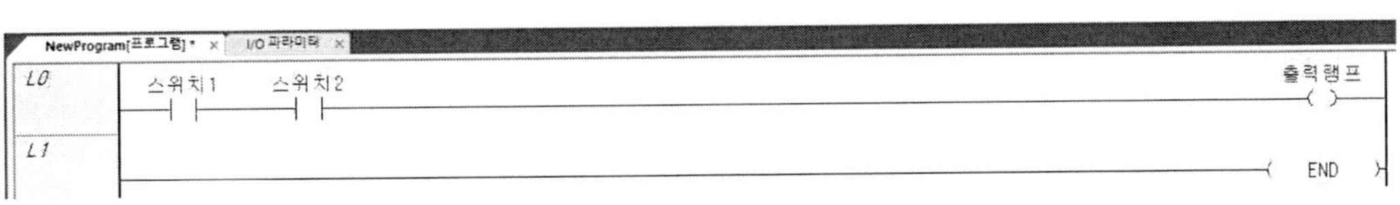

(b) AND 논리 래더 프로그램

(c) OR 논리 래더 프로그램

(d) NAND 논리 래더 프로그램

(e) NOR 논리 래더 프로그램

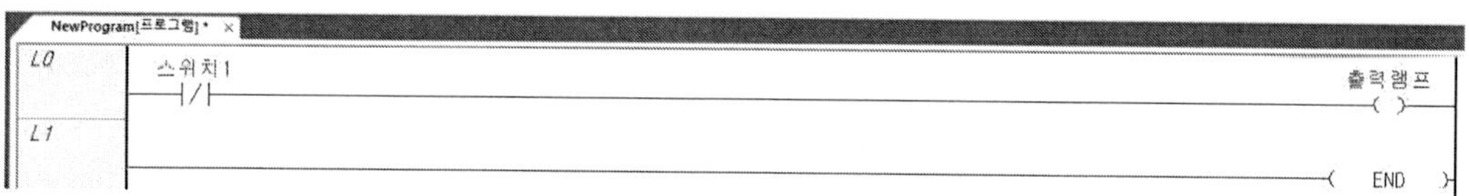

(f) NOT 논리 래더 프로그램

(g) XOR 논리 래더 프로그램

(3) 실습결과

프로그램을 실행시키면서 각 논리회로에 대한 동작을 확인한다.

(a) AND 논리회로

A	B	Y
0	0	
0	1	
1	0	
1	1	

(b) OR 논리회로

A	B	Y
0	0	
0	1	
1	0	
1	1	

(c) NAND 논리회로

A	B	Y
0	0	
0	1	
1	0	
1	1	

(d) NOR 논리회로

A	B	Y
0	0	
0	1	
1	0	
1	1	

(e) NOT 논리회로

A	B	Y
0	0	
0	1	
1	0	
1	1	

(f) XOR 논리회로

A	B	Y
0	0	
0	1	
1	0	
1	1	

10.2 자기유지회로 실습

(1) 실습목적

푸시버튼 스위치를 한번 ON 하면 스위치를 OFF 하여도 출력의 ON 상태를 스스로 유지하는 자기 유지회로를 PLC 래더 프로그램으로 구현하고 그 동작 원리를 이해한다.

• 동작 :

① 시작 스위치(푸시버튼 스위치)를 눌렀다 놓아도 출력램프의 ON 상태가 유지된다.

② 정지 스위치를 누르면 출력이 오프된다.

(2) 실습순서

① 입출력 지정표를 작성한다.

구분	간접변수명	입출력 포트	비고
입력	시작	%IX0.0.0	푸시버튼 스위치
	정지	%IX0.0.1	푸시버튼 스위치
내부	자기유지	%MX0	내부접점
출력	출력장치	%QX0.2.0	램프

② 래더 프로그램을 작성한다.

③ 입출력 지정표와 래더 프로그램을 보고 PLC 결선도를 작성한다.

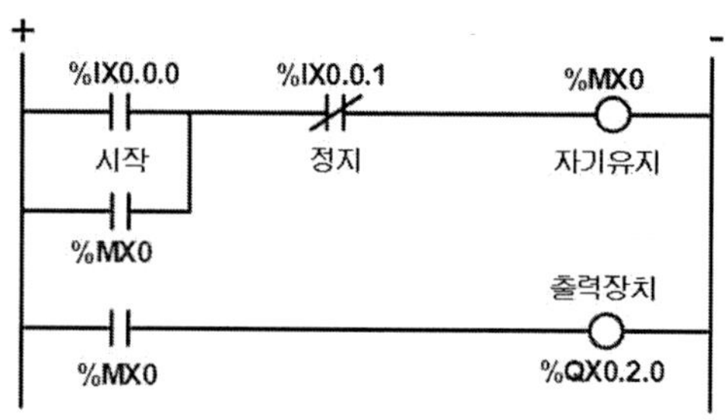

래더 프로그램

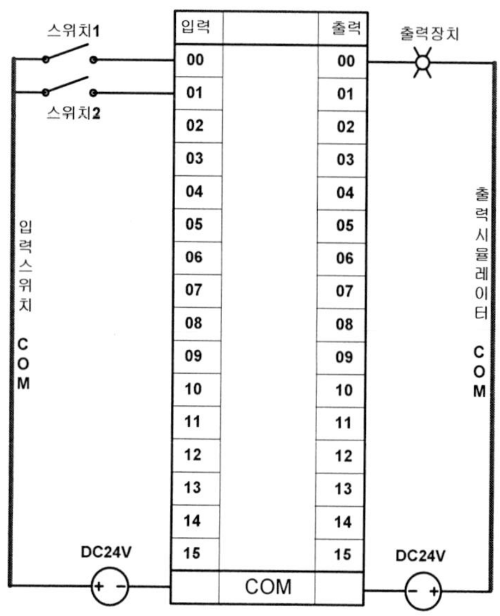

PLC 결선도

④ PLC 결선도를 이용하여 실습장치의 입출력 장치를 연결한다.

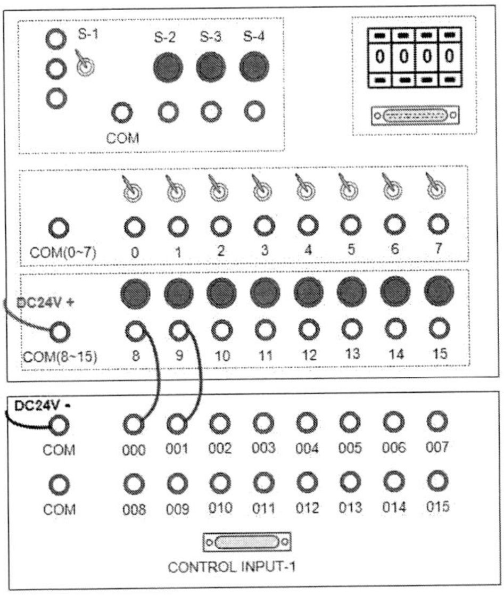

(a) 입력장치 결선도

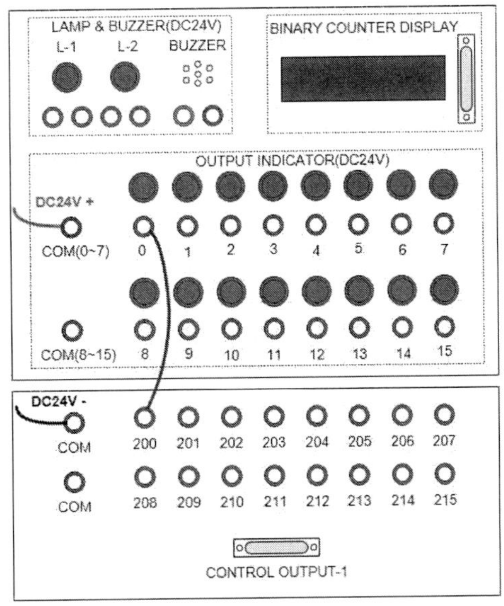

(b) 출력장치 결선도

*주의 : 전원 연결에 특별히 주의하여 결선한다.

⑤ XG5000 프로그램에서 변수목록을 작성하고 프로그램을 입력한다.

	변수 종류	변수	타입	메모리 할당	초기값	리테인	사용 유무	EIP/OPC UA	HMI	설명문
1	VAR	시작	BOOL	%IX0.0.0		☐	☑	☐	☐	푸시버튼 스위치
2	VAR	자기유지	BOOL	%MX0		☐	☑	☐	☐	내부메모리
3	VAR	정지	BOOL	%IX0.0.1		☐	☑	☐	☐	푸시버튼 스위치
4	VAR	출력램프	BOOL	%QX0.2.0		☐	☑	☐	☐	출력램프

(a) 변수목록

(b) 자기유지회로 PLC 래더 프로그램

(3) 실습결과

① 프로그램을 실행시키고 '시작' 스위치를 눌러 출력장치의 자기유지 동작을 확인한다.

② '정지' 스위치를 눌러 자기유지 상태가 해제되는 것을 확인한다.

10.3 인터록회로 실습

(1) 실습목적

인터록회로는 여러 개의 입력장치 중 가장 먼저 입력된 어떤 입력장치가 ON 되면 상호금지된 나머지 입력장치가 OFF 되도록 하는 회로를 말한다. 인터록회로는 선입력우선회로이며 주로 안전 유지회로에서 이용된다. 예를 들면 전자레인지가 동작 중에 전자레인지의 문이 열리면 위험한 상태가 되므로 전자레인지의 문이 열린 상태가 감지되면 전자레인지의 동작이 되지 않도록 할 때 사용된다. 실습 3.에서는 인터록회로를 PLC 래더 프로그램으로 구현하고 동작 원리를 이해한다.

- 동작

① 인터록 회로로 구성된 2개의 입력장치 중 하나의 입력장치를 ON 한다.

② 동작 ①을 실행한 후 인터록된 나머지 입력장치를 ON 한다.

③ 동작 ②에서 인터록된 입력신호에 의한 출력장치가 ON 되지 않는 것을 확인한다.

④ 인터록 해제신호를 입력한 후 다른 입력장치를 ON 하고 해당 출력장치가 ON 되는 것을 확인한다.

⑤ ④ 동작이 실행된 후 ①번 동작에서 입력된 스위치를 ON하고 해당 출력장치가 ON 되지 않는 것을 확인한다.

⑥ 인터록 해제신호가 입력되면 다시 ①번 동작에서 입력된 스위치가 ON 되었을 때 해당 출력이 ON되는 것을 확인한다.

(2) 실습순서

① 입출력 지정표를 작성한다.

구분	간접변수명	입출력 포트	비고
입력	스위치1	%IX0.0.0	푸시버튼 스위치
	스위치2	%IX0.0.1	푸시버튼 스위치
	해제	%IX0.0.2	푸시버튼 스위치
내부	자기유지1	%MX0	내부접점
	자기유지2	%MX1	내부접점
출력	출력1	%QX0.2.0	출력램프
	출력2	%QX0.2.1	출력램프

② 래더 프로그램을 작성한다.

③ 입출력 지정표와 래더 프로그램을 보고 PLC 결선도를 작성한다.

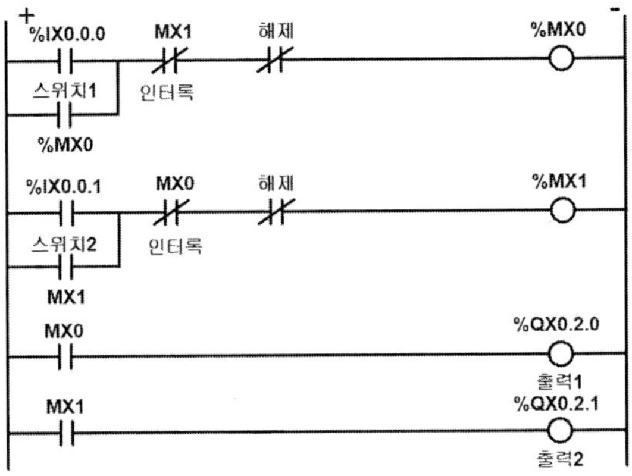

래더 프로그램

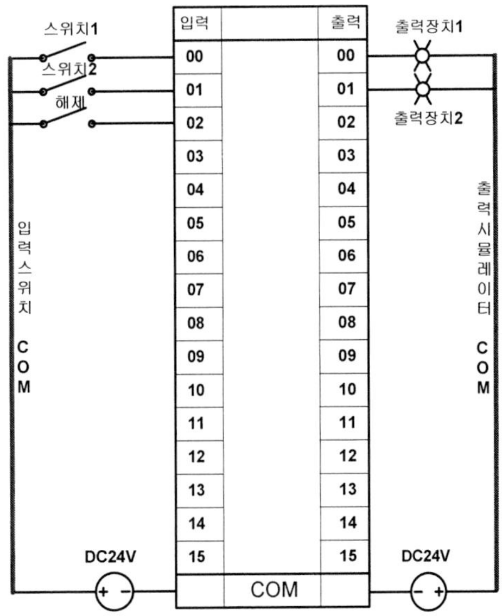

PLC 결선도

④ PLC 결선도를 이용하여 트레이닝 키트의 입출력 장치를 연결한다.

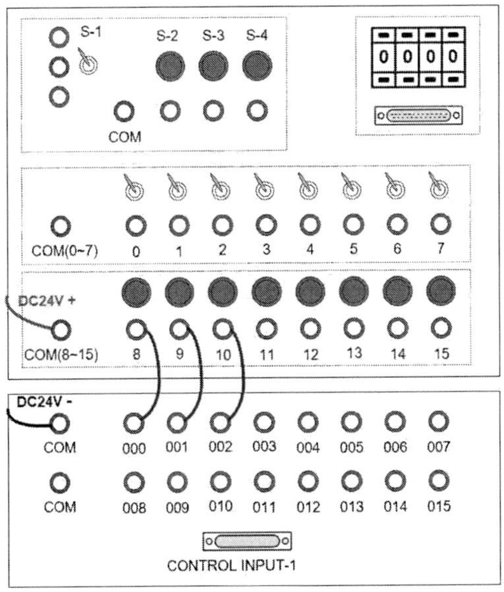

(a) 입력장치 결선도

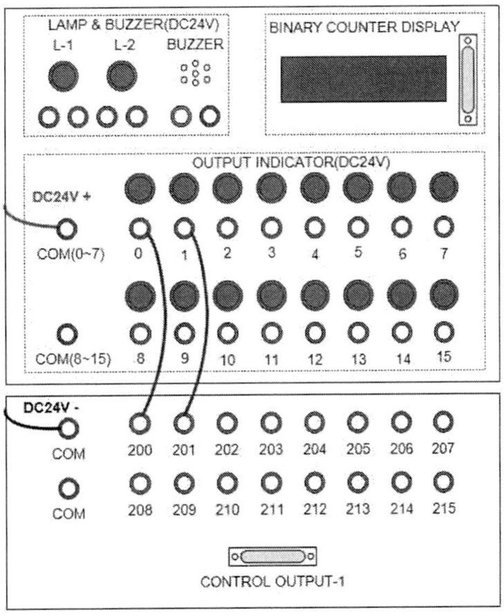

(b) 출력장치 결선도

*주의 : 전원 연결에 특별히 주의하여 결선한다.

⑤ XG5000 프로그램에서 변수목록을 작성하고 프로그램을 입력한다.

	변수 종류	변수	타입	메모리 할당	초기값	리테인	사용 유무	EIP/OPC UA	HMI	설명문
1	VAR	스위치1	BOOL	%IX0.0.0		☐	☑	☐	☐	푸시버튼 스위치
2	VAR	스위치2	BOOL	%IX0.0.1		☐	☑	☐	☐	푸시버튼 스위치
3	VAR	자기유지1	BOOL	%MX0		☐	☑	☐	☐	내부 메모리
4	VAR	자기유지2	BOOL	%MX2		☐	☑	☐	☐	내부메모리
5	VAR	출력0	BOOL	%QX0.2.0		☐	☑	☐	☐	출력램프
6	VAR	출력1	BOOL	%QX0.2.1		☐	☑	☐	☐	출력램프
7	VAR	해제	BOOL	%IX0.0.2		☐	☑	☐	☐	푸시버튼 스위치

(a) 변수목록

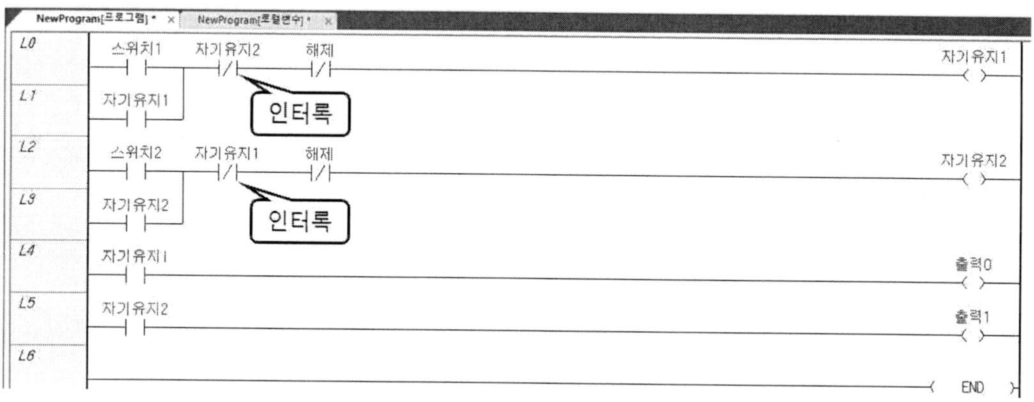

(b) 인터록회로 PLC 래더 프로그램

(3) 실습결과

프로그램을 실행시키고 스위치1, 스위치2를 눌러 인터록 동작을 확인한다.

① 스위치1을 눌러 출력0 램프가 점등되는지 확인한다.
② 출력0 램프가 점등된 상태에서 스위치2를 눌러 출력1 램프의 상태를 확인한다.
③ 해제 스위치를 누른 후 다시 스위치2를 눌러 출력1 램프가 점등되는지 확인한다.
④ 스위치1과 스위치2의 동작순서를 바꾸어 과정 ①, ②, ③을 수행하고 그 동작을 확인한다.

10.4 후행우선회로 실습

(1) 실습목적

우선회로는 선행우선 회로, 후행우선 회로, 순차우선 회로, 순위우선 회로로 구성된다. 그 중 선행우선 회로는 여러 개의 입력 중 가장 먼저 입력된 신호를 우선으로 회로가 동작하고 그 이후 입력되는 다른 신호는 무시되는 회로이다. 실습 3.에서 보았던 인터록 회로가 대표적인 선행우선 회로이다. 후행우선 회로는 선행우선 회로와 반대의 개념으로 여러 개의 입력 중 가장 늦게 들어온 신호를 우선으로 회로가 동작하고 그 이전에 동작하던 다른 신호는 무력화시키는 회로를 말한다. TV, 오디오 등에서 사용되는 리모컨 스위치의 동작이 이러한 회로에 해당한다. 순차우선 회로는 여러 개의 입력신호가 있을 때 동작 하여야 할 순서를 미리 정해놓고 순차적으로 동작하는 방식의 회로를 말한다. 그 대표적인 예로 세탁기의 동작이 있다. 순위우선 회로는 여러 개의 입력신호를 중요도에 따라 미리 정해 놓고 임의의 입력이 출력을 내고 있더라도 그 순위보다 높은 입력신호가 들어오면 동작하고 있던 낮은 순위의 출력은 정지하고 높은 순위의 입력신호에 의한 출력만 동작하도록 구성된 회로를 말한다.

실습 4.에서는 여러 개의 입력장치를 가지고 있는 경우, 여러 개의 입력 중 가장 늦게 들어온 신호를 우선으로 회로가 동작하고 그 이전에 동작하던 다른 신호는 무력화되는 후행우선 회로를 PLC 래더 프로그램으로 구현하고 동작원리를 이해한다.

- 동작

① 선행램프가 ON 되어 있는 상태에서 후순위 신호가 입력되면 선행램프는 OFF 되고 후행램프가 ON 된다.

② 후입력 신호가 선입력 신호를 무력화시키는 동작을 수행하는 것을 출력램프의 동작을 통하여 확인한다.

(2) 실습순서

① 입출력 지정표를 작성한다.

구분	간접변수명	입출력 포트	비고
입력	입력1	%IX0.0.0	푸시버튼 스위치
	입력2	%IX0.0.1	푸시버튼 스위치
	입력3	%IX0.0.2	푸시버튼 스위치
내부	X1	%MX0	내부접점
	X2	%MX1	내부접점
	X3	%MX2	내부접점
출력	출력1	%QX0.2.0	출력램프
	출력2	%QX0.2.1	출력램프
	출력3	%QX0.2.2	출력램프

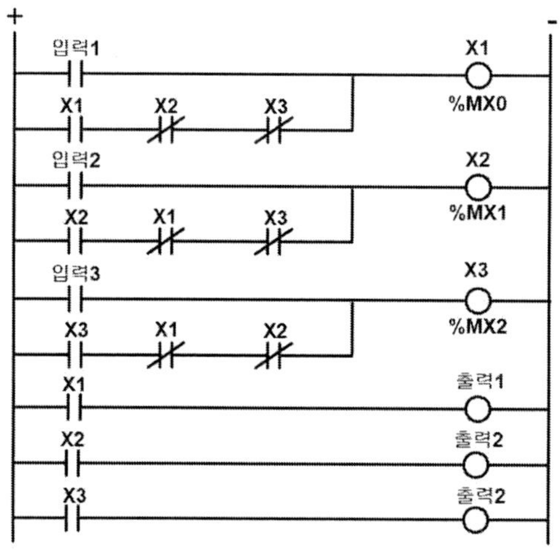

래더 프로그램

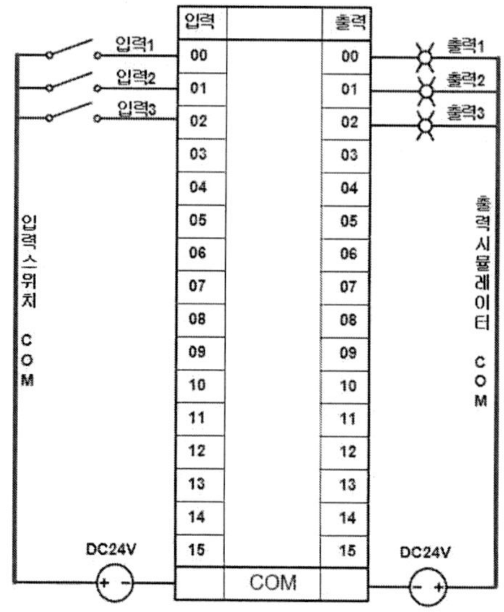

PLC 결선도

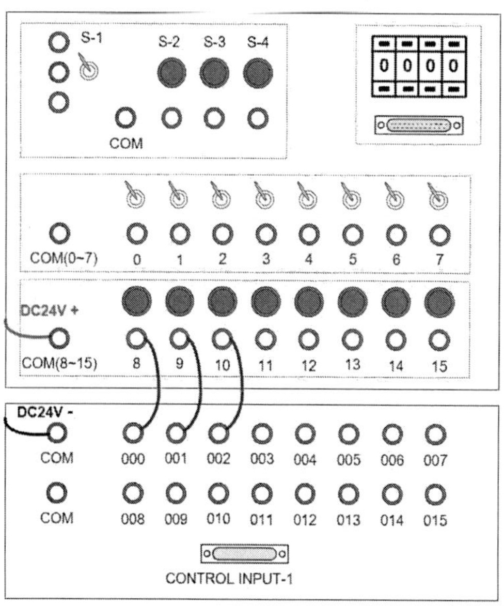

(a) 입력장치 결선도

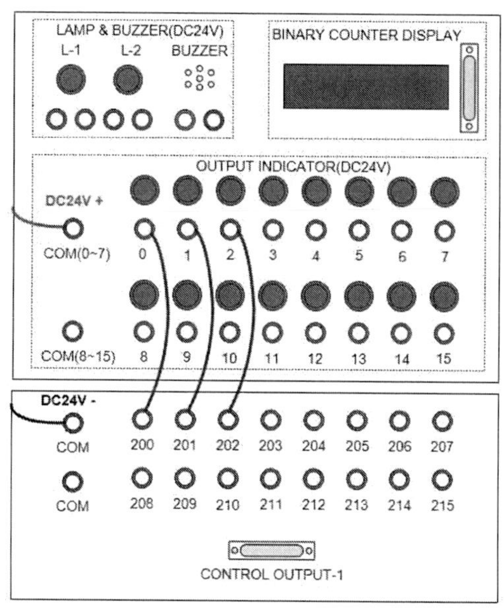

(b) 출력장치 결선도

*주의 : 전원 연결에 특별히 주의하여 결선한다.

② 래더 프로그램을 작성한다.

③ 입출력 지정표와 래더 프로그램을 보고 PLC 결선도를 작성한다.

④ PLC 결선도를 이용하여 트레이닝 키트의 입출력 장치를 연결한다.

⑤ XG5000 프로그램에서 변수목록을 작성하고 프로그램을 입력한다.

	변수 종류	변수	타입	메모리 할당	초기값	리테인	사용 유무	EIP/OPC UA	HMI	설명문
1	VAR	X1	BOOL	%MX0		☐	☑	☐	☐	내부 메모리
2	VAR	X2	BOOL	%MX1		☐	☑	☐	☐	내부 메모리
3	VAR	X3	BOOL	%MX2		☐	☑	☐	☐	내부 메모리
4	VAR	입력1	BOOL	%IX0.0.0		☐	☑	☐	☐	푸시버튼 스위치
5	VAR	입력2	BOOL	%IX0.0.1		☐	☑	☐	☐	푸시버튼 스위치
6	VAR	입력3	BOOL	%IX0.0.2		☐	☑	☐	☐	푸시버튼 스위치
7	VAR	출력1	BOOL	%QX0.2.0		☐	☑	☐	☐	출력램프
8	VAR	출력2	BOOL	%QX0.2.1		☐	☑	☐	☐	출력램프
9	VAR	출력3	BOOL	%QX0.2.2		☐	☑	☐	☐	출력램프

(a) 변수목록

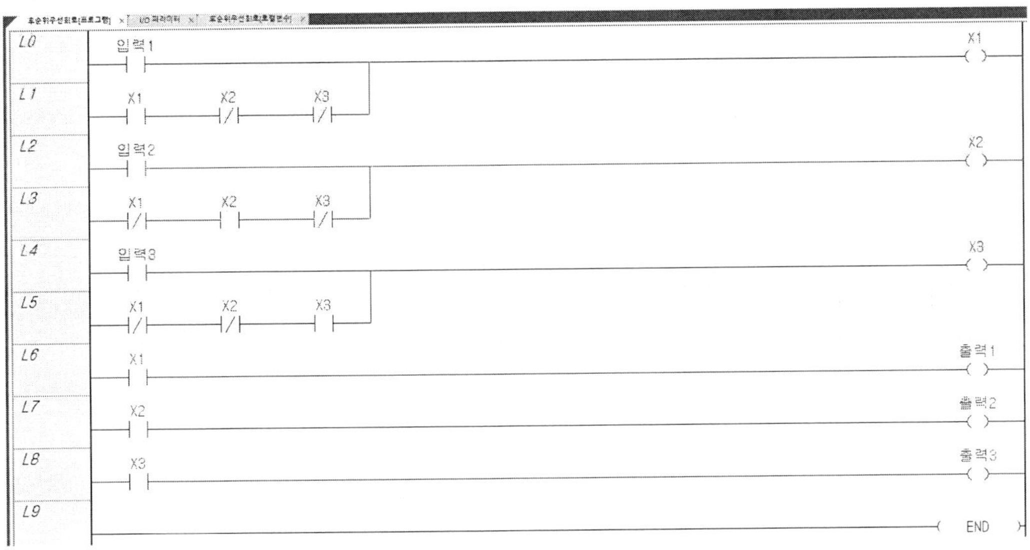

(b) 후행우선회로 PLC 래더 프로그램

(3) 실습결과

① 프로그램을 실행 시킨다.

② 스위치를 입력1, 입력2, 입력3 순서로 동작시키며 출력램프의 상태를 확인한다.

③ 스위치를 입력3, 입력2, 입력1 순서로 동작시키며 출력램프의 상태를 확인한다.

④ 입력 스위치의 상태에 따른 출력장치의 타임차트를 그린다.

10.5 순차우선회로 실습

(1) 실습목적

순차우선 회로는 여러 개의 입력신호가 있을 때 동작하여야 할 순서를 미리 정해놓고 순차적으로 동작하는 방식의 회로를 말한다. 그 대표적인 예로 세탁기의 동작이 있다. 순위우선 회로는 여러 개의 입력신호를 중요도에 따라 미리 정해놓고 임의의 입력이 출력을 내고 있더라도 그 순위보다 높은 입력신호가 들어오면 동작하고 있던 낮은 순위의 출력은 정지하고 높은 순위의 입력신호에 의한 출력만 동작하도록 구성된 회로를 말한다. 실습 5.에서는 여러 개의 입력장치를 가지고 있는 경우 이 입력장치를 순서대로 동작시키기 위한 순차우선 회로를 PLC 래더 프로그램으로 구현하고 동작원리를 이해한다.

• 동작

① 선행램프가 ON 되어 있는 상태에서만 후순위 램프가 ON 될 수 있다.
② 램프의 동작은 선행우선 회로에 의하여 결정된 순서대로 점등되며 반대의 순서는 동작하지 않는다.

(2) 실습순서

① 입출력 지정표를 작성한다.

구분	간접변수명	입출력 포트	비고
입력	입력1	%IX0.0.0	푸시버튼 스위치
	입력2	%IX0.0.1	푸시버튼 스위치
	입력3	%IX0.0.2	푸시버튼 스위치
	리셋	%IX0.0.3	푸시버튼 스위치
내부	X1	%MX0	내부접점
	X2	%MX1	내부접점
	X3	%MX2	내부접점
출력	출력1	%QX0.2.0	출력램프
	출력2	%QX0.2.1	출력램프
	출력3	%QX0.2.2	출력램프

② 래더 프로그램을 작성한다.
③ 입출력 지정표와 래더 프로그램을 보고 PLC 결선도를 작성한다.

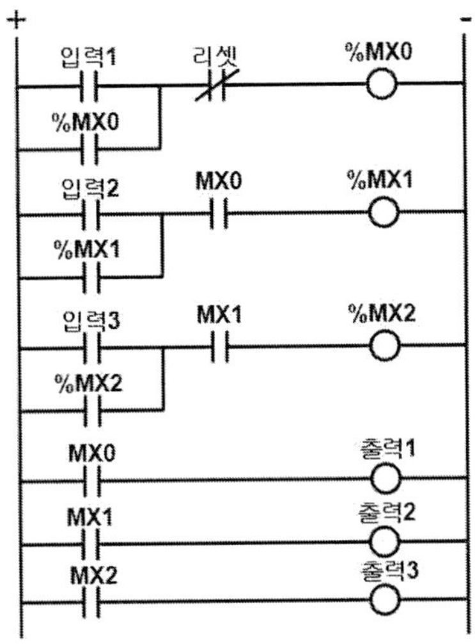

래더 다이어그램

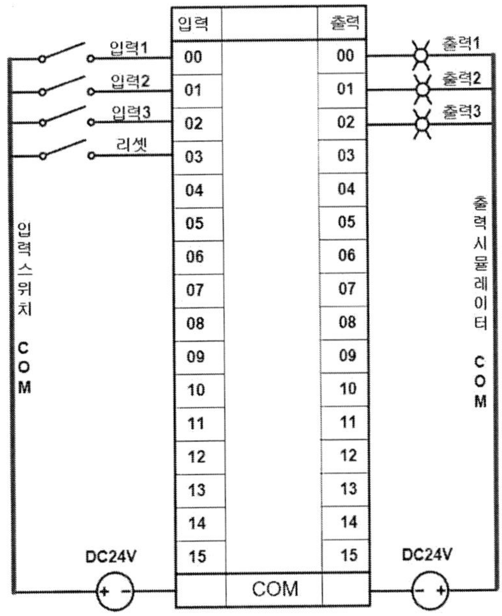

PLC 결선도

④ PLC 결선도를 이용하여 트레이닝 키트의 입출력 장치를 연결한다.

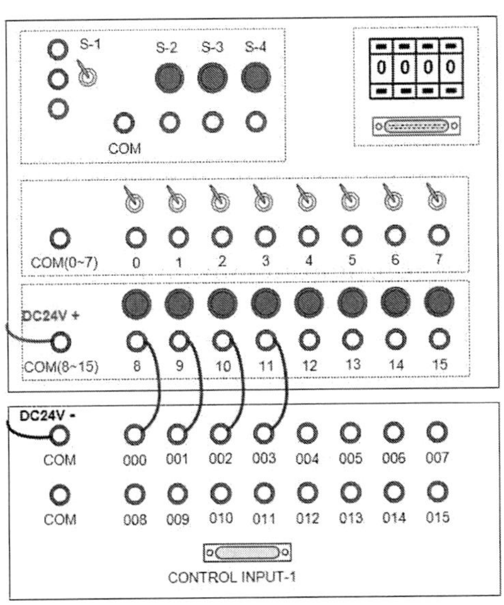

(a) 입력장치 결선도

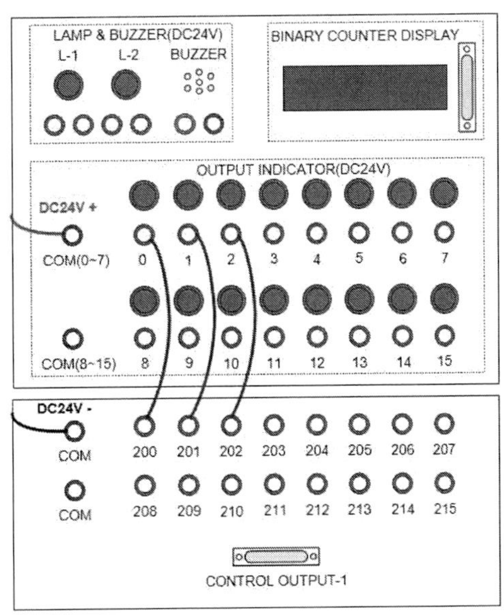

(b) 출력장치 결선도

*주의 : 전원 연결에 특별히 주의하여 결선한다.

⑤ XG5000 프로그램에서 변수목록을 작성하고 프로그램을 입력한다.

	변수	타입	메모리 할당	초기값	리테인	사용 유무	EIP/OPC UA	HMI	설명문
1	X1	BOOL	%MX0		☐	☑	☐	☐	내부 메모리
2	X2	BOOL	%MX1		☐	☑	☐	☐	내부 메모리
3	X3	BOOL	%MX2		☐	☑	☐	☐	내부 메모리
4	리셋	BOOL	%IX0.0.3		☐	☑	☐	☐	푸시버튼 스위치
5	입력1	BOOL	%IX0.0.0		☐	☑	☐	☐	푸시버튼 스위치
6	입력2	BOOL	%IX0.0.1		☐	☑	☐	☐	푸시버튼 스위치
7	입력3	BOOL	%IX0.0.2		☐	☑	☐	☐	푸시버튼 스위치
8	출력1	BOOL	%QX0.2.0		☐	☑	☐	☐	출력램프
9	출력2	BOOL	%QX0.2.1		☐	☑	☐	☐	출력램프
10	출력3	BOOL	%QX0.2.2		☐	☑	☐	☐	출력램프

(a) 변수목록

(b) 순차우선회로 PLC 래더 프로그램

(3) 실습결과 확인

① 프로그램을 실행시킨다.

② 스위치 입력1, 입력2, 입력3 순서로 동작시켜 출력램프 상태를 확인한다.

③ 스위치 입력3, 입력2, 입력1 순서로 동작시켜 출력램프 상태를 확인한다.

④ 입력 스위치의 상태에 따른 출력장치의 타임차트를 그린다.

10.6 동작지연회로 실습

(1) 실습목적

TON 타이머를 이용하여 동작시간 지연회로를 구현하고 동작원리를 이해한다. TON 타이머는 입력단자 IN에 신호가 입력되면 타이머에 설정된 시간 뒤에 신호 Q가 출력되는 시간지연 출력기능을 가지고 있다.

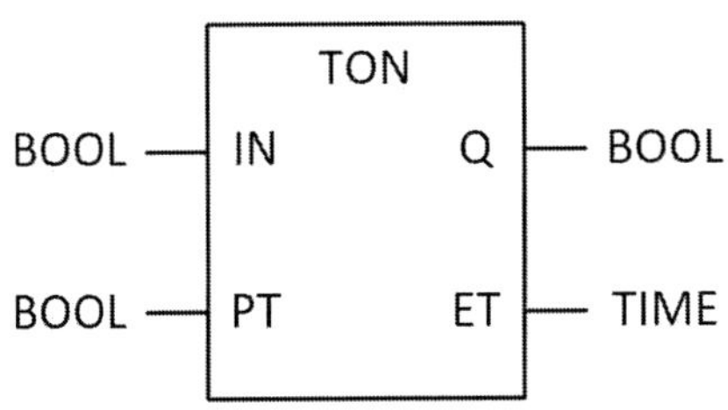	• 입력 IN : 타이머 시작조건 PT : 설정시간 • 출력 Q : 타이머 접점 출력 ET : 경과 시간
TON 타이머	기능

• 동작

① 입력 스위치가 ON 되면 TON 타이머가 동작한다.

② TON 타이머의 설정시간이 경과되면 출력 램프가 ON 된다.

③ 리셋 스위치가 ON 되면 모든 동작이 초기화 된다.

(2) 실습순서

① 입출력 지정표를 작성한다.

구분	간접변수명	입출력 포트	비고
입력	스위치1	%IX0.0.0	푸시버튼 스위치
	리셋	%IX0.0.1	푸시버튼 스위치
내부	자기유지	%MX0	내부접점
출력	출력장치	%QX0.2.0	출력램프

② 래더 프로그램을 작성한다.

③ 입출력 지정표와 래더 프로그램을 보고 PLC 결선도를 작성한다.

④ PLC 결선도를 이용하여 트레이닝 키트의 입출력 장치를 연결한다.

* 주의 : 전원연결에 특별히 주의하여 결선한다.

⑤ XG5000 프로그램에서 변수목록을 작성하고 프로그램을 입력한다.

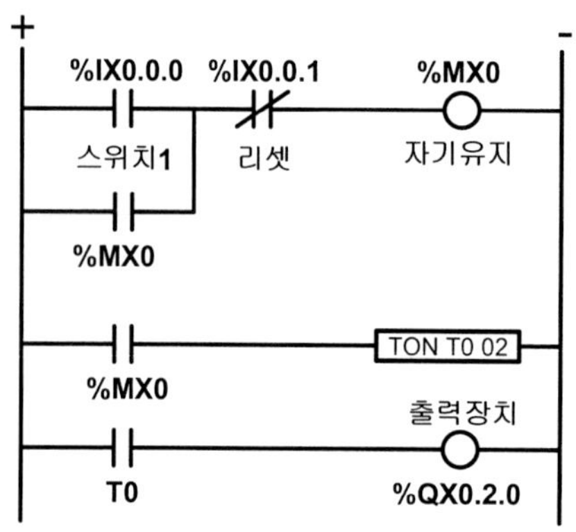

래더 프로그램

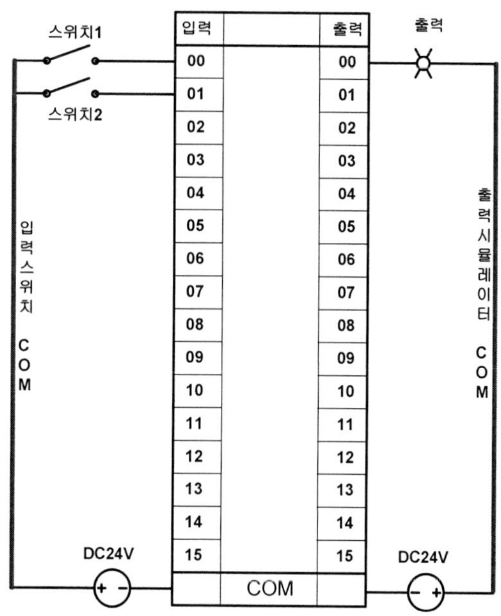

PLC 결선도

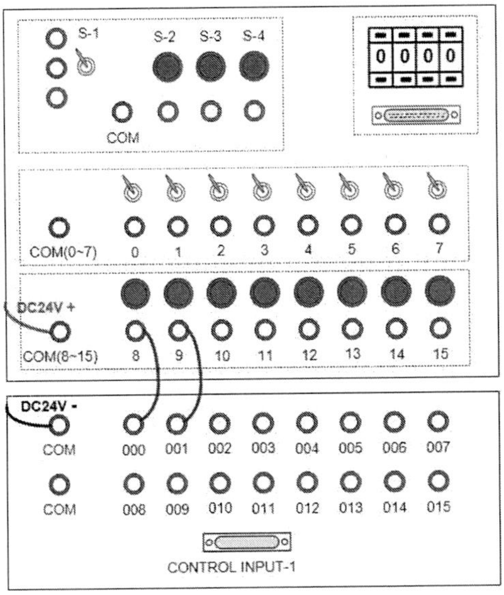

(a) 입력장치 결선도

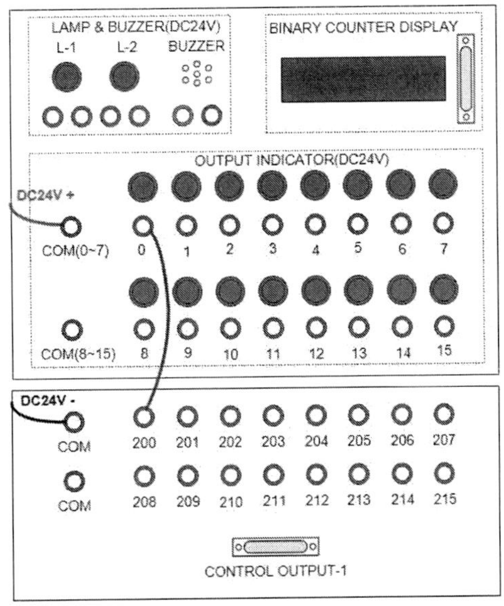

(b) 출력장치 결선도

	변수 종류	변수	타입	메모리 할당	초기값	리테인	사용 유무	EIP/OPC UA	HMI	설명문
1	VAR	TON	TON			☐	☑	☐	☐	TON 타이머
2	VAR	리셋	BOOL	%IX0.0.1		☐	☑	☐	☐	푸시버튼 스위치
3	VAR	스위치1	BOOL	%IX0.0.0		☐	☑	☐	☐	푸시버튼 스위치
4	VAR	자기유지	BOOL	%MX0		☐	☑	☐	☐	내부 메모리
5	VAR	출력	BOOL	%QX0.2.0		☐	☑	☐	☐	출력램프

(a) 변수목록

(b) 동작지연회로 PLC 래더 프로그램

(3) 실습결과

① 프로그램을 실행시킨다.

② 스위치1을 ON 시킨 후 출력장치에 연결된 램프의 동작상태를 확인한다. 특히 타이머에 설정된 시간 후에 출력램프가 점등되는지 확인한다.

③ 리셋 스위치를 누른 후 출력램프의 동작 상태를 확인한다.

③ 스위치1의 상태에 대한 출력장치의 타임차트를 그린다.

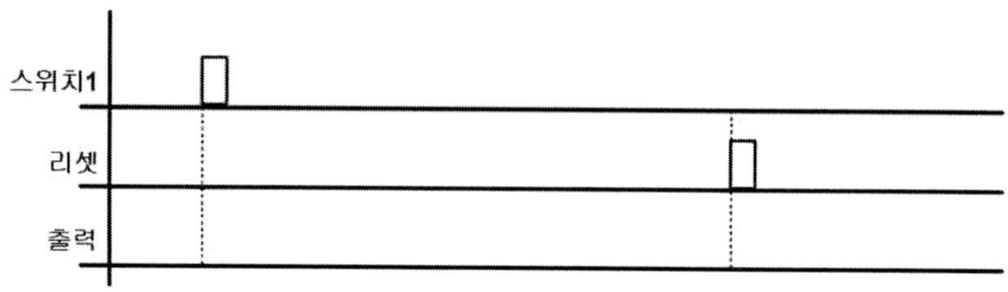

10.7 복귀지연회로 실습

(1) 실습목적

TOF 타이머를 이용한 복귀지연회로를 구현하고 TOF 타이머의 동작원리를 이해한다. TOF 타이머는 입력신호가 IN 단자로 입력되면 출력 Q가 즉시 출력되며 입력신호가 OFF 되면 출력신호 Q는 TOF 타이머에 설정된 시간 후에 OFF 되는 기능을 가지고 있다. TOF 타이머 실습을 통하여 TON 타이머와의 동작 차이점을 명확히 이해하는 것이 중요하다.

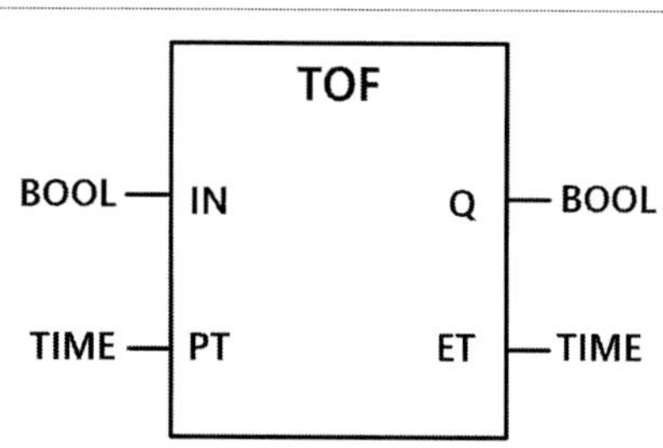	• 입력 IN : 타이머 시작조건 PT : 설정시간 • 출력 Q : 타이머 접점 출력 ET : 경과 시간
TOF 타이머	기능

• 동작

① 스위치1이 ON 되면 동시에 출력램프가 점등된다.

② 스위치2가 OFF 되면 출력램프는 타이머 설정시간이 경과된 후 소등된다.

(2) 실습순서

① 입출력 지정표를 작성한다.

구분	간접변수명	입출력 포트	비고
입력	스위치1	%IX0.0.0	푸시버튼 스위치
	스위치2	%IX0.0.1	푸시버튼 스위치
내부 메모리	자기유지	%MX0	내부접점
출력	출력장치	%QX0.2.0	출력램프

② 래더 프로그램을 작성한다.

③ 입출력 지정표와 래더 다이어그램을 보고 PLC 결선도를 작성한다.

④ PLC 결선도를 이용하여 트레이닝 키트의 입출력 장치를 연결한다.

* 주의 : 전원연결에 특별히 주의하여 결선한다.

⑤ XG5000 프로그램에서 변수목록을 작성하고 프로그램을 입력한다.

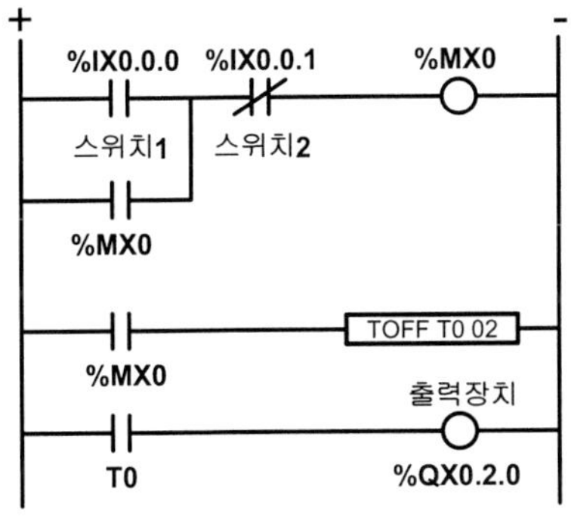

래더 프로그램

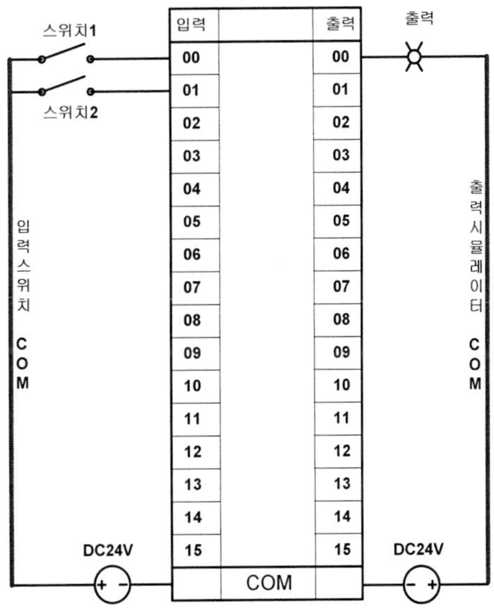

PLC 결선도

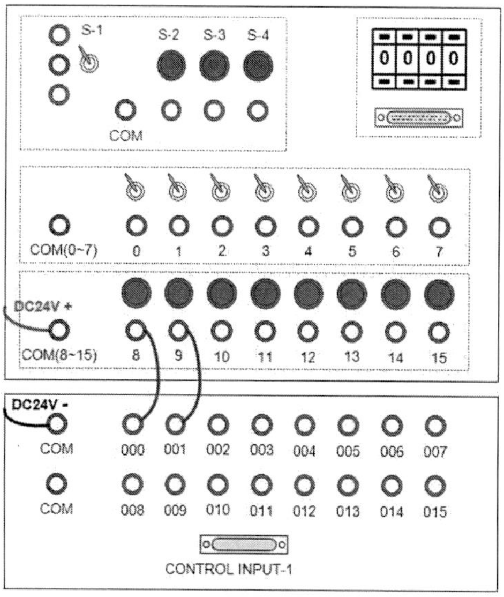

(a) 입력장치 결선도

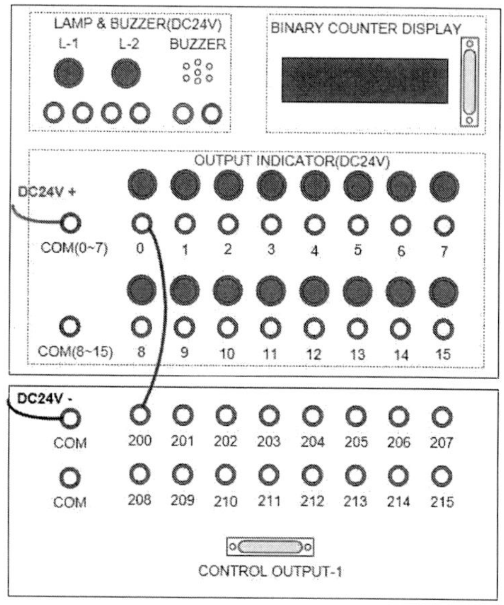

(b) 출력장치 결선도

	변수 종류	변수	타입	메모리 할당	초기값	리테인	사용 유무	EIP/OPC UA	HMI	설명문
1	VAR	TOF	TOF			☐	☑	☐	☐	TOF 타이머
2	VAR	스위치1	BOOL	%IX0.0.0		☐	☑	☐	☐	푸시버튼 스위치
3	VAR	스위치2	BOOL	%IX0.0.1		☐	☑	☐	☐	푸시버튼 스위치
4	VAR	자기유지	BOOL	%MX0		☐	☑	☐	☐	내부메모리
5	VAR	출력	BOOL	%QX0.2.0		☐	☑	☐	☐	출력램프

(a) 변수목록

(b) 복귀지연회로 PLC 래더 프로그램

(3) 실습결과

① 프로그램을 실행시킨다.
② 스위치1을 누른 후 출력장치에 연결된 램프의 동작상태를 확인한다.
③ 스위치2를 누른 후 출력램프의 동작상태를 확인한다. 특히 설정된 시간 뒤에 출력램프가 소등되는 것을 확인한다.
④ 입력 스위치의 상태에 따른 출력장치의 타임차트를 그린다.

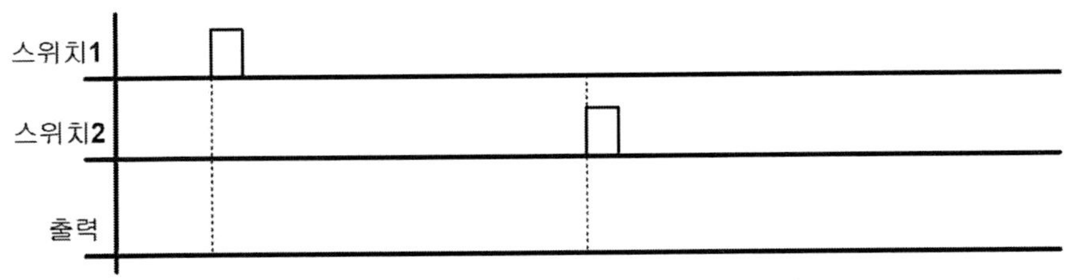

10.8 퀴즈 프로그램(선입력우선 회로 응용) 실습

(1) 실습목적

인터록 회로는 대표적인 선입력우선 회로이다. 이러한 선입력우선 회로는 인터록 회로의 후입력신호 입력금지 기능을 이용하여 여러 개의 입력 중 가장 먼저 입력된 신호가 우선권을 가지는 동작을 수행하도록 한다. 후입력 신호가 금지되는 인터록 동작은 리셋신호를 이용하여 회로를 초기화할 때까지 동작한다. 이러한 선입력우선 회로의 특성을 이용하면 PLC를 이용하여 여러 사람이 함께하는 퀴즈 프로그램을 구현할 수 있다. 실습 8.에서는 3인의 참여자와 1인의 사회자로 구성되는 퀴즈 프로그램을 PLC 래더 프로그램으로 구현하고 선입력우선 회로의 동작원리를 이해한다.

• 동작

① 진행자와 참여자가 나오며 진행자가 문제를 내고 참여자가 그 문제를 푼다.
② 먼저 스위치를 누른 참여자의 램프가 켜지고 부저가 울린다.
③ 먼저 스위치를 누른 참여자의 램프는 사회자가 해제하기 전까지 점등된다.
④ 부저는 최초의 스위치가 눌러진 후 1초 동안만 울린다.

(2) 실습순서

① 입출력 지정표를 작성한다.

구분	간접변수명	입출력 포트	비고
입력	참여자1	%IX0.0.0	푸시버튼 스위치
	참여자2	%IX0.0.1	푸시버튼 스위치
	참여자3	%IX0.0.2	푸시버튼 스위치
	사회자	%IX0.0.3	푸시버튼 스위치
내부메모리	참여자1X	%MX0	내부접점
	참여자2X	%MX1	내부접점
	참여자3X	%MX2	내부접점
출력	램프1	%QX0.2.0	출력램프
	램프2	%QX0.2.1	출력램프
	램프3	%QX0.2.2	출력램프
	부저	%QX0.2.3	부저

② 래더 프로그램을 작성한다.

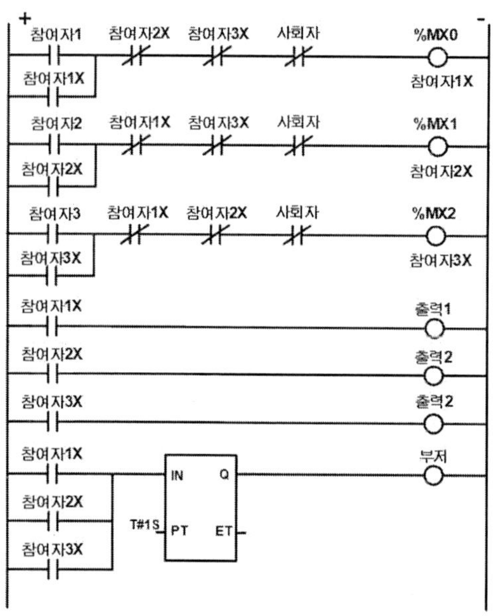

래더 프로그램

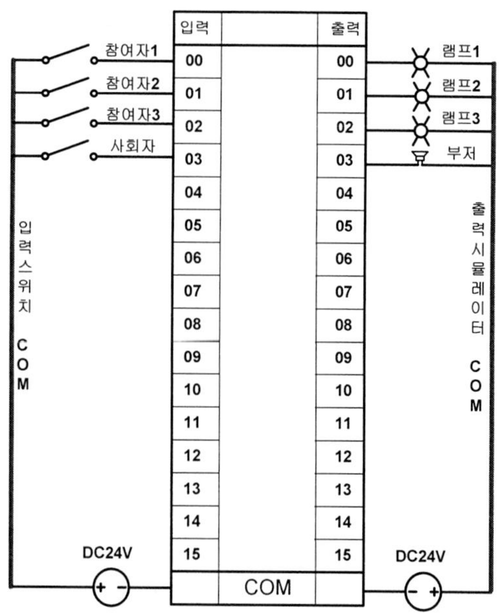

PLC 결선도

③ 입출력 지정표와 래더 프로그램을 보고 PLC 결선도를 작성한다.

④ PLC 결선도를 이용하여 트레이닝 키트의 입출력 장치를 연결한다.

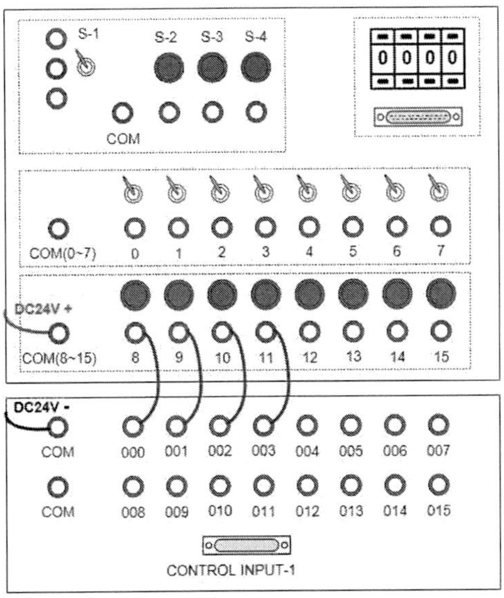

(a) 입력장치 결선도

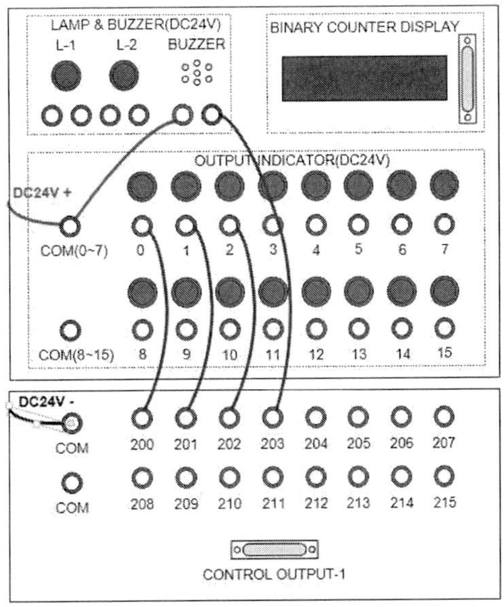

(b) 출력장치 결선도

*주의 : 전원 연결에 특별히 주의하여 결선한다.

⑤ XG5000 프로그램에서 변수목록을 작성하고 프로그램을 입력한다.

	변수 종류	변수	타입	메모리 할당	초기값	리테인	사용 유무	EIP/OPC UA	HMI	설명문
1	VAR	TP	TP			☐	☑	☐	☐	펄스 타이머
2	VAR	램프1	BOOL	%QX0.2.0		☐	☑	☐	☐	출력램프
3	VAR	램프2	BOOL	%QX0.2.1		☐	☑	☐	☐	출력램프
4	VAR	램프3	BOOL	%QX0.2.2		☐	☑	☐	☐	출력램프
5	VAR	부저	BOOL	%QX0.2.3		☐	☑	☐	☐	부저
6	VAR	사회자	BOOL	%IX0.0.3		☐	☑	☐	☐	푸시버튼 스위치
7	VAR	참여자1	BOOL	%IX0.0.0		☐	☑	☐	☐	푸시버튼 스위치
8	VAR	참여자1X	BOOL	%MX0		☐	☑	☐	☐	내부 메모리
9	VAR	참여자2	BOOL	%IX0.0.1		☐	☑	☐	☐	푸시버튼 스위치
10	VAR	참여자2X	BOOL	%MX1		☐	☑	☐	☐	내부 메모리
11	VAR	참여자3	BOOL	%IX0.0.2		☐	☑	☐	☐	푸시버튼 스위치
12	VAR	참여자3x	BOOL	%MX2		☐	☑	☐	☐	내부 메모리

(a) 변수목록

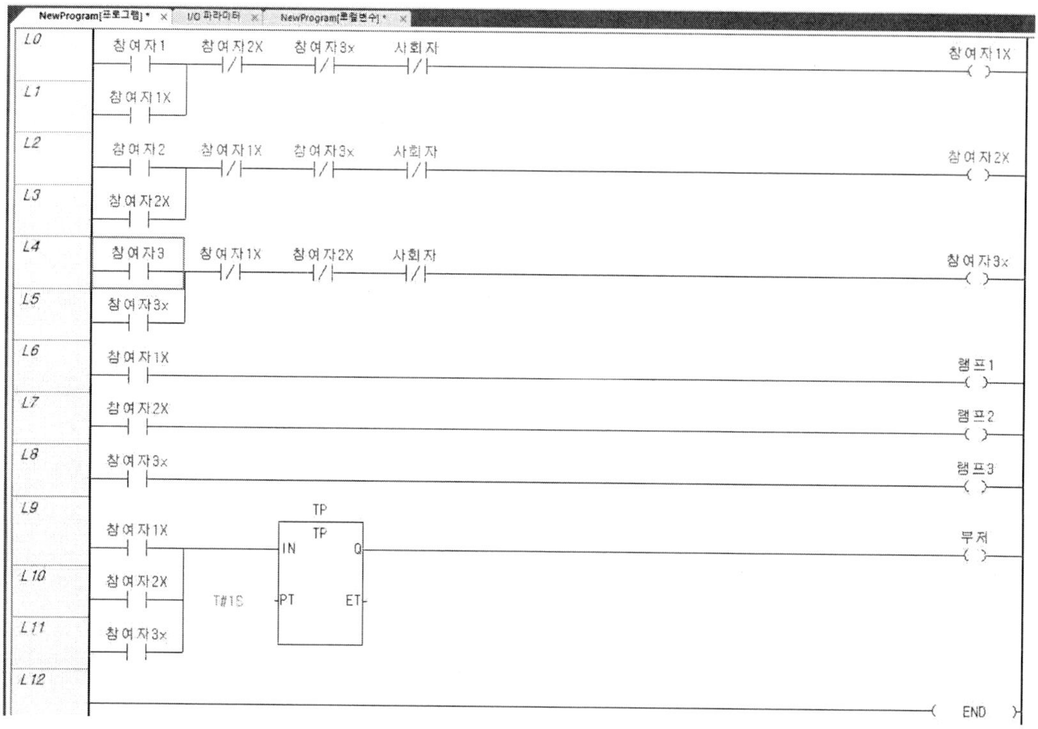

(b) 퀴즈 프로그램 PLC 래더 프로그램

(3) 실습결과

① 프로그램을 실행시킨다.

② 각 참여자의 스위치를 눌러 선입력우선 회로의 동작을 확인한다.

③ 사회자의 리셋동작을 확인한다.

④ 부저회로의 동작이 정상적으로 동작하는지 확인한다.

10.9 화장실 자동밸브 제어 실습

(1) 실습목적

근접센서와 전동밸브를 이용하여 화장실 자동밸브 제어장치를 구현하고 다음과 같이 동작하는 화장실 자동밸브 제어 PLC 래더 프로그램을 작성한다.

- 동작

① 변기에 접근 후 1초 뒤 2초간 물이 공급된다.

② 변기에서 이탈한 후 즉시 3초간 물이 공급된다.

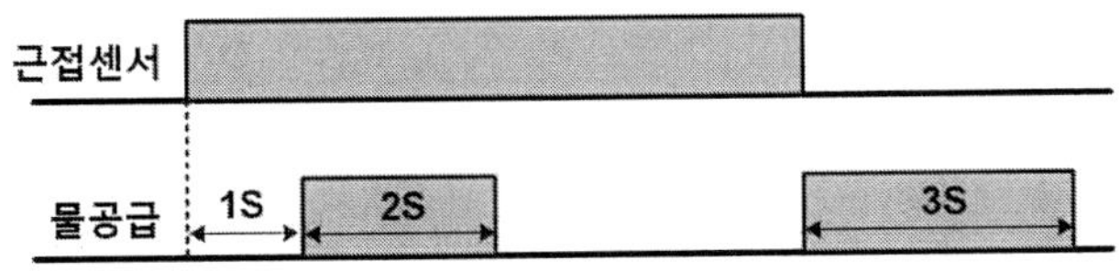

동작 타이밍도

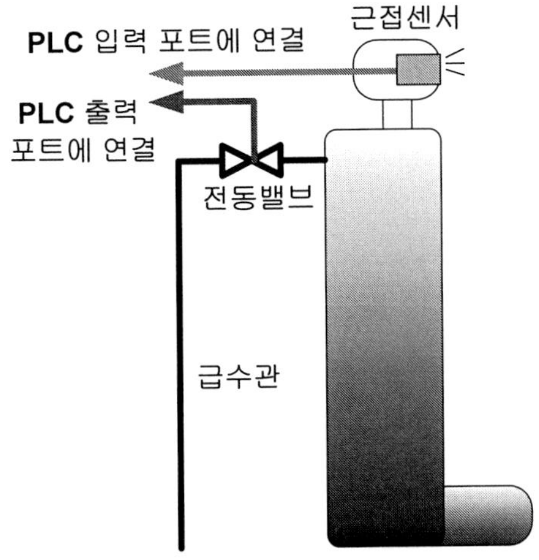

화장실 변기 시스템

(2) 실습순서

① 입출력 지정표를 작성한다.

구분	간접변수명	입출력 포트	비고
입력	근접센서	%IX0.0.0	푸시버튼 스위치
출력	급수밸브	%QX0.2.0	출력램프

② 래더 프로그램을 작성한다.
③ 입출력 지정표와 래더 프로그램을 보고 PLC 결선도를 작성한다.
④ PLC 결선도를 이용하여 트레이닝 키트의 입출력 장치를 연결한다.

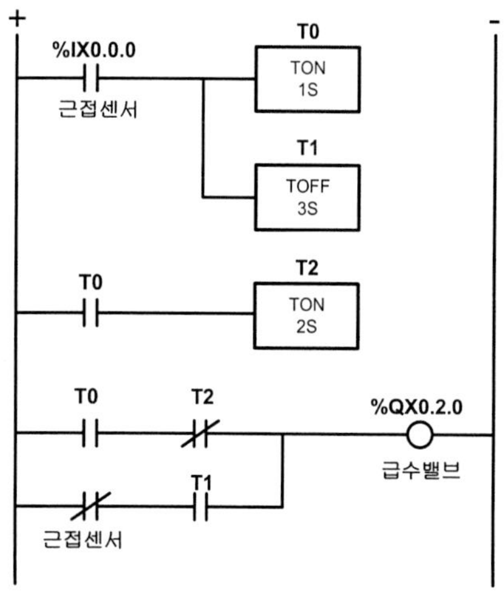

래더 프로그램

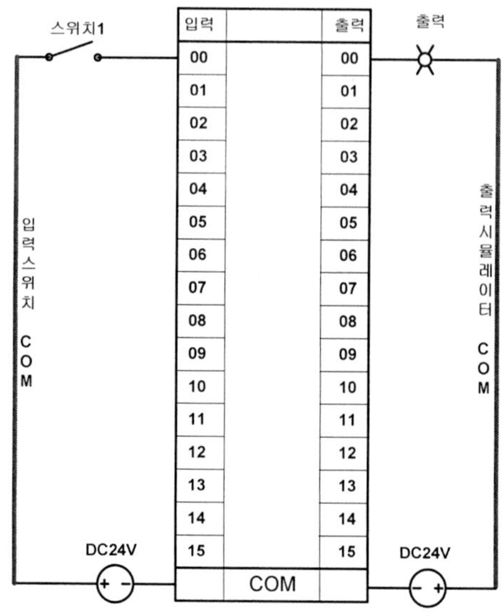

PLC 결선도

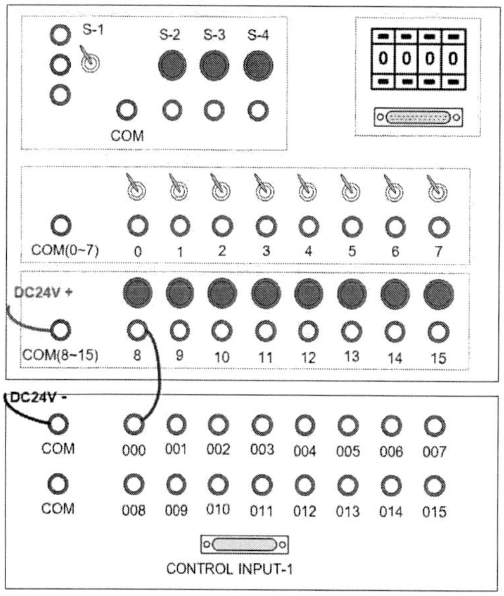

(a) 입력장치 결선도

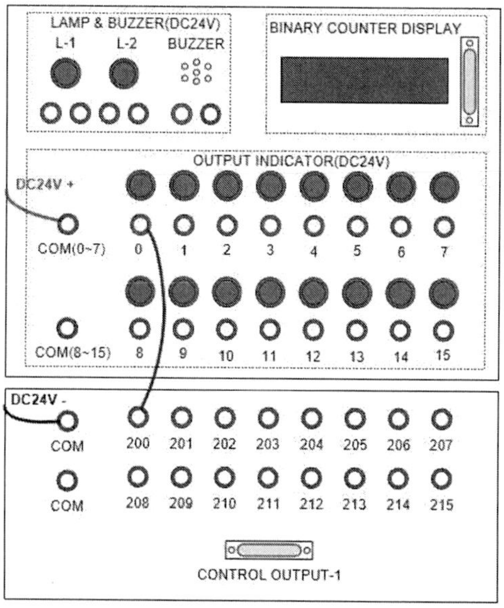

(b) 출력장치 결선도

*주의 : 전원 연결에 특별히 주의하여 결선한다.

⑤ XG5000 프로그램에서 변수목록을 작성하고 프로그램을 입력한다.

	변수 종류	변수	타입	메모리 할당	초기값	리테인	사용 유무	EIP/OPC UA	HMI	설명문
1	VAR	T0	TON			☐	☑	☐	☐	
2	VAR	T1	TOF			☐	☑	☐	☐	
3	VAR	T2	TON			☐	☑	☐	☐	
4	VAR	근접센서	BOOL	%IX0.0.0		☐	☑	☐	☐	푸시버튼 스위치
5	VAR	급수밸브	BOOL	%QX0.2.0		☐	☑	☐	☐	출력램프

(a) 변수목록

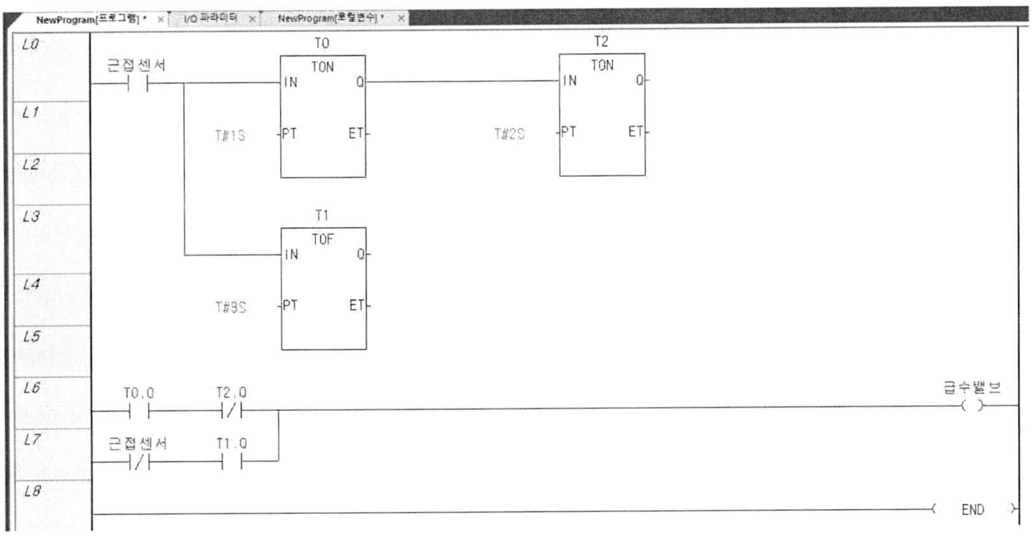

(b) 화장실 자동밸브 제어 PLC 래더 프로그램

(3) 실습결과 확인

① 프로그램을 실행시킨다.

② 근접센서의 동작에 따라 급수밸브가 동작 타이밍도에 나타난 시간대로 잘 동작되고 있는지 확인한다.

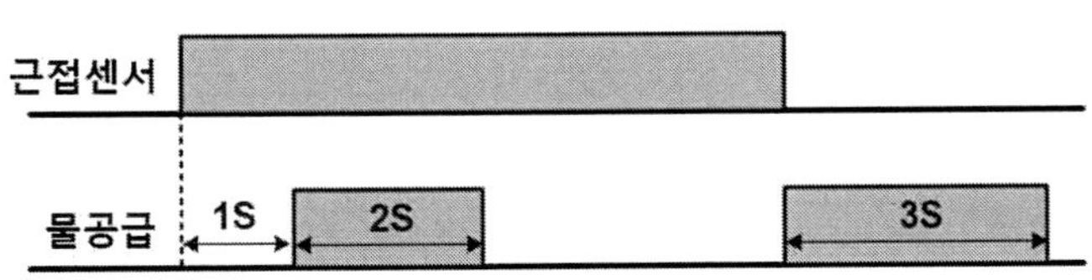

동작 타이밍도

10.10 플리커 회로 실습

(1) 실습목적

램프가 주기적으로 점멸되는 플리커 회로를 구성하고 PLC 래더 프로그램 작성을 통하여 TON 타이머와 TOF 타이머의 동작 원리를 이해한다.

• 동작

① 입력 스위치가 ON 되면 출력 램프가 2초간 점등 후 2초간 소등된다.
② 리셋 스위치가 ON 되면 동작이 초기화된다.

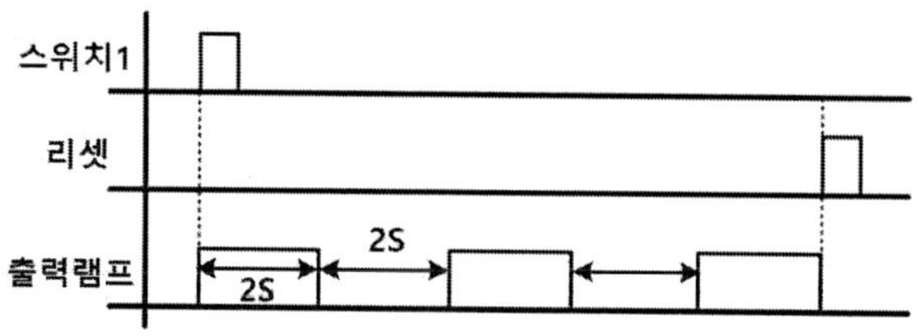

(2) 실습 절차

① 입출력 지정표를 작성한다.

구분	간접변수명	입출력 포트	비고
입력	스위치1	%IX0.0.0	푸시버튼 스위치
	리셋	%IX0.0.1	푸시버튼 스위치
	자기유지	%MX0	내부 접점
출력	출력장치	%QX0.2.0	출력램프

② 래더 프로그램을 작성한다.

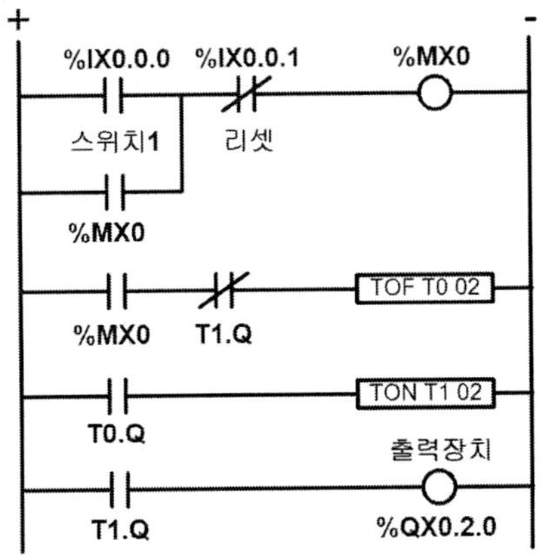

래더 프로그램

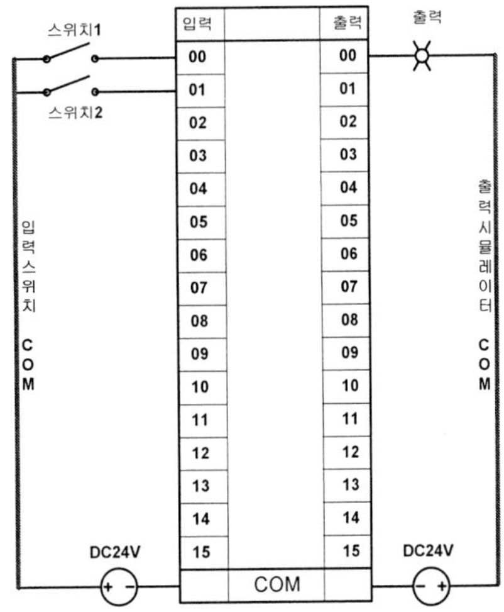

PLC 결선도

③ 입출력 지정표와 래더 프로그램을 보고 PLC 결선도를 작성한다.

④ PLC 결선도를 이용하여 트레이닝 키트의 입출력 장치를 연결한다.

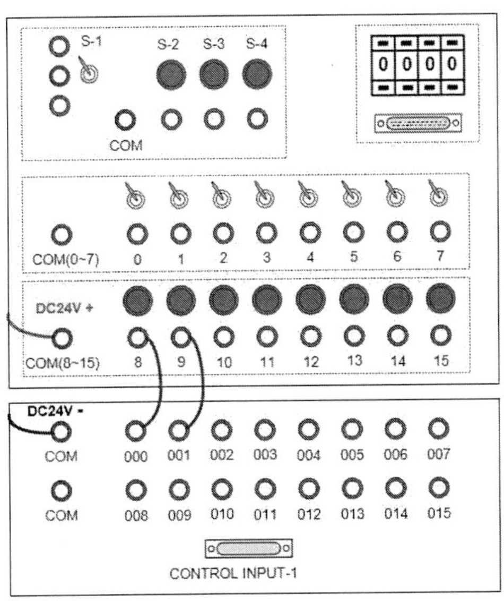

(a) 입력장치 결선도

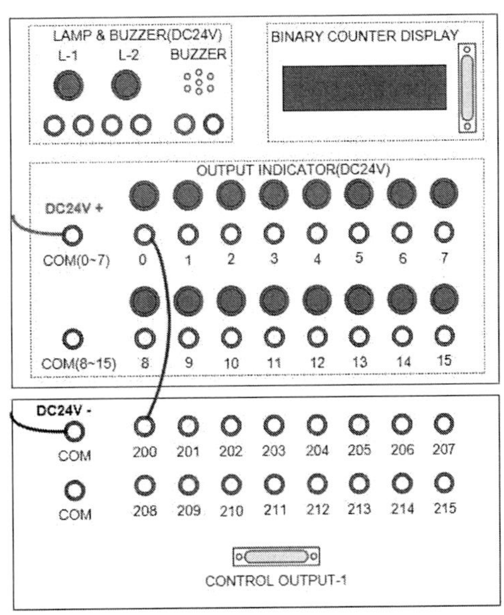

(b) 출력장치 결선도

*주의 : 전원 연결에 특별히 주의하여 결선한다.

⑤ XG5000 프로그램에서 변수목록을 작성하고 프로그램을 입력한다.

	변수 종류	변수	타입	메모리 할당	초기값	리테인	사용 유무	EIP/OPC UA	HMI	설명문
1	VAR	T0	TOF			☐	☑	☐	☐	
2	VAR	T1	TON			☐	☑	☐	☐	
3	VAR	X	BOOL	%MX0		☐	☑	☐	☐	내부 메모리
4	VAR	리셋	BOOL	%IX0.0.1		☐	☑	☐	☐	푸시버튼 스위치
5	VAR	스위치1	BOOL	%IX0.0.0		☐	☑	☐	☐	푸시 버튼 스위치
6	VAR	출력램프	BOOL	%QX0.2.0		☐	☑	☐	☐	출력램프

(a) 변수목록

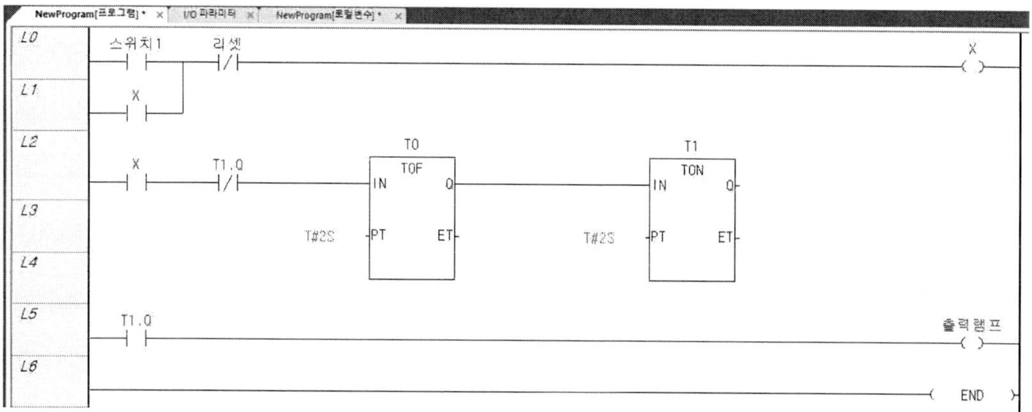

(b) 플리커 회로 PLC 래더 프로그램

(3) 실습결과

① 프로그램을 실행시킨다.

② 출력램프의 점멸동작을 확인한다.

③ 입력 스위치와 리셋 스위치의 동작에 따른 출력램프의 동작 타임차트를 그린다.

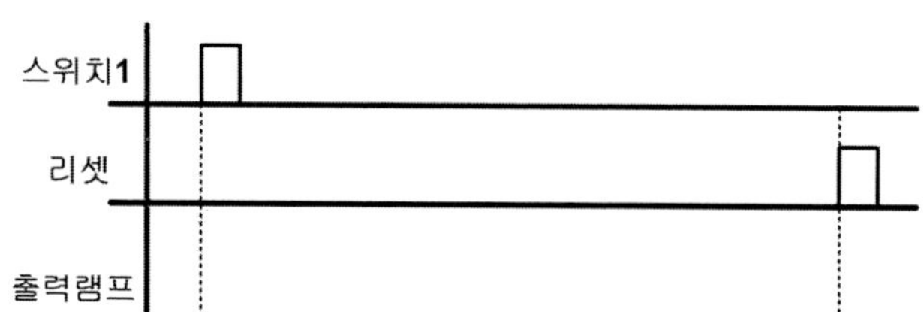

10.11 공구수명 경보회로 실습

(1) 실습목적

머시닝 센터 등의 공구 사용기간을 측정하고 사용기간이 초과되면 공구교환을 위한 경보등을 출력하는 PLC 래더 프로그램을 적산타이머를 이용하여 구현하고 적산 타이머의 동작을 이해한다.

- 동작

① 드릴하강 검출센서로부터 머시닝 센터의 공구 사용시간을 검출하고 검출된 시간이 설정된 시간 이상이 되면 경보가 울린다.

② 드릴교환 완료신호가 입력되면 경보가 해제된다.

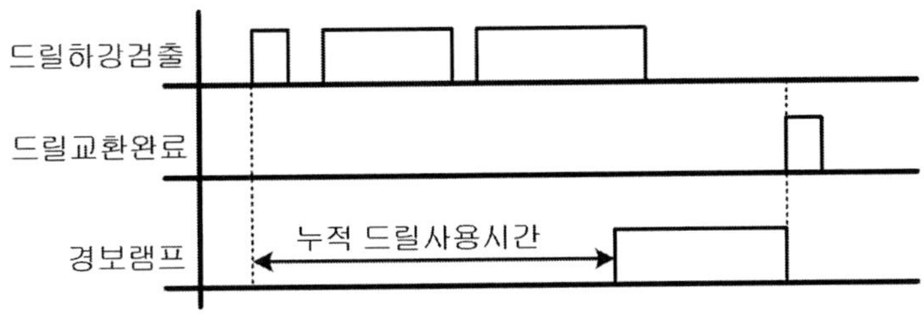

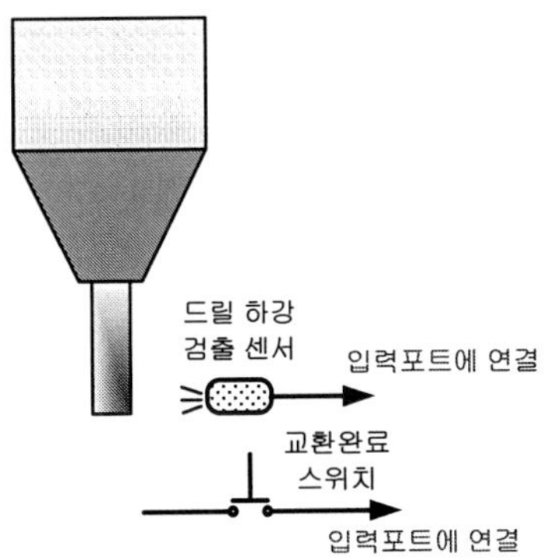

공구수명 경보 시스템

(2) 실습 순서

① 입출력 지정표를 작성한다.

구분	간접변수명	입출력 포트	비고
입력	드릴하강검출	%IX0.0.0	푸시버튼 스위치
	드릴교환완료	%IX0.0.1	푸시버튼 스위치
출력	드릴수명 경보	%QX0.2.0	출력램프

② 주어진 회로를 래더 프로그램으로 작성한다.

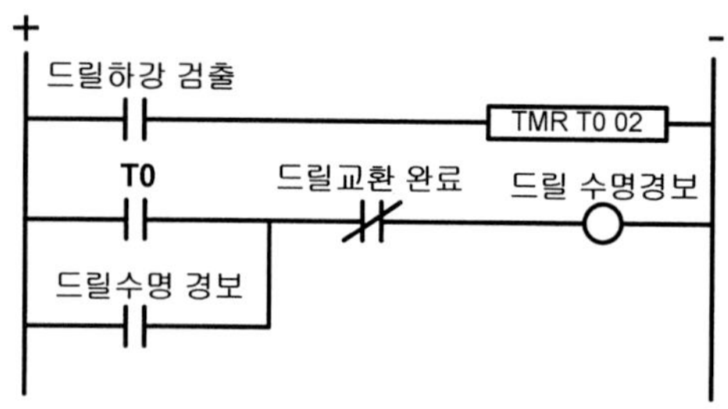

래더 프로그램

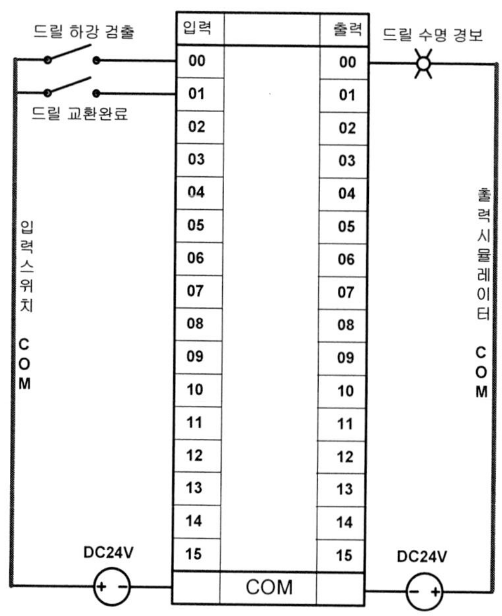

PLC 결선도

③ 입출력 지정표와 래더 프로그램을 보고 PLC 결선도를 작성한다.

④ PLC 결선도를 이용하여 트레이닝 키트의 입출력 장치를 연결한다.

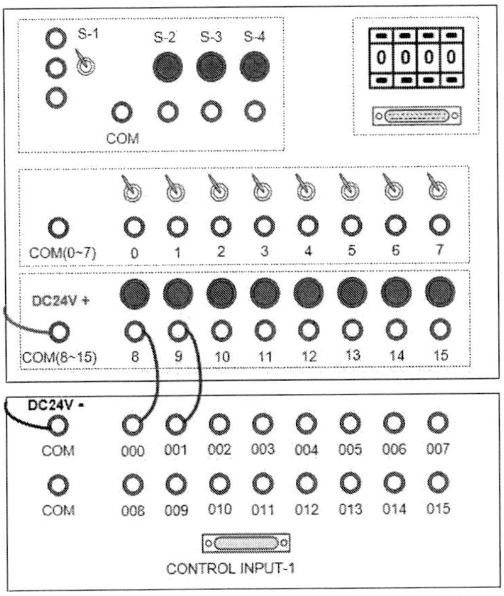

(a) 입력장치 결선도

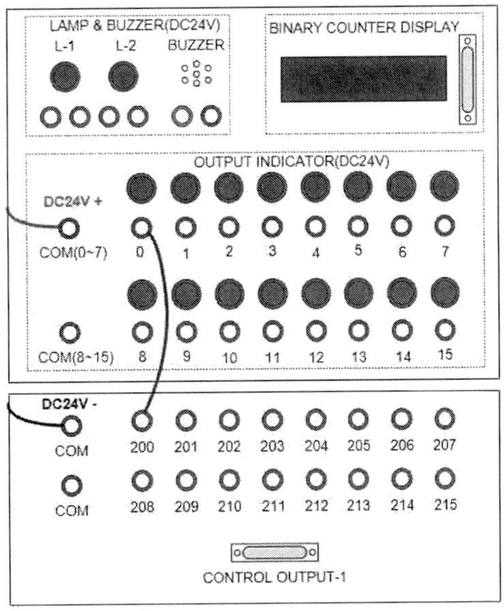

(b) 출력장치 결선도

*주의 : 전원 연결에 특별히 주의하여 결선한다.

⑤ XG5000 프로그램에서 변수목록을 작성하고 프로그램을 입력한다.

	변수 종류	변수	타입	메모리 할당	초기값	리테인	사용 유무	EIP/OPC UA	HMI	설명문
1	VAR	TMR	TMR			□	☑	□	□	
2	VAR	드릴교환완료	BOOL	%IX0.0.1		□	☑	□	□	푸시버튼 스위치
3	VAR	드릴수명경보	BOOL	%QX0.2.0		□	☑	□	□	푸시버튼 스위치
4	VAR	드릴하강검출	BOOL	%IX0.0.0		□	☑	□	□	출력램프

(a) 변수목록

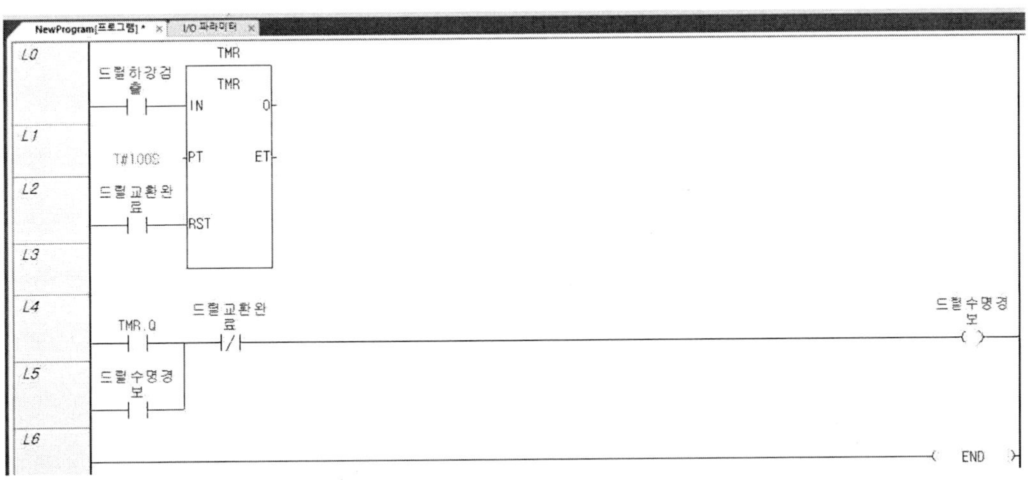

(b) 공구수명 경고회로 PLC 래더 프로그램

(3) 실습결과

① 프로그램을 실행시킨다.
② 드릴하강검출 신호가 입력되면 드릴 누적사용시간 측정을 위한 적산타이머의 동작이 정상적으로 수행되는지 확인한다.
③ 적산타이머의 설정시간이 초과되면 드릴수명 경보등이 점등되는지 확인한다.
④ 드릴교환완료 신호를 입력하고 경보동작 정지를 확인한다.

10.12 직류전동기 구동회로 실습

(1) 실습목적

직류전동기 구동회로를 구성하고 전동기를 기동, 정지할 수 있는 PLC 래더 프로그램을 작성한다.

- 동작

① 기동스위치가 ON 되면 직류전동기가 동작하고 운전램프가 점등된다.
② 정지스위치가 ON 되면 직류전동기가 정지함과 동시에 운전램프가 소등되고 정지램프가 점등된다.

(2) 실습순서

① 입출력 지정표를 작성한다.

구분	간접변수명	입출력 포트	비고
입력	기동스위치	%IX0.0.0	푸시버튼 스위치1
	정지스위치	%IX0.0.1	푸시버튼 스위치2
출력	전동기	%QX0.2.0	직류전동기
	운전램프	%QX0.2.1	출력램프1
	정지램프	%QX0.2.2	출력램프2

② 주어진 회로를 래더 프로그램으로 작성한다.

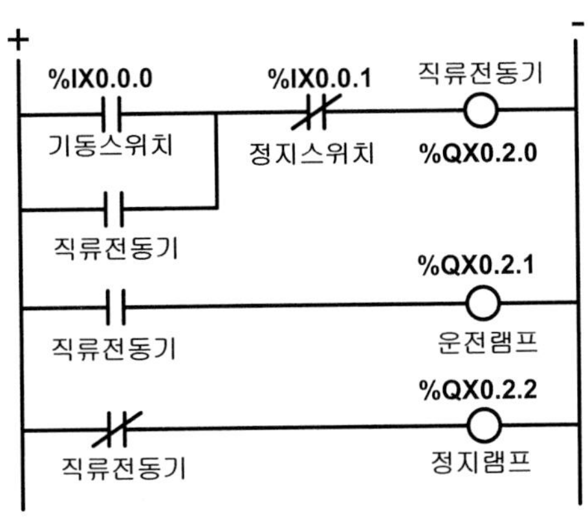

래더 프로그램

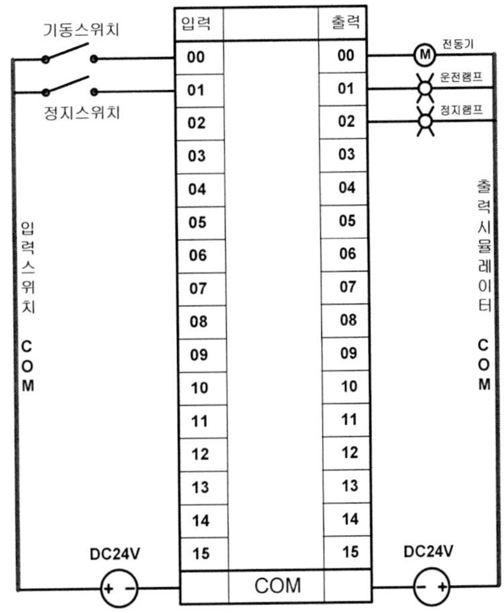

PLC 결선도

③ 입출력 지정표와 래더 프로그램을 보고 PLC 결선도를 작성한다.
④ PLC 결선도를 이용하여 트레이닝 키트의 입출력 장치를 연결한다.

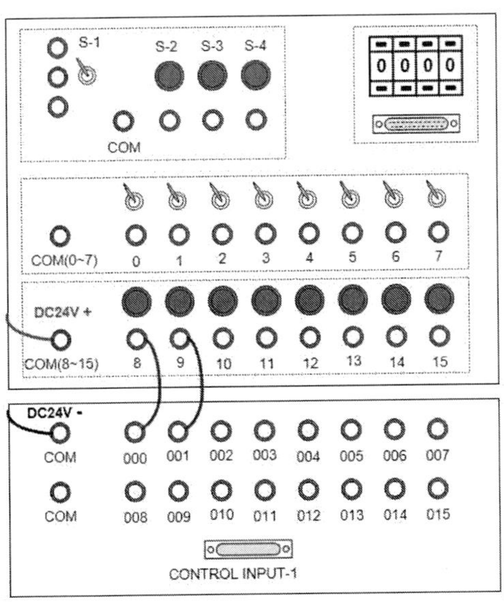

(a) 입력장치 결선도

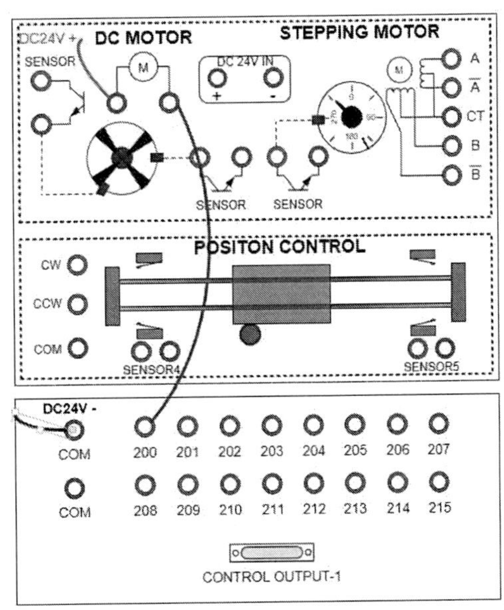

(b) 출력장치 결선도(모터부)

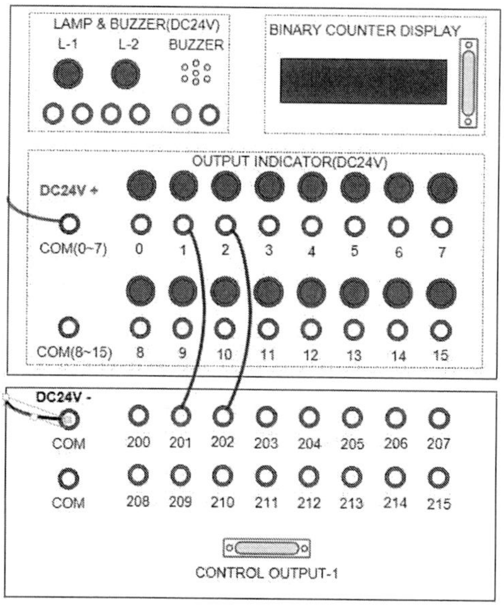

(c) 출력장치 결선도(램프부)

*주의 : 전원 연결에 특별히 주의하여 결선한다.

⑤ XG5000 프로그램에서 변수목록을 작성하고 프로그램을 입력한다.

NewProgram[프로그램] × I/O 파라미터 × NewProgram[로컬변수] ×

	변수 종류	변수	타입	메모리 할당	초기값	리테인	사용 유무	EIP/OPC UA	HMI	설명문
1	VAR	기동스위치	BOOL	%IX0.0.0		☐	☑	☐	☐	푸시버튼 스위치
2	VAR	운전램프	BOOL	%QX0.2.1		☐	☑	☐	☐	출력램프
3	VAR	정지램프	BOOL	%QX0.2.2		☐	☑	☐	☐	출력램프
4	VAR	정지스위치	BOOL	%IX0.0.1		☐	☑	☐	☐	푸시버튼 스위치
5	VAR	직류전동기	BOOL	%QX0.2.0		☐	☑	☐	☐	직류전동기

(a) 변수목록

(b) 직류전동기 구동 PLC 래더 프로그램

(3) 실습결과

① 프로그램을 실행 시킨다.
② 기동 스위치를 눌러 전동기가 구동함과 동시에 운전램프가 점등되는 것을 확인한다.
③ 정지 스위치를 눌러 전동기가 정지함과 동시에 운전램프가 소등되고 정지램프가 점등됨을 확인한다.

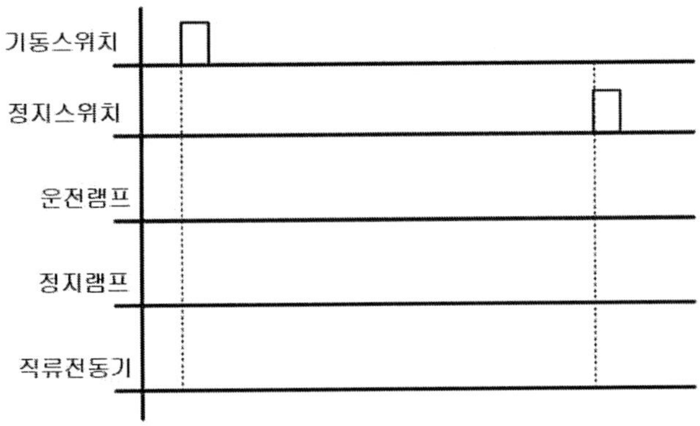

10.13 직류전동기 정/역회전 구동회로 실습

(1) 실습목적

위치제어 모듈을 이용하여 직류전동기의 정역회전 구동회로를 구성하고 그 동작 원리를 이해한다.

- 동작

① 정회전 스위치가 ON 되면 직류전동기가 정회전하고 정회전 램프가 점등된다.
② 역회전 스위치가 ON 되면 직류전동기가 역회전하고 역회전 램프가 점등된다.
③ 정지 스위치가 ON 되면 직류전동기는 정지되고 램프는 소등된다.

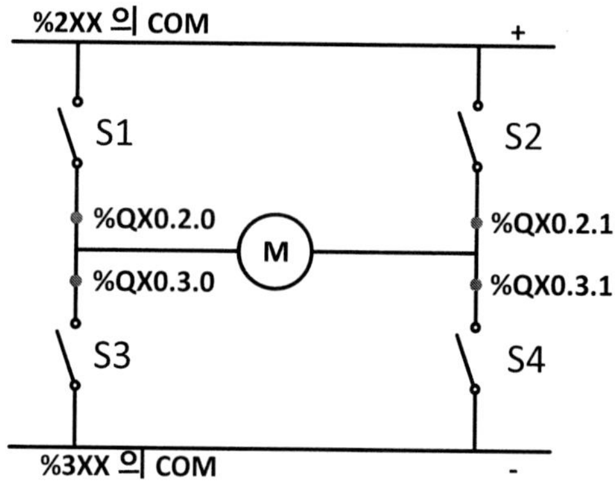

직류전동기 정역회전 회로

(2) 실습 순서

① 입출력 지정표를 작성한다.

구분	간접변수명	입출력 포트	비고
입력	정회전스위치	%IX0.0.0	푸시버튼 스위치
	역회전스위치	%IX0.0.1	푸시버튼 스위치
	정지스위치	%IX0.0.2	푸시버튼 스위치
출력	정회전접점1	%QX0.2.0	S1
	정회전접점2	%QX0.3.1	S4
	역회전접점1	%QX0.2.1	S2
	역회전접점2	%QX0.3.0	S3
	정회전램프	%QX0.3.2	출력램프1
	역회전램프	%QX0.3.3	출력램프2

② 래더 프로그램을 작성한다.

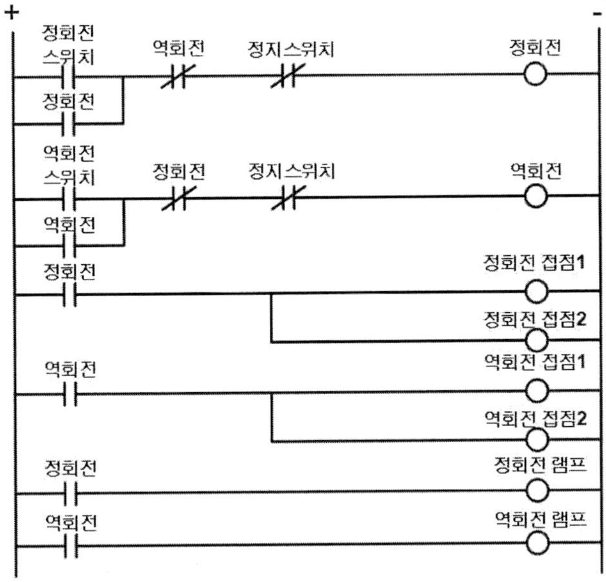

래더 프로그램

③ 입출력 지정표와 래더 프로그램을 보고 PLC 결선도를 작성한다.

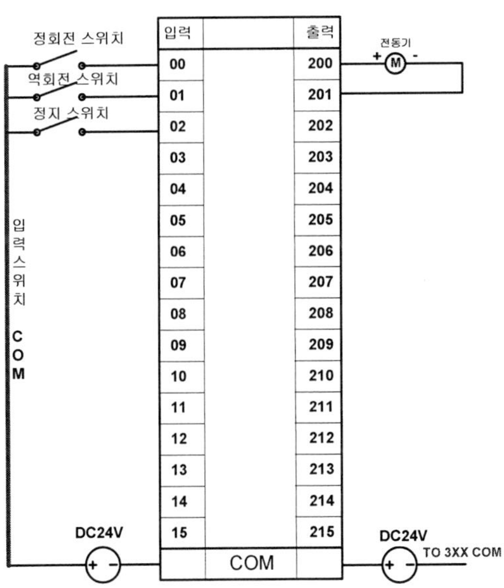

(a) PLC 결선도(1)

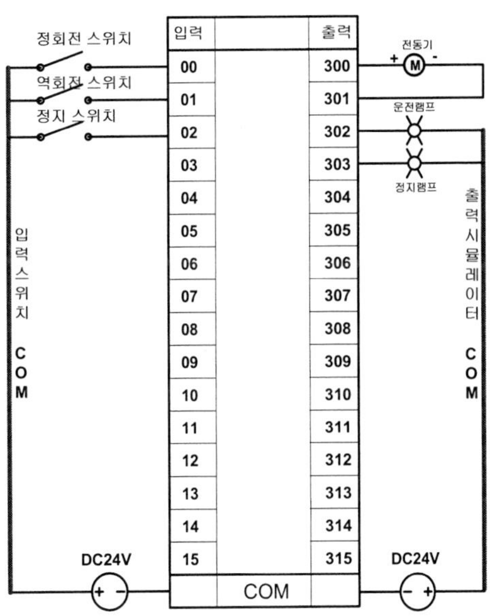

(b) PLC 결선도(2)

④ PLC 결선도를 이용하여 트레이닝 키트의 입출력 장치를 연결한다.

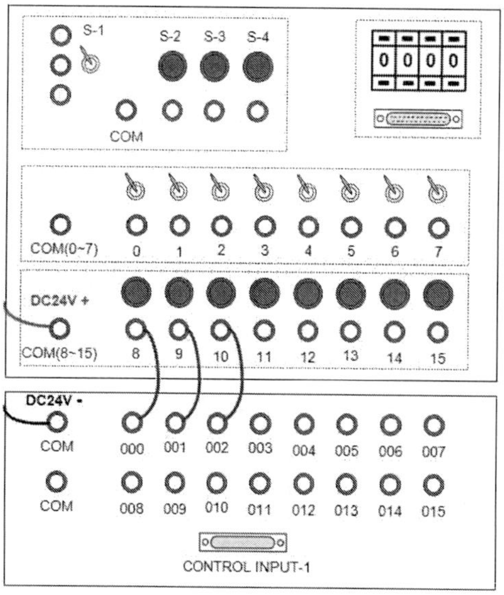

(a) 입력장치 결선도

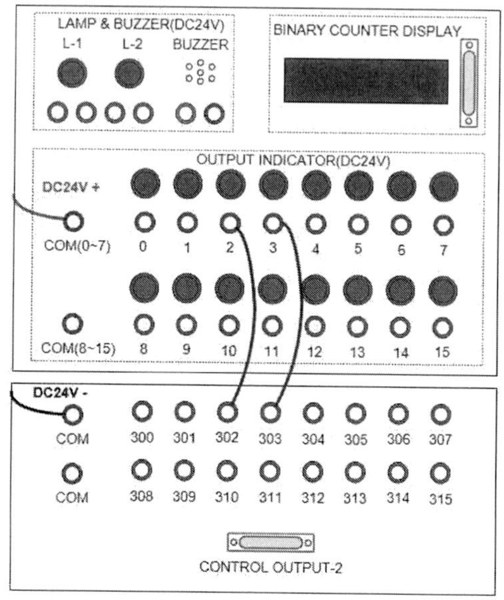

(b) 출력장치 결선도(램프)

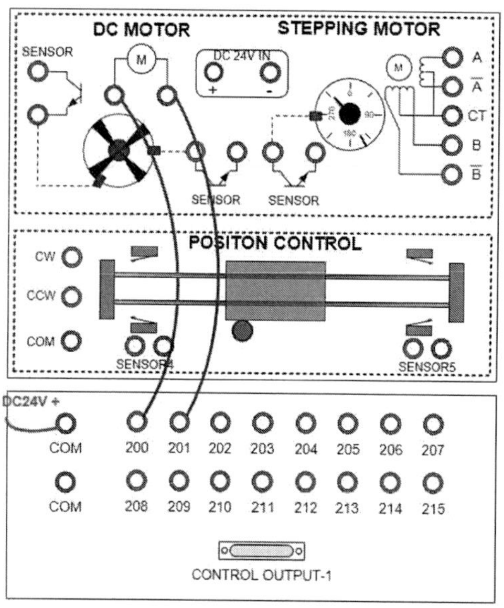

(c) 출력장치 결선도(전동기)

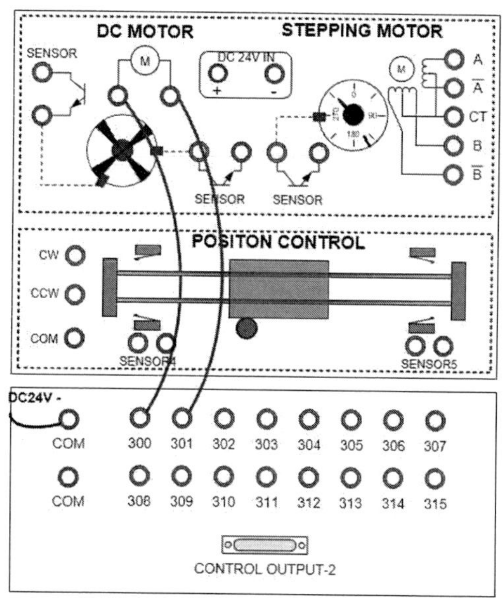

(d) 출력장치 결선도(전동기)

*주의 : 전원 연결에 특별히 주의하여 결선한다.

⑤ XG5000 프로그램에서 변수목록을 작성하고 프로그램을 입력한다.

	변수 종류	변수	타입	메모리 할당	초기값	리테인	사용 유무	EIP/OPC UA	HMI	설명문
1	VAR	역회전	BOOL	%MX1		☐	☑	☐	☐	내부메모리
2	VAR	역회전램프	BOOL	%QX0.3.3		☐	☑	☐	☐	출력램프
3	VAR	역회전스위치	BOOL	%IX0.0.1		☐	☑	☐	☐	푸시버튼 스위치
4	VAR	역회전접점1	BOOL	%QX0.2.1		☐	☑	☐	☐	전동기
5	VAR	역회전접점2	BOOL	%QX0.3.0		☐	☑	☐	☐	전동기
6	VAR	정지스위치	BOOL	%IX0.0.2		☐	☑	☐	☐	푸시버튼 스위치
7	VAR	정회전	BOOL	%MX0		☐	☑	☐	☐	내부메모리
8	VAR	정회전램프	BOOL	%QX0.3.2		☐	☑	☐	☐	풀력램프
9	VAR	정회전스위치	BOOL	%IX0.0.0		☐	☑	☐	☐	푸시버튼 스위치
10	VAR	정회전접점1	BOOL	%QX0.2.0		☐	☑	☐	☐	전동기
11	VAR	정회전접점2	BOOL	%QX0.3.1		☐	☑	☐	☐	전동기

(a) 변수목록

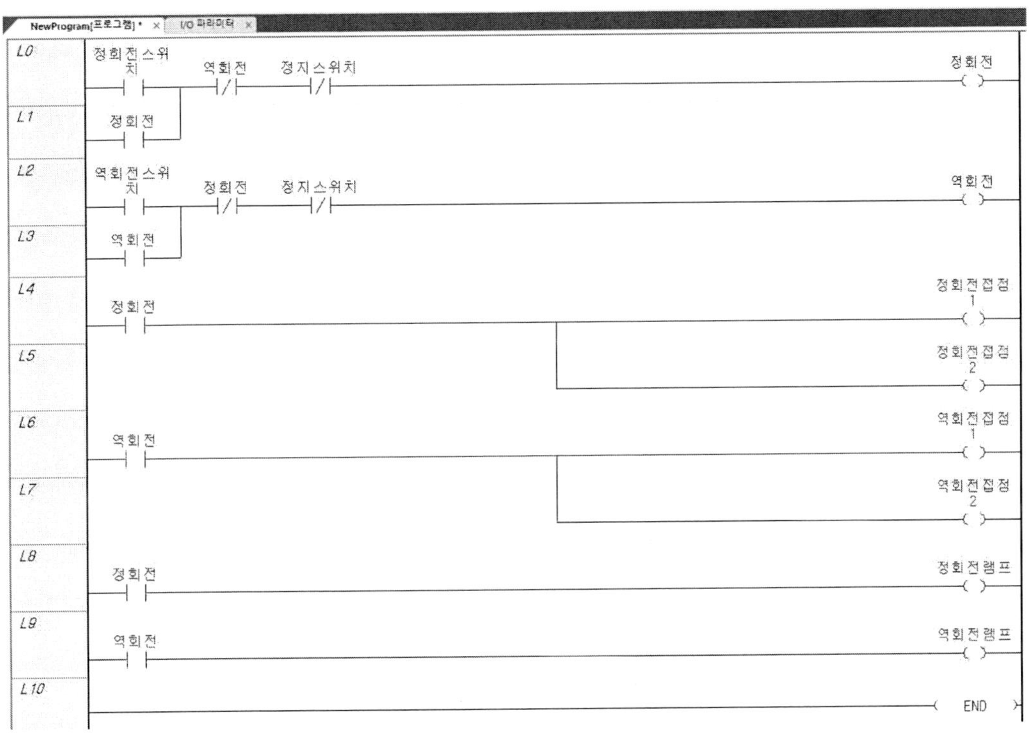

(b) 직류전동기 정역회전 PLC 래더 프로그램

(3) 실습결과

① 프로그램을 실행시킨다.

② 직류전동기의 정회전, 역회전, 정지 스위치를 눌러 전동기 정역동작과 동작 램프의 점등상태를 확인한다.

10.14 3상 유도전동기 $Y-\Delta$ 운전회로 실습

(1) 실습목적

중대형 전동기는 기동시 회전자 관성 때문에 정격전류의 3~~5배 정도의 기동전류가 흐른다. 따라서 특별한 기동법이 필요한데 $Y-\Delta$ 기동법은 기동시 전동기의 단자전압을 $1/\sqrt{3}$ 낮추어 기동하고 기동이 완료되면 정격전압으로 정상운전 되도록 해주는 전동기 기동법이다. 이 실습을 통하여 3상 유도전동기 $Y-\Delta$ 기동 회로의 동작 원리를 이해한다.

- 동작

① 기동/운전 스위치를 ON 하면 Y 운전 램프, 운전램프가 점등된다.

② Y 운전 램프가 점등되고 5초 후 Δ 운전 램프, 운전램프가 점등되고 Y 운전램프는 소등된다.

③ 기동/운전 스위치를 OFF 하면 Y 운전 램프와 Δ 운전램프, 운전램프는 소등되고 정지램프가 점등된다.

- Y 결선과 Δ 결선

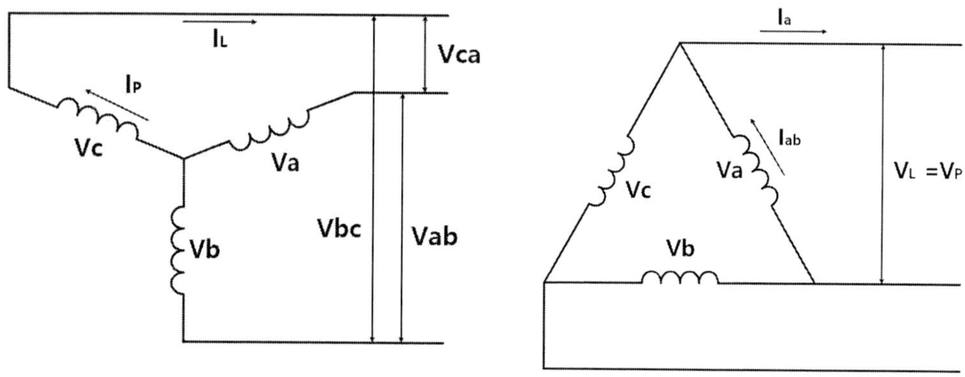

Y 결선 Δ 결선

Y 결선에서는 상전류와 선전류가 같고 상전압은 선간전압의 $\dfrac{1}{\sqrt{3}}$ 이 된다.

먼저 Y 결선에서 상전압을 각각 V_a, V_b, V_c 라고 하고 선간전압을 V_{ab}, V_{bc}, V_{ca} 라고 하면 상전압과 선간전압의 관계는 그림과 같다. 아래 그림에서 상전압 V_a를 2라고 한다면 선간전압 V_{ab}는 $2\sqrt{3}$ 이 된다. 따라서 상전압과 선간전압의 관계는 $V_a = V_{ab}\sqrt{3}$ 의 관계가 성립된다. 즉 선간전압은 상전압의 $\sqrt{3}$ 배의 크기를 가진다. 상전압과 선간전압의 관계 그림에서 보면 선간전압은 상전압보다 위상이 30° 앞선다는 것을 알 수 있다. 한편, Y 결선에서 상전류와 선전류는 서로 같다는 것을 알 수 있다. 즉, $I_p = I_L$의 관계를 가지고 있다.

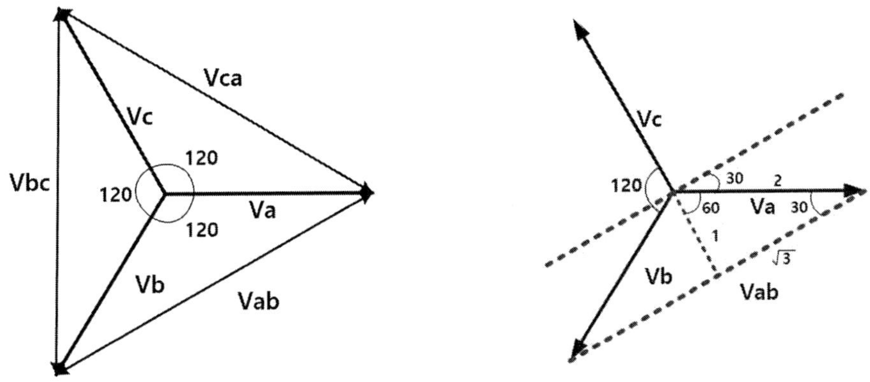

Y 결선에서 선간전압과 상전압의 관계 벡터도

Δ 결선에서는 아래 그림에서 선간전압과 상전압이 서로 같다는 것을 알 수 있다. 즉 $V_P = V_L$의 관계를 가진다. 벡터도에서 보면 Δ 결선에서 선전류는 상전류의 $\sqrt{3}$배가 되는 것을 알 수 있고 위상은 선전류가 상전류에 비해 30° 뒤지는 것을 알 수 있다. 즉 $I_a = \sqrt{3}\,I_{ab}\angle -30$이 된다.

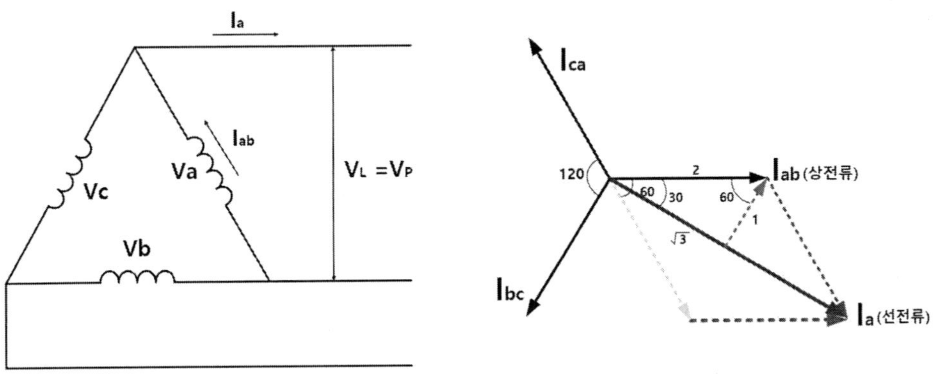

Δ 결선에서 선전류와 상전류의 관계 벡터도

(2) 실습순서

① 입출력 지정표를 작성한다.

구분	간접변수명	입출력 포트	비고
입력	운전_정지 스위치	%IX0.0.0	토글 스위치
출력	Y_운전	%QX0.2.0	MC_RELAY
	Δ_운전	%QX0.2.1	MC_RELAY
	운전램프	%QX0.2.2	출력램프
	정지램프	%QX0.2.3	출력램프

② 래더 프로그램을 작성한다.

③ 입출력 지정표와 래더 프로그램을 보고 PLC 결선도를 작성한다.

④ PLC 결선도를 이용하여 트레이닝 키트의 입출력 장치를 연결한다.

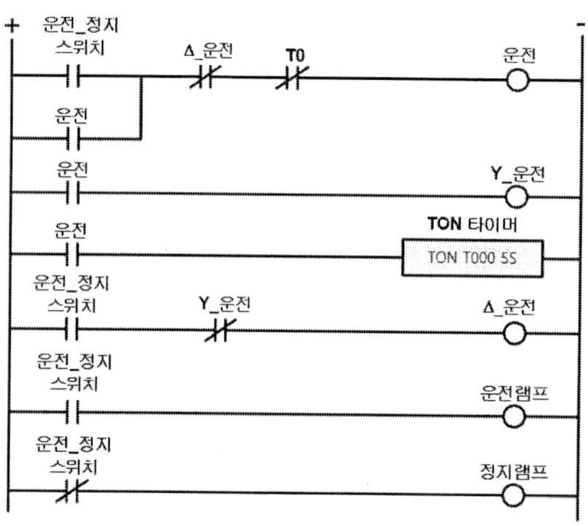

래더 프로그램

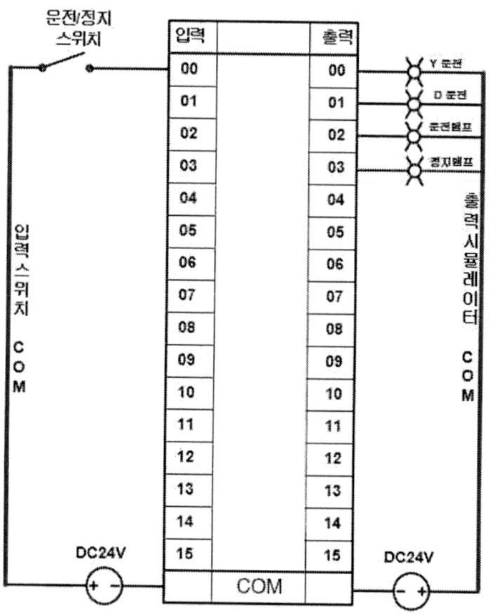

PLC 결선도

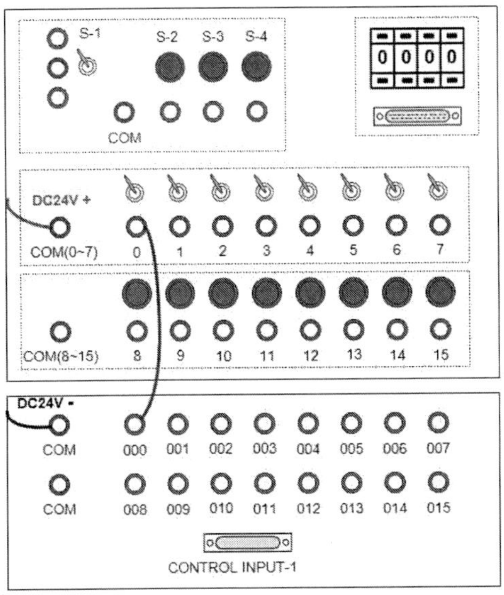

(a) 입력장치 결선도

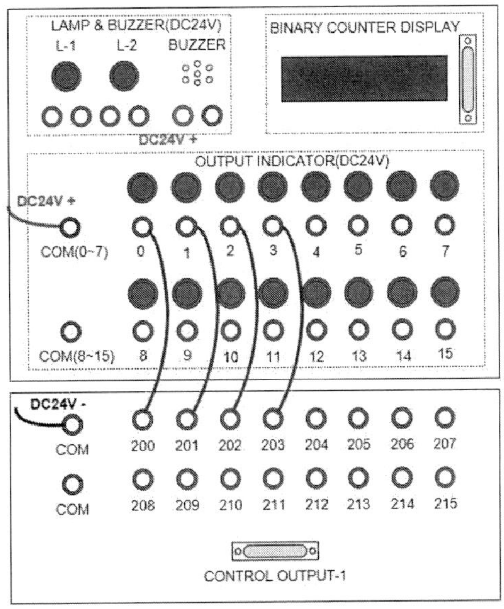

(b) 출력장치 결선도

*주의 : 전원 연결에 특별히 주의하여 결선한다.

⑤ XG5000 프로그램에서 변수목록을 작성하고 프로그램을 입력한다.

	변수 종류	변수	타입	메모리 할당	초기값	리테인	사용 유무	EIP/OPC UA	HMI	설명문
1	VAR	D_운전	BOOL	%QX0.2.1		☐	☑	☐	☐	
2	VAR	T0	TON			☐	☑	☐	☐	
3	VAR	Y_운전	BOOL	%QX0.2.0		☐	☑	☐	☐	
4	VAR	운전	BOOL	%MX0		☐	☑	☐	☐	
5	VAR	운전_정지	BOOL	%IX0.0.0		☐	☑	☐	☐	토글 스위치
6	VAR	운전램프	BOOL	%QX0.2.2		☐	☑	☐	☐	PILOT 램프
7	VAR	정지램프	BOOL	%QX0.2.3		☐	☑	☐	☐	PILOT 램프

(a) 변수목록

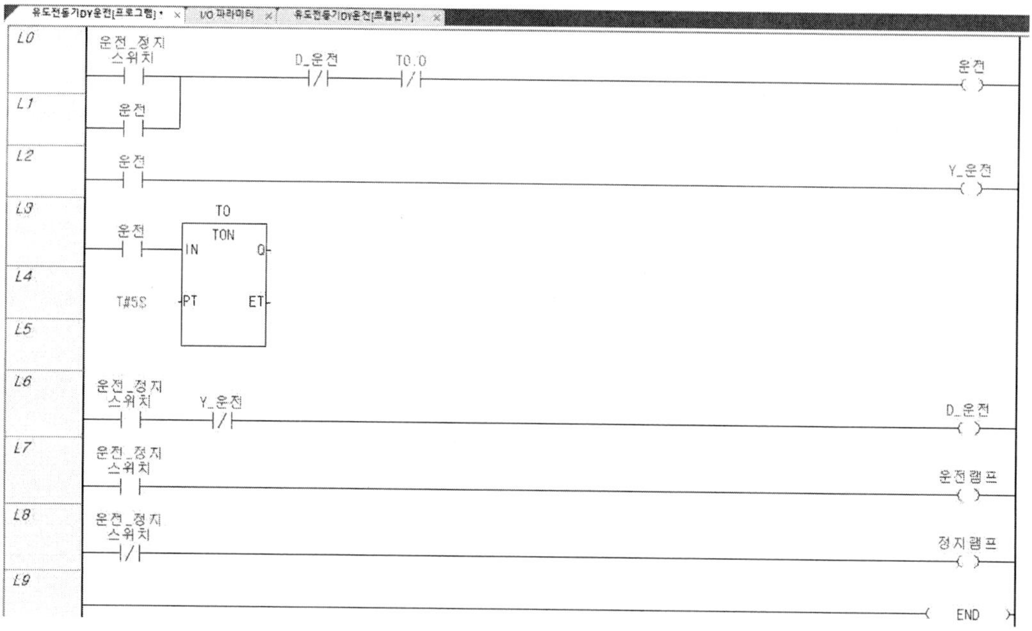

(b) 3상 유도전동기 $Y-\Delta$ 기동 PLC 래더 프로그램

(3) 실습결과 확인

① 프로그램을 실행시킨다.
② 운전_정지 스위치를 ON 하고 전동기가 Y 운전되는지 확인한다.
③ 타이머에 설정된 시간 후에 전동기가 Δ 운전되는지 확인한다.
④ 운전 중 운전램프가 동작되는지 확인한다.
⑤ 운전_정지 스위치를 OFF 하고 운전램프가 소등되고 정지램프가 점등되는지 확인한다.

10.15 리미트 센서와 직선운동회로 실습

(1) 실습목적

상/하한 직선운동 실습모듈을 이용하여 리미트 센서가 입력될 때마다 직선 운동의 방향을 변경하는 동작을 할 수 있도록 PLC 래더 프로그램을 작성하고 이를 통하여 센서를 이용한 전동기 구동방법을 이해한다.

• 동작

① 기동 스위치를 누르면 직류전동기가 구동되어 모듈장치의 직선운동이 시작된다.
② 상한 리미트 스위치를 만나면 모듈장치의 직선운동 방향이 변경된다.

③ 하한 리미트 스위치를 만나면 모듈장치의 직선운동 방향이 변경된다.

④ 정지 스위치를 누르면 모듈장치의 직선운동이 정지된다.

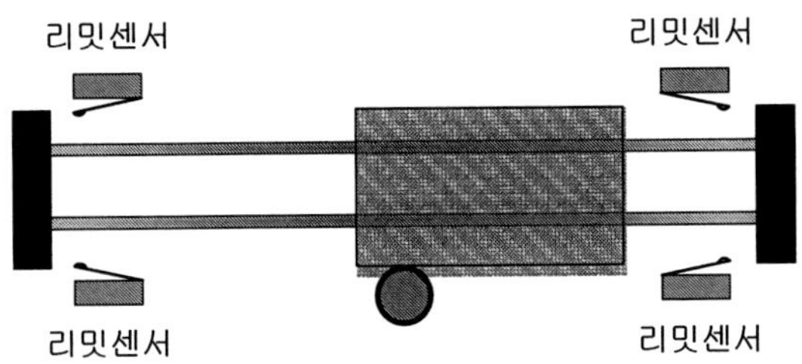

(a) 직선운동 구동장치

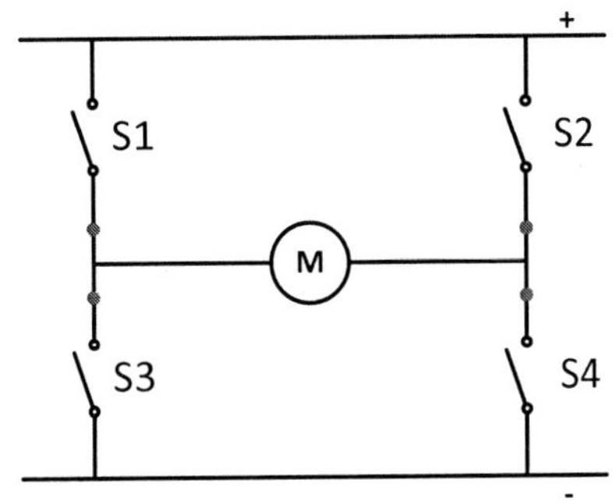

(b) 직류전동기 정역회전 회로

(2) 실습순서

① 입출력 지정표를 작성한다.

구분	간접변수명	입출력 포트	비고
입력	시작	%IX0.0.0	푸시버튼 스위치
	정지	%IX0.0.1	푸시버튼 스위치
	리밋1	%IX0.0.2	리미트 스위치
	리밋2	%IX0.0.3	리미트 스위치
출력	정회전1	%QX0.2.0	S1
	정회전2	%QX0.3.1	S4
	역회전1	%QX0.2.1	S2
	역회전2	%QX0.3.0	S3
	정회전 램프	%QX0.3.4	출력램프
	역회전 램프	%QX0.3.5	출력램프

② 래더 프로그램을 작성한다.

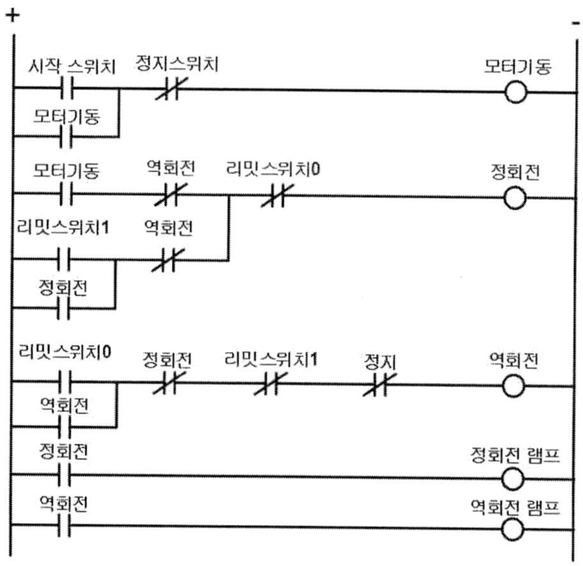

래더 프로그램

③ 입출력 지정표와 래더 프로그램을 보고 PLC 결선도를 작성한다.

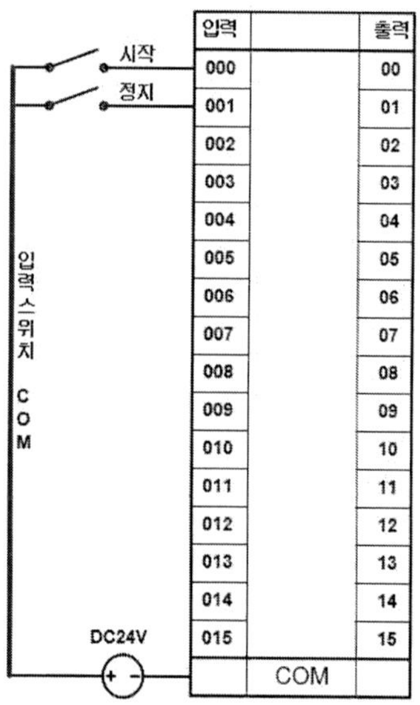

(a) PLC 결선도(입력 스위치)

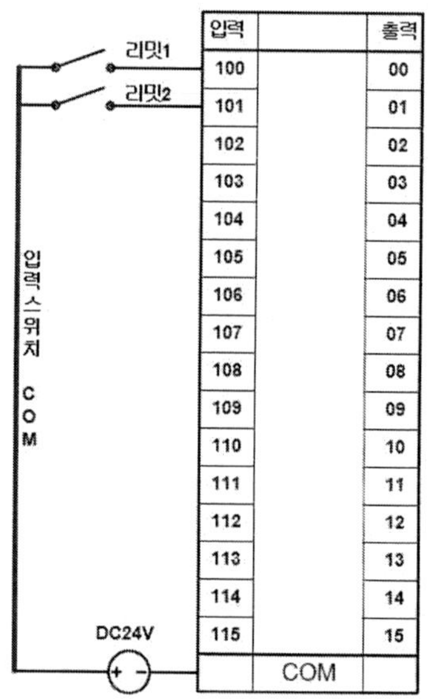

(b) PLC 결선도(센서입력)

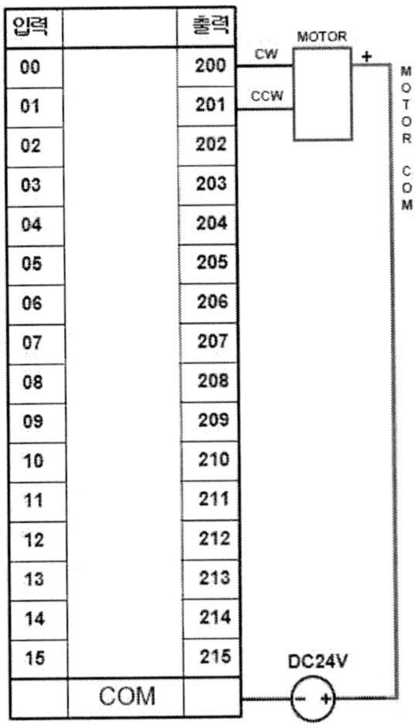

(c) PLC 결선도(출력모터부)

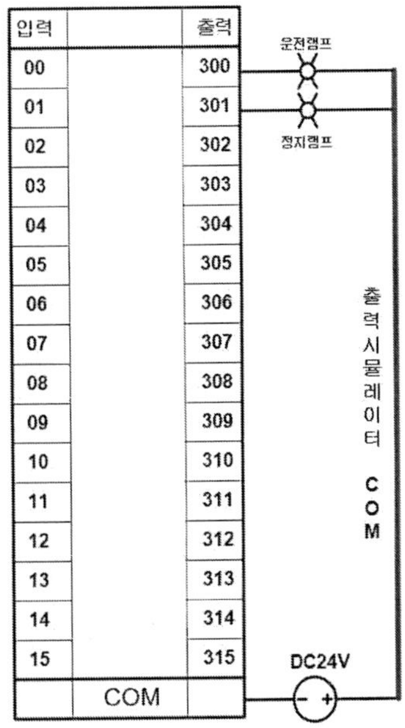

(d) PLC 결선도(출력램프부)

④ PLC 결선도를 이용하여 트레이닝 키트의 입출력 장치를 연결한다.

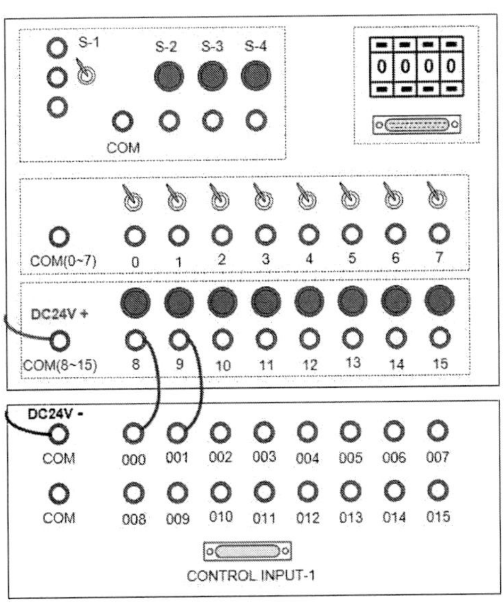

(a) 입력장치 결선도(스위치)

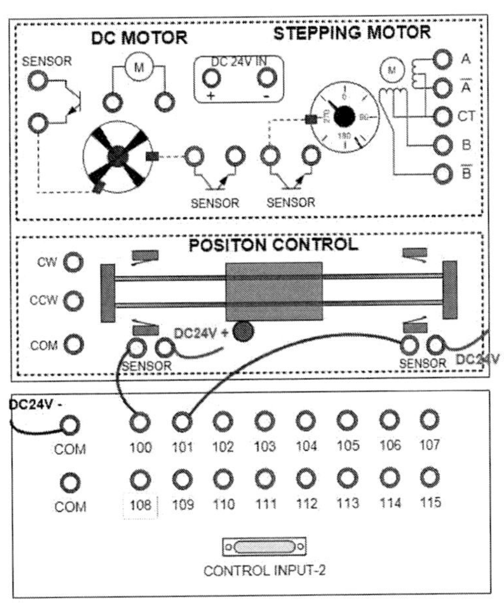

(b) 입력장치 결선도(센서)

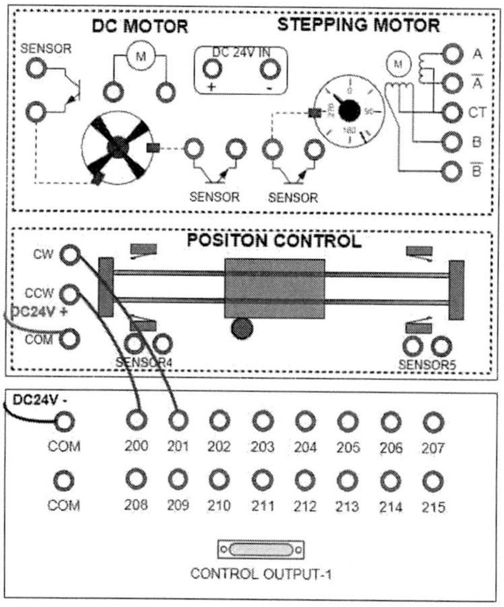

(c) 출력장치 결선도(전동기)

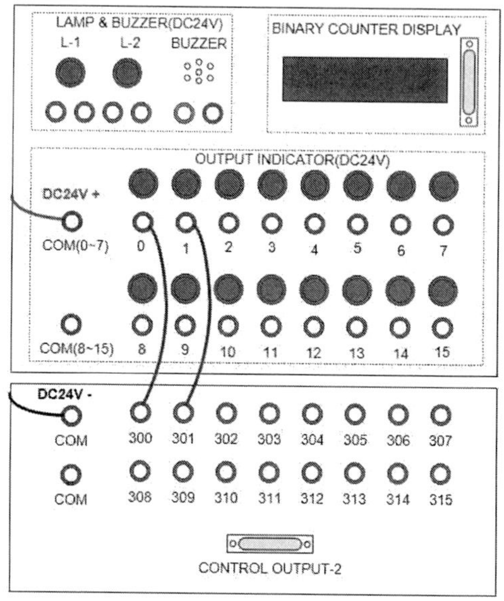

(d) 출력장치 결선도(램프)

*주의 : 전원 연결에 특별히 주의하여 결선한다.

⑤ XG5000 프로그램에서 변수목록을 작성하고 프로그램을 입력한다.

	변수 종류	변수	타입	메모리 할당	초기값	리테인	사용 유무	EIP/OPC UA	HMI	설명문
1	VAR	기동	BOOL	%MX0		☐	☑	☐	☐	
2	VAR	리밋1	BOOL	%IX0.1.0		☐	☑	☐	☐	센서
3	VAR	리밋2	BOOL	%IX0.1.1		☐	☑	☐	☐	센서
4	VAR	시작	BOOL	%IX0.0.0		☐	☑	☐	☐	푸시버튼 스위치
5	VAR	역회전	BOOL	%QX0.2.0		☐	☑	☐	☐	
6	VAR	역회전램프	BOOL	%QX0.3.1		☐	☑	☐	☐	PILOT 램프
7	VAR	정지	BOOL	%IX0.0.1		☐	☑	☐	☐	푸시버튼 스위치
8	VAR	정회전	BOOL	%QX0.2.1		☐	☑	☐	☐	
9	VAR	정회전램프	BOOL	%QX0.3.0		☐	☑	☐	☐	PILOT 램프

(a) 변수목록

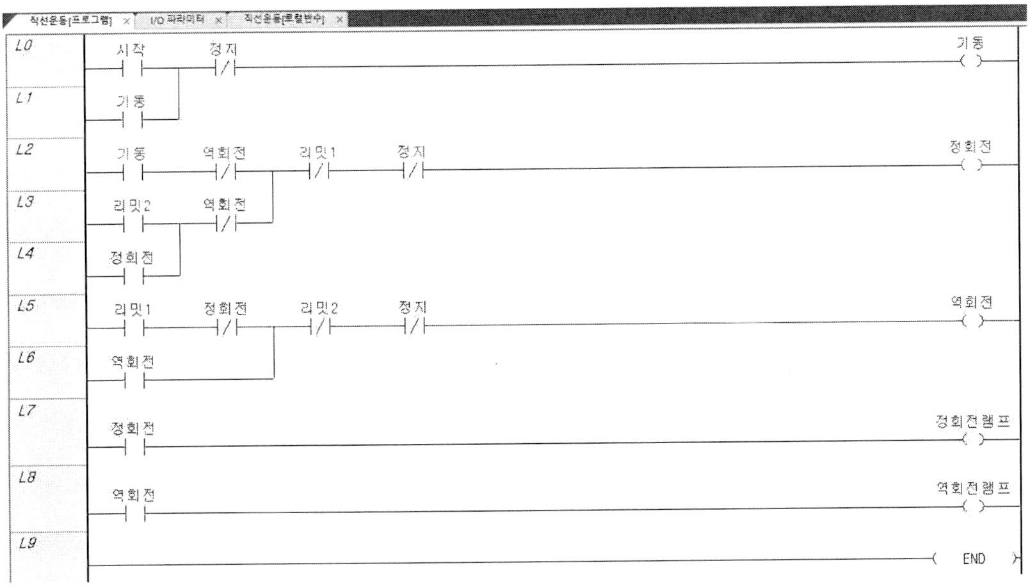

(b) 리미트 센서와 직선운동 PLC 래더 프로그램

(3) 실습결과

① 프로그램을 실행시킨다.

② 시작 스위치를 눌러 전동기가 정회전하는지 확인한다.

③ 전동기가 정회전하는 동안 리미트 센서를 만나면 전동기가 회전방향을 변경하여 역회전하는지 확인한다.

④ 전동기가 역회전하는 동안 리미트 센서를 만나면 전동기가 회전방향을 변경하여 정회전하는지 확인한다.

⑤ 전동기가 정/역회전하는 동안 정/역운전 램프가 각각 점등되는지 확인한다.

⑥ 정지 스위치를 눌러 전동기가 정지되고 정/역운전 램프가 소등되는 것을 확인한다.

10.16 직류전동기 위치제어회로 실습

(1) 실습목적

카운터 & 위치제어 모듈을 이용하여 직류전동기 위치제어 회로를 구성하고, 센서로부터 입력된 신호를 카운트 하여 설정된 값이 되면 직류전동기가 정지하는 동작을 PLC 래더 프로그램을 이용하여 구현한다.

• 동작

① 시작 스위치를 누르면 직류전동기가 회전하고 500회전 후 전동기가 정지한다.

② 회전 중 정지 스위치를 누르면 전동기는 정지한다.

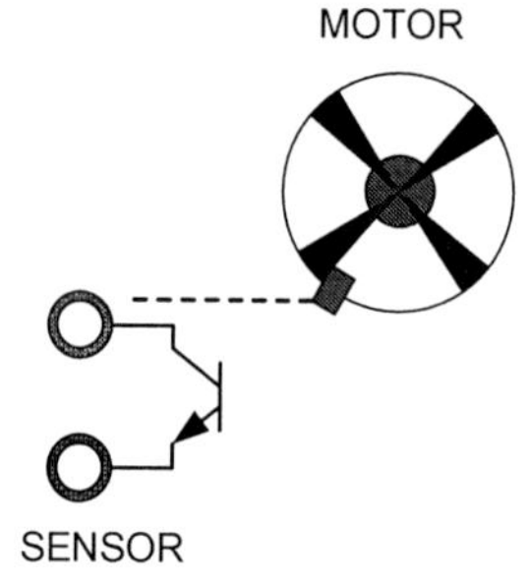

직류전동기 위치제어 실습장치

(2) 실습절차

① 입출력 지정표를 작성한다.

구분	간접변수명	입출력 포트	비고
입력	시작	%IX0.0.0	푸시버튼 스위치
	정지	%IX0.0.1	푸시버튼 스위치
	센서	%IX0.1.0	적외선 센서
출력	전동기	%QX0.2.0	전동기
	운전램프	%QX0.2.1	출력램프

② 래더 프로그램을 작성한다.

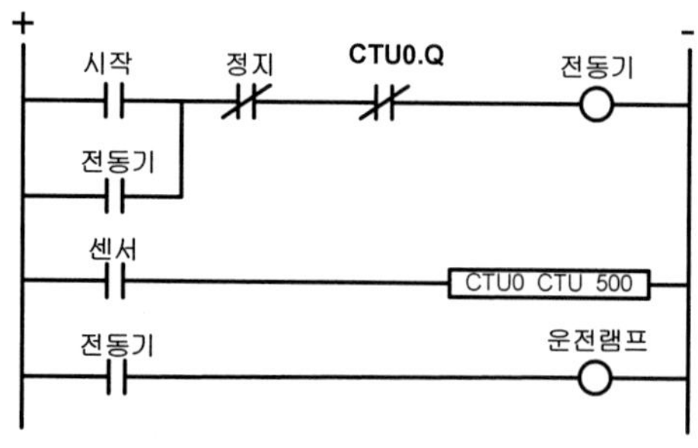

래더 프로그램

③ 입출력 지정표와 래더 프로그램을 보고 PLC 결선도를 작성한다.

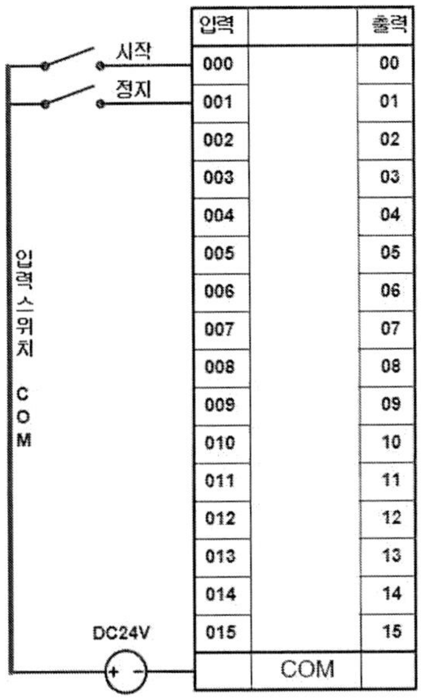

(a) PLC 결선도(입력스위치)

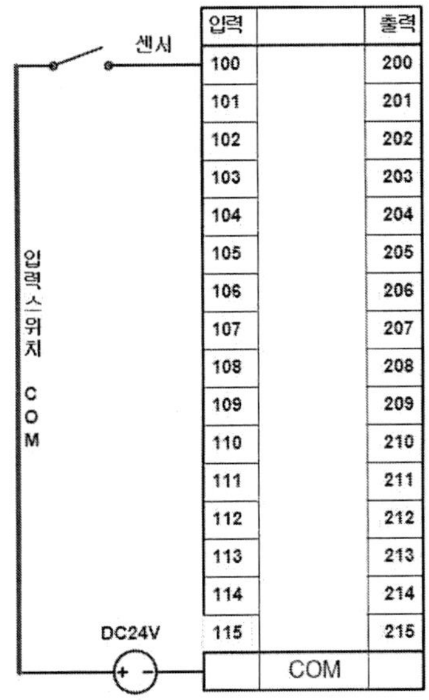

(b) PLC 결선도(센서입력)

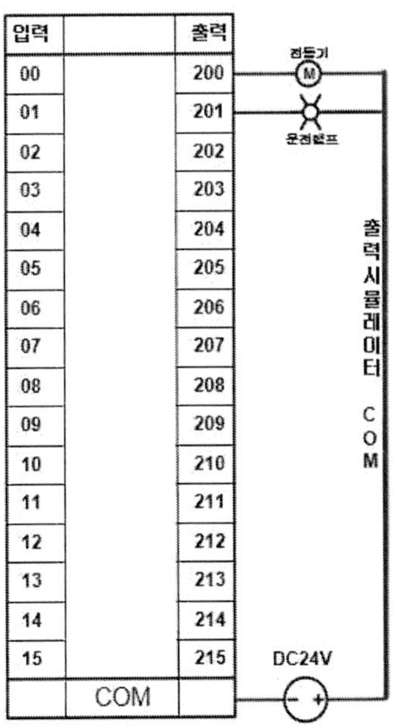

(c) PLC 결선도(출력회로)

④ PLC 결선도를 이용하여 트레이닝 키트의 입출력 장치를 연결한다.

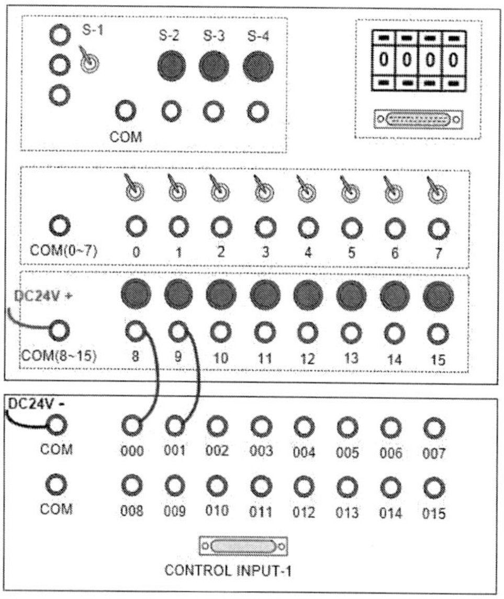

(a) 입력장치 결선도(스위치)

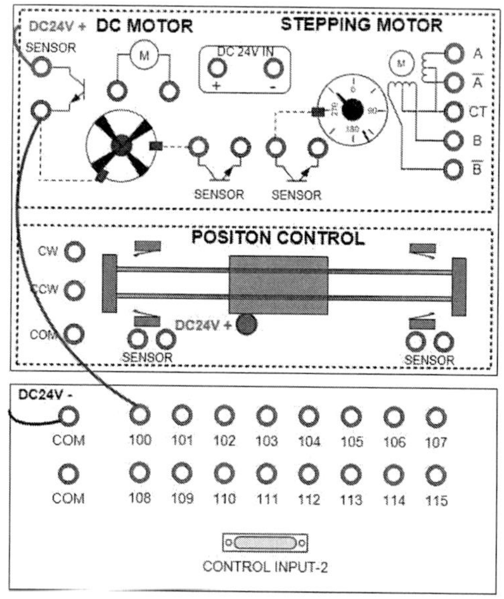

(b) 입력장치 결선도(센서)

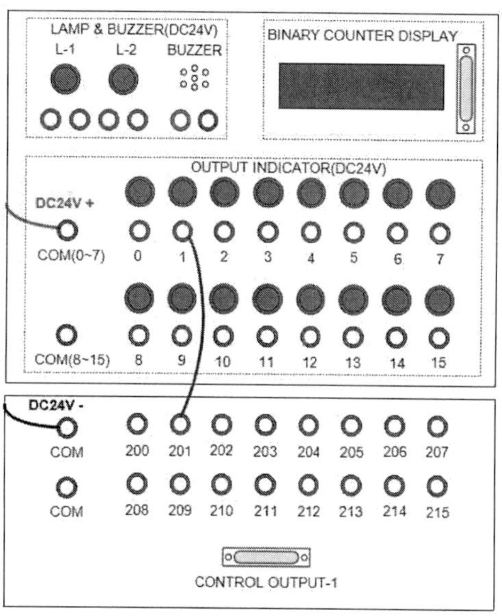

(c) 출력장치 결선도(동작램프)

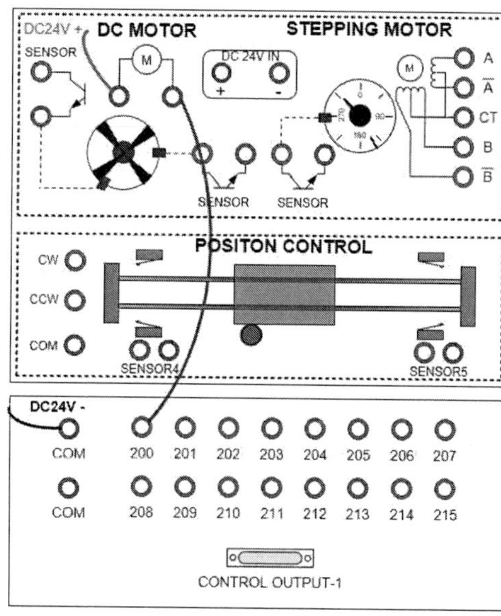

(d) 출력장치 결선도(전동기)

*주의 : 전원 연결에 특별히 주의하여 결선한다.

⑤ XG5000 프로그램에서 변수목록을 작성하고 프로그램을 입력한다.

	변수 종류	변수	타입	메모리 할당	초기값	리테인	사용 유무	EIP/OPC UA	HMI	설명문
1	VAR	시작	BOOL	%IX0.0.0						푸시버튼 스위치
2	VAR	정지	BOOL	%IX0.0.1						푸시버튼 스위치
3	VAR	센서	BOOL	%IX0.1.0						적외선 센서
4	VAR	전동기	BOOL	%QX0.2.0						
5	VAR	운전램프	BOOL	%QX0.2.1						PILOT 램프

(a) 변수목록

(b) 직류전동기 위치제어 PLC 래더 프로그램

(3) 실습결과 확인

① 프로그램을 실행시킨다.
② 시작 스위치를 누르고 전동기가 500회전 후 정지하는지 동작을 확인한다.
③ 운전 중 정지 스위치를 눌러 전동기가 정지하는지 확인한다.
④ 전동기 운전 중 운전램프가 점등되는지 확인한다.

10.17 자동문 제어회로 실습

(1) 실습목적

근접 센서와 리미트 센서 그리고 전동기를 이용하여 자동문을 구현하고 사람이 접근하면 문이 열리고 3초 후 닫히는 동작을 수행하는 PLC 래더 프로그램을 작성한다.

• 동작

① 사람이 접근하면 문이 열리고 3초간 대기후 닫힌다.

② 열려 있는 시간 동안 사람이 재접근하면 다시 3초간 대기후 문이 닫힌다.

③ 비상 스위치를 누르면 문이 열린다.

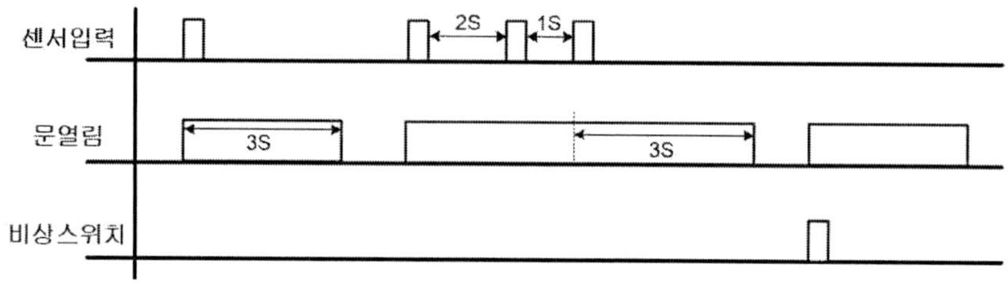

타이밍도

(2) 실습순서

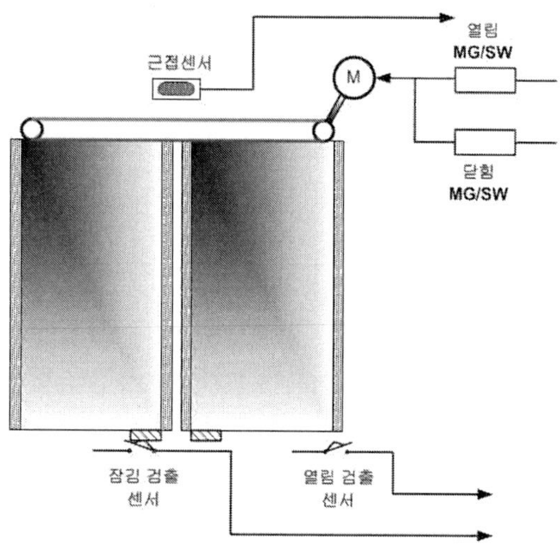

자동문 제어 시스템

① 입출력 지정표를 작성한다.

구분	간접변수명	입출력 포트	비고
입력	근접센서	%IX0.0.0	푸시버튼 스위치
	열림센서	%IX0.0.1	리밋 스위치
	닫힘센서	%IX0.0.2	리밋 스위치
	비상스위치	%IX0.0.3	푸시버튼 스위치
출력	정회전	%QX0.2.0	전동기
	역회전	%QX0.2.1	전동기

② 주어진 회로를 래더 프로그램으로 작성한다.

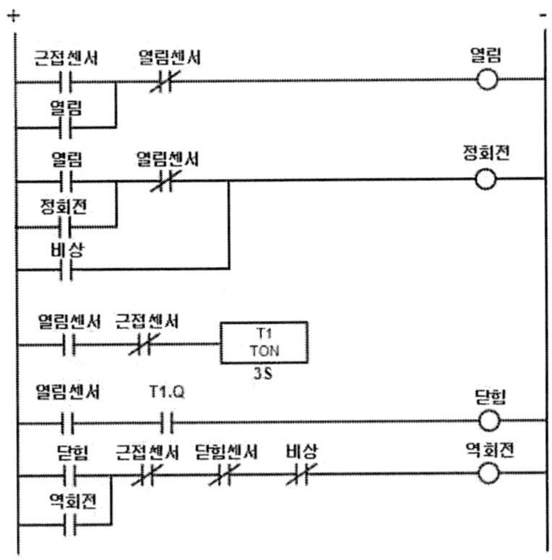

래더 프로그램

③ 입출력 지정표와 래더 프로그램을 보고 PLC 결선도를 작성한다.

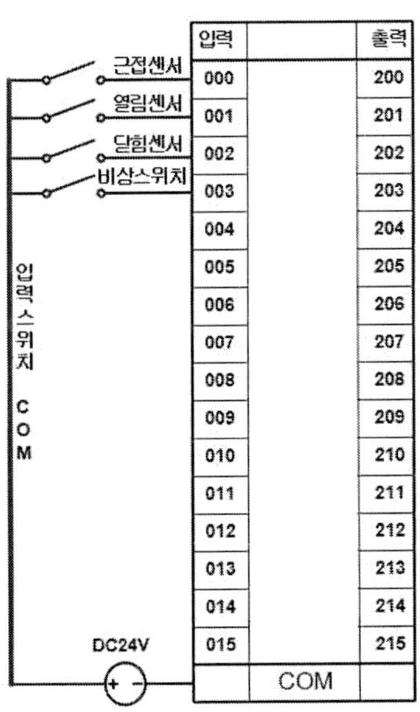

(a) PLC 결선도(입력스위치와 센서)

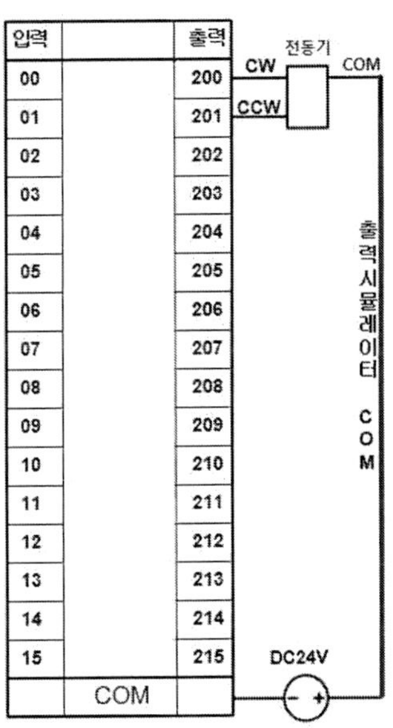

(b) PLC 결선도(전동기)

④ PLC 결선도를 이용하여 트레이닝 키트의 입출력 장치를 연결한다.

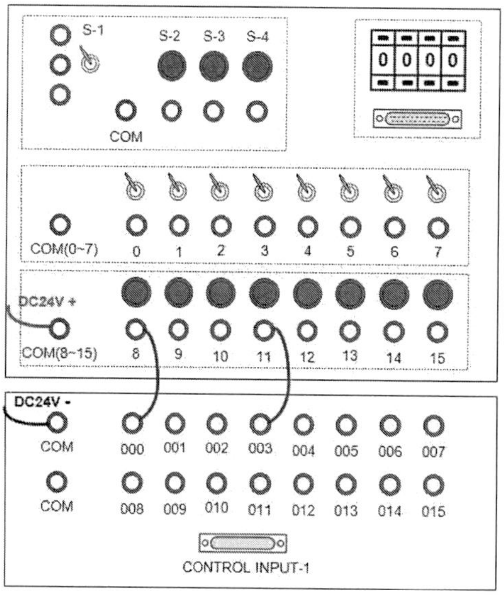

(a) 입력장치 결선도(스위치)

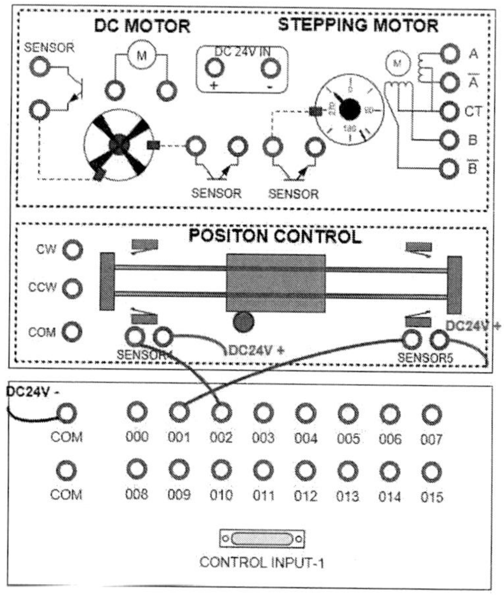

(b) 입력장치 결선도(센서)

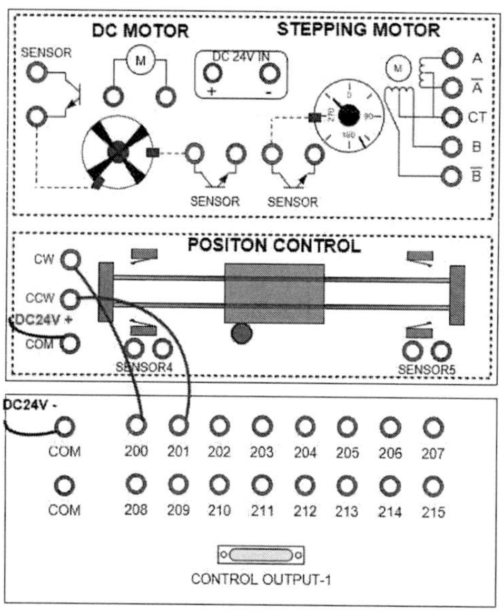

(c) 출력장치 결선도(전동기)

*주의 : 전원 연결에 특별히 주의하여 결선한다.

⑤ XG5000 프로그램에서 변수목록을 작성하고 프로그램을 입력한다.

	변수 종류	변수	타입	메모리 할당	초기값	리테인	사용 유무	EIP/OPC UA	HMI	설명문
1	VAR	T1	TON			☐	☑	☐	☐	
2	VAR	X1	BOOL	%MX1		☐	☑	☐	☐	
3	VAR	X2	BOOL	%MX2		☐	☑	☐	☐	
4	VAR	닫힘센서	BOOL	%IX0.0.2		☐	☑	☐	☐	리밋센서
5	VAR	비상	BOOL	%IX0.0.3		☐	☑	☐	☐	푸시버튼 스위치
6	VAR	사람감지	BOOL	%IX0.0.0		☐	☑	☐	☐	푸시버튼 스위치
7	VAR	역회전	BOOL	%QX0.2.1		☐	☑	☐	☐	
8	VAR	열림센서	BOOL	%IX0.0.1		☐	☑	☐	☐	리밋센서
9	VAR	정회전	BOOL	%QX0.2.0		☐	☑	☐	☐	

(a) 변수목록

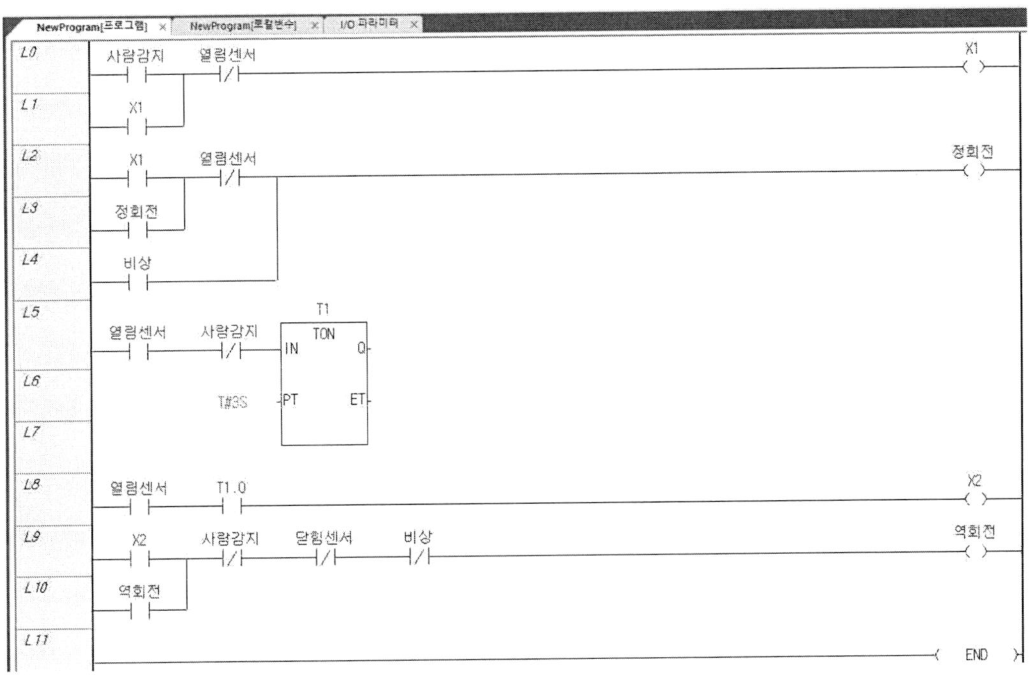

(b) 자동문 제어 PLC 래더 프로그램

(3) 실습결과

① 프로그램을 실행시킨다.

② 사람감지 센서가 검출되면 자동문이 열리는 동작을 3초간 수행하는지 확인한다.

③ 열려 있는 시간 동안 사람이 재접근하면 다시 3초간 대기후 문이 닫히는 동작을 수행하는지 확인한다.

④ 비상 스위치가 동작하는지 확인한다.

10.18 스텝모터 구동회로 실습

(1) 실습목적

스텝모터는 1902년 영국에서 개발된 고정밀도의 위치결정이 가능한 전동기이다. 톱니바퀴 구조의 돌기가 있는 고정자와 회전자를 가지고 있으며 고정자 코일에 순차적으로 전류를 흘리면 구조적으로 결정된 회전각씩 회전하는 전동기이다. 스텝모터는 펄스 신호에 정확하게 추종하여 회전하기 때문에 회전량 검출기가 필요 없는 특징이 있다. 만약 하나의 펄스에 1도씩 회전하는 스텝모터라면 1회전하기 위하여 360개의 순차적인 펄스입력이 필요하다. 그리고 스텝모터의 속도는 단위시간당 입력되는 펄스의 개수에 의하여 결정된다.

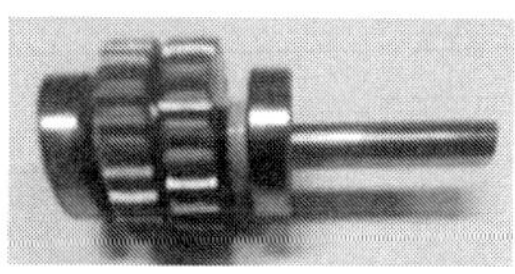
(a) 회전자

(b) 고정자

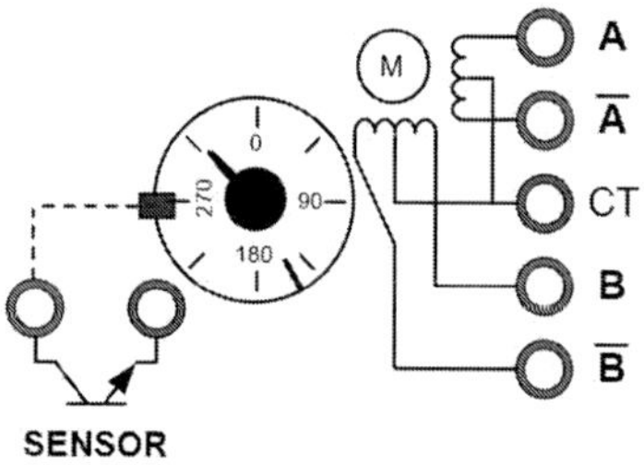

(c) 스텝모터와 적외선 센서

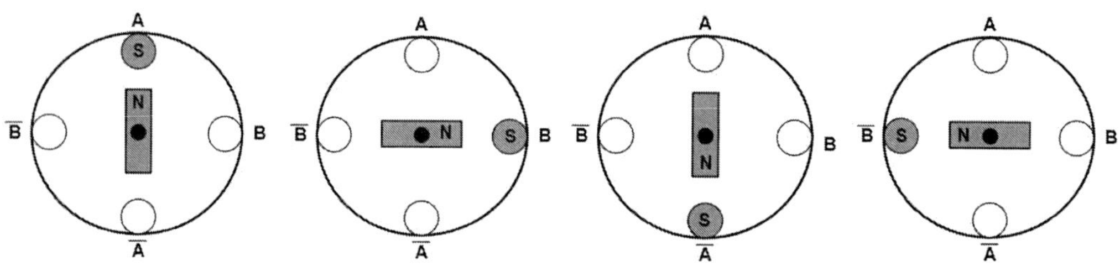

(d) 스텝모터의 구동원리

위의 그림에서와 같이 회전자는 고정자의 여자 순서에 따라 회전이 결정된다. 만약 고정자의 여자순서가 $A \rightarrow B \rightarrow \overline{A} \rightarrow \overline{B}$ 순으로 여자되면 회전자는 시계방향으로 회전하게 되며 그 반대로 여자되면 반시계방향으로 회전하게 된다.

실습 18.에서는 이러한 특성을 가지는 스텝모터 구동실습 장치를 이용하여 스텝모터 구동회로를 구성하고 스텝모터가 10회전한 후 정지하는 PLC 래더 프로그램을 작성한다.

• 동작

① 시작 스위치를 누르면 스텝모터가 회전한다.

② 스텝모터가 10회전하면 스텝모터가 정지한다.

③ 운전 중에 정지 스위치를 누르면 스텝모터가 정지된다.

(2) 실습순서

① 입출력 지정표를 작성한다.

구분	간접변수명	입출력 포트	비고
입력	시작	%IX0.0.0	푸시버튼 스위치
	정지	%IX0.0.1	푸시버튼 스위치
	센서	%IX0.0.2	적외선 센서
출력	B상	%QX0.3.0	코일B
	A상	%QX0.3.1	코일A
	_B상	%QX0.3.2	코일/B
	_A상	%QX0.3.3	코일/A
	출력램프0	%QX0.2.0	A상 출력
	출력램프1	%QX0.2.1	B상 출력
	출력램프2	%QX0.2.2	/A상 출력
	출력램프3	%QX0.2.3	/B상 출력

② 래더 프로그램을 작성한다.

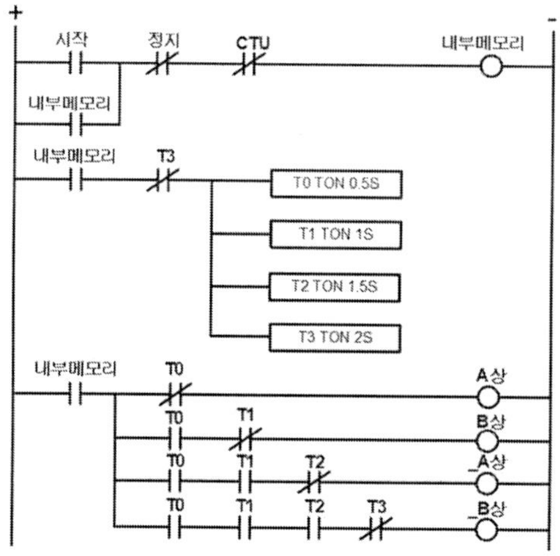

래더 프로그램(1)

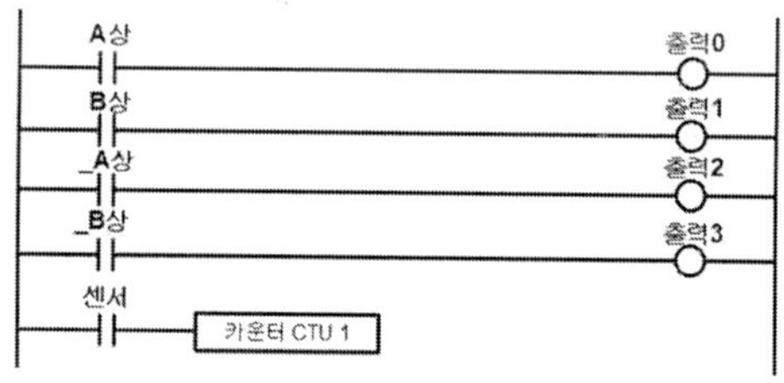

래더 프로그램(2)

③ 입출력 지정표와 래더 프로그램을 보고 PLC 결선도를 작성한다.

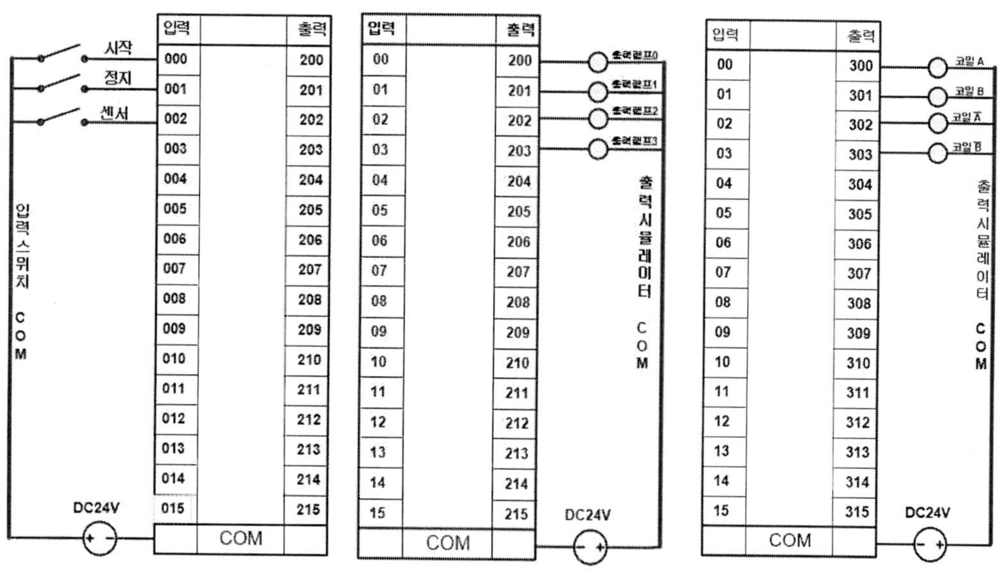

(a) 입력스위치와 센서 (b) 출력램프 (c) 전동기부

PLC 결선도

④ PLC 결선도를 이용하여 트레이닝 키트의 입출력 장치를 연결한다.

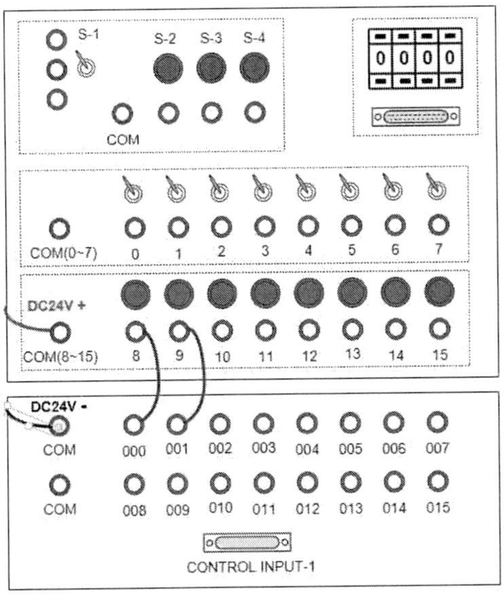

(a) 입력장치 결선도(스위치)

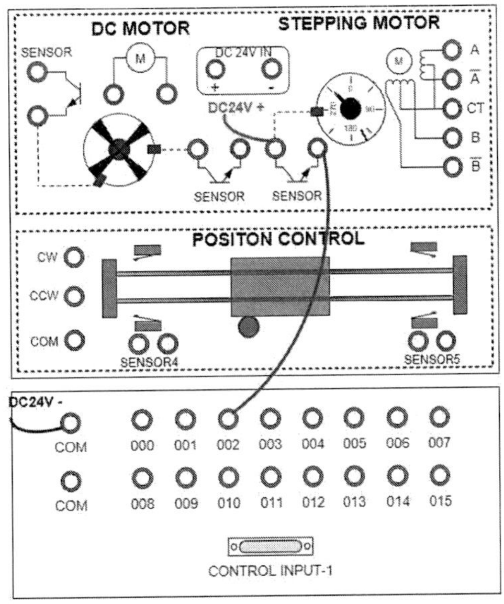

(b) 입력장치 결선도(센서)

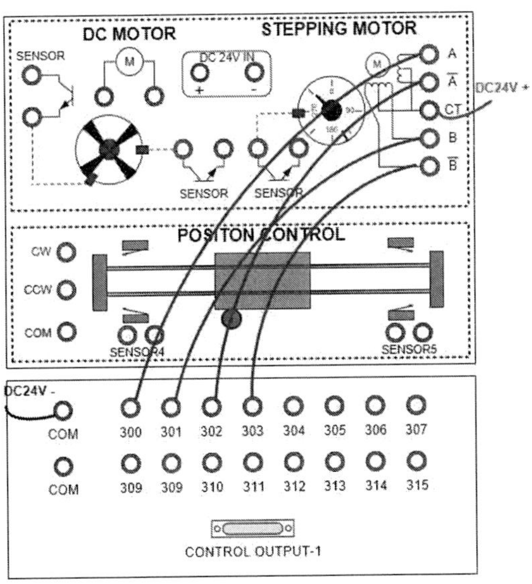

(c) 출력장치 결선도(전동기)

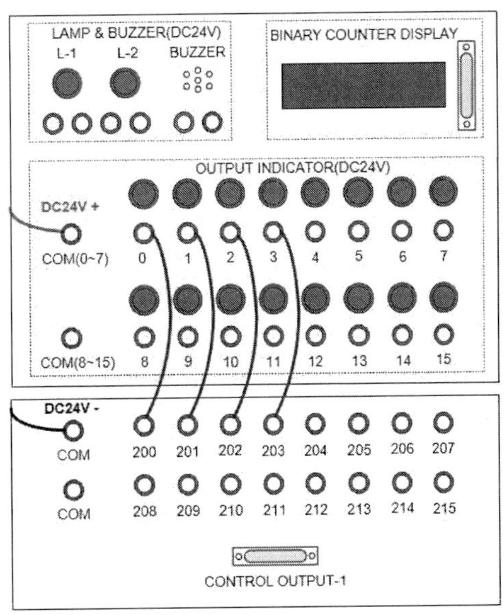

(d) 출력장치 결선도(램프)

⑤ XG5000 프로그램에서 변수목록을 작성하고 프로그램을 입력한다.

– 1상 운전

NewProgram[프로그램] × I/O 파라미터 × NewProgram[로컬변수] ×

	변수 종류	변수	타입	메모리 할당	초기값	리테인	사용 유무	EIP/OPC UA	HMI	설명문
2	VAR	A상코일	BOOL	%QX0.3.0		☐	☑	☐	☐	
3	VAR	B상	BOOL	%QX0.2.1		☐	☑	☐	☐	
4	VAR	B상코일	BOOL	%QX0.3.1		☐	☑	☐	☐	
5	VAR	CTU	CTU_INT			☐	☑	☐	☐	
6	VAR	T0	TON			☐	☑	☐	☐	
7	VAR	T1	TON			☐	☑	☐	☐	
8	VAR	T2	TON			☐	☑	☐	☐	
9	VAR	T3	TON			☐	☑	☐	☐	
10	VAR	X	BOOL	%MX0		☐	☑	☐	☐	
11	VAR	_A상	BOOL	%QX0.2.2		☐	☑	☐	☐	
12	VAR	_A상코일	BOOL	%QX0.3.2		☐	☑	☐	☐	
13	VAR	_B상	BOOL	%QX0.2.3		☐	☑	☐	☐	
14	VAR	_B상코일	BOOL	%QX0.3.3		☐	☑	☐	☐	
15	VAR	리셋	BOOL	%IX0.0.3		☐	☑	☐	☐	
16	VAR	센서	BOOL	%IX0.0.2		☐	☑	☐	☐	
17	VAR	시작	BOOL	%IX0.0.0		☐	☑	☐	☐	
18	VAR	정지	BOOL	%IX0.0.1		☐	☑	☐	☐	

(a) 변수목록

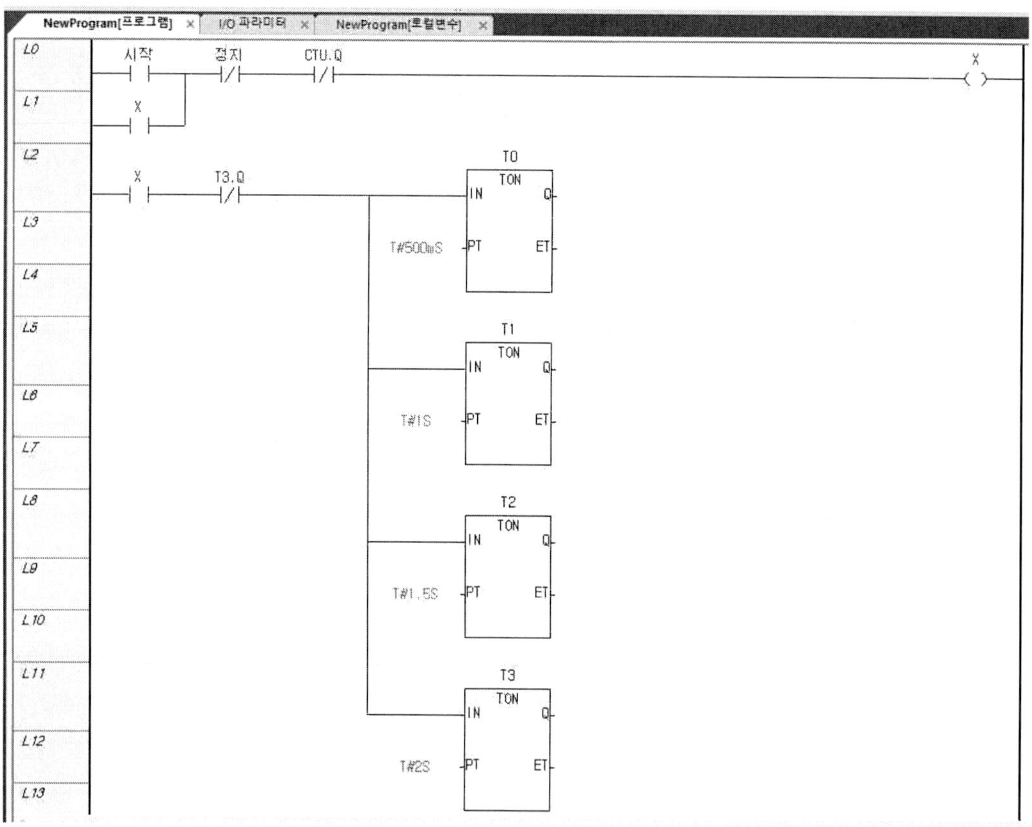

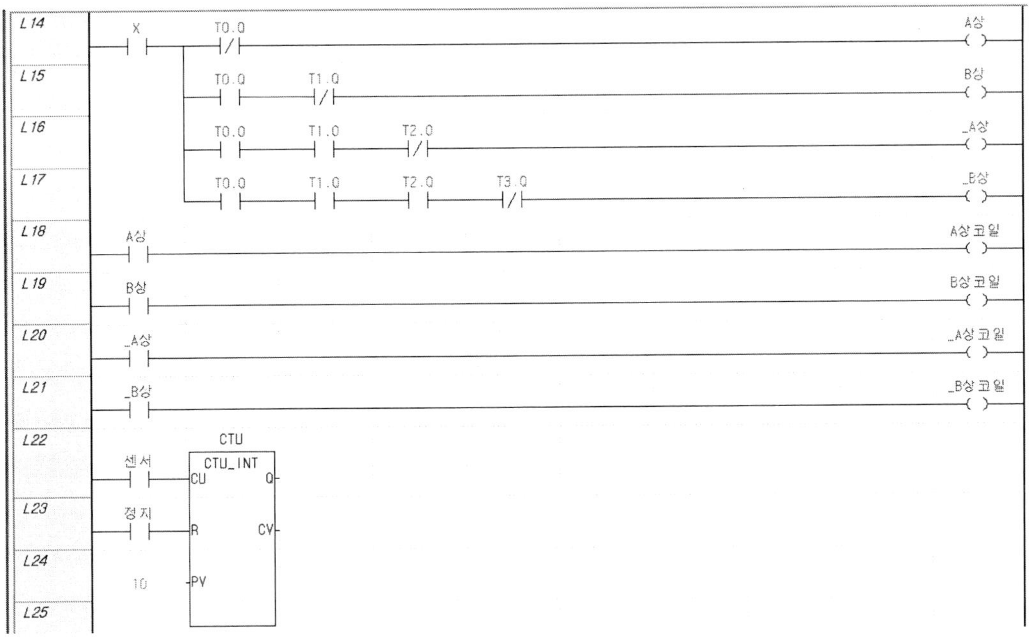

(b) 스텝모터 구동 PLC 래더 프로그램

- 2상 운전

NewProgram[프로그램] NewProgram[로컬변수]

	변수 종류	변수	타입	메모리 할당	초기값	리테인	사용 유무	EIP/OPC UA	HMI	설명문
1	VAR	A상	BOOL	%QX0.2.0		☐	☑	☐	☐	
2	VAR	A상코일	BOOL	%QX0.3.0		☐	☑	☐	☐	
3	VAR	B상	BOOL	%QX0.2.1		☐	☑	☐	☐	
4	VAR	B상코일	BOOL	%QX0.3.1		☐	☑	☐	☐	
5	VAR	CTU	CTU_INT			☐	☑	☐	☐	
6	VAR	T0	TON			☐	☑	☐	☐	
7	VAR	T1	TON			☐	☑	☐	☐	
8	VAR	T2	TON			☐	☑	☐	☐	
9	VAR	T3	TON			☐	☐	☐	☐	
10	VAR	X0	BOOL	%MX0		☐	☑	☐	☐	
11	VAR	X1	BOOL	%MX1		☐	☑	☐	☐	
12	VAR	X2	BOOL	%MX2		☐	☑	☐	☐	
13	VAR	X3	BOOL	%MX3		☐	☑	☐	☐	
14	VAR	X4	BOOL	%MX4		☐	☑	☐	☐	
15	VAR	X5	BOOL	%MX5		☐	☑	☐	☐	
16	VAR	X6	BOOL	%MX6		☐	☑	☐	☐	
17	VAR	X7	BOOL	%MX7		☐	☑	☐	☐	
18	VAR	_A상	BOOL	%QX0.2.2		☐	☑	☐	☐	
19	VAR	_A상코일	BOOL	%QX0.3.2		☐	☑	☐	☐	
20	VAR	_B상	BOOL	%QX0.2.3		☐	☑	☐	☐	
21	VAR	_B상코일	BOOL	%QX0.3.3		☐	☑	☐	☐	
22	VAR	리셋	BOOL	%IX0.0.3		☐	☑	☐	☐	
23	VAR	센서	BOOL	%IX0.0.2		☐	☑	☐	☐	
24	VAR	시작	BOOL	%IX0.0.0		☐	☑	☐	☐	
25	VAR	정지	BOOL	%IX0.0.1		☐	☑	☐	☐	

(a) 변수목록

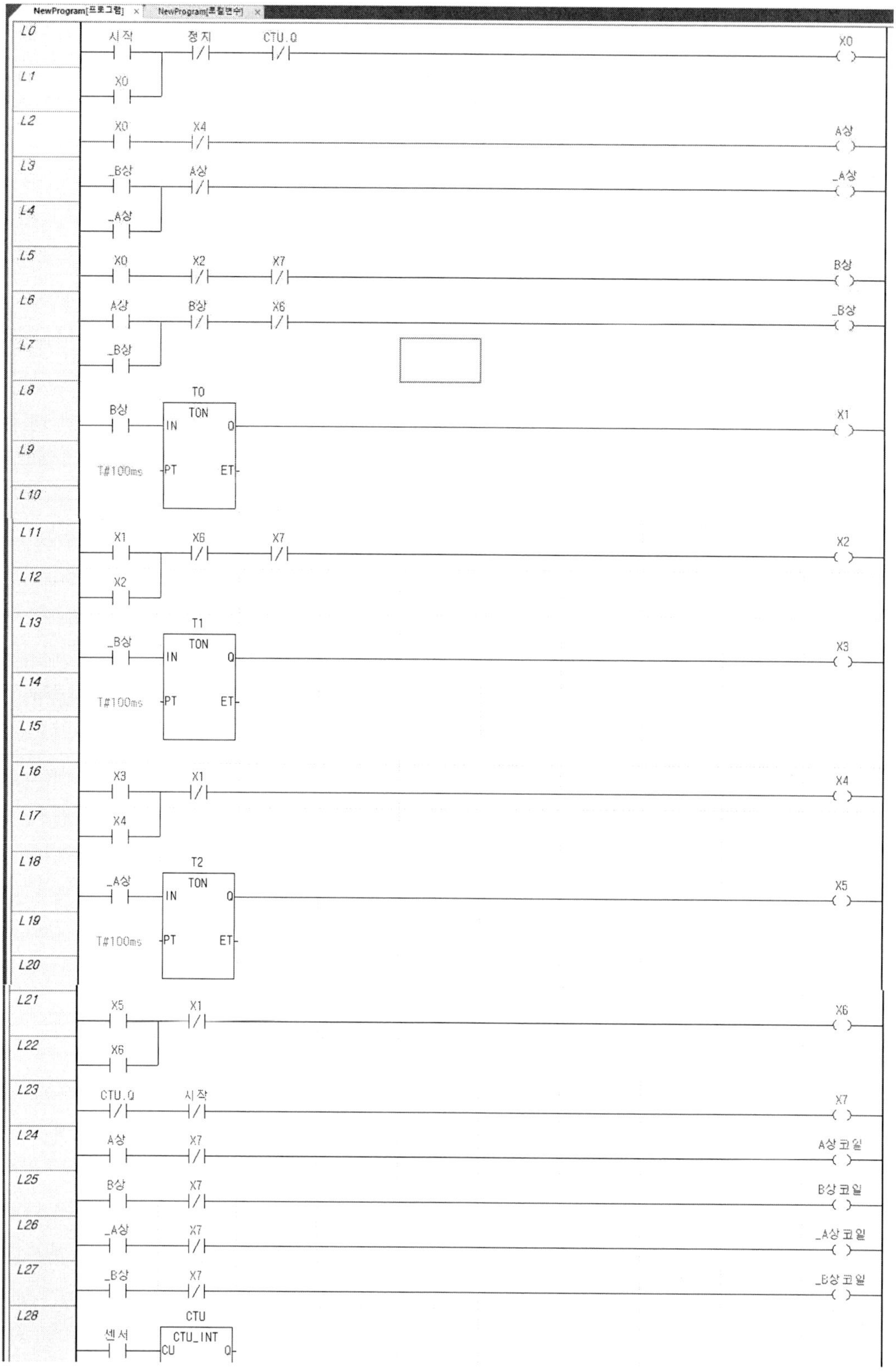
NewProgram[프로그램]
NewProgram[로컬변수]
L0 시작 정지 CTU.Q X0
L1 X0
L2 X0 X4 A상
L3 _B상 A상 _A상
L4 _A상
L5 X0 X2 X7 B상
L6 A상 B상 X6 _B상
L7 _B상
L8 B상 T0 TON IN Q X1
L9 T#100ms PT ET
L10
L11 X1 X6 X7 X2
L12 X2
L13 _B상 T1 TON IN Q X3
L14 T#100ms PT ET
L15
L16 X3 X1 X4
L17 X4
L18 _A상 T2 TON IN Q X5
L19 T#100ms PT ET
L20
L21 X5 X1 X6
L22 X6
L23 CTU.Q 시작 X7
L24 A상 X7 A상코일
L25 B상 X7 B상코일
L26 _A상 X7 _A상코일
L27 _B상 X7 _B상코일
L28 센서 CTU CTU_INT CU Q

(b) 스텝모터 구동 PLC 래더 프로그램

(3) 실습결과

① 프로그램을 실행시킨다.

② 시작 스위치를 누르고 스텝모터가 10회전 후 정지하는 동작을 확인한다.

③ 운전 중 정지 스위치를 눌러 스텝모터가 정지하는지 확인한다.

10.19 신호등 제어회로 실습

(1) 실습목적

보행자가 횡단보도를 건너기 위해 버튼을 누르면 차선의 신호가 적색으로 변경되고 횡단보도 신호가 녹색으로 변경되는 횡단보도 신호등 순차제어 동작을 PLC 래더 프로그램으로 구현한다.

• 동작

① 전원이 투입되면 차선 신호는 녹색등, 보행자 신호는 적색등이다.

② 보행자 버튼을 누르면 30초 후에 차선신호의 황색등이 점등되고 1초 후 적색등으로 변경된다.

③ 차선신호가 적색등으로 변경되고 1초 후 보행자 신호는 녹색등으로 변경된다.

④ 보행자 신호의 녹색등은 10초간 점등된다.

⑤ 그 후 10초간 점멸된 후 보행자 신호등은 적색등으로 변경되고 차선신호는 녹색등으로 변경된다.

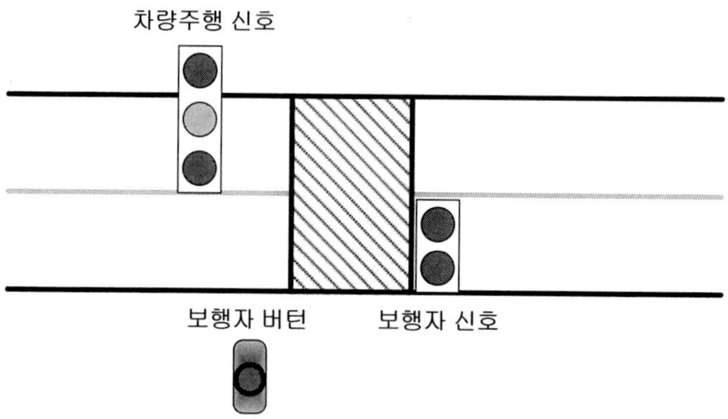

신호등 제어 시스템

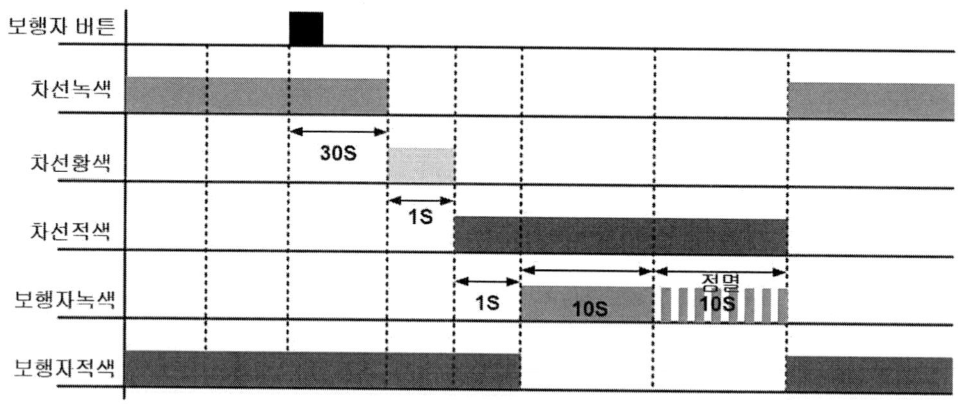

타이밍도

(2) 실습순서

① 입출력 지정표를 작성한다.

구분	간접변수명	지정된 입출력 포트	비고
입력	보행자버튼	%IX0.0.0	푸시버튼 스위치
출력	차선녹색	%QX0.2.0	출력램프
	차선황색	%QX0.2.1	출력램프
	차선적색	%QX0.2.2	출력램프
	보행자녹색	%QX0.2.3	출력램프
	보행자적색	%QX0.2.4	출력램프

② 래더 프로그램을 작성한다.

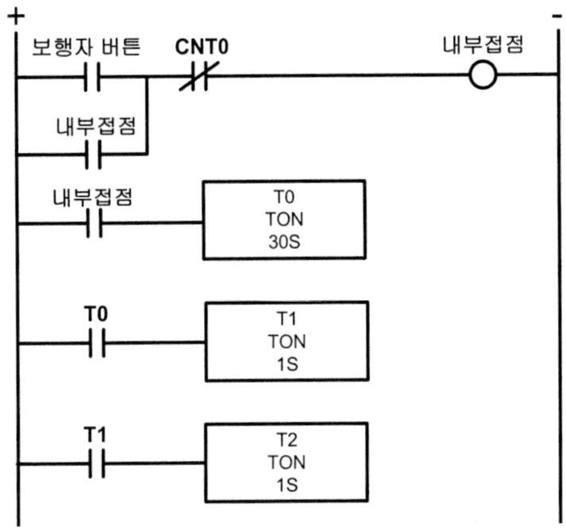

래더 프로그램(1)

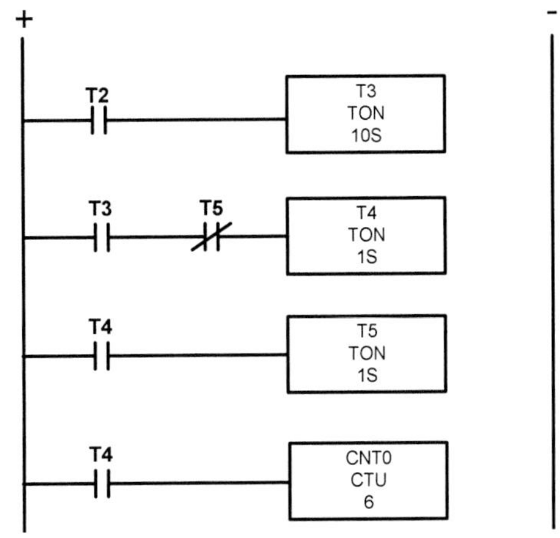

래더 프로그램(2)

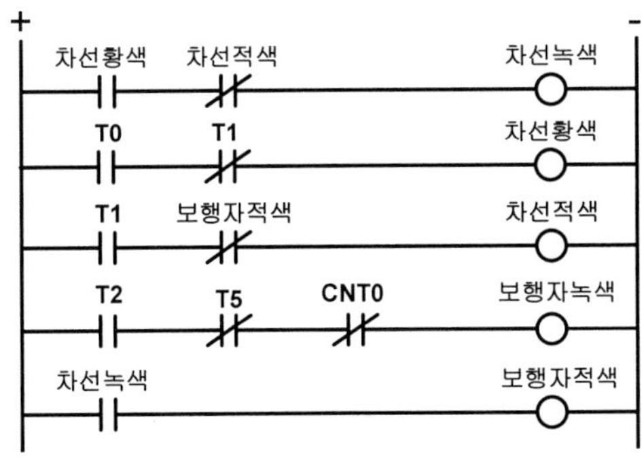

래더 프로그램(3)

③ 입출력 지정표와 래더 프로그램을 보고 PLC 결선도를 작성한다.

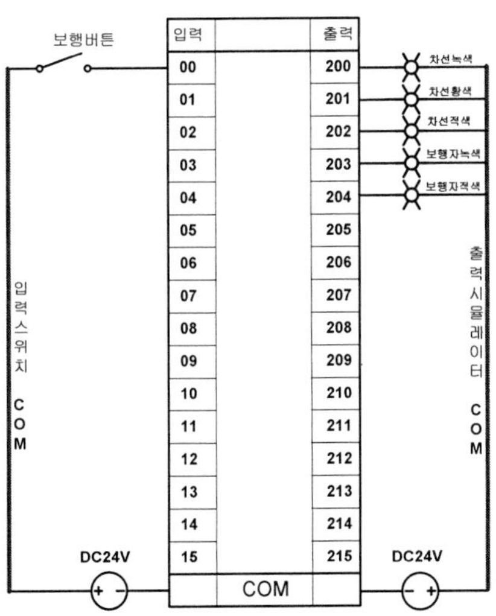

PLC 결선도

④ PLC 결선도를 이용하여 트레이닝 키트의 입출력 장치를 연결한다.

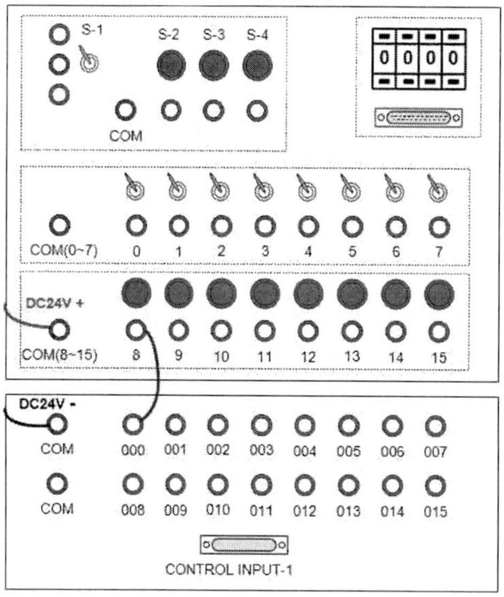

(a) 입력장치 결선도

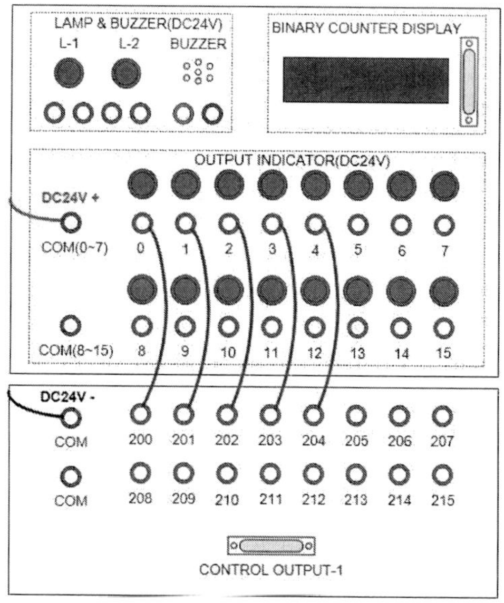

(b) 출력장치 결선도

⑤ XG5000 프로그램에서 변수목록을 작성하고 프로그램을 입력한다.

	변수 종류	변수	타입	메모리 할당	초기값	리테인	사용 유무	EIP/OPC UA	HMI	설명문
1	VAR	CTU	CTU_INT			☐	☑	☐	☐	
2	VAR	T0	TON			☐	☑	☐	☐	
3	VAR	T1	TON			☐	☑	☐	☐	
4	VAR	T2	TON			☐	☑	☐	☐	
5	VAR	T3	TON			☐	☑	☐	☐	
6	VAR	T4	TON			☐	☑	☐	☐	
7	VAR	T5	TP			☐	☑	☐	☐	
8	VAR	X	BOOL	%MX0		☐	☑	☐	☐	내부 메모리
9	VAR	보행자녹색	BOOL	%QX0.3.0		☐	☑	☐	☐	출력램프
10	VAR	보행자버튼	BOOL	%IX0.0.0		☐	☑	☐	☐	푸시버튼 스위치
11	VAR	보행자적색	BOOL	%QX0.3.1		☐	☑	☐	☐	출력램프
12	VAR	차선녹색	BOOL	%QX0.2.0		☐	☑	☐	☐	출력램프
13	VAR	차선적색	BOOL	%QX0.2.2		☐	☑	☐	☐	출력램프
14	VAR	차선황색	BOOL	%QX0.2.1		☐	☑	☐	☐	출력램프

(a) 변수목록

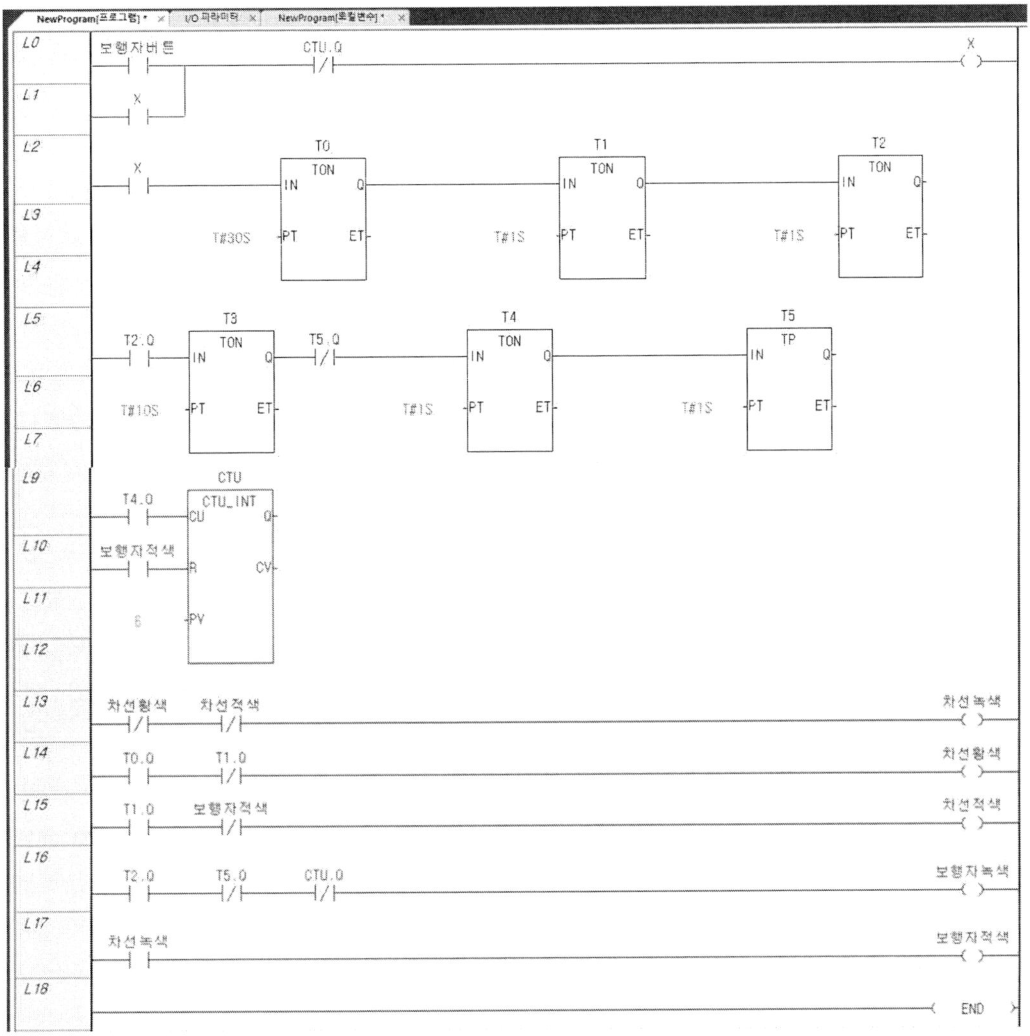

(b) 신호등 제어 PLC 래더 프로그램

(3) 실습결과

① 프로그램을 실행시킨다.

② 보행자 버튼을 누르고 차선 신호와 보행자 신호의 동작상태가 프로그램한 순서로 동작하는지 확인한다.

③ 각 신호등이 타이머에서 설정한 시간대로 동작하는지 확인한다.

10.20 타이머 응용 램프제어1 실습

(1) 실습목적

시작 스위치를 누르면 5개의 램프가 1초 간격으로 순차적으로 점등과 소등 동작을 3회 반복하고 정지 버튼을 누르면 모든 램프가 소등되는 PLC 래더 프로그램을 작성하고 이를 통하여 타이머의 동작을 이해하고 응용능력을 향상한다.

- 동작

① 시작 버튼을 누르면 램프0~램프5가 순차적으로 1초간 점등 후 소등되는 동작을 3회 반복 수행한다.

② 순차점등 동작 중 정지 스위치를 누르면 모든 램프가 소등된다.

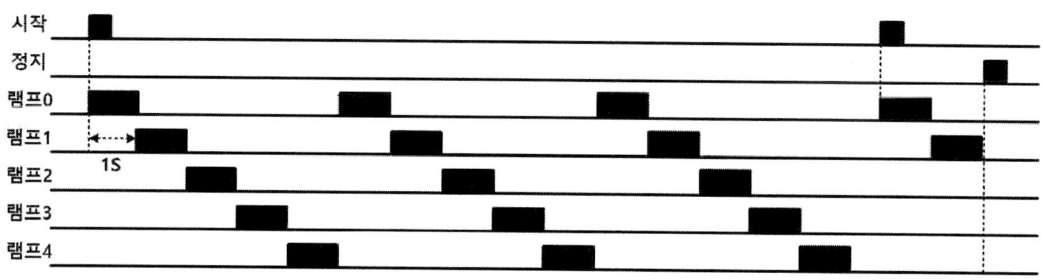

타이밍도

(2) 실습순서

① 입출력 지정표를 작성한다.

구분	간접변수명	지정된 입출력 포트	비고
입력	시작	%IX0.0.0	푸시버튼 스위치
	정지	%IX0.0.1	푸시버튼 스위치
출력	램프0	%QX0.2.0	출력램프
	램프1	%QX0.2.1	출력램프
	램프2	%QX0.2.2	출력램프
	램프3	%QX0.2.3	출력램프
	램프4	%QX0.2.4	출력램프

② 주어진 동작을 수행할 수 있는 래더 프로그램을 작성한다.

③ 입출력 지정표와 래더 프로그램을 보고 PLC 결선도를 작성한다.

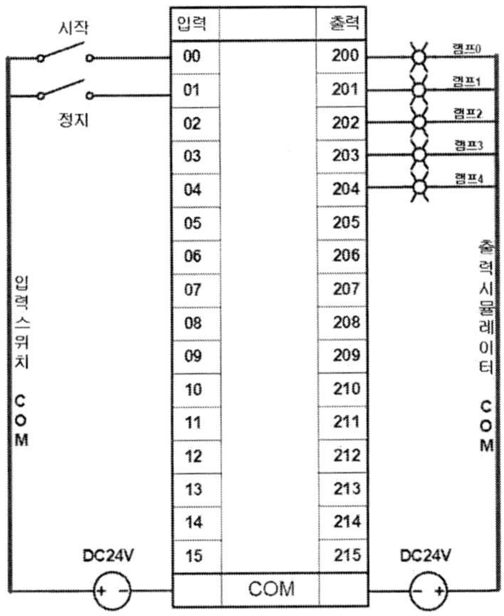

PLC 결선도

④ PLC 결선도를 이용하여 트레이닝 키트의 입출력 장치를 연결한다.

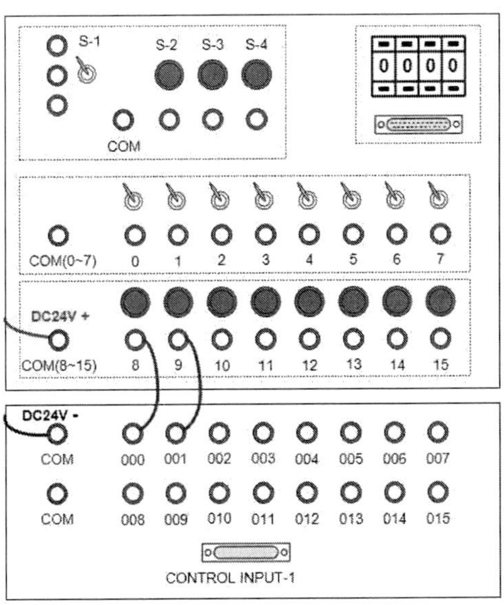

(a) 입력장치 결선도

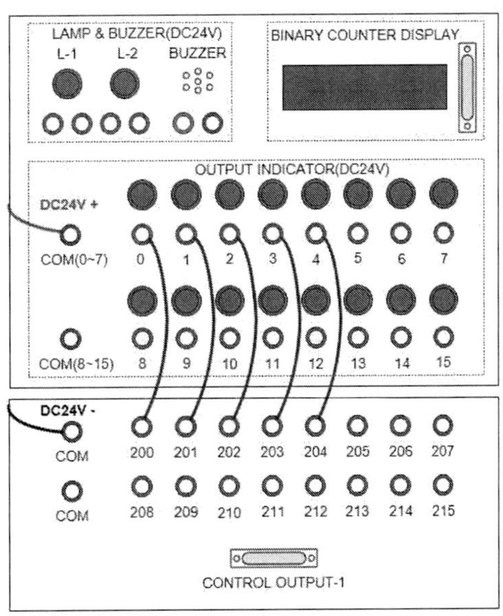

(b) 출력장치 결선도

⑤ XG5000 프로그램에서 변수목록을 작성하고 프로그램을 입력한다.

	변수 종류	변수	타입	메모리 할당	초기값	리테인	사용 유무	EIP/OPC UA	HMI	설명문
1	VAR	CTU	CTU_INT			☐	☑	☐	☐	
2	VAR	T0	TON			☐	☑	☐	☐	
3	VAR	T1	TON			☐	☑	☐	☐	
4	VAR	T2	TON			☐	☑	☐	☐	
5	VAR	T3	TON			☐	☑	☐	☐	
6	VAR	T4	TON			☐	☑	☐	☐	
7	VAR	X	BOOL	%MX0		☐	☑	☐	☐	내부 메모리
8	VAR	램프0	BOOL	%QX0.2.0		☐	☑	☐	☐	출력램프
9	VAR	램프1	BOOL	%QX0.2.1		☐	☑	☐	☐	출력램프
10	VAR	램프2	BOOL	%QX0.2.2		☐	☑	☐	☐	출력램프
11	VAR	램프3	BOOL	%QX0.2.3		☐	☑	☐	☐	출력램프
12	VAR	램프4	BOOL	%QX0.2.4		☐	☑	☐	☐	출력램프
13	VAR	시작	BOOL	%IX0.0.0		☐	☑	☐	☐	푸시버튼 스위치
14	VAR	정지	BOOL	%IX0.0.1		☐	☑	☐	☐	푸시버튼 스위치

(a) 변수목록

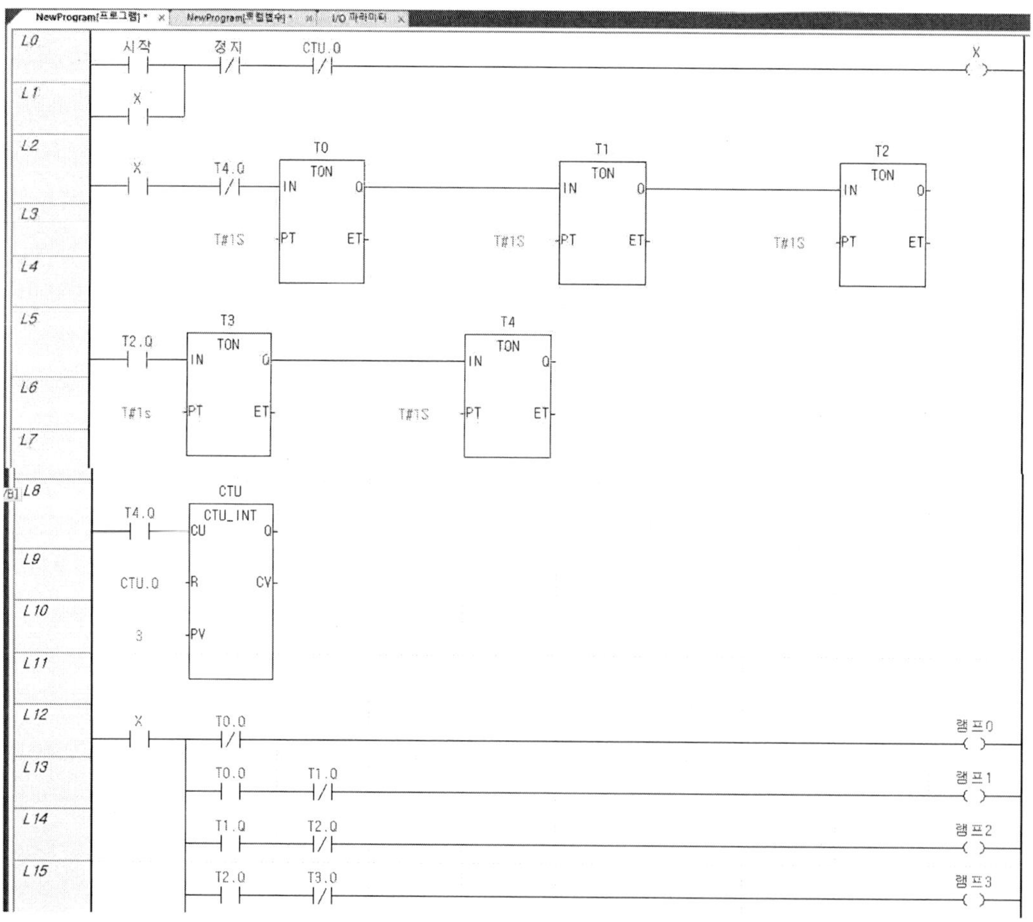

(b) 타이머 응용 램프제어1 PLC 래더 프로그램

(3) 실습결과

① 프로그램을 실행시킨다.
② 시작 스위치를 눌러 램프의 순차점등 상태를 확인한다.
③ 정지 스위치를 눌러 램프가 모두 소등되는지 확인한다.

10.21 타이머 응용 램프제어2 실습

(1) 실습목적

시작 스위치를 누르면 5개의 램프가 동시에 점등되고 정지 스위치를 누르면 1초 간격으로 차례로 소등되는 프로그램을 작성하고 이를 통하여 타이머의 동작을 이해하고 응용능력을 향상한다.

• 동작

① 시작 스위치를 눌러 램프0~램프5를 점등한다.
② 정지 스위치를 눌러 램프0~램프5를 1초 간격으로 차례대로 소등한다.

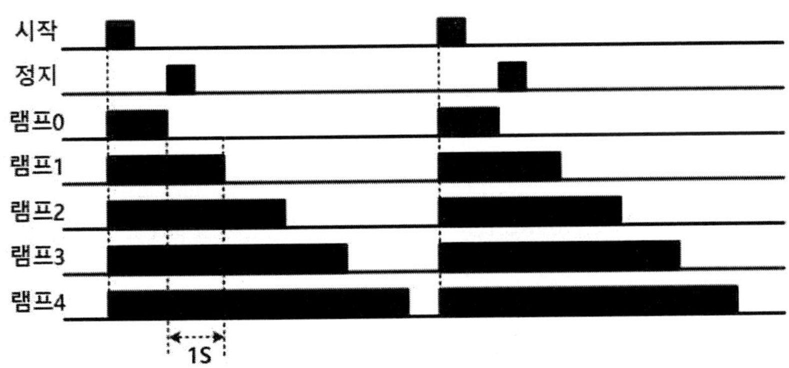

타이밍도

(2) 실습순서

① 입출력 지정표를 작성한다.

구분	간접변수명	지정된 입출력 포트	비고
입력	시작	%IX0.0.0	푸시버튼 스위치
	정지	%IX0.0.1	푸시버튼 스위치
출력	램프0	%QX0.2.0	출력램프
	램프1	%QX0.2.1	출력램프
	램프2	%QX0.2.2	출력램프
	램프3	%QX0.2.3	출력램프
	램프4	%QX0.2.4	출력램프

② 주어진 동작을 수행할 수 있는 래더 프로그램을 작성한다.

③ 입출력 지정표와 래더 프로그램을 보고 PLC 결선도를 작성한다.

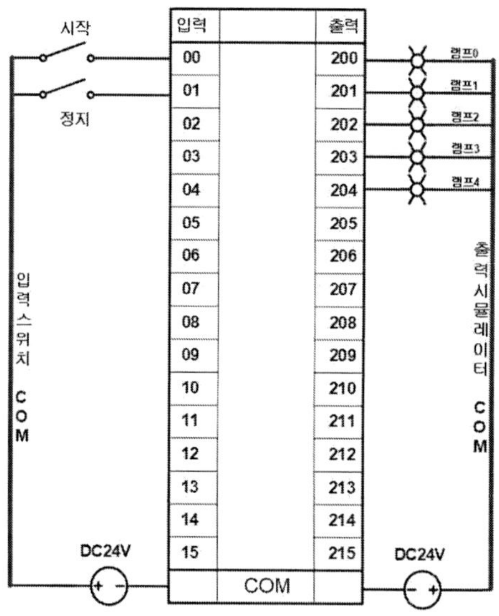

PLC 결선도

④ PLC 결선도를 이용하여 트레이닝 키트의 입출력 장치를 연결한다.

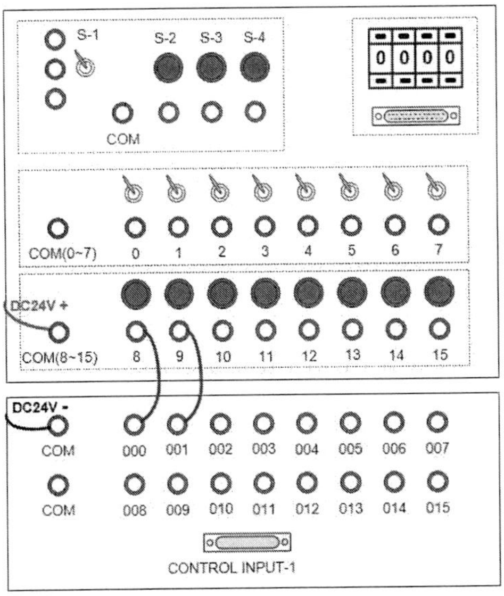

(a) 입력장치 결선도

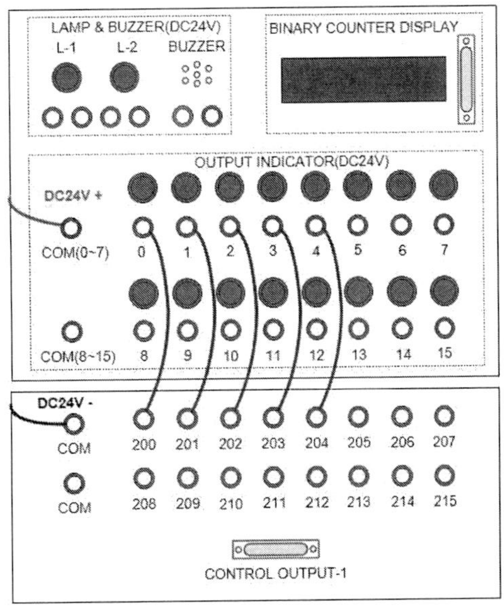

(b) 출력장치 결선도

⑤ XG5000 프로그램에서 변수목록을 작성하고 프로그램을 입력한다.

	변수 종류	변수	타입	메모리 할당	초기값	리테인	사용 유무	EIP/OPC UA	HMI	설명문
1	VAR	CTU	CTU_INT			☐	☐	☐	☐	
2	VAR	T0	TOF			☐	☑	☐	☐	
3	VAR	T1	TOF			☐	☑	☐	☐	
4	VAR	T2	TOF			☐	☑	☐	☐	
5	VAR	T3	TOF			☐	☑	☐	☐	
6	VAR	T4	TOF			☐	☑	☐	☐	
7	VAR	T5	TOF			☐	☑	☐	☐	
8	VAR	X	BOOL	%MX0		☐	☑	☐	☐	내부 메모리
9	VAR	램프0	BOOL	%QX0.2.0		☐	☑	☐	☐	출력램프
10	VAR	램프1	BOOL	%QX0.2.1		☐	☑	☐	☐	출력램프
11	VAR	램프2	BOOL	%QX0.2.2		☐	☑	☐	☐	출력램프
12	VAR	램프3	BOOL	%QX0.2.3		☐	☑	☐	☐	출력램프
13	VAR	램프4	BOOL	%QX0.2.4		☐	☑	☐	☐	출력램프
14	VAR	시작	BOOL	%IX0.0.0		☐	☑	☐	☐	푸시버튼 스위치
15	VAR	정지	BOOL	%IX0.0.1		☐	☑	☐	☐	푸시버튼 스위치

(a) 변수목록

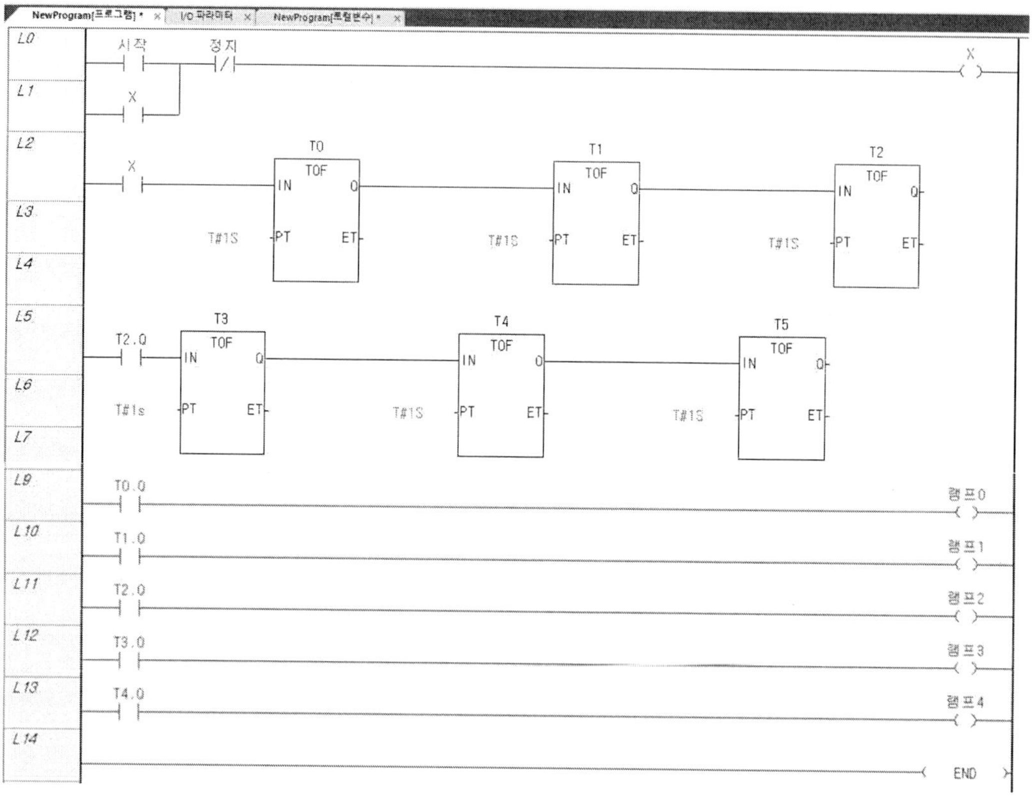

(b) 타이머응용 램프제어2 PLC 래더 프로그램

(3) 실습결과

① 프로그램을 실행시킨다.

② 시작 스위치를 눌러 모든 램프가 점등되는지 확인한다.

③ 정지 스위치를 눌러 램프가 1초 간격으로 차례대로 소등되는지 확인한다.

10.22 타이머 응용 램프제어3 실습

(1) 실습목적

시작 스위치를 누르면 5개의 램프를 램프0부터 램프4까지 차례대로 1초간 점등되었다가 소등된 후 램프3부터 램프0까지 차례대로 1초간 점등되었다가 소등되는 동작을 반복 수행, 정지 스위치를 누르면 모든 램프는 소등되는 PLC 래더 프로그램을 작성하고 이를 통하여 순차제어와 타이머의 동작을 이해하고 응용능력을 향상한다.

• 동작

① 시작 스위치를 누르면 램프0～램프4가 차례대로 1초간 점등된다.
② 램프4가 소등된 후 램프3～램프0이 차례대로 1초간 점등된다.
③ 위의 동작을 무한 반복한다.
④ 정지 스위치를 누르면 모든 램프가 소등된다.

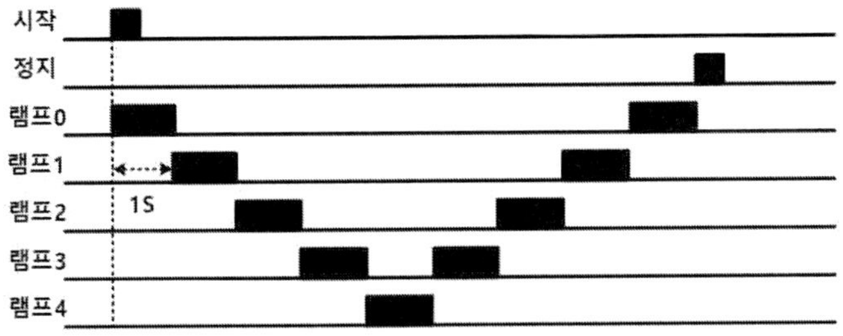

타이밍도

(2) 실습순서

① 입출력 지정표를 작성한다.

구분	간접변수명	지정된 입출력 포트	비고
입력	시작	%IX0.0.0	푸시버튼 스위치
	정지	%IX0.0.1	푸시버튼 스위치
출력	램프0	%QX0.2.0	출력램프
	램프1	%QX0.2.1	출력램프
	램프2	%QX0.2.2	출력램프
	램프3	%QX0.2.3	출력램프
	램프4	%QX0.2.4	출력램프

② 주어진 동작을 수행할 수 있는 래더 프로그램을 작성한다.
③ 입출력 지정표와 래더 프로그램을 보고 PLC 결선도를 작성한다.

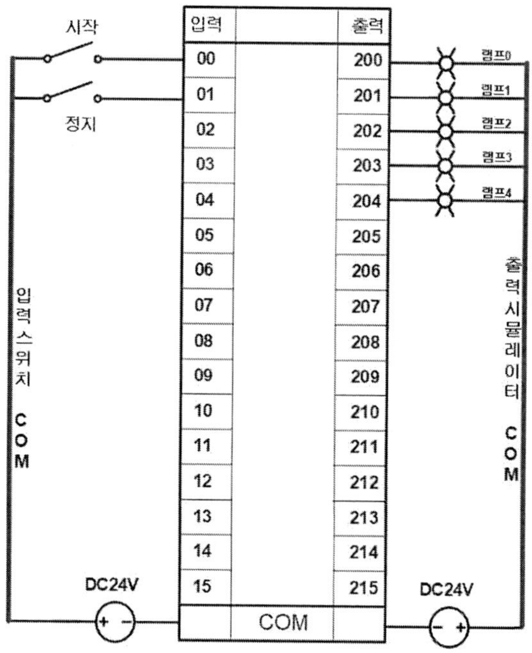

PLC 결선도

④ PLC 결선도를 이용하여 트레이닝 키트의 입출력 장치를 연결한다.

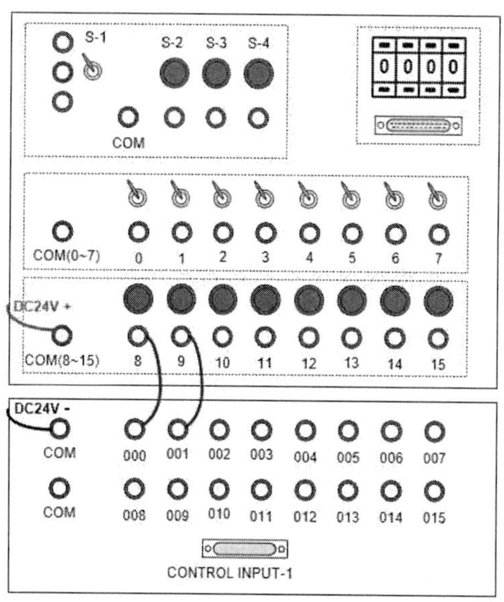

(a) 입력장치 결선도

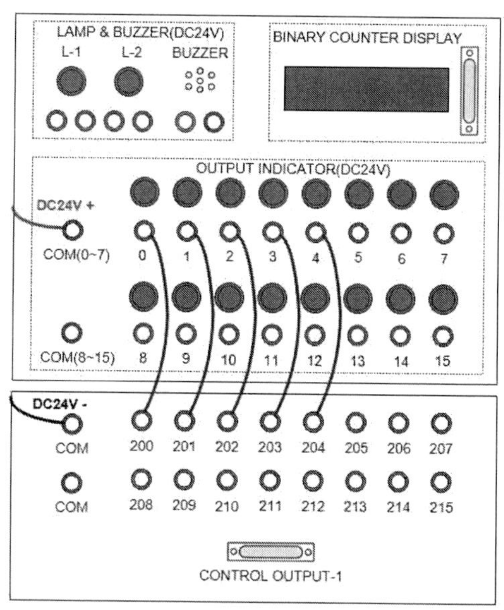

(b) 출력장치 결선도

⑤ XG5000 프로그램에서 변수목록을 작성하고 프로그램을 입력한다.

	변수 종류	변수	타입	메모리 할당	초기값	리테인	사용 유무	EIP/OPC UA	HMI	설명문
1	VAR	T0	TON			☐	☑	☐	☐	
2	VAR	T1	TON			☐	☑	☐	☐	
3	VAR	T2	TON			☐	☑	☐	☐	
4	VAR	T3	TON			☐	☑	☐	☐	
5	VAR	T4	TON			☐	☑	☐	☐	
6	VAR	T5	TON			☐	☑	☐	☐	
7	VAR	T6	TON			☐	☑	☐	☐	
8	VAR	T7	TON			☐	☑	☐	☐	
9	VAR	T8	TON			☐	☑	☐	☐	
10	VAR	T9	TON			☐	☑	☐	☐	
11	VAR	X	BOOL	%MX0		☐	☑	☐	☐	내부메모리
12	VAR	램프0	BOOL	%QX0.2.0		☐	☑	☐	☐	출력램프
13	VAR	램프1	BOOL	%QX0.2.1		☐	☑	☐	☐	출력램프
14	VAR	램프2	BOOL	%QX0.2.2		☐	☑	☐	☐	출력램프
15	VAR	램프3	BOOL	%QX0.2.3		☐	☑	☐	☐	출력램프
16	VAR	램프4	BOOL	%QX0.2.4		☐	☑	☐	☐	출력램프
17	VAR	시작	BOOL	%IX0.0.0		☐	☑	☐	☐	푸시버튼 스위치
18	VAR	정지	BOOL	%IX0.0.1		☐	☑	☐	☐	푸시버튼 스위치

(a) 변수목록

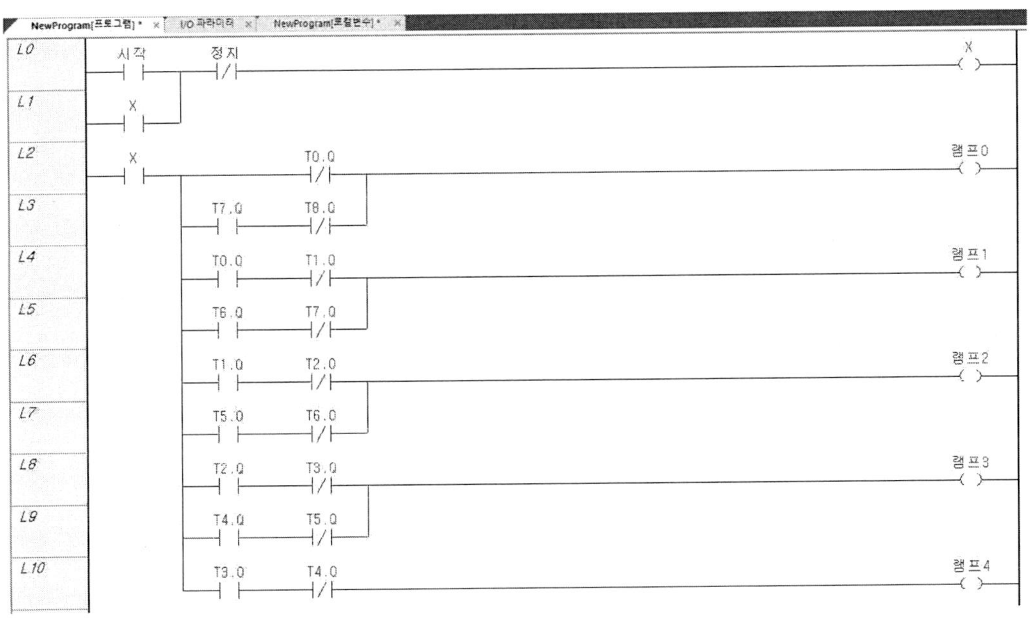

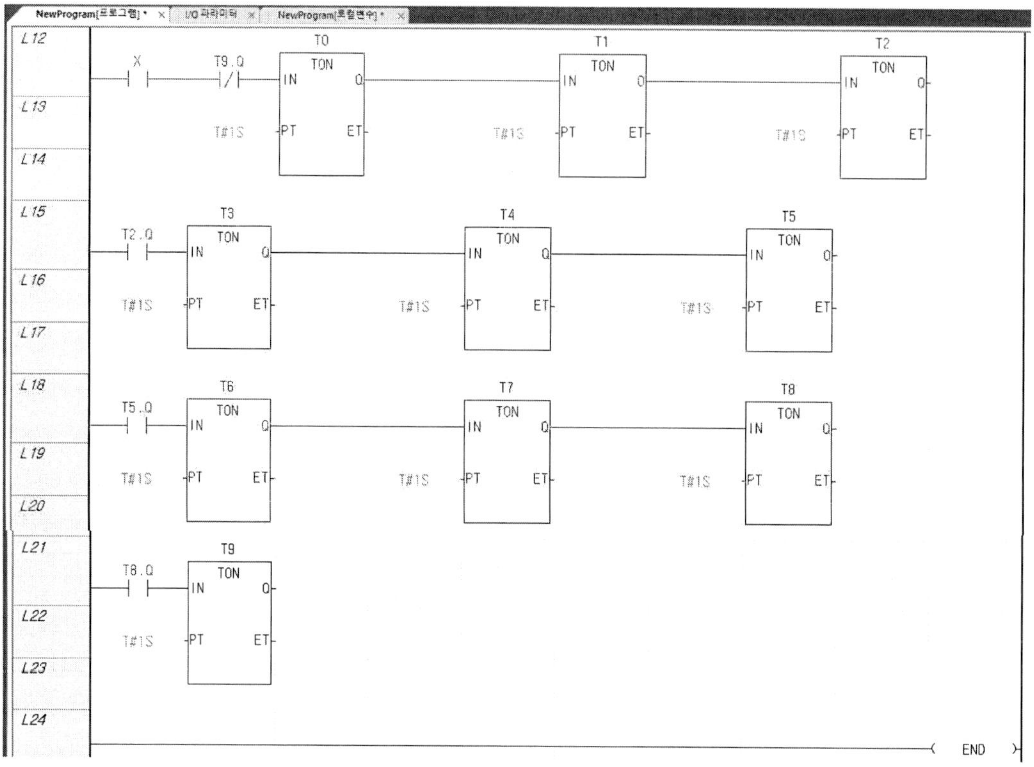

(b) 타이머응용 램프제어3 PLC 래더 프로그램

(3) 실습결과

① 프로그램을 실행시킨다.

② 시작 스위치를 눌러 램프0~램프4 그리고 램프3~램프0가 1초 간격으로 점등 후 소등되는 동작을 반복 수행하는지 확인한다.

③ 정지 스위치를 눌러 램프가 모두 소등되는지 확인한다.

10.23 타이머 응용 램프제어4 실습

(1) 실습목적

시작 스위치를 누르면 5개의 램프가 램프0 → 램프1 → 램프2 → 램프3 → 램프4 순으로 점등되고 정지 스위치를 누르면 램프4 → 램프3 → 램프2 → 램프1 → 램프0 순으로 소등되는 프로그램 작성을 통하여 타이머의 동작을 이해하고 응용능력을 향상한다.

• 동작

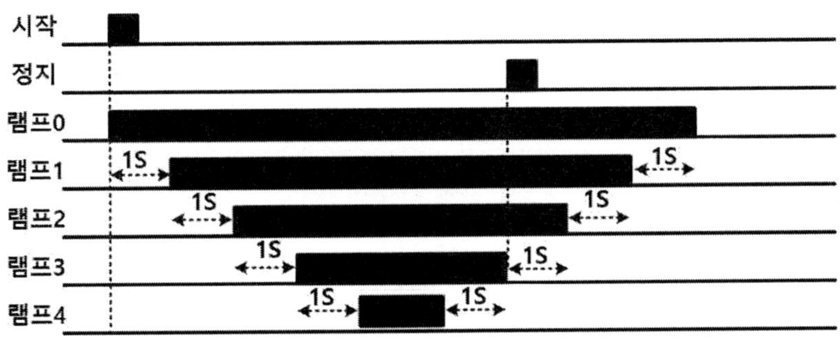

타이밍도

(2) 실습순서

① 입출력 지정표를 작성한다.

구분	간접변수명	지정된 입출력 포트	비고
입력	시작	%IX0.0.0	푸시버튼 스위치
	정지	%IX0.0.1	푸시버튼 스위치
출력	램프0	%QX0.2.0	출력램프
	램프1	%QX0.2.1	출력램프
	램프2	%QX0.2.2	출력램프
	램프3	%QX0.2.3	출력램프
	램프4	%QX0.2.4	출력램프

② 주어진 동작을 수행할 수 있는 래더 프로그램을 작성한다.

③ 입출력 지정표와 래더 프로그램을 보고 PLC 결선도를 작성한다.

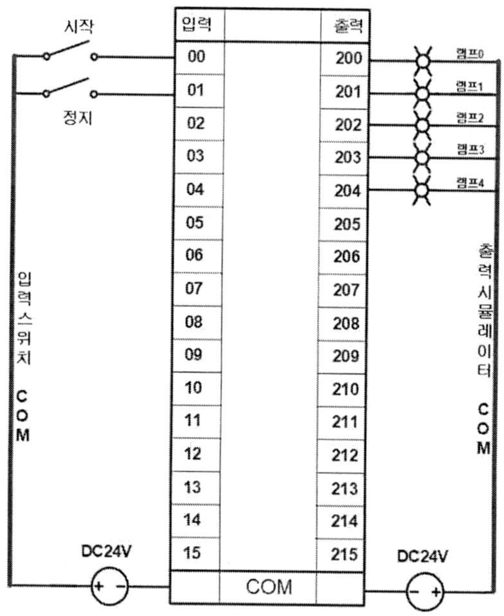

PLC 결선도

④ PLC 결선도를 이용하여 트레이닝 키트의 입출력 장치를 연결한다.

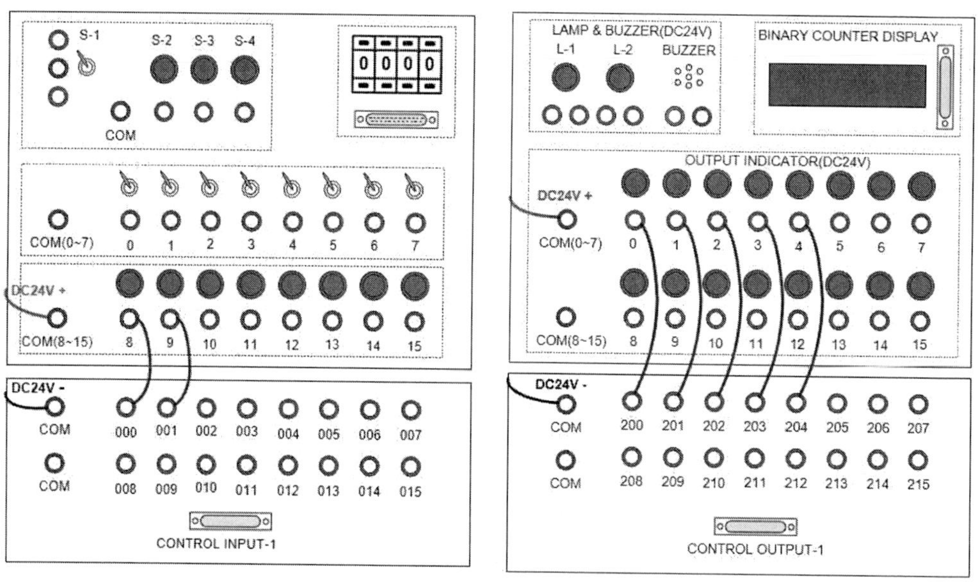

(a) 입력장치 결선도

(b) 출력장치 결선도

⑤ XG5000 프로그램에서 변수목록을 작성하고 프로그램을 입력한다.

	변수 종류	변수	타입	메모리 할당	초기값	리테인	사용 유무	EIP/OPC UA	HMI	설명문
1	VAR	RESET	TP			☐	☑	☐	☐	
2	VAR	T1	TON			☐	☑	☐	☐	
3	VAR	T2	TON			☐	☑	☐	☐	
4	VAR	T3	TON			☐	☑	☐	☐	
5	VAR	T4	TON			☐	☑	☐	☐	
6	VAR	T5	TON			☐	☑	☐	☐	
7	VAR	T6	TON			☐	☑	☐	☐	
8	VAR	T7	TON			☐	☑	☐	☐	
9	VAR	T8	TON			☐	☑	☐	☐	
10	VAR	X1	BOOL	%MX0		☐	☑	☐	☐	내부메모리
11	VAR	X2	BOOL	%MX1		☐	☑	☐	☐	내부메모리
12	VAR	램프1	BOOL	%QX0.2.0		☐	☑	☐	☐	출력램프
13	VAR	램프2	BOOL	%QX0.2.1		☐	☑	☐	☐	출력램프
14	VAR	램프3	BOOL	%QX0.2.2		☐	☑	☐	☐	출력램프
15	VAR	램프4	BOOL	%QX0.2.3		☐	☑	☐	☐	출력램프
16	VAR	램프5	BOOL	%QX0.2.4		☐	☑	☐	☐	출력램프
17	VAR	시작	BOOL	%IX0.0.0		☐	☐	☐	☐	푸시버튼 스위치
18	VAR	정지	BOOL	%IX0.0.1		☐	☑	☐	☐	푸시버튼 스위치

(a) 변수목록

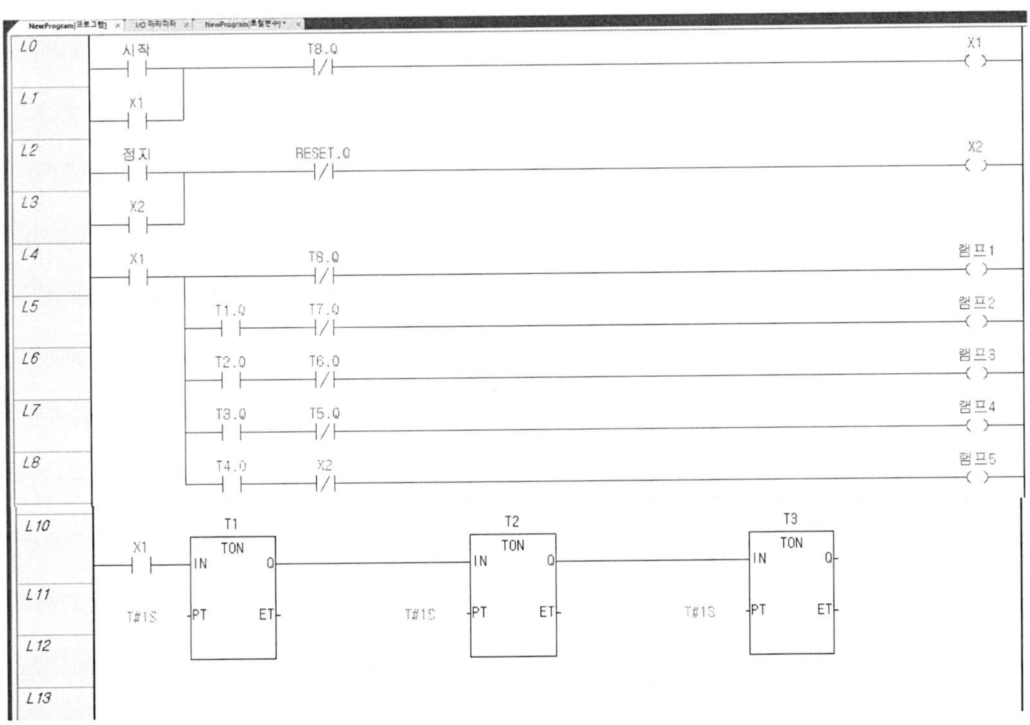

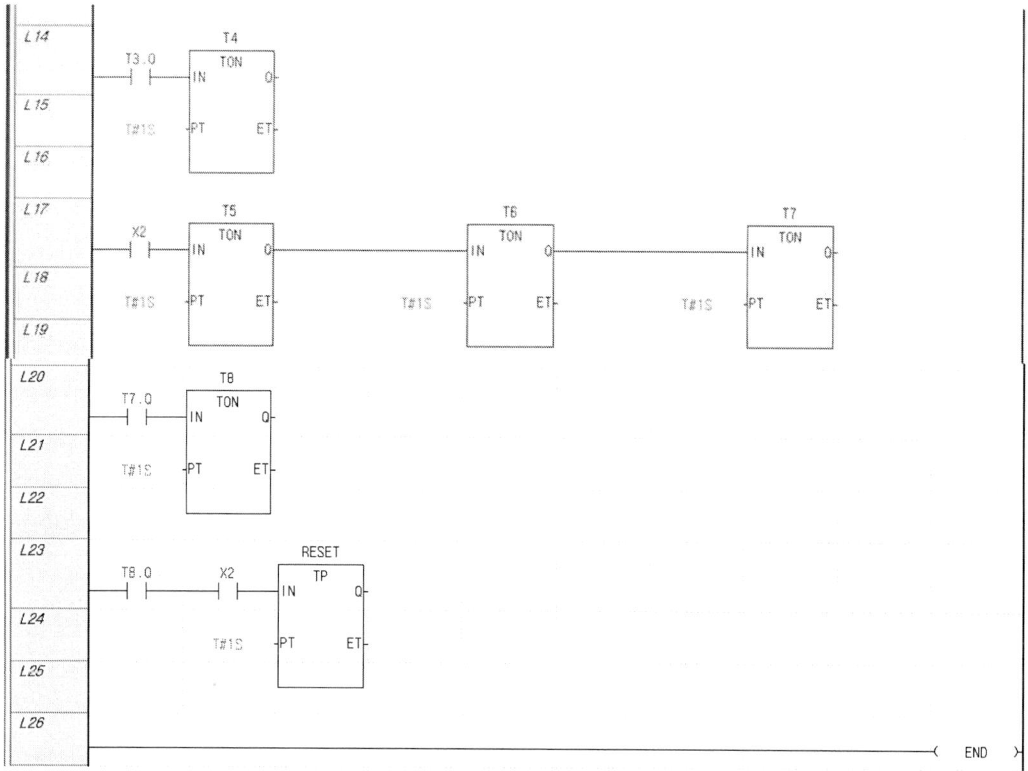

(b) 타이머응용 램프제어4 PLC 래더 프로그램

(3) 실습결과

① 프로그램을 실행시킨다.

② 시작 스위치를 눌러 1초 간격으로 램프0 → 램프1 → 램프2 → 램프3 → 램프4 순으로 점등되고 정지 스위치를 누르면 램프4 → 램프3 → 램프2 → 램프1 → 램프0 순으로 소등되는 동작을 수행하는지 확인한다.

10.24 타이머 응용 램프제어5 실습

(1) 실습목적

시작 스위치를 누르면 5개의 램프가 램프0 → 램프1 → 램프2 → 램프3 → 램프4 순으로 점등되고 정지스위치를 누르면 램프가 램프0 → 램프1 → 램프2 → 램프3 → 램프4 순으로 소등되는 프로그램 작성을 통하여 타이머의 동작을 이해하고 응용능력을 향상한다.

- 동작

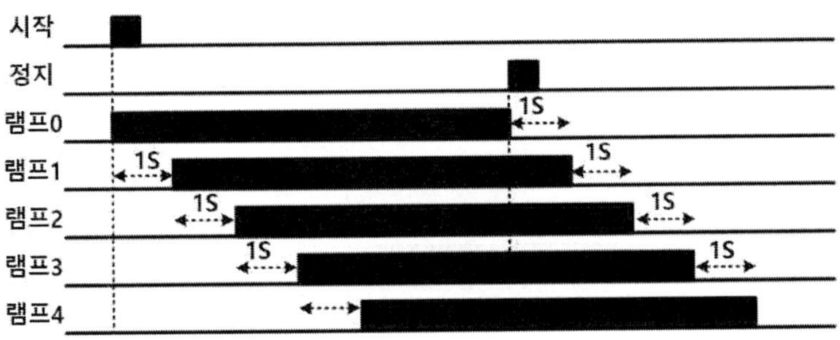

타이밍도

(2) 실습순서

① 입출력 지정표를 작성한다.

구분	간접변수명	지정된 입출력 포트	비고
입력	시작	%IX0.0.0	푸시버튼 스위치
	정지	%IX0.0.1	푸시버튼 스위치
출력	램프0	%QX0.2.0	출력램프
	램프1	%QX0.2.1	출력램프
	램프2	%QX0.2.2	출력램프
	램프3	%QX0.2.3	출력램프
	램프4	%QX0.2.4	출력램프

② 주어진 동작을 수행할 수 있는 래더 프로그램을 작성한다.

③ 입출력 지정표와 래더 프로그램을 보고 PLC 결선도를 작성한다.

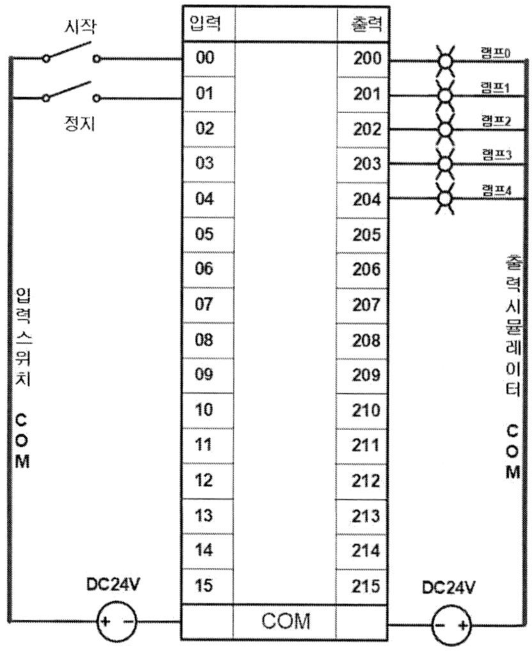

PLC 결선도

④ PLC 결선도를 이용하여 트레이닝 키트의 입출력 장치를 연결한다.

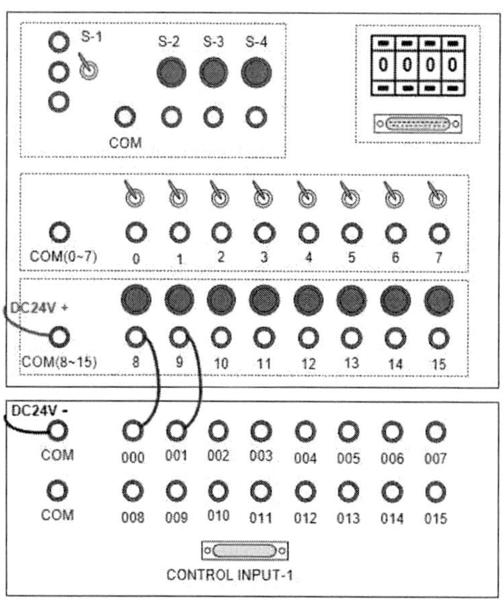

(a) 입력장치 결선도

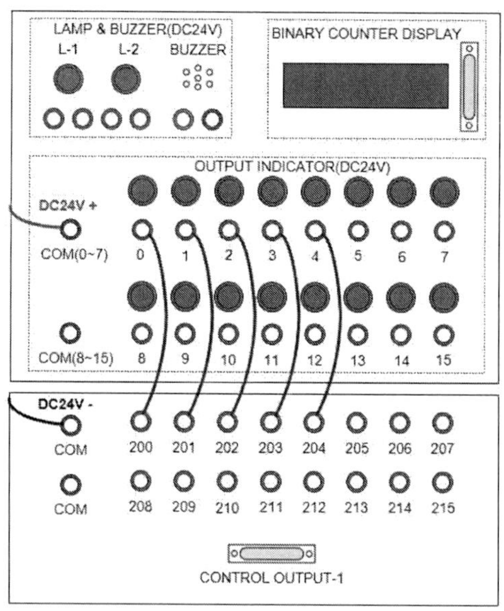

(b) 출력장치 결선도

⑤ XG5000 프로그램에서 변수목록을 작성하고 프로그램을 입력한다.

	변수 종류	변수	타입	메모리 할당	초기값	리테인	사용 유무	EIP/OPC UA	HMI	설명문
1	VAR	RESET	TP			☐	☑	☐	☐	
2	VAR	T1	TON			☐	☑	☐	☐	
3	VAR	T2	TON			☐	☑	☐	☐	
4	VAR	T3	TON			☐	☑	☐	☐	
5	VAR	T4	TON			☐	☑	☐	☐	
6	VAR	T5	TON			☐	☑	☐	☐	
7	VAR	T6	TON			☐	☑	☐	☐	
8	VAR	T7	TON			☐	☑	☐	☐	
9	VAR	T8	TON			☐	☑	☐	☐	
10	VAR	X1	BOOL	%MX0		☐	☑	☐	☐	
11	VAR	X2	BOOL	%MX1		☐	☑	☐	☐	
12	VAR	램프1	BOOL	%QX0.2.0		☐	☑	☐	☐	출력램프
13	VAR	램프2	BOOL	%QX0.2.1		☐	☑	☐	☐	출력램프
14	VAR	램프3	BOOL	%QX0.2.2		☐	☑	☐	☐	출력램프
15	VAR	램프4	BOOL	%QX0.2.3		☐	☑	☐	☐	출력램프
16	VAR	램프5	BOOL	%QX0.2.4		☐	☑	☐	☐	출력램프
17	VAR	시작	BOOL	%IX0.0.0		☐	☑	☐	☐	푸시버튼 스위치
18	VAR	정지	BOOL	%IX0.0.1		☐	☑	☐	☐	푸시버튼 스위치

(a) 변수목록

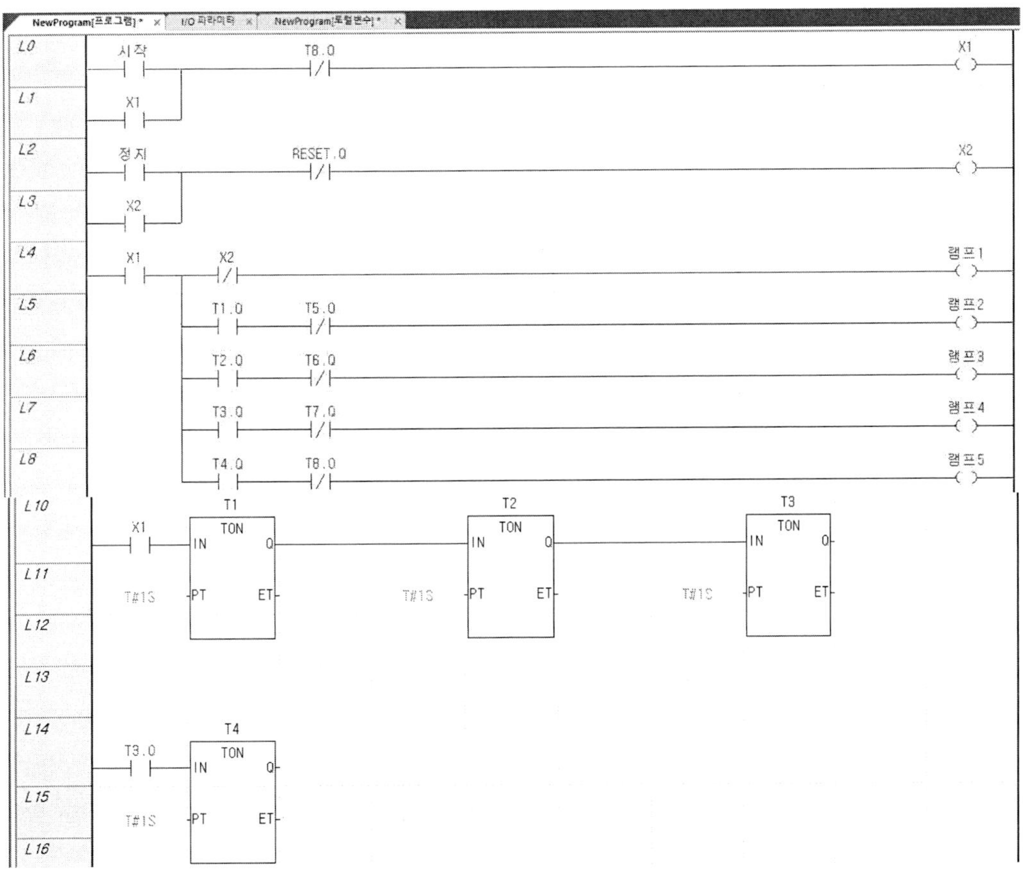

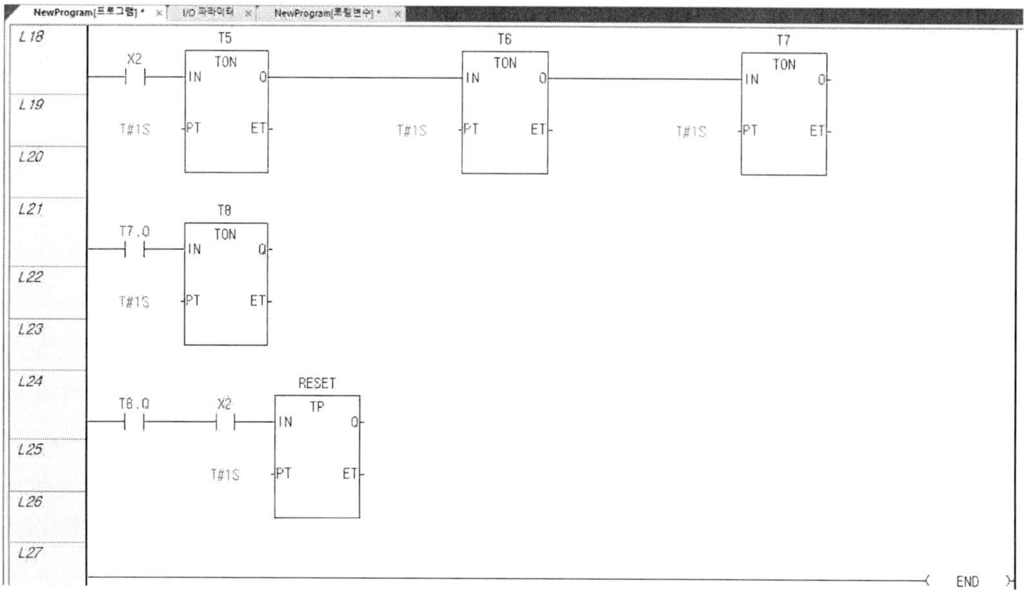

(b) 타이머 응용 램프제어5 PLC 래더 프로그램

(3) 실습결과 확인

① 프로그램을 실행시킨다.

② 시작 스위치를 눌러 1초 간격으로 램프0 → 램프1 → 램프2 → 램프3 → 램프4 순으로 점등되고 정지 스위치를 누르면 램프0 → 램프1 → 램프2 → 램프3 → 램프4 순으로 소등되는 동작을 수행하는지 확인한다.

10.25 타이머, 카운터, 비교문 응용 램프제어 실습

(1) 실습목적

타이머, 카운터, 비교문을 사용하여 다음과 같이 램프를 제어하는 PLC 래더 프로그램 작성을 통하여 타이머, 카운터, 비교문의 동작을 이해하고 응용능력을 향상한다.

• 동작

① PB1 스위치를 누를 때마다 3개의 램프가 PL1 → PL2 → PL3 순으로 점등되고 4회 눌러지면 모든 램프가 소등된다. 다시 PB1을 누르면 앞의 동작을 반복한다.

② PB2 스위치를 누르면 스위치를 누를 때마다 3개의 램프가 점등의 역순으로 소등된다.

③ PB3 스위치를 누르면 램프 PL4이 1초 간격으로 점멸되며 PB3 스위치를 다시 한번 누르면 PL4이 소등되는 동작을 반복한다. 단, 모든 동작은 입력 스위치의 상승 모서리에서 시작한다.

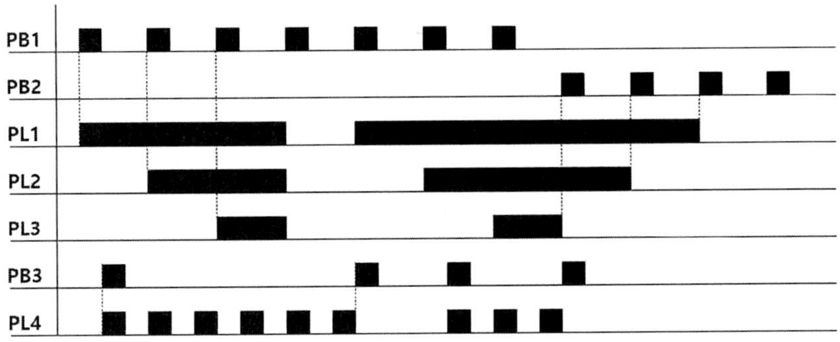

타이밍도

(2) 실습순서

① 입출력 지정표를 작성한다.

구분	간접변수명	지정된 입출력 포트	비고
입력	PB1	%IX0.0.0	푸시버튼 스위치
	PB2	%IX0.0.1	푸시버튼 스위치
	PB3	%IX0.0.2	푸시버튼 스위치
출력	PL1	%QX0.2.0	출력램프
	PL2	%QX0.2.1	출력램프
	PL3	%QX0.2.2	출력램프
	PL4	%QX0.2.3	출력램프

② 주어진 동작을 수행할 수 있는 래더 프로그램을 작성한다.

③ 입출력 지정표와 래더 프로그램을 보고 PLC 결선도를 작성한다.

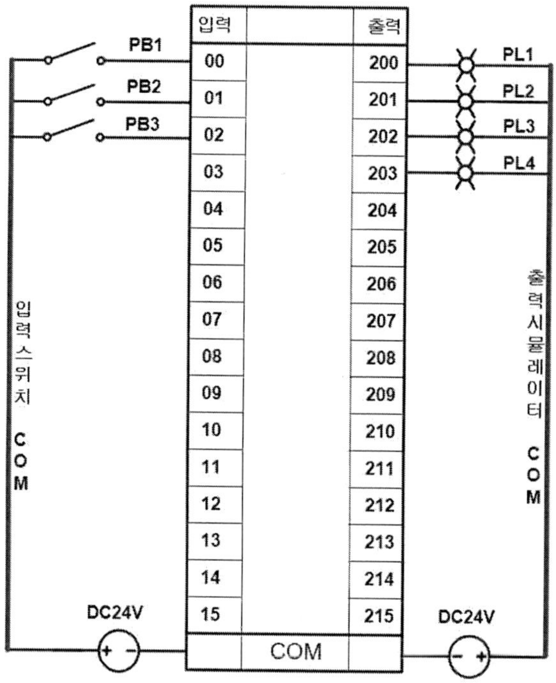

PLC 결선도

④ PLC 결선도를 이용하여 트레이닝 키트의 입출력 장치를 연결한다.

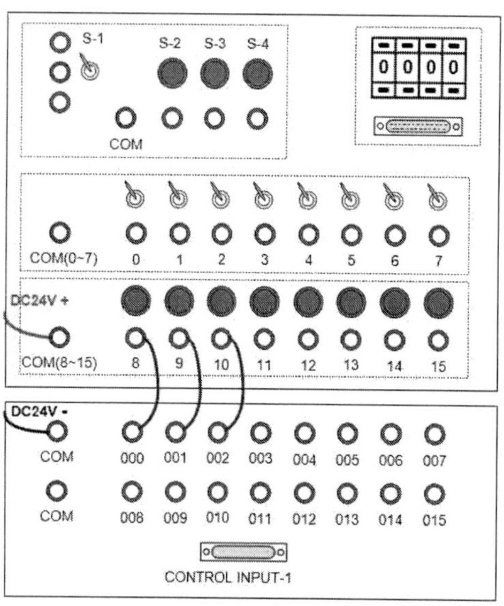

(a) 입력장치 결선도

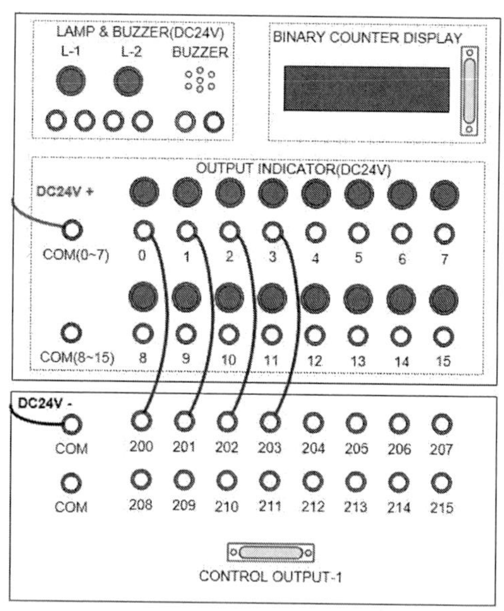

(b) 출력장치 결선도

⑤ XG5000 프로그램에서 변수목록을 작성하고 프로그램을 입력한다.

	변수 종류	변수	타입	메모리 할당	초기값	리테인	사용 유무	EIP/OPC UA	HMI	설명문
1	VAR	CTUD1	CTUD			☐	☑	☐	☐	
2	VAR	CV	INT			☐	☑	☐	☐	
3	VAR	DCNT	BOOL	%MX2		☐	☑	☐	☐	
4	VAR	DN	BOOL			☐	☑	☐	☐	
5	VAR	DN_LI	BOOL			☐	☑	☐	☐	
6	VAR	FF	BOOL	%MX11		☐	☑	☐	☐	
7	VAR	FLK	BOOL	%MX10		☐	☑	☐	☐	
8	VAR	LD	BOOL	%IX0.1.0		☐	☑	☐	☐	
9	VAR	PB1	BOOL	%IX0.0.0		☐	☑	☐	☐	
10	VAR	PB2	BOOL	%IX0.0.1		☐	☑	☐	☐	
11	VAR	PB3	BOOL	%IX0.0.2		☐	☑	☐	☐	
12	VAR	PL1	BOOL	%QX0.2.0		☐	☑	☐	☐	
13	VAR	PL2	BOOL	%QX0.2.1		☐	☑	☐	☐	
14	VAR	PL3	BOOL	%QX0.2.2		☐	☑	☐	☐	
15	VAR	PL4	BOOL	%QX0.2.3		☐	☑	☐	☐	
16	VAR	RST	BOOL	%IX0.0.3		☐	☐	☐	☐	
17	VAR	T1	TON			☐	☑	☐	☐	
18	VAR	T2	TON			☐	☑	☐	☐	
19	VAR	UCNT	BOOL	%MX1		☐	☑	☐	☐	
20	VAR	UP	BOOL			☐	☑	☐	☐	
21	VAR	UP_LI	BOOL			☐	☑	☐	☐	

(a) 변수목록

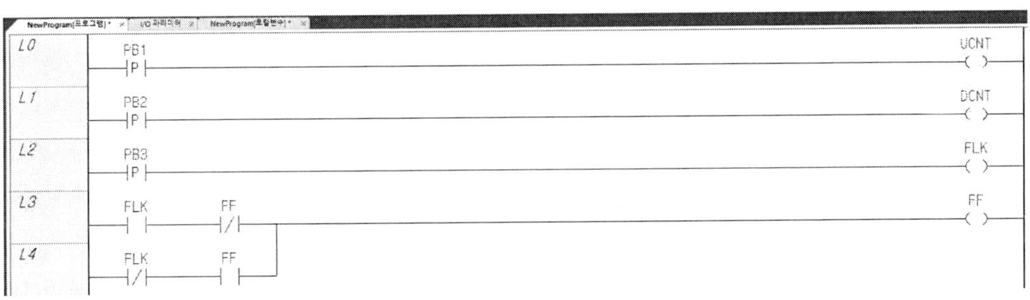

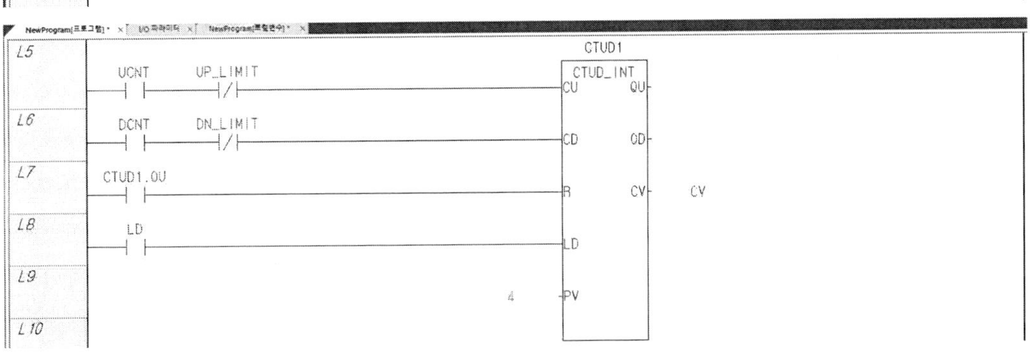

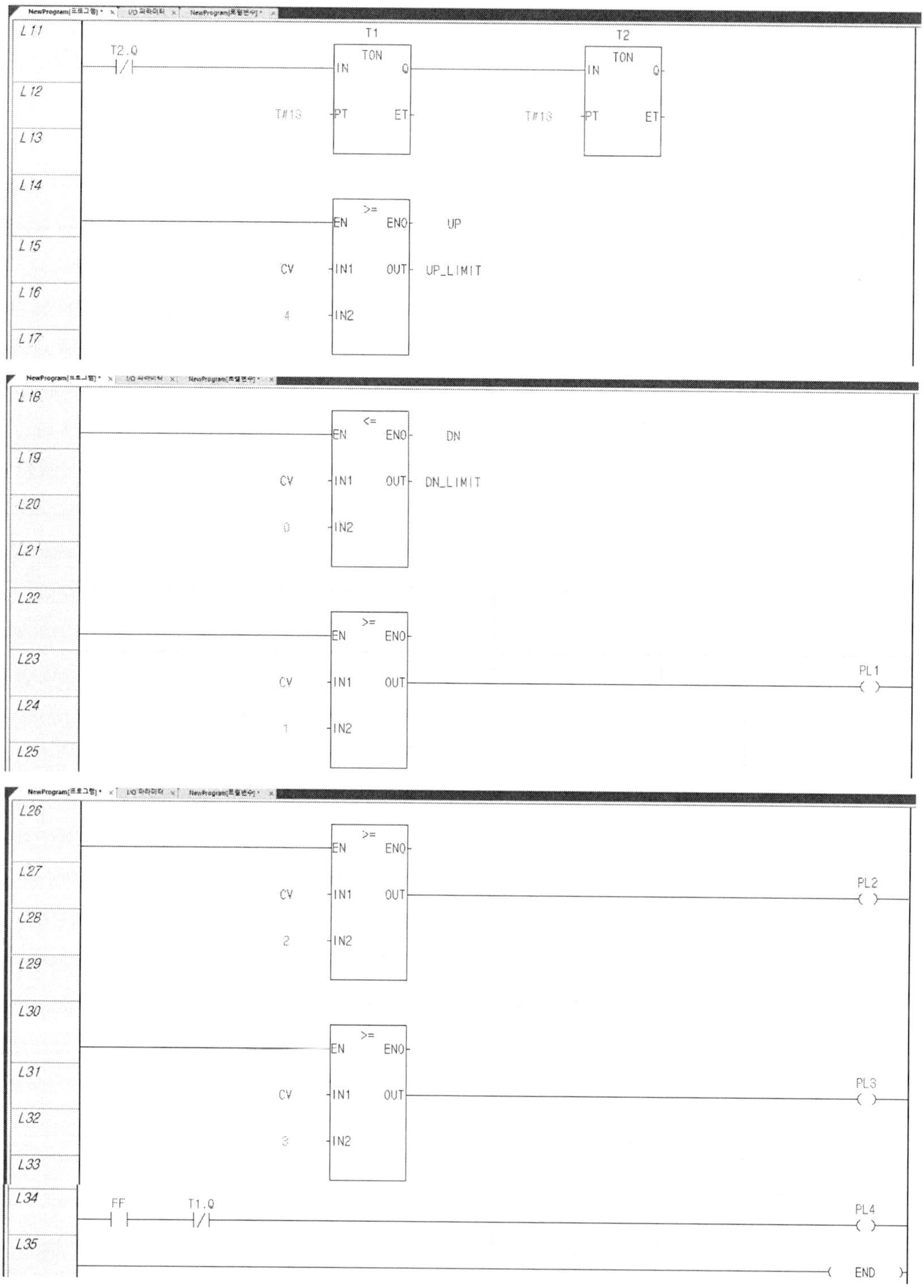

타이머. 카운터. 비교문 응용 램프제어 PLC 래더 프로그램

(3) 실습결과

① 프로그램을 실행시킨다.

② PB1 스위치를 누를 때마다 3개의 램프가 PL1 → PL2 → PL3 순으로 점등되고 4회 눌러지면 모든 램프가 소등된 후 다시 PB1을 누르면 앞의 동작을 반복하는지 확인한다.

③ PB2 스위치를 누르면 스위치를 누를 때마다 3개의 램프가 점등의 역순으로 소등되는 동작을 수행하는지 확인한다.

④ PB3 스위치를 누르면 램프 PL4이 1초 간격으로 점멸되며 PB3 스위치를 다시 한번 누르면 PL4이 소등되는 동작을 반복 수행하는지 확인한다.

⑤ 모든 동작이 입력 스위치의 상승 모서리에서 시작하는지 확인한다.

10.26 BCD 표시장치 응용 실습

(1) 실습목적

PLC 실습장치의 출력모듈에 있는 BCD 디스플레이 장치를 사용하여 특정한 값을 디스플레이 시키는 동작을 하는 프로그램 작성을 통하여 펑션블록의 동작을 이해한다.

• 동작

스위치1을 누를 때마다 BCD 표시장치의 숫자가 1부터 99까지 1씩 증가하고, 99보다 커지면 0이 된다. 스위치2를 누르면 BCD 표시장치의 숫자가 1부터 99까지 1초 간격으로 자동으로 증가한다. 그리고 스위치3을 누르면 BCD 표시장치의 숫자가 초기화되어 0이 된다.

(2) 실습순서

① 입출력 지정표를 작성한다.

구분	간접변수명	지정된 입출력 포트	비고
입력	스위치1	%IX0.0.0	푸시버튼 스위치
	스위치2	%IX0.0.1	푸시버튼 스위치
	스위치3	%IX0.0.2	푸시버튼 스위치
출력	BCD출력	%QW0.2.0	BCD 디스플레이

② 주어진 동작을 수행할 수 있는 래더 프로그램을 작성한다.

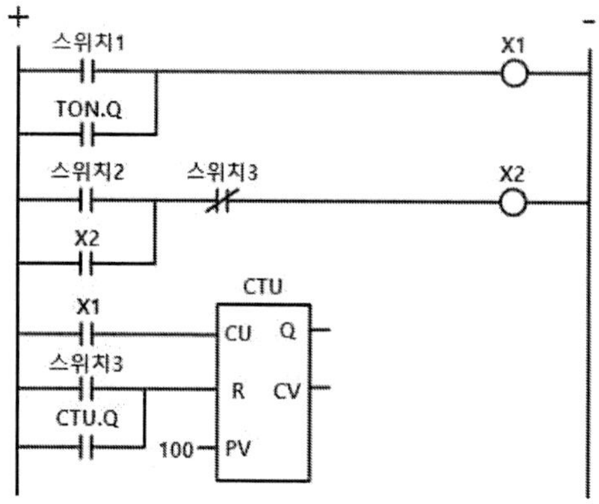

래더 프로그램(1)

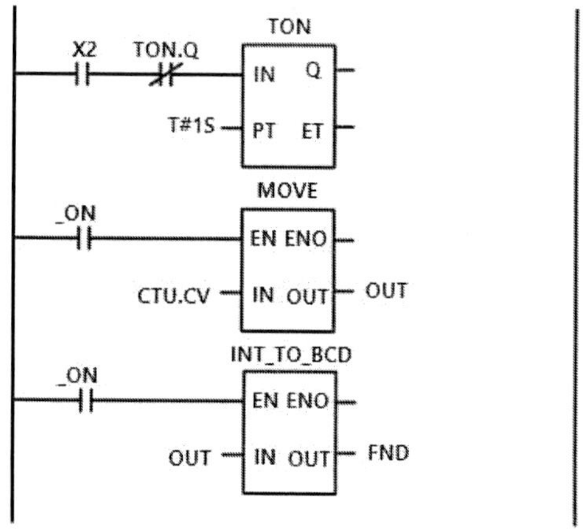

래더 프로그램(2)

③ 입출력 지정표와 래더 프로그램을 보고 PLC 결선도를 작성한다.

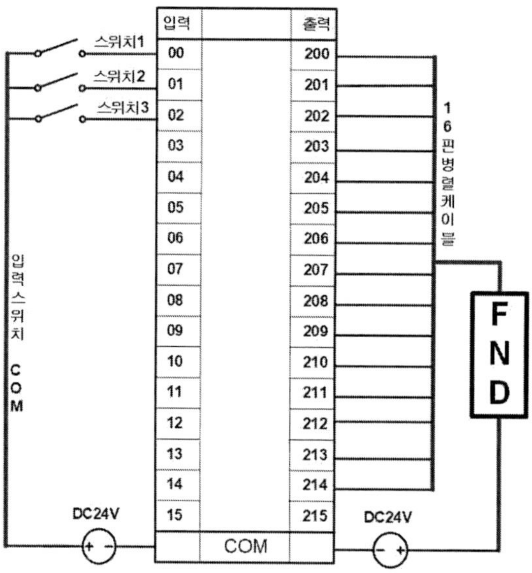

PLC 결선도

④ PLC 결선도를 이용하여 트레이닝 키트의 입출력 장치를 연결한다.

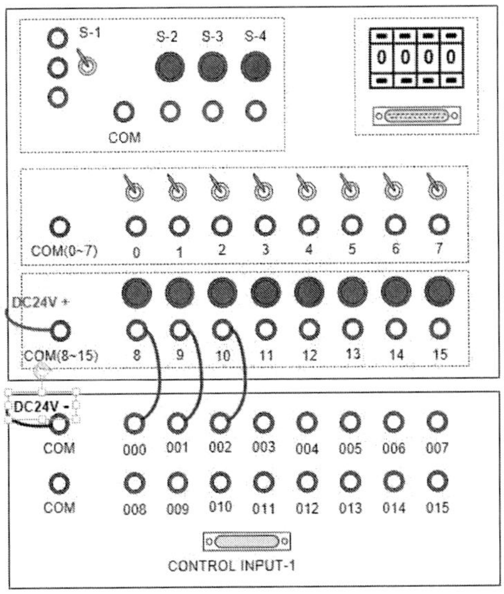

(a) 입력장치 결선도

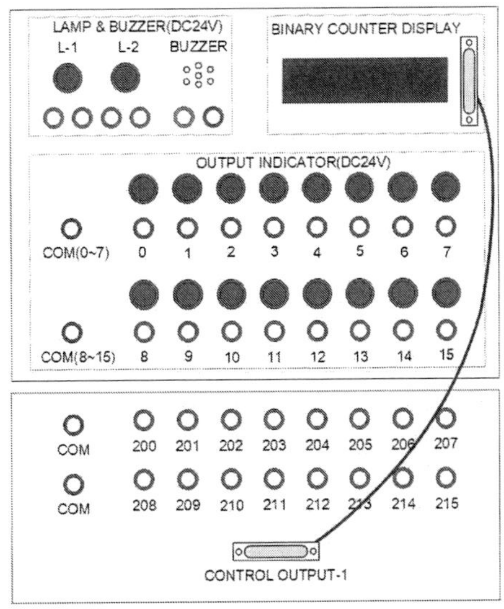

(b) 출력장치 결선도

⑤ XG5000 프로그램에서 변수목록을 작성하고 프로그램을 입력한다.

	변수 종류	변수	타입	메모리 할당	초기값	리테인	사용 유무	EIP/OPC UA	HMI	설명문
1	VAR	CTU	CTU_INT			☐	☑	☐	☐	
2	VAR	FND	WORD	%QW0.2.0		☐	☑	☐	☐	
3	VAR	OUT	INT			☐	☑	☐	☐	
4	VAR	TON	TON			☐	☑	☐	☐	
5	VAR	X1	BOOL	%MX0		☐	☑	☐	☐	내부메모리
6	VAR	X2	BOOL	%MX1		☐	☑	☐	☐	내부메모리
7	VAR	스위치1	BOOL	%IX0.0.0		☐	☑	☐	☐	푸시버튼 스위치
8	VAR	스위치2	BOOL	%IX0.0.1		☐	☑	☐	☐	푸시버튼 스위치
9	VAR	스위치3	BOOL	%IX0.0.2		☐	☑	☐	☐	푸시버튼 스위치

(a) 변수목록

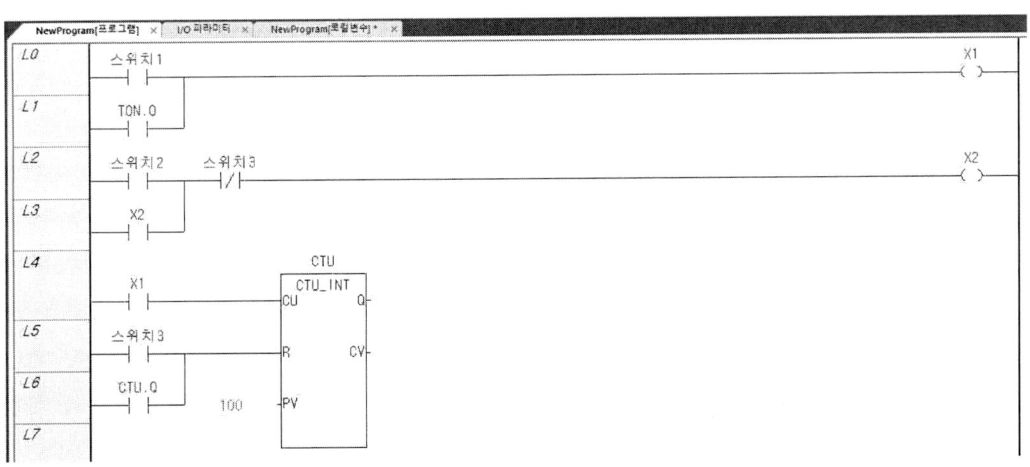

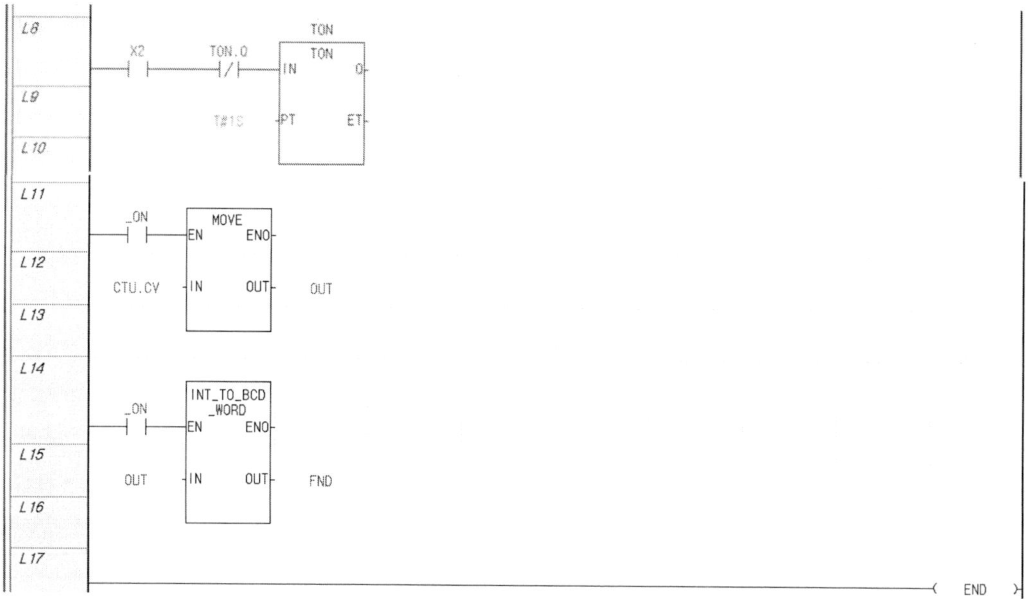

(b) BCD 표시장치 응용 PLC 래더 프로그램

(3) 실습결과

① 프로그램을 실행시킨다.

② 스위치1을 누를 때마다 BCD 표시장치의 숫자가 1부터 99까지 1씩 증가하고 99보다 커지면 0이 되는지 확인한다,

③ 스위치2를 누르면 BCD 표시장치의 숫자가 1부터 99까지 1초 간격으로 자동으로 증가하는지 확인한다.

④ 스위치3을 누르면 BCD 표시장치의 숫자가 초기화되어 0이 되는지 확인한다.

10.27 7 세그먼트 표시장치 응용 실습

(1) 실습목적

7세그먼트 표시장치에 특정한 값을 디스플레이 시키는 동작을 하는 프로그램 작성을 통하여 펑션블록의 동작을 이해한다.

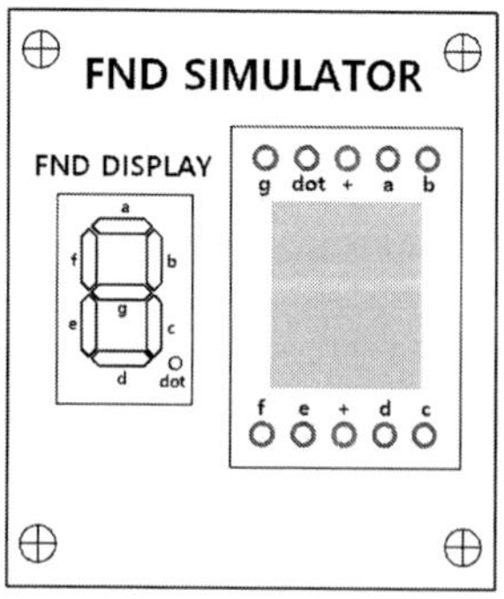

FND 시뮬레이터

- 동작

① 스위치1을 누르면 스위치를 누를 때마다 7세그먼트 표시장치의 숫자가 1부터 9까지 1씩 증가하고, 9보다 커지면 0이 된다.

② 스위치2를 누르면 7세그먼트 표시장치의 숫자가 1부터 9까지 1초 간격으로 자동으로 증가한다.

③ 스위치3을 누르면 7세그먼트 표시장치의 숫자가 초기화되어 0이 된다.

- FND의 숫자(0~9)코드 생성

비트	7	6	5	4	3	2	1	0
FND	dot	g	f	e	d	c	b	a
이진코드	0	0	1	1	1	1	1	1
16진코드	0x3f					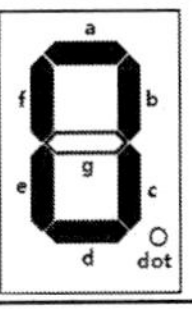		

비트	7	6	5	4	3	2	1	0
FND	dot	g	f	e	d	c	b	a
이진코드	0	0	0	0	0	1	1	0
16진코드	0x06					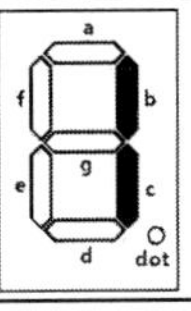		

비트	7	6	5	4	3	2	1	0
FND	dot	g	f	e	d	c	b	a
이진코드	0	1	0	1	1	0	1	1
16진코드	0x5B					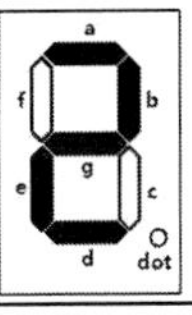		

비트	7	6	5	4	3	2	1	0
FND	dot	g	f	e	d	c	b	a
이진코드	0	1	0	0	1	1	1	1
16진코드	0x4f					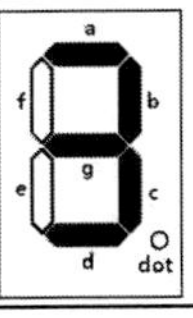		

비트	7	6	5	4	3	2	1	0
FND	dot	g	f	e	d	c	b	a
이진코드	0	1	1	0	0	1	1	0
16진코드	0x66					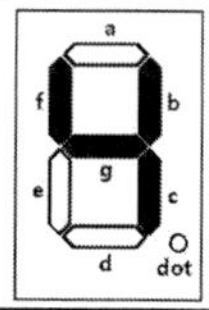		

비트	7	6	5	4	3	2	1	0
FND	dot	g	f	e	d	c	b	a
이진코드	0	1	1	0	1	1	0	1
16진코드	0x6d					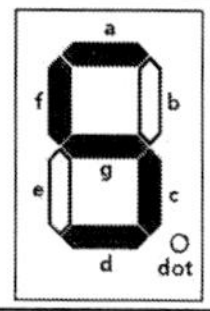		

비트	7	6	5	4	3	2	1	0
FND	dot	g	f	e	d	c	b	a
이진코드	0	1	1	1	1	1	0	1
16진코드	0xfd					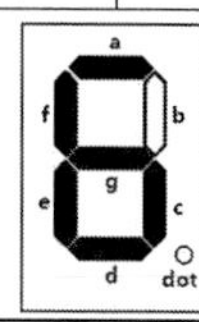		

비트	7	6	5	4	3	2	1	0
FND	dot	g	f	e	d	c	b	a
이진코드	0	0	0	0	0	1	1	1
16진코드	0x07					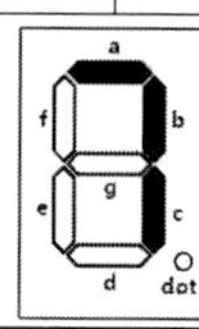		

비트	7	6	5	4	3	2	1	0
FND	dot	g	f	e	d	c	b	a
이진코드	0	1	1	1	1	1	1	1
16진코드	0x7f					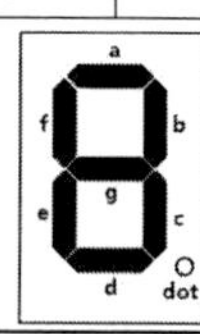		

비트	7	6	5	4	3	2	1	0
FND	dot	g	f	e	d	c	b	a
이진코드	0	1	1	0	1	1	1	1
16진코드	0x6f					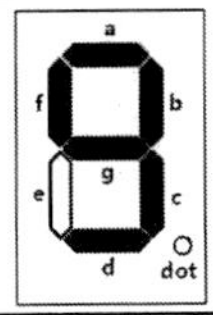		

(2) 실습순서

① 입출력 지정표를 작성한다.

구분	간접변수명	지정된 입출력 포트	비고
입력	스위치1	%IX0.0.0	푸시버튼 스위치
	스위치2	%IX0.0.1	푸시버튼 스위치
	스위치3	%IX0.0.2	푸시버튼 스위치
출력	FND_a	%QX0.2.0	7세그먼트
	FND_b	%QX0.2.1	7세그먼트
	FND_c	%QX0.2.2	7세그먼트
	FND_d	%QX0.2.3	7세그먼트
	FND_e	%QX0.2.4	7세그먼트
	FND_f	%QX0.2.5	7세그먼트
	FND_g	%QX0.2.6	7세그먼트
	FND_dot	%QX0.2.7	7세그먼트

② 주어진 동작을 수행할 수 있는 래더 프로그램을 작성한다.

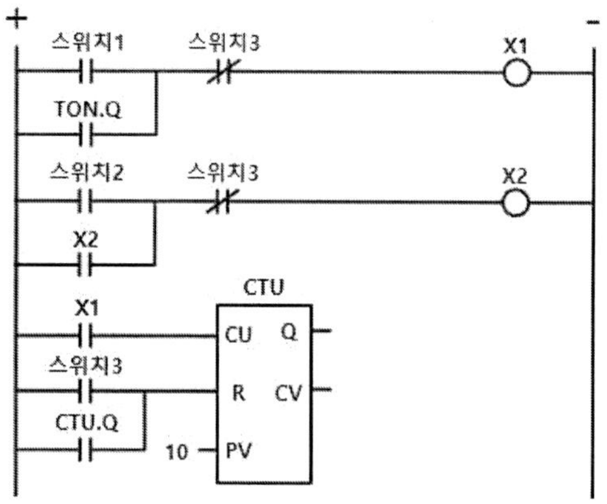

래더 프로그램(1)

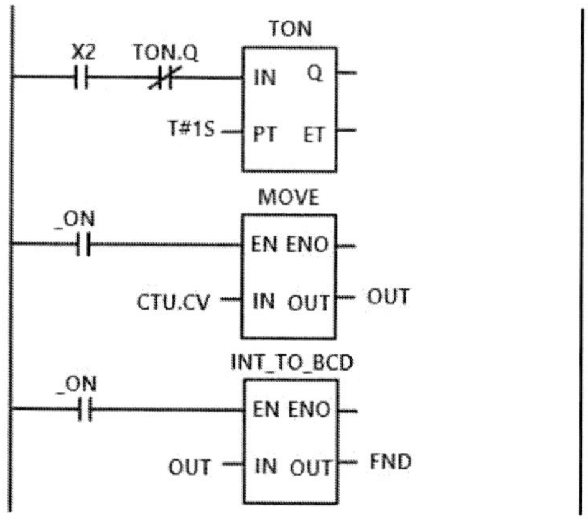

래더 프로그램(2)

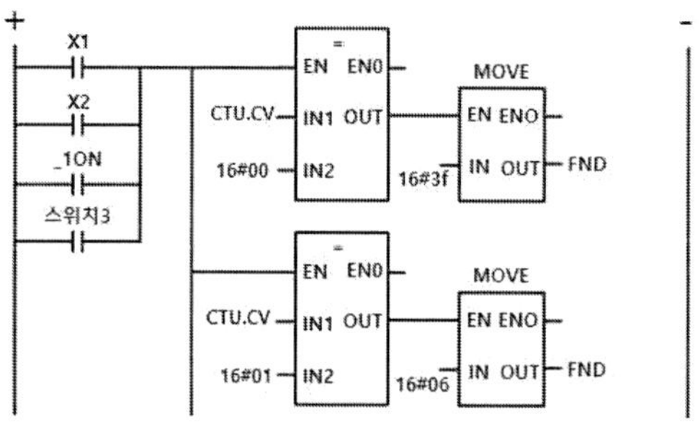

래더 프로그램(3)

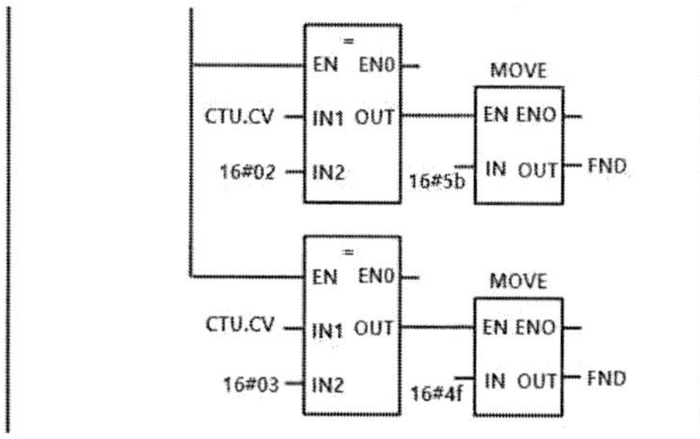

래더 프로그램(4)

③ 입출력 지정표와 래더 프로그램을 보고 PLC 결선도를 작성한다.

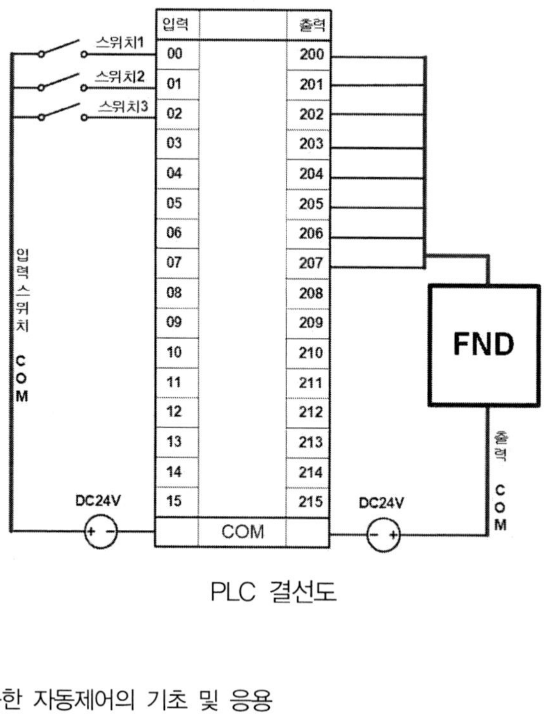

PLC 결선도

④ PLC 결선도를 이용하여 트레이닝 키트의 입출력 장치를 연결한다.

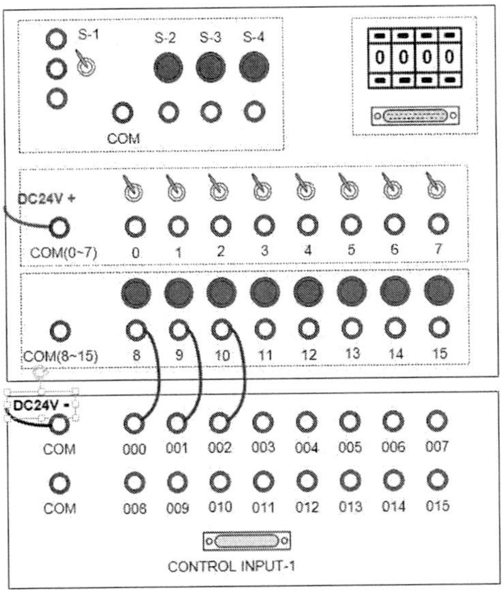

(a) 입력장치 결선도

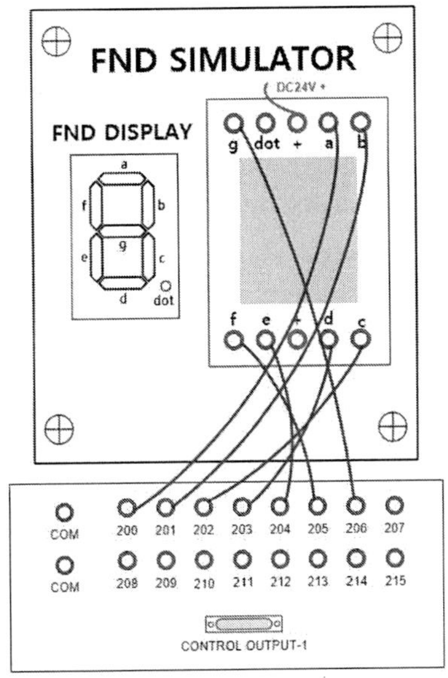

(b) 출력장치 결선도

⑤ XG5000 프로그램에서 변수목록을 작성하고 프로그램을 입력한다.

NewProgram[프로그램] × I/O 파라미터 × NewProgram[로컬변수] ×

	변수 종류	변수	타입	메모리 할당	초기값	리테인	사용 유무	EIP/OPC UA	HMI	설명문
1	VAR	CTU	CTU_INT			☐	☑	☐	☐	
2	VAR	FND	WORD	%QW0.2.0		☐	☑	☐	☐	
3	VAR	OUT	INT			☐	☐	☐	☐	
4	VAR	TON	TON			☐	☑	☐	☐	
5	VAR	X1	BOOL	%MX0		☐	☑	☐	☐	내부메모리
6	VAR	X2	BOOL	%MX1		☐	☑	☐	☐	내부메모리
7	VAR	스위치1	BOOL	%IX0.0.0		☐	☑	☐	☐	푸시버튼 스위치
8	VAR	스위치2	BOOL	%IX0.0.1		☐	☑	☐	☐	푸시버튼 스위치
9	VAR	스위치3	BOOL	%IX0.0.2		☐	☑	☐	☐	푸시버튼 스위치

(a) 변수목록

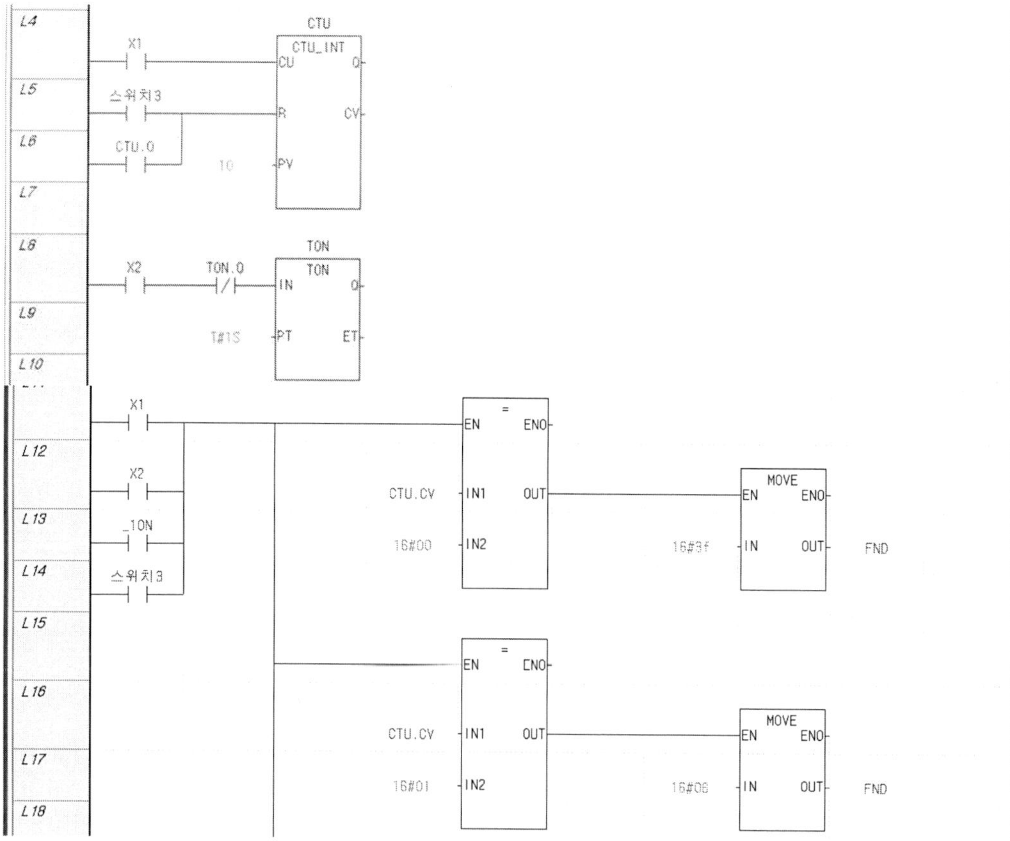
L4
L5
L6
L7
L8
L9
L10
L12
L13
L14
L15
L16
L17
L18
CTU
CTU_INT
X1
스위치3
CTU.Q
10
CU
R
PV
Q
CV
TON
X2
TON.Q
IN
PT
ET
T#1S
_10N
EN
ENO
IN1
IN2
OUT
CTU.CV
16#00
16#01
MOVE
16#3f
16#06
FND

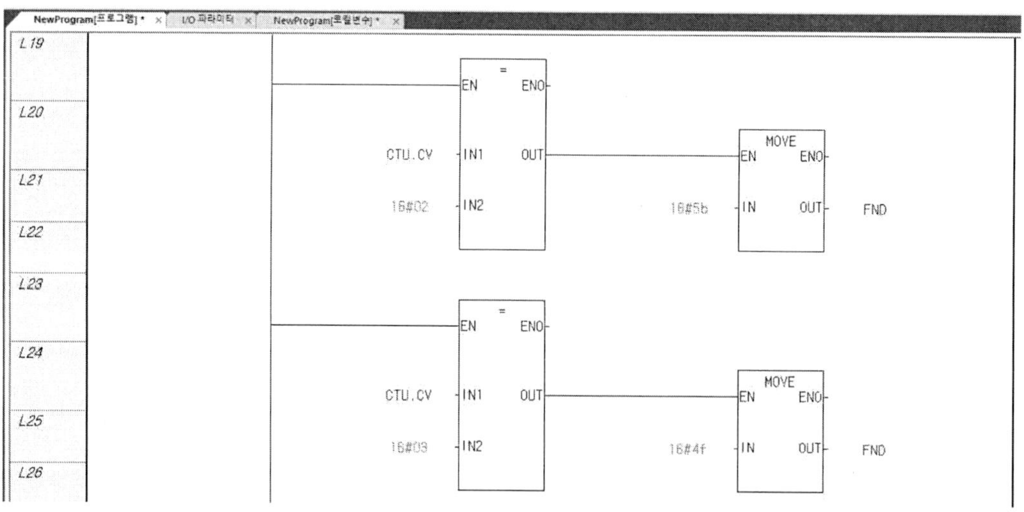
NewProgram[프로그램] *
I/O 파라미터
NewProgram[로컬변수] *
L19
L20
L21
L22
L23
L24
L25
L26
EN
ENO
CTU.CV
IN1
IN2
OUT
16#02
16#03
MOVE
IN
16#5b
16#4f
FND

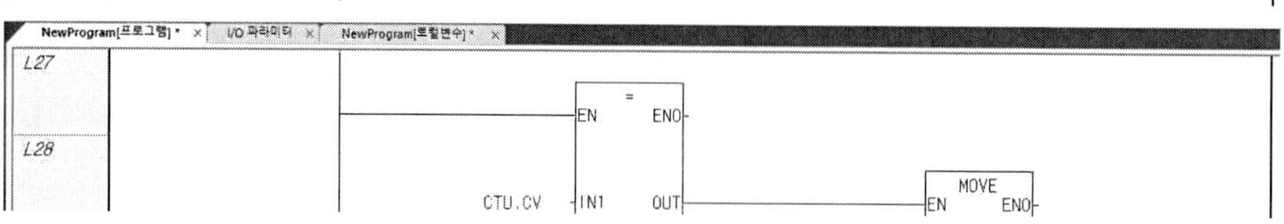
NewProgram[프로그램] *
I/O 파라미터
NewProgram[로컬변수] *
L27
L28
EN
ENO
CTU.CV
IN1
OUT
MOVE

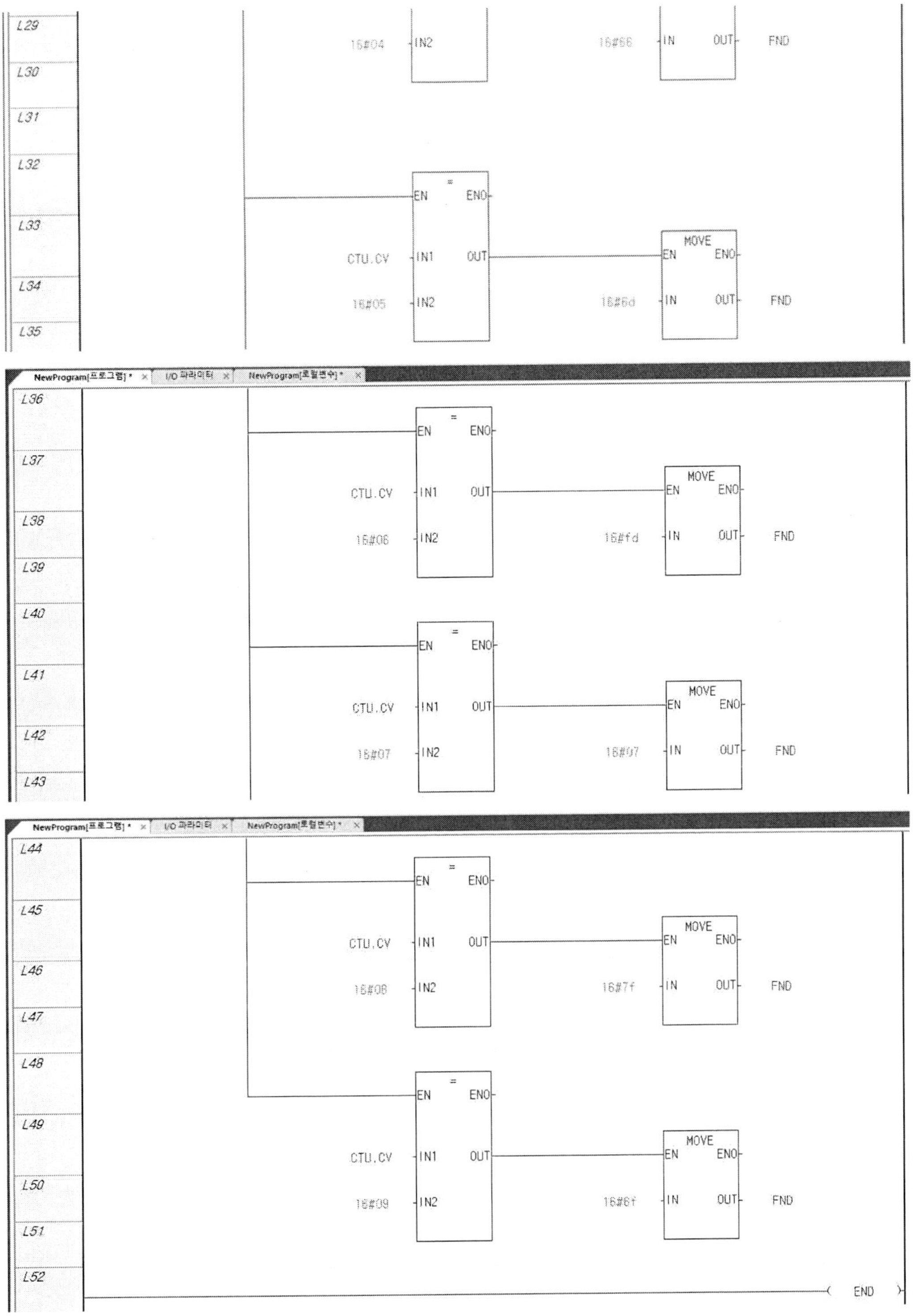

(b) 7 세그먼트 표시장치 응용 PLC 래더 프로그램

(3) 실습결과

① 프로그램을 실행시킨다.

② 스위치1을 누를 때마다 BCD 표시장치의 숫자가 1부터 99까지 1씩 증가하고 99보다 커지면 0이 되는지 확인한다,

③ 스위치2를 누르면 BCD 표시장치의 숫자가 1부터 99까지 1초 간격으로 자동으로 증가하는지 확인한다.

④ 스위치3을 누르면 BCD 표시장치의 숫자가 초기화되어 0이 되는지 확인한다.

10.28 스핀들 구동장치 응용 실습

(1) 실습목적

스핀들 모터와 위치검출장치를 이용한 전동기 위치제어 동작을 하는 프로그램 작성을 통하여 펑션블록의 동작을 이해한다.

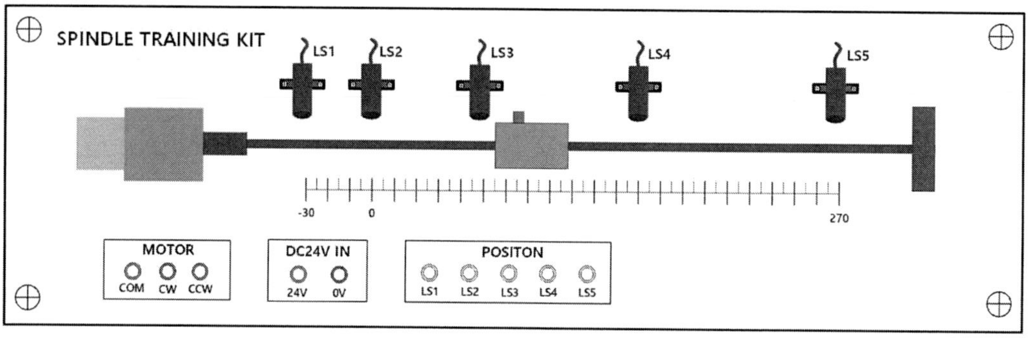

스핀들 모터 실습장치

• 동작1

어떤 제품을 공정별로 순서에 의해 작업을 수행할 때 공정 D → 공정 C → 공정 B → 공정 A의 순서이며, 각 공정마다 작업이 완료되면 작업완료 SW를 눌러 다음 공정으로 이동시킨다. 이때 전동기가 공정 D로 향할 때는 정회전, 공정 A, B, C로 향할 때는 역회전으로 한다.

① 시작 스위치를 누르면 전동기는 역회전(단, LS5가 검출되면 정회전)하여 공정 D로 이동하며 근접센서 LS4가 검출되면 공작물의 공정 D가 수행된다.

② 공정 D 작업이 완료되면 작업완료 스위치를 ON 한다. 모터는 정회전을 시작하며 공정 C로 이동한다. 그리고 감지센서 LS3가 검출되면 공정 C가 수행된다.

③ 공정 C가 완료되면 작업완료 스위치를 ON한다. 전동기는 정회전하여 공정 B단계로 이동하고 센서 LS2가 검출되면 공정 B가 수행된다.

④ 공정B가 완료되면 작업완료 스위치를 ON한다. 전동기는 정회전하여 공정 A로 이동한다. 그리고 센서 LS1이 검출되면 공정 A가 수행된다.

⑤ 작업완료 스위치를 눌러 모든 공정작업이 완료되면 다시 처음부터 공정작업(D → C → B → A)을 진행하고 작업진행 중 정지 스위치를 ON하면 작업이 현재 상태에서 정지된다. 다시 정지스위치를 OFF하면 작업을 계속 진행한다.

⑥ 작업 중 비상 스위치를 ON하면 모든 작업, 모든 램프가 소등된다. 각 공정에서 작업중인 동안에는 그 작업대의 램프가 점등되고 작업이 종료되면 소등된다.

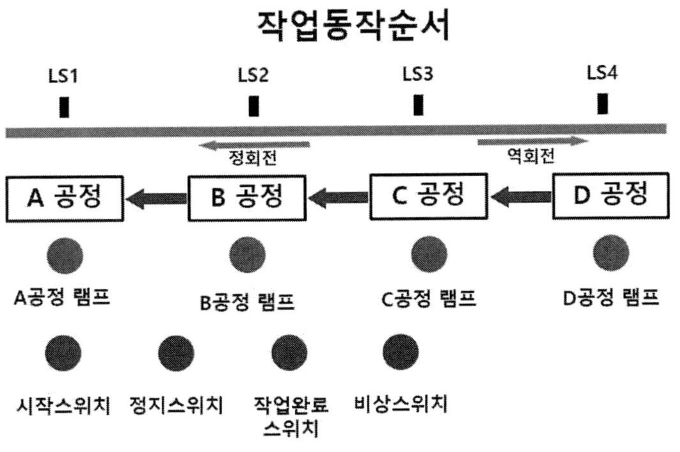

작업동작순서도

(2) 실습순서

① 입출력 지정표를 작성한다.

구분	간접변수명	지정된 입출력 포트	비고
입력	시작	%IX0.0.0	푸시버튼 스위치
	정지	%IX0.0.1	푸시버튼 스위치
	작업완료	%IX0.0.2	푸시버튼 스위치
	비상	%IX0.0.3	푸시버튼 스위치
	센서1	%IX0.1.0	LS1
	센서2	%IX0.1.1	LS2
	센서3	%IX0.1.2	LS3
	센서4	%IX0.1.3	LS4
	센서5	%IX0.1.4	LS5
출력	A작업중램프	%QX0.3.0	PLIOT 램프
	B작업중램프	%QX0.3.1	PLIOT 램프
	C작업중램프	%QX0.3.2	PLIOT 램프
	D작업중램프	%QX0.3.3	PLIOT 램프
	A작업	%QX0.2.8	작업구동
	B작업	%QX0.2.9	작업구동
	C작업	%QX0.2.10	작업구동
	D작업	%QX0.2.11	작업구동
	정회전	%QX0.2.0	구동 전동기
	역회전	%QX0.2.1	구동 전동기

② 주어진 동작을 수행할 수 있는 래더 프로그램을 작성한다.

③ 입출력 지정표와 래더 프로그램을 보고 PLC 결선도를 작성한다.

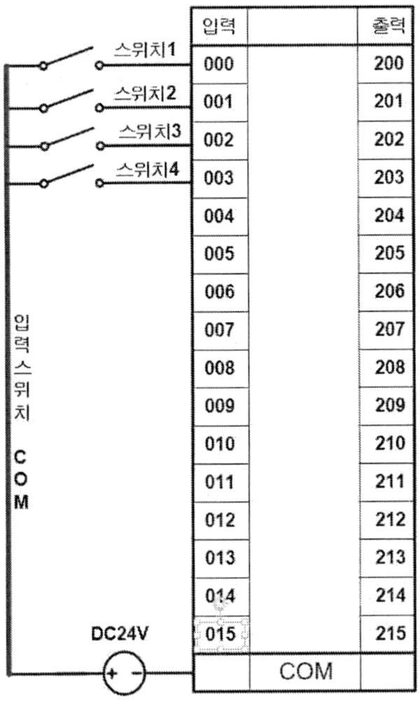

(a) PLC 결선도(스위치)

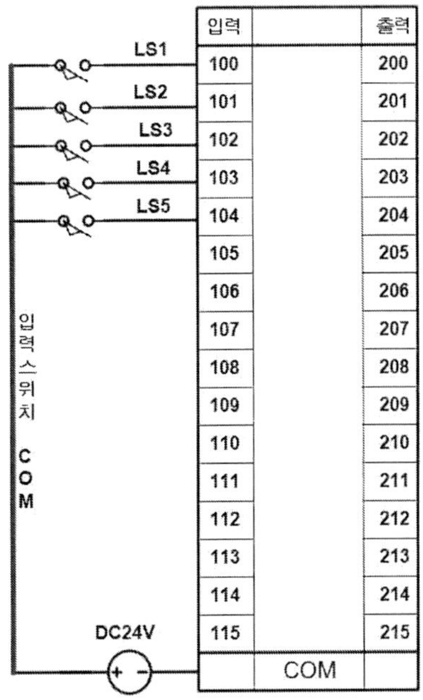

(b) PLC 결선도(센서)

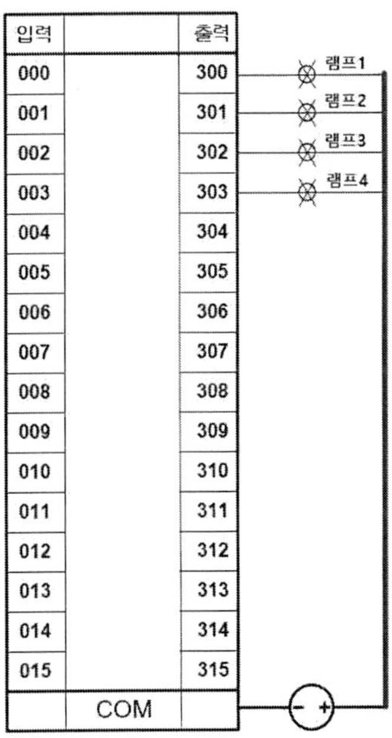

(c) PLC 결선도(램프)

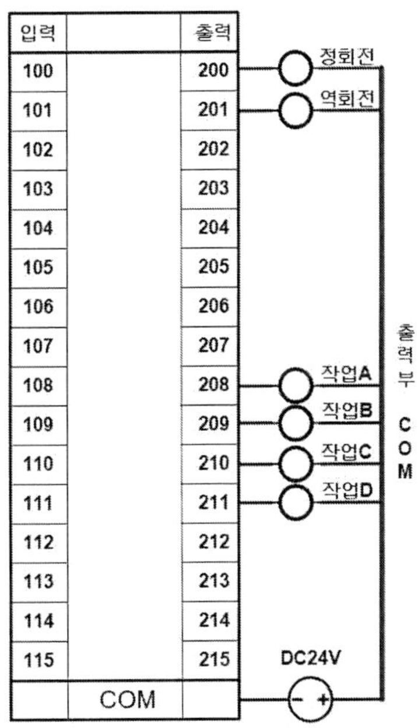

(d) PLC 결선도(전동기와 램프)

④ PLC 결선도를 이용하여 트레이닝 키트의 입출력 장치를 연결한다.

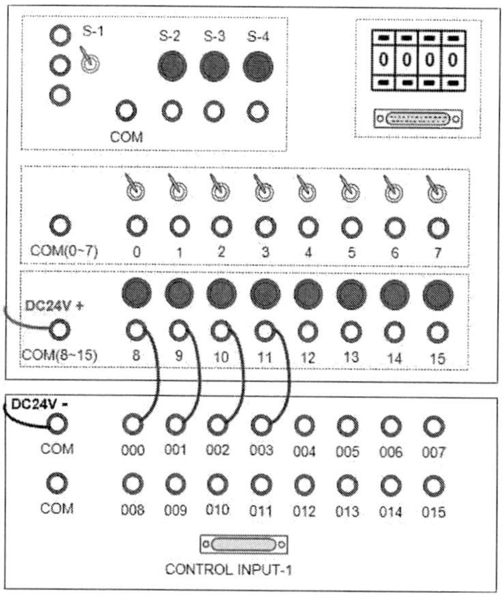

(a) 입력장치 결선도(스위치)

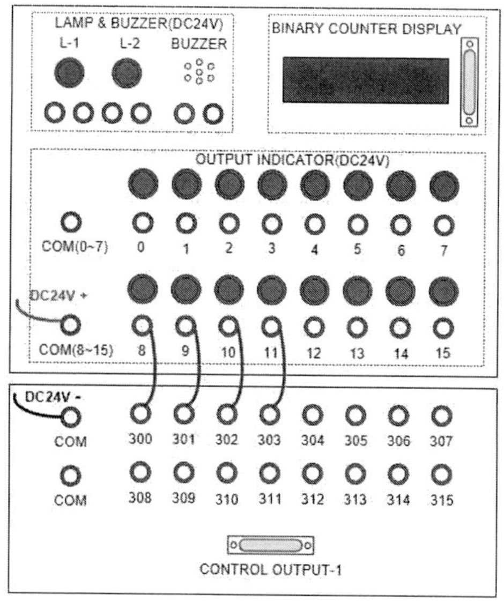

(b) 출력장치 결선도(램프)

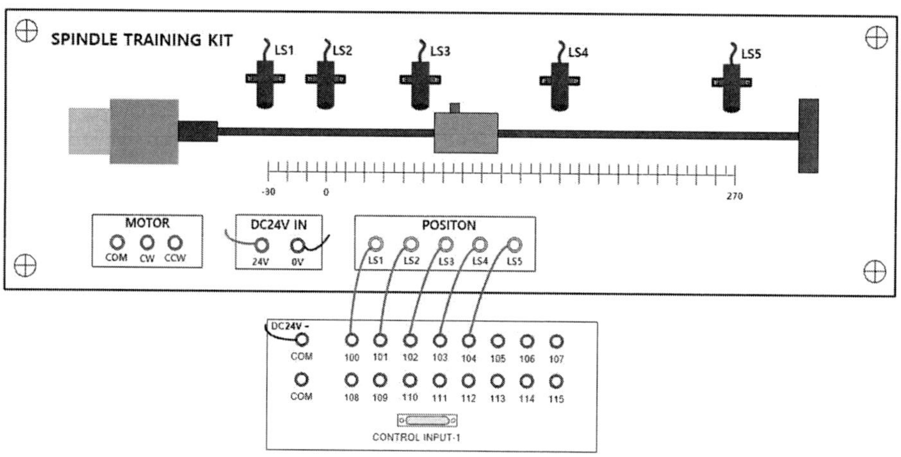

(c) 입력장치 결선도 (센서)

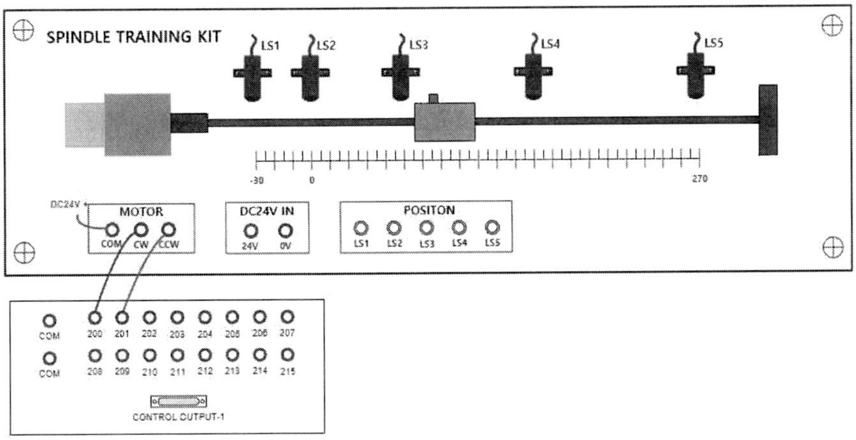

(d) 출력장치 결선도(전동기)

⑤ XG5000 프로그램에서 변수목록을 작성하고 프로그램을 입력한다.

	변수 종류	변수	타입	메모리 할당	초기값	리테인	사용 유무	EIP/OPC UA	HMI	설명문
1	VAR	시작	BOOL	%IX0.0.0			✓			
2	VAR	정지	BOOL	%IX0.0.1						
3	VAR	작업완료	BOOL	%IX0.0.2			✓			
4	VAR	비상	BOOL	%IX0.0.3						
5	VAR	LS1	BOOL	%IX0.1.0						
6	VAR	LS2	BOOL	%IX0.1.1						
7	VAR	LS3	BOOL	%IX0.1.2						
8	VAR	LS4	BOOL	%IX0.1.3						
9	VAR	LS5	BOOL	%IX0.1.4						
10	VAR	정회전	BOOL	%QX0.2.0						
11	VAR	역회전	BOOL	%QX0.2.1			✓			
12	VAR	A_작업	BOOL	%QX0.2.8						
13	VAR	B_작업	BOOL	%QX0.2.9						
14	VAR	C_작업	BOOL	%QX0.2.10						
15	VAR	D_작업	BOOL	%QX0.2.11						
16	VAR	A_작업중램프	BOOL	%QX0.3.0						
17	VAR	B_작업중램프	BOOL	%QX0.3.1						
18	VAR	C_작업중램프	BOOL	%QX0.3.2						
19	VAR	D_작업중램프	BOOL	%QX0.3.3						
20	VAR	A_이동	BOOL	%MX0						
21	VAR	B_이동	BOOL	%MX1						
22	VAR	C_이동	BOOL	%MX2						
23	VAR	D_이동	BOOL	%MX3						

(a) 변수목록

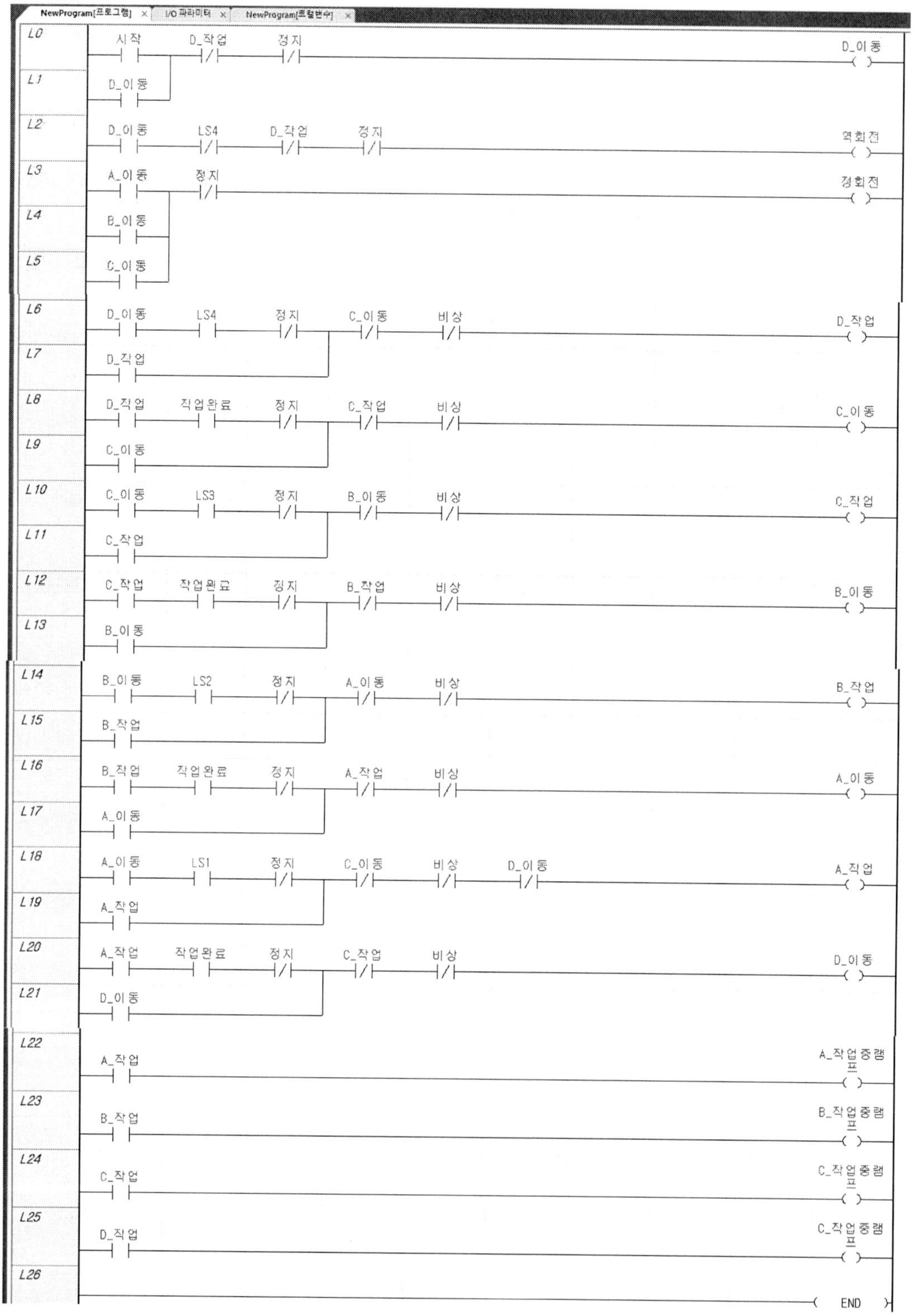

(b) 스핀들 구동장치 응용 PLC 래더 프로그램

(3) 실습결과

① 프로그램을 실행시킨다.
② 시작 스위치를 누르고 전동기가 역회전(단, LS5가 검출되면 정회전)하여 공정 D로 이동하고 근접센서 LS4가 검출되면 공정 D 수행램프가 점등되는지 확인한다.
③ 공정 D 작업완료 스위치를 ON 하고 전동기가 정회전 하여 공정 C로 이동한 후 근접센서 LS3가 검출되면 공정C 수행램프가 점등되는지 확인한다.
④ 공정 C 작업완료 스위치를 ON 하고 전동기가 정회전 하여 공정 B로 이동한 후 근접센서 LS2가 검출되면 공정 B 수행램프가 점등되는지 확인한다.
⑤ 공정 B 작업완료 스위치를 ON 하고 전동기가 정회전하여 공정 A로 이동 후 근접센서 LS1이 검출되면 공정 A 수행램프가 점등되는지 확인한다.
⑥ 작업완료 스위치를 눌러 모든 공정작업을 완료시킨다.
⑦ 작업 중 정지 스위치가 ON 되면 현재 작업상태에서 정지되고 정지 스위치가 OFF 되면 작업이 계속 진행되는지 확인한다.
⑧ 작업 중 비상 스위치를 ON하면 모든 작업, 모든 램프가 소등되는지 확인한다.

- 동작2

① 시작버튼을 누르면 전동기가 역회전하여 구동장치가 공정 D로 이동한다.
② LS4가 검출되면 이동을 멈추고 1초간 공정 D를 수행한 후 공정 B로 이동한다.
③ 공정 B로 이동하여 LS2가 검출되면 2초간 공정 B를 수행한 후 공정 C로 이동한다.
④ LS3가 검출되면 3초간 공정 C를 수행한 후 공정 A로 이동한다.
⑤ LS1이 검출되면 동작을 정지한다.
⑥ 정지버튼을 누르면 현 위치에서 이동 동작을 멈추어야 하고 복귀버튼을 누르면 즉시 공정 A로 복귀한다.

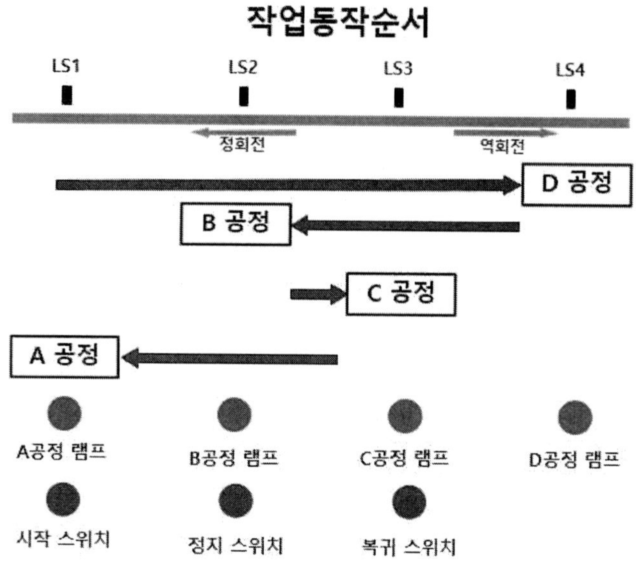

작업동작 순서도

(2) 실습순서

① 입출력 지정표를 작성한다.

구분	간접변수명	지정된 입출력 포트	비고
입력	시작	%IX0.0.0	푸시버튼 스위치
	정지	%IX0.0.1	푸시버튼 스위치
	복귀	%IX0.0.2	푸시버튼 스위치
	센서1	%IX0.1.0	LS1
	센서2	%IX0.1.1	LS2
	센서3	%IX0.1.2	LS3
	센서4	%IX0.1.3	LS4
출력	A공정램프	%QX0.3.0	PLIOT 램프
	B공정램프	%QX0.3.1	PLIOT 램프
	C공정램프	%QX0.3.2	PLIOT 램프
	D공정램프	%QX0.3.3	PLIOT 램프
	A작업	%QX0.3.8	작업구동
	B작업	%QX0.3.9	작업구동
	C작업	%QX0.3.10	작업구동
	D작업	%QX0.3.11	작업구동
	M_정회전	%QX0.2.0	구동전동기
	M_역회전	%QX0.2.1	구동전동기

② 주어진 동작을 수행할 수 있는 래더 프로그램을 작성한다.

③ 입출력 지정표와 래더 프로그램을 보고 PLC 결선도를 작성한다.

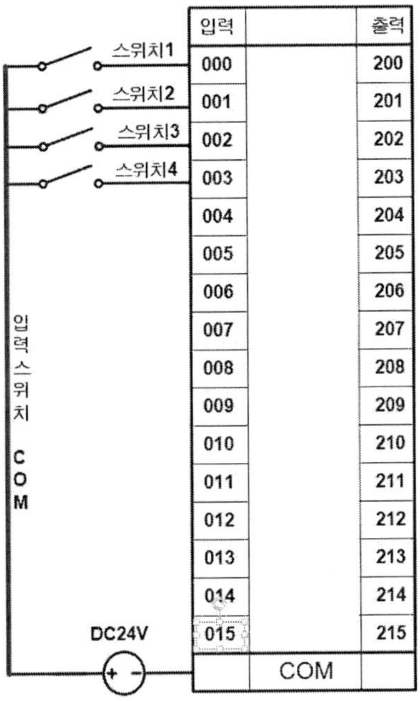

(a) PLC 결선도(스위치)

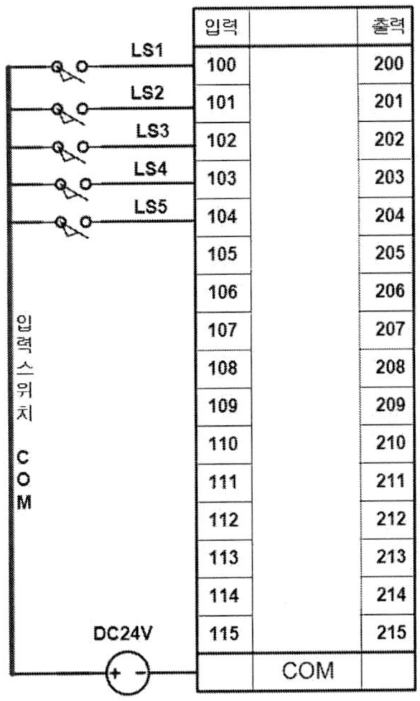

(b) PLC 결선도(근접센서)

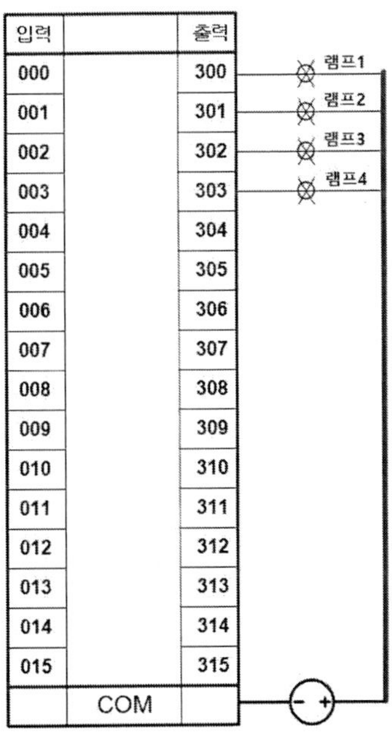

(c) PLC 결선도(램프)

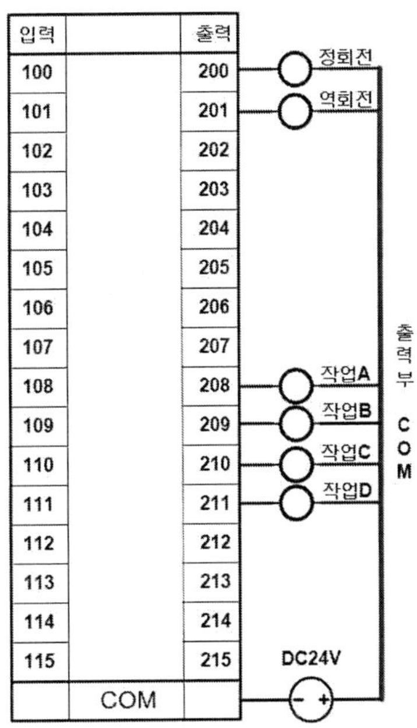

(d) PLC 결선도(전동기와 램프)

④ PLC 결선도를 이용하여 트레이닝 키트의 입출력 장치를 연결한다.

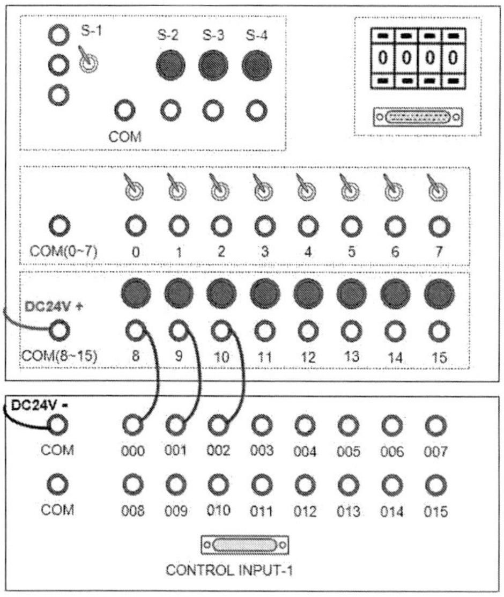

(a) 출력장치 결선도(스위치)

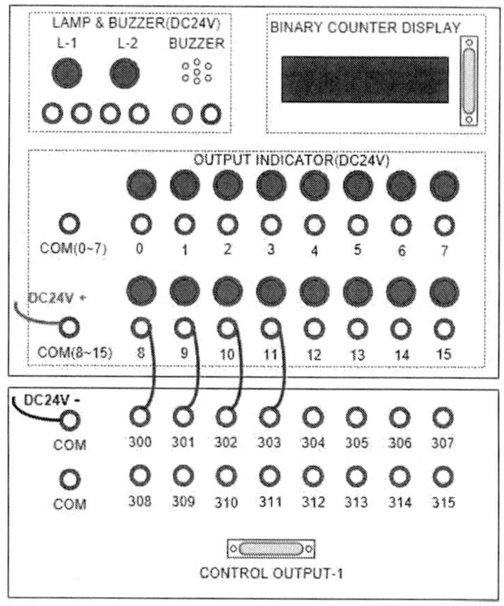

(b) 출력장치 결선도(램프)

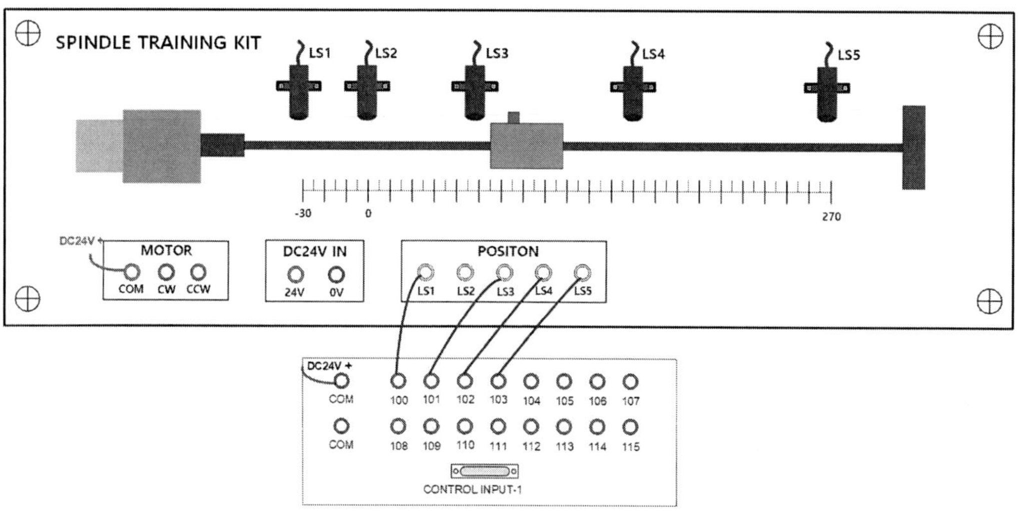

(c) 입력장치 결선도(센서)

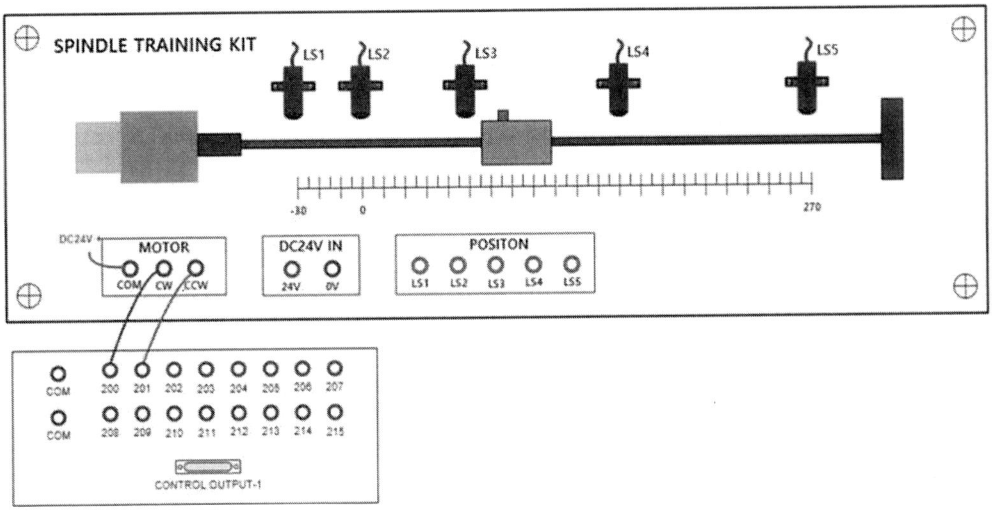

(d) 출력장치 결선도(전동기)

⑤ XG5000 프로그램에서 변수목록을 작성하고 프로그램을 입력한다.

NewProgram[프로그램] × I/O 파라미터 × NewProgram[로컬변수] ×

	변수 종류	변수	타입	메모리 할당	초기값	리테인	사용 유무	EIP/OPC UA	HMI	설명문
1	VAR	A_이동	BOOL	%MX0		☐	☑	☐	☐	
2	VAR	A_작업	BOOL	%QX0.2.8		☐	☑	☐	☐	
3	VAR	A_작업중램프	BOOL	%QX0.3.0		☐	☑	☐	☐	
4	VAR	B_이동	BOOL	%MX1		☐	☑	☐	☐	
5	VAR	B_작업	BOOL	%QX0.2.9		☐	☑	☐	☐	
6	VAR	B_작업중램프	BOOL	%QX0.3.1		☐	☑	☐	☐	
7	VAR	C_이동	BOOL	%MX2		☐	☑	☐	☐	
8	VAR	C_작업	BOOL	%QX0.2.10		☐	☑	☐	☐	
9	VAR	C_작업중램프	BOOL	%QX0.3.2		☐	☑	☐	☐	
10	VAR	D_이동	BOOL	%MX3		☐	☑	☐	☐	
11	VAR	D_작업	BOOL	%QX0.2.11		☐	☑	☐	☐	
12	VAR	D_작업중램프	BOOL	%QX0.3.3		☐	☑	☐	☐	
13	VAR	LS1	BOOL	%IX0.1.0		☐	☑	☐	☐	
14	VAR	LS2	BOOL	%IX0.1.1		☐	☑	☐	☐	
15	VAR	LS3	BOOL	%IX0.1.2		☐	☑	☐	☐	
16	VAR	LS4	BOOL	%IX0.1.3		☐	☑	☐	☐	
17	VAR	T0	TON			☐	☑	☐	☐	
18	VAR	복귀	BOOL	%IX0.0.2		☐	☑	☐	☐	
19	VAR	복귀이동	BOOL	%MX10		☐	☑	☐	☐	
20	VAR	비상	BOOL	%IX0.0.3		☐	☑	☐	☐	
21	VAR	시작	BOOL	%IX0.0.0		☐	☑	☐	☐	
22	VAR	역회전	BOOL	%QX0.2.1		☐	☑	☐	☐	
23	VAR	작업종료	BOOL			☐	☑	☐	☐	
24	VAR	정지	BOOL	%IX0.0.1		☐	☑	☐	☐	
25	VAR	정회전	BOOL	%QX0.2.0		☐	☑	☐	☐	

(a) 변수목록

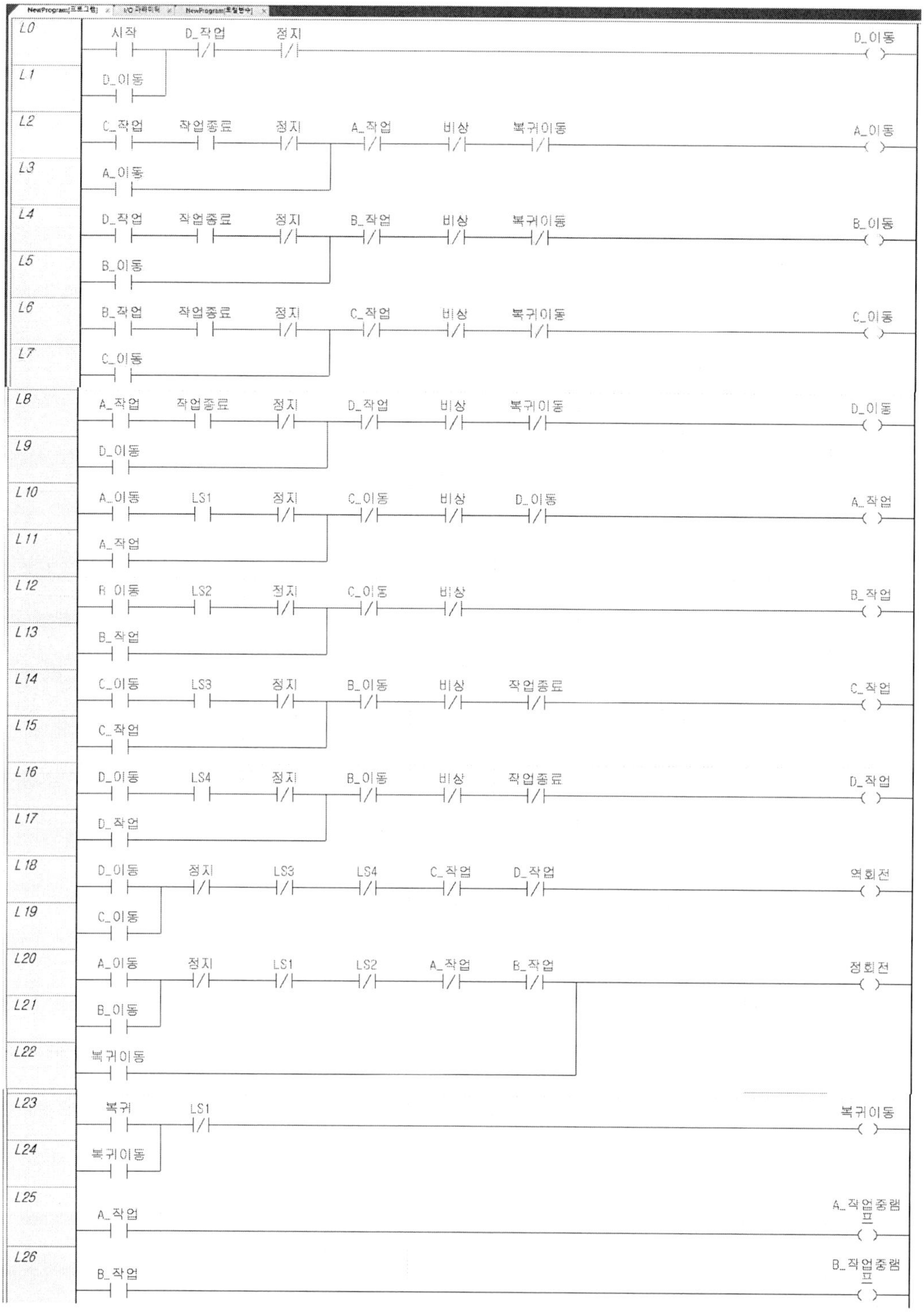
NewProgram[프로그램]
I/O 파라미터
NewProgram[로컬변수]
L0 시작 D_작업 정지 D_이동
L1 D_이동
L2 C_작업 작업종료 정지 A_작업 비상 복귀이동 A_이동
L3 A_이동
L4 D_작업 작업종료 정지 B_작업 비상 복귀이동 B_이동
L5 B_이동
L6 B_작업 작업종료 정지 C_작업 비상 복귀이동 C_이동
L7 C_이동
L8 A_작업 작업종료 정지 D_작업 비상 복귀이동 D_이동
L9 D_이동
L10 A_이동 LS1 정지 C_이동 비상 D_이동 A_작업
L11 A_작업
L12 B_이동 LS2 정지 C_이동 비상 B_작업
L13 B_작업
L14 C_이동 LS3 정지 B_이동 비상 작업종료 C_작업
L15 C_작업
L16 D_이동 LS4 정지 B_이동 비상 작업종료 D_작업
L17 D_작업
L18 D_이동 정지 LS3 LS4 C_작업 D_작업 역회전
L19 C_이동
L20 A_이동 정지 LS1 LS2 A_작업 B_작업 정회전
L21 B_이동
L22 복귀이동
L23 복귀 LS1 복귀이동
L24 복귀이동
L25 A_작업 A_작업중램프
L26 B_작업 B_작업중램프

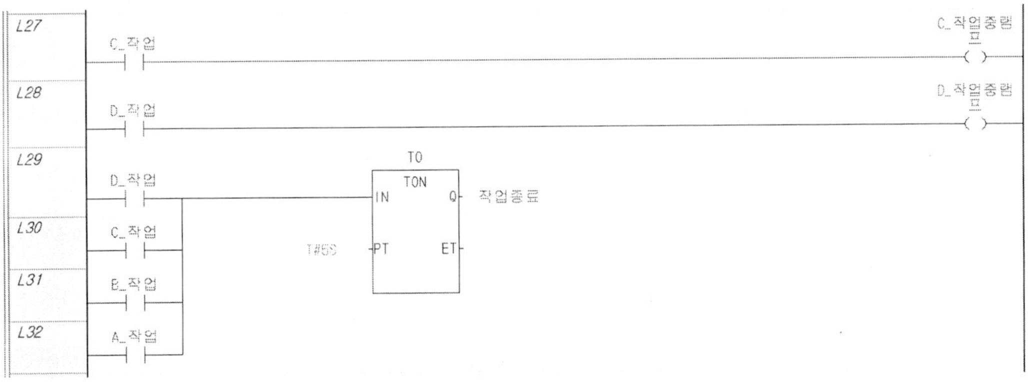

(b) 스핀들 구동장치 응용 PLC 래더 프로그램

(3) 실습결과

① 프로그램을 실행시킨다.

② 시작버튼을 누르고 호이스트가 공정 D로 이동한 후 LS4가 검출되면 이동을 멈추고 1초간 공정 D를 수행한 후 공정 B로 이동하는 것을 확인한다.

③ 공정 B로 이동한 후 LS2가 검출되면 2초간 공정 B를 수행한 후 공정 C로 이동하는 것을 확인한다.

④ LS3가 검출되면 3초간 공정 C를 수행한 후 공정 A로 이동하고 LS1이 검출되면 동작을 정지하는 것을 확인한다.

⑤ 동작 중 정지버튼을 누르면 현 위치에서 이동 동작을 멈추는 것을 확인한다.

⑥ 복귀 버튼을 누르면 즉시 공정 A로 복귀하는 것을 확인한다.

10.29 컨베이어 벨트 응용 실습

(1) 실습목적

컨베이어 벨트와 각종 위치검출장치를 이용한 전동기 위치제어 동작을 하는 프로그램 작성을 통하여 펑션블록의 동작을 이해한다.

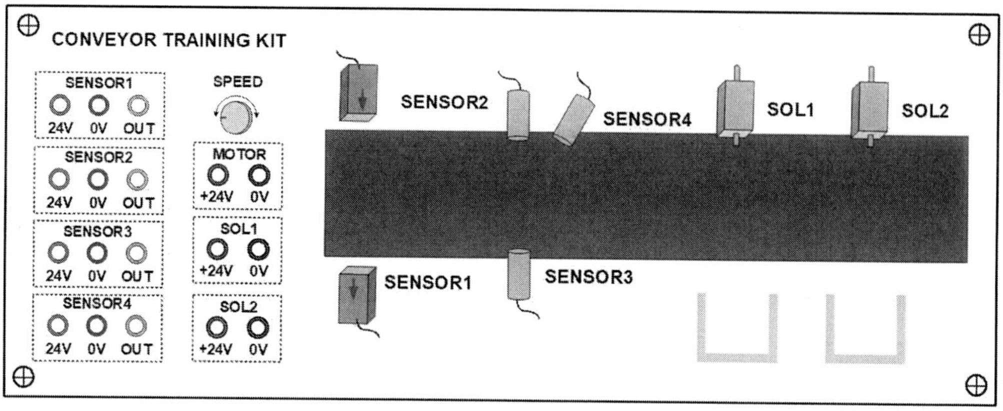

컨베이어 벨트 구동장치

센서의 종류와 특징

센서명	센서의 종류	센서의 특징
SENSOR1 (BY500-TDT1,2)	투과형 포토센서 투광기 투과형 포토센서 수광기	검출방식 : 투과형 검출거리 : 500mm 응답시간 : 1ms 이하 제어출력 : NPN 오픈콜렉트
SENSOR2 (PR18-8DN)	원주형 유도 근접센서	검출방식 : 유도형 검출거리 : 8mm 응답주파수 : 350Hz 제어출력 : NPN Normally Open
SENSOR3 (CR18-8DN)	정전용량형 근접센서	검출방식 : 정전용량형 검출거리 : 8mm 응답주파수 : 50Hz 제어출력 : NPN Normally Open
SENSOR4 (BRQM100-DDTA)	원주형 포토센서	검출방식 : 확산반사형 검출거리 : 100mm 응답시간 : 1ms 이하 제어출력 : NPN 오픈콜렉트

- 동작1

시작 스위치를 누르면 컨베이어 벨트가 동작한다. 이때 제품검출센서(센서1-투과형)가 작동하면 컨베이어 벨트는 계속 동작하지만, 제품검출센서가 동작하지 않으면 5초 후 컨베이어 벨트가 자동으로 정지한다. 비상정지 스위치를 누르면 컨베이어가 정지한다.

① 입출력 지정표를 작성한다.

구분	간접변수명	지정된 입출력 포트	비고
입력	시작	%IX0.0.0	푸시버튼 스위치
	비상정지	%IX0.0.1	푸시버튼 스위치
	센서1	%IX0.0.2	제품검출센서
출력	전동기	%QX0.2.0	컨베이어 구동

② 주어진 동작을 수행할 수 있는 래더 프로그램을 작성한다.

③ 입출력 지정표와 래더 프로그램을 보고 PLC 결선도를 작성한다.

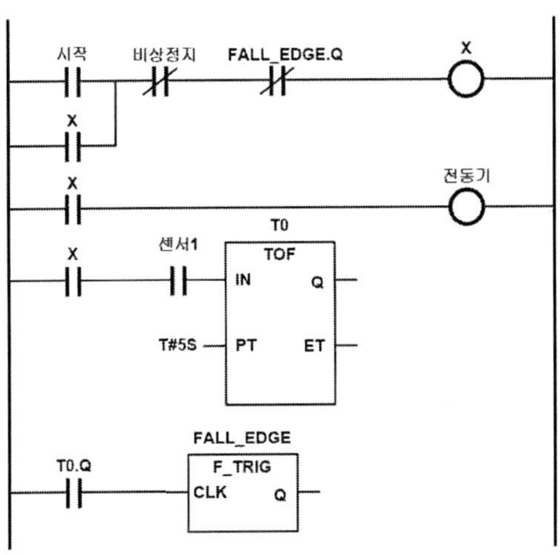

래더 프로그램

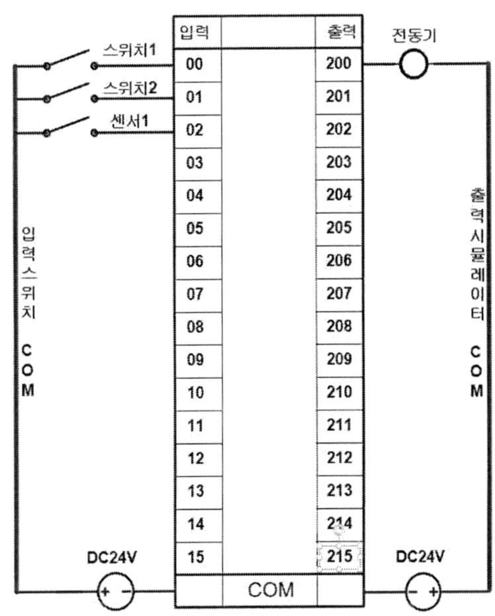

PLC 결선도

④ PLC 결선도를 이용하여 트레이닝 키트의 입출력 장치를 연결한다.

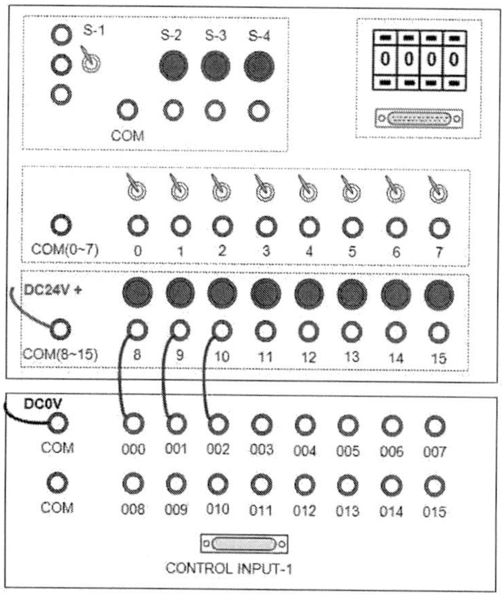

(a) 입력장치 결선도(스위치)

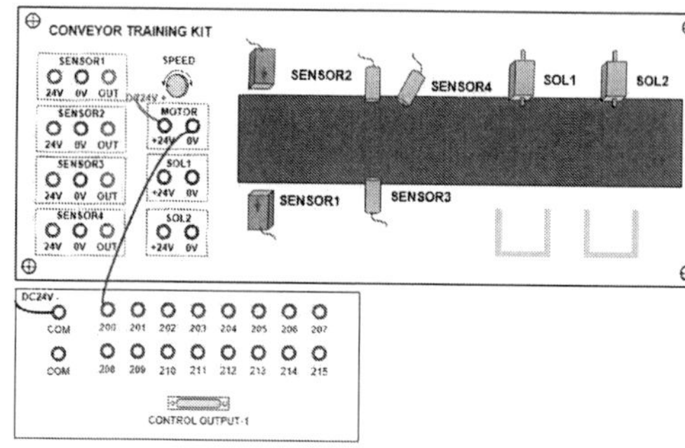

(b) 출력장치 결선도(전동기)

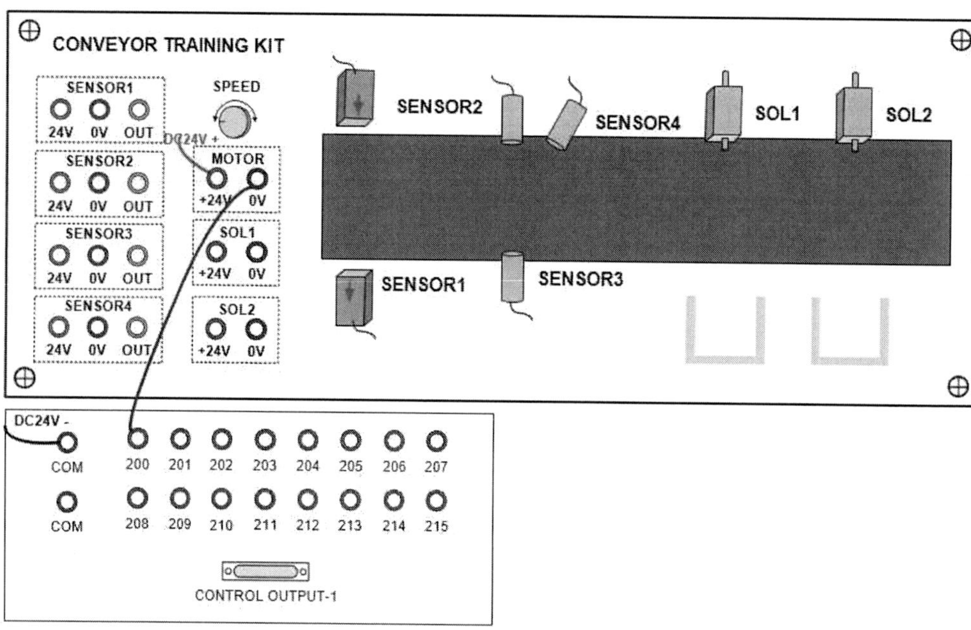

(b) 출력장치 결선도(전동기)

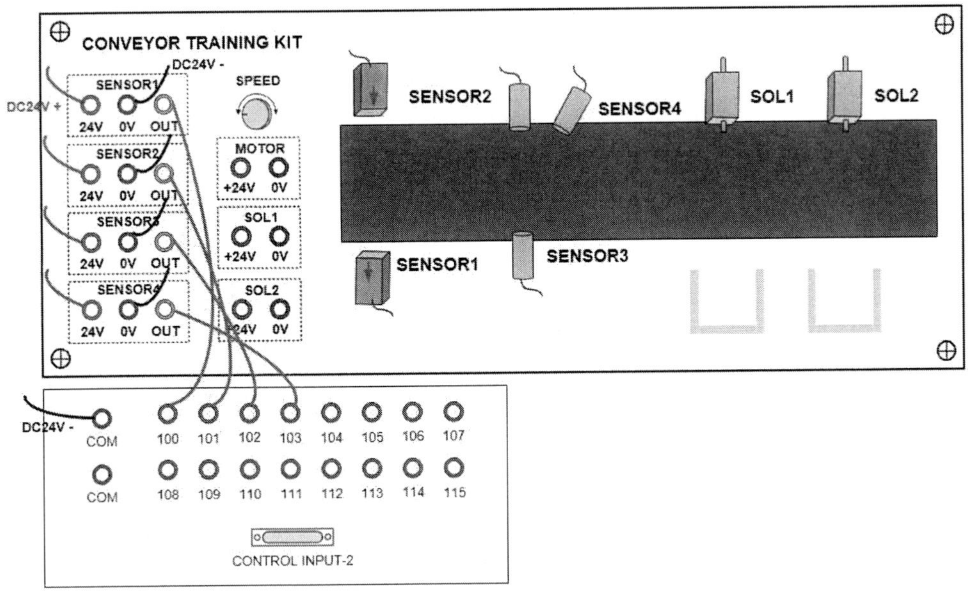

(c) 입력장치 결선도(센서1~센서4)

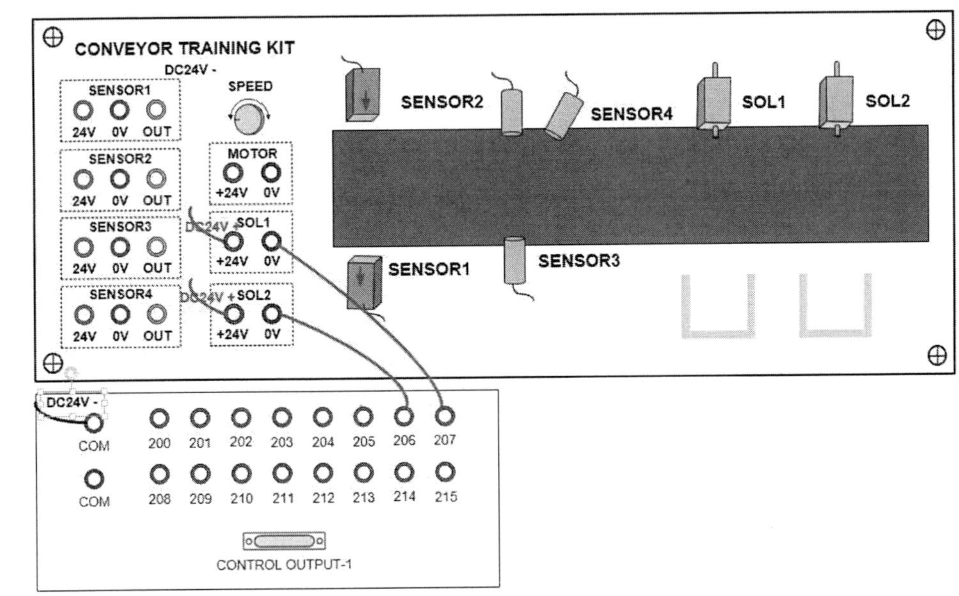

(d) 출력장치 결선도(솔레노이드 출력)

⑤ XG5000 프로그램에서 변수목록을 작성하고 프로그램을 입력한다.

	변수 종류	변수	타입	메모리 할당	초기값	리테인	사용 유무	EIP/OPC UA	HMI	설명문
1	VAR	FALL_EDGE	F_TRIG			☐	☑	☐	☐	하강엣지 검출
2	VAR	T0	TOF			☐	☑	☐	☐	
3	VAR	X	BOOL	%MX0		☐	☑	☐	☐	내부메모리
4	VAR	비상정지	BOOL	%IX0.0.1		☐	☑	☐	☐	푸시버튼 스위치
5	VAR	센서1	BOOL	%IX0.0.2		☐	☑	☐	☐	투과형 광센서 수광부 출력
6	VAR	시작	BOOL	%IX0.0.0		☐	☑	☐	☐	푸시버튼 스위치
7	VAR	전동기	BOOL	%QX0.2.0		☐	☑	☐	☐	컨베이어벨트 구동 전동기

(a) 변수목록

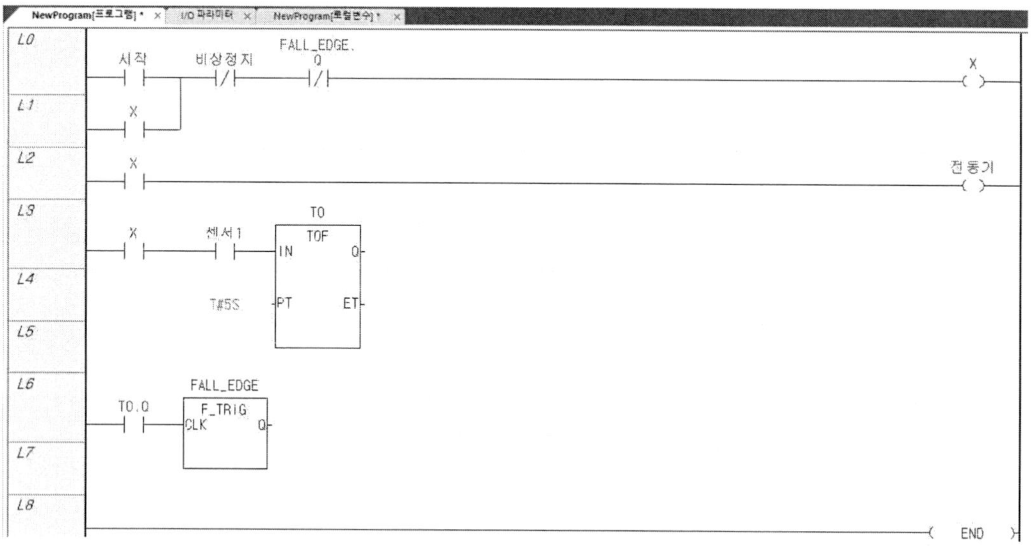

(b) 컨베이어 벨트 응용 PLC 래더 프로그램

(3) 실습결과

① 프로그램을 실행시킨다.
② 시작 스위치를 누르고 컨베이어 벨트가 동작하는 것을 확인한다.
③ 이때 제품검출센서(센서1-투과형)가 작동하면 컨베이어 벨트는 계속 동작하지만, 제품검출센서가 동작하지 않으면 5초 후 컨베이어 벨트가 자동으로 정지하는 것을 확인한다.
④ 비상정지 스위치를 누르면 컨베이어가 정지하는 것을 확인한다.

• 동작2

시작버튼을 누르면 부저가 1초 간격으로 3회 동작하고 경광등은 부저가 울리는 동안 즉, 5초간 점등한다. 그리고 시작버튼을 누르고 5초 뒤 경광등과 부저는 동작을 정지하고 컨베이어 벨트는 구동을 시작한다. 구동 중 비상정지 버튼을 누르면 컨베이어 벨트는 정지한다.

① 입출력 지정표를 작성한다.

구분	간접변수명	지정된 입출력 포트	비고
입력	시작	%IX0.0.0	푸시버튼 스위치
	비상정지	%IX0.0.1	푸시버튼 스위치
출력	경광등	%QX0.2.0	
	부저	%QX0.2.1	
	전동기	%QX0.3.0	컨베이어 구동

② 주어진 동작을 수행할 수 있는 래더 프로그램을 작성한다.

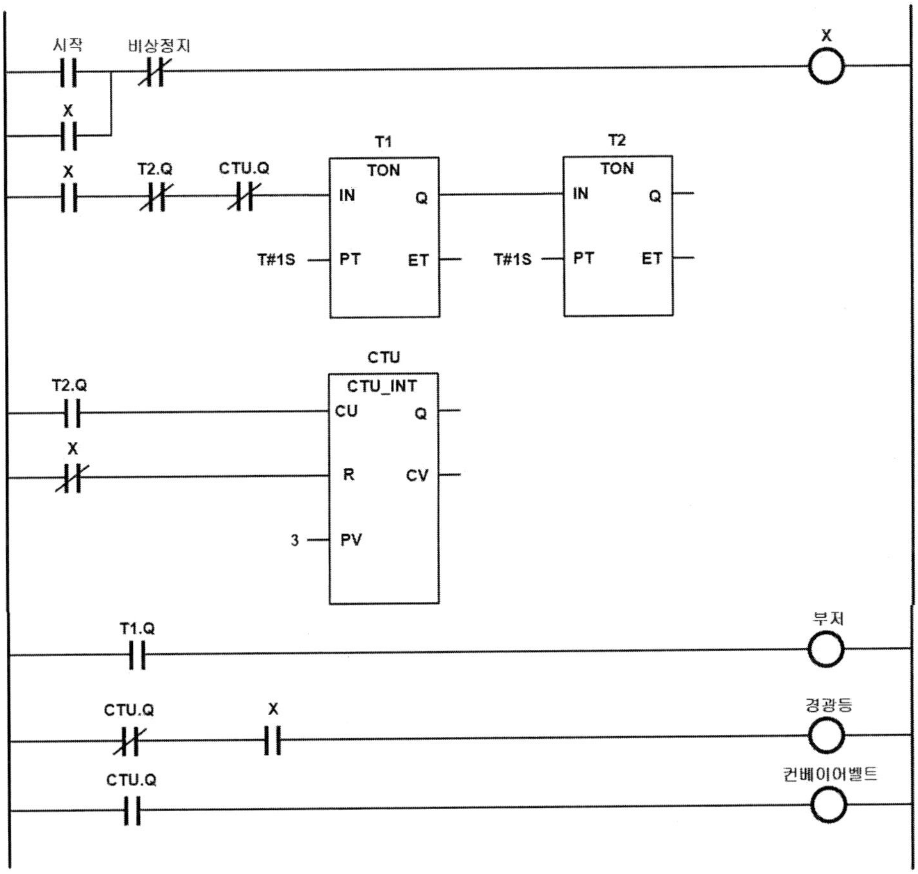

래더 프로그램

③ 입출력 지정표와 래더 프로그램을 보고 PLC 결선도를 작성한다.

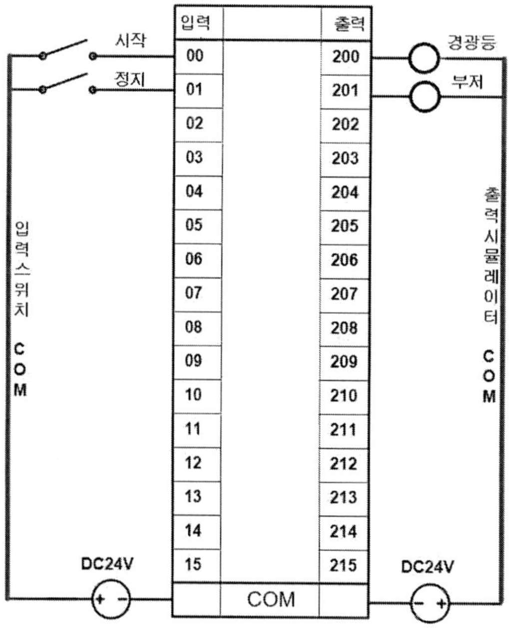

(a) PLC 결선도(스위치와 램프)

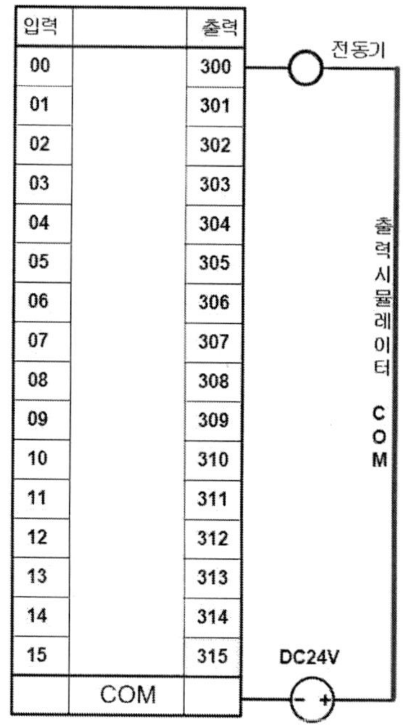

(b) PLC 결선도(전동기)

④ PLC 결선도를 이용하여 트레이닝 키트의 입출력 장치를 연결한다.

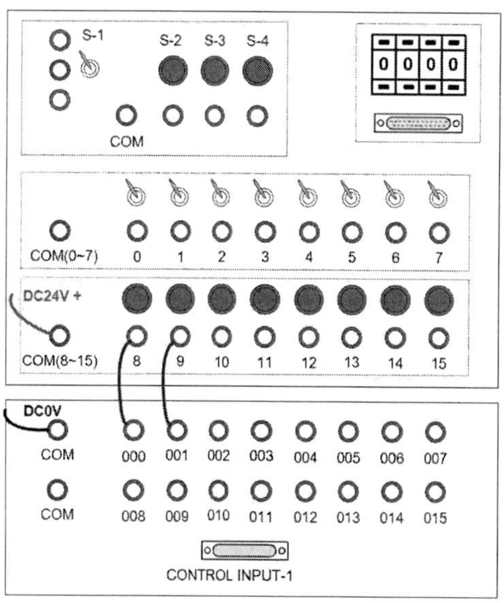

(a) 입력장치 결선도

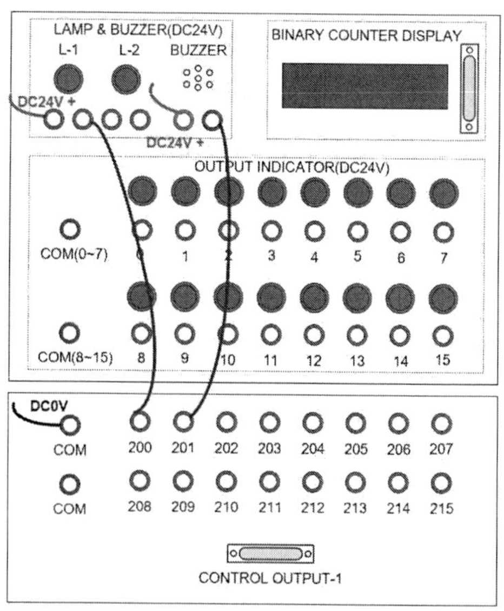

(b) 출력장치 결선도

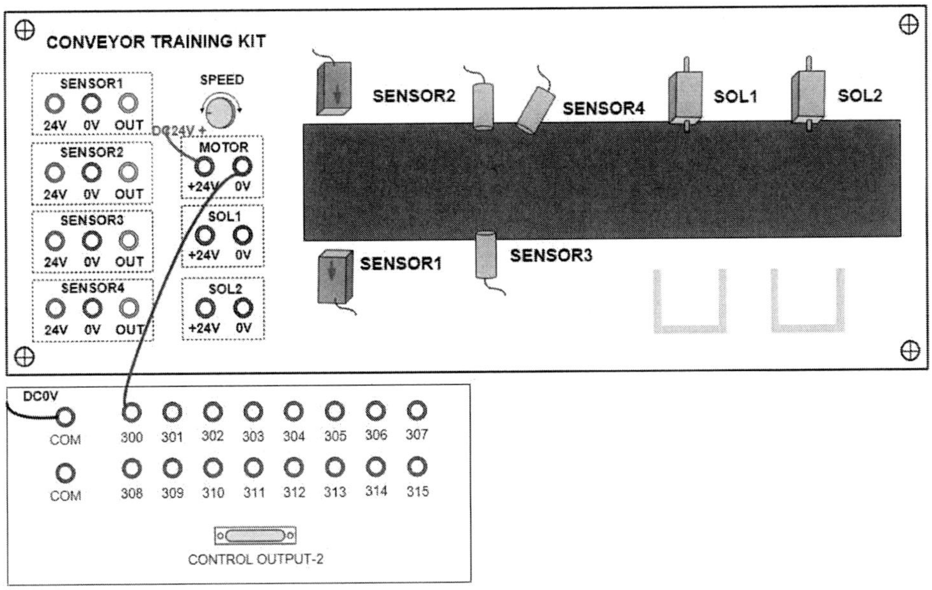

(c) 출력장치 결선도

⑤ XG5000 프로그램에서 변수목록을 작성하고 프로그램을 입력한다.

	변수 종류	변수	타입	메모리 할당	초기값	리테인	사용 유무	EIP/OPC UA	HMI	설명문
1	VAR	CTU	CTU_INT			☐	☑	☐	☐	
2	VAR	T1	TON			☐	☑	☐	☐	
3	VAR	T2	TON			☐	☑	☐	☐	
4	VAR	X1	BOOL	%MX0		☐	☑	☐	☐	
5	VAR	X2	BOOL	%MX2		☐	☑	☐	☐	
6	VAR	경광등	BOOL	%QX0.2.0		☐	☑	☐	☐	
7	VAR	부저	BOOL	%QX0.2.1		☐	☑	☐	☐	
8	VAR	시작	BOOL	%IX0.0.0		☐	☑	☐	☐	
9	VAR	정지	BOOL	%IX0.0.1		☐	☑	☐	☐	
10	VAR	컨베이어벨트	BOOL	%QX0.3.0		☐	☑	☐	☐	
11						☐	☐	☐	☐	

(a) 변수목록

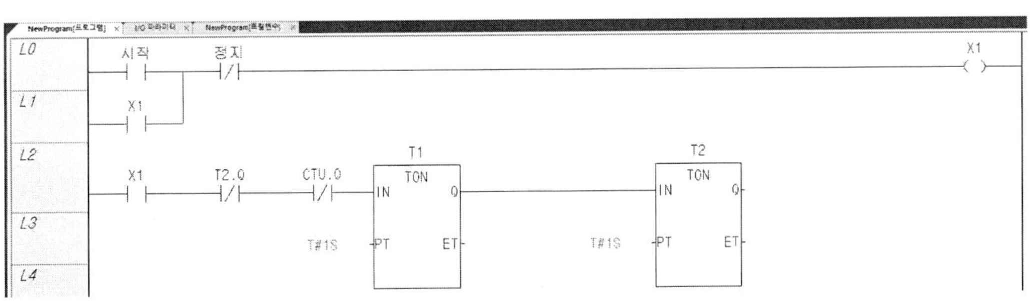

(b) 컨베이어 벨트 응용 PLC 래더 프로그램

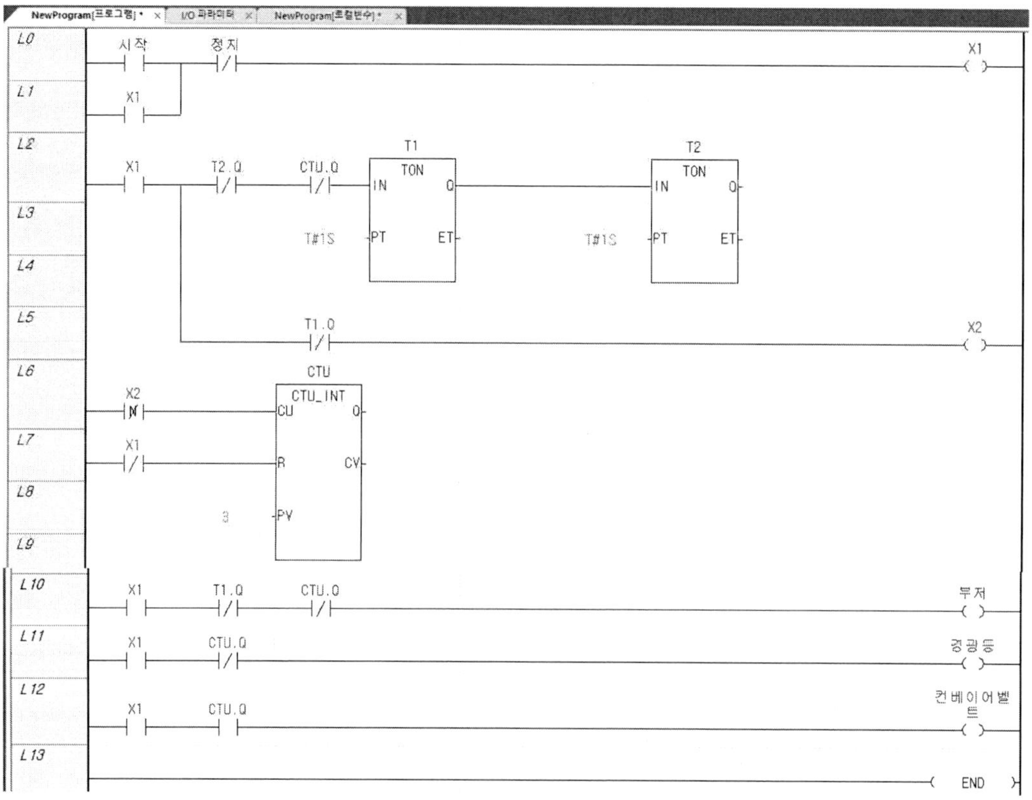

(b) 컨베이어 벨트 응용 PLC 래더 프로그램(별해)

(3) 실습결과

① 프로그램을 실행시킨다.

② 시작버튼을 누르면 부저가 1초 간격으로 3회 동작하고 경광등은 부저가 울리는 동안 즉,

5초간 점등하는 동작을 수행하는지 확인한다.

③ 시작버튼을 누르고 5초 뒤 컨베이어 벨트가 구동을 시작하는지 확인한다.

④ 구동 중 비상정지 버튼을 누르면 컨베이어 벨트가 정지하는지 확인한다.

- 동작3

시작버튼을 누르면 컨베이어 벨트 동작이 시작되고 정지버튼을 누르면 컨베이어 벨트가 정지된다. 컨베이어 벨트 동작 중 5초간 벨트 감지센서가 검출되지 않으면 컨베이어 벨트는 정지되어야 한다. 즉, 컨베이어 벨트 이상상태에서는 운전이 금지되어야 한다. 그리고 컨베이어 벨트가 벨트 이상으로 정지되면 알람램프가 1초 간격으로 점멸되어야 한다. 컨베이어 벨트 교환, 또는 수리 후 컨베이어 감지 센서가 검출되면 알람은 소등되지만 이 상태에서 컨베이어 벨트가 기동되어서는 안된다. 컨베이어 벨트의 기동은 반드시 컨베이어 벨트 수리 후 초기화 버튼을 눌러야 시작버튼으로 구동이 가능하다.

① 입출력 지정표를 작성한다.

구분	간접변수명	지정된 입출력 포트	비고
입력	시작	%IX0.0.0	푸시버튼 스위치
	비상정지	%IX0.0.1	푸시버튼 스위치
	리셋	%IX0.0.2	푸시버튼 스위치
	센서	%IX0.1.0	컨베이어 단선센서
출력	경광등	%QX0.2.0	비상등
	전동기	%QX0.3.0	컨베이어 구동

② 주어진 동작을 수행할 수 있는 래더 프로그램을 작성한다.

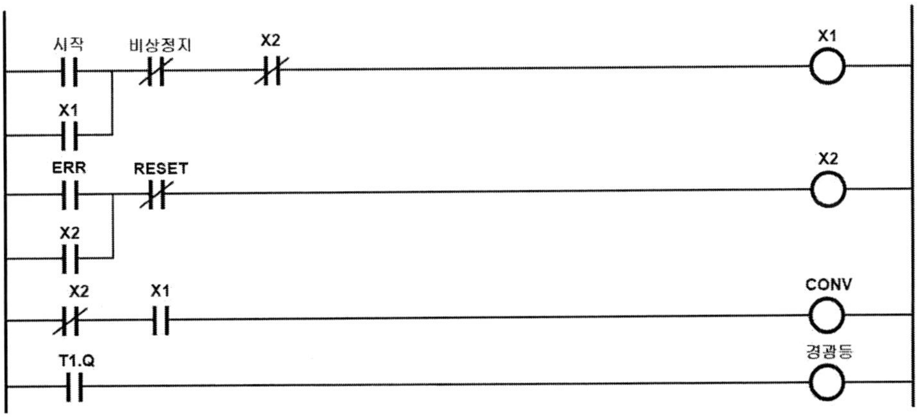

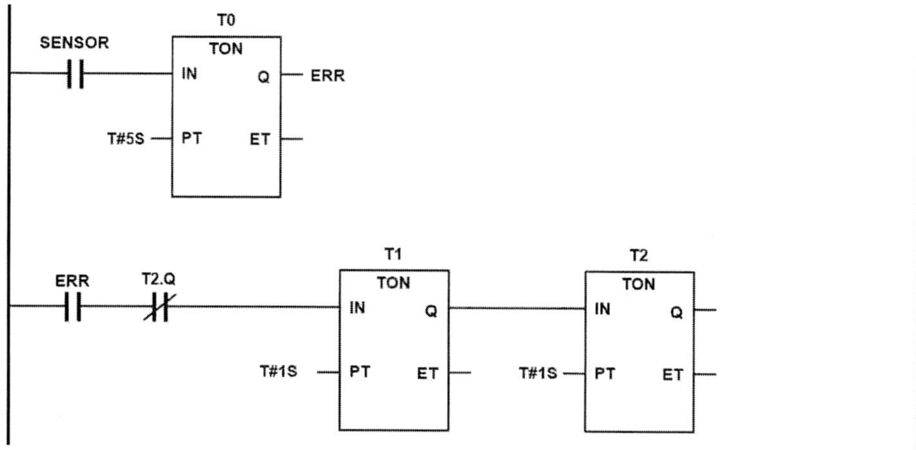

래더 프로그램

③ 입출력 지정표와 래더 프로그램을 보고 PLC 결선도를 작성한다.

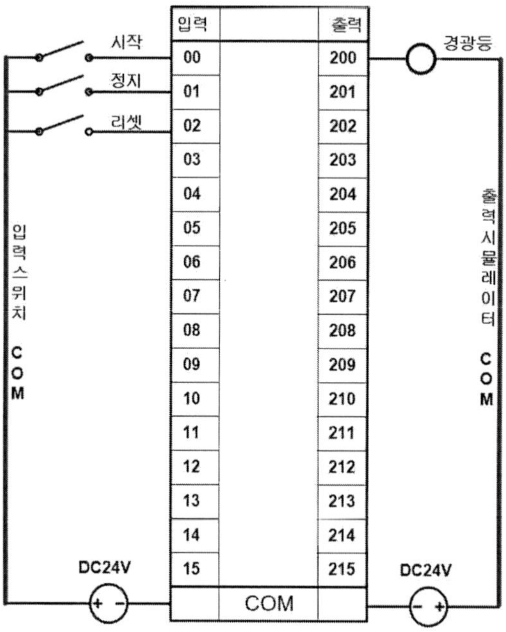

(a) PLC 결선도(스위치와 램프)

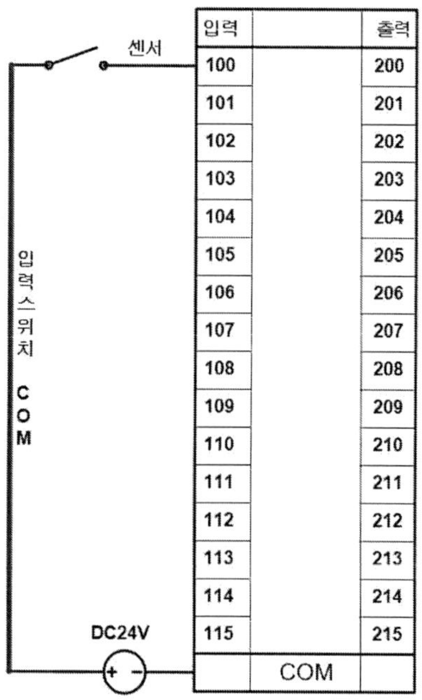

(b) PLC 결선도(센서)

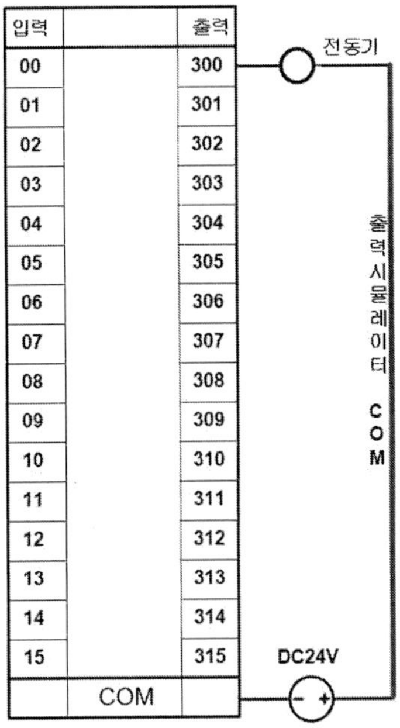

(c) PLC 결선도(전동기)

④ PLC 결선도를 이용하여 트레이닝 키트의 입출력 장치를 연결한다.

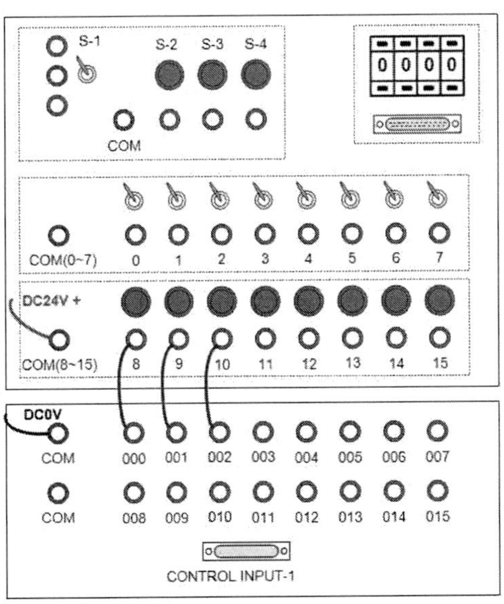

(a) 입력장치 결선도

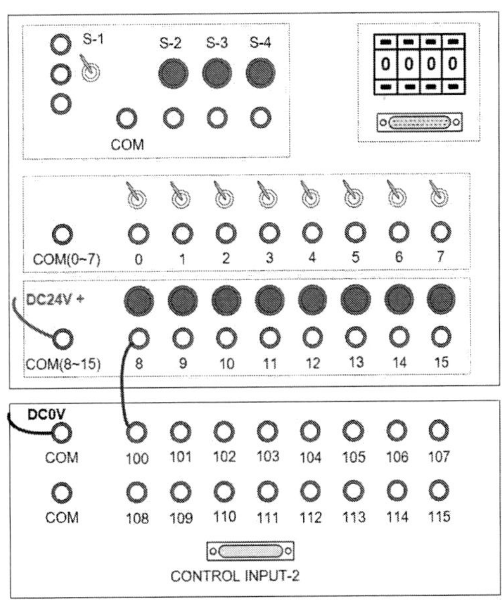

(b) 입력장치 결선도

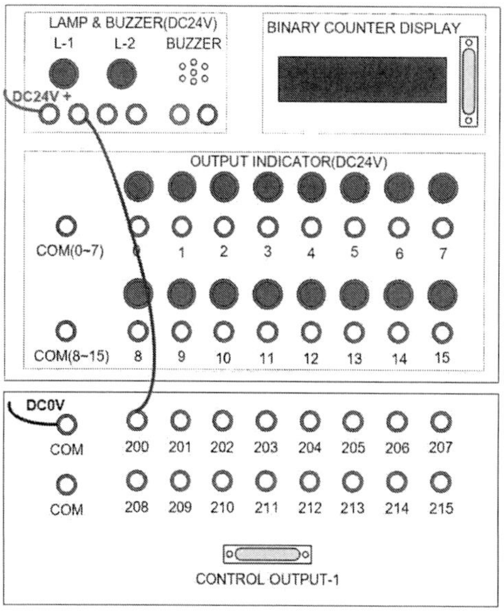

(c) 출력장치 결선도

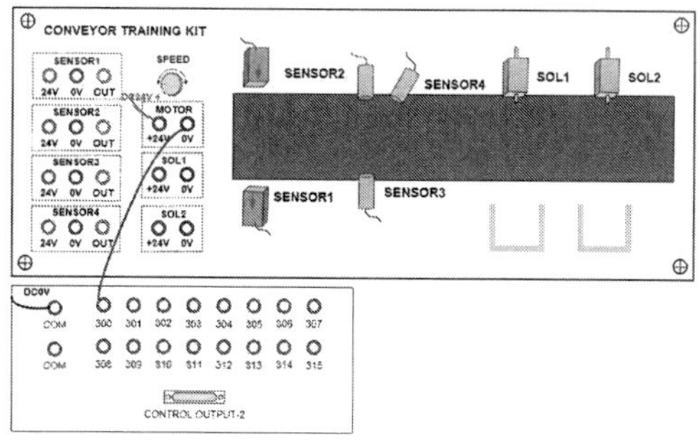

(d) 출력장치 결선도

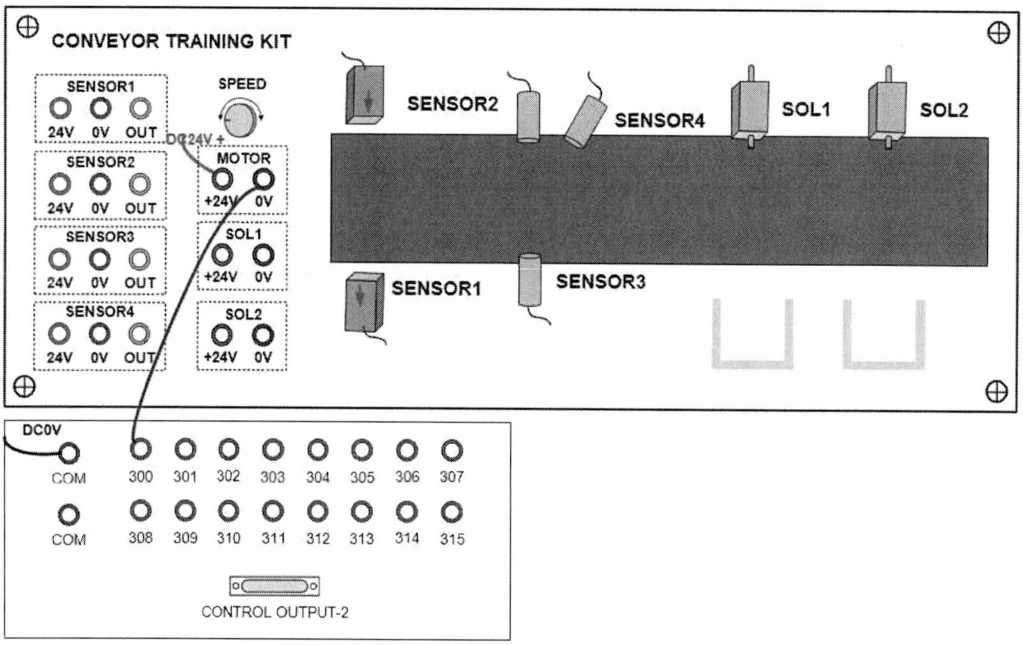

(d) 출력장치 결선도

⑤ XG5000 프로그램에서 변수목록을 작성하고 프로그램을 입력한다.

	변수 종류	변수	타입	메모리 할당	초기값	리테인	사용 유무	EIP/OPC UA	HMI	설명문
1	VAR	ALARM	BOOL	%QX0.2.0		☐	☑	☐	☐	
2	VAR	CONV	BOOL	%QX0.3.0		☐	☑	☐	☐	
3	VAR	ERR	BOOL	%MX3		☐	☑	☐	☐	
4	VAR	PB1	BOOL	%IX0.0.0		☐	☑	☐	☐	
5	VAR	PB2	BOOL	%IX0.0.1		☐	☑	☐	☐	
6	VAR	RESET	BOOL	%IX0.0.2		☐	☑	☐	☐	
7	VAR	SENSOR	BOOL	%IX0.1.0		☐	☑	☐	☐	
8	VAR	T0	TON			☐	☑	☐	☐	
9	VAR	T1	TON			☐	☑	☐	☐	
10	VAR	T2	TON			☐	☑	☐	☐	
11	VAR	X1	BOOL	%MX0		☐	☑	☐	☐	
12	VAR	X2	BOOL	%MX2		☐	☑	☐	☐	

(a) 변수목록

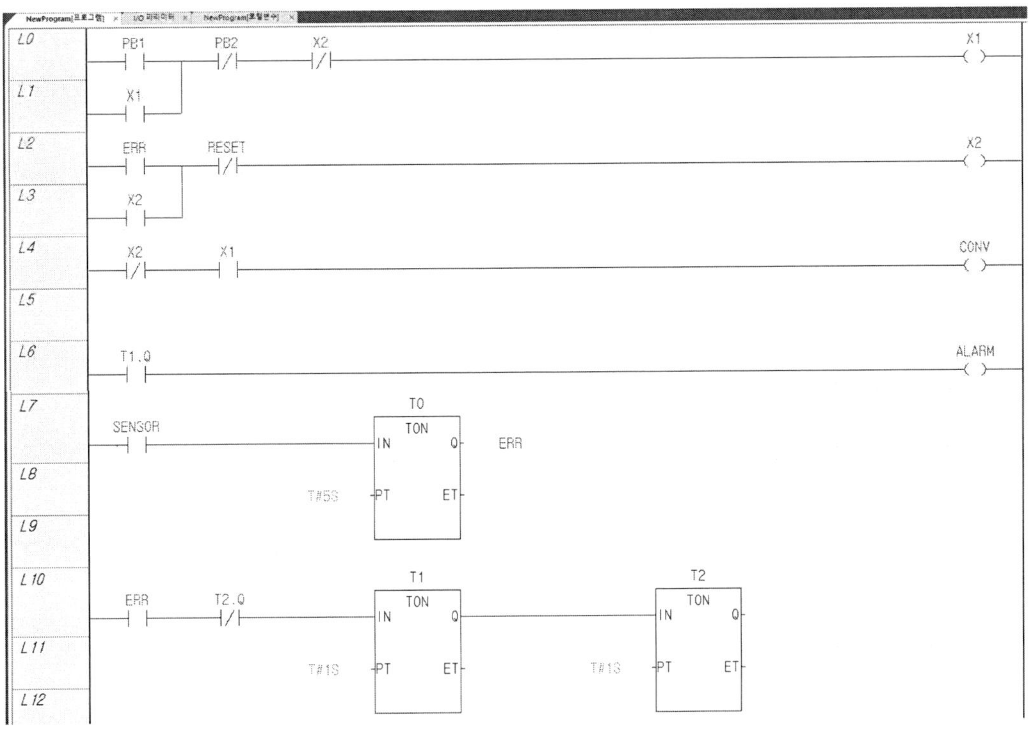

(b) 컨베이어 벨트 응용 PLC 래더 프로그램

(3) 실습결과 확인

① 프로그램을 실행시킨다.

② 시작버튼을 누르면 컨베이어 벨트 동작이 시작되고 정지버튼을 누르면 컨베이어 벨트가

정지되는 동작을 확인한다.

③ 컨베어이 벨트 동작 중 5초간 벨트 감지센서가 검출되지 않으면 컨베이어 벨트가 정지되는지 확인한다.(벨트 이상)

④ 컨베이어 벨트가 벨트 이상으로 정지되면 알람램프가 1초 간격으로 점멸되는지 확인한다.

⑤ 컨베이어 벨트교환, 또는 수리 후 컨베이어 감지 센서가 검출되면 알람은 소등되고 이 상태에서 컨베이어 벨트는 기동되지 않는 것을 확인한다.

⑥ 컨베이어 벨트 수리 후 초기화 버튼을 누른 후 시작버튼을 누르면 컨베이어 벨트가 구동되는 것을 확인한다.

10.30 인버터 응용 실습

(1) 실습목적

인버터, 3상 유도전동기, 위치검출장치를 이용한 3상 유도전동기 제어 프로그램 작성을 통하여 인버터를 이용한 3상 유도전동기 제어 및 응용능력을 향상한다.

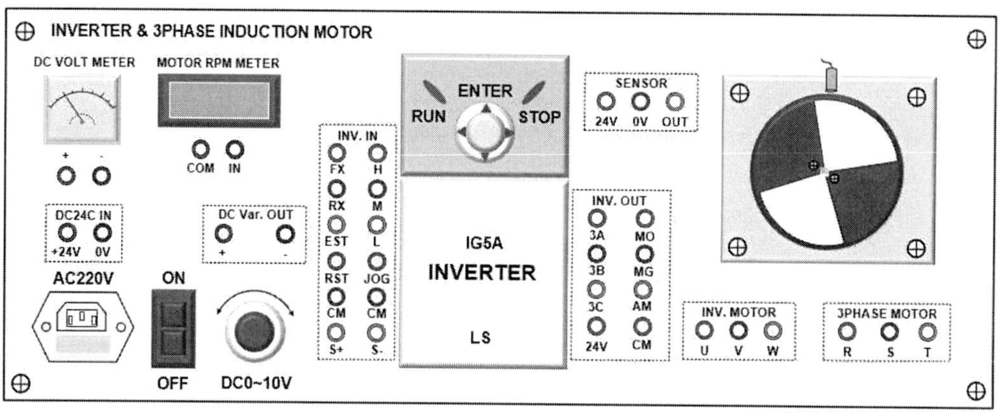

인버터 제어모듈

① 인버터 사양

항목	설명
모델명	SV-004IG5A-2
최대적용가능 모터 용량	0.4KW
입력전원	AC220V

② IG5A 전원부 단자대(0.4KW~1.5KW)의 구성 및 기능

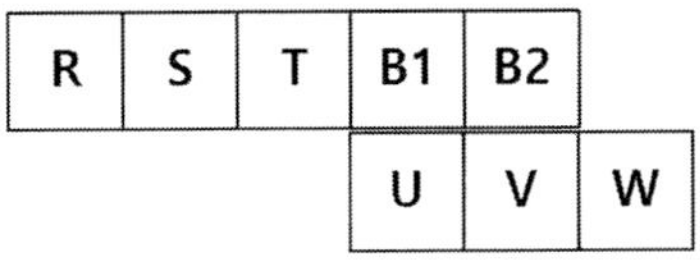

단자대 구성

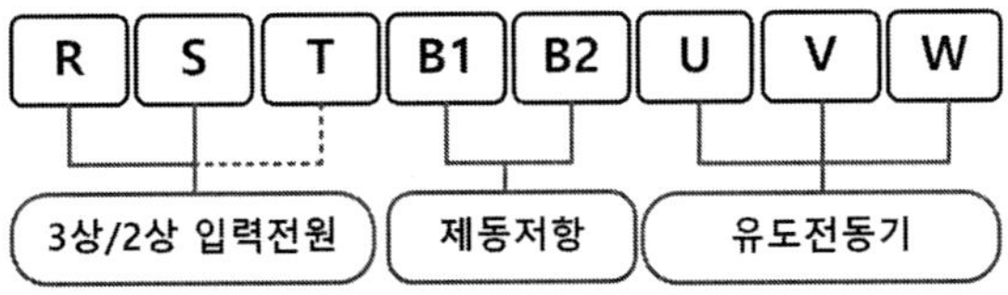

단자대 기능

기호	단자명칭
R, S, T	교류전원 입력단자
B1, B2	제동저항 접속단자
U, V, W	드라이버 출력단자

③ IG5A 제어부 단자대

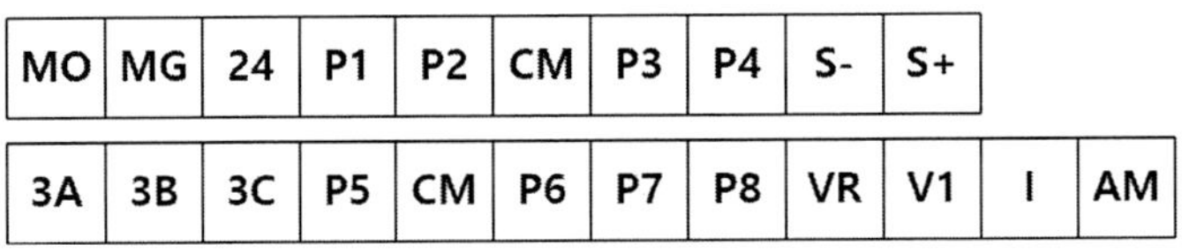

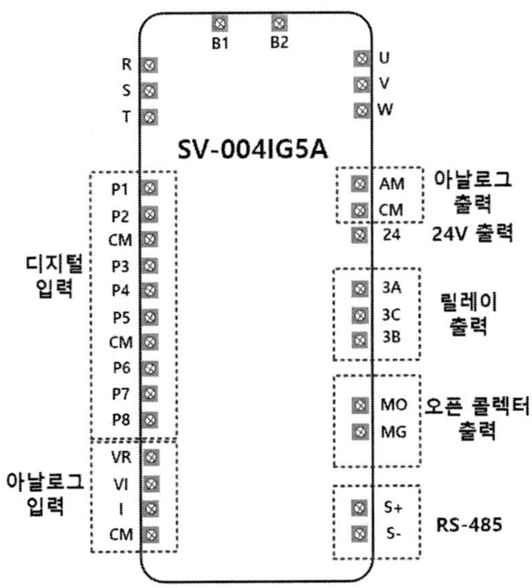

단자대 구성

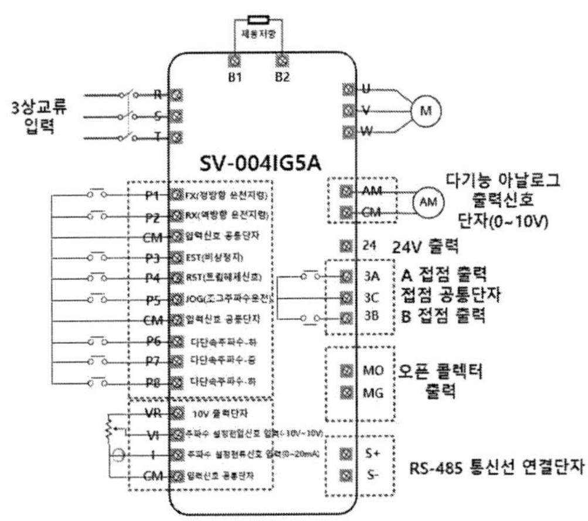

단자대 응용 예

실습장치 단자	인버터 단자	기능	분류
FX	P1	정방향 운전	디지털 입력
RX	P2	역방향 운전	
EST	P3	비상정지	
RST	P4	리셋(트립 해제)	
JOG	P5	조그운전	
L	P6	다단속 주파수-하	
M	P7	다단속 주파수-중	
H	P8	다단속 주파수-상	
CM	CM	입력신호 공통단자	
가변저항	VR	볼륨 저항용 10V 출력단자 (1~5$K\Omega$ 가변저항 사용)	아날로그 입력
가변저항	VI	주파수 설정용 전압신호 입력 : -10V~10V	
가변저항	I	주파수 설정용 전류신호 입력 : 0~20mA	
가변저항	CM	입력신호 공통단자	
MO	MO	다기능 오픈 콜렉터 출력단자	디지털 출력 (오픈 콜렉터 출력, 26 V_{DC}/100mA 이하)
MG	MG	MO 공통단자	
AM	AM	다기능 아날로그 출력 신호 단자 : 0~10V	아날로그 출력
CM	CM	출력신호 공통단자	
3A	3A	다기능 릴레이 A 접점	다기능 릴레이 출력 단자 250 V_{ac}/1A 이하, 30 V_{DC}/1A 이하
3B	3B	다기능 릴레이 B 접점	
3C	3C	다기능 릴레이 공통접점	
S+, S-	S+, S-	RS-485 통신 신호연결 단자	직렬통신 단자
24V	24	24V 출력단자	기타

④ 인버터 시스템 설정

인버터의 기본회로를 구성하고 파라미터를 설정한다.

ⓐ 내부설정(인버터 내부 DC24V 이용-NPN/PNP)

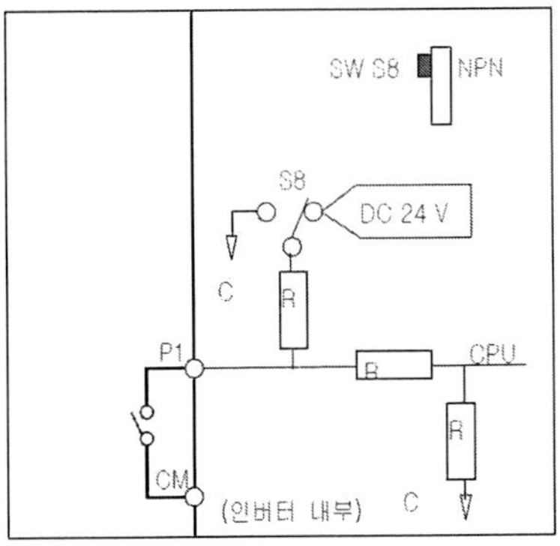

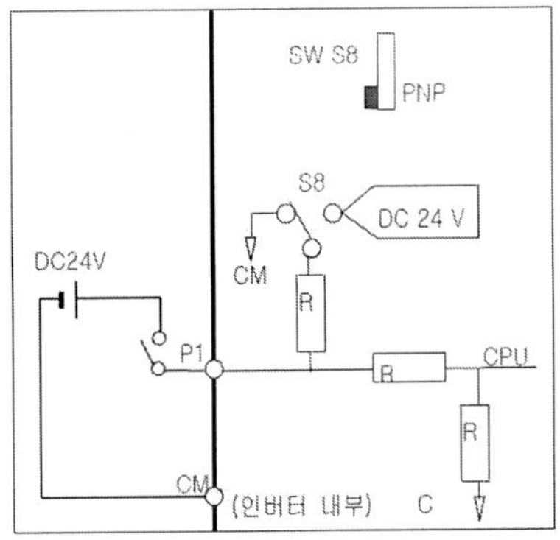

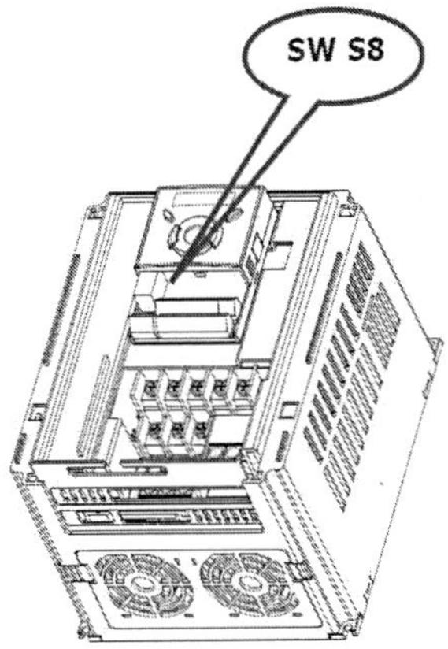

ⓑ 파라미터 설정

그룹명	설명
운전그룹	목표주파수, 가감속시간 등 운전에 필요한 파라미터 설정그룹
기능그룹1	출력주파수, 전압 조정 파라미터 설정 그룹
기능그룹2	PID운전, 제2 전동기 설정 등 기능 파라미터 설정 그룹
입출력 그룹	다기능 단자 설정 등 시퀀스 구성에 필요한 파라미터 설정 그룹

SV-IG5A 시리즈의 파라미터는 운전그룹, 기능그룹1, 기능그룹2, 입출력 그룹 등 4개의 그룹으로 구성되어 있으며 운전주파수, 가감속 속도제어 등 각 그룹에 속해있는 파라미터는 다음과 같은 방법으로 변경이 가능하다.

ⓒ 그룹간 이동(우-시프트 키 또는 좌-시프트 키 이용)

각 그룹에 속해있는 파라미터 변경을 위하여 운전그룹, 기능그룹1, 기능그룹2, 입출력 그룹 등 4개의 그룹은 우-시프트 키(▶) 또는 좌-시프트 키(◀)를 이용하여 그룹간 이동이 가능하다.

우-시프트 키(▶) 이용	좌-시프트 키(◀) 이용
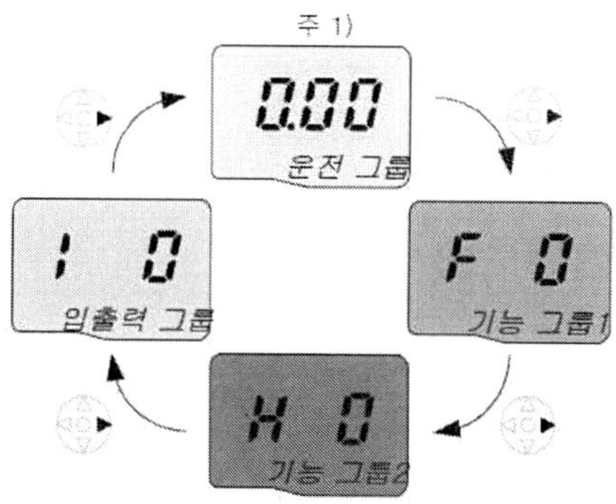	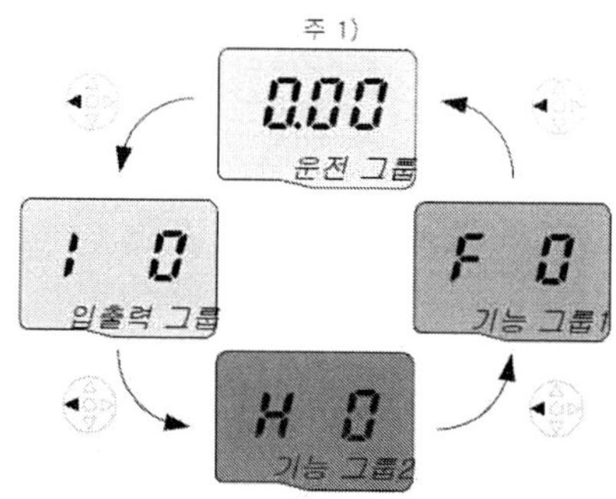

주1) 운전 그룹의 첫 번째 코드는 목표 주파수를 설정할 수 있는 곳이다. 따라서 공장 출하 시에는 0.00으로 설정되어 있으나 사용자가 운전 주파수를 변경한 경우에는 변경된 운전 주파수를 표시한다.

각 그룹의 첫 번째 코드에서 그룹간 이동방법 예

- 우-시프트 키(▶)를 이용하여 다음과 같이 그룹간 이동을 할 수 있다.

1	0.00	• 전원을 인가하면 운전 그룹의 첫 번째 코드인 0.00을 표시 • 우 시프트 키(▶)를 누른다.
2	F 0	• 기능 그룹 1의 첫 번째 코드인 F 0을 표시 • 우 시프트 키(▶)를 누른다.
3	H 0	• 기능 그룹 2의 첫 번째 코드인 H 0을 표시 • 우 시프트 키(▶)를 누른다.
4	I 0	• 입출력 그룹의 첫 번째 코드인 I 0을 표시 • 우 시프트 키(▶)를 누른다.
5	0.00	• 입출력 그룹에서 우 시프트 키(▶)를 누르면 다시 운전 그룹의 첫 번째 코드로 이동

- 좌 시프트 키(◀)를 이용하면 위의 순서와 반대로 그룹 이동을 할 수 있다.

각 그룹의 첫 번째 코드가 아닌 상태에서 그룹간 이동 예

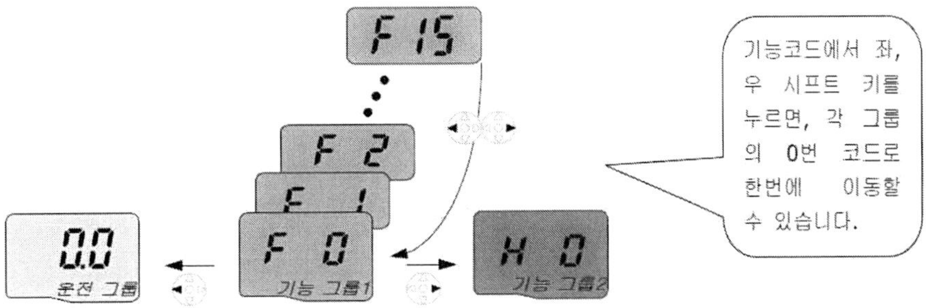

위 그림에서와 같이 기능 그룹 1의 15번 코드에서 기능그룹 2로 이동하려면 다음과 같이 한다.

1		• 기능 그룹 1의 코드 15번을 표시 • 우 시프트 키(▶) 또는 좌 시프트 키(◀)를 누른다.
2		• 기능 그룹 1의 첫 번째 코드인 F 0을 표시한다. • 우 시프트 키(▶)를 누른다.
3		• 기능 그룹 2의 첫 번째 코드인 H 0을 표시

운전그룹 내 코드간 이동 예

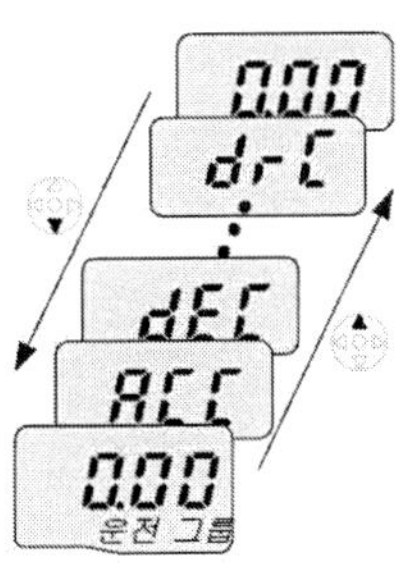	1		• 운전그룹의 첫 번째 코드인 0.00을 표시 • 업 키(▲)를 누른다.
	2	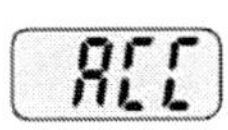	• 운전그룹의 두 번째 코드인 ACC를 표시 • 업 키(▲)를 누른다.
	3	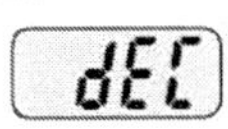	• 운전그룹의 세 번째 코드인 dEC를 표시 • 업 키(▲)를 계속 누른다.
	4	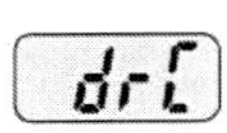	• 운전그룹의 마지막 코드인 drC를 표시 • 운전그룹의 마지막 코드에서 업 키(▲)를 다시 한 번 누른다.
	5		• 운전그룹의 첫 번째 코드로 되돌아온다.

• 다운 키(▼)를 이용하면 위와 반대 순서로 이동할 수 있다.

점프 코드 사용 예

- 그룹기능1의 첫 번째 코드(F0)에서 15번 코드로 이동하는 경우

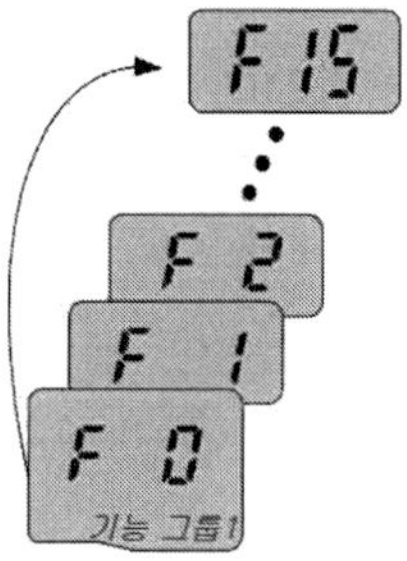		• 운전그룹의 첫 번째 코드인 F0을 표시 • 엔터 키(●)를 누른다
	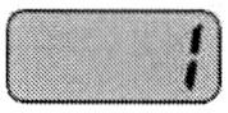	• 현재 1번 코드로 이동할 수 있음을 보여준다. • 업 키(▲)를 이용하여 5로 설정한다.
		• 좌 시프트 키(◀)를 누르면 커서가 왼편으로 이동하여 05를 표시한다. 5의 밝기가 0보다 흐리게 표시된다. • 업 키(▲)를 이용하여 1로 설정한다.
		• 현재 15번 코드로 이동할 준비가 되어 있음을 표시한다. • 엔터 키(●)를 누른다.
		• 기능그룹 1의 15번 코드를 표시한다.

• 기능그룹 2와 입출력 그룹도 위와 같은 방법으로 코드 이동을 할 수 있다.

같은 그룹 내에서 코드간 이동 예

- 기능그룹1의 1번 커드에서 15번 코드로 이동하는 경우

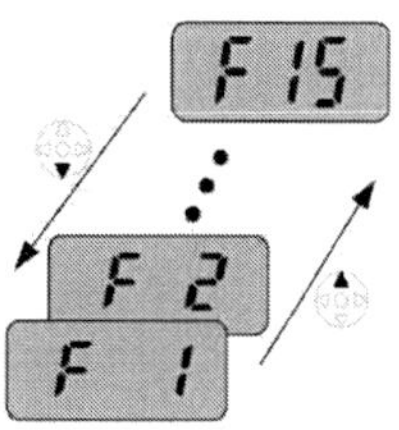		• 기능그룹 1의 1번 코드를 표시한다. • F 15를 표시할 때까지 업 키(▲)를 누른다.
	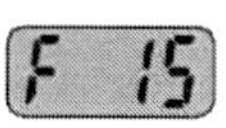	• 기능그룹 1의 15번 코드를 표시한다.

• 기능그룹 2와 입출력 그룹도 위와 같은 방법으로 코드 이동을 할 수 있다.

운전그룹 파라미터 변경 예

- 가속시간을 5.0초에서 16.0초로 변경하는 경우

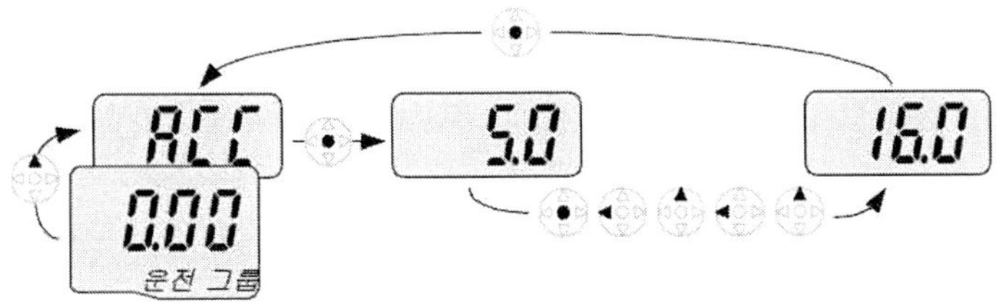

1	0.00	• 운전 그룹의 첫 번째 코드 정보를 표시한다. • 업 키(▲)를 누른다.
2	ACC	• 운전 그룹의 두 번째 코드인 가속 시간 ACC를 표시한다. • 엔터 키(•)를 누른다.
3	5.0	• 5.0의 0 밝기가 5.보다 밝게 표시된다. • 좌 시프트 키(◀)를 누른다.
4	5.0	• 5.0의 0 밝기가 흐려지며 5.의 값을 변경할 수 있음을 나타낸다. • 업 키(▲)를 누른다.
5	6.0	• 6.0으로 값이 바뀐다. • 좌 시프트 키(◀)를 누른다.
6	06.0	• 6.0 밝기가 흐려지며 06.0을 표시한다. • 업 키(▲)를 누른다.
7	16.0	• 16.0을 표시한다. • 엔터 키(●)를 누른다. • 16.0 이 점멸주1) 한다. • 엔터 키(•)를 누른다.
8	ACC	• ACC를 표시한다. 가속시간이 16.0초로 변경된다.

• 위의 7번 순서에서 16.0이 점멸하고 있는 상태에서 엔터 키(●)를 제외한 나머지 방향키를 누르면 파라미터 설정을 취소할 수 있다.

주1) 파라미터 수정시 깜박이는 것은 수정된 값을 입력시킬 것인가를 묻는 것이다. 이 상태에서 엔터 키(•)를 누르면 입력이 완료된다. 만약 수정된 값을 입력시키지 않으려면 점등상태에서 엔터 키(•)를 제외한 좌, 우, 업, 다운 키를(◀)(▶)(▲)(▼) 누르면 입력을 취소시킬 수 있다.

주파수 설정 예

- 운전그룹에서 운전 주파수를 30.05[Hz]로 설정하는 경우

1	0.00	• 운전 그룹의 첫 번째 코드 정보를 표시한다. • 엔터 키(●)를 누른다.
2	0.00	• 소수점 둘째 자리를 변경할 수 있다. • 5가 될 때까지 업 키(▲)를 누른다.
3	0.05	• 좌 시프트 키(◀)를 누른다.
4	0.05	• 설정할 수 있는 자리수가 좌측으로 이동한다. • 좌 시프트 키(◀)를 누른다.
5	0.05	• 좌 시프트 키(◀)를 누른다.
6	00.05	• 업 키(▲)를 이용하여 3으로 설정한다.
7	30.05	• 엔터 키(●)를 누른다. • 30.05가 점멸한다. • 엔터 키(●)를 누른다.
8	30.05	-. 30.05의 점멸 상태가 멈추면 운전 주파수는 30.05로 설정이 완료된다.

• SV-iG5A 시리즈는 표시부의 자리수가 4자리지만 좌-시프트 키(◀)와 우-시프트 키(▶)를 이용하여 5자리까지 확장하여 파라미터 값을 설정 및 모니터 할 수 있다.

• 위의 7번 순서에서 30.05 가 점멸하고 있는 상태에서 엔터 키(●)를 제외한 나머지 방향 키를 누르면 파라미터 설정을 취소할 수 있다.

입출력 그룹 파라미터 변경 예

- 기능그룹 1의 28번 코드(F28)값을 2에서 5로 변경하는 경우

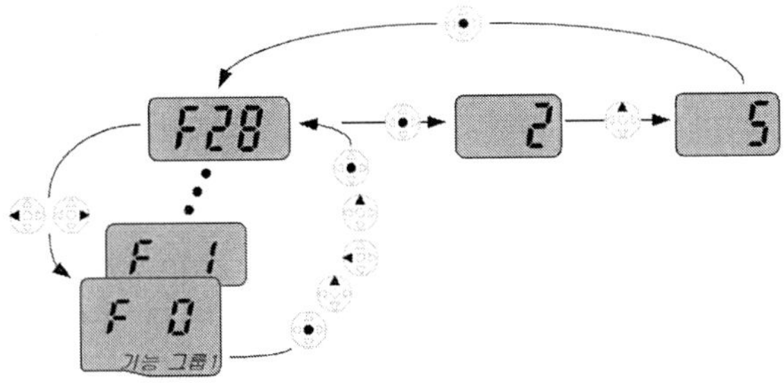

1	F 0	• 기능 그룹 1의 첫 번째 코드를 표시한다. • 엔터 키(•)를 누른다.
2	1	• 이동할 코드 번호가 1임을 표시한다. • 업 키(▲)를 이용하여 8까지 증가 시킨다.
3	8	• 이동할 코드 번호가 7임을 표시한다. • 좌 시프트 키(◀)를 누른다.
4	08	• 8의 밝기가 흐려지며 0자리의 값을 변경할 수 있음을 나타낸다. • 업 키(▲)를 이용하여 2까지 증가시킨다.
5	28	• 이동할 코드 번호가 28임을 표시한다. • 엔터 키(●)를 누른다.
6	F 28	• 현재의 위치가 기능 그룹 1의 28번 코드임을 표시한다. • 엔터 키(●)를 누른다.
7	2	• 28번 코드의 설정된 값이 2임을 표시한다. • 업 키(p)를 이용하여 5까지 증가 시킨다.
8	5	• 엔터 키(●)를 누른다.
9	F 28	• 5가 점멸한 후 코드 번호를 표시한다. 파라미터 변경이 완료되었다. • 좌 시프트 키(◀) 또는 우 시프트 키(▶)를 누른다.
10	F 0	• 기능 그룹 1의 첫 번째 코드로 이동되었다.

• 기능 그룹 2와 입출력 그룹도 위와 같은 방법으로 파라미터 변경을 할 수 있다.

주파수 설정 및 기본운전 예

• 로더로 주파수를 설정하고 인버터 단자대에서 운전을 지령하는 경우		
1		• 인버터에 전원을 인가한다.
2	0.00	• 인버터 표시부에 왼쪽과 같은 표시를 확인한다. • 엔터 키(●)를 누른다.
3	0.00	• 왼편 그림과 같이 표시부의 0.0에서 우측에 있는 0이 밝게 보인다. • 좌 시프트 키(◀)를 3번 눌러 변경할 자리를 이동한다.
4	00.00	• 00.00을 표시하며 가장 좌측에 있는 0이 밝게 보인다. • 업 키(▲)를 눌러 값을 1로 변경한다.
5	10.00	• 10.00을 확인한 후 엔터 키(●)를 누른다. • 10.00이 점멸하면 엔터 키(●)를 다시 누른다.
6	10.00	• 10.00이 점멸을 멈추면 운전 주파수가 10.00Hz로 설정 완료된다. • 아래 결선도에 있는 P1(FX) 단자와 CM 단자 사이의 스위치를 온(ON)한다.
7	10.00	• 인버터 표시부의 RUN(운전 중) 표시등은 점멸을 하고, FWD(정방향 운전) 표시등은 점등되어 있으며, 숫자 표시부에서는 가속중인 주파수를 표시한다. • 운전 주파수가 10Hz에 도달하면 왼편과 같이 표시된다. • P1(FX)과 CM 단자 사이의 스위치를 오프(OFF) 한다.
8	10.00	• 인버터 표시부의 RUN(운전중) 표시등은 다시 점멸을 하고, 숫자 표시부에서는 감속중인 주파수를 표시한다. • 운전 주파수가 0Hz에 도달하면 왼편 그림과 같이 RUN(운전중) 및 FWD(정방향 운전) 표시등이 꺼지고 숫자 표시부에서는 10.00을 표시한다.

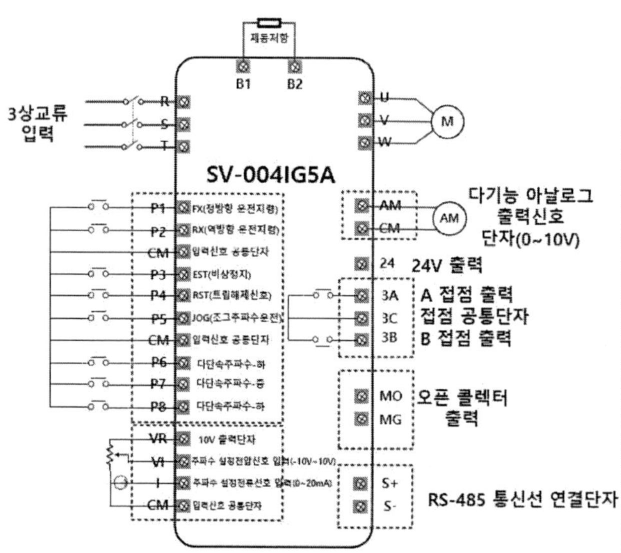

결선도

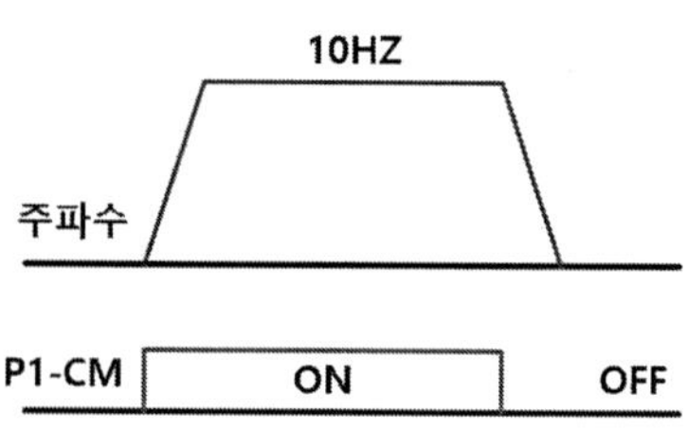

운전패턴

• 볼륨저항으로 주파수를 설정하고 인버터 단자대에서 운전을 지령하는 경우		
1		• 인버터에 전원을 인가한다.
2	0.00	• 인버터 표시부에 왼쪽과 같은 표시를 확인한다. • 업 키(▲)를 4번 누른다.
3	Frq	• 주파수 설정 방법을 변경 할 수 있는 코드로 이동한다. • 엔터 키(●)를 누른다.
4	0	• 현재 주파수 설정 방법이 0번(로더를 이용한 주파수 설정)으로 되어 있다. • 업 키(▲)를 3번 누른다.
5	3	• 3 (볼륨저항으로 주파수 설정)을 확인한 후 • 엔터 키(●)를 누른다.
6	Frq	• 3이 점멸을 하면 엔터 키(●)를 한 번 더 누른다. • Frq를 표시하면 주파수 설정 방법이 볼륨저항으로 변경된다. • 볼륨저항을 회전시켜 10.00Hz로 조정한다.
7	10.00	• 아래 결선도에 있는 P1(FX) 단자와 CM 단자사이의 스위치를 온(ON)한다. • 인버터 표시부의 RUN(운전중) 표시등은 점멸을 하고, FWD(정방향 운전) 표시등은 점등되어 있으며, 숫자 표시부에서는 가속중인 주파수를 표시한다. • 운전 주파수가 10 Hz 에 도달하면 왼편과 같이 표시된다. • P1(FX)과 CM 단자 사이의 스위치를 오프(OFF) 한다.
8	10.00	• 인버터 표시부의 RUN(운전중) 표시등은 다시 점멸을 하고, 숫자 표시부에서는 감속중인 주파수를 표시한다. • 운전 주파수가 0Hz에 도달하면 왼편 그림과 같이 RUN(운전중) 및 FWD (정방향 운전) 표시등이 꺼지고 숫자 표시부에서는 10.00을 표시한다.

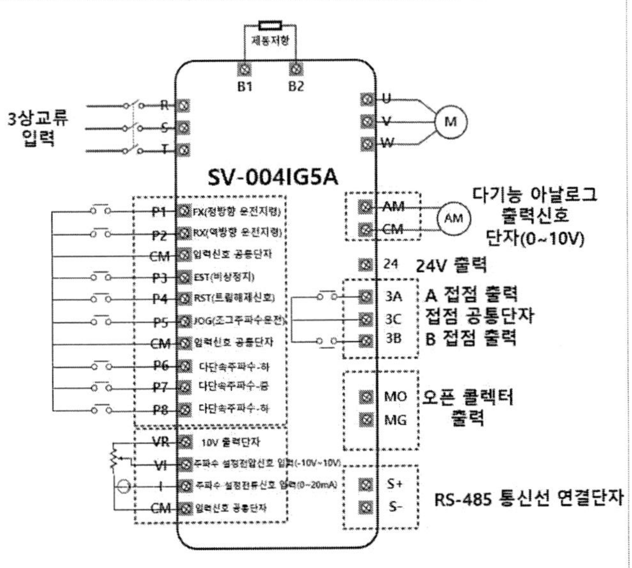	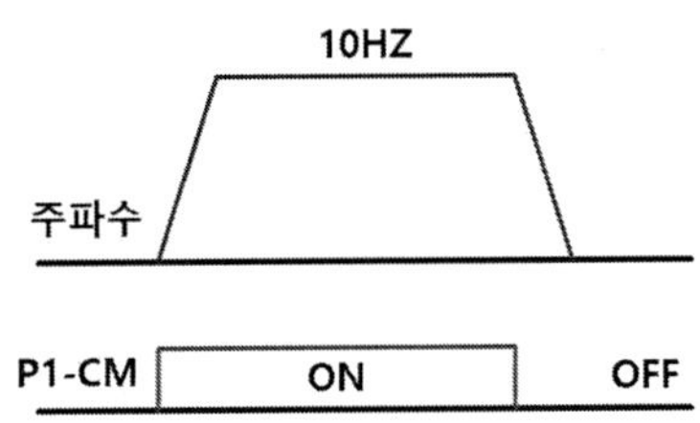
결선도	운전패턴

• 볼륨저항으로 주파수를 설정하고 로더의 런 키로 운전을 지령하는 경우		
1		• 인버터에 전원을 인가한다.
2	0.00	• 인버터 표시부에 왼쪽과 같은 표시를 확인한다. • 업 키(▲)를 3번 누른다.
3	drv	• 운전지령 방법을 변경할 수 있는 코드로 이동한다. • 엔터 키(●)를 누른다.
4	1	• 운전지령 방법이 1번(인버터 단자대)으로 되어 있다. • 다운 키(▼)를 누른다.
5	0	• 0번을 확인한 후 엔터 키(●)를 누른다. • 0번이 점멸하고 있는 상태에서 엔터 키(●)를 한 번 더 누른다.
6	drv	• drv를 표시하면 운전지령방법이 로더의 런 키로 변경된다. • 업 키(▲)를 한번 누른다.
7	Frq	• 주파수 설정 방법을 변경할 수 있는 코드로 이동하였다. • 엔터 키(●)를 누른다.
8	0	• 현재 주파수 설정방법이 0번(로더를 이용한 주파수설정)으로 되어 있다. • 업 키(▲)를 3번 누른다.
9	3	• 3(볼륨저항으로 주파수 설정)을 확인한 후 엔터 키(●)를 누른다. • 3이 점멸하고 있는 상태에서 엔터 키(●)를 한 번 더 누른다.
10	Frq	• Frq를 표시하면 주파수 설정 방법이 로더 볼륨으로 변경된다. • 볼륨저항을 회전하여 10.00Hz로 조정한다.
11	10.00	• 인버터 로더의 런(RUN) 키를 누른다. • 인버터 표시부의 RUN(운전중) 표시등은 점멸을 하고, FWD(정방향 운전) 표시등은 점등되어 있으며, 숫자 표시부에서는 가속중인 주파수를 표시한다. • 운전 주파수인 10Hz에 도달하면 왼편과 같이 표시된다. • 인버터 로더의 스톱(STOP/RST) 키를 누른다.
12	10.00	• 인버터 표시부의 RUN(운전중) 표시등은 다시 점멸을 하고, 숫자 표시부에서는 감속중인 주파수를 표시한다. • 운전 주파수가 0Hz에 도달하면 왼편 그림과 같이 RUN(운전중) 및 FWD(정방향 운전) 표시등이 꺼지고 숫자 표시부에서는 10.00을 표시한다.

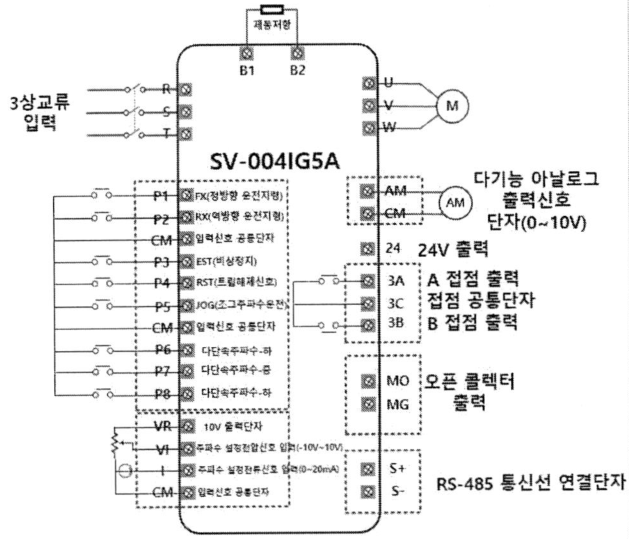

결선도

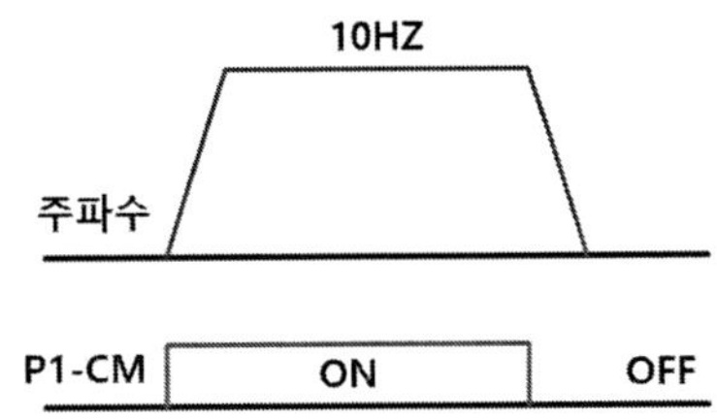

운전패턴

기능 일람표

<table>
<tr><th colspan="10">운전그룹</th></tr>
<tr><th>표시</th><th>통신용 번지</th><th>명칭</th><th>설정범위</th><th colspan="3">설명</th><th>기본값</th><th>운전 중 변경 여부</th></tr>
<tr><td>0.00</td><td>A100</td><td>지령주파수</td><td>0~400Hz</td><td colspan="3"></td><td>0.00</td><td>Y</td></tr>
<tr><td>ACC</td><td>A101</td><td>가속시간</td><td rowspan="2">0~6000Sec</td><td colspan="3" rowspan="2"></td><td>5.0</td><td rowspan="2">Y</td></tr>
<tr><td>dEC</td><td>A102</td><td>감속시간</td><td>10</td></tr>
<tr><td rowspan="4">drv</td><td rowspan="4">A103</td><td rowspan="4">운전지령 방법</td><td rowspan="4">0~3</td><td>0</td><td colspan="2">로더의 런 키와 스톱 키로 운전</td><td rowspan="4">1</td><td rowspan="4">N</td></tr>
<tr><td>1</td><td rowspan="2">단자대 운전</td><td>FX, RX</td></tr>
<tr><td>2</td><td>FX, RX</td></tr>
<tr><td>3</td><td colspan="2">RS485 통신으로 운전</td></tr>
<tr><td rowspan="8">Frq</td><td rowspan="8">A104</td><td rowspan="8">주파수 설정방법</td><td rowspan="8">0~8</td><td>0</td><td rowspan="2">디지털</td><td>로더 디지털 주파수 설정1</td><td rowspan="8">0</td><td rowspan="8">N</td></tr>
<tr><td>1</td><td>로더 디지털 주파수 설정2</td></tr>
<tr><td>2</td><td rowspan="5">아날로그</td><td>단자대의 V1 단자 설정 1
: -10 ~ +10 [V]</td></tr>
<tr><td>3</td><td>단자대의 V1 단자 설정 2
: 0 ~ +10 [V]</td></tr>
<tr><td>4</td><td>단자대의 I 단자
: 0 ~ 20 [mA]</td></tr>
<tr><td>5</td><td>단자대 V1 단자 설정1+단자대 I</td></tr>
<tr><td>6</td><td>단자대 V1 단자 설정2+단자대 I</td></tr>
<tr><td>7</td><td colspan="2">RS485 통신으로 설정</td></tr>
</table>

				8 업-다운(Digital Volume) 운전		
St1	A105	다단속 주파수1	0~400Hz	다단속 운전시 1속 주파수 설정	10.00	Y
St2	A106	다단속 주파수2		다단속 운전시 2속 주파수 설정	20.00	Y
St3	A107	다단속 주파수3		다단속 운전시 3속 주파수 설정	30.00	Y
CUr	A108	출력전류		출력전류 표시		
rPM	A109	전동기 회전수		전동기 회전수 표시		
dCL	A10A	인버터 직류전압		인버터 내부 직류링크전압 표시		
vOL	A10B	사용자 선택표시		모니터항목선택에서 설정된 항목표시 vOL 출력전압 pOr 출력파워 tOr 토오크		
nOn	A10C	현재고장 표시		트립의 종류 및 트립순간의 주파수, 전류, 운전상내 표시		
drC	A10D	회전방향 선택	정, 역	운전지령방법을 0으로 설정한 경우 전동기 회전방향 선택 F 정회전 r 역회전	정	Y

- 동작

① 볼륨저항으로 주파수를 설정하고 정역회전은 인버터의 단자대에서 운전을 지령 하도록 운전그룹의 drv 모드를 1, Frq 모드를 3으로 인버터를 설정한다.

② 상위제어기인 PLC를 사용하여 인버터에 연결된 3상 유도전동기를 정역제어 한다.

③ PLC의 프로그램에 따라 정회전 스위치가 입력되면 전동기가 정회전(FX-CM), 역회전 스위치가 입력되면 전동기가 역회전(RX-CM), 정지 스위치가 입력되면 전동기가 정지(RST)하는 동작을 수행한다.

(2) 실습순서

① 입출력 지정표를 작성한다.

구분	간접변수명	지정된 입출력 포트	비고
입력	정회전입력	%IX0.0.0	푸시버튼 스위치
	역회전입력	%IX0.0.1	푸시버튼 스위치
	리셋입력	%IX0.0.2	푸시버튼 스위치
출력	정회전출력	%QX0.2.0	FX 단자 입력신호
	역회전출력	%QX0.2.1	RX 단자 입력신호
	리셋출력	%QX0.2.2	RST 단자 입력신호
	정회전출력램프	%QX0.3.0	출력램프
	역회전출력램프	%QX0.3.1	출력램프
	리셋출력램프	%QX0.3.2	출력램프

② 주어진 동작을 수행할 수 있는 래더 프로그램을 작성한다.

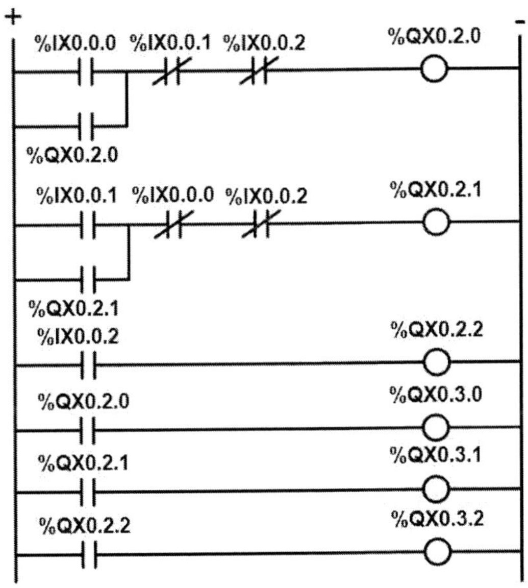

래더 프로그램

③ 입출력 지정표와 래더 프로그램을 보고 PLC 결선도를 작성한다.

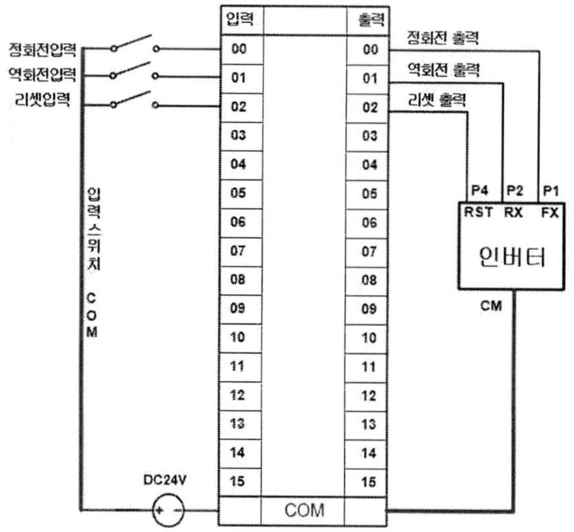

PLC 결선도1

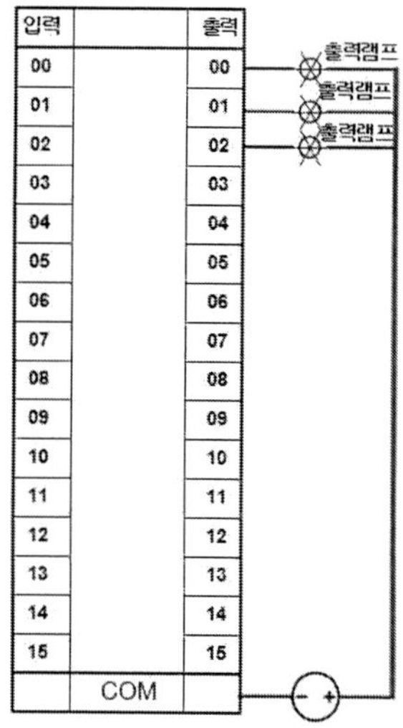

PLC 결선도2

④ PLC 결선도를 이용하여 트레이닝 키트의 입출력 장치를 연결한다.

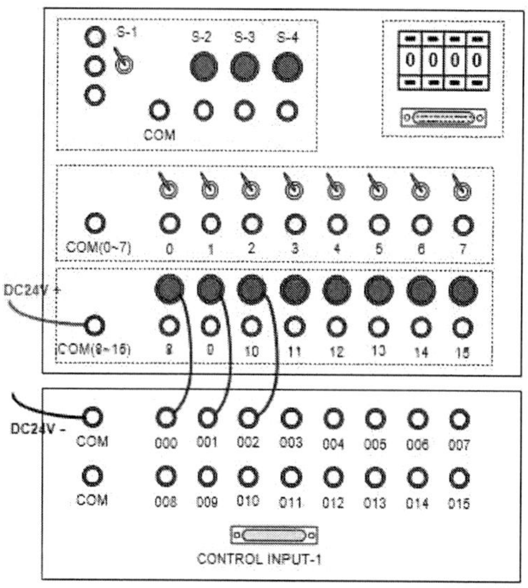

(a) 입력장치 결선도(스위치)

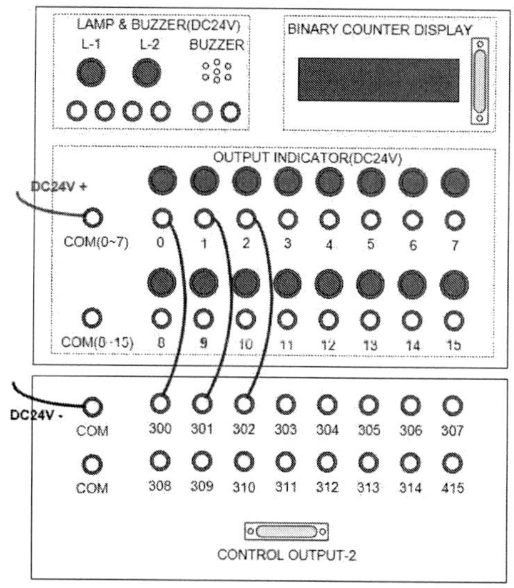

(b) 출력장치 결선도(램프)

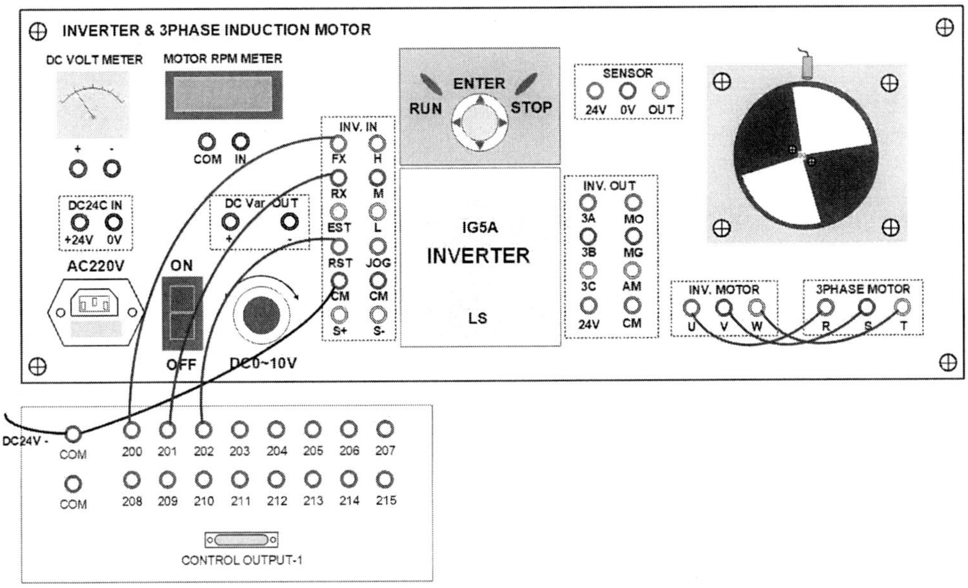

(c) 출력장치 결선도(인버터)

⑤ XG5000 프로그램에서 변수목록을 작성하고 프로그램을 입력한다.

	변수 종류	변수	타입	메모리 할당	초기값	리테인	사용 유무	EIP/OPC UA	HMI	설명문
2	VAR	리셋출력	BOOL	%QX0.2.2		☐	☑	☐	☐	
3	VAR	리셋출력램프	BOOL	%QX0.3.2		☐	☑	☐	☐	
4	VAR	역회전입력	BOOL	%IX0.0.1		☐	☑	☐	☐	
5	VAR	역회전출력	BOOL	%QX0.2.1		☐	☑	☐	☐	
6	VAR	역회전출력램프	BOOL	%QX0.3.1		☐	☑	☐	☐	
7	VAR	정회전입력	BOOL	%IX0.0.0		☐	☑	☐	☐	
8	VAR	정회전출력	BOOL	%QX0.2.0		☐	☑	☐	☐	
9	VAR	정회전출력램프	BOOL	%QX0.3.0		☐	☑	☐	☐	

(a) 변수목록

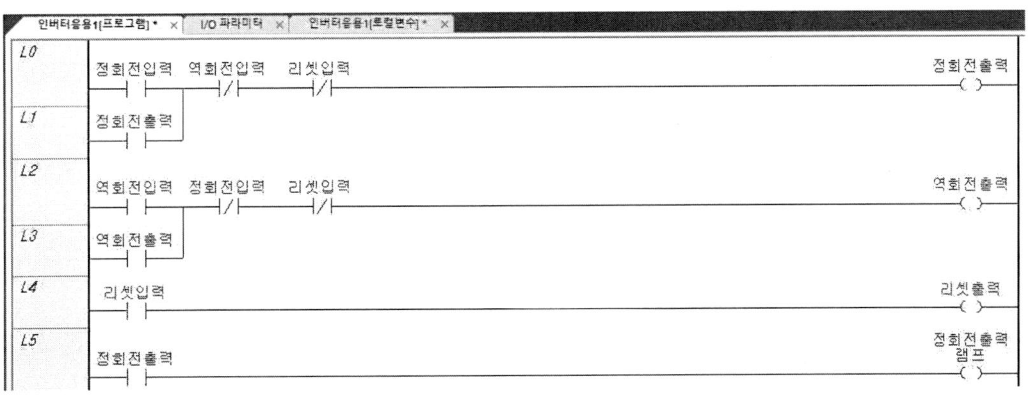

(b) 인버터 응용 PLC 래더 프로그램

(3) 실습결과 확인

① 볼륨저항으로 주파수를 설정하고 정역회전은 인버터의 단자대에서 운전을 지령하도록 운전 그룹의 drv 모드를 1, Frq 모드를 3으로 인버터를 설정한다.

② 프로그램을 실행시킨다.

③ PLC의 프로그램에 따라 정회전 스위치가 입력되면 전동기가 정회전(FX-CM), 역회전 스위치가 입력되면 전동기가 역회전(RX-CM), 정지 스위치가 입력되면 전동기가 정지(RST)하는 동작을 수행하는지 확인한다.

10.31 공압 실린더 응용 실습

(1) 실습목적

공압 실린더, 마그네틱 센서, 양방향 공압 밸브를 이용하여 공압 실린더를 제어하고 응용할 수 있도록 한다.

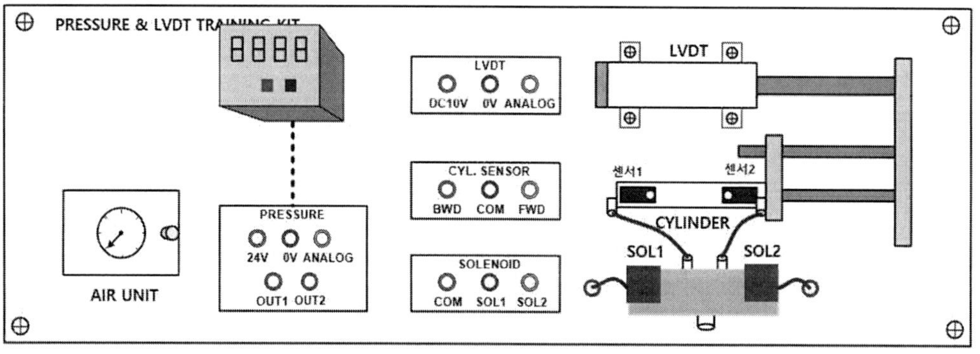

공압실린더 제어모듈

• 동작1

시작 스위치를 누르면 공압 실린더가 전진하고 공압 실린더 전단에 설치된 마그네트 센서(센서1)가 검출되면 공압 실린더는 다시 후진하여 후단에 설치된 마그네트 센서가 검출되면 공압 실린더 동작이 정지된다. 정지 스위치를 누르면 공압 실린더의 동작이 즉시 정지되고 스프링 장치에 의하여 초기상태로 복귀된다.

① 입출력 지정표를 작성한다.

구분	간접변수명	지정된 입출력 포트	비고
입력	시작	%IX0.0.0	푸시버튼 스위치
	정지	%IX0.0.1	푸시버튼 스위치
	센서1(MS1)	%IX0.1.0	위치검출센서
	센서2(MS2)	%IX0.1.1	위치검출센서
출력	SOL1	%QX0.2.0	솔레노이드 밸브
	SOL2	%QX0.2.1	솔레노이드 밸브

② 주어진 동작을 수행할 수 있는 래더 프로그램을 작성한다.

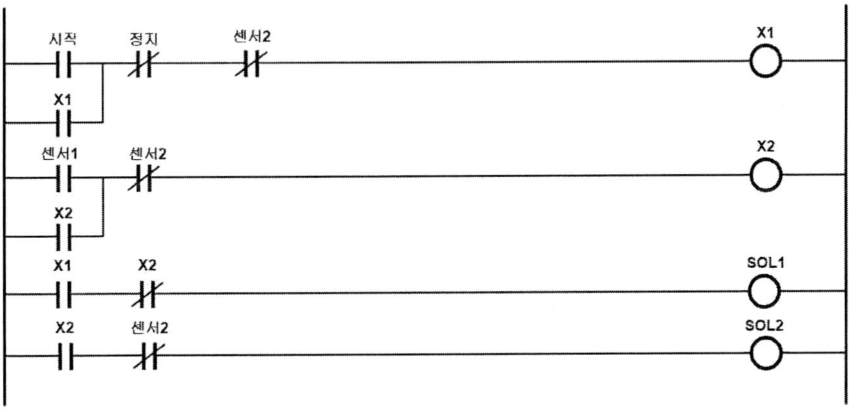

래더 프로그램

③ 입출력 지정표와 래더 프로그램을 보고 PLC 결선도를 작성한다.

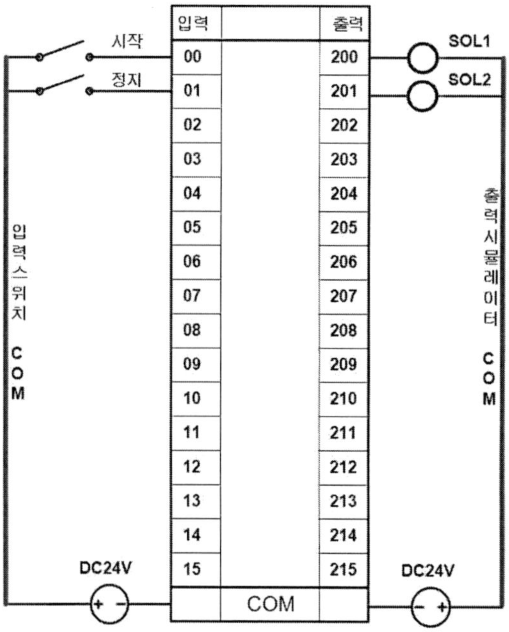

(a) PLC 결선도(스위치와 솔밸브)

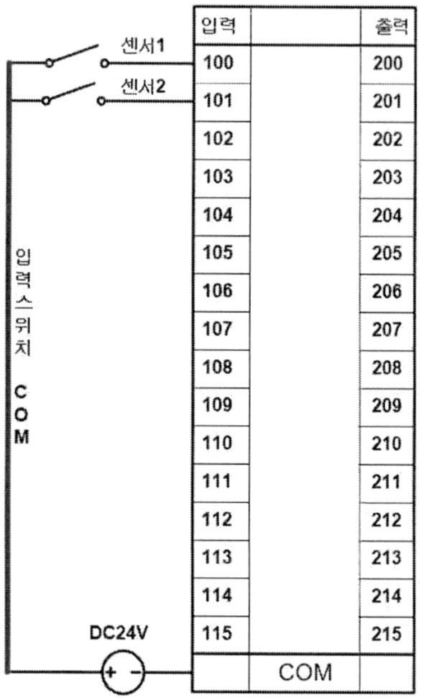

(b) PLC 결선도(마그네트 센서)

④ PLC 결선도를 이용하여 트레이닝 키트의 입출력 장치를 연결한다.

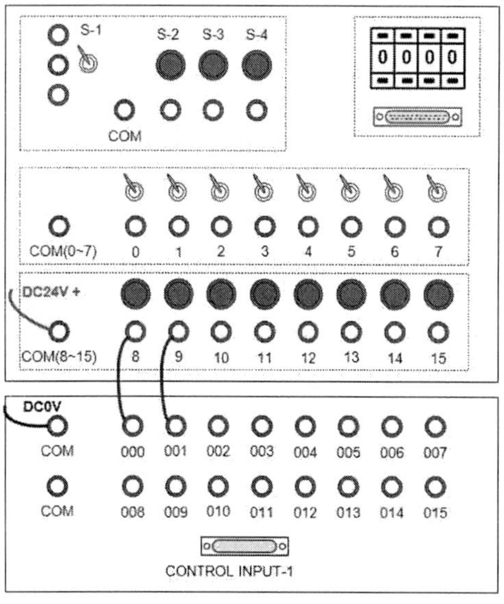

(a) 입력장치 결선도(스위치)

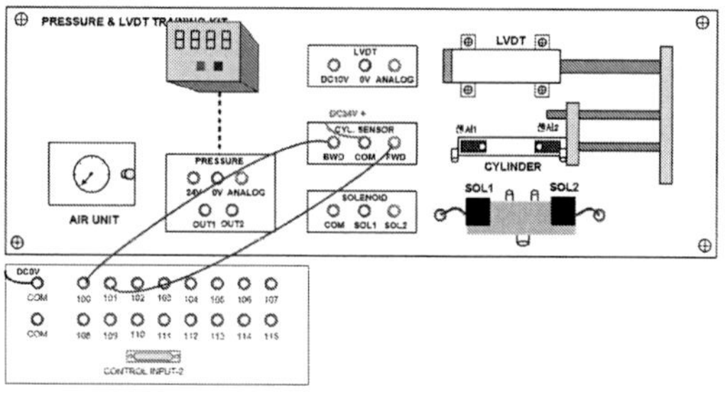

(b) 입력장치 결선도(마그네틱 센서)

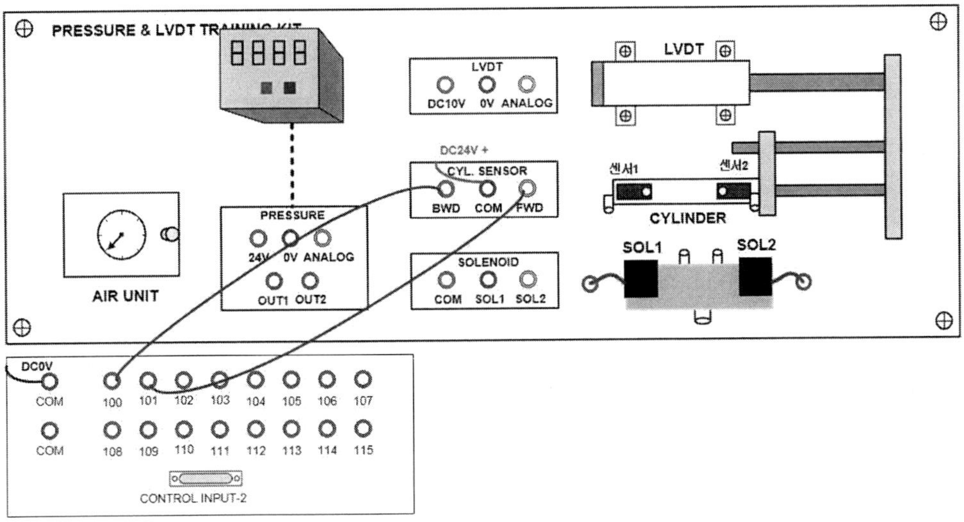

(b) 입력장치 결선도(마그네틱 센서)

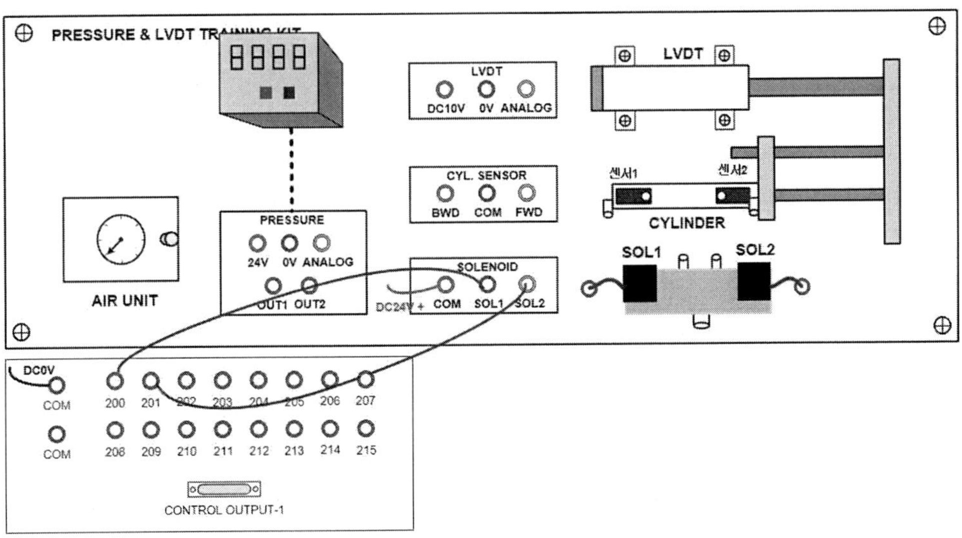

(c) 출력장치 결선도(솔레노이드 밸브)

⑤ XG5000 프로그램에서 변수목록을 작성하고 프로그램을 입력한다.

	변수 종류	변수	타입	메모리 할당	초기값	리테인	사용 유무	EIP/OPC UA	HMI	설명문
1	VAR	SOL2	BOOL	%QX0.2.1		☐	☑	☐	☐	
2	VAR	SOL1	BOOL	%QX0.2.0		☐	☑	☐	☐	
3	VAR	정지	BOOL	%IX0.0.1		☐	☑	☐	☐	
4	VAR	시작	BOOL	%IX0.0.0		☐	☑	☐	☐	
5	VAR	X1	BOOL	%MX1		☐	☑	☐	☐	
6	VAR	X2	BOOL	%MX2		☐	☑	☐	☐	
7	VAR	MS1	BOOL	%IX0.1.0		☐	☑	☐	☐	
8	VAR	MS2	BOOL	%IX0.1.1		☐	☑	☐	☐	

(a) 변수목록

(b) 공압실린더 응용 PLC 래더 프로그램

(3) 실습결과

① 프로그램을 실행시킨다.

② 시작 스위치를 누르면 공압 실린더가 전진하고 공압 실린더 전단에 설치된 마그네트 센서(센서1)가 검출되면 공압 실린더는 다시 후진하는 동작을 확인한다.

③ 공압 실린더가 후진하는 중 후단에 설치된 마그네트 센서가 검출되면 공압 실린더는 동작을 정지하는 동작을 확인한다.

③ 정지 스위치를 누르면 공압 실린더의 동작이 즉시 정지되고 스프링 장치에 의하여 초기상태로 복귀동작을 수행하는지 확인한다.

- 동작2

시작 스위치를 누르면 공압 실린더가 전진하고 공압 실린더의 전단에 설치된 마그네트 센서가 검출되면 후진한다. 그리고 후단에 설치된 마그네트 센서가 검출되면 공압 실린더는 다시 전진하는 동작을 반복 수행한다. 동작 중 정지스위치를 누르면 해당 왕복동작을 완료한 후 정지한다.

① 입출력 지정표를 작성한다.

구분	간접변수명	지정된 입출력 포트	비고
입력	시작	%IX0.0.0	푸시버튼 스위치
	정지	%IX0.0.1	푸시버튼 스위치
	센서1(MS1)	%IX0.1.0	위치검출센서
	센서2(MS2)	%IX0.1.1	위치검출센서
출력	SOL1	%QX0.2.0	솔레노이드 밸브
	SOL2	%QX0.2.1	솔레노이드 밸브

② 주어진 동작을 수행할 수 있는 래더 프로그램을 작성한다.

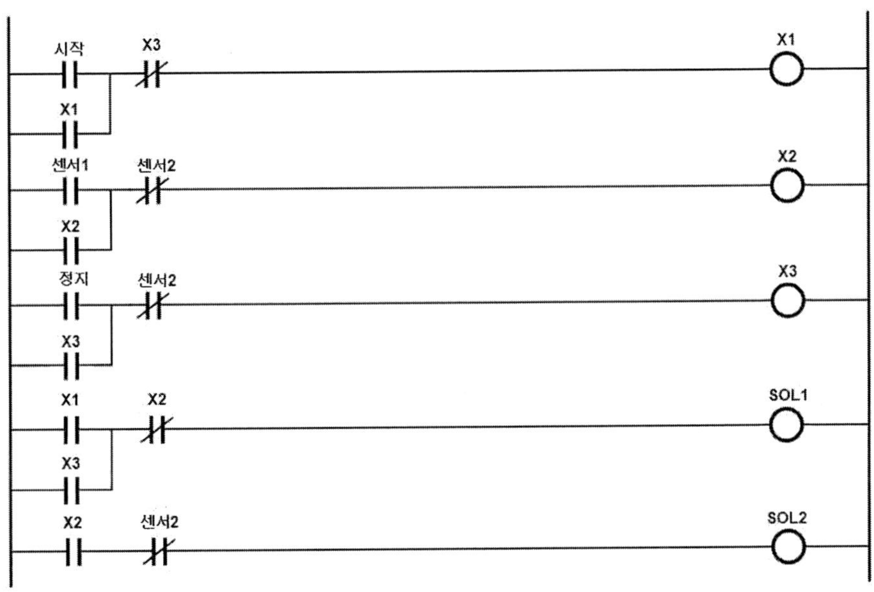

래더 프로그램

③ 입출력 지정표와 래더 프로그램을 보고 PLC 결선도를 작성한다.

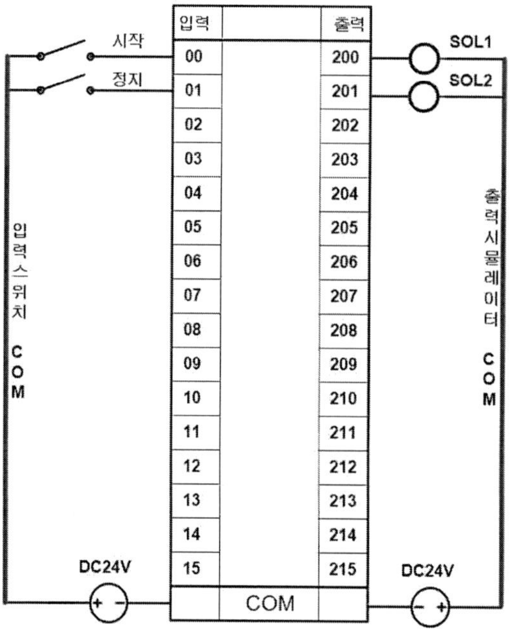

(a) PLC 결선도(스위치와 솔밸브)

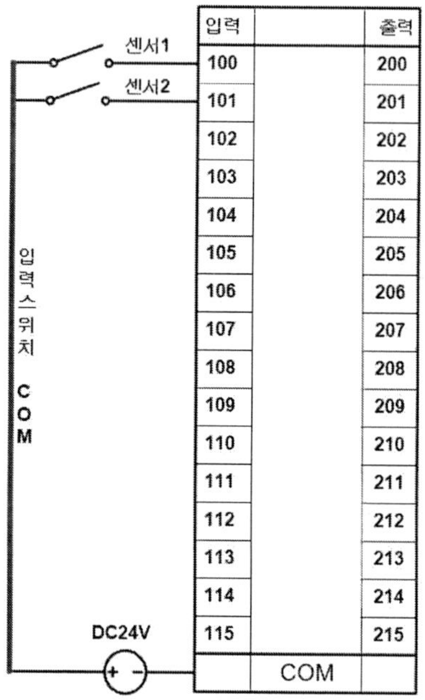

(b) PLC 결선도(마그네트 센서)

④ PLC 결선도를 이용하여 트레이닝 키트의 입출력 장치를 연결한다.

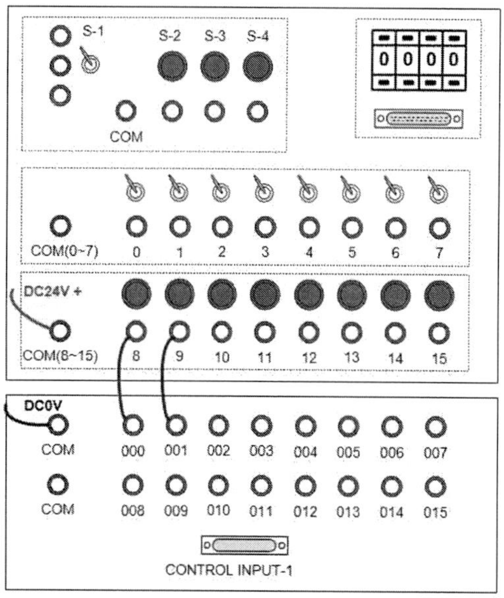

(a) 입력장치 결선도(스위치)

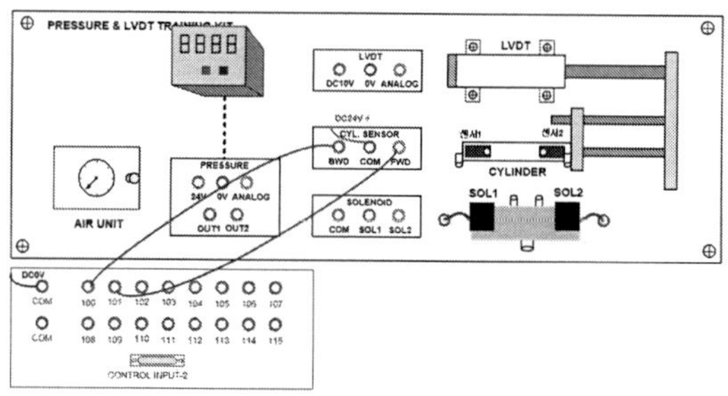

(b) 입력장치 결선도(마그네트 센서)

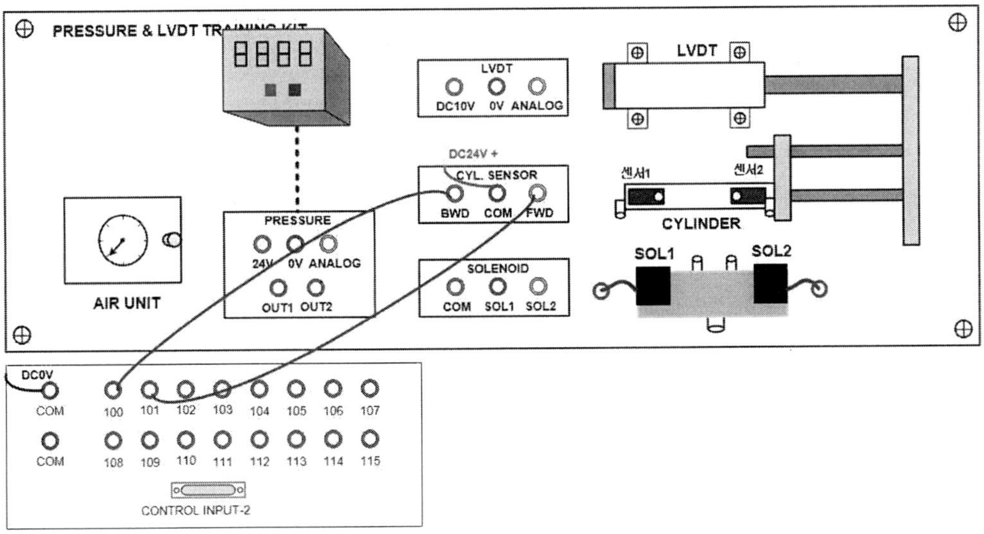

(b) 입력장치 결선도(마그네트 센서)

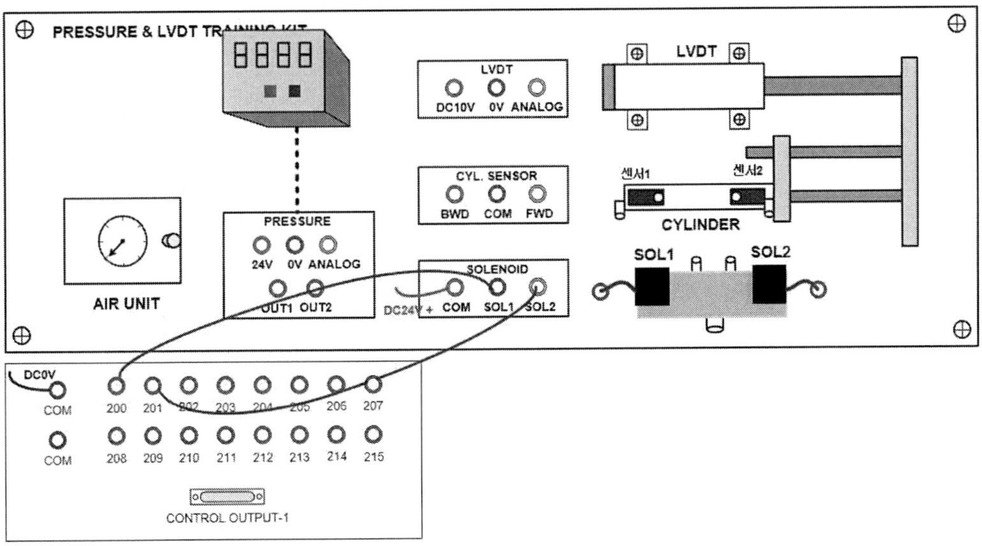

(c) 출력장치 결선도(솔레노이드 밸브)

⑤ XG5000 프로그램에서 변수목록을 작성하고 프로그램을 입력한다.

	변수 종류	변수	타입	메모리 할당	초기값	리테인	사용 유무	EIP/OPC UA	HMI	설명문
1	VAR	MS1	BOOL	%IX0.1.0		☐	☑	☐	☐	
2	VAR	MS2	BOOL	%IX0.1.1		☐	☑	☐	☐	
3	VAR	SOL1	BOOL	%QX0.2.0		☐	☑	☐	☐	
4	VAR	SOL2	BOOL	%QX0.2.1		☐	☑	☐	☐	
5	VAR	X1	BOOL	%MX1		☐	☑	☐	☐	
6	VAR	X2	BOOL	%MX2		☐	☑	☐	☐	
7	VAR	X3	BOOL	%MX3		☐	☑	☐	☐	
8	VAR	시작	BOOL	%IX0.0.0		☐	☑	☐	☐	
9	VAR	정지	BOOL	%IX0.0.1		☐	☑	☐	☐	

(a) 변수목록

(b) 공압실린더 응용 PLC 래더 프로그램

(3) 실습결과

① 프로그램을 실행시킨다.

② 시작스위치를 누르면 공압 실린더가 전진하고 공압 실린더의 전단에 설치된 마그네트 센서가 검출되면 후진한다. 그리고 후단에 설치된 마그네트 센서가 검출되면 공압 실린더는 다시 전진하는 동작을 반복 수행하는 동작을 확인한다.

③ 동작 중 정지 스위치를 누르면 해당 왕복동작을 완료한 후 정지하는지 확인한다.

• 동작3

양방향 솔레노이드 밸브를 이용하여 단속 스위치를 누르면 실린더가 1회 왕복운동하고 연속 스위치를 누르면 실린더가 연속 왕복운동을 수행한다. 운전 중 정지 스위치를 누르면 해당 왕복주기가 종료된 후 초기 상태로 복귀하여 정지한다.

① 입출력 지정표를 작성한다.

구분	간접변수명	지정된 입출력 포트	비고
입력	단속	%IX0.0.0	푸시버튼 스위치
	연속	%IX0.0.1	푸시버튼 스위치
	정지	%IX0.0.2	푸시버튼 스위치
	센서1(MS1)	%IX0.1.0	위치검출센서
	센서2(MS2)	%IX0.1.1	위치검출센서
출력	SOL1	%QX0.2.0	솔레노이드 밸브
	SOL2	%QX0.2.1	솔레노이드 밸브

② 주어진 동작을 수행할 수 있는 래더 프로그램을 작성한다.

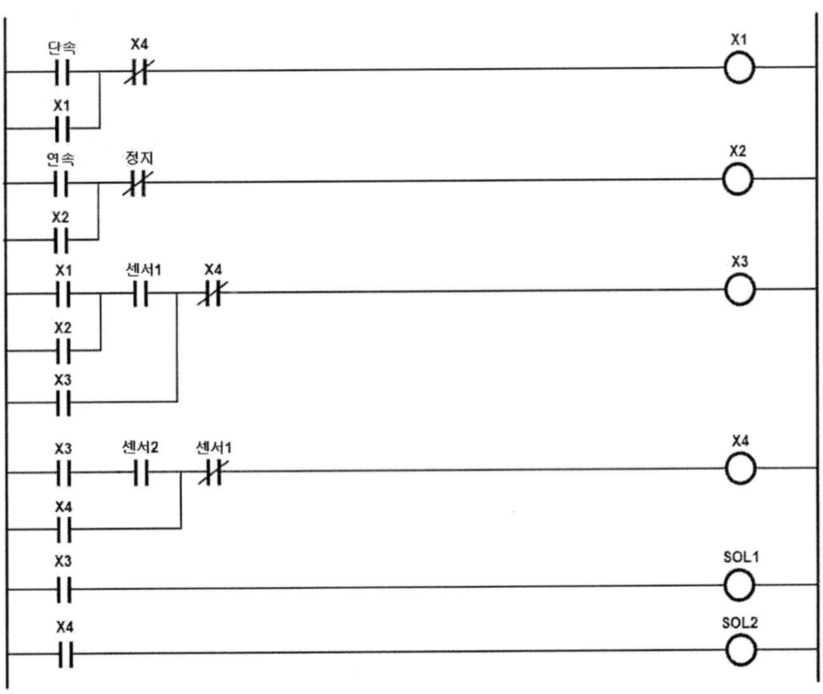

래더 프로그램

③ 입출력 지정표와 래더 프로그램을 보고 PLC 결선도를 작성한다.

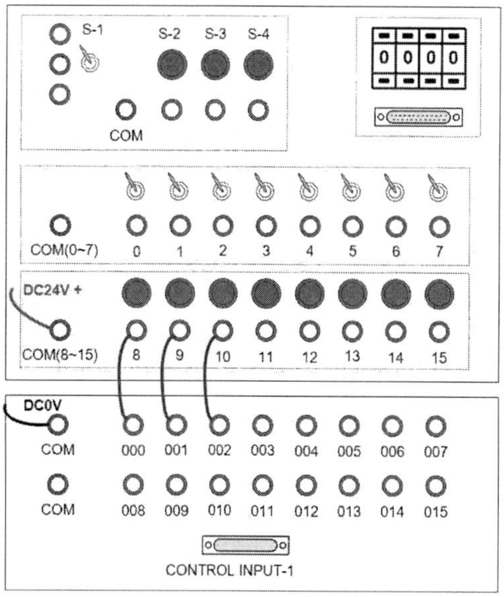

(a) 입력장치 결선도(스위치)

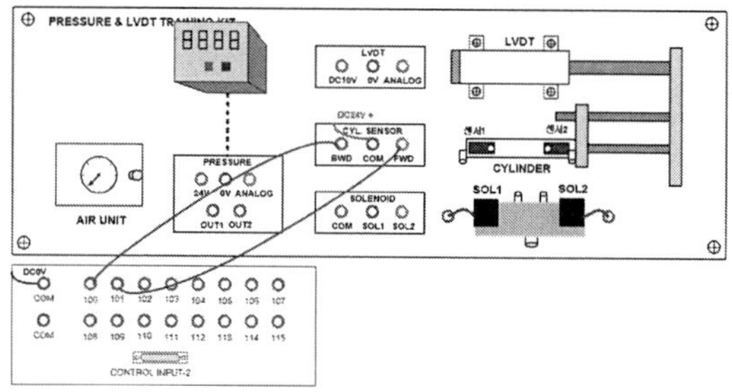

(b) 입력장치 결선도(마그네트 센서)

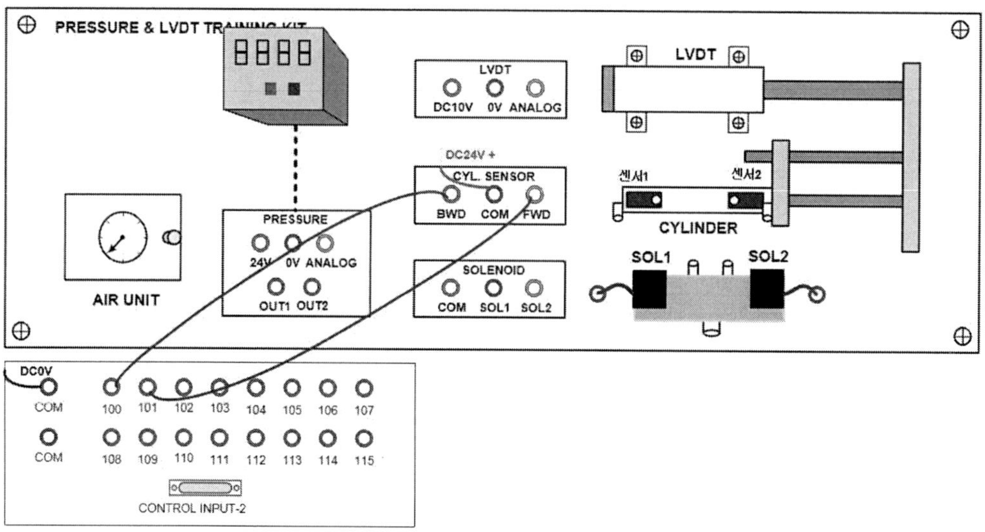

(b) 입력장치 결선도(마그네트 센서)

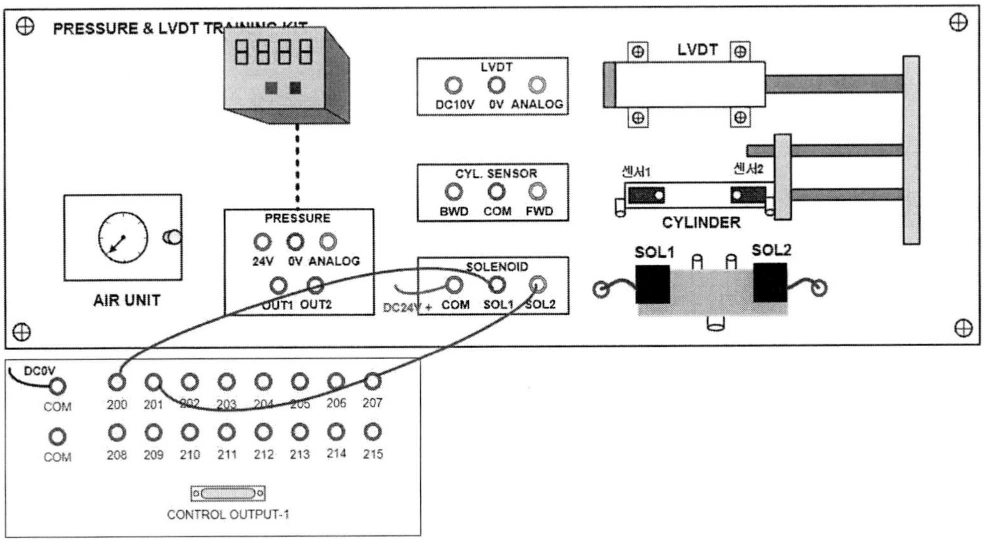

(c) 출력장치 결선도(솔레노이드 밸브)

⑤ XG5000 프로그램에서 변수목록을 작성하고 프로그램을 입력한다.

	변수 종류	변수	타입	메모리 할당	초기값	리테인	사용 유무	EIP/OPC UA	HMI	설명문
1	VAR	MS1	BOOL	%IX0.1.0		☐	☑	☐	☐	
2	VAR	MS2	BOOL	%IX0.1.1		☐	☑	☐	☐	
3	VAR	SOL1	BOOL	%QX0.2.0		☐	☑	☐	☐	
4	VAR	SOL2	BOOL	%QX0.2.1		☐	☑	☐	☐	
5	VAR	X1	BOOL	%MX1		☐	☑	☐	☐	
6	VAR	X2	BOOL	%MX2		☐	☑	☐	☐	
7	VAR	X3	BOOL	%MX3		☐	☑	☐	☐	
8	VAR	X4	BOOL	%MX4		☐	☑	☐	☐	
9	VAR	단속	BOOL	%IX0.0.0		☐	☑	☐	☐	
10	VAR	연속	BOOL	%IX0.0.1		☐	☑	☐	☐	
11	VAR	정지	BOOL	%IX0.0.2		☐	☑	☐	☐	

(a) 변수목록

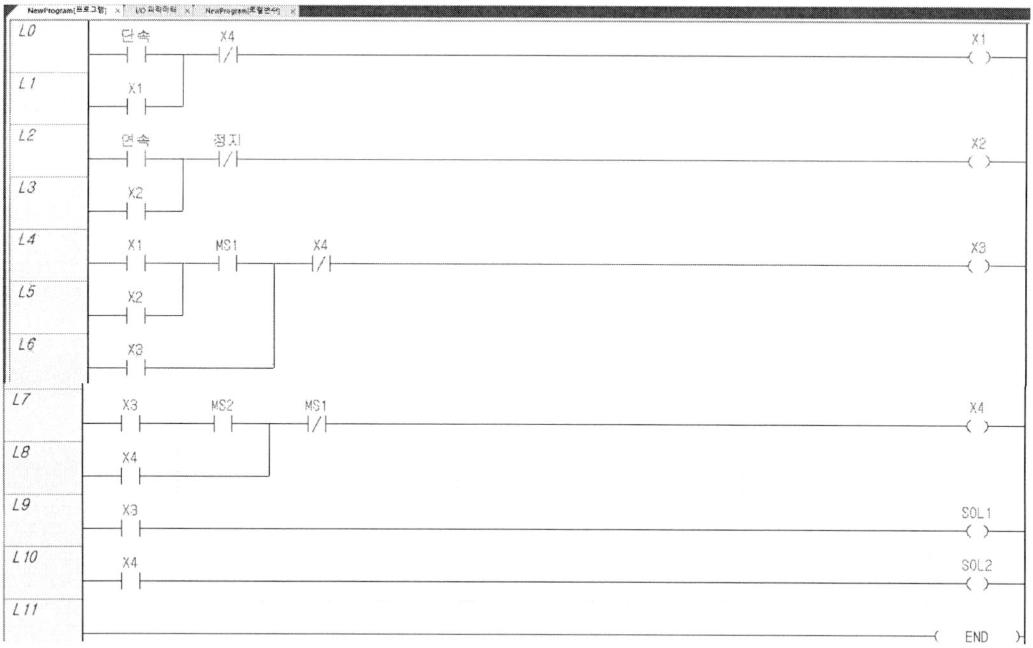

(b) 공압실린더 응용 PLC 래더 프로그램

(3) 실습결과

① 프로그램을 실행시킨다.

② 양방향 솔레노이드 밸브를 이용하여 단속 스위치를 누르면 실린더가 1회 왕복운동하고 연속 스위치를 누르면 실린더가 연속 왕복운동을 수행하는지 확인한다.

③ 운전 중 정지 스위치를 누르면 해당 왕복주기가 종료된 후 초기 상태로 복귀하여 정지하는 동작을 수행하는지 확인한다.

저자와의
협의에 의해
인지 생략

XGI PLC를 이용한

자동제어의 기초 및 응용

1판 2쇄 2025년 3월 4일

저 자 김세찬
발행인 송광헌
발행처 도서출판 복두(더)
디자인 유민경
주 소 서울특별시 영등포구 경인로 82길 3-4
센터플러스 807호
(우) 07371
전 화 02-2164-2580
FAX 02-2164-2584
등 록 1993. 11. 22. 제 10-902 호

정가 : 32,000원
ISBN : 979-11-6675-530-9 93560

한국과학기술출판협회 회원사